全国高等院校土木与建筑专业十二五创新规划教材

结 构 力 学

邓友生　主　编
侯景军　张茳茳　黄　涛　副主编
张　晋　参　编

清華大学出版社
北　京

内 容 简 介

本书主要是根据高等学校土木工程专业本科教育培养目标和培养方案及结构力学课程教学大纲的要求编写的。全书内容包括绪论、平面体系的几何构造分析、静定结构的内力计算、虚功原理和结构的位移计算、力法、位移法、渐近法、影响线及其应用、矩阵位移法、结构动力计算基础、结构的极限荷载与弹性稳定等。

本书既可作为高等学校教材，供土木工程专业本科生使用，也可供研究生参考使用，还可作为专业书籍供建筑设计工作者、桥梁设计工作者和力学研究者等人员参考。

图书在版编目(CIP)数据

结构力学/邓友生主编. —北京：清华大学出版社，2015(2020.11重印)
(全国高等院校土木与建筑专业十二五创新规划教材)
ISBN 978-7-302-41854-2

Ⅰ. ①结… Ⅱ. ①邓… Ⅲ. ①结构力学—高等学校—教材 Ⅳ. ①O342

中国版本图书馆 CIP 数据核字(2015)第 252089 号

责任编辑：张丽娜
装帧设计：刘孝琼
责任校对：周剑云
责任印制：杨 艳
出版发行：清华大学出版社
　　网　址：http://www.tup.com.cn, http://www.wqbook.com
　　地　址：北京清华大学学研大厦 A 座　　**邮　编**：100084
　　社 总 机：010-62770175　　**邮　购**：010-62786544
　　投稿与读者服务：010-62776969, c-service@tup.tsinghua.edu.cn
　　质量反馈：010-62772015, zhiliang@tup.tsinghua.edu.cn
　　课件下载：http://www.tup.com.cn, 010-62791865
印 装 者：北京虎彩文化传播有限公司
经　销：全国新华书店
开　本：185mm×260mm　　**印　张**：22.25　　**字　数**：541 千字
版　次：2015 年 12 月第 1 版　　**印　次**：2020年11月第 3 次印刷
定　价：59.00 元

产品编号：060141-02

前　言

结构力学是土木工程专业的一门核心专业基础课，在基础课和专业课之间起着承上启下的重要作用，也是报考土木工程学科硕士或博士研究生的主要课程之一。本书编写过程中，在贯彻教育部颁布的高等学校土木工程专业本科教育培养方针的前提下，充分借鉴和吸纳了近十几年来土木工程专业及结构力学课程的最新成果，侧重于对基本概念、基本理论和基本方法的反复讲解，可满足一般普通高校培养应用型人才的教学需求。希望这种方法能够加深学生对知识的理解和领会，做到举一反三、触类旁通。

在学习结构力学时会用到理论力学和材料力学的一些知识，本书适当提到了这些先修课程的相关内容，希望读者意识到这些课程与结构力学的密切关系。只有很好地掌握了这些先修课程的相关知识，才能高效地学好结构力学课程，为后续的专业课学习打下坚实的基础。

全书分为 11 章：绪论、平面体系的几何构造分析、静定结构的内力计算、虚功原理和结构的位移计算、力法、位移法、渐近法、影响线及其应用、矩阵位移法、结构动力计算基础、结构的极限荷载与弹性稳定等，其中第 1～10 章是教育部规定的基本内容，第 11 章是专题内容。基本内容一般都是必修内容，个别内容可以根据需要进行选学；对于专题内容，各教学单位可根据各自的实际情况选用。全书所需教学时数为 90～100 学时。

本书是由湖北工业大学的老师在长期从事结构力学教学、科研及工程结构的力学实践基础上集体编写的。全书由邓友生组织编写、统稿及修改，具体章节分工如下：邓友生编写第 1 章、第 2 章、第 7 章和第 11 章；侯景军编写第 3 章和第 4 章；张茫茫编写第 5 章和第 6 章；张晋编写第 8 章和第 9 章；黄涛编写第 10 章。吴鹏、段邦政和许文涛提炼了一些思考题并校核了大部分习题答案，同时编辑绘制了大量图形；刘华飞和姚志刚也编绘了一些习题图，在此一并表示感谢！

本书在编写过程中参考了国内外大量同行及专家编写的结构力学教材，吸取了一些适合一般普通高等学校教学特点的内容，在此对这些教材的作者表示衷心的感谢。由于编者水平有限，书中错误或不妥之处在所难免，欢迎批评指正。

编　者

目录

第1章　绪　论

1.1　结构力学的研究对象和任务

1.1.1　工程结构的概念与类型

在土木工程中，由建筑材料按照一定的方式组成并能够承受荷载或作用的体系称为工程结构，人们在日常生活中常将其简称为结构。各类建筑物和构筑物，例如房屋建筑中的梁柱板与基础体系，公路、铁路上的桥梁结构和隧道支护结构，水利工程中的水坝、水闸与挡土墙等，都具有各自能承受、传递荷载而起到骨架作用的体系，这部分体系都可视为工程结构。

结构的类型是多种多样的，如按结构构件变形特点可分为柔性结构和刚性结构两大类。柔性结构有藤网结构、索膜结构、充气结构等；刚性结构有杆件结构、板壳结构和块体结构等。结构构件从几何角度来看又可以分为三类，按长度 l、宽度 b 及厚度 h 来考虑，当 $l \gg b$，$l \gg h$ 时，称为杆件，杆又分为直杆和曲杆，如图 1-1(a)所示。由杆件所组成的结构称为杆件结构，典型的杆件结构有混凝土框架结构、钢框架结构和拱桁架等。当 $h \ll l$，$h \ll b$ 时，称为板壳，板壳有平面板和曲面板，如图 1-1(b)所示。由板壳组成的结构称为板壳结构，也称为薄壁结构。平面板结构简称为平板结构，曲面板结构简称为壳体结构，典型的有房屋中的楼板和壳体屋盖等。当长度、宽度与高度基本相当时，所形成的实心结构称为实体结构，如图 1-1(c)所示。实体结构的典型例子如水工结构中的重力坝等。结构力学通常所说的结构指的就是杆件结构，其主要研究的对象就是杆件结构的力学行为。

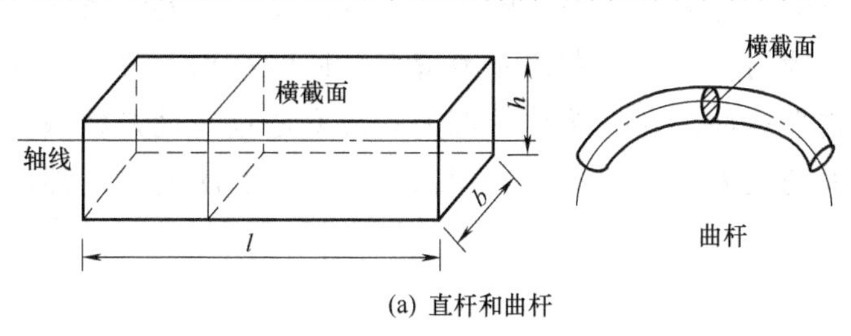

(a) 直杆和曲杆

图 1-1　杆件、板壳与实体结构

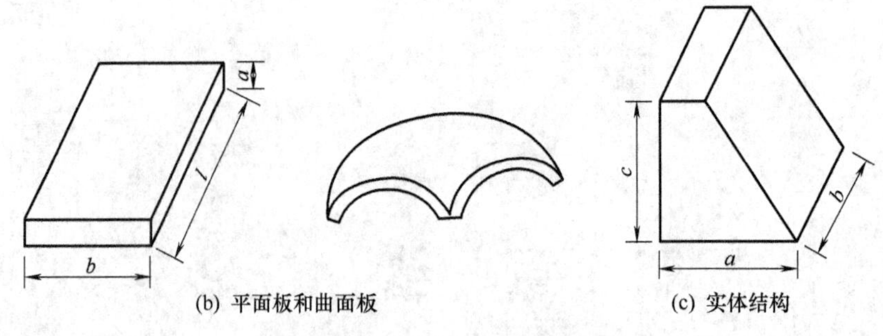

(b) 平面板和曲面板　　(c) 实体结构

图 1-1　杆件、板壳与实体结构(续)

1.1.2　结构力学的任务和研究方法

结构力学是理论力学和材料力学的后续课程，同时又为弹性力学、混凝土结构、砌体结构和钢结构等专业课程提供了进一步的力学知识基础。理论力学研究物体机械运动的基本规律和刚体的力学分析；材料力学研究单个杆件的强度、刚度和稳定性问题；结构力学研究杆件结构体系的强度、刚度和稳定性问题；弹性力学主要研究实体结构和板壳结构的强度、刚度和稳定性。强度主要计算结构的内力，为材料强度设计提供可靠依据，保证结构使用时安全可靠而不被破坏。刚度主要计算结构的变形和位移，将结构正常使用期限内产生的变形控制在允许范围内。稳定性主要计算结构丧失稳定时的最小临界荷载，当承受的最大荷载小于该临界值时，保证结构处于稳定平衡的受力状态。以上几大力学知识相互渗透密不可分，在土木工程专业都有举足轻重的地位。

结构力学的研究任务包括以下几个方面。

(1) 研究结构的组成规律和合理形式，以及结构计算简图的合理选择。

(2) 研究结构受力特点，根据结构内力和变形计算并验算结构的强度和刚度。

(3) 研究结构在各种因素作用下的静力分析和变形计算。

(4) 研究结构的稳定性以及在动力荷载作用下的反应。

结构力学的计算问题分为两类：一类是静定结构，这类结构的全部反力和内力都可以由静力平衡条件确定，只需根据力的平衡条件即可求解。另一类为超静定结构，这类结构必须满足以下三个基本条件方能求解：①力系的平衡条件，即在受力作用下结构的整体或者一部分都应满足力系的平衡条件；②变形连续条件，即连续的结构发生变形后仍然是连续的，材料没有重叠或缝隙，同时结构的变形和位移应满足支座和结点的约束；③物理条件，即把结构的应力和应变通过物理方程联系起来，如轴向应力和轴向应变、剪切应力和剪切应变、弯曲应力和弯曲应变之间都应满足相应的物理方程。

1.2 结构计算简图

1.2.1 结构计算简图的概念与简化原则

实际工程结构的受力是很复杂的，直接分析其受力是不可能的，也是不必要的，因此我们需要将实际工程结构简化成合理抽象的模型，这种在结构计算中用以代替实际结构，并能反映结构主要受力和变形特点的理想化模型，就是结构计算简图。

选取计算简图是结构受力分析的关键一步，其简化原则如下。

(1) 反映结构的实际及主要功能，因此选择计算简图以前，应清楚构杆之间或杆件与基础之间的实际连接构造，以保证计算的可靠性和必要的精确性。

(2) 分清主次，略去细节，使计算简图便于计算运行。

(3) 根据实际工况，同一实际结构在不同时期可选取不同的计算简图。

1.2.2 结构计算简化的内容

1. 结点的简化

杆件之间相互连接处称为结点。土木工程结构中的结点可归纳为以下两大类。

1) 铰结点

铰结点是指各相连杆件的杆端在同一个销轴上且光滑、无摩擦接触的连接。铰结点的特征是各个杆端不能相对移动但可相对转动，可以传递力但不能传递力矩。这种理想情况实际上很难遇到。木屋架的结点比较接近铰结点，各杆主要是承受轴力，计算时可将这种结点简化为铰结点，如图 1-2 所示。

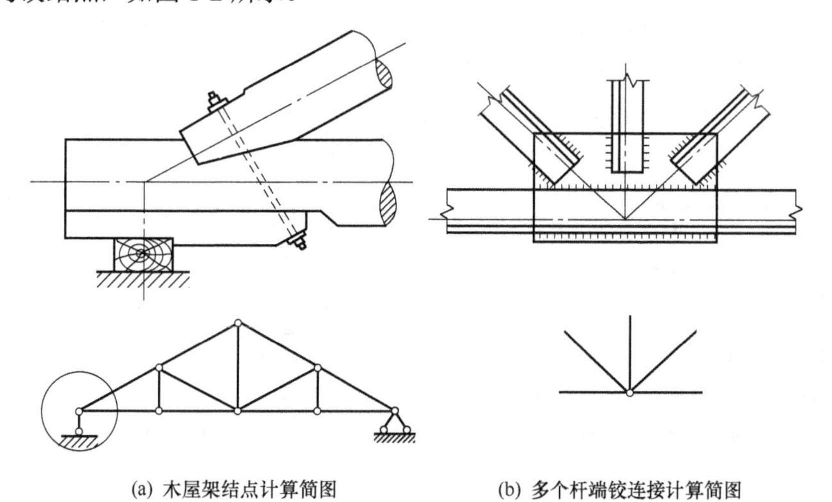

(a) 木屋架结点计算简图　　(b) 多个杆端铰连接计算简图

图 1-2　铰结点简化

2) 刚结点

刚结点的特点是被连接的杆件在结点处既不能相对移动，又不能相对转动；既可以传递力，也可以传递力矩。它所连接的各杆件变形前后在结点处杆端切线的夹角保持不变，即采用刚结点连接的杆端之间，既不能发生相对线位移，也不能发生相对角位移。图 1-3 所示是钢筋混凝土框架边柱和梁的结点，由于梁和柱之间的钢筋布置以及混凝土将它们浇筑成整体，使梁和柱不能产生相对移动和转角，计算时将其简化为刚结点，其计算简图如图 1-3(b)所示。

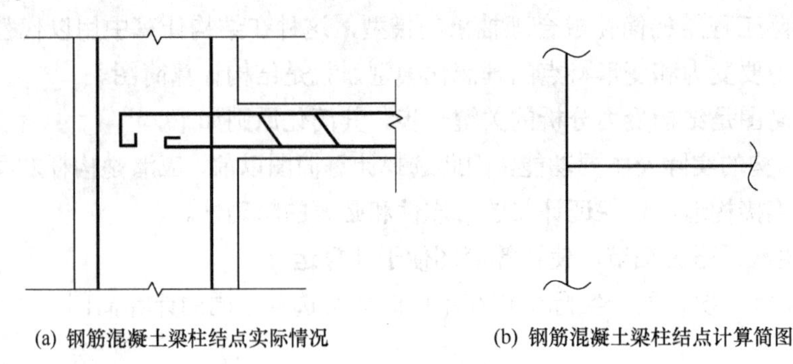

(a) 钢筋混凝土梁柱结点实际情况　　(b) 钢筋混凝土梁柱结点计算简图

图 1-3　刚结点简化

此外，值得注意的是，同一结构中既可有刚结点，又可有铰结点，如图 1-4 所示。*A*、*B*、*C* 和 *E* 为刚结点，而 *D* 为铰结点。

2. 支座的简化

1) 活动铰支座

如图 1-5(a)所示，活动铰支座的机动特征是杆端可绕 *A* 点转动和沿平行于支承平面 *m-n* 的方向移动，但 *A* 点不能沿垂直于支承面的方向移动。当不考虑摩擦力时，这种支座的反力 $\boldsymbol{F}_A$ 将通过铰 *A* 中心并与支承平面 *m-n* 垂直，即反力的作用点和方向都是确定的，只有它的大小是一个未知量。根据活动铰支座的位移和受力特点，在计算简图中可以用一根垂直于支承面的链杆 *AB* 来表示，如图 1-5(b)所示。此时结构可绕铰 *A* 转动，链杆又可绕 *B* 转动，当转动很小时，*A* 点的移动方向可看成是平行于支承面的。

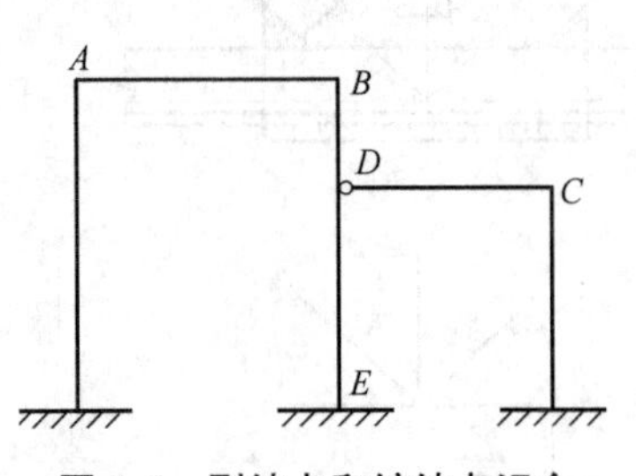

图 1-4　刚结点和铰结点组合

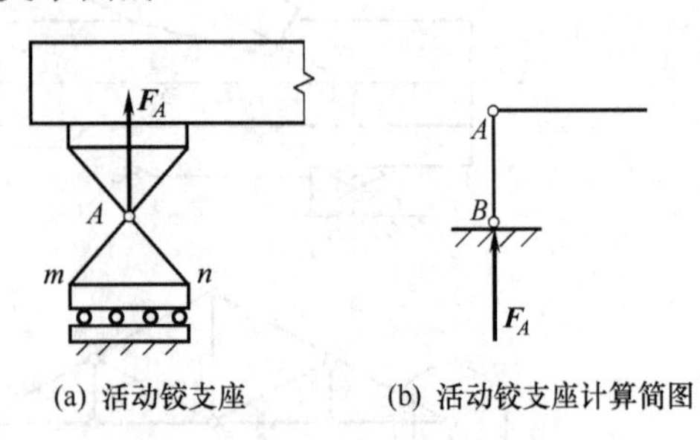

(a) 活动铰支座　　(b) 活动铰支座计算简图

图 1-5　活动支座的简化

2) 固定铰支座

图1-6(a)中，固定铰支座机动特征是杆端可绕 A 点转动，但不能做水平和竖向移动。铰 A 能提供两个支座反力 $\boldsymbol{F}_{Ax}$、$\boldsymbol{F}_{Ay}$，在计算简图中用两根成直角相交或者成锐角相交的支杆表示，如图1-6(b)所示。

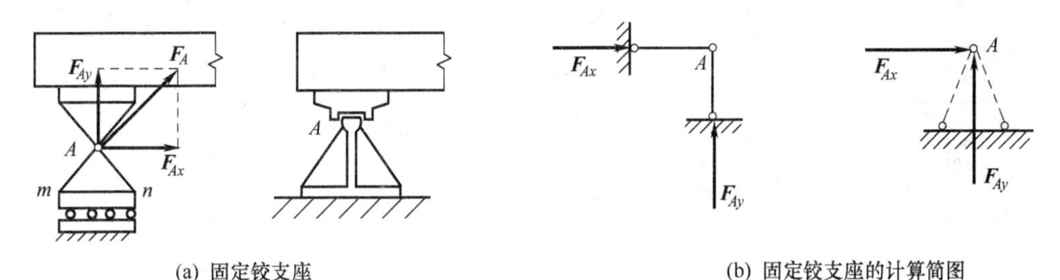

图1-6　固定铰支座的简化

3) 定向支座

定向支座机动特征是结构在支承处不能转动，不能沿垂直于支承面的方向移动，但可以沿支承面方向滑动，这种支座的计算简图可用垂直于支承面的两根平行链杆表示，其反力为一个垂直于支承面的力 $\boldsymbol{F}_{Ax}$ 和一个力偶 $\boldsymbol{M}_A$，如图1-7所示。

4) 固定支座

固定支座机动特征是不允许结构在支承处发生任何移动和转动。固定支座可产生两个正交方向的支座反力 $\boldsymbol{F}_{Ax}$、$\boldsymbol{F}_{Ay}$ 和一个支座反力矩 M_A。这种支座及其计算简图如图1-8所示。

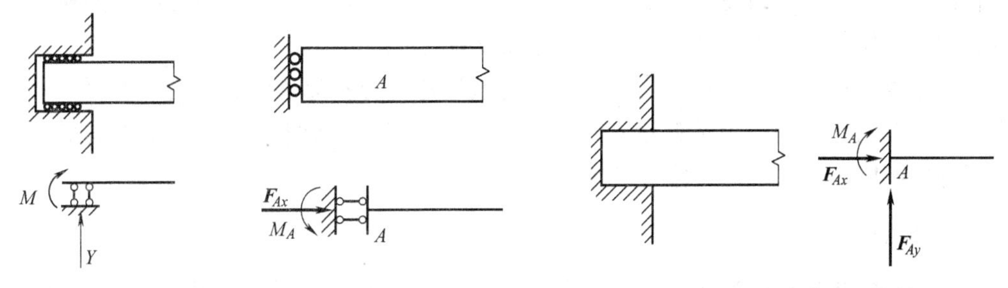

图1-7　定向支座及计算简图

图1-8　固定支座及计算简图

5) 弹性支座

传统支座在计算中是不考虑其本身变形的，而在实际工程中，如桥面结构，在荷载作用下各横梁支撑桥面并将荷载传递给各纵梁，同时横梁将产生弯曲变形，从而引起竖向位移，此时横梁可视为弹簧，可用一根竖向弹簧来表示这种支座的性能，即称为弹性支座。弹性支座允许有一定的竖向或者水平移动。

3. 结构体系的简化

结构通常是空间体系，承受三维荷载的作用，但在多数情况下，当空间结构布置均匀，荷载也均匀分布时，常可以忽略一些次要的空间约束而将实际空间结构分解为平面结构，如图1-9(a)所示为等截面高层建筑结构。当然，不是所有的情况都能这样处理，有些必须作为空间结构来计算，如图1-9(b)所示为塔杆结构。

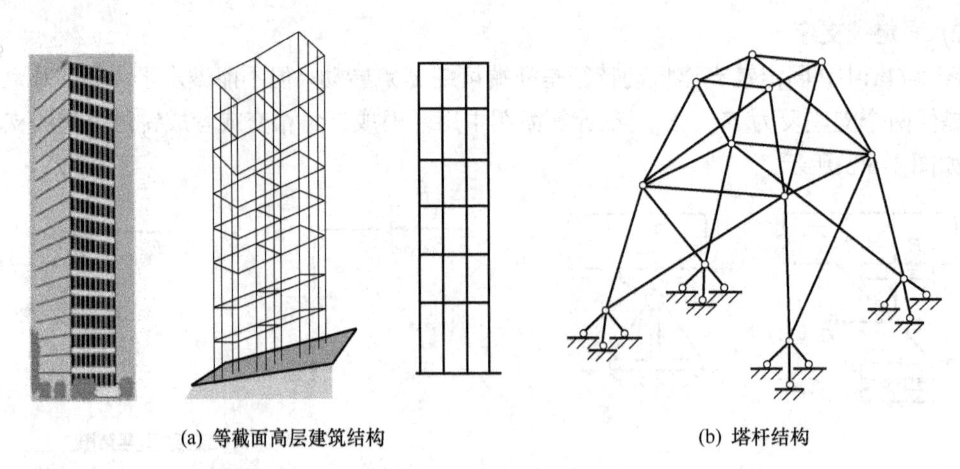

(a) 等截面高层建筑结构　　(b) 塔杆结构

图 1-9　结构体系的简化

杆件的截面尺寸(宽度、厚度)通常比杆件小得多，截面变形符合平截面假设，截面上的应力可根据截面的内力(弯矩、轴力、剪力)来确定。在计算简图中，杆件用其轴线表示，杆件之间的连接区用结点表示，杆长用结点间的距离表示，而荷载的作用点也转移到轴线上。当截面尺寸增大时(如超过长度的 1/4)，杆件简化成其轴线将引起较大的误差。

4. 材料性质的简化

在土木、水利工程中，结构所用的建筑材料通常为钢、混凝土、砖、石、木料等，这些材料，有些存在孔洞或空隙。在结构计算中，为了简化，一般将组成各杆件的材料都假设为连续的、均匀的、各向同性的、完全弹性或弹塑性的。

对于金属材料，在一定的受力范围内上述假设是符合实际情况的；对于混凝土、钢筋混凝土、砖、石等材料，上述假设则带有一定的近似度。至于木材，因其顺纹与横纹方向的物理性质不同，故采用这些假设时应予以注意。

5. 荷载的简化

结构承受的荷载可分为体积力和表面力两大类，体积力指的是结构的重力或惯性力等；表面力则是指由其他物体通过接触面传给结构的作用力，如土压力、车辆的轮胎压力等。在杆件结构中把杆件简化为轴线，因此不论是体积力还是表面力，都可以简化为作用在杆件轴线上的力。荷载按其分布情况可简化为集中荷载和分布荷载，荷载的简化与确定比较复杂，下面还要专门讨论。

1.2.3　结构计算简图示例

【例 1-1】图 1-10 所示为单层工业厂房。试全面选择其各部件的计算简图。

解：(1) 体系的简化。由图 1-10(a)可知，该厂房是一个空间结构，但由屋架与柱组成的各个排架的轴线均位于各自的同一平面内，而且由屋面板和吊车梁传来的荷载，主要作用在各横向排架上，因而可以把空间结构简化为如图 1-10(b)所示的平面结构。

(2) 支座的简化。通常情况下，屋架与立柱仅由较短的焊缝连接，既不能上下移动，也不能水平移动。但是，屋架在受到荷载作用后，其两端仍然可以做微小的转动。此外，当温度发生变化时，屋架整体还可以自由伸缩。为便于计算，将屋架一端简化为固定铰支座，另一端简化为活动铰支座。柱与杯口基础的连接，视填充材料的不同，若为细石混凝土，则可视为固定支座；若为沥青麻丝，则可视为固定铰支座。

(3) 屋架杆件和结点的简化。屋架各杆件均以其轴线来表示；为便于计算，杆件与杆件连接的结点可简化为铰结点。在分析排架立柱的内力时，可以用实体杆来代替屋架整体，并且将立柱及实体杆均以轴线表示。计算简图如图 1-10(c)和图 1-10(d)所示。

(4) 荷载的简化。将屋面板传来的荷载及构件自重，均简化为作用在结点上的集中荷载。最后，选择单层工业厂房的计算简图，如图 1-10(c)和图 1-10(d)所示。

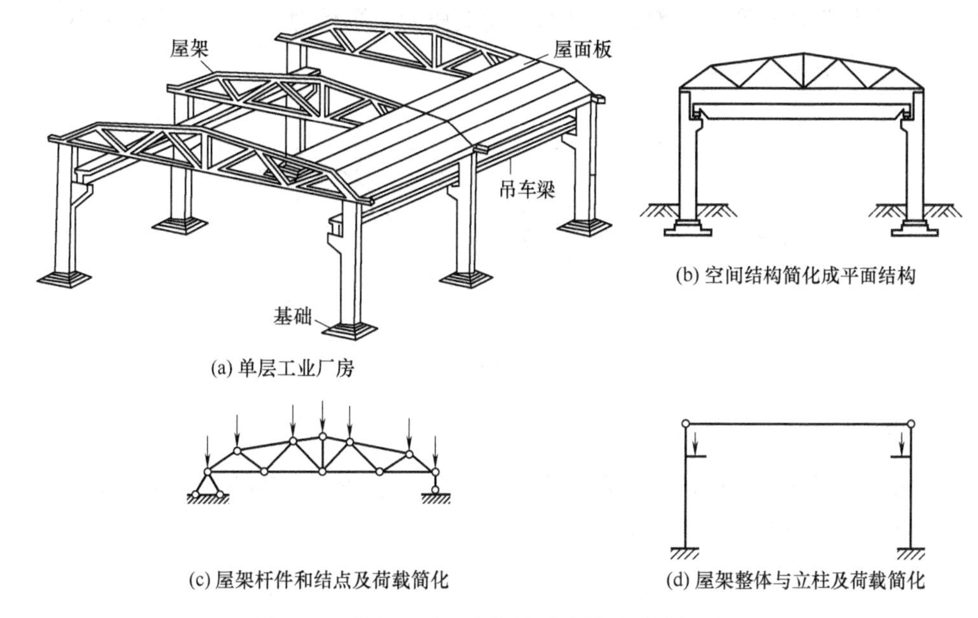

图 1-10　单层工业厂房的承重结构计算简化过程

1.3　杆件结构的分类

杆件结构按其受力和变形特性可以分为梁、拱、刚架、桁架以及各类构件或结构组合而成的组合结构。

1. 梁

梁是一种受弯构件，其轴线通常为直线。当水平梁只受竖向荷载作用时，其横截面上的内力只有弯矩和剪力，没有轴力。梁有单跨和多跨两种类型，如图 1-11 所示。

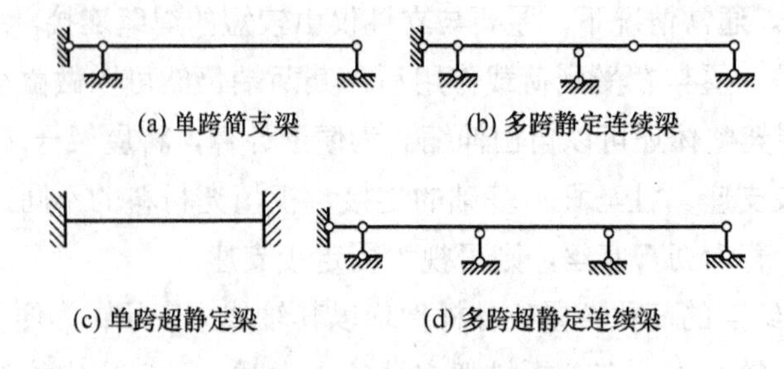

图 1-11　不同类型的梁

2. 拱

拱是以轴线为曲线，且在竖向荷载作用下支座会产生水平反力的结构，如图 1-12 所示。其受力特征是杆件内有弯矩、剪力和轴力，而支座的水平反力会使拱的弯矩远小于相同跨度、荷载及支承情况的梁的弯矩。

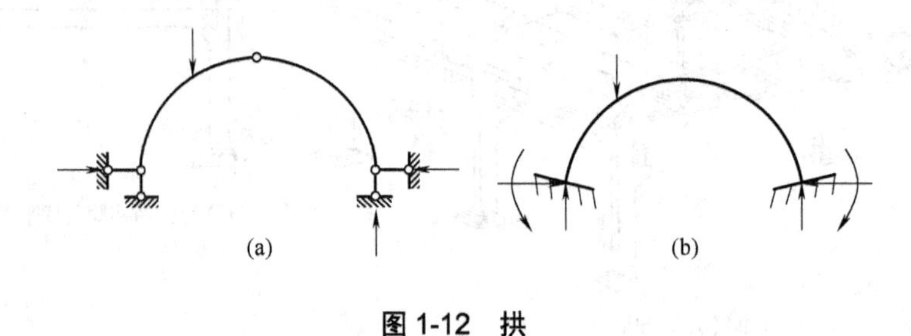

图 1-12　拱

3. 刚架

刚架由直杆组成，其结点通常为刚结点，如图 1-13 所示。各杆主要受弯曲作用，内力通常是弯矩、剪力和轴力等。

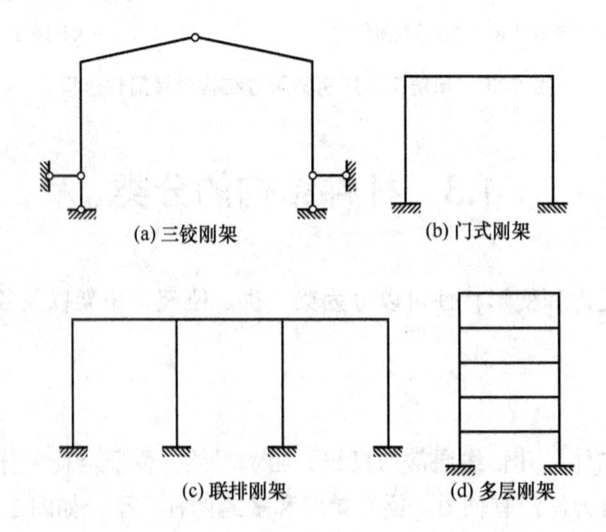

图 1-13　刚架

4. 桁架

桁架是由若干直杆的两端用铰连接而成的构件，如图 1-14 所示。当只受到作用于结点的集中力时，桁架各杆只产生轴力。

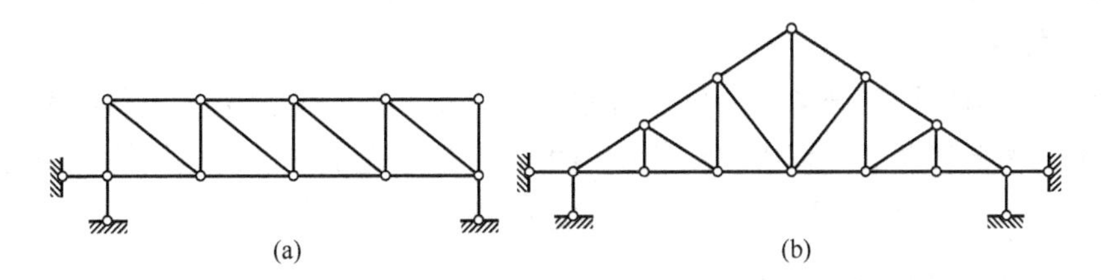

图 1-14 桁架

5. 组合结构

组合结构主要是由桁架和梁或刚架组合在一起的结构，如图 1-15 所示。其中有些杆件只承受轴力，有些杆件承受弯矩、剪力和轴力。

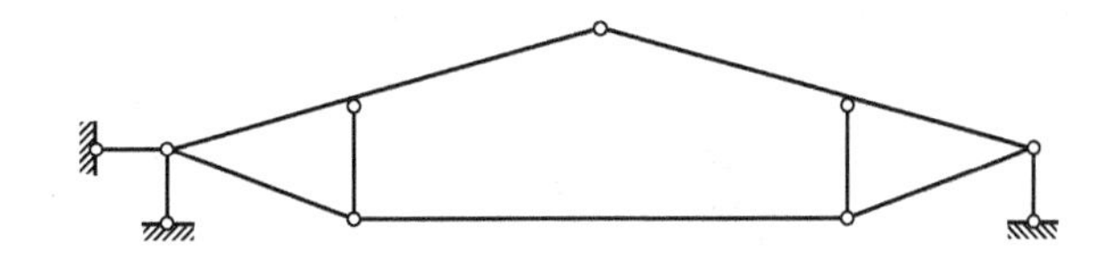

图 1-15 组合结构

1.4 荷载的分类

荷载是作用在结构上的主动力，如结构的自重，结构上面的货物、设备、人群、风等，荷载类型不同，在进行结构设计计算中所乘以的分项系数也不相同。

1. 按荷载作用在结构上时间的长短分类

1) 恒载

恒载也称永久荷载，是指永久作用在结构上，且大小、方向都不变化的荷载，如结构自重、永久设备重量等。

2) 活载

活载也称可变荷载，是指暂时作用在结构上且位置可以变动的荷载，如结构上的临时设备、人群、货物，屋面上的雪重、风力、水压力等。计算恒载作用在结构上的强度可通过内力分析进行，而对活载，还要涉及影响线和包络图的概念。

2. 按荷载作用性质及结构的反应特征分类

1) 静力荷载

静力荷载是指大小、方向和位置不随时间变化或变化极为缓慢，不使结构产生显著的加速度，而惯性力的影响可以忽略的荷载。

2) 动力荷载

动力荷载是指荷载随时间迅速变化或在短时间内突然作用或消失，使结构产生显著的加速度，而惯性力不可忽略的荷载。常见的动力荷载有机械荷载、脉动风压和地震作用等。

3) 移动荷载

移动荷载是指作用在结构上的仅位置移动或者不移动，但大小和方向都不变的荷载。移动荷载在结构上移动的过程中，结构的内力和变形都是变化的，但结构无明显振动，始终保持静力平衡。车辆、人群、积雪和灰尘等可视为移动荷载。

3. 按荷载作用区域的大小分类

1) 集中荷载

当荷载作用于结构上的面积很小时，可以认为荷载集中作用在结构上的一点，称为集中荷载或集中力。

2) 分布荷载

分布荷载是指连续分布在结构上的荷载，如面荷载、线荷载等。

思 考 题

1-1 简述杆件结构、板壳结构与实体结构在空间几何尺寸上的差异。

1-2 说明结构计算简化的意义。

1-3 结构力学与弹性力学的计算假定有哪些相同点和不同点？

1-4 简述弹性支座的实际工程应用情况。

1-5 简述荷载分类对结构计算的意义。

第2章　平面体系的几何构造分析

2.1　基本概念

在工程结构中，多个杆件以某种方式互相连接而构成杆件结构体系。若体系的所有杆件和连系以及外部作用均处于同一平面，则称为平面体系。根据几何学的原理对体系发生运动时的可能性进行分析，称为体系的几何组成分析，也称为几何构造分析。杆件结构体系是承担荷载和传递荷载的骨架，如果这个体系的几何形状是可以改变的，那么它将失去对工程的承载作用。因此我们在进行建筑物或构筑物设计时一定要注意，或者在进行内力分析之前，首先要进行结构体系几何组成分析。

在讨论体系几何组成分析时，杆件都视为刚体，即忽略结构中的杆件由于荷载作用而产生的微小弹性应变。根据杆件体系的形状和位置，杆件体系可以分为以下两类。

(1) 几何不变体系。在不考虑材料应变的条件下，体系的位置和几何形状是不能改变的。

(2) 几何可变体系。在不考虑材料应变的条件下，体系的位置和状态是可以改变的。

如图 2-1(a)所示，体系在受到外部荷载 $\boldsymbol{F}_{\mathrm{P}}$ 的作用时，体系位置和几何形状是保持不变的，为几何不变体系。而如果去掉 *CB* 杆，体系在受到外荷载作用时则会产生几何形状的变形，属于几何可变体系，如图 2-1(b)所示。与几何可变体系和几何不变体系相对应的是内部几何不变体系(见图 2-1(c))和内部几何可变体系(见图 2-1(d))。

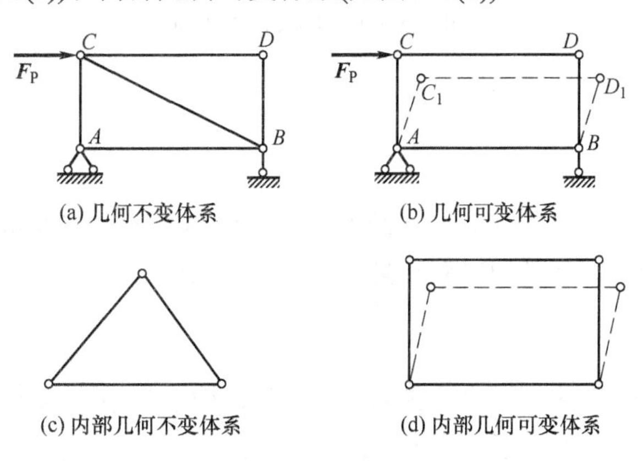

图 2-1　平面几何可变体系与几何不变体系

对体系进行构造分析的目的如下。

(1) 判别体系是否几何可变，以决定是否可以作为结构。

(2) 研究几何不变体系的组成规律。

(3) 为正确区分静定结构和超静定结构以及进行内力计算打下必要的基础。

本章所讨论的体系只限于平面杆件体系，其相关概念如下。

2.1.1 自由度

体系的自由度是指该体系运动时，用来确定其位置所需独立坐标的数目。例如图 2-2(a)中的点 A，其坐标为 x 和 y，当它移动到一个新的位置 A' 时，点的坐标为 $x+\Delta x$ 和 $y+\Delta y$，因此 A 点的位置需要用两个坐标 x 和 y 来确定，所以一个点在平面内有两个自由度。

2.1.2 刚片

在对平面体系进行几何构造分析时，由于不考虑材料的应变，因此，可以把一根梁、一根链杆或体系中肯定为几何不变的体系，看作一个平面刚体，简称刚片。一个刚片在平面内运动时，其位置将由它上面的任意一点 $A(x，y)$和过 A 点的直线 AB 的倾角θ来确定，如图 2-2(b)所示。所以一个刚片在平面内有三个自由度。一般来说，一个体系自由度的个数，等于这个体系运动时可以独立改变的坐标数目。

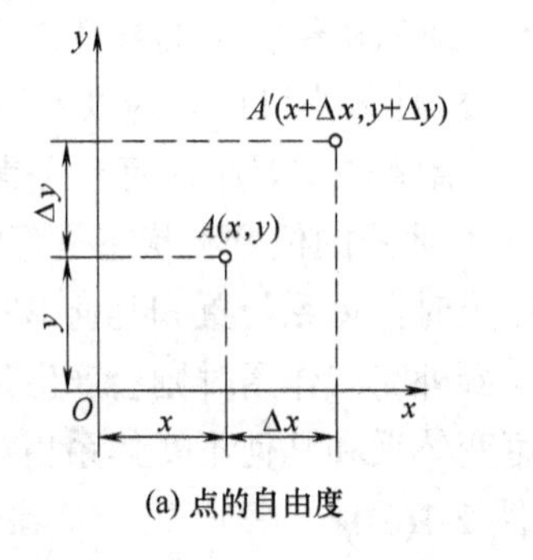

(a) 点的自由度

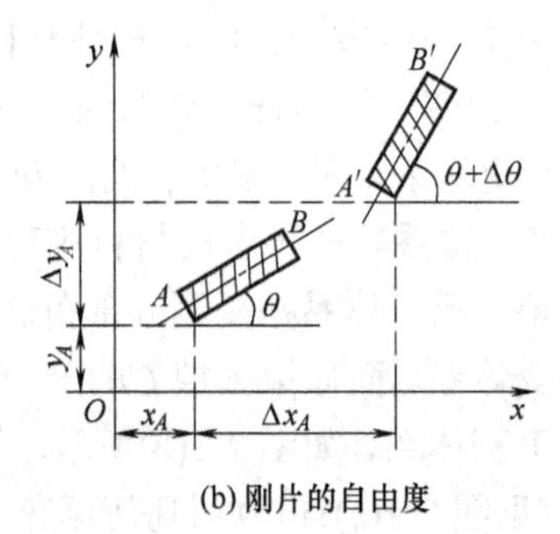

(b) 刚片的自由度

图 2-2 点与刚片的自由度

2.1.3 约束

体系中能够减少自由度的装置，在结构力学中称为约束。装置能减少多少个自由度，就相当于有多少个约束。常见的约束装置类型有下列几种。

1. 链杆

一个链杆相当于一个约束，也可称为滚轴支座，图 2-3(a)中 AB 杆由一个链杆约束后，沿链杆方向不能移动，从而少了一个自由度。

2. 单铰

一个铰相当于两个约束，图 2-3(b)中的 *AB* 杆在平面内本来有三个自由度，当被单铰连接后只有以铰为圆心转动这一个自由度。

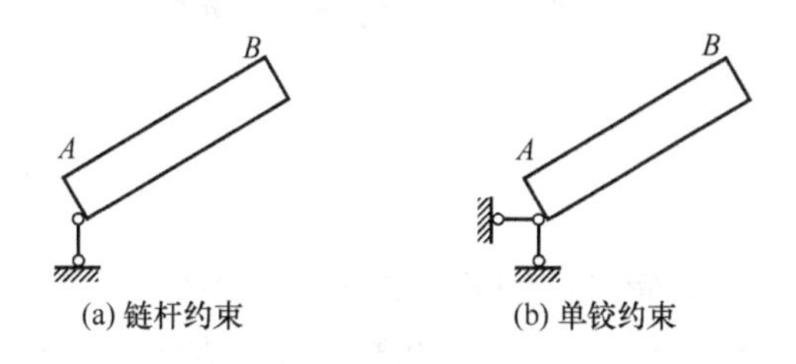

(a) 链杆约束　　(b) 单铰约束

图 2-3　链杆与单铰约束

3. 复铰与复刚铰

所谓复铰，就是同时连接两个以上钢片的铰，连接 n 个刚片的复铰，相当于 n−1 个单铰，如图 2-4(a)所示，三个刚片在平面内应该有六个自由度，当被复铰连接后，其中两个刚片只能以另外一个刚片为参考坐标，产生相对转角，故整个体系只有两个自由度。即三个刚片的复铰，相当于两个单铰，减少了体系四个自由度。

4. 刚结点

一个刚结点相当于三个约束，连接 n 个刚片的刚结点相当于 3(n−1)个约束，如图 2-4(b)所示，两个刚片应该有六个自由度，当被刚结点连接后只有三个自由度了。

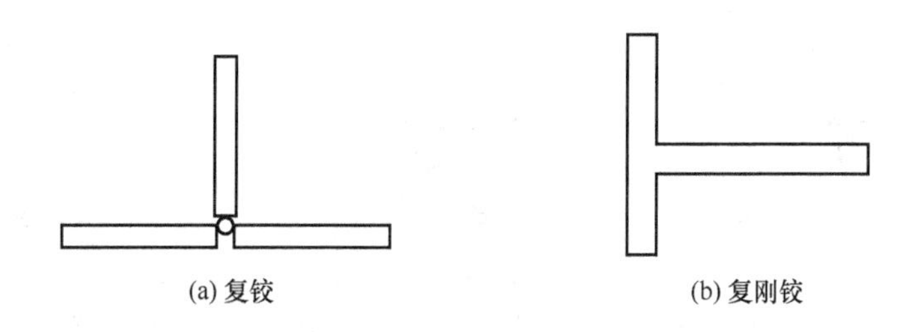

(a) 复铰　　(b) 复刚铰

图 2-4　复铰与复刚铰

2.1.4　必要约束和多余约束

所谓必要约束，是指能够保证体系几何不变所需最少、合理的约束。相反，必要约束以外的约束就称为多余约束。多余约束不改变体系的自由度。如图 2-5(a)所示杆件 1 和杆件 2 构成一个单铰相当于两个约束，杆件 3 相当于一个约束，且杆件 3 不通过铰，刚好可以约束 *AB* 杆的三个自由度，杆件 1、2、3 为必要约束。当加入杆件 4 后，虽然多加了一个约束，但是 *AB* 杆没有对应的自由度，故为多余约束，如图 2-5(b)所示。

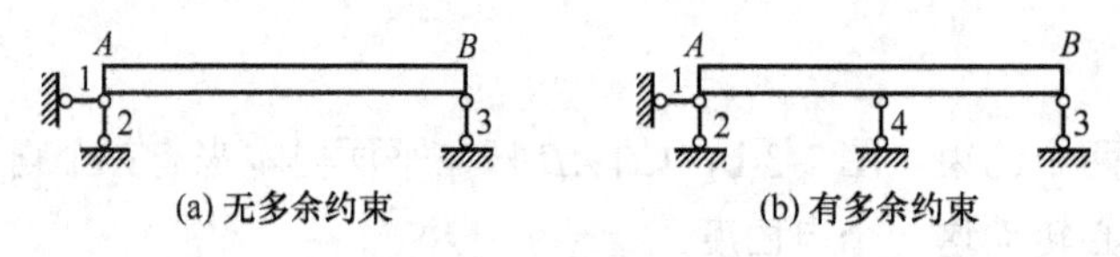

(a) 无多余约束　　(b) 有多余约束

图 2-5　必要约束和多余约束

2.1.5　虚铰

虚铰也称为瞬铰，是一类特殊的约束。如图 2-6(a)所示，刚片Ⅰ用两根链杆 *AB* 和 *CD* 与基础相连接，两杆延长线交于 *O* 点，将此交点称为虚铰。简单地说，虚铰就是连接在两个刚片上的两个链杆延长线的交点。分析刚片Ⅰ的运动特性：由于链杆的约束作用，*A* 点的微小位移应与链杆 *AB* 垂直；*C* 点的微小位移应与链杆 *CD* 垂直，显然刚片Ⅰ可以发生以 *O* 为中心的微小转动，此时 *O* 点也可称为瞬时转动中心，简称瞬心。这时刚片Ⅰ的瞬时运动情况与它在 *O* 点用铰与基础相连接时的运动情况完全相同，只不过这个瞬心的位置随着刚片做微小转动而改变(有时也把这种随链杆转动而改变位置的铰称为瞬铰)。图 2-6(b)是虚铰的另一种形式。很显然，虚铰的作用相当于一个单铰，只是虚铰的位置随链杆的转动而改变。

当刚片Ⅰ用两根相互平行的链杆与基础相连时，如图 2-6(c)所示，这时两根链杆的作用也相当于一个铰，它是一个无穷远处的“铰”，刚片Ⅰ沿无穷大半径做相对运动，把两平行链杆延长线的无穷远处称为无穷远的虚铰。

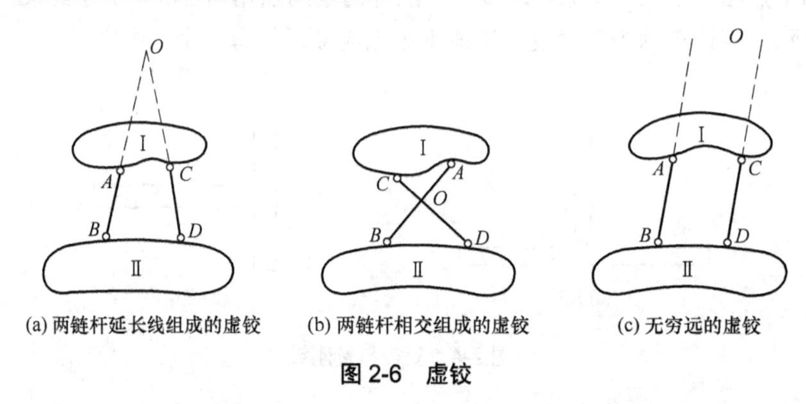

(a) 两链杆延长线组成的虚铰　　(b) 两链杆相交组成的虚铰　　(c) 无穷远的虚铰

图 2-6　虚铰

2.2　平面几何不变体系的组成规律

无多余约束的平面几何不变体系的组成规律有三个，现分别讨论举例说明。

2.2.1　三个基本规律

1. 一个点与一个刚片之间的连接方式

如图 2-7(a)所示，某一点在平面内相对于刚片有两个自由度，当被 1、2 杆连接后与刚片形成内部几何不变体系。由此可得到下述规律。

规律 1　一个刚片与一个点用两根不共线的链杆连接，也可以说三个铰不共线，构成内部几何不变且无多余约束的体系。

由两根不在同一直线上的链杆连接一个新结点的构造称为二元体，在已知体系上依次加入或拆除二元体，不会影响原体系的几何不变性，这一规则也称为二元体规则。

2. 两个刚片之间的连接方式

如图 2-7(b)所示，类似于规律 1，将规律 1 中的链杆 1 或者 2 看作一个刚片即可，这样由规律 1 得规律 2 如下。

规律 2　两个刚片用一个铰和一根链杆相连接，且三个铰不在一条直线上，构成内部几何不变且无多余约束的体系。

规律 2′　两个刚片用三个铰杆相连接，三链杆不平行也不交于一点，则组成内部几何不变且无多余约束的体系，如图 2-7(c)所示。

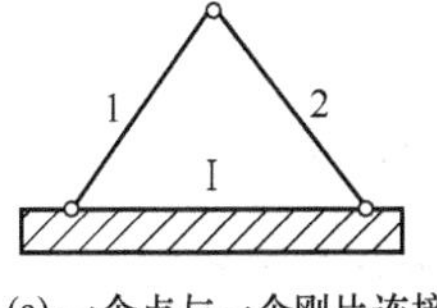

(a) 一个点与一个刚片连接

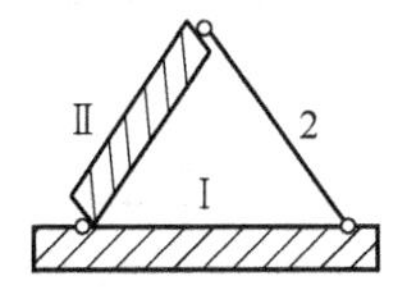

(b) 两刚片连接方式之一

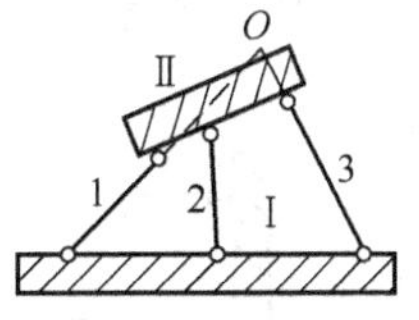

(c) 两刚片连接方式之二

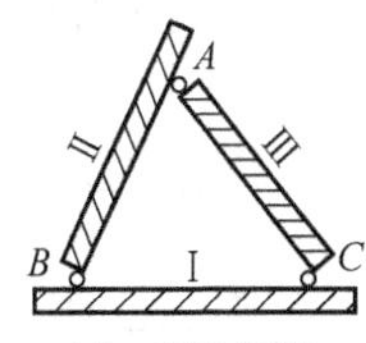

(d) 三刚片连接

图 2-7　三个基本规律

3. 三个刚片之间的连接方式

如图 2-7(d)所示，钢片Ⅰ、Ⅱ、Ⅲ用不在一直线上的 *A*、*B*、*C* 三个铰两两相连接，组成一个最简单的、无多余约束的三角形，可得规律 3 如下。

规律 3　三刚片用不共线的三个铰两两相连接，组成的体系是无多余约束的几何不变体系。

以上规律是平面杆件体系最基本的组成规律，其主要运用的是三角形规律，即三个铰不共线。

2.2.2　瞬变体系

瞬变体系是指原来是几何可变体系，当发生微小的位移后又变成几何不变体系。如图 2-8(a)所示由三个铰连接的刚片Ⅰ、Ⅱ、Ⅲ，设刚片Ⅲ不动，则刚片Ⅰ和Ⅱ做相对运动时，刚片Ⅰ和Ⅱ分别绕 *A*、*B* 点转动，在 *A* 点两圆弧有一公切线，此时点 *A* 可沿此公切线方向移动，因此体系是几何可变的。但是，当 *A* 点发生微小移动后三个铰就不共线，此时由规律 3 可判定为几何不变体系，同时运动也停止。这种原为几何可变体系，经微小位移后变为几何不变体系的，称为瞬变体系。瞬变体系也是一种几何可变体系。为了区别，将经过微小位移后仍能继续发生位移的体系，称为常变体系。这样几何可变体系包括常变体系和瞬变体系。一般来说，在任一瞬变体系中必然存在多余约束。如图 2-8(a)中 A 点本来有两个自由度，由两个链杆相连后由于在沿杆件方向同时被两个杆件约束，所以有一个约束是多余的。

常见的瞬变体系还有两刚片用交于 O 点的三根杆相连，如图 2-8(c)所示。图中的交点 O 是瞬铰，此时两个刚片可以绕 O 点做相对转动，但在发生微小转动后，三链杆就不再交于一点，从而体系变为几何不变体系。还有一种情况如图 2-8(d)所示，两刚片用三根长度不同，但平行的链杆相连，此时无穷远处就相当于瞬铰，当两刚片发生微小的相对位移后，由于各杆的长度不同，其转角也不等，三根杆件不再相互平行，体系成为几何不变体系。其实有限远虚铰的作用相当于这个虚铰瞬心处一个实铰的作用，在进行平面结合构造分析时，遵循三角形规律。

上面介绍了瞬变体系，那么瞬变体系是否能够用于工程结构中呢？如图 2-8(b)所示，由结点 A 的平衡条件可知，杆件的内力 $F_{\mathrm{N}}=\dfrac{F_{\mathrm{P}}}{2}\sin\theta$，如果 θ 很小趋近零，那么内力 F_{N} 将趋于无穷大。因此，瞬变体系是不能承担荷载的，不能作为结构。

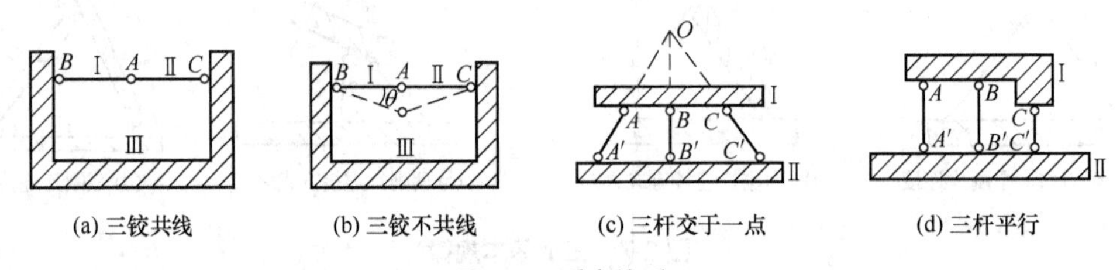

图 2-8　瞬变体系

2.2.3　无穷远处的瞬铰

含有无穷远处瞬铰的体系，这里用三个例子加以说明。一般几何构造分析中含有无穷远处瞬铰的，都是三个刚片、三对链杆连接的体系。在介绍例题前，先引入射影几何学中有关无限远点和无限远线的几点结论，这些结论可直接用于平面几何构造分析。

(1) 同一方向上的所有平行线都交于该方向无限远处一点，即一个方向上有一个无限远点。

(2) 不同的方向有不同的无限远点，但所有无限远点都在同一直线上，该直线叫作无限远线。

(3) 所有的有限远点都不在无限远线上。

1. 一对链杆平行

如图 2-9(a)所示，虚铰 $O_{\mathrm{I,II}}$ 在无穷远处，而另两铰 $O_{\mathrm{I,III}}$ 和 $O_{\mathrm{II,III}}$ 不在无穷远处。此时，若无穷远虚铰的平行链杆与另两个虚铰连线不平行，则体系为几何不变；若与另两个虚铰连线平行，则体系为瞬变，如图 2-9(b)所示。在特殊情况下，如图 2-9(c)所示，$O_{\mathrm{I,III}}$ 和 $O_{\mathrm{II,III}}$ 两铰为实铰，其连线与无穷远处铰的平行链杆 1、2 平行，而且两实铰连线长度与链杆 1、2 相等，则体系为常变体系。

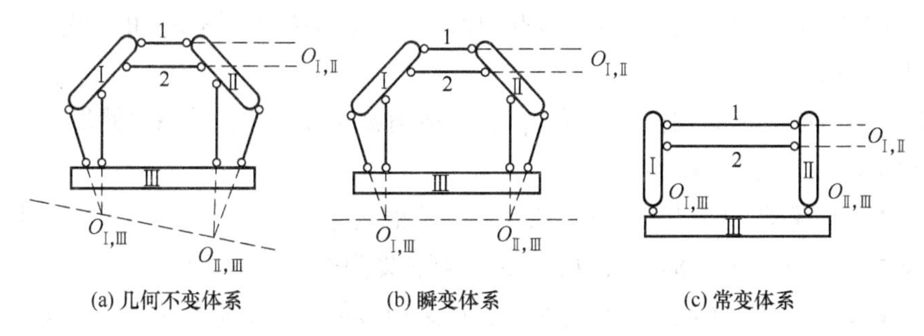

图 2-9　一对链杆平行

2. 两铰无穷远

如图 2-10(a)所示，如果两个无穷远处的瞬铰，$O_{I,III}$ 和 $O_{II,III}$ 所对应的两组杆件不是相互平行的，则整个体系属于几何不变体系；如果是平行的(即四根杆件相互平行)，如图 2-10(b)所示，则体系属于瞬变体系。若此四杆均平行且等长，如图 2-10(c)所示，则体系为常变体系。

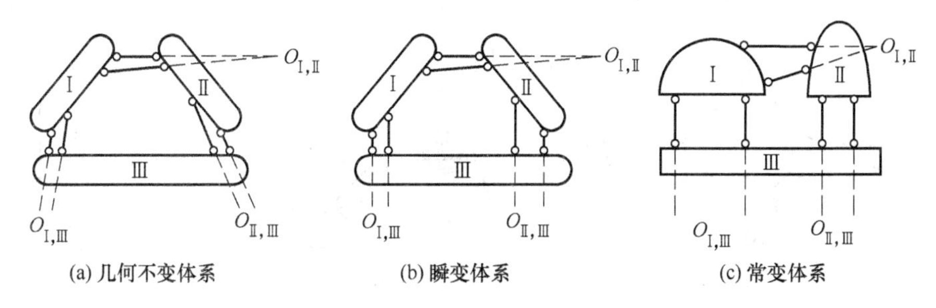

图 2-10　两铰在无穷远处

3. 三铰均无穷远

如图 2-11(a)所示，三刚片用任意方向的三对平行链杆两两相连，三个虚铰均在无穷远处。由射影几何学中的结论，三铰交于一点属于瞬变体系。当连接三个刚片的三对杆件长度相等，而且相互平行，则该体系为常变体系，如图 2-11(b)所示。这里要注意三对杆件必须是从每一刚片的同侧方向联入的，而从异侧方向联出的，则体系才属于瞬变体系，如图 2-11(c)所示。

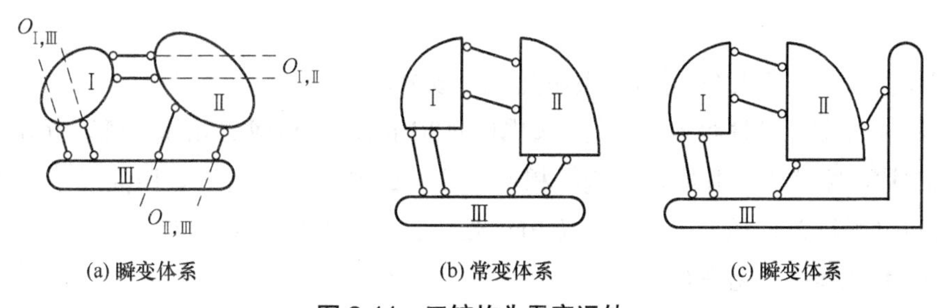

图 2-11　三铰均为无穷远处

2.2.4　几何组成分析要点

(1) 寻找二元体和刚片。正确理解二元体的定义，在进行几何组成分析时，利用组合或者拆除二元体的方法简化体系；灵活选取刚片，对已经判定为几何不变的部分以刚片代替，并且注意刚片的逐步扩展。

(2) 在几何组成分析的过程中，每一步都必须有据可循，并且体系中的每一部分或每一约束都不可遗漏或重复使用。

(3) 当体系与基础之间以三根支杆相连，且三根支杆不交于一点，也不完全平行，可先拆除这些支杆，只需分析上部体系的机动性就可获知整个体系的性质。

(4) 当体系不能用基本组成规则分析时，可采用其他方法如零载法，当然同一个体系按不同方法分析，结果都是一样的。

2.3 平面体系几何组成分析示例

【例 2-1】 试分析图 2-12(a)所示体系的几何组成。

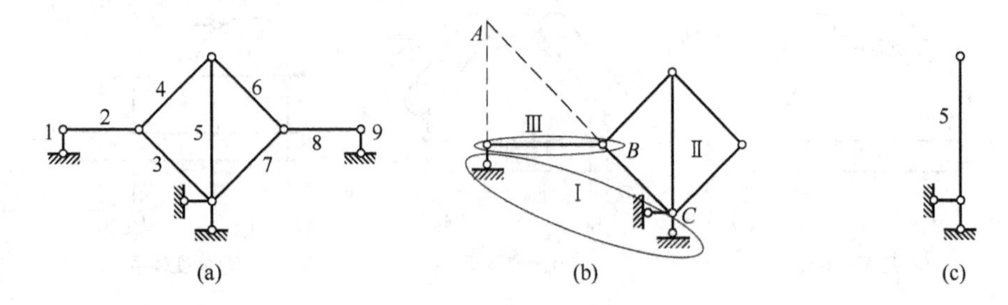

图 2-12 例 2-1 图

解：(1) 方法一。

去掉体系二元体后，体系如图 2-12(b)所示，显然三刚片由三个共线的铰相连，且三铰始终共线，故体系为可变体系。

(2) 方法二。

二元体规则，依次去掉二元体 12、34、67、89，体系如图 2-12(c)所示，变成几何可变体系。

【例 2-2】试对图 2-13(a)所示体系做几何组成分析。

解：将 AB、BC 杆件等效为直杆，如图 2-13(b)所示，构成二元体，可以拆除。剩余部分选取三刚片，刚片Ⅰ、Ⅱ间以两链杆相连，虚铰在 D 点；刚片Ⅱ、Ⅲ间以铰 E 相连；刚片Ⅰ、Ⅲ间以平行链杆相连，虚铰在无穷远处。三铰不在同一直线上，按照三刚片规则，体系为几何不变体系，无多余联系。

这里要说明一下，在进行平面几何分析时，定向支座与固定支座的效果类似，只是铰的位置在无穷远处。

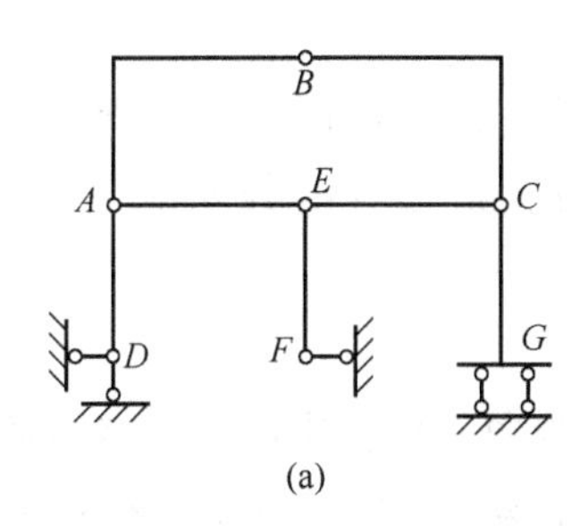

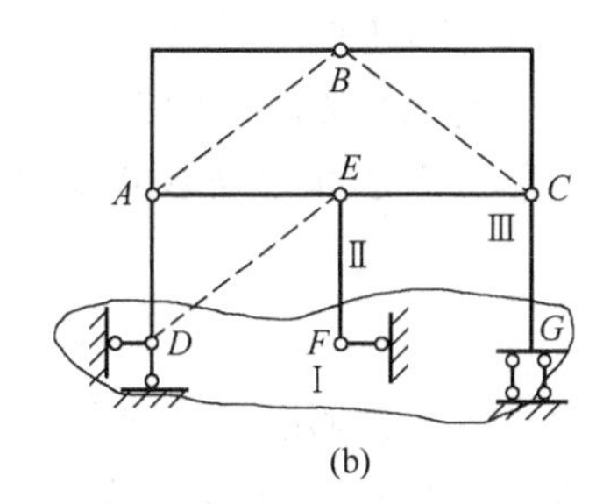

图 2-13　例 2-2 图

【例 2-3】试对图 2-14(a)所示体系做几何组成分析。

解：选取图 2-14(b)所示的三个刚片，三个刚片间用两个虚铰一个实铰相连，刚片Ⅱ、Ⅲ间以实铰 5 相连，由三刚片规则，该体系为无多余约束的几何不变体系。

这里要说明一下，如何判断出多余约束，简单地说就是每根杆件都起到了作用，具体应用看下面例题。

【例 2-4】试对图 2-15 所示体系做几何组成分析。

解：方法一：不共线的链杆 *AD*、*ED* 构成一个二元体，通过 *D* 点固定于基础，可视为一个刚片；*AC* 视为刚片，由铰 *A* 及两根不过 *A* 的链杆 *BD*、*CD* 连接于前述刚片；而两刚片规则中由一个铰和一根不通过该铰的链杆，就可以与两刚片组合成无多余约束的几何不变体系，所以 *BD* 和 *CD* 杆中有一个没有起到作用，故体系为，有一个多余约束的几何不变体。

方法二：*ABCD* 为内部有一个多余连系的铰接三角形，用铰 *A* 及链杆 *ED* 连接于基础；整个体系为有一个多余约束的几何不变体。

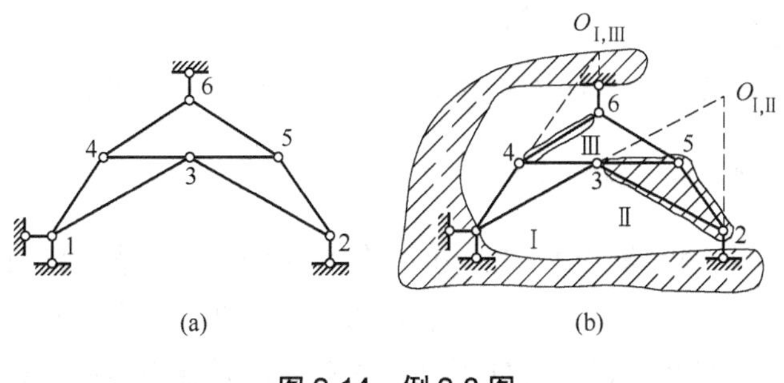

图 2-14　例 2-3 图

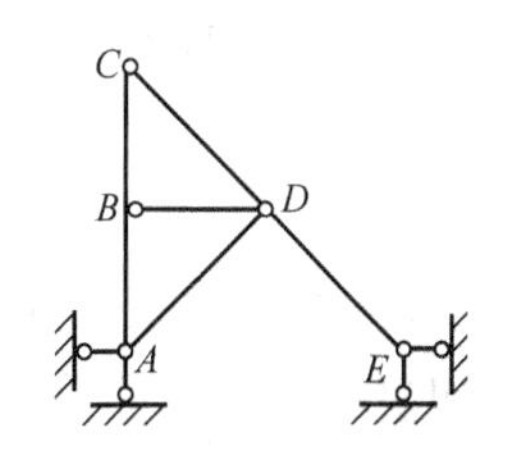

图 2-15　例 2-4 图

2.4　平面杆件体系的计算自由度

如果可以对平面杆件体系的几何组成分析进行量化处理，那么在进行体系几何构造分析时所得的结果将更加精确科学。除此之外，可以通过计算机编程来分析结构的几何组成规律，这将为平面结构的几何组成分析提供高效精确的结果。

在学习本节之前，先介绍一些参数。

(1) 自由度 S。首先忽略体系中的各个约束，在此情况下算出体系自由度数的总和 a；然后在全部约束中确定非多余约束总和数 c；最后将两数相减，就得出体系的自由度数 S 为

$$S=a-c \tag{2-1}$$

(2) 计算自由度 W。在运用式(2-1)时，需要确定全部约束中的非多余约束的总和数 c，如果体系杆件构造非常复杂，c 的确定也会变得很复杂。为了解决这个问题，定义新的参数 d 和 W，d 是全部约束的总和，W 为

$$W=a-d \tag{2-2}$$

(3) 体系多余约束的个数 n。显然，体系全部约束总和为 d 与非多余约束总和 c 的差值就是体系多余约束的个数，现定义为参数 n 如下：

$$n=S-W = d-c \tag{2-3}$$

以上参数的介绍只是说明原理，具体应用于计算，主要分两种方法，而在介绍这两种方法之前，首先对参数的定义做具体说明。

(1) 体系中所说的刚片必须是内部无多余约束的刚片，如果遇到的是内部有多余约束的刚片，则可以先把它当成一个无多余约束的刚片，但是多余约束在计算中应该算进去。如图 2-16(a)可以作为一个无多余约束的刚片，而图 2-16(b)如果作为一个无多余约束的刚片，在计算约束时要多加一个约束。依次类推，图 2-16(c)、图 2-16(d)中都可作为一个无多余约束的刚片，但是约束分别多加两个和三个。

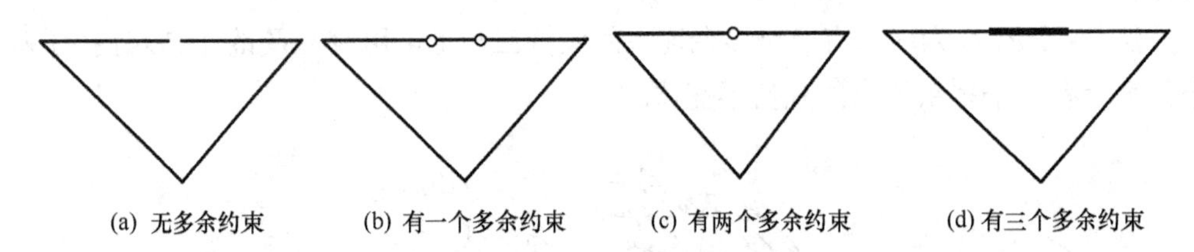

(a) 无多余约束　(b) 有一个多余约束　(c) 有两个多余约束　(d) 有三个多余约束

图 2-16　约束个数

(2) 体系中的约束分为两种，即单约束和复约束。前述的单铰和复铰两个概念分别对应单约束和复约束。下面简单介绍单链杆和复链杆：一个铰点有两个自由度，两个铰应该有四个自由度，当两个铰点被一根链杆连接后，沿杆方向受到了约束，此时整个体系只有三个自由度，所以单链杆相当于一个约束，如图 2-17(a)所示；三个铰应该有六个自由度，当被复链杆连接后，整个体系只有三个自由度，此时的复链杆相当于三个约束，如图 2-17(b)所示。一般来说，连接 n 个点的复链杆相当于 $2n-3$ 个单链杆。在计算自由度时，复约束一定不要忘记转化为单约束。

(a) 单链杆　　(b) 复链杆

图 2-17　单链杆与复链杆

下面着重介绍两种计算平面杆件体系自由度的方法。

(1) 首先按刚体和约束把整个体系分解成刚片、链杆、铰结点、刚结点四部分，分别以 m、b、h、g 表示。显然体系总的自由度为 $3m$，约束总共有 $3g+2h+b$，因此体系的计算自由度 W 可表示为

$$W=3m-(3g+2h+b) \tag{2-4}$$

(2) 对于桁架结构，首先按结点和链杆约束把整个体系分解为结点和链杆，分别以 j 和 b 表示，则 W 可表示为

$$W=2j-b \tag{2-5}$$

自由度 W 的结果可正可负，但是自由度 S 和多余约束 n 都大于或等于零，根据式(2-3)可以得出 S 和 n 的下线值分别为 W 和 $-W$。通过 W 的正负也可以得出以下定性的结论，如表 2-1 所示。

表 2-1　计算自由度与结构组成分析

W 的数值	几何组成性质
$W>0$	体系是几何可变的
$W<0$	体系有多余约束。若体系为几何不变，则为超静定结构
$W=0$	若无多余约束则为几何不变，如有多余约束则为几何可变

【例 2-5】计算图 2-18(a)所示结构的计算自由度。

解：首先把所有约束去掉，把整个体系变成无多余约束的刚体，如图 2-18(b)所示，图中在 K 和 J 处将链杆切开，因此在计算约束时，除了 A 和 B 处的刚结点外，还有 K 和 J 两个刚结点。按式(2-4)计算，刚结点数 $g=4$，铰结点数 $h=0$，链杆个数 $b=6$，刚体数 $m=1$，因此，$W=3m-(3g+2h+b)=3\times1-(3\times4+2\times0+6)=-15$，由于这个体系是几何不变的，故自由度为零，因此，由式(2-3)可以求出多余约束 n 如下：$n=S-W=0-(-15)=15$，因此这是一个具有 15 个多余约束的几何不变体系。

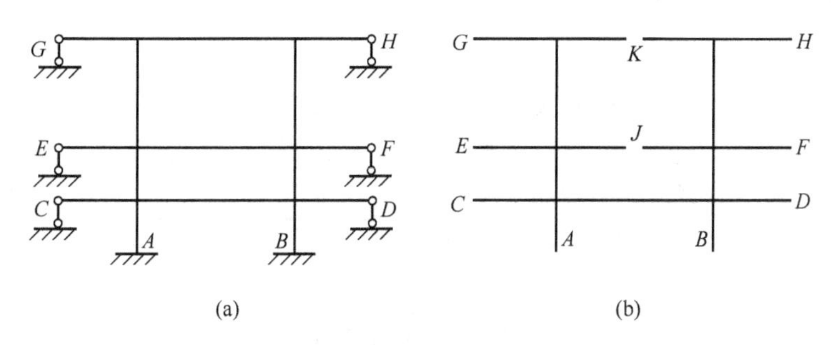

图 2-18　例 2-5 图

【例 2-6】计算图 2-19(a)所示结构的计算自由度。

解：方法一：以刚片和约束为研究对象，体系有刚片 m=7，单铰 h=9，刚结点 g=0，链杆 b=5。由式(2-4)得：$W=3m-(3g+2h+b)=3\times7-(3\times0+2\times9+5)=-2$。

方法二：以结点和链杆约束为研究对象，体系有结点 j=5，链杆 b=12，由式(2-5)得：$W=2j-b=2\times5-12=-2$。

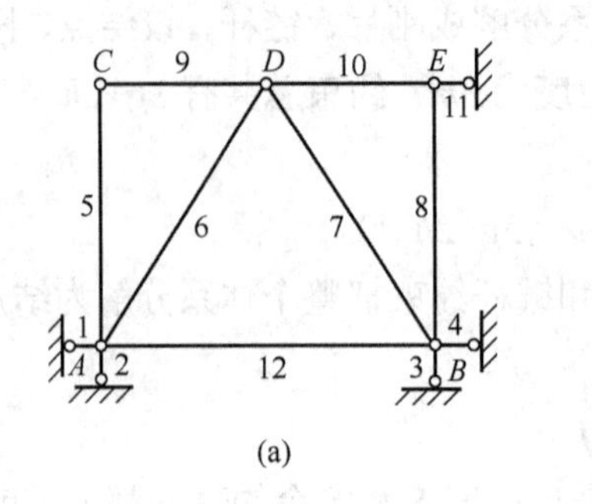

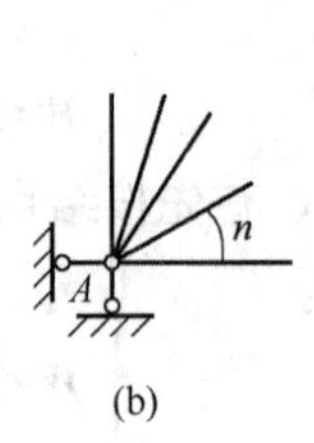

图 2-19　例 2-6 图

这里要特别说明的是方法一中单铰数的确定。单铰数主要是铰结点 A、B 和 E 处铰结点的个数，A、B 处单铰都为两个，E 处单铰为一个。链杆与刚体相连，只需体系中一根杆件，结点 A 处，链杆 1 和 2 可以共用杆件 5、6、12 中的一个，所以结点 A 处单铰数为两个。链杆 11 显然可以用链杆 10 或者 8，所以 E 处单铰数为一个。这里总结出规律为：结点 A 连接 n 个杆件，则 A 处的单铰数为 $n-1$，如图 2-19(b)所示。

【例 2-7】计算图 2-20(a)所示结构的计算自由度。

解：方法一：以刚片和约束为研究对象，体系有刚片 m=7，单铰 h=10，刚结点 g=0，链杆 b=0。由式(2-4)得：$W=3m-(3g+2h+b)=3\times7-(3\times0+2\times10+0)=1$。

方法二：以结点和链杆约束为研究对象，体系有结点 j=6，链杆 b=11。由式(2-5)得：$W=2j-b=2\times6-11=1$。

该结构体系可以确定是内部几何不变体系，应该有三个自由度，为什么算出的是一个自由度呢？由此可知，计算自由度和自由度的区别。显然整个体系有两个多余约束，去掉两根链杆后体系如图 2-20(b)所示，ABF 为刚体，杆 FC 和 BC 为二元体。

由式(2-3)得：$n=S-W=S-1=2$，故 S=3。

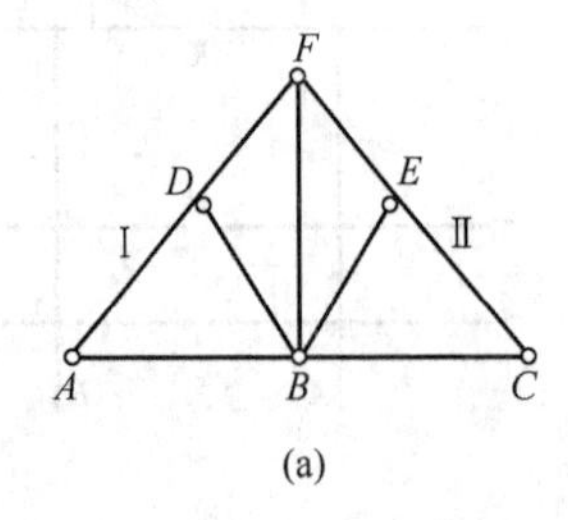

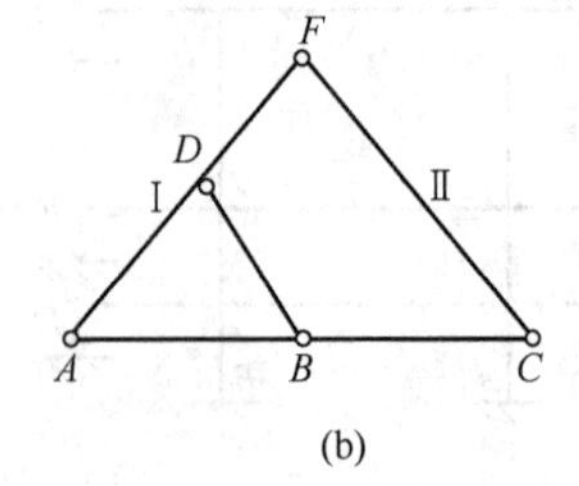

图 2-20　例 2-7 图

【例 2-8】试对图 2-21(a)所示体系做几何组成分析。

解： 该铰接体系无法用几何不变体系的简单组成规则进行机动分析。

先考察体系的自由度。结点数 j=18，链杆数 b=33，支座链杆数 b=3，故其自由度为

$$W = 18\times 2 - 33 - 3 = 0$$

因体系自由度为零，可用零载法进行机动分析。为此，设在零荷载情况下 E 处的支座链杆有向上的竖向反力 F_E，如图 2-21(b)所示。

依次考察结点 I 与 M，有平衡条件 $\sum X = 0$，可知杆 DI 的受力性质与杆 IM 的受力性质相反，而与杆 MS 的受力性质相同。据此，再用截面 I - I 截出体系右方为隔离体，由平衡方程 $\sum Y = 0$ 可知杆 DI 与 MS 为拉杆，而杆 IM 为压杆(分别在图 2-21 中杆侧标以“+”和“−”)。同样，再分别用截面截开其余结，取体系右方为隔离体，由 $\sum Y = 0$ 即可判断各斜腹杆的受力性质，如图 2-21 中杆侧的标记。

再由结点 S 的平衡条件可知杆 SI 和 SR 均为压杆；由结点 R 和 Q 利用 $\sum X = 0$ 的平衡条件分别可知杆 RQ 和 QP 也为压杆，它们的受力性质如图 2-21(b)中所示。

最后，再考虑结点 P，由 $\sum X = 0$ 可知杆 PJ 应为压杆(由结点 N 的平衡条件知 PN 及 NJ 两杆均为零杆)，这与前面所得 PJ 杆为拉杆相矛盾，可见在零荷载情况下，体系不可能有非零解，故知该体系为无多余约束的几何不变体系。

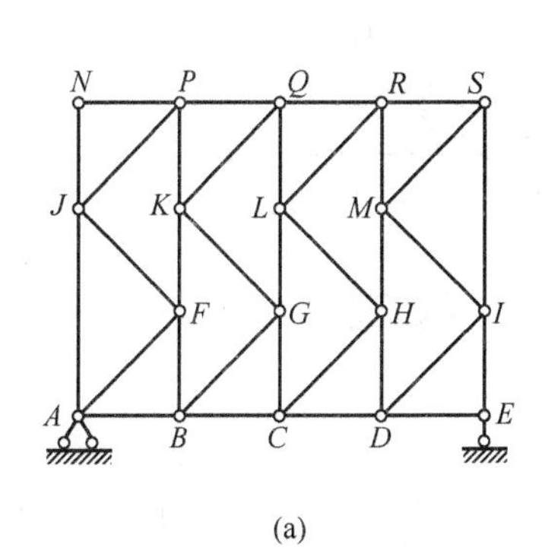

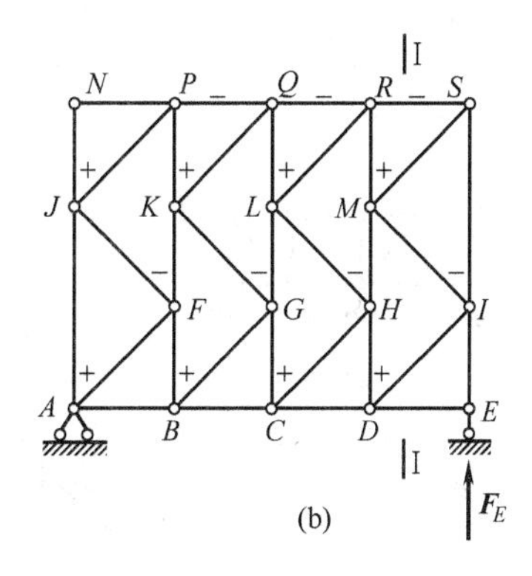

图 2-21　例 2-8 图

思　考　题

2-1　什么是单铰、复铰、单链杆、复链杆，它们在几何构造分析时应如何处理？

2-2　计算自由度 W=0 时，为什么若无多余约束则为几何不变？如有多余约束则为几何可变？

2-3　如何判别瞬变体系和常变体系？瞬变体系能否作为结构使用？为什么？试举例分析。

2-4　二元体的拆除与添加有哪些要求？试通过举例分别加以说明。

2-5　分析平面体系的几何构造时，有哪些方法？试总结自己的经验。

2-6　计算平面杆件体系的自由度时有哪些方法和要求？

习 题

2-1 试对图 2-22 所示体系进行几何组成分析。如果是有多余约束的几何不变体，需指明多余约束及多余约束的数目。

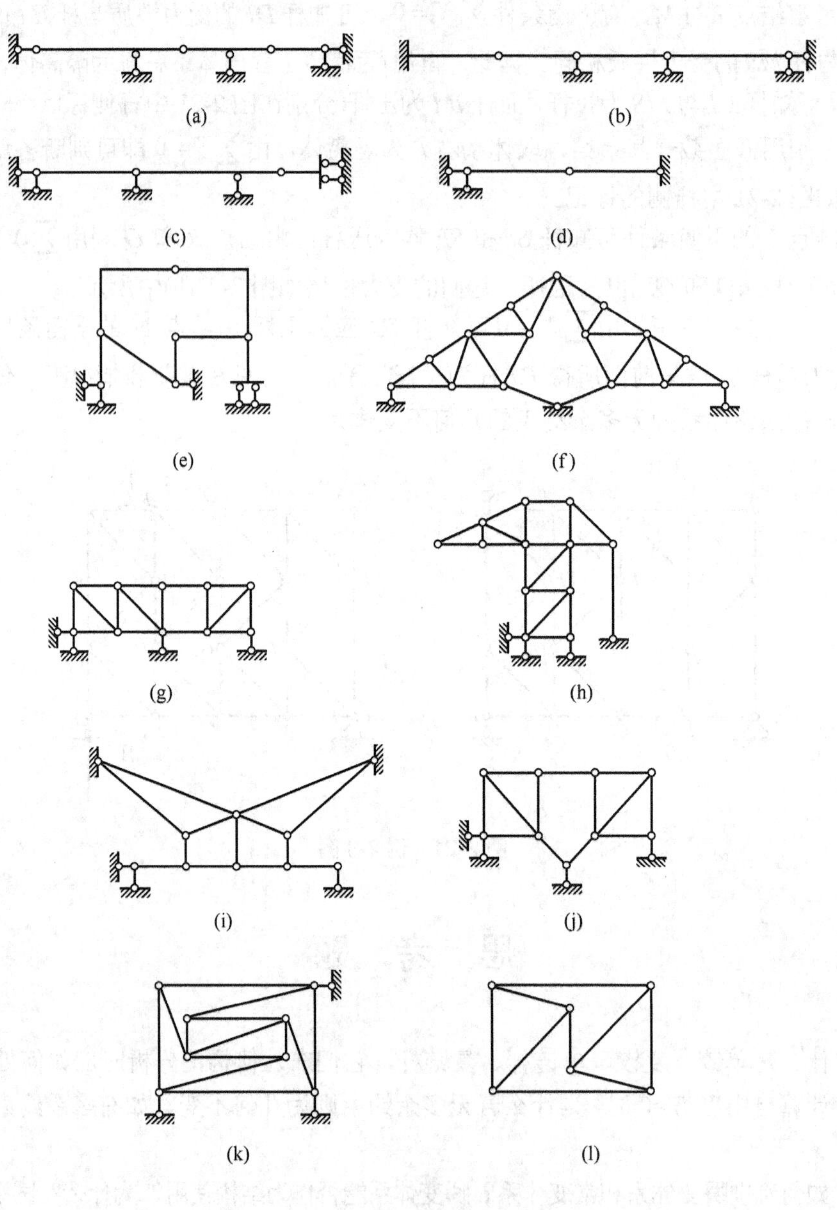

图 2-22 习题 2-1 图

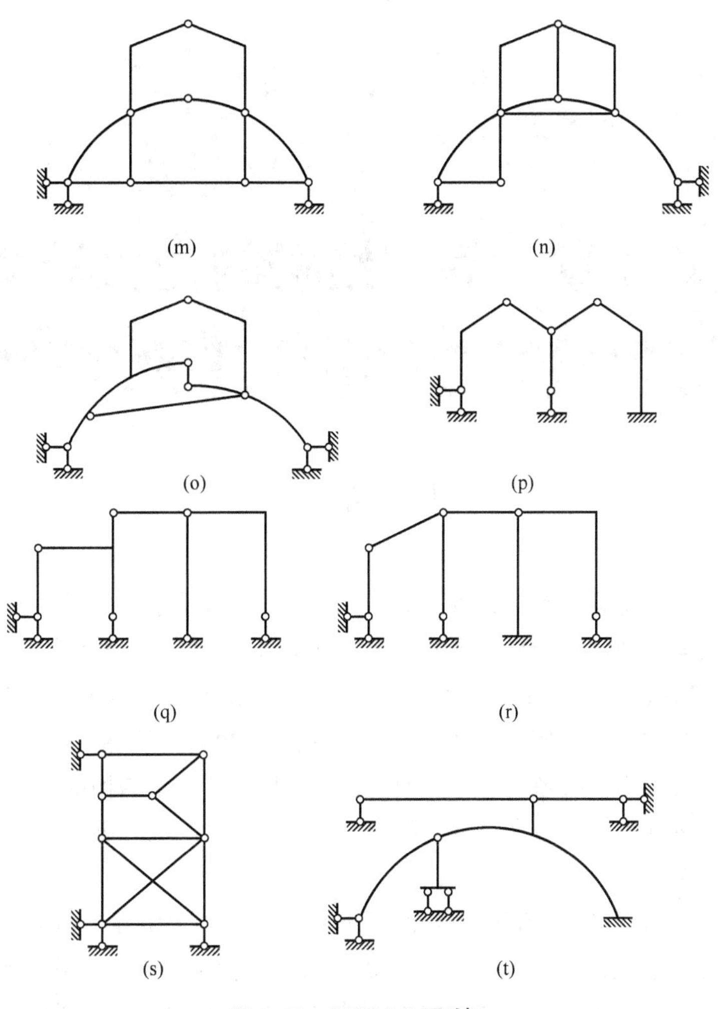

图 2-22　习题 2-1 图(续)

2-2　试计算图 2-23 所示体系的计算自由度并进行几何组成分析。

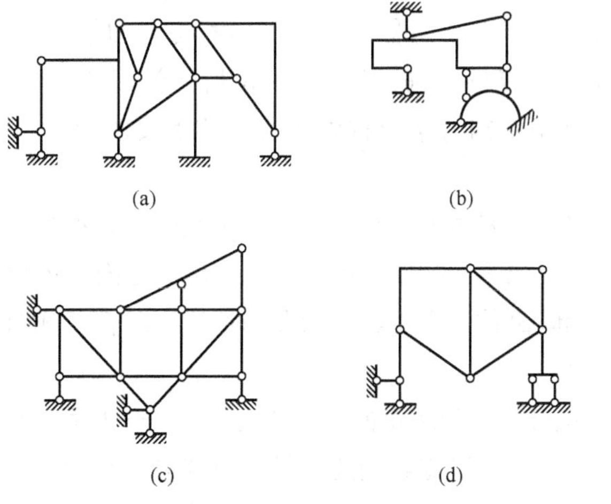

图 2-23　习题 1-2 图

第3章　静定结构的内力计算

3.1　概　　述

静定结构包括静定梁、刚架、拱、桁架、组合结构和悬索等类型，各种结构具有各自的特点。材料力学中通常已经介绍了静定结构的概念：在任意荷载作用下，如果结构的未知力(支座反力和截面内力)仅用静力平衡条件即能完全确定，则该结构就是一个静定结构。静定结构是无多余约束的几何不变体系，未知力的个数恰好等于独立的静力平衡方程的个数，计算未知力时，不需要考虑位移方面的条件。反之，如果结构中的未知力不能由静力方程完全确定，未知力的个数大于独立的静力平衡方程的个数，则该结构就是一个超静定结构(静不定结构)。

本章内容以理论力学中的隔离体受力分析和材料力学中建立杆件内力方程做受力分析为基础，介绍静定结构的内力计算问题，确定各种平面杆系结构由静力荷载引起的弯矩、剪力和轴力沿杆长的变化规律，即绘制内力图。内力图中平行于杆轴线的坐标表示截面的位置，垂直于杆轴线的坐标表示内力的数值。进行静定结构的受力分析要求熟练运用理论力学和材料力学中的基本概念、基本理论和基本方法，如果已经忘记或不够熟练，那么需要及时复习以加以巩固。本章内容和材料力学中的少许章节有所重叠，但在探讨问题的深度上有明显的提高。鉴于本章是后面学习位移计算和超静定结构内力计算等内容的基础，所以在结构力学课程中占有非常重要的地位，应该引起学习者的足够重视。

结构在外荷载作用下，其内部各部分之间的相互作用力称为内力。截面法是求解杆件内力的最基本方法。若要求某一位置上的内力，可用一截面在该位置将结构切断，取截面两侧中的任一部分作为隔离体，画出其受力图，然后列出含有截面内力的静力平衡方程，解该方程即可求出内力。

第 2 章的几何组成分析对于本章的学习意义重大。一方面，我们需要利用几何组成分析的知识判断一个给定体系是静定结构还是超静定结构，因为“静定”和“无多余约束的几何不变体系”是等价的；另一方面，静力分析的计算次序和几何组成之间有关系，在进行内力计算之前先对结构进行一次几何组成分析，通常就可以找到解题的线索，则整个内力计算的工作可以顺利进行。

3.1.1　杆件横截面上的内力和符号规定

平面杆系结构在任意荷载作用下，横截面上一般有三个内力分量：弯矩 M、剪力 $\boldsymbol{F}_{\mathrm{Q}}$ 和轴力 $\boldsymbol{F}_{\mathrm{N}}$。

弯矩等于截面一侧所有外力对截面形心力矩的代数和。弯矩一般没有规定符号，对于水平杆，当弯矩使杆件下部受拉时为正、上部受拉时为负。

剪力等于截面一侧所有外力沿截面切线方向投影的代数和。绕着隔离体顺时针方向转动的剪力为正，反之为负。

轴力等于截面一侧所有外力沿截面法线方向投影的代数和。轴力以拉为正，以压为负。

作弯矩图时，纵坐标应画在杆件受拉一侧，不标注符号。剪力图和轴力图必须标注符号。

通常在竖向荷载作用下，水平梁的横截面上只有弯矩和剪力，轴力等于零。

3.1.2　荷载与内力之间的微分关系和增量关系

在图 3-1 所示的荷载连续分布的直杆段上，取长为 dx 的微段作为隔离体(见图 3-2)，分布荷载 $\boldsymbol{q}_x$、$\boldsymbol{q}_y$ 以指向坐标轴 x、y 正向为正。考虑微段的平衡条件，建立平衡方程 $\sum F_x=0$、$\sum F_y=0$ 和 $\sum M=0$ 并略去高阶微量，可导出图示坐标系下内力与荷载之间的微分关系：

$$\left.\begin{aligned}\frac{\mathrm{d}M}{\mathrm{d}x}&=F_{\mathrm{Q}}\\\frac{\mathrm{d}F_{\mathrm{Q}}}{\mathrm{d}x}&=-q_y\\\frac{\mathrm{d}F_{\mathrm{N}}}{\mathrm{d}x}&=-q_x\end{aligned}\right\}\tag{3-1}$$

由式(3-1)中的前两式，可得

$$\frac{\mathrm{d}^2M}{\mathrm{d}x^2}=-q_y\tag{3-2}$$

在图 3-1 中集中荷载作用处取微段 dx 作为隔离体(见图 3-3)，集中荷载 $\boldsymbol{F}_x$、$\boldsymbol{F}_y$ 以指向坐标轴 x、y 正向为正，M 是外力偶，以顺时针转向为正，则由该微段的平衡条件可导出图示坐标系下内力与荷载之间的增量关系：

$$\left.\begin{aligned}\Delta M&=M\\\Delta F_{\mathrm{Q}}&=-F_y\\\Delta F_{\mathrm{N}}&=-F_x\end{aligned}\right\}\tag{3-3}$$

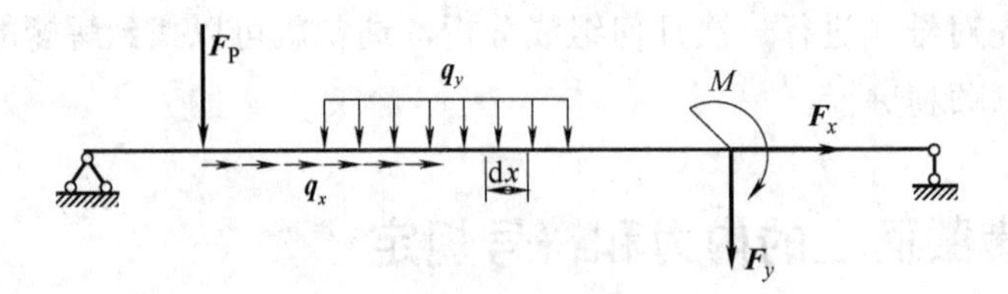

图 3-1　受任意荷载作用的结构

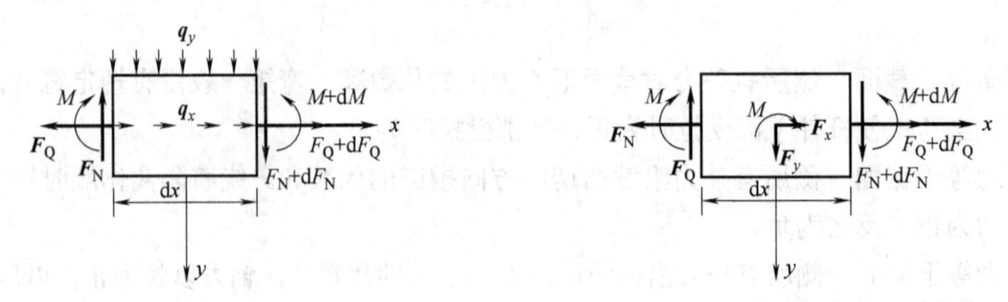

图 3-2　荷载连续分布的微段　　　　图 3-3　受集中荷载作用的微段

根据上述关系，可得到几种常用的内力图的形状特征，如表 3-1 所示。

表 3-1　内力图的几点规律

序号	荷载情况	剪力图特征	弯矩图特征
1	无横向荷载杆段	剪力等于常数	弯矩图为斜直线
2	均布横向荷载作用杆段	剪力图为斜直线	弯矩图为二次曲线
3	横向集中力作用点处	剪力图产生突变(突变量等于集中力的大小)	弯矩图有尖点
4	集中力偶作用点处	剪力不变	弯矩图产生突变(突变量等于集中力偶的大小)

3.1.3　分段叠加法作弯矩图

分段叠加法包括分段和叠加两个步骤。

(1) “分段”是指选定外力的不连续点(如集中力和集中力偶作用点、分布荷载的起点和终点等)作为分段点，可用截面法求出这些位置的弯矩值。

(2) “叠加”的理论依据是叠加原理，即结构在一组荷载共同作用下产生的某个量(反力、内力、变形、位移等)等于该组荷载中每一个荷载单独作用时引起的该量的和。利用叠加原理可以将一个比较复杂的问题分解为若干简单问题的和，结构力学中会经常使用该原理。

图 3-4(a)所示为简支梁受集中力和两端外力偶的共同作用，可先考虑每一种荷载的单独作用，分别作出力偶 M_A、M_B 和荷载 $\boldsymbol{F}$ 单独作用下的弯矩图，如图 3-4(b)、图 3-4(c)和图 3-4(d)所示，将这三个弯矩图叠加，即得到需要的弯矩图(见图 3-4(e))。实际作图时，可将这些步骤合在一起，先将两端弯矩 M_A、M_B 绘出并用直线连接，然后以此为基线叠加相应简支梁在

荷载 $\boldsymbol{F}$ 作用下的弯矩图。弯矩图叠加指的是对应位置上纵坐标数值的叠加，而不是指弯矩图形状的简单拼合。比如，图 3-4(d)中的纵坐标 Fab/l 仍应该沿竖向计算，而不是垂直于 M_A、M_B 连线方向。

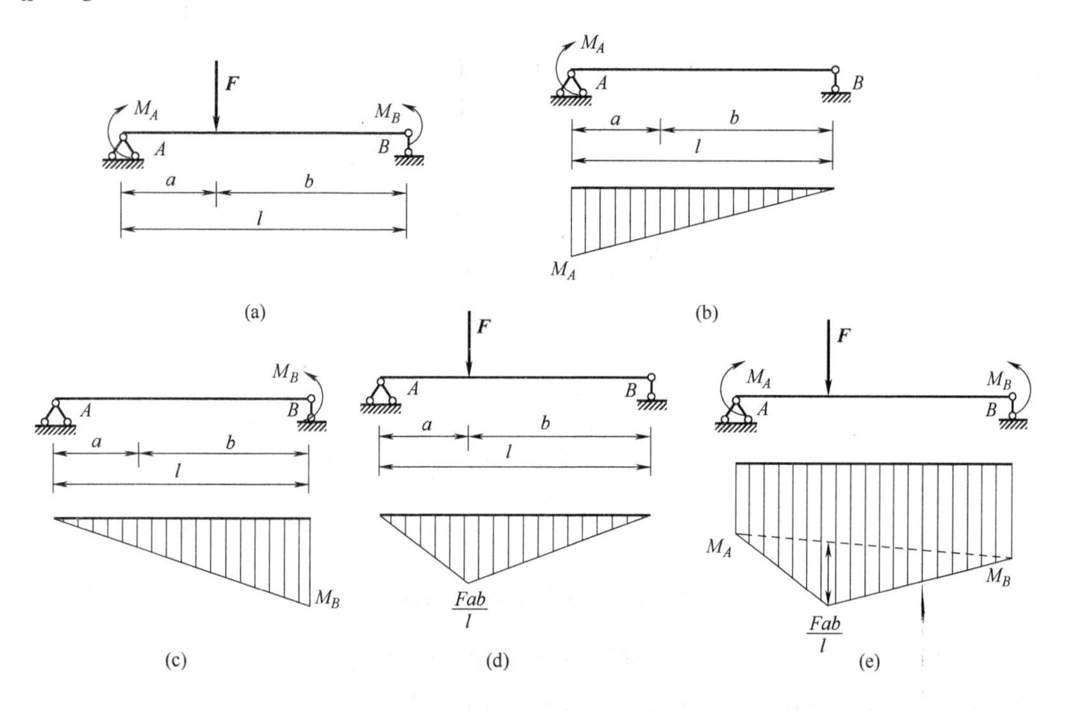

图 3-4　用叠加法作弯矩图

上述叠加法适用于直杆的任何区段。如图 3-5(a)所示，取伸臂梁中某一区段 AB 为隔离体，该段除了承受荷载 $\boldsymbol{q}$ 外，两端还有弯矩 M_A、M_B 和剪力 $\boldsymbol{F}_{QA}$、$\boldsymbol{F}_{QB}$ 作用，如图 3-5(b)所示。将它与图 3-5(c)中相同长度的简支梁进行比较，简支梁上作用有相同的荷载 $\boldsymbol{q}$ 和相同的杆端力偶 M_A、M_B，梁上的支座反力为 $\boldsymbol{F}_A$、$\boldsymbol{F}_B$。分别用平衡方程求剪力 $\boldsymbol{F}_{QA}$、$\boldsymbol{F}_{QB}$ 和支座反力 $\boldsymbol{F}_A$、$\boldsymbol{F}_B$，则可得到 $F_{QA}=F_A$，$F_{QB}=F_B$。可见它们受到的荷载完全相同，因此两者的内力图也应该相同，弯矩图如图 3-5(d)所示。

根据上述分析，可得到作弯矩图的大致步骤如下。

(1) 通常先求出支座反力。

(2) 分段。将外力的不连续点作为分段点(集中力和集中力偶作用点、分布荷载的起点和终点等)，用截面法求出分段点处(控制截面)的弯矩值。

(3) 叠加法作图。将每两个相邻控制截面的弯矩值用直线相连，当控制截面间有荷载时，还应叠加这一段按简支梁求得的弯矩图；当相邻控制截面间没有荷载时，弯矩图为直线。

分段叠加法的适用条件：既适用于静定结构，也适用于超静定结构，还适用于变截面的情况；该方法的理论依据是叠加原理，因此只适用于线弹性材料和小变形的情况。

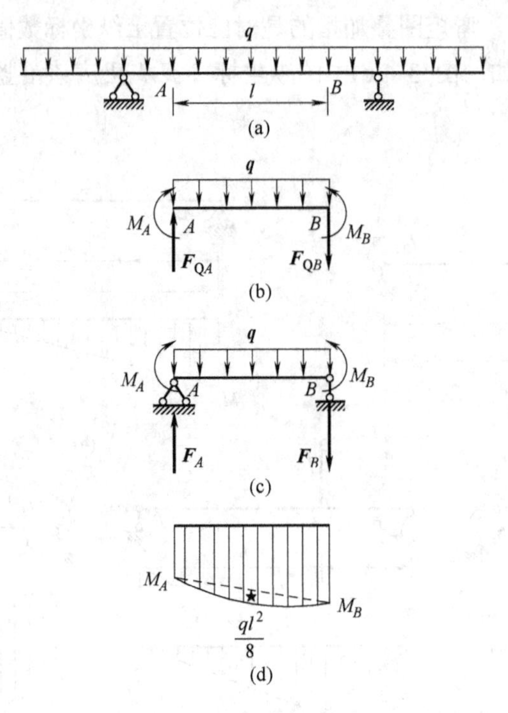

图 3-5　用分段叠加法作弯矩图

在梁和刚架的受力分析中，常需要用分段叠加法作弯矩图。为提高作图速度，最好记住简支梁在集中力、满跨均布力和集中力偶作用下的弯矩图。

静定结构内力计算过程中需注意的几点问题。

(1) 弯矩图习惯画在杆件受拉边，不用标注正负号；轴力图和剪力图可画在杆件任一边，需要标注正负号。

(2) 内力图要写清名称、单位、控制截面处纵坐标的大小，各纵坐标的长度应成比例。

(3) 用截面法求内力所列的平衡方程的正负与内力正负是完全不同的两套符号系统，不可混淆。

【例 3-1】试作图 3-6(a)所示简支梁的内力图。

解：(1) 计算支座反力。作出该简支梁的受力图 3-6(a)，根据平衡方程可得到：$F_{Fy}=5\text{kN}$。

(2) 作弯矩图。取 A、B、C、D、E_{L}、E_{R}、F 为控制截面，用截面法求出各截面弯矩值如下：$M_A=0$，$M_B=26\text{kN·m}$，$M_C=32\text{kN·m}$，$M_D=28\text{kN·m}$，$M_{E\text{L}}=18\text{kN·m}$，$M_{E\text{R}}=10\text{kN·m}$，$M_F=0$。

在弯矩图上依次标出控制截面上的各点，每相邻两点之间用直线段连接，因为在 C、D 两控制截面间有均布荷载作用，所以还应叠加以 CD 为跨度的在均布荷载作用下简支梁的弯矩图，即得到所求得的弯矩图(见图 3-6(b))，其中 CD 段中点的竖距为 $\frac{32+28}{2}+\frac{2\times4^2}{8}=34(\text{kN}\cdot\text{m})$。

(3) 作剪力图。AB、BC、DE、EF 段上无荷载作用，则剪力值应为常数，$\boldsymbol{F}_{\mathrm{Q}}$ 图为水平线；CD 段上有均布荷载作用，$\boldsymbol{F}_{\mathrm{Q}}$ 图应为斜直线；E 处的集中力偶对剪力没有影响。从 A 端开始，自左至右求出各控制截面的剪力值如下：

$$F_{QA}=F_{Ay}=13\mathrm{kN}\,,\quad F_{QB}^{\mathrm{R}}=13-10=3\mathrm{kN}\,,\quad F_{QD}=-F_{Fy}=-5\mathrm{kN}$$

在剪力图上依次标出控制截面上的各点，每相邻两点之间用直线段连接，即可得到剪力图，如图 3-6(c)所示。

弯矩图中 B 点有一个向下的尖点，AB、BC、DE、EF 段斜率等于相应的剪力值；剪力图中在 B 点有突变，各段的斜率等于相应的分布荷载；这些都体现了荷载与内力之间的微分关系和增量关系。

如果需要梁上的最大弯矩值，可利用弯矩与剪力之间的微分关系先由剪力图求出剪力为零的截面位置，再用截面法求出该截面的弯矩值，本题目的最大弯矩值为34.22kN·m。

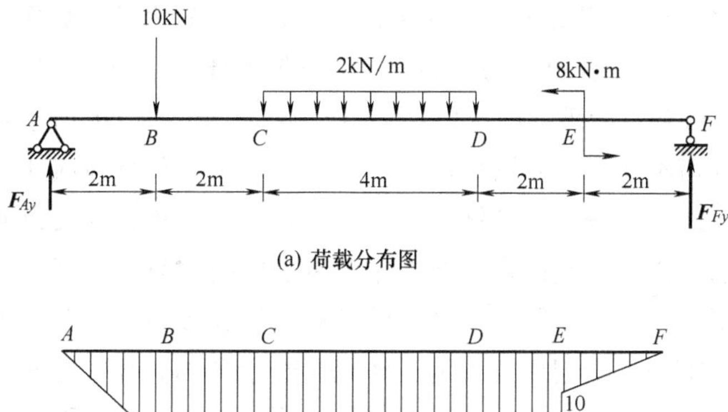

(a) 荷载分布图

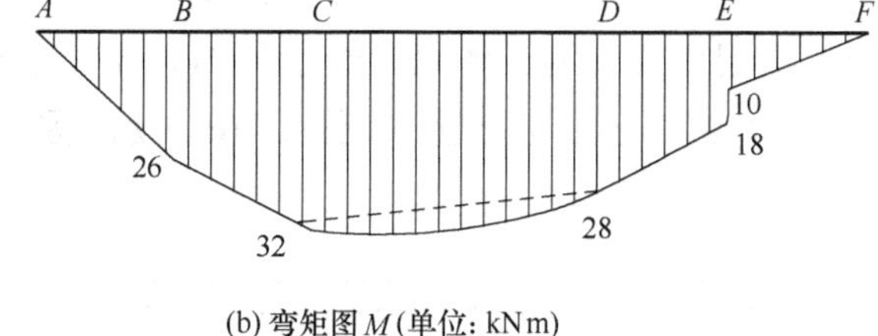

(b) 弯矩图 M (单位: kNm)

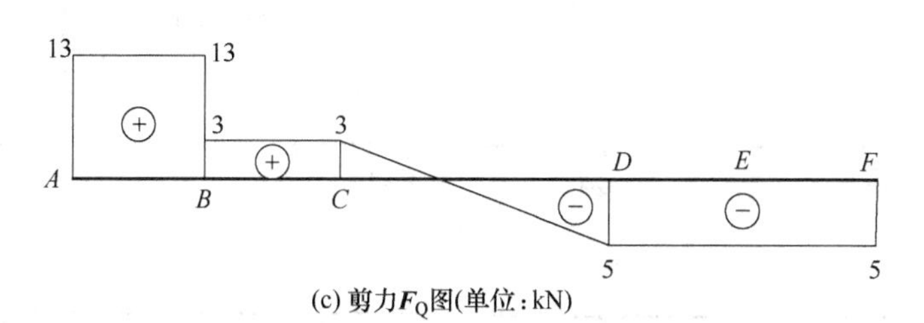

(c) 剪力 $\boldsymbol{F}_{\mathrm{Q}}$图(单位：kN)

图 3-6　作简支梁的内力图

3.2　静　定　梁

静定梁分为静定单跨梁和静定多跨梁，在实际工程中都有广泛的应用。静定单跨梁的结构形式有水平梁、斜梁和曲梁，如图 3-7 所示。图 3-8 所示的三种单跨梁最简单，也最为常见，分别称为简支梁、悬臂梁和伸臂梁，材料力学中已详细介绍了这几种梁，它们是组成各种结构的基本单元。由若干根单跨梁作为基本构造单元，按照静定结构的组成规律得到的各杆轴共线的受弯结构，称为静定多跨梁。

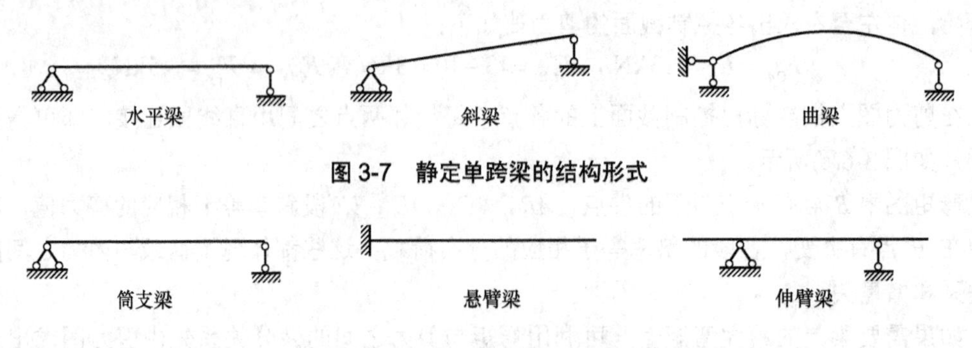

图 3-7　静定单跨梁的结构形式

图 3-8　常见的三种简单梁

图 3-9(a)所示为一用于公路桥的静定多跨梁，图 3-9(b)为其计算简图。从其几何组成分析可知，*AD* 杆由三根支座链杆与基础连接，不依靠体系中的其他部分可独立地保持几何不变，称为基本部分。同理，*EH* 杆也可看作基本部分。杆 *DE* 必须依靠两侧基本部分的约束才能保持几何不变，称为附属部分。可见，若附属部分被破坏，则基本部分仍能保持几何不变；反之，若基本部分被破坏，则附属部分失去必要约束而无法保持几何不变。静定多跨梁的受力特点是：作用在基本部分上的荷载只在该基本部分上引起内力，对附属部分没有影响；作用在附属部分上的荷载除了在该附属部分上引起内力外，还会在其所依附的基本部分上引起内力。为了清楚地表示各部分杆件之间的层次关系，可以把基本部分画在下层，而把附属部分画在上层，如图 3-9(c)所示。因此层次关系是相对的，不是绝对的。

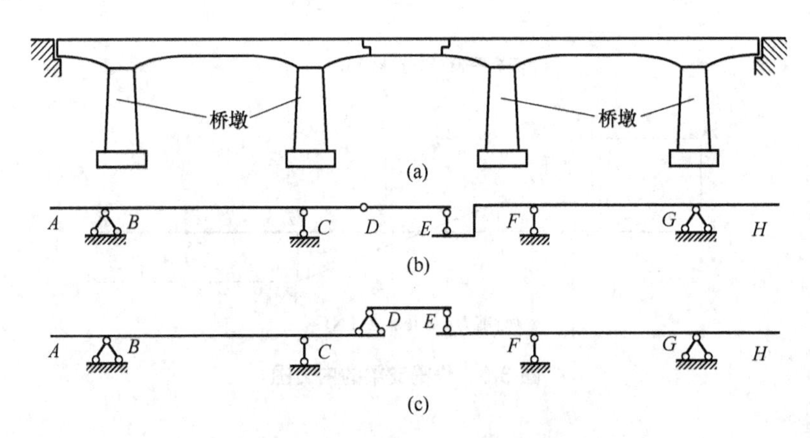

图 3-9　公路桥简化为静定多跨梁

根据上述受力特点，计算静定多跨梁内力时，应该先算附属部分，后算基本部分，即内力计算的顺序和几何组成的顺序相反。先计算出附属部分上的未知约束力，然后反其指向，就是加在相邻基本部分上的荷载，进而可求出基本部分上的未知约束力。当取每一部分进行分析时，都可按照单跨梁的情况进行计算，从而可以避免求解联立方程组。作内力图时，逐段作出每一部分的内力图，将各部分的内力图连在一起，就是整个静定多跨梁的内力图。具体绘制时，可以利用内力与荷载之间的关系，加快作图速度，同时可增强对力学基本概念的理解和运用。

【例 3-2】图 3-10(a)、(b)所示为一简支斜梁(可看作楼梯的简图)，该斜梁的水平投影长度为 l，斜梁与水平面间的夹角为θ。斜梁自重荷载为 $\boldsymbol{q}_1$，其上的人群荷载为 $\boldsymbol{q}_2$，试作该梁在上述荷载作用下的内力图。

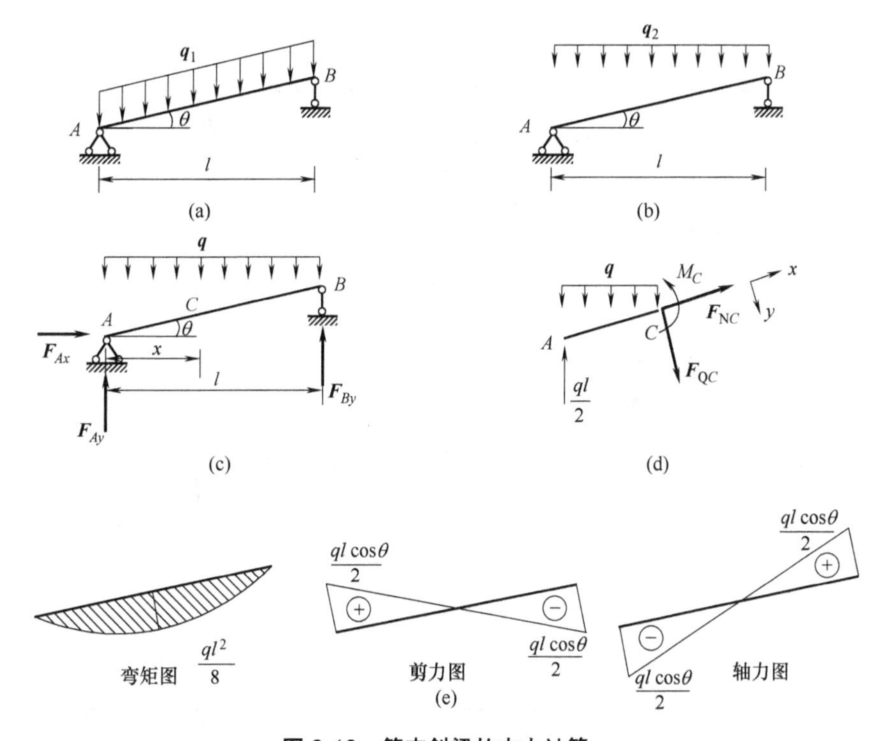

图 3-10　简支斜梁的内力计算

解：(1) 自重荷载换算。将沿杆长方向的自重荷载 $\boldsymbol{q}_1$ 换算成沿水平方向的荷载$\boldsymbol{q}_1'$，$q_1'=\dfrac{q_1}{\cos\theta}$，则斜梁上沿水平方向的总荷载为$q=q_1'+q_2$ (见图 3-10(c))。

(2) 计算支座反力。取斜梁为隔离体，列平衡方程，可求得$F_{Ax}=0$，$F_{Ay}=\dfrac{ql}{2}$，$F_{By}=\dfrac{ql}{2}$。

(3) 用截面法求任一截面 C 的内力。用截面 C 将梁切断，取左边 AC 段作为隔离体(见图 3-10(d))，假设杆长方向为 x 轴，垂直杆长方向为 y 轴，考虑平衡条件。

由$\sum M_C=0$，$M_C+qx\cdot\dfrac{x}{2}-\dfrac{ql}{2}\cdot x=0$，得$M_C=\dfrac{ql}{2}x-qx\cdot\dfrac{x}{2}$。

由$\sum F_x=0$，$F_{NC}-qx\sin\theta+\dfrac{ql}{2}\sin\theta=0$，得$F_{NC}=qx\sin\theta-\dfrac{ql}{2}\sin\theta$。

由$\sum F_y=0$，$F_{QC}+qx\cos\theta-\dfrac{ql}{2}\cos\theta=0$，得$F_{QC}=\dfrac{ql}{2}\cos\theta-qx\cos\theta$。

(4) 作内力图。根据前面得到的内力方程式，可作出内力图，如图 3-10(e)所示。可见，该梁的弯矩图是一条二次抛物线，剪力图和轴力图是斜直线。

将斜梁的内力图和同跨度同荷载的水平梁相比较(为加以区分，水平梁的内力数据加上标)，在相同的截面上，有以下关系成立：

$$M(x)=M^{0}(x)\text{，}\quad F_{Q}(x)=F_{Q}^{0}(x)\cos\theta\text{，}\quad F_{N}(x)=F_{Q}^{0}(x)\sin\theta$$

【例 3-3】试作图 3-11(a)所示静定多跨梁的内力图。

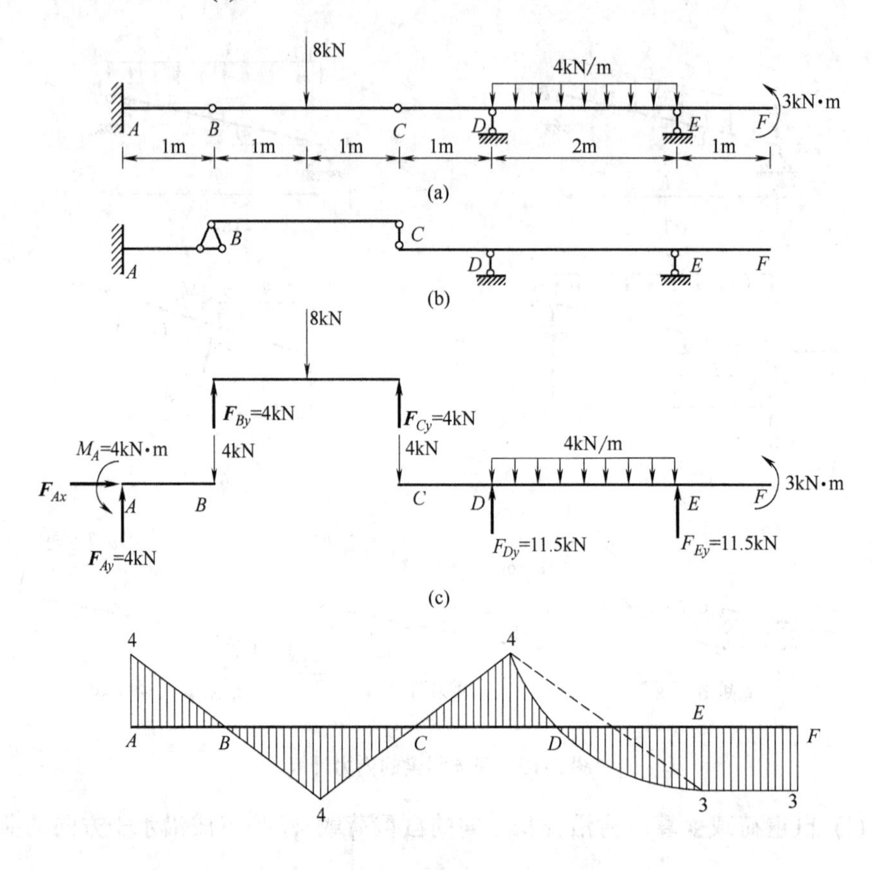

(d) M图(单位：kN·m)

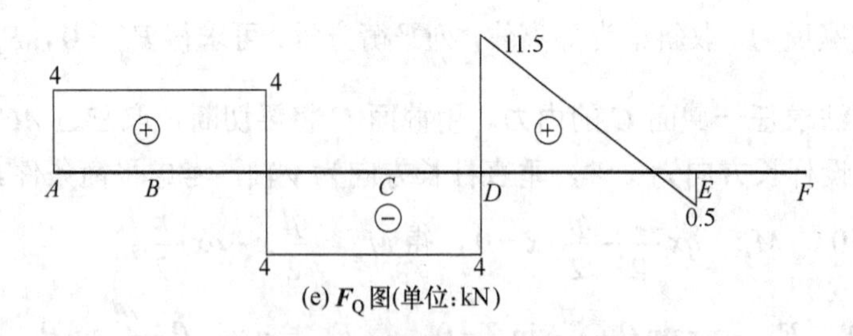

(e) F_{Q}图(单位：kN)

图 3-11　静定多跨梁的内力计算

解：先进行几何组成分析。AB 杆和基础之间由固定支座连接，为基本部分；CF 杆和基础之间由两根竖向链杆连接，故在竖向荷载作用下可看作基本部分；BC 杆需要依靠两侧的基本部分，所以是附属部分。几何组成的顺序是先固定基本部分，后固定附属部分，基本部分和附属部分的层次关系如图 3-11(b)所示。计算内力的顺序和几何组成顺序相反，应先从 *BC* 杆开始，然后再分析 *AB* 杆和 *CF* 杆，各杆的受力图如图 3-11(c)所示。

因结构中没有受到水平外力，由整体平衡条件可知水平反力 $F_{Ax}=0$，即各铰处的水平约束力都为零，各杆中都不受轴力作用。根据各杆的受力图，可依次求出所有的未知约束力，各约束力和支座反力的数值已标注在图 3-11(c)中。求出各铰和支座上的反力后，即可逐段作出全梁的弯矩图 3-11(d)和剪力图 3-11(e)。

【例 3-4】快速作出图 3-12(a)所示静定多跨梁的弯矩图。

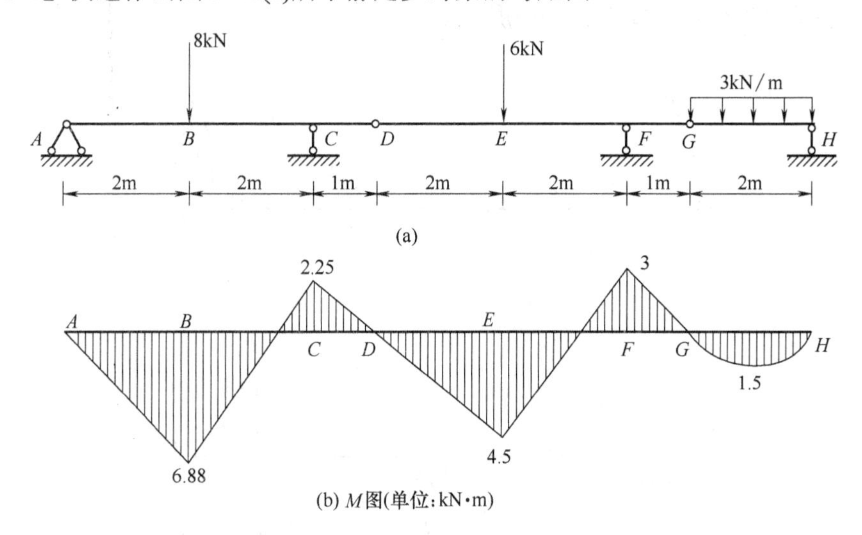

图 3-12　快速作静定多跨梁的弯矩图

解：根据几何组成分析可知，*GH* 杆是附属部分，*G*、*H* 处是铰结点，弯矩应等于零，直接叠加相应简支梁的弯矩图，可作出 *GH* 段的弯矩图。求出 *G* 点的竖向约束力为 3kN，将其作用于 *DG* 杆上，*FG* 段为悬臂部分，可求出 *F* 截面的弯矩为 3kN·m，*D* 点处弯矩等于零，将 *D*、*F* 两点弯矩值连成直线，再叠加相应简支梁的弯矩，可作出 *DF* 段的弯矩图。根据弯矩图的规律可知，*CE* 段的弯矩图应为直线，将 *DE* 段弯矩图向左边延伸可作出 *CD* 段的弯矩图，$M_C=2.25\text{kN}\cdot\text{m}$。再将 *A*、*C* 两点弯矩值连成直线，并叠加相应简支梁的弯矩，即可作出 *AC* 段的弯矩图。用分段叠加法作各杆的弯矩图后，再将各段弯矩图连接到一起，最终结果如图 3-12(b)所示。

【例 3-5】图 3-13(a)所示为一静定多跨梁的弯矩图，其中 *BC* 段为二次抛物线，试确定梁上所受荷载。

解：利用内力与荷载的关系以及弯矩图的规律进行分析。由 $M_B=30\text{kN}\cdot\text{m}$，可知在 *A* 点应有一向下的集中力 $F_1=15\text{kN}$。由 *B* 处 *M* 图有向上的转折点，可知该处应有向上的集中力作用。由于 *BC* 段弯矩图为向下弯的二次抛物线，则该段上应有向下的均布荷载 $\boldsymbol{q}$ 作用。由于 *D* 处 *M* 图有向上的转折点，则该处应有向上的集中力作用。由于 *F* 点弯矩图有突变，则应有集中力偶作用，大小为 $M=6+6=(12\text{kN}\cdot\text{m})$ (顺时针转向)。由于 *G* 处弯矩图有向下的转折点，则该处应有向下的集中力作用 $\boldsymbol{F}_2$。根据上述分析，考虑 BC 段和 FH 段，求解荷载 $\boldsymbol{F}_2$ 和 $\boldsymbol{q}$。

对于 BC 段，根据分段叠加法作弯矩图的方法，可知：

$-\dfrac{30-26}{2}+\dfrac{q\times 4^2}{8}=18$，求得 $q=10\text{kN/m}$。

对于 FH 段，可知：

$-\dfrac{30-6}{2}+\dfrac{F_2\times 6}{4}=0$，求得 $F_2=8\text{kN}$。

因此可得梁上所受荷载如图 3-13(b)所示。

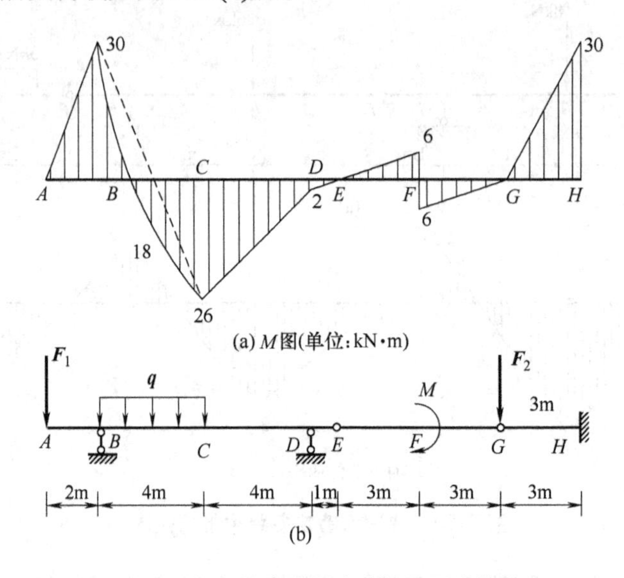

图 3-13 根据弯矩图确定梁上所受荷载

需要注意，仅由 M 图还无法确定作用在支座处的集中力，只能确定它们与支座反力的合力，这里确定的是与 M 图相应的一组荷载而不是唯一的荷载。如果再给定剪力图和轴力图，才可唯一确定相应的荷载。

3.3 平面刚架

3.3.1 概述

刚架是由梁、柱等直杆组成的具有刚结点的结构，刚架中可以出现铰结点，但必须要有刚结点。刚结点相对于铰结点约束效果更强，在刚结点处各杆没有相对转动，因此各杆间的夹角始终保持不变，而且刚结点处可以承受弯矩，因此在刚架中弯矩是主要内力。刚架在建筑工程中应用十分广泛，教学楼、图书馆、宿舍楼等都可简化为刚架结构，实际工程上的刚架通常是超静定刚架，但静定刚架是超静定刚架计算的基础。

本节介绍的是静定平面刚架。按照几何组成，静定平面刚架可分为悬臂刚架、简支刚架、三铰刚架和主从刚架等，如图 3-14 所示。

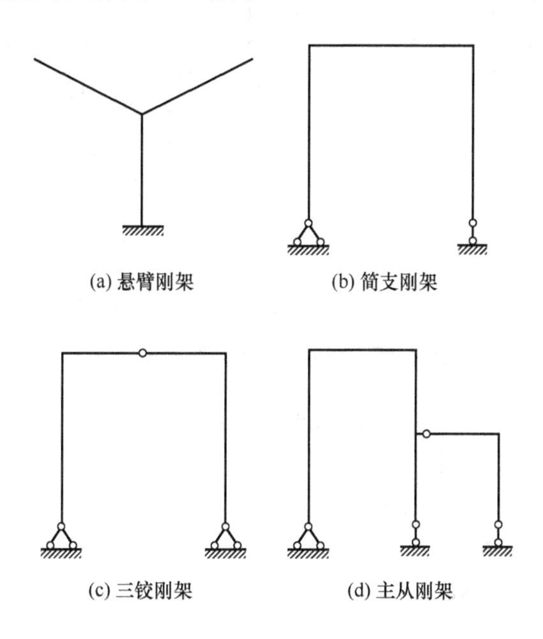

图 3-14　静定平面刚架的常见类型

3.3.2　刚架的内力计算

作静定平面刚架内力图时，一般要先求出支座反力。对于悬臂刚架和简支刚架，支座反力有三个，可直接根据整体结构的平衡条件求出；对于三铰刚架，支座反力有四个，除了考虑整体结构的三个平衡条件外，还需考虑刚架的局部平衡条件，才能求出所有的四个反力；对于主从刚架，可以采用和静定多跨梁类似的方法，按照先从属(附属)部分后主要(基本)部分的顺序进行分析计算，可以求出所有的未知反力。反力求出后，可将刚架拆成若干单根杆件，求出各杆两端的内力值，然后按照静定梁作内力图的方法，逐杆绘制内力图，各杆内力图合在一起就是整个刚架的内力图。

刚架内力图的符号规定与梁相同，弯矩图画在杆件的受拉边，不需要标注正负号，剪力图和轴力图可画在杆件的任一侧，但需要标注正负号。为了保证结果的准确性，可对内力图进行校核，通常可取结点或某一部分杆件，验算其是否满足平衡条件。

在计算内力时，可以任意截取刚架的结点或杆件作为隔离体，如图 3-15 所示。为了区分各内力，特别是交于同一结点的各杆端截面的内力，可在内力符号上加两个下标来加以区分，第一个下标表示内力所在的杆端截面位置，第二个下标表示同一杆件的另一端。例如，M_{BA}、M_{BC}、M_{BD} 分别表示 B 结点下侧、左上侧、右上侧截面上的弯矩，$\boldsymbol{F}_{QBA}$、$\boldsymbol{F}_{QBC}$、

F_{QBD} 分别表示 B 结点下侧、左上侧、右上侧截面上的剪力。

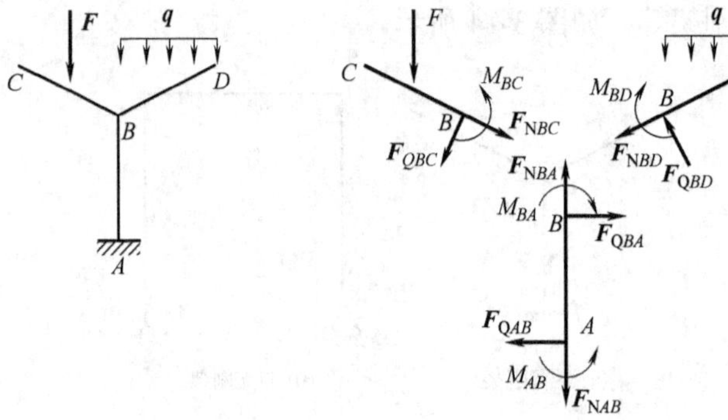

图 3-15　刚架杆端内力的命名方法

【例 3-6】试作图 3-16(a)所示简支刚架的内力图。

解：(1) 通常应先求支座反力。

由图 3-16(a)所示整体结构的受力情况可得：

由 $\sum F_x = 0$，得 $F_{Ax} = 40\text{kN}$；

由 $\sum M_A = 0$，得 $F_{Cy} = 15\text{kN}$；

由 $\sum F_y = 0$，得 $F_{Ay} = -5\text{kN}$。

(2) 作弯矩图。

将刚架拆成 AB 和 BC 两杆，根据两杆的受力图(见图 3-16(b))，列平衡方程，可求得杆端弯矩为 $M_{BA} = 40\text{kN}\cdot\text{m}$ (右侧受拉)，$M_{BC} = 40\text{kN}\cdot\text{m}$ (下侧受拉)。

将两杆的杆端弯矩用直线相连，再叠加简支梁相应的弯矩，即得到该刚架的弯矩图，如图 3-16(c)所示。

(3) 剪力图。

求出各杆杆端剪力，得 $F_{QAB} = 20\text{kN}$，$F_{QBA} = 0\text{kN}$，$F_{QBC} = -5\text{kN}$，$F_{QCB} = -15\text{kN}$，利用这些剪力值可作出剪力图，如图 3-16(c)所示。

(4) 轴力图。

求出各杆杆端轴力，得 $F_{NAB} = F_{NBA} = 5\text{kN}$，$F_{NBC} = F_{NCB} = 0$。

利用这些轴力值可作出轴力图，如图 3-16(c)所示。由于各杆上没有切向荷载，故各杆轴力是常数。

(5) 校核。

内力图作完后应进行校核。对于弯矩图，通常是检查刚结点处是否满足力矩平衡条件。例如 B 结点(见图 3-16(d))，满足 $\sum M_B = 40 - 40 = 0$。为了校核剪力图和轴力图，可取刚架的任一部分为隔离体，验证两个方向上的力的平衡条件是否成立。例如 B 结点(见图 3-16(d))，有 $\sum F_x = 0$，$\sum F_y = 5 - 5 = 0$ 成立。

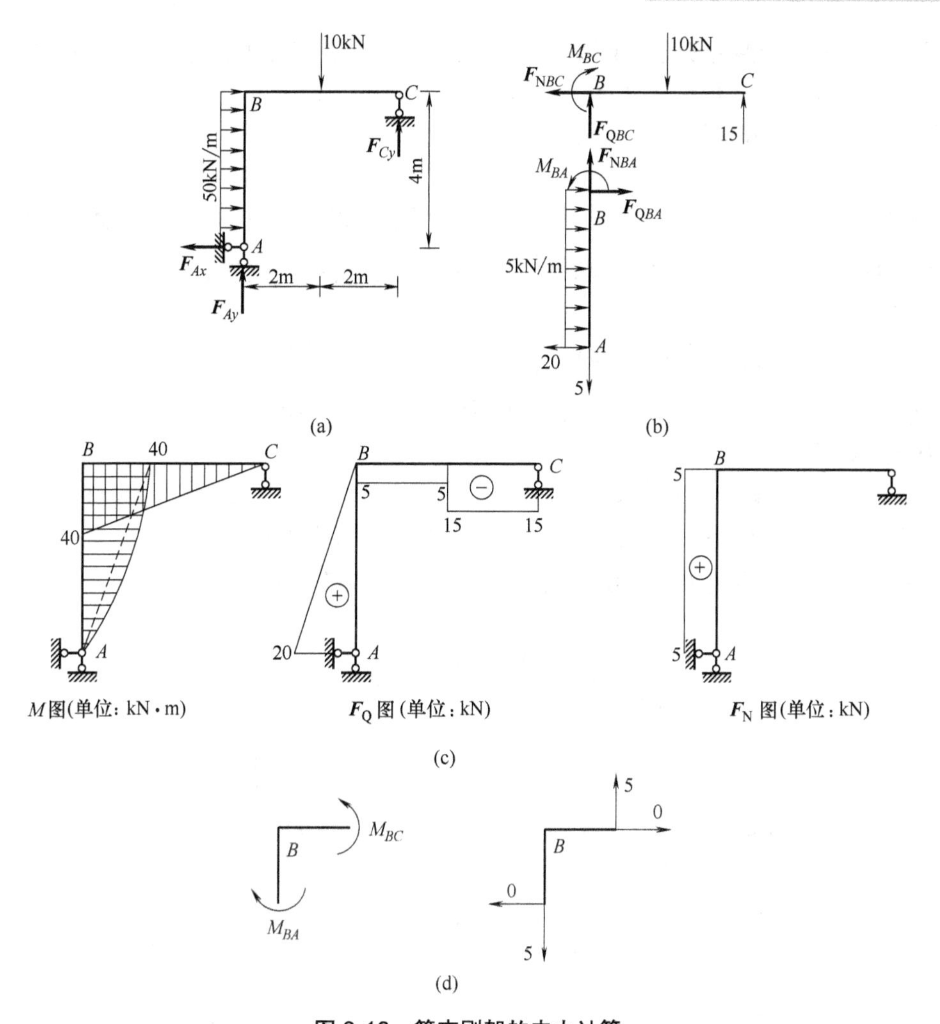

图 3-16　简支刚架的内力计算

【例 3-7】试作图 3-17(a)所示三铰刚架的内力图。

解：(1) 计算支座反力。

先分析刚架整体，由图 3-17(a)所示刚架的受力情况可得：

由 $\sum M_A = 0$，得 $F_{By} = 22.5\text{kN}$；

由 $\sum F_y = 0$，得 $F_{Ay} = 7.5\text{kN}$；

由 $\sum F_x = 0$，得 $F_{Ay} = F_{By}$ 。

再分析 AC 部分(见图 3-17(b))，由 $\sum M_C = 0$，得 $F_{Ax} = 5.36\text{kN}$ 。

(2) 作弯矩图。

先求出各杆的杆端弯矩，用叠加法作弯矩图，图形画在杆件受拉一侧。

以 CE 杆为例，因为 C 处是铰结点，所以

$$M_{CE} = 0\text{，}\quad M_{EC} = F_{Bx} \times 5 = 5.36 \times 5 = 26.8(\text{kN}\cdot\text{m})$$

将 C、E 两点的弯矩值连成直线，再叠加简支梁相应的弯矩，即得到 CE 杆的弯矩图，杆中点的弯矩值为 $\dfrac{6\times5^2}{8} - \dfrac{0+26.79}{2} = 5.35(\text{kN}\cdot\text{m})$，其余各杆端弯矩可用类似方法求出。在

计算杆端弯矩时，若两杆交于一刚结点，且该刚结点上没有外力偶作用，则两杆端的弯矩大小相等，同侧受拉。本例中的 D、E 结点就是这种情况。

弯矩图如图 3-17(c)所示。

(3) 作剪力图。

以 CE 杆为例，取 CE 杆为隔离体，作其受力图，如图 3-17(f)所示，计算出杆端剪力。

由 $\sum M_C = 0$， $26.8 + 6\times5\times\frac{5}{2} + \sqrt{29}F_{QEC} = 0$，得 $F_{QEC} = -18.9\text{kN}$。

由 $\sum F_C = 0$， $F_{QCE} + 18.9 - 5\times6\times\frac{\sqrt{29}}{5} = 0$，得 $F_{QCE} = 8.95\text{kN}$。

其余各杆端剪力可用类似方法求出。剪力图如图 3-17(d)所示。

(4) 作轴力图。

取 E 结点为隔离体，如图 3-17(g)所示，列 EC 轴线方向的力的平衡方程，得 $F_{NEC} = -13.33\text{kN}$ 。同理，取 C 结点为隔离体，可求得 $F_{NCE} = -2.19\text{kN}$ 。

其余各杆端轴力可用类似方法求出。轴力图如图 3-17(e)所示。

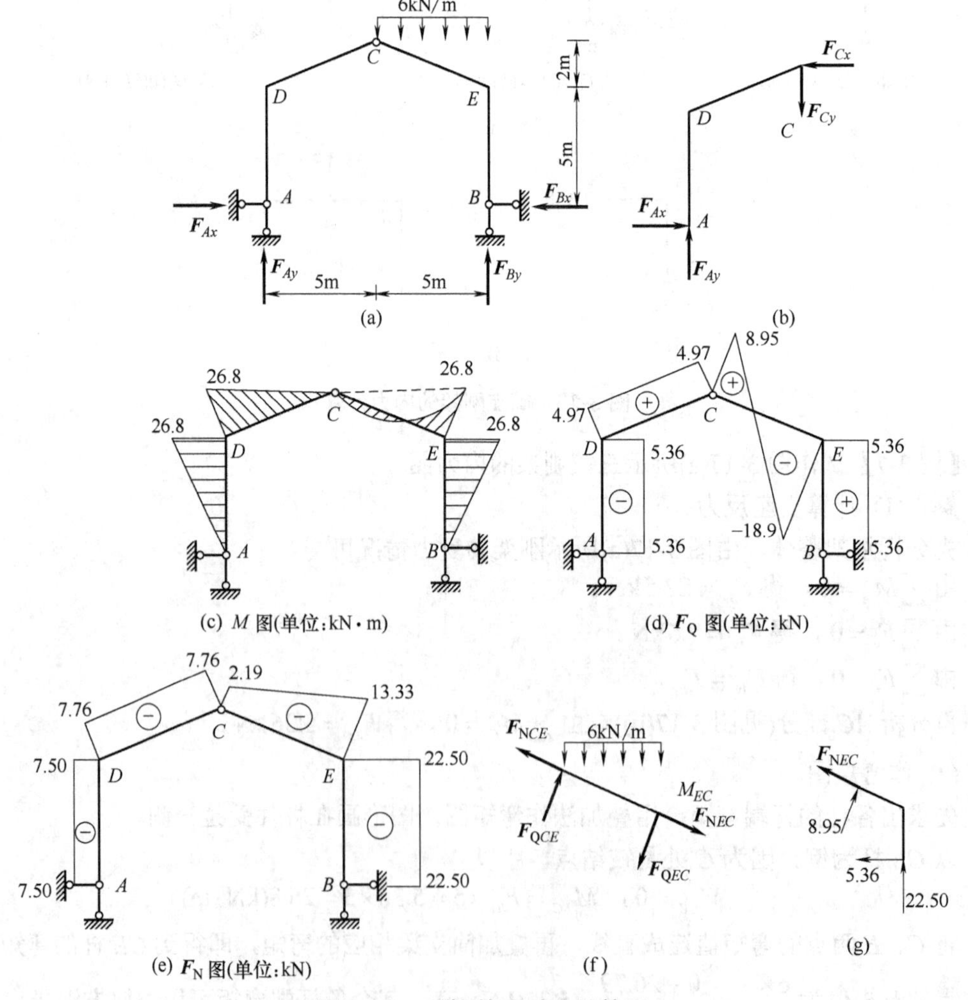

图 3-17　三铰刚架的内力计算图

【**例 3-8**】试作图 3-18(a)所示主从刚架的弯矩图。

解：这是一个主从刚架。先进行几何组成分析，可知 C 点左侧部分是从属部分(附属部分)，C 点右侧部分是主要部分(基本部分)。计算支座反力的顺序应和支座几何组成的顺序相反，即先计算从属部分，如图 3-18(b)所示，求出该部分的约束反力后，将铰 C 处的约束力反向加在基本部分上，进而求出基本部分的约束反力，如图 3-18(c)所示。所有的未知力求完后，即可按照前面介绍的方法作出弯矩图，如图 3-18(d)所示。

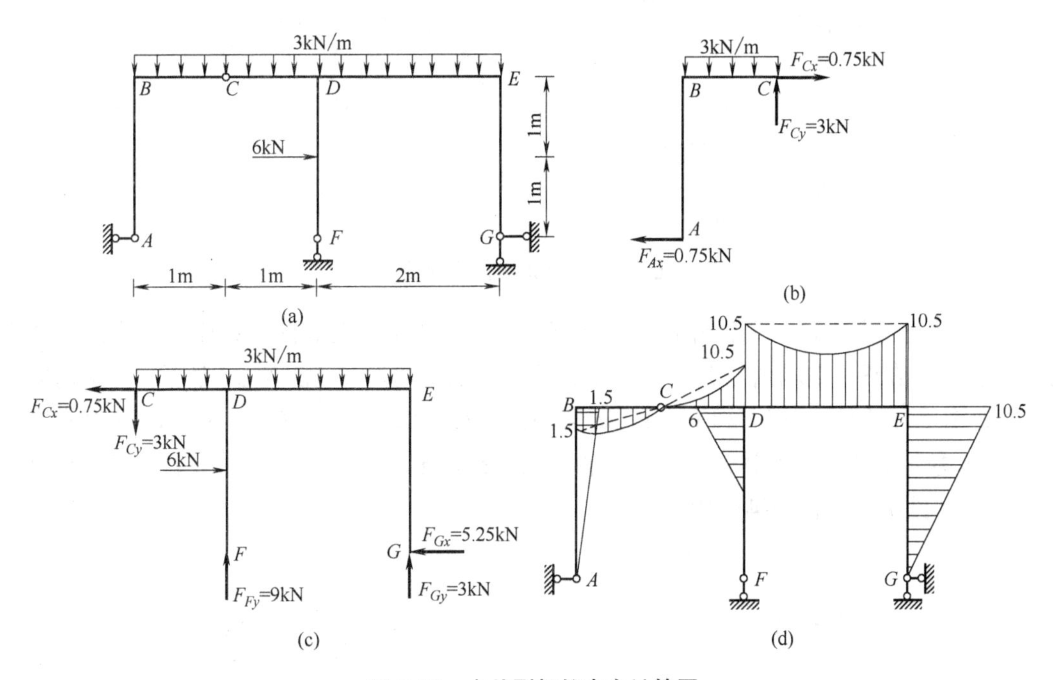

图 3-18　主从刚架的内力计算图

3.4　静　定　拱

3.4.1　概述

拱是以轴线为曲线，且在竖向荷载作用下会产生水平支座反力(推力)的结构。

拱式结构在桥梁、房屋建筑和水工建筑中有广泛应用，我国隋朝开皇年间建造的赵州桥就是一座很有代表性的拱桥。从几何组成上来看，拱式结构可分为三铰拱、两铰拱、单铰拱和无铰拱，如图 3-19 所示，其中三铰拱属于静定拱，其他几种属于超静定拱。

本节只讨论静定的三铰拱，图 3-19(a)是无拉杆的三铰拱，图 3-19(b)是有拉杆的三铰拱。

拱身各横截面形心的连线称为拱轴线，拱两端与支座连接处称为拱趾，通常两拱趾处于同一高度上，这样的拱称为平拱。两拱趾处于不同高度上的拱称为斜拱。拱轴线上的最高点称为拱顶，三铰拱的中间铰通常布置在拱顶处。两拱趾间的水平距离称为拱的跨度。

拱顶到两拱趾连线的竖向距离称为拱高。拱高与跨度的比值称为高跨比，高跨比值的变化范围很大，是拱的重要几何特征，是决定拱性能的重要因素。

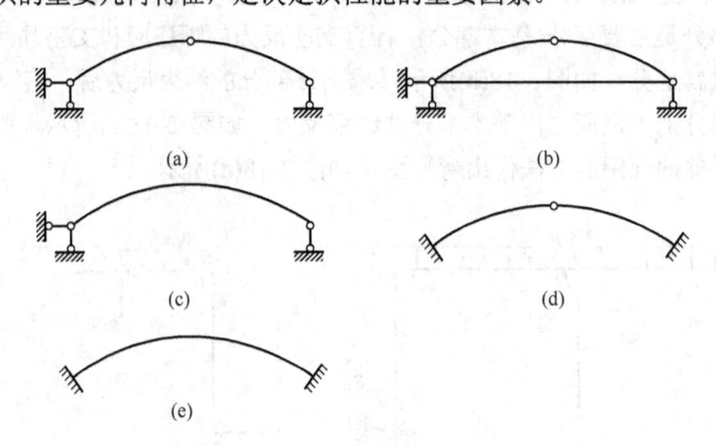

图 3-19　拱式结构的分类

拱与梁的区别不仅在于杆件轴线的曲直，更主要的是拱在竖向荷载作用下支座上会产生水平反力。在图 3-20(a)中，通过先分析结构整体后分析局部 AC 或 CB 部分，可求出支座 A、B 上除了有竖向反力 $\boldsymbol{F}_{Ay}$ 和 $\boldsymbol{F}_{By}$ 外，还有向内的水平反力 $\boldsymbol{F}_{Ax}$ 和 $\boldsymbol{F}_{Bx}$。图 3-20(b)所示为一轴线形状与三铰拱相同的曲梁，在相同的竖向荷载作用下，该曲梁的支座上水平反力等于零，因此该结构不能称为拱结构。

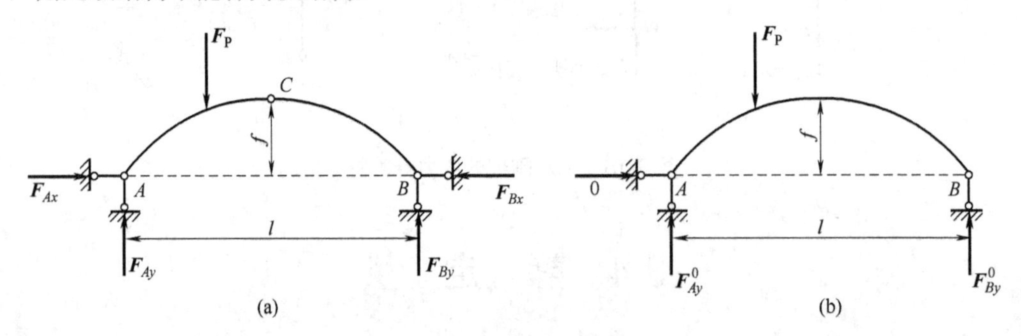

图 3-20　拱和曲梁的区别

3.4.2　三铰拱的计算

下面以受竖向荷载作用的平拱为例，说明三铰拱的支座反力和内力的计算方法，并且和同跨度同荷载的简支梁作比较。三铰拱为静定结构，其几何组成的规律跟三铰刚架相同，所以支座反力和内力的计算方法也跟三铰刚架类似。

1. 支座反力的计算

先考虑拱的整体平衡条件，如图 3-21(a)所示。

由 $\sum M_A = 0$，得 $F_{By} = \dfrac{1}{l}(F_{P1}a_1 + F_{P2}a_2)$；

由$\sum M_B=0$，得$F_{Ay}=\frac{1}{l}(F_{P1}b_1+F_{P2}b_2)$；

由$\sum F_x=0$，得$F_{Ax}=F_{Bx}=F_H$。

可见，A、B两支座的水平反力大小相等，用$\boldsymbol{F}_H$表示，方向均指向三铰拱内部。

与图3-21(c)中的简支梁进行比较，易得$F_{Ay}=F_{Ay}^0$，$F_{By}=F_{By}^0$。即，三铰拱的竖向支座反力与相应的简支梁相等。

考虑三铰拱中AC部分的平衡条件(见图3-21(c))，由$\sum M_C=0$得

$$F_{Ay}l_1-F_{P1}(l_1-a_1)-F_Hf=0$$

$$F_H=\frac{F_{Ay}l_1-F_{P1}(l_1-a_1)}{f}$$

简支梁相应C截面上的弯矩$M_C^0=F_{Ay}l_1-F_{P1}(l_1-a_1)$。

所以，$F_H=\frac{M_C^0}{f}$。

水平反力$\boldsymbol{F}_H$等于简支梁相应C截面的弯矩除以拱高f。当给定荷载、跨度l和拱高f时，就可计算出水平反力$\boldsymbol{F}_H$。可见，在给定荷载的作用下，三铰拱的支座反力只与三个铰的位置有关，跟拱轴线的形状无关。水平反力$\boldsymbol{F}_H$与拱高f成反比，如果f趋近于零，则水平反力为无穷大，这时A、B、C三个铰共线，体系成为瞬变体系。

2. 内力计算

用截面法计算拱任一截面上的内力，并跟简支梁相应截面的内力做比较。

拱的任一截面D的位置可由其形心坐标x、y和该位置切线的倾角φ来确定。图3-21(b)所示为三铰拱AD段的受力图，根据其平衡条件由$\sum M_D=0$，得$M=F_{Ay}x-F_{P1}(x-a_1)-F_Hy$。

图3-21(d)所示为相应梁AD段的受力图，根据其平衡条件由$\sum M_D=0$，得$M^0=F_{Ay}x-F_{P1}(x-a_1)$。所以

$$M=M^0-F_Hy \tag{3-4}$$

拱上的弯矩以使拱内侧受拉为正。

可见，由于水平支座反力使拱外侧受拉，合成后的结果使得拱截面上的弯矩比相应梁上的弯矩要小很多。

梁上剪力和轴力的计算如图3-21(f)所示。剪力$\boldsymbol{F}_Q$与截面D处轴线的切线垂直，轴力$\boldsymbol{F}_N$与截面D处轴线的切线平行，φ是截面D处轴线的切线与水平线所夹的角。利用合力投影定理，将图3-21(b)中的F_Q^0和F_H进行分解，可得

$$F_Q=F_Q^0\cos\varphi-F_H\sin\varphi \tag{3-5}$$

$$F_N=-F_Q^0\sin\varphi-F_H\cos\varphi \tag{3-6}$$

拱上的剪力以使截面两侧的隔离体顺时针转动为正，反之为负。轴力以拉为正，以压为负。在拱的左半部分，φ取正值；在拱的右半部分，φ取负值。

从上述计算结果可知，拱截面上的弯矩比相应梁截面上的弯矩小很多，且内力以轴向压力为主，因此拱截面上的应力分布比较均匀，能够更充分地发挥材料的作用，便于使用

砖、石、混凝土等抗拉性能较差而抗压性能较好的材料。拱的不利之处在于支座上有较大的向内的水平反力，因而对基础会有较大的向外的反作用力，要求三铰拱比梁要有更坚固的基础或支撑结构。用拱作屋顶时，大都使用带拉杆的三铰拱，用拉杆代替支座承受水平反力，从而消除拱对下面墙体或柱的水平作用力。

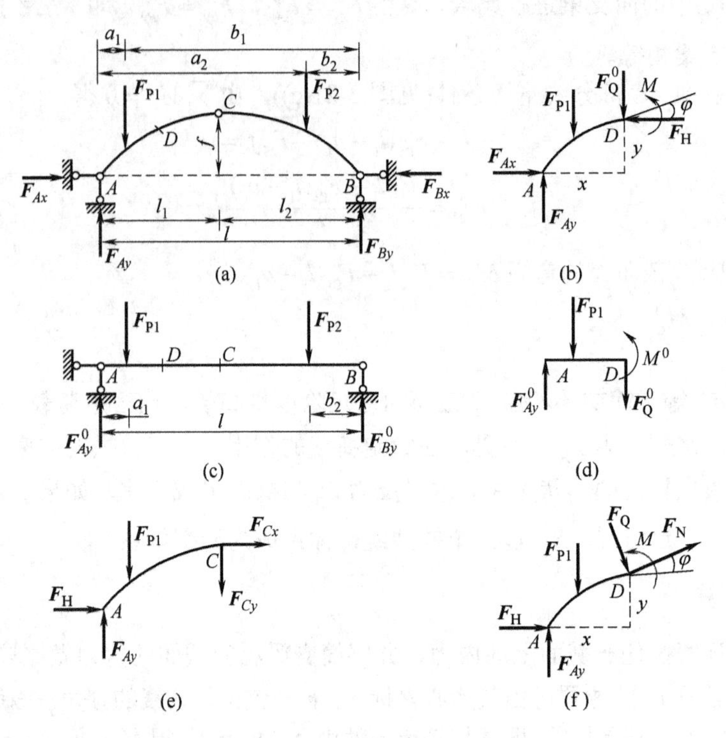

图 3-21　三铰拱和相应梁的比较

【例 3-9】试作如图 3-22(a)所示三铰拱的内力图，已知拱轴线方程为 $y=\frac{4f}{l^2}x(l-x)$，坐标原点设在支座 A 处。

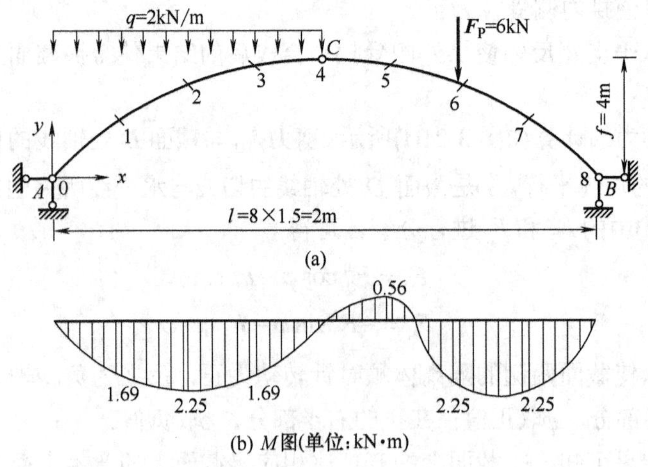

图 3-22　三铰拱的内力图

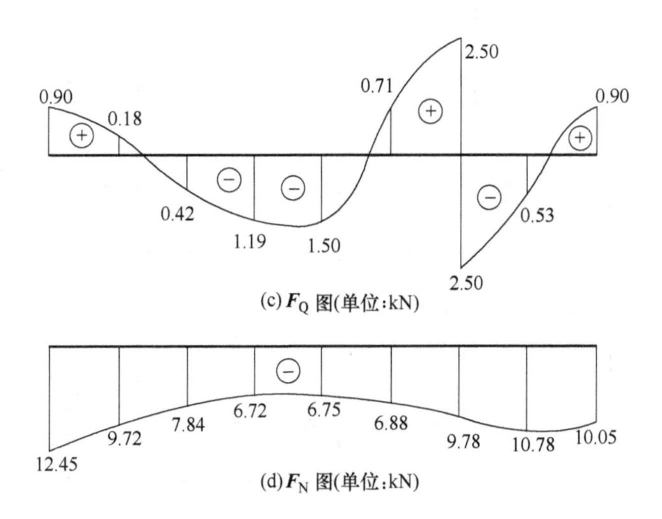

(c) F_Q 图(单位:kN)

(d) F_N 图(单位:kN)

图 3-22　三铰拱的内力图(续)

解：(1) 计算支座反力。根据平衡条件可得到：

$$F_{Ay}=\frac{6\times3+2\times6\times9}{12}=10.5(\text{kN})$$

$$F_{By}=\frac{2\times6\times3+6\times9}{12}=7.5(\text{kN})$$

$$F_{\text{H}}=\frac{M_C^0}{f}=\frac{7.5\times6-6\times3}{4}=6.75(\text{kN})$$

(2) 计算截面内力。为作拱的内力图，可将拱沿水平方向分成若干等份，用截面法顺序求出各分段点截面的内力。本题沿水平方向将拱分成 8 等份，列表 3-2，算出各截面上的内力，然后根据表中所得数值绘制内力图，如图 3-22(b)、图 3-22(c)、图 3-22(d)所示。这些内力图是以水平线为基线绘制的。

下面以截面 2(x=3m)的内力计算过程为例，介绍计算步骤。

当 $x=3\text{m}$ 时，$y=\frac{4\times6}{12^2}\times3\times(12-3)=3(\text{m})$

$\tan\varphi=\frac{\text{d}y}{\text{d}x}=\frac{4f}{l^2}(l-2x)=\frac{4\times4}{12^2}\times(12-2\times3)=0.667$，得 $\varphi=33.69^\circ$

$\sin\varphi=0.555$，$\cos\varphi=0.832$

由式(3-4)得，$M=M^0-F_{\text{H}}y=22.5-6.75\times3=2.25(\text{kN}\cdot\text{m})$

由式(3-5)得，$F_{\text{Q}}=F_{\text{Q}}^0\cos\varphi-F_{\text{H}}\sin\varphi=4\times0.832-6.75\times0.555=-0.481(\text{kN})$

由式(3-6)得，$F_{\text{N}}=-F_{\text{Q}}^0\sin\varphi-F_{\text{H}}\cos\varphi=-4\times0.555-6.75\times0.832=-7.836(\text{kN})$

其他各截面的计算过程与截面 2 类似，具体结果见表 3-2。由于 D 点有集中力作用，D 点左右两侧的剪力值和轴力值不同，应分别进行计算。

表 3-2　三铰拱的内力计算

截面	x	y	$\tan\varphi$	$\sin\varphi$	$\cos\varphi$	F_Q^0	弯矩计算			剪力计算			轴力计算		
							M^0	$-F_H y$	M	$F_Q^0\cos\varphi$	$-F_H\sin\varphi$	F_Q	$-F_Q^0\sin\varphi$	$-F_H\cos\varphi$	F_N
0	0	0	1.333	0.800	0.600	10.5	0	0	0	6.30	−5.40	0.90	−8.40	−4.05	−12.45
1	1.5	1.75	1.000	0.707	0.707	7.0	13.50	−11.81	1.69	4.95	−4.77	0.18	−4.95	−4.77	−9.72
2	3	3	0.667	0.555	0.832	4.0	22.5	−20.25	2.25	3.33	−3.74	−0.42	−2.22	−5.62	−7.84
3	4.5	3.75	0.333	0.316	0.949	1.0	27.0	−25.31	1.69	0.95	−2.13	−1.19	−0.32	−6.40	−6.72
4	6	4	0	0	1.000	−1.5	27.0	−27.00	0	−1.50	0	−1.50	0	−6.75	−6.75
5	7.5	3.75	−0.333	−0.316	0.949	−1.5	24.75	−25.31	−0.56	−1.42	2.13	0.71	−0.47	−6.40	−6.88
6左	9	3	−0.667	−0.555	0.832	−1.5	22.5	−20.25	2.25	−1.25	3.74	2.50	−0.83	−5.62	−6.45
6右	9	3	−0.667	−0.555	0.832	−7.5	22.5	−20.25	2.25	−6.24	3.74	−2.50	−4.16	−5.62	−9.78
7	10.5	1.75	−1.000	−0.707	0.707	−7.5	11.25	−11.81	−0.56	−5.30	4.77	−0.53	−5.30	−4.77	−10.08
8	12	0	−1.333	−0.800	0.600	−7.5	0	0	0	−4.50	5.40	0.90	−6.00	−4.05	−10.05

3.4.3 三铰拱的合理拱轴线

三铰拱的支座反力与轴线形状无关，但是内力跟轴线形状有关。三铰拱上在给定三个铰的位置和固定荷载的作用下，能使拱各截面上的弯矩等于零的轴线称为合理拱轴线。此时，截面上的剪力也等于零，内力只有轴力，相应的应力是均匀分布的正应力，材料能够充分发挥作用，相应的截面尺寸是最小的，材料的使用也是最经济的。

合理拱轴线可根据截面上的弯矩等于零来确定。

根据式(3-4)得
$$M = M^0 - F_{\mathrm{H}} y = 0$$

故
$$y(x) = \frac{M^0(x)}{F_{\mathrm{H}}} \tag{3-7}$$

式中，$y(x)$ 和 $M^0(x)$ 是 x 的函数，说明对于竖向荷载作用下的三铰平拱，其合理拱轴线的纵坐标与相应简支梁弯矩图的纵坐标成正比。

【**例 3-10**】试求图 3-23(a)所示三铰拱在竖向均布荷载作用下的合理拱轴线。

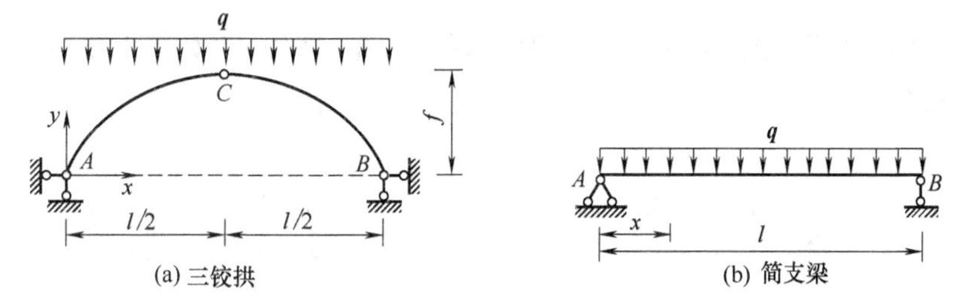

图 3-23 计算平拱在均布荷载作用下的合理拱轴线

解：与该三铰拱相应的简支梁如图 3-23(b)所示，任一截面 x 的弯矩为
$$M^0(x) = \frac{1}{2}qlx - \frac{1}{2}qx^2$$

可求出拱支座的水平反力为
$$F_{\mathrm{H}} = \frac{M_C^0}{f} = \frac{ql^2}{8f}$$

由式(3-7)求得合理拱轴线为
$$y(x) = \frac{M_C^0}{F_{\mathrm{H}}} = \frac{4f}{l^2}x(l-x)$$

由结果可知，在满跨竖向均布荷载作用下，该对称三铰拱的合理拱轴线为二次抛物线。

【**例 3-11**】求在图 3-24(a)所示荷载的作用下该三铰拱的合理拱轴线。

解：该三铰拱是斜拱，应该根据各截面上弯矩等于零的条件来确定合理拱轴线。

先分析三铰拱整体，再分析 AC 部分，可求得支座反力为
$$F_{Ax} = 1.5qa\text{，}\quad F_{Ay} = 3.5qa$$

利用截面法，取任一部分 AD 为隔离体(见图 3-24(b))，列力矩平衡方程：
$$F_{Ax}y + qx\frac{x}{2} - F_{Ay}x + M_D = 0$$

得 $$M_D = F_{Ay}x - F_{Ax}y - qx\frac{x}{2} = 3.5qax - 1.5qay - \frac{qx^2}{2}$$

令 $M_D = 0$，即 $$F_{Ay}x - F_{Ax}y - qx\frac{x}{2} = 3.5qax - 1.5qay - \frac{qx^2}{2} = 0$$

得合理拱轴线方程为 $y = \dfrac{7ax - x^2}{3a}$。

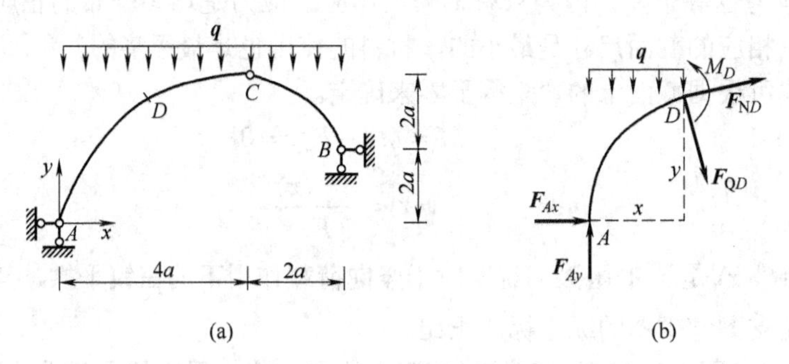

图 3-24　计算斜拱在均布荷载作用下的合理拱轴线

【例 3-12】试证明如图 3-25(a)所示三铰拱在均布径向荷载(例如静水压力)作用下的合理拱轴线为圆弧线。

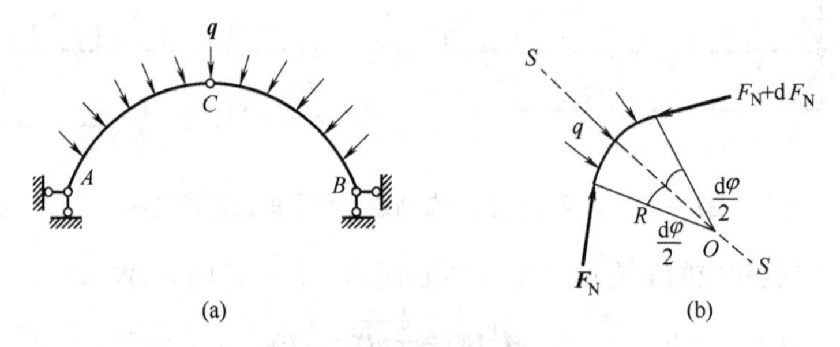

图 3-25　计算平拱在均布径向荷载作用下的合理拱轴线

解：本题荷载为非竖向荷载，假定拱处于无弯矩的受力状态，然后根据平衡条件推导合理的拱轴线。为此，从拱中截取一微段为隔离体(见图 3-25(b))，设微段两端横截面上弯矩、剪力均为零，只有轴力 $\boldsymbol{F}_N$ 和 $\boldsymbol{F}_N + d\boldsymbol{F}_N$。由 $\sum M_O = 0$，得

$$F_N R - (F_N + dF_N)R = 0$$

式中 R 为微段的曲率半径，计算可得 $dF_N = 0$。

可知，$F_N =$ 常数。

对图 3-25(b)，列出沿 s-s 轴的平衡方程有

$$2F_N \sin\frac{d\varphi}{2} - qR\,d\varphi = 0$$

因 $d\varphi$ 非常小，所以 $\sin\dfrac{d\varphi}{2} = \dfrac{d\varphi}{2}$，简化为 $F_N = qR$。

因为 F_N 和 q 均为常数，故 R=常数。

这说明三铰拱在均布荷载作用下其合理拱轴线为圆弧线。

3.5　平 面 桁 架

3.5.1　桁架的特点和几何组成

桁架是由杆件组成的结构体系，其受力特征是内力只有轴力，没有弯矩和剪力。桁架是在实际工程中广泛应用的一种结构形式，常见于建筑工程中的大跨屋架、起重机塔架、建筑施工用的支架、铁路和公路的桁桥等。

在梁和刚架中，弯矩是主要内力，其截面上的正应力分布不均匀，在边缘处正应力最大，中性轴上的正应力为零，因而中间的材料往往没有得到充分利用。实际桁架上的内力以轴力为主，截面上的应力基本上均匀分布，可以同时达到容许应力值，因而能够充分利用材料、降低自重，可以认为是受力最为合理的一种结构形式。

实际桁架的受力非常复杂，计算分析时需要对受力进行简化，并做出以下假定。

(1) 假设各结点都是光滑无摩擦的铰结点，支座都是铰支座。

(2) 假设各杆轴线都是直线，并在同一平面内通过连接铰的中心。

(3) 假设荷载和支座反力只作用在结点上，并在桁架平面内。

满足上面三个假定的桁架称为理想桁架，若桁架各杆的轴线和外力的作用线都在同一平面内，则称为平面桁架。理想桁架的内力只有轴力，作内力图时轴力以拉为正，以压为负。

实际桁架和理想桁架是有差别的，主要表现在：实际桁架的结点具有一定的刚性，各杆之间的转动受到一定的约束；各杆轴线难以保证绝对平直，结点处也不可能精准地交于同一点，偏差难以避免；实际桁架上受自重、风荷载、雪荷载等非结点荷载的作用，荷载不会全部作用在结点上；各杆的轴线可能没有完全在同一平面内，具有空间效应等。在实际问题中，通常把按理想桁架计算得到的内力称为主内力，由于实际桁架和理想桁架不同而产生的附加内力称为次内力。理论计算和实际经验已经证明，桁架的次内力通常是比较小的，可以忽略不计。对于必须考虑次内力的桁架，可以根据杆件受力和结构组成方面的特点，取另外的简化模型进行计算。本节只计算桁架的主内力。

桁架中的杆件，依其所在位置的不同，分为弦杆和腹杆两大类，如图 3-26 所示。弦杆又分为上弦杆和下弦杆，腹杆又分为斜杆和竖杆。弦杆上两个相邻结点间的区段称为结间，其上的水平距离称为结间跨度。两支座间的水平距离称为跨度。桁架最高点到支座连线的距离称为桁高。

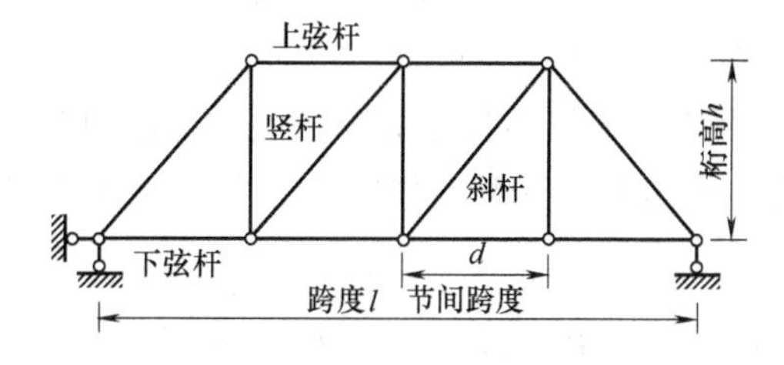

图 3-26　桁架中各杆件的名称

静定平面桁架按照几何组成可分为以下三类。

(1) 简单桁架。由基础或一铰接三角形开始，通过依次增加二元体的方式所组成的桁架，如图 3-27(a)所示。

(2) 联合桁架。由若干个简单桁架所组成的几何不变的铰接体系，如图 3-27(b)所示。

(3) 复杂桁架。不属于上述两种组成的其他的静定桁架，如图 3-27(c)所示。

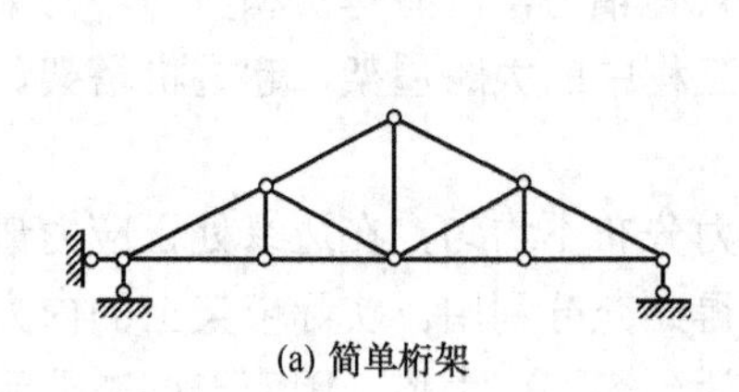
(a) 简单桁架

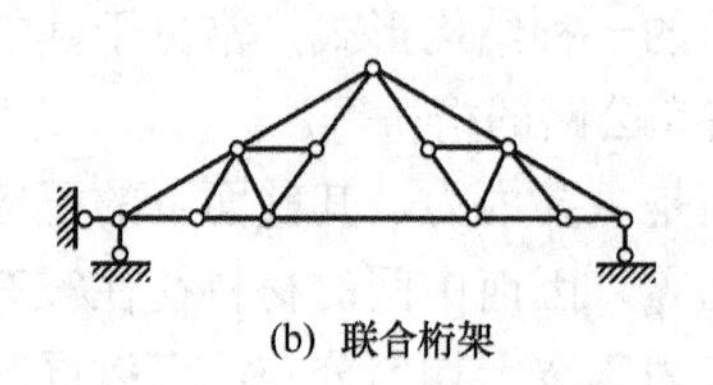
(b) 联合桁架

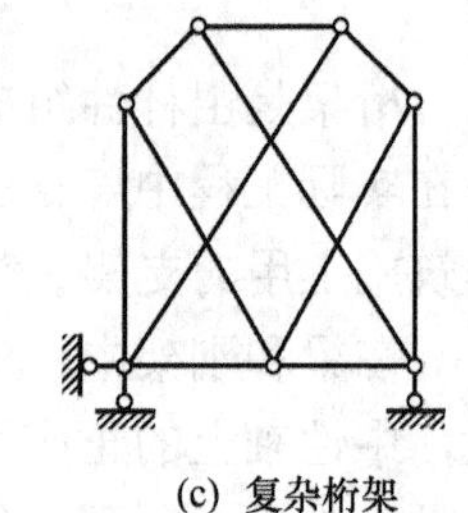
(c) 复杂桁架

图 3-27 桁架的分类

3.5.2 结点法

计算桁架轴力时，应取桁架中的一部分作为隔离体，然后作该隔离体的受力图，进而建立相应的平衡方程，由平衡方程可解出相应的轴力。如果隔离体仅是一个结点，这种方法称为结点法。

一般而言，任一静定桁架的内力和反力都可以用结点法求出。在用结点法时，作用于该结点的各力都汇交于该点，组成一平面汇交力系，每一个结点可以列出两个相互独立的平衡方程。为了避免解算联立方程组，先从未知力不超过两个的结点开始，依次进行计算，可以方便地求出各杆的轴力。

根据简单桁架的概念，它是由一个铰接三角形或基础依次增加二元体组成的，最后一个结点只包含两根杆件，计算时一般先求出支座反力，然后按照与几何组成相反的顺序，从最后一个结点开始计算，便可求出所有杆件的轴力。

画受力图时，未知轴力通常按照拉力来假定，计算结果若为正值，表示实际轴力确实为拉力；若为负值，则表示实际轴力为压力，与假设方向相反。对于简单桁架，若要求出所有杆件的轴力，则用结点法比较合适。

【例 3-13】试用结点法计算图 3-28(a)所示桁架中各杆的轴力。

解：(1) 计算支座反力。该桁架是对称结构，所受荷载也是对称的，因此对称位置处的轴力和反力也应对称，可得，$F_{Ay}=F_{By}=30+20=50(\text{kN})$。

(2) 该桁架是一个简单桁架，根据其几何组成，可先从左端的 A 结点或右端的 B 结点开始向另一边计算。本题从 A 结点开始计算，作结点 A 的受力图(见图 3-28(b))，假定未知力 $\boldsymbol{F}_{NAC}$、$\boldsymbol{F}_{NAF}$ 为拉力。

由 $\sum F_y=0$ 得：$F_{NAC}\times\dfrac{4}{5}+50=0$，得 $F_{NAC}=-62.5\text{kN}$ (压力)。

由$\sum F_x = 0$得：$F_{NAF} + F_{NAC} \times \frac{3}{5} = 0$，得$F_{NAF} = 37.5\text{kN}$ (拉力)。

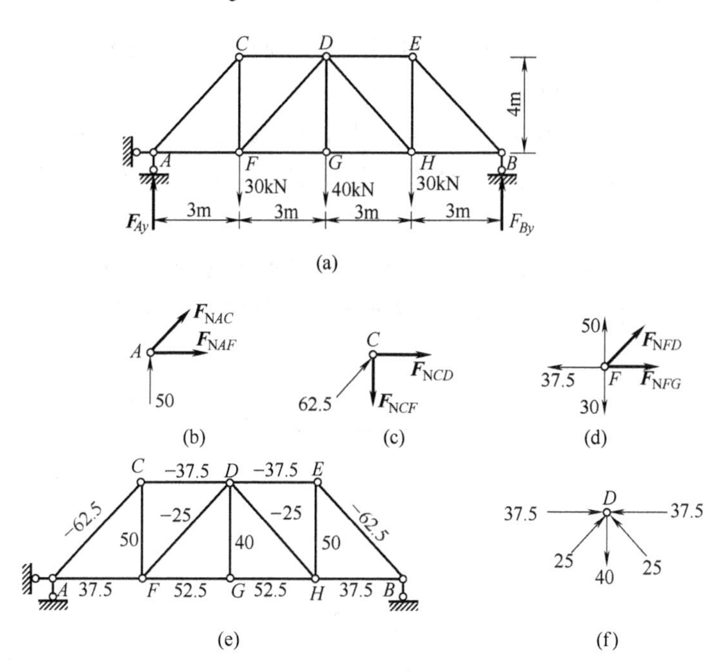

图 3-28　用结点法计算简单桁架的轴力(单位：kN)

(3) 分析结点 C，作结点 C 的受力图，如图 3-28(c)所示，已经计算出的已知力按实际方向画，未知轴力仍假设为背离物体方向的拉力。

由$\sum F_y = 0$：$62.5 \times \frac{4}{5} - F_{NCF} = 0$，得$F_{NCF} = 50\text{kN}$ (拉力)。

由$\sum F_x = 0$：$F_{NCD} + 62.5 \times \frac{3}{5} = 0$，得$F_{NAF} = -37.5\text{kN}$ (压力)。

(4) 分析结点 F，作结点 F 的受力图，如图 3-28(d)所示。

由$\sum F_y = 0$：$F_{NFD} \times \frac{4}{5} + 50 - 30 = 0$，得$F_{NFD} = -25\text{kN}$ (压力)。

由$\sum F_x = 0$：$F_{NFD} \times \frac{3}{5} + F_{NFG} - 37.5 = 0$，得$F_{NFG} = 52.5\text{kN}$ (拉力)。

(5) 当对受力分析比较熟练时，对比较简单的情况可不作受力图，直接写出杆件的轴力。比如从结点 G 的受力，容易看出，$F_{NDG} = 40\text{kN}$ (拉力)。利用对称性可直接得到其余各杆的轴力，计算量减少一半，将各杆轴力标注在杆旁，整个桁架的轴力图如图 3-28(e)所示。

(6) 分析到对称轴上的结点 D 时，各杆的轴力都已经求出，可对该点的平衡条件进行校核，如图 3-28(f)所示。由于对称性，x 向的平衡条件自然满足，只需校核 y 向的平衡条件，$25 \times \frac{4}{5} + 25 \times \frac{4}{5} - 40 = 0$，很明显满足平衡条件，计算结果正确。

根据结点法可以推导出结点平衡的一些特殊情况，从而使计算得到简化，常见的几种特殊情况如下。

(1) 两杆交于一点，且结点上无荷载作用，则两杆的轴力都为零。轴力为零的杆件称为零杆，如图 3-29(a)所示。

(2) 三杆交于一点，其中两杆共线，且结点上无荷载作用，则不共线的杆为零杆，共线的两根杆轴力相等，如图 3-29(b)所示。

(3) 四杆交于一点，其中两两共线，且结点上无荷载作用，则共线的两杆轴力相等，如图 3-29(c)所示。若将其中一杆用力 F 代替，则与力 F 共线的杆的轴力等于 F，如图 3-29(d)所示。

(4) 四杆交于一点，其中两杆共线，另外两杆在此直线同侧，且夹角相等，结点上无荷载作用，则不共线的两杆轴力大小相等、方向相反，如图 3-29(e)所示。

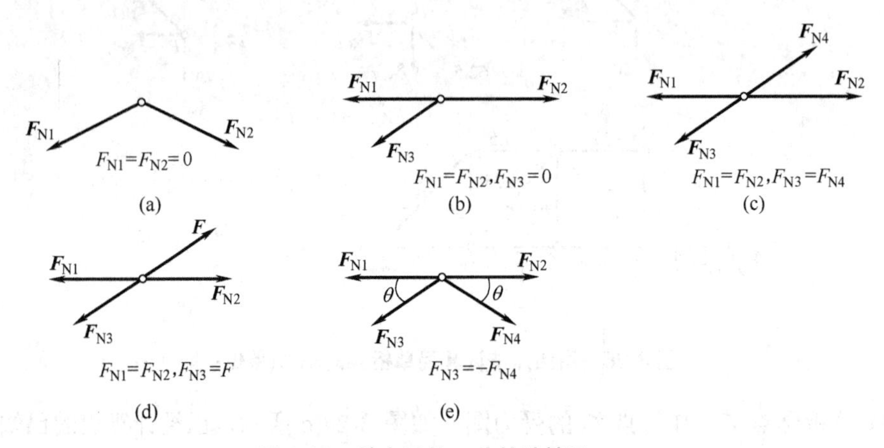

图 3-29　结点法的一些特殊情况

3.5.3　截面法

截面法是用一截面将桁架切开分成两部分，任取其中一部分作为隔离体，如果隔离体中包含多个结点，则称为截面法。在用截面法时，作用在隔离体上的力组成一平面任意力系，可建立三个相互独立的平衡方程，如果隔离体上的未知力不超过三个，则一般可将它们全部求出来。计算时，为了避免求解联立方程组，应该选择适当的平衡方程，争取一个方程里只有一个未知数。分析桁架时，有时只需要求出某些指定杆件的轴力，并不需要求出所有杆件的轴力，这时用截面法往往比较方便。计算时，未知轴力仍假设为拉力。

【例 3-14】计算图 3-30(a)所示桁架中 DE、BF 两杆的轴力。

解：(1) 计算支座反力。桁架受力图如图 3-30(a)所示。

由 $\sum F_x = 0$：$8 - F_{Ax} = 0$，得 $F_{Ax} = 8\text{kN}$。

由 $\sum M_A = 0$：$-10\times 2 - 8\times 3 + 7F_{By} = 0$，得 $F_{By} = 6.29\text{kN}$。

由 $\sum F_y = 0$：$F_{Ay} + F_{By} - 10 = 0$，得 $F_{Ay} = 3.71\text{kN}$。

(2) 该桁架为联合桁架，利用截面法按与几何组成相反的顺序进行内力计算，作一个切断杆件 AC、DE、BF 的截面，然后取三角形 AEF 部分作为隔离体，对其进行受力分析，如图 3-30(b)所示。

由 $\sum F_x = 0$：$8 - F_{NDE} = 0$，得 $F_{NDE} = 8\text{kN}$。

由 $\sum M_A = 0$：$8 \times 3 + 7F_{NBF} = 0$，得 $F_{NBF} = -3.43\text{kN}$。

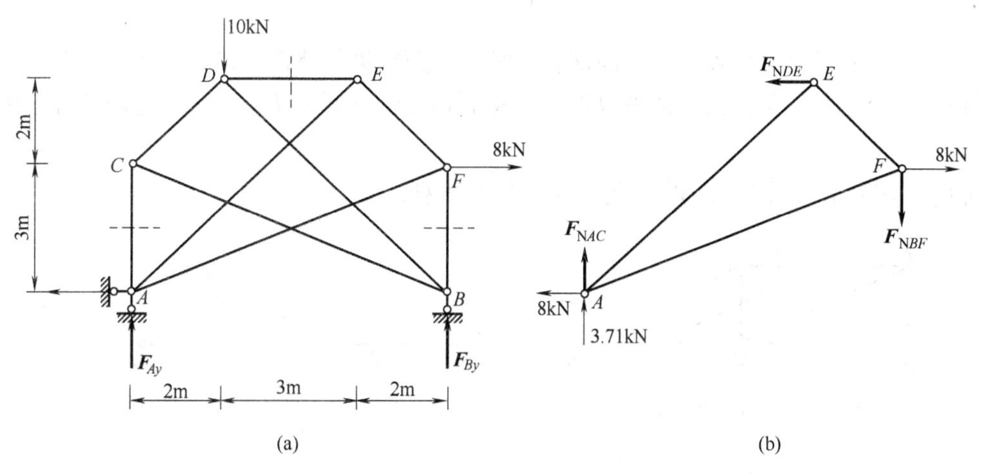

图 3-30　用截面法计算联合桁架的轴力

在用截面法计算桁架轴力时，若所切断各杆中的未知力超过三个，由于可列的独立的平衡方程只有三个，这时无法通过该隔离体求出所有未知力。但对于某些特殊情况，仍可利用平衡条件求出某一根杆件的轴力，往往可以成为解题的关键。

【例 3-15】计算图 3-31(a)所示桁架中 *AB* 杆的轴力。

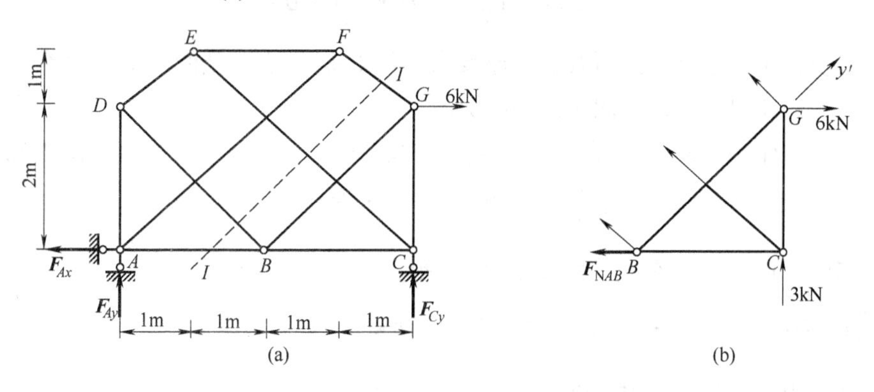

图 3-31　用截面法计算指定杆件的轴力

解：(1) 计算支座反力，受力图如图 3-31(a)所示。

由 $\sum M_A = 0$：$-6 \times 2 + 4F_{Cy} = 0$，得 $F_{Cy} = 3\text{kN}$。

由 $\sum F_y = 0$：$-F_{Ay} + F_{Cy} = 0$，得 $F_{Ay} = 3\text{kN}$。

由 $\sum F_x = 0$：$6 - F_{Ax} = 0$，得 $F_{Ax} = 6\text{kN}$。

(2) 该桁架是一复杂桁架，如果直接用结点法计算，则不论取哪个结点，跟该结点相连的轴力未知的杆件都是三根，无法顺利求出轴力。因此只能考虑先作一个恰当的截面，利用截面法取得问题的突破口。作图 3-31(b)所示的截面 Ⅰ-Ⅰ，该截面切断了四根杆，由于除 *AB* 杆外的其他三根杆互相平行，所以可列出平衡方程 $\sum y' = 0$（y' 轴与 *BD* 杆垂直)，即：$-F_{NAB}\cos 45^\circ + 6\cos 45^\circ + 3\cos 45^\circ = 0$，得 $F_{NAB} = 9(\text{kN})$。

3.5.4 结点法和截面法的联合应用

从前面内容可见，结点法和截面法各有特点，应根据具体情况选用。在某些情况下，如果仅用一个结点的平衡条件或者只作一个截面均无法顺利求解时，可将这两种方法联合使用。

【**例 3-16**】试求图 3-32(a)所示桁架中 a 杆和 b 杆的轴力。

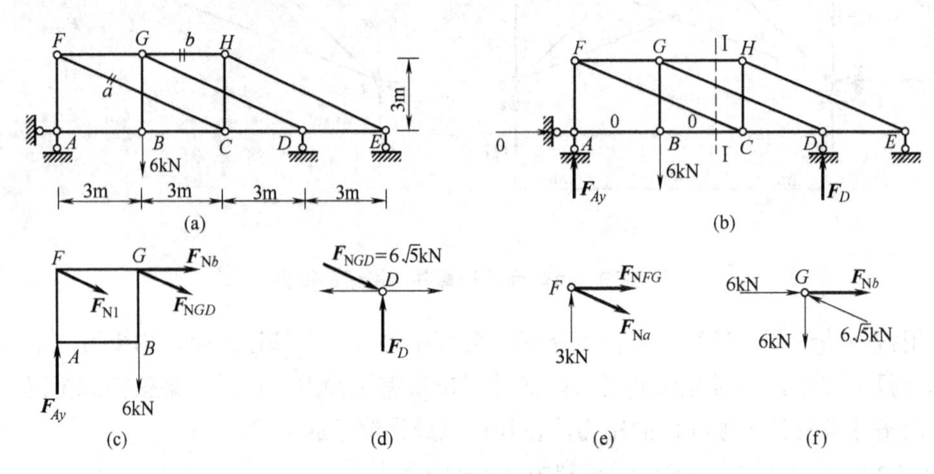

图 3-32 结点法和截面法联合应用

解：该桁架不能直接求出所有的支座反力，仅知道 A 支座处的水平反力等于零，根据几何组成，可先找出零杆，如图 3-32(b)所示。

用截面法，作图 3-32(b)所示的Ⅰ-Ⅰ截面，取截面左边部分来分析，如图 3-32(c)所示。

由 $\sum M_F=0$：$6\times3+F_{NGD}\times\frac{1}{5}=0$，得 $F_{NGD}=-6\sqrt{5}\,\text{kN}$。

用结点法，取结点 D 分析，如图 3-32(d)所示。

由 $\sum F_y=0$：$-F_{NGD}\times\frac{1}{\sqrt{5}}+F_D=0$，得 $F_D=6\text{kN}$。

分析结构整体，如图 3-32(b)所示。

由 $\sum M_E=0$：$6\times9-F_{Ay}\times12-3\times6=0$，得 $F_{Ay}=3\text{kN}$，则 $F_{NAF}=-3\text{kN}$。

再分析结点 F(见图 3-32(e))，可求得 $F_{Na}=3\sqrt{5}\,\text{kN}$，$F_{NFG}=-6\text{kN}$。

最后分析结点 G(见图 3-32(f))，可求得 $F_{Nb}=6\text{kN}$。

【**例 3-17**】求图 3-33(a)所示桁架 A 支座的反力。

解：该桁架的支座反力共有四个，由整体结构的平衡条件可知 A 支座处的水平反力等于零，竖向反力 F_{Ay} 不能直接求出来。可以利用对称性进行计算，将原结构分解成图 3-33(b)和图 3-33(c)所示的两种情况，分别计算各自的支座反力。

图 3-33(b)是对称结构受正对称荷载的情况，此时的支座反力和轴力也是对称的。分析结点 J，由图 3-33(d)可知，$F_{NJC}=F_{NJE}=0$(零杆)，分析结点 C 和 E 可知，BC 和 EF 是零杆。

在图3-33(b)中作截面Ⅰ-Ⅰ，取截面左边部分来分析。

由$\sum M_{\mathrm{I}}=0$：$\dfrac{F_{\mathrm{P}}}{2}a-F'_{Ay}\cdot 3a=0$，得$F'_{Ay}=\dfrac{F_{\mathrm{P}}}{6}$。

图3-33(c)是对称结构受反对称荷载作用的情况，此时的支座反力和轴力也是反对称的，分析结点D，由图3-33(e)可知，$F_{\mathrm{NDC}}=F_{\mathrm{NDE}}=0$(零杆)，支座反力$F_{Dy}=0$。

在图3-33(c)中作截面Ⅱ-Ⅱ，取截面左边部分来分析。

由$\sum M_{\mathrm{I}}=0$：$\dfrac{F_{\mathrm{P}}}{2}\cdot 3a-F''_{Ay}\cdot 5a=0$，得$F''_{Ay}=\dfrac{3F_{\mathrm{P}}}{10}$。

所以，支座反力$F_{Ay}=F'_{Ay}+F''_{Ay}=\dfrac{F_{\mathrm{P}}}{6}+\dfrac{3F_{\mathrm{P}}}{10}=\dfrac{7F_{\mathrm{P}}}{15}$。

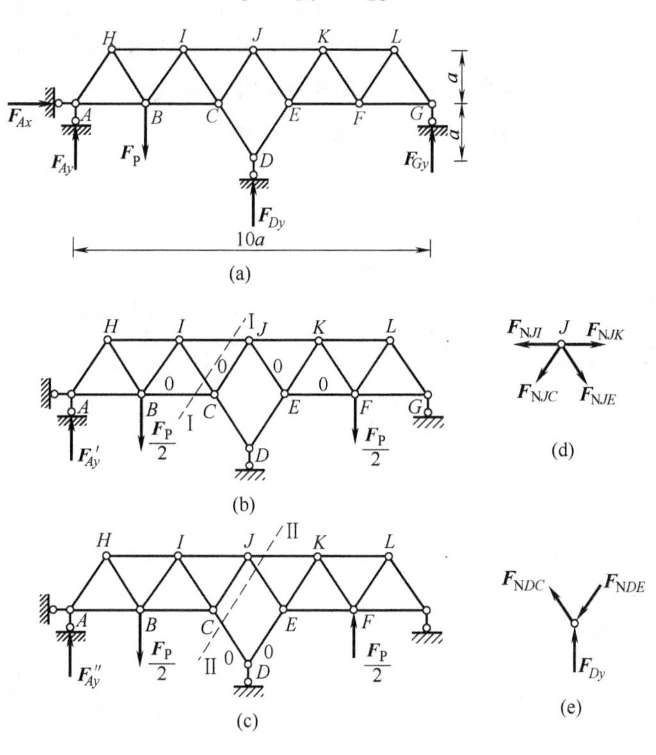

图3-33　结点法和截面法的联合应用

3.6　组合结构

组合结构是指由若干链杆和梁式杆组成的结构，其中链杆只受轴力作用，也可称为二力杆；梁式杆除受轴力作用外，还受到弯矩作用和剪力作用。组合结构常用于房屋建筑中的屋架、吊车梁和桥梁的承重结构。图3-34所示为一下撑式五角形屋架的简图，属于组合结构的一种。根据组合结构中两类杆件不同的受力特点，为了保证经济性，上弦杆一般采用钢筋混凝土材料，下弦拉杆采用型钢，腹杆可用钢筋混凝土或型钢。组合结构可以降低梁式杆中的弯矩，充分发挥材料强度。降低梁式杆中弯矩的方法有：①减小梁式杆的长度；

②使梁式杆的某些截面上产生负弯矩，以降低跨中的正弯矩。

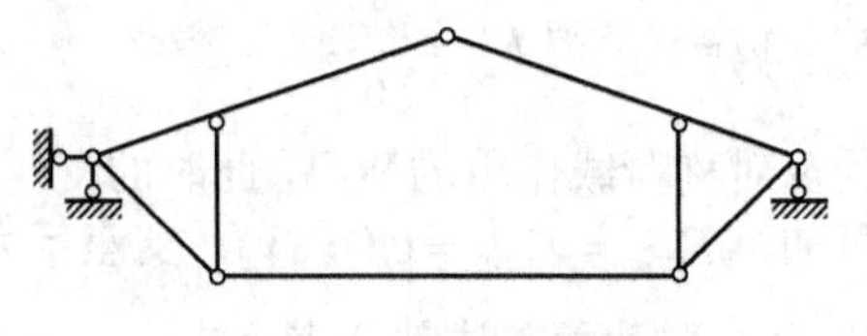

图 3-34　组合结构示意

计算组合结构内力的步骤和前面几种结构大体相同，通常需要先求出支座反力，然后正确地区分链杆和梁式杆。链杆上的作用力只有轴力，梁式杆上的作用力一般有三个，即弯矩、剪力和轴力。因此，在用截面法计算组合结构的内力时，为了不使隔离体上的未知量数目过多，应尽量避免截断梁式杆，一般是先求出各链杆的轴力，然后根据隔离体的平衡条件计算梁式杆的内力。如果梁式杆的弯矩图很容易直接绘出时，则可灵活处理。

【例 3-18】试作图 3-35(a)所示组合结构的内力图。

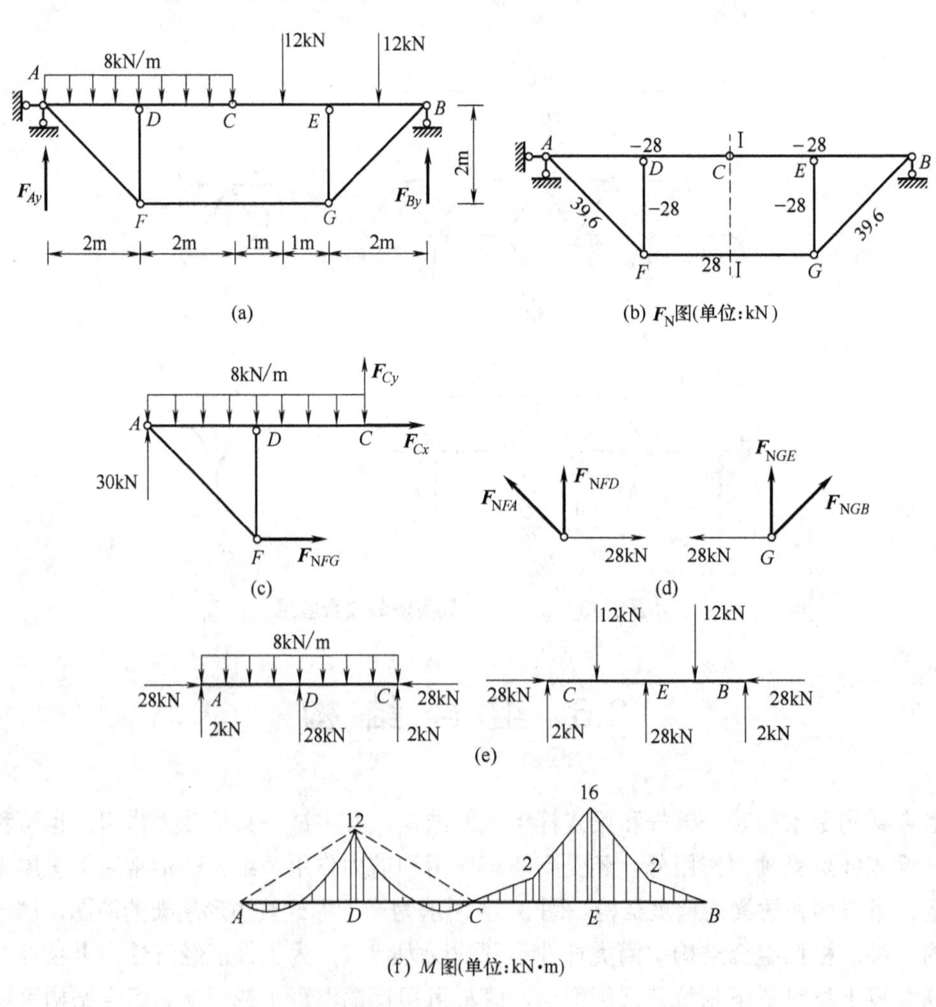

图 3-35　组合结构的内力计算

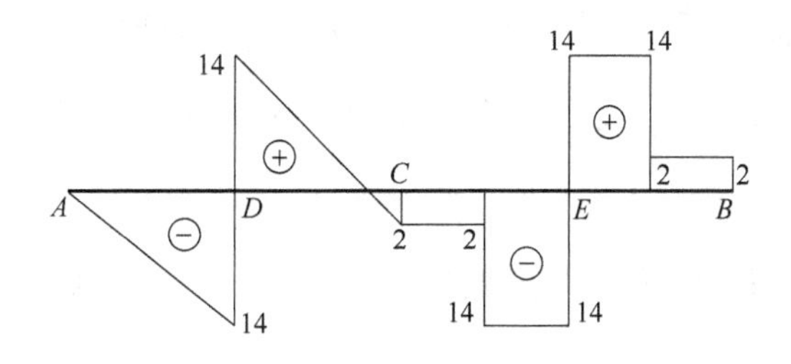

图 3-35 组合结构的内力计算(续)

解：先区分两类不同性质的杆件，图中 *ADC*、*CEB* 杆是梁式杆，其他杆是链杆。

(1) 计算支座反力。

根据图 3-35(a)所示的整个结构的受力图得：

由$\sum M_A=0$：$8\times4\times2+12\times5+12\times7-8F_{By}=0$，得$F_{By}=26\text{kN}$。

由$\sum F_y=0$：$F_{Ay}+26-32-12-12=0$，得$F_{Ay}=30\text{kN}$。

(2) 计算链杆的轴力。

在图 3-35(b)中作截面Ⅰ-Ⅰ，切断铰 *C* 和链杆 *FG*，取截面左边部分来分析，如图 3-35(c)所示。

由$\sum M_C=0$：$8\times4\times2+2F_{NFG}-30\times4=0$，得$F_{NFG}=28\text{kN}$。

由$\sum F_x=0$：$F_{Cx}+28=0$，得$F_{Cx}=-28\text{kN}$。

由$\sum F_y=0$：$30+F_{Cy}-32=0$，得$F_{Cy}=2\text{kN}$。

由图 3-35(d)中结点 *F* 和结点 *G* 的平衡条件可得：$F_{NFA}=F_{NGB}=39.6\text{kN}$，$F_{NFD}=F_{NGE}=-28\text{kN}$。将所求出的各杆轴力值标注于图 3-35(b)中。

(3) 计算梁式杆的内力。

作梁式杆 *ADC*、*CEB* 的受力图(见图 3-35(e))，据此可求出控制截面 *D*、*E* 的弯矩为$M_D=12\text{kN}\cdot\text{m}$(上边受拉)，$M_E=16\text{kN}\cdot\text{m}$(上边受拉)，由分段叠加法作出弯矩图，如图 3-35(f)所示。其剪力图也不难作出，如图 3-35(g)所示。

【例 3-19】图 3-36 所示的组合结构中，尺寸 *b* 可以调节，欲使梁式杆 *DC* 的弯矩最小，即 *D* 点弯矩和 *DC* 杆件间最大弯矩相等，求 *b* 的取值。

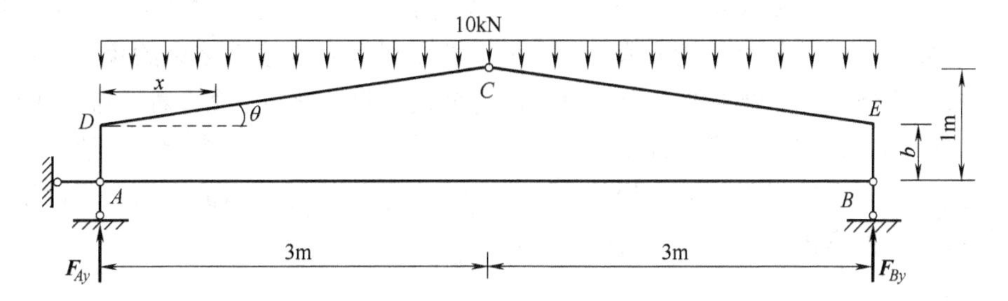

图 3-36 确定组合结构中的待定尺寸

解：先求出支座反力$F_{Ay}=F_{By}=30\text{kN}$。

设 *CD* 杆和水平方向的夹角是θ，则$b=1-3\tan\theta$。

过铰 C 作一竖向截面，可求得链杆 AB 的轴力 $F_{NAB}=45\text{kN}$。

用截面法可求出 DC 杆上距支座 A 水平距离为 x 的截面弯矩为 $M(x)=30x-\frac{10}{2}x^2-45(b+x\tan\theta)$。

由 $\frac{\mathrm{d}M(x)}{\mathrm{d}x}=0$ 计算最大弯矩所在截面的位置，即 $30-10x-45\tan\theta=0$，得 $x=3-4.5\tan\theta$。

则 DC 杆间的最大弯矩为

$$M_{max}=30(3-4.5\tan\theta)-5(3-4.5\tan\theta)^2-45[b+(3-4.5\tan\theta)\tan\theta]=101.25\tan^2\theta$$

D 点弯矩为

$$M_D=45b=45(1-3\tan\theta)=45-135\tan\theta$$

令 $M_{max}=M_D$，即 $101.25\tan^2\theta=45-135\tan\theta$，解得 $\tan\theta=0.276$，则 $b=1-3\tan\theta=0.172(\text{m})$。

3.7 静定结构的一般性质

3.7.1 静定结构约束力解答的唯一性

前面几节讨论了静定梁(单跨梁和多跨梁)、刚架、拱、桁架、组合结构等典型的静定结构，虽然这些静定结构的形式各异，但包含共同的基本特性，即一个静定结构在确定荷载作用下，不论支座是否移动、温度是否变化(它们产生的位移很微小时)，也不论杆件的截面尺寸和材料性质如何，约束力(支座反力、杆件间的相互约束力和截面内力)的解答总是唯一确定的。

在土木工程中，各类建筑物和构筑物，例如房屋、桥梁、隧道、水坝挡土墙等，都具有各自能承受、传递荷载而起到骨架作用的体系，这部分体系都可称为结构。

静定结构的这一基本特性与它的几何组成直接相关。杆件体系按照几何组成可分为几何可变体系(包括瞬变体系和常变体系)、没有多余约束的几何不变体系和有多余约束的几何不变体系。几何可变体系在一般荷载下不能满足平衡条件，这是静力平衡方程无解的情况；在有多余约束的几何不变体系中，未知力的个数大于静力平衡方程的个数，静力平衡方程的解有无穷多组，这是静力平衡方程有解但不确定的情况；在没有多余约束的几何不变体系中，未知力的个数等于独立的静力平衡方程的个数，此时静力平衡方程有唯一确定的解。

静定结构约束力解答的唯一性是静定结构的基本静力特性。这个特性说明：无论用哪一种方法找出了一组约束力，若这组约束力在给定荷载下满足所有的平衡条件，则这组约束力就是真实的正确解答，不再有其他解答。

3.7.2 静定结构的导出性质

根据静定结构约束力解答的唯一性，可以推导出静定结构的其他性质。

(1) 支座移动、温度变化、材料伸缩和制造误差等非荷载因素只使结构产生位移，不引起内力和反力。图 3-37(a)、(b)、(c)分别表示简支梁有支座移动、温度变化和制造误差时的情况，图中虚线表示简支梁由于上述非荷载因素产生的位移。因为简支梁上不受荷载作用，所以支座反力和内力都为零时可以满足所有静力平衡条件，根据静定结构约束力解答的唯一性，这就是该结构的真实解答。

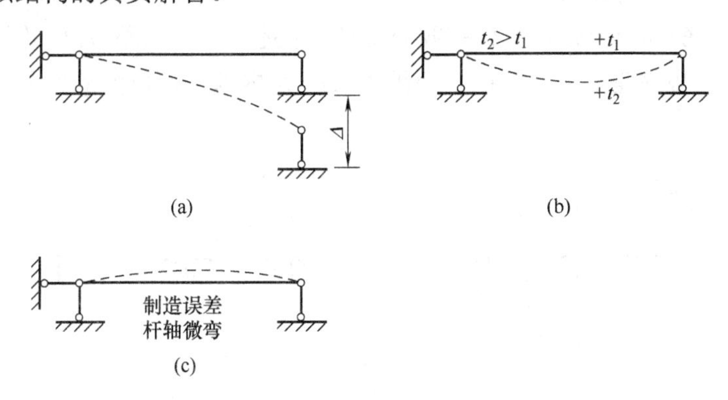

图 3-37　非荷载因素对静定结构的影响

(2) 静定结构的局部平衡特性。当平衡力系加在静定结构的某一内部几何不变部分时，则只有该部分受力，其余部分都没有内力和反力。

如图 3-38(a)、(b)、(c)所示，刚架上各有一组平衡力系作用于几何不变部分 CD 上，则仅在 CD 部分上产生内力，其余部分没有内力和反力产生，图 3-38(a)、(b)中绘出了该刚架的弯矩图，图 3-38(c)中仅 CD 杆上有轴力，其余部分反力和内力都为零。

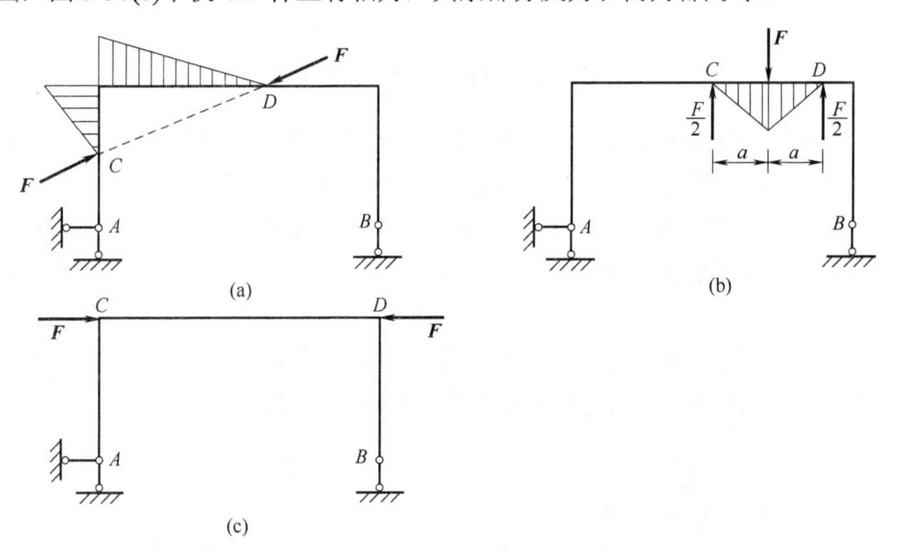

图 3-38　静定结构的局部平衡特性

(3) 静定结构的荷载等效特性。当作用在静定结构的一个几何不变部分上的荷载做等效变换(主矢和对同一点的主矩都相等)时，则只有该部分的内力发生变化，其余部分的内力和反力均保持不变。

将图 3-39(a)所示的静定多跨梁 BC 段上的均布荷载做等效变换，结果如图 3-39(b)所示。从两者的弯矩图可见，仅 BC 段的弯矩发生了变化，其他部分的弯矩保持不变。

利用静定结构的这一特性，当静定桁架所受的荷载不是结点荷载时，可以按荷载等效的原则，将作用在杆件上的非结点荷载转化为结点荷载，计算桁架在结点荷载作用下的内力，这时桁架各杆上只有轴力，即主内力。

在内部几何可变部分上进行荷载等效变换时，上述结论一般不成立。例如，图 3-40(a)、(b)中，梁上的荷载虽然是静力等效的，但因为 BD 是内部几何可变的部分，所以两者的弯矩图完全不同。

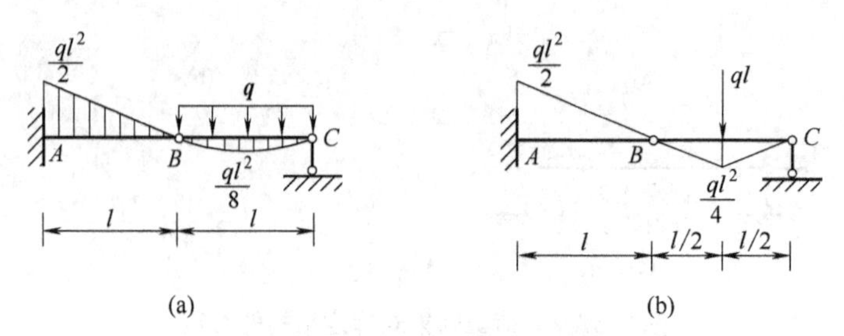

图 3-39 静定结构的荷载等效特性

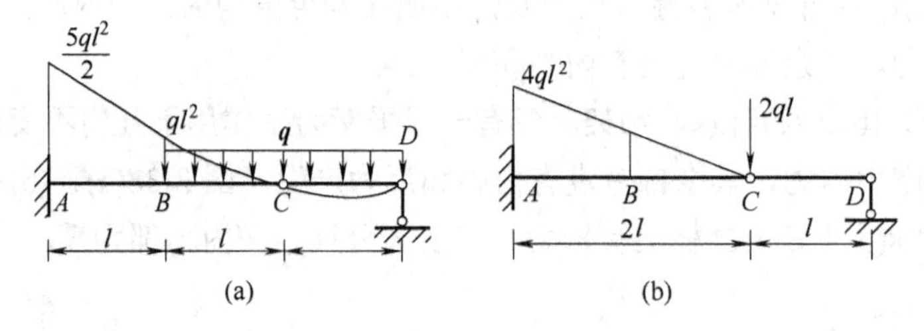

图 3-40 错误的荷载等效变换

(4) 静定结构的构造变换特性。当静定结构的一个内部几何不变部分做局部构造变换时，只有该部分的内力发生变化，其余部分的内力和反力均不变。

例如，图 3-41(a)所示结构，将直杆 CD 变换为折杆 CED，荷载和其他部分均保持不变，则在做上述局部构造变换后，只有 CD 部分的内力发生变化，其他部分的内力和反力保持不变。

需要注意，静定结构的内力和支座反力只与结构类型及荷载有关，与杆件的材料性质及刚度无关，而结构的变形则与杆件的材料性质及刚度有关。

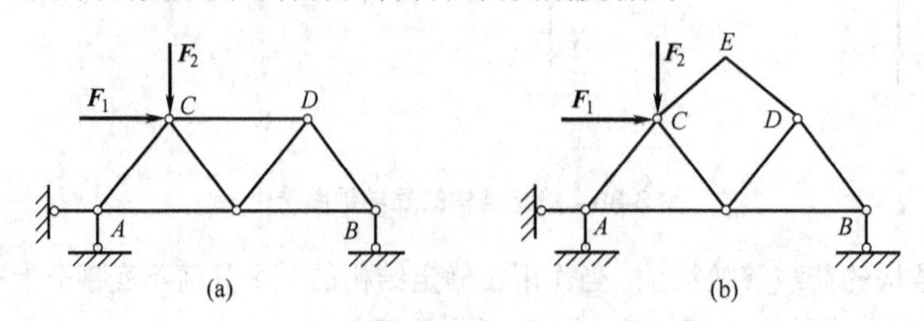

图 3-41 静定结构的构造变换特性

思　考　题

3-1　为什么对静定结构进行受力分析时，只需要考虑静力平衡条件，而不需要考虑变形条件？这样得到的受力分析的结果是否是唯一正确的？

3-2　怎样根据内力图的规律对内力图进行校核？

3-3　分段叠加法作弯矩图的具体方法是怎样的？为什么强调 M 图的叠加是指 M 图纵坐标的叠加，而不是 M 图图形的简单拼合？

3-4　试比较简支斜梁和相应的简支水平梁在同跨度同荷载情况下的支座反力、内力和内力图的异同。

3-5　当静定刚架支座反力多于三个时，怎样简便地计算出支座反力？

3-6　怎样根据桁架的几何组成特点确定计算顺序？

3-7　在结点法和截面法中，如何尽量避免解算联立方程组？

3-8　桁架中的零杆既然不受力，为何在实际结构中不把它去掉？

3-9　怎样判断组合结构中的链杆和梁式杆？两者在受力上有什么特点？

3-10　怎样理解三铰拱的合理轴线？在竖向荷载作用下，三铰拱合理轴线的形式有何特点？拱高对合理轴线有无影响？

3-11　刚架与梁相比，在力学性能上有哪些异同？内力计算上有哪些异同？

3-12　本章中哪些地方使用了叠加原理？叠加原理在什么条件下可以使用？在什么条件下不可以使用？

习　　题

3-1　试作图 3-42 所示各梁的 M 图和 $\boldsymbol{F}_{\mathrm{Q}}$ 图。

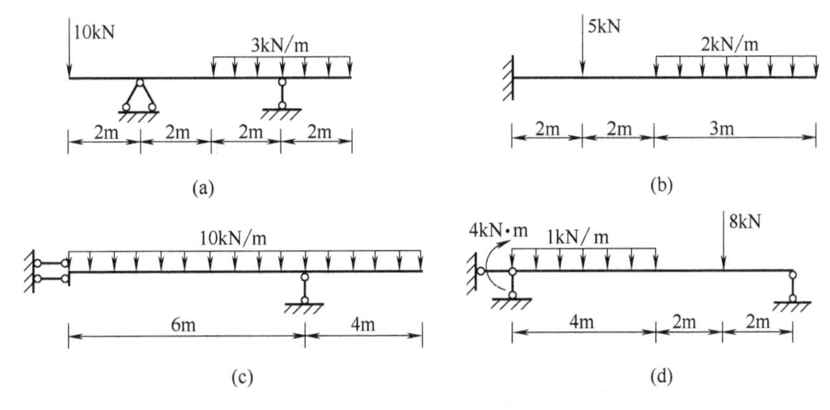

图 3-42　习题 3-1 图

3-2　试求图 3-43 所示梁的支座反力，并作内力图。

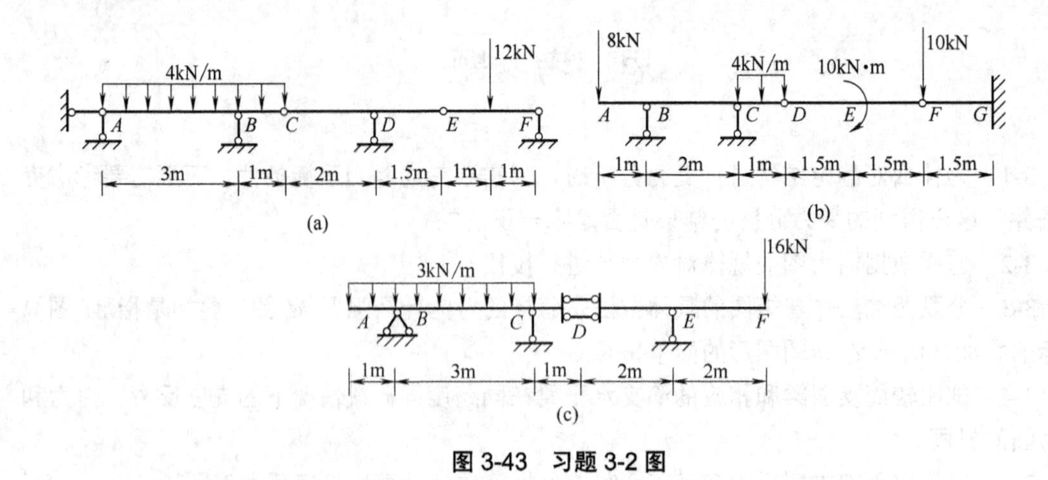

图 3-43 习题 3-2 图

3-3 试作图 3-44 所示刚架的内力图。

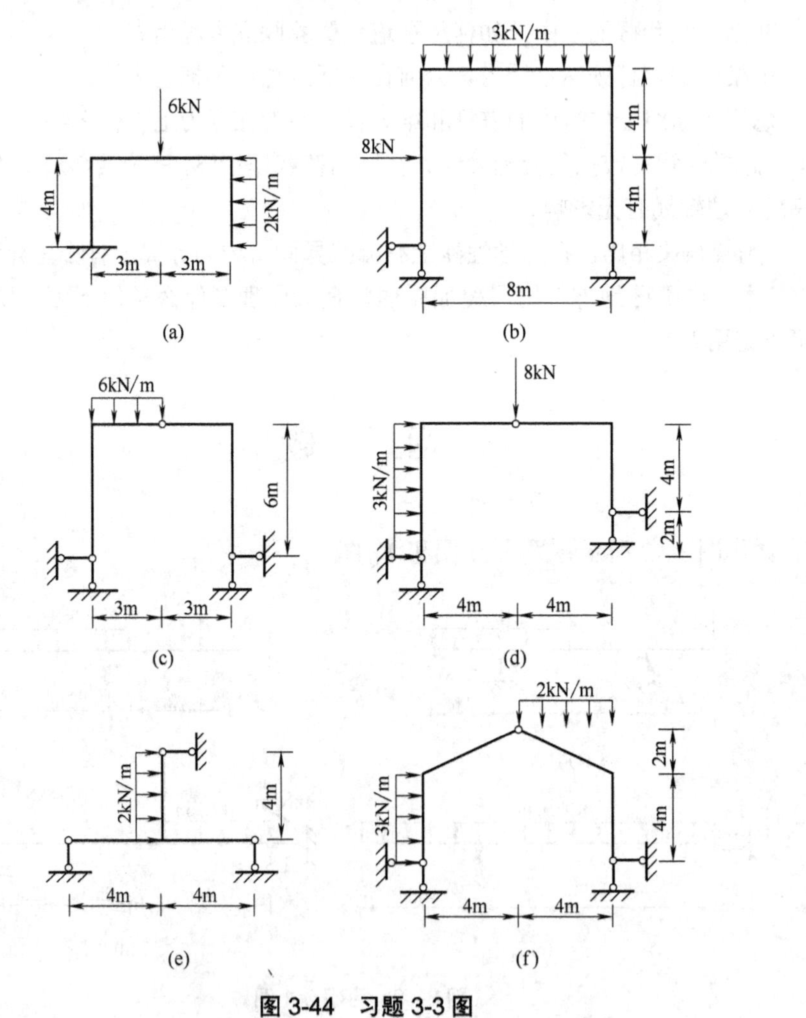

图 3-44 习题 3-3 图

3-4 对图 3-45 中刚架进行几何组成分析，并作 M 图。

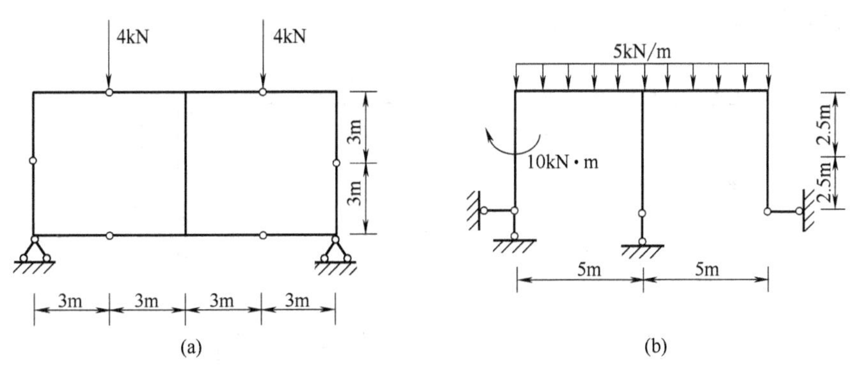

图 3-45　习题 3-4 图

3-5　判断图 3-46 所示各 M 图的正误，若有错误，请加以改正。

3-6　试选择图 3-47 中铰 E、F 的位置，使 BC 的跨中截面弯矩与支座 B、C 的截面弯矩相等。

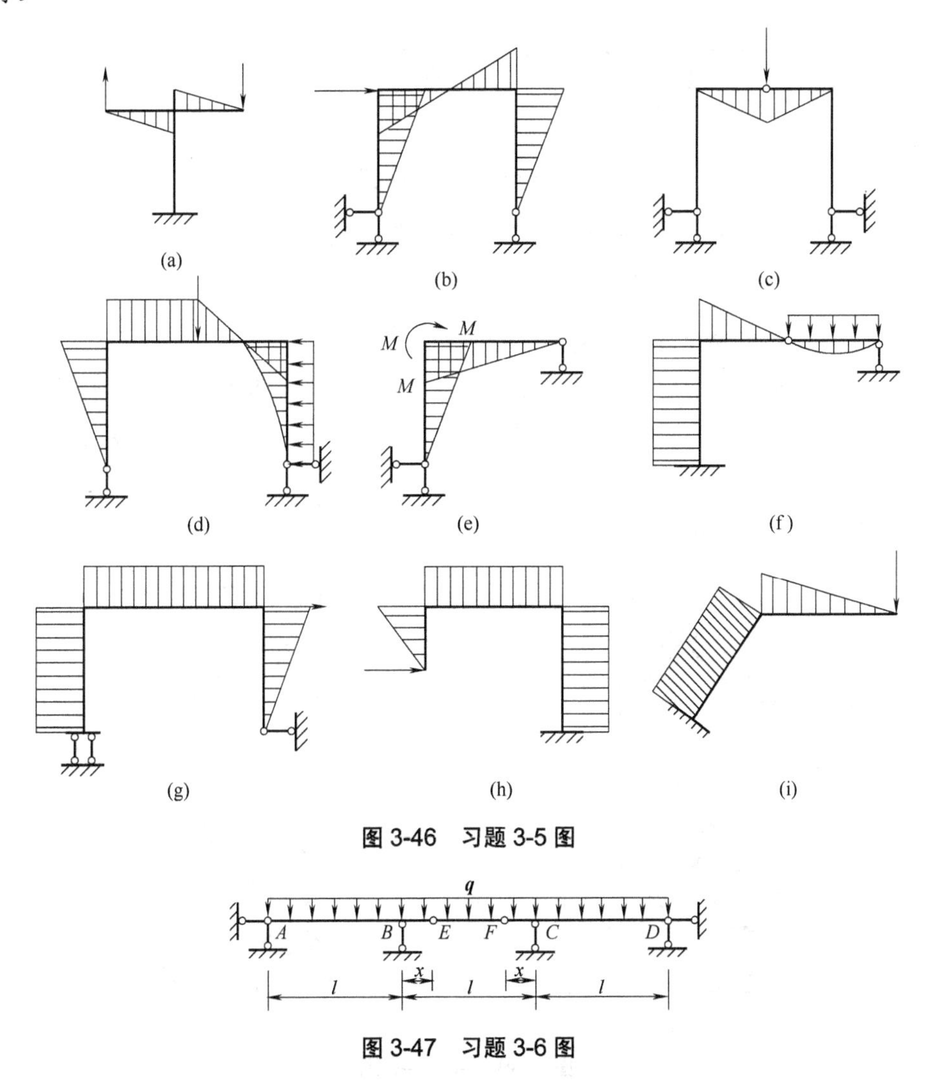

图 3-46　习题 3-5 图

图 3-47　习题 3-6 图

3-7　试作图 3-48 所示刚架的 M 图。

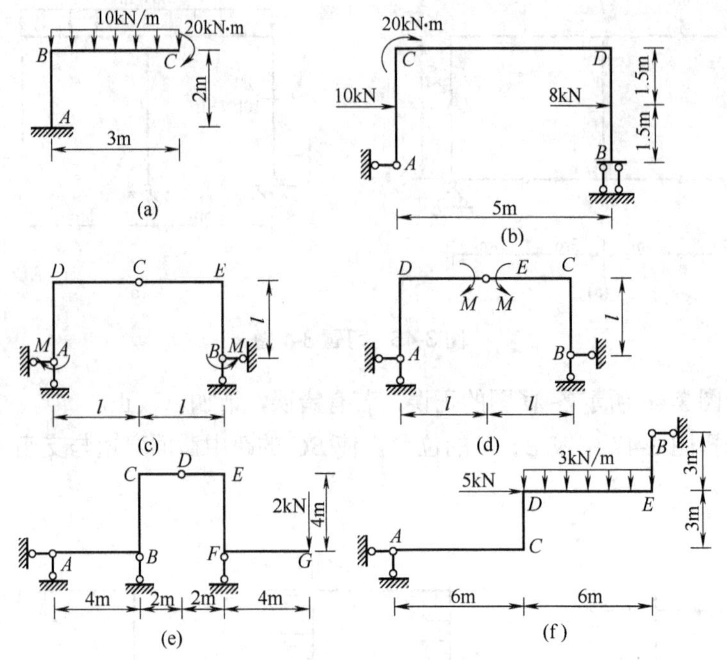

图 3-48　习题 3-7 图

3-8　试判断图 3-49 中桁架的类型，找出所有的零杆。

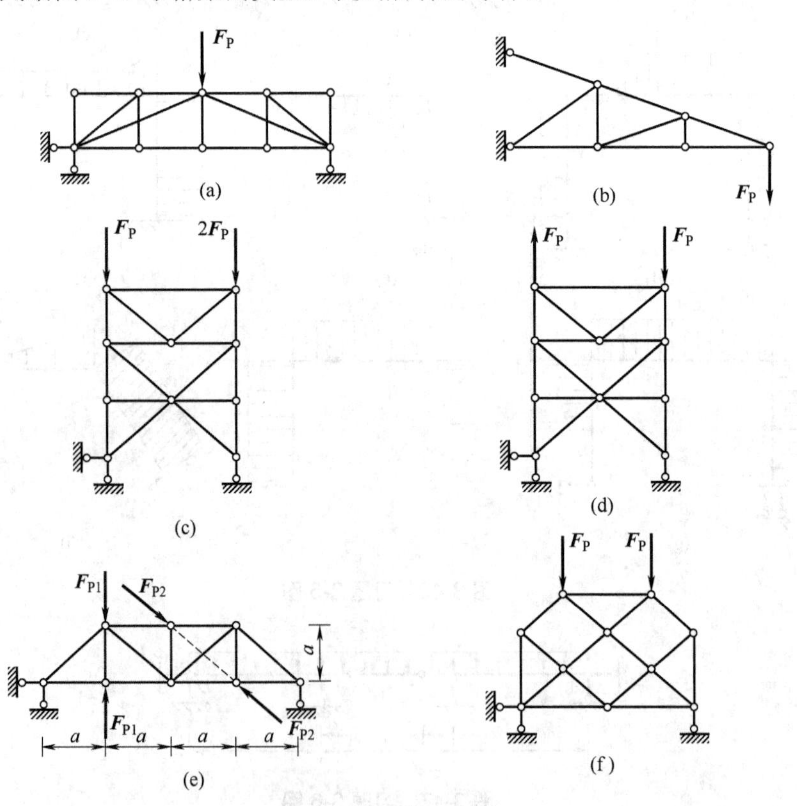

图 3-49　习题 3-8 图

3-9　试求图 3-50 中桁架各杆的轴力。

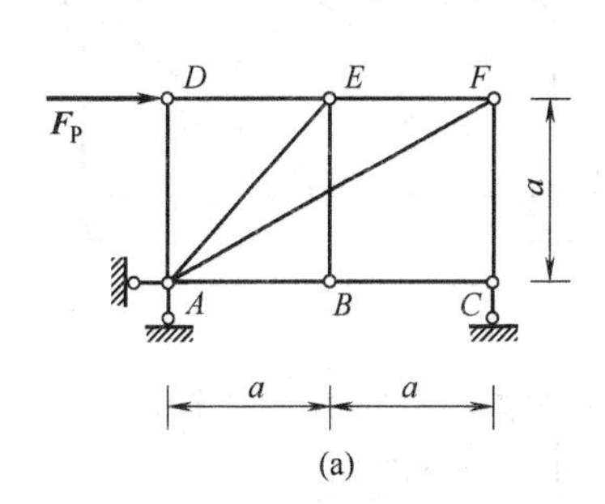

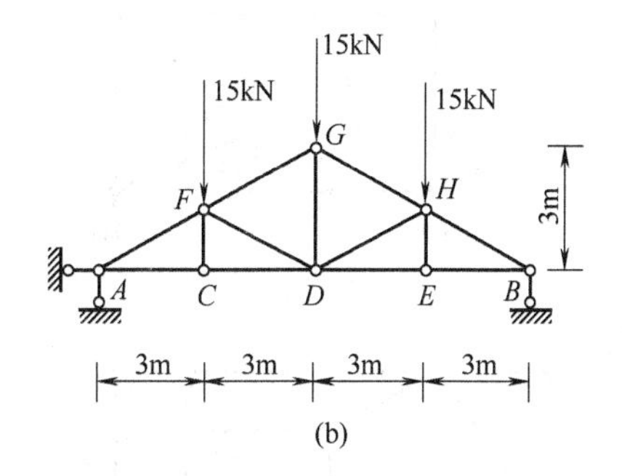

图 3-50　习题 3-9 图

3-10　试求图 3-51 中桁架各指定杆件的轴力。

3-11　试说明如何用较简便的方法计算图 3-52 所示桁架中指定杆件的轴力(不必计算)。

3-12　试选用较简便的方法计算图 3-53 所示桁架中指定杆件的轴力。

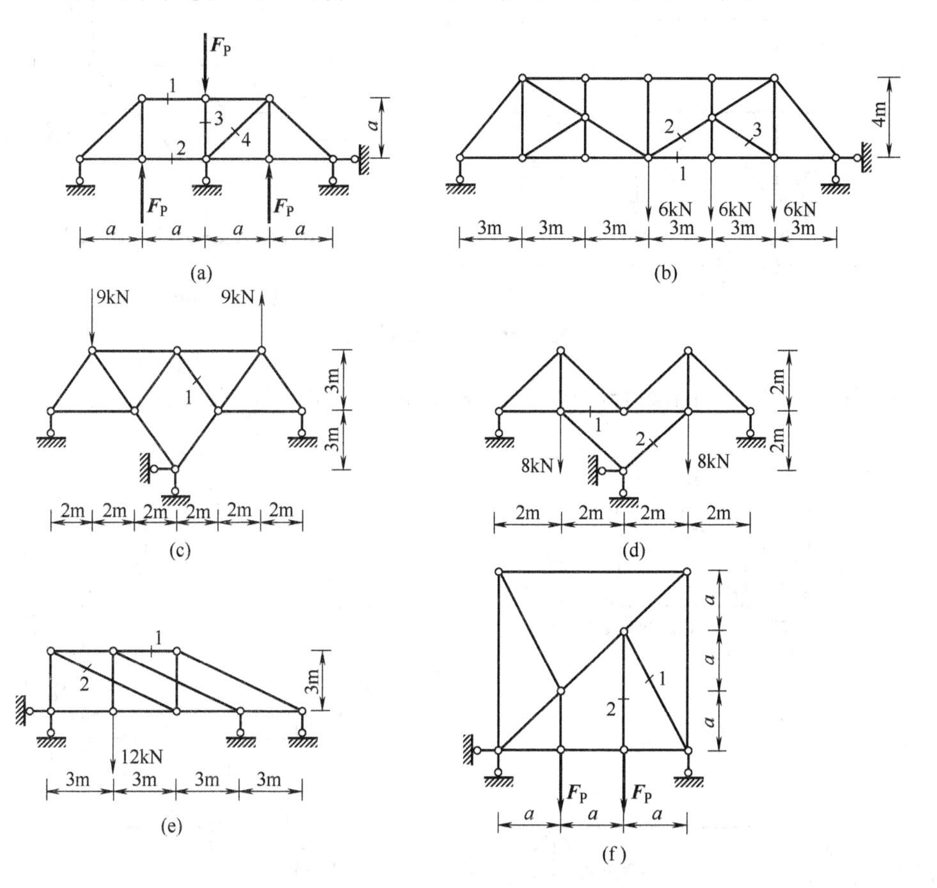

图 3-51　习题 3-10 图

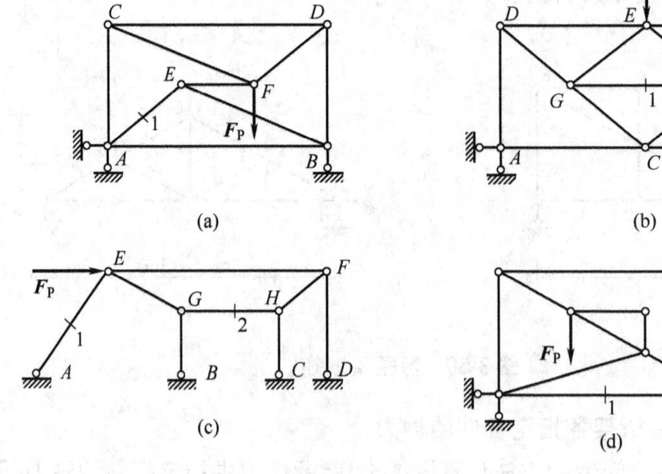

图 3-52 习题 3-11 图

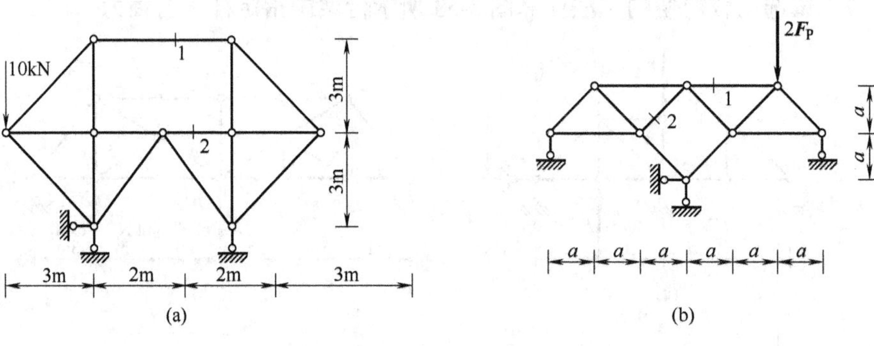

图 3-53 习题 3-12 图

3-13 试作图 3-54 所示组合结构中梁式杆的 M 图，并计算链杆的轴力。

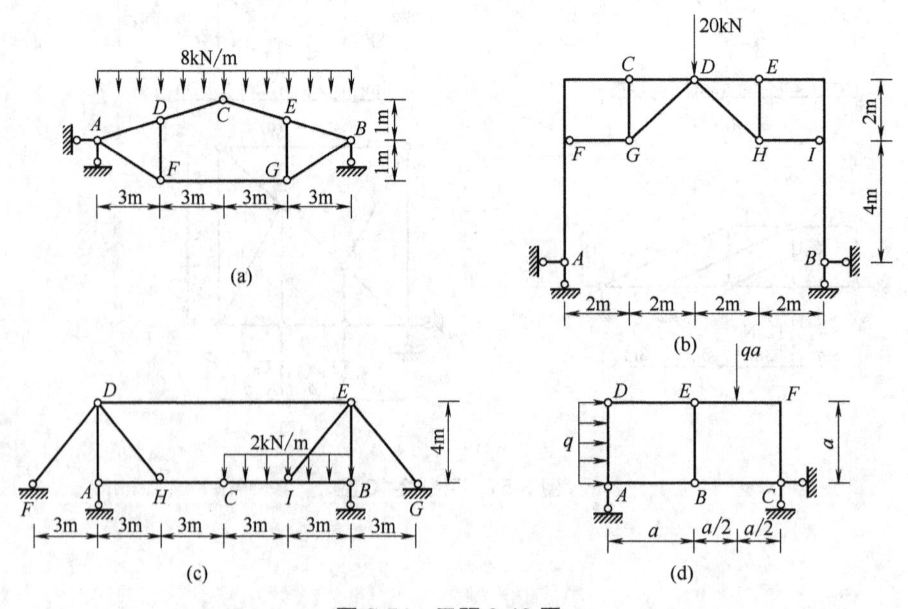

图 3-54 习题 3-13 图

3-14　求图 3-55 所示抛物线三铰拱 D 截面的内力，已知拱轴线方程为 $y=\frac{x}{9}(12-x)$。

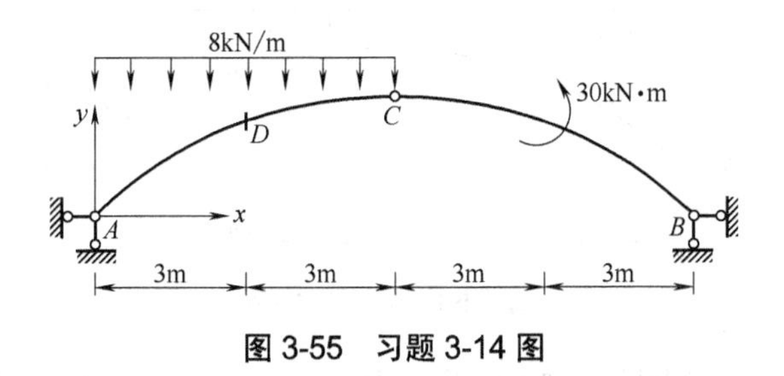

图 3-55　习题 3-14 图

3-15　图 3-56 所示为半径 $R=4\text{m}$ 的圆弧形三铰拱，求支座反力及 D 截面的内力。

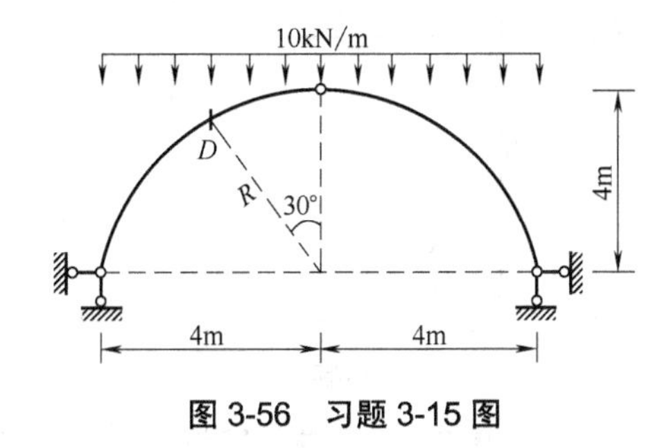

图 3-56　习题 3-15 图

3-16　图 3-57 所示为抛物线三铰拱，铰 C 位于抛物线的顶点和最高点，求：①拱轴线方程；②D 截面的内力。

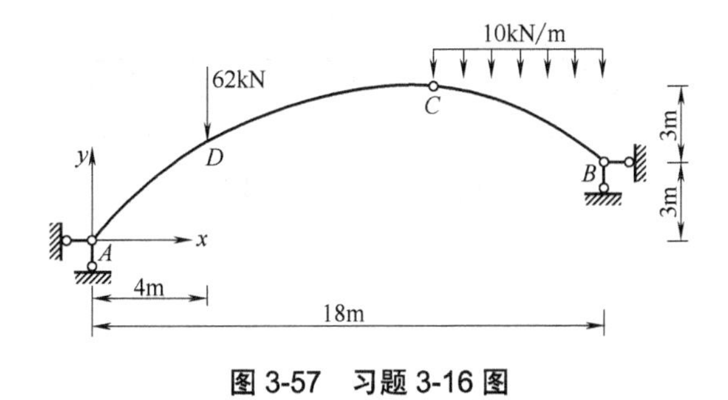

图 3-57　习题 3-16 图

3-17　试求图 3-58 所示带拉杆的圆弧形三铰拱 D 截面的内力，已知 $R=6\text{m}$。

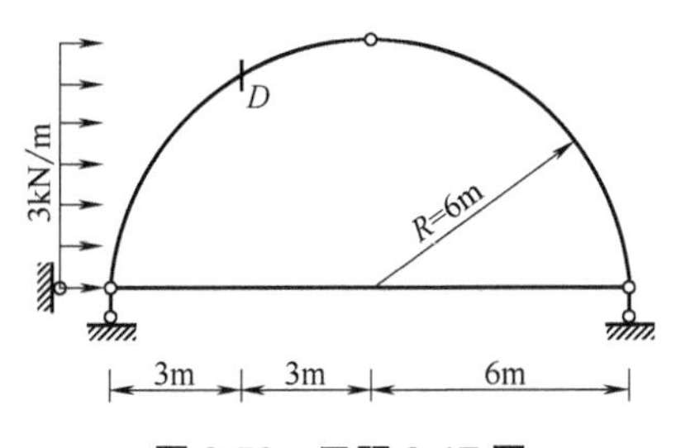

图 3-58　习题 3-17 图

3-18　试求图 3-59 所示竖向均布荷载作用下三铰拱的合理轴线方程。

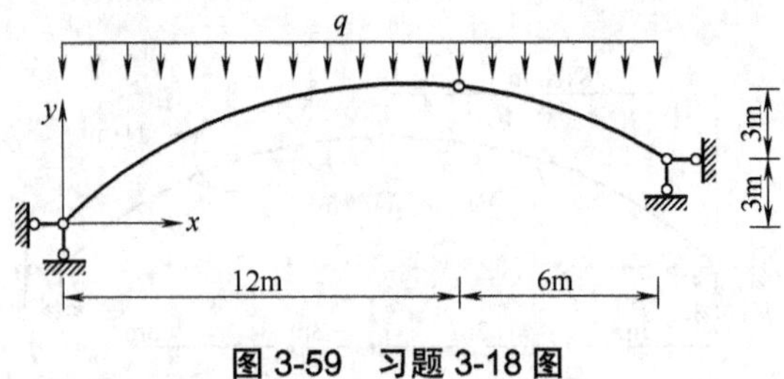

图 3-59　习题 3-18 图

3-19　已知结构的弯矩图如图 3-60 所示(单位：kN·m)，试绘制该结构所受的荷载。

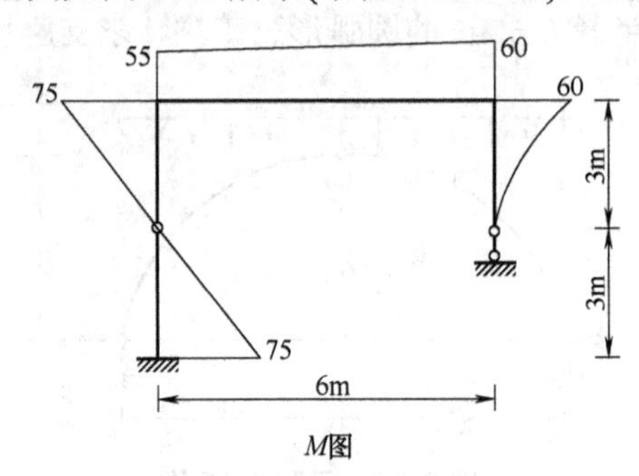

图 3-60　习题 3-19 图

3-20　已知某连续梁的 M 图如图 3-61 所示(单位：kN·m)，求支座 B 的反力。

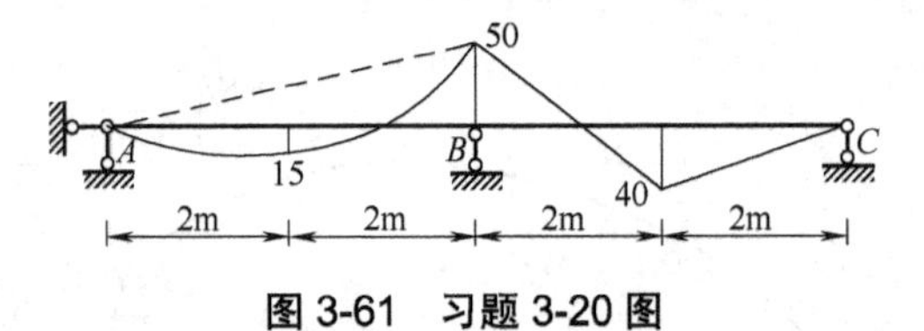

图 3-61　习题 3-20 图

第 4 章　虚功原理和结构的位移计算

4.1　概　　述

结构在外荷载作用下会产生内力，而实际结构中使用的材料都是可变形的，因此会在杆件中产生应变，以致结构产生变形。由于变形，结构上各点的位置将会发生改变。各杆件的横截面除移动外，还可以发生转动，这些移动和转动称为结构的位移。图 4-1 所示的三铰刚架在荷载作用下发生图中虚线所示的位移和变形，CC' 和 DD' 分别表示 C 点和 D 点的线位移，它也可以用水平线位移和竖向线位移两个分量来表示；θ_C 表示 CD 杆 C 端的角位移。图 4-2 所示简支刚架在荷载作用下发生图中虚线所示的位移和变形，θ_A 表示截面 A 的角位移(顺时针方向)，θ_B 表示截面 B 的角位移(逆时针方向)，这两个方向相反的角位移之和称为截面 A、B 的相对角位移，用 θ_{AB} 表示，$\theta_{AB}=\theta_A+\theta_B$；$\Delta_C$ 和 Δ_D 分别表示 C 点和 D 点的水平线位移，这两个方向相反的水平线位移之和称为 A、B 两点的相对水平线位移，用 Δ_{CD} 表示，$\Delta_{CD}=\Delta_C+\Delta_D$。

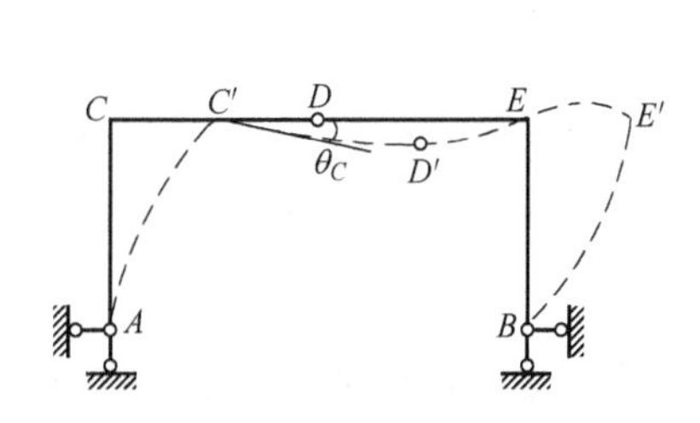

图 4-1　三铰刚架的位移

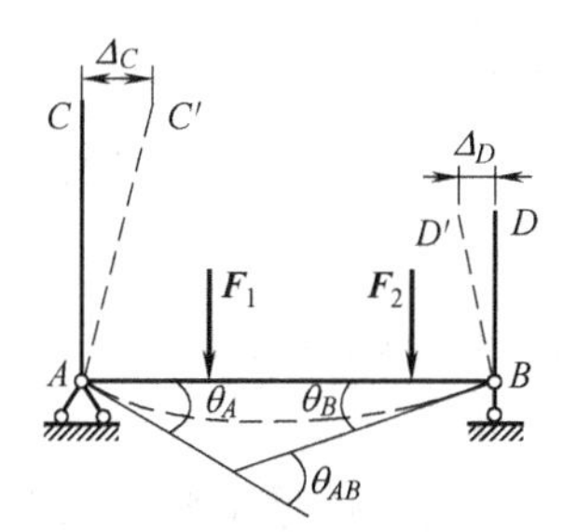

图 4-2　简支刚架的位移

除荷载外，结构在温度变化、支座移动、材料收缩和制造误差等非荷载因素的作用下也会发生位移，但结构中的各杆件并不产生内力，也不产生变形，这种位移称为刚体位移。

计算结构位移的目的主要如下。

(1) 校核结构的刚度。结构在荷载作用下，除了应满足强度方面的要求外，还应满足刚度方面的要求。如果变形过大，结构即使不发生破坏，也会影响其正常使用，因此设计时要计算结构的位移，使结构位移不超过允许的限值。例如，对于各类高层建筑，在风荷载和地震的作用下，层间位移与层高之比及结构顶部位移与总高度之比均应小于规范的相应限值。如果钢筋混凝土高层建筑的水平位移过大，可能会导致混凝土和装饰层开裂，也可能影响到管线的安全性和电梯的正常运行。

(2) 为后面的超静定结构计算做准备。计算超静定结构的反力和内力时，由于静力平衡方程数目不够，还必须考虑变形条件，因而需建立位移方面的补充方程，所以必须计算静定结构的位移。

另外，在结构的施工过程中，也常常需要知道结构的位移，以确保施工安全和拼装就位。在动力计算和稳定计算中，也需要计算结构的位移。

可见，结构的位移计算具有重要意义。

材料力学中已经介绍了杆件在基本变形下的位移计算，比如受弯杆件的挠度和转角可以利用挠度曲线近似微分方程和边界条件确定。在结构分析中通常只需要知道结构上个别点在指定方向上的位移，这样可以采用更简便的方法计算，结构力学中的位移计算以虚功原理为基础。

本章只介绍静定结构的位移计算，关于超静定结构的位移计算，在学完超静定结构的内力分析后，仍可采用这一章的方法。

4.2 变形体系的虚功原理

在理论力学中介绍了刚体系的虚功原理，可表述为：设具有理想约束的刚体系上作用有任意的平衡力系，又设体系发生符合约束条件的任意无限小位移，则力系(外力)在位移上所做的虚功之和恒等于零。

在虚功原理中，符合约束条件的任意无限小位移称为虚位移。力系在虚位移上所做的功称为虚功。理想约束是指其约束力在虚位移上所做的功恒等于零的约束。光滑铰接与刚性链杆等都是理想约束。在刚体中，任意两点间的相对距离保持不变，可以假定任意两点间有刚性链杆连接，因此刚体是具有理想约束的质点系，刚体内力在刚体可能位移上所做的功恒等于零。

虚功中，力和位移是彼此独立无关的两个因素，引起位移的原因可以是一组力、温度变化、支座移动等，也可以是假想的位移，故称为“虚”。力与位移同向，虚功为正，力与位移反向，虚功为负。

虚功原理有如下两种应用。

(1) 对于给定的力状态，虚设单位位移求约束力(虚位移原理)；

(2) 对于给定的位移状态，虚设单位力求位移(虚力原理)。

为研究问题的方便，在位移计算中引入广义位移和广义力的概念。线位移、角位移、相对线位移、相对角位移以及某一组位移等，可统称为广义位移；而集中力、力偶、一对集中力、一对力偶以及某一力系等，则统称为广义力。这样在求任何广义位移时，虚拟状态所加的荷载就应是与所求广义位移相应的单位广义力。这里的“相应”是指力与位移在做功关系上的对应，如集中力与线位移对应、力偶与角位移对应等。常见的广义位移和相应的广义单位力如表 4-1 所示，其他广义单位力可根据待求的广义位移进行设定。

表 4-1　常见的广义位移和相应的广义单位力

广义位移	相应的广义单位力
某点的线位移 Δ	该点沿 Δ 方向的单位集中力
某截面的角位移 θ	该截面沿 θ 方向的单位力偶
A、B 两点的相对线位移	沿 A、B 连线在 A、B 两点分别作用相互反向的单位力
A、B 两截面的相对角位移	在 A、B 截面分别作用反向的单位力偶
桁架或组合结构中链杆 AB 的转角	在 AB 的两端点沿 AB 的垂直方向设一对大小为 $\frac{1}{l}$ 的反向集中力，组成单位力偶。l 为 AB 杆的长度

对于变形体来说，外力所做虚功之和一般不等于零。对于杆系结构来说，变形体的虚功原理可表述为：设变形体系上作用有任意的平衡力系，又设该变形体系由于其他原因产生符合约束条件的无限小连续变形，则外力在位移上所做的虚功恒等于各微段上的内力在其变形上所做的变形虚功(有的教材叫内力虚功或虚应变能)。

下面以具体实例来说明该原理的正确性，并导出变形体系虚功原理的具体表达式，如图 4-3 所示。关于变形体系虚功原理的完整证明可参考连续力学方面的有关资料。

做虚功需要两个状态，一个是力状态，另一个是与力状态无关的位移状态。图 4-3(a)表示一平面杆系结构在给定力系作用下处于平衡状态，称为结构的力状态。图 4-3(b)表示该结构由于其他原因而产生了位移，称为结构的位移状态。这里的位移可以是与力状态无关的其他任何原因(例如温度变化、支座移动、另一组力系等)引起的，也可以是假想的，但位移必须是微小的，并满足支座约束条件和变形连续条件。

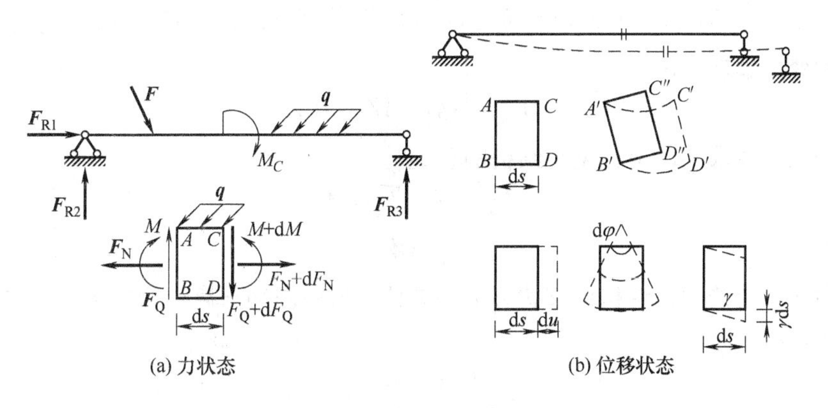

图 4-3　变形体系虚功原理中的两种状态

现从图 4-3(a)所示力状态中任取出一微段 $ABDC$ 来分析，作用在微段上的力有外力 q 和两侧截面的内力(弯矩、剪力和轴力)。截面上的弯矩、剪力和轴力对整个结构来说是内力，对于微段 $ABDC$ 来说是外力，为了与整个结构上的外力相区别，称这些力为内力。这些力将图 4-3(b)所示位移状态中的对应微段由 $ABDC$ 移到了 $A'B'D'C'$，作用在微段上的各力在相应的位移上会做虚功，将所有微段的虚功求和，可得到整个结构的总虚功。

(1) 按外力虚功和内力虚功计算结构总虚功。设作用于微段上的所有力所做虚功总和为 $\mathrm{d}W$，它可分为两部分：一部分是微段表面上外力所做的功 $\mathrm{d}W_\mathrm{e}$，另一部分是微段截面上的内力所做的功 $\mathrm{d}W_{内}$，则：

$$\mathrm{d}W = \mathrm{d}W_\mathrm{e} + \mathrm{d}W_{内}$$

沿杆长积分并求和，得到整个结构的总虚功为

$$\sum\int \mathrm{d}W = \sum\int \mathrm{d}W_\mathrm{e} + \sum\int \mathrm{d}W_{内}$$

简写为

$$W = W_\mathrm{e} + W_{内}$$

式中，W_e 是整个结构上的所有外力(包括荷载和支座反力)所做虚功总和，即虚功原理中简称的外力虚功；$W_{内}$ 是所有微段截面上的内力所做虚功总和。

由于任何相邻截面上的内力互为作用力与反作用力，它们大小相等方向相反，而且具有相同的位移，因此每一对相邻截面上的内力虚功总是大小相等符号相反而互相抵消。

由此有 $W_{内} = 0$。

所以，整个结构的总虚功便等于外力虚功

$$W = W_\mathrm{e} \tag{4-1}$$

(2) 按刚体虚功与变形虚功计算结构总虚功。可以把图 4-3(b)所示位移状态中微段的虚位移分解为两部分，第一部分仅发生刚体位移 (由 $ABDC$ 移到 $A'B'D''C''$)，第二部分发生变形位移(由 $A'B'D''C''$ 移到 $A'B'D'C'$)。

作用在微段上的所有力在刚体位移上所做虚功为 $\mathrm{d}W_{刚}$，由于微段上的所有力包括微段表面的外力及截面上的内力构成一平衡力系，根据刚体系的虚功原理可得 $\mathrm{d}W_{刚}=0$。

作用在微段上的所有力在变形位移上所做虚功为 $\mathrm{d}W_\mathrm{i}$，由于微段发生变形位移时，仅其两侧截面有相对位移，故只有两侧截面上的内力做功，而外力不做功，$\mathrm{d}W_\mathrm{i}$ 即内力在变形位移上所做的变形虚功，得

$$\mathrm{d}W = \mathrm{d}W_{刚} + \mathrm{d}W_\mathrm{i} = \mathrm{d}W_\mathrm{i}$$

沿杆长积分并求和，得到整个结构的总虚功为

$$\sum\int \mathrm{d}W = \sum\int \mathrm{d}W_\mathrm{i}$$

简写为

$$W = W_\mathrm{i} \tag{4-2}$$

结构力状态上的力在结构位移状态上的虚位移所做虚功只有一个确定值，比较式(4-1)、式(4-2)两式可得

$$W = W_\mathrm{e} = W_\mathrm{i} \tag{4-3}$$

式(4-3)称为变形体系的虚功方程。

W_i 的计算思路如下。

对平面杆系结构，任一微段的变形可分解为轴向变形 $\mathrm{d}u$ 、弯曲变形 $\mathrm{d}\varphi$ 和平均剪切变形 $\gamma\,\mathrm{d}s$ (见图 4-3(b))。微段上弯矩、剪力和轴力的增量 $\mathrm{d}M$ 、 $\mathrm{d}F_{\mathrm{Q}}$ 和 $\mathrm{d}F_{\mathrm{N}}$ 以及分布荷载 q 在变形位移所做虚功为高阶微量，可略去不计。

若微段上还有集中力或力偶作用时，可以认为它们作用在截面 AB 上，微段上的外力无对应的位移，因而不做功，只有截面上的内力做功。

因此微段上各内力在其对应的变形位移上所做虚功为

$$\mathrm{d}W_{\mathrm{i}}=M\,\mathrm{d}\varphi+F_{\mathrm{Q}}\gamma\,\mathrm{d}s+F_{\mathrm{N}}\,\mathrm{d}u$$

对于整个结构有

$$W_{\mathrm{i}}=\sum\int\mathrm{d}W_{\mathrm{i}}=\sum\int M\,\mathrm{d}\varphi+\sum\int F_{\mathrm{Q}}\gamma\,\mathrm{d}s+\sum\int F_{\mathrm{N}}\,\mathrm{d}u \tag{4-4}$$

式(4-4)称为平面杆系结构的虚功方程。

刚体系虚功原理可看作是变形体系虚功原理的一个特例，因为发生刚体位移时各微段不产生变形，故变形虚功 $W_{\mathrm{i}}=0$ 。

4.3　结构位移计算的一般公式

下面从虚力原理出发，利用虚功方程(4-2)推导计算平面杆系结构位移的一般公式。

如图 4-4(a)所示，刚架在给定荷载、支座移动和温度变化等因素的作用下，产生了如虚线所示的实际变形，这一状态称为结构的位移状态。为了利用虚功方程求此状态的位移，需要虚设一个力状态。由于力状态与位移状态彼此是独立无关的，因此力状态可以根据计算需要进行设定。现欲求图 4-4(a)所示状态中 K 点沿任一方向 k-k 的位移 $\varDelta_K$ ，可虚拟在刚架 K 点沿拟求位移 $\varDelta_K$ 的方向 k-k 施加一个集中力 $\boldsymbol{F}_K$ ，为了使计算简便，可令 $F_K=1$ ，如图 4-4(b)所示。

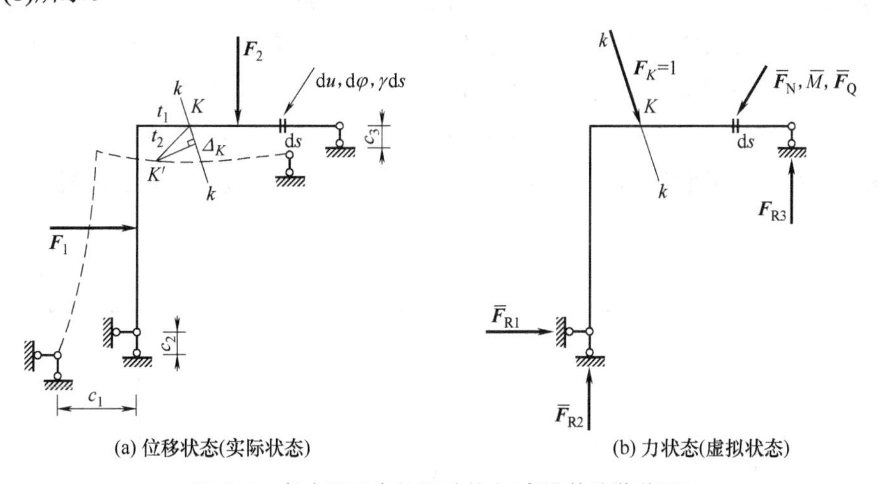

(a) 位移状态(实际状态)　　(b) 力状态(虚拟状态)

图 4-4　虚功原理中的两种状态(虚设单位荷载法)

可将实际状态中结构的真实位移看作虚拟平衡状态的虚位移，为求外力虚功 W_{e}，在位移状态中给出了结构的实际位移 $\varDelta_K$ 、 c_1、 c_2 和 c_3，在力状态中可根据虚设单位力 $F_K=1$ 求

出支座反力 $\bar{F}_{R1}$、$\bar{F}_{R2}$ 和 $\bar{F}_{R3}$，则外力虚功为

$$W = F_K \Delta_K + \bar{F}_{R1}c_1 + \bar{F}_{R2}c_2 + \bar{F}_{R3}c_3 = 1\cdot\Delta_K + \sum \bar{F}_R c \tag{4-5}$$

在计算变形虚功时，设虚拟状态中由单位力 $F_K = 1$ 引起的微段上的内力为 $\bar{M}$、$\bar{F}_Q$ 和 $\bar{F}_N$，在实际状态中微段上的相应变形为 $d\varphi$、γds 和 du，则变形虚功为

$$W_i = \sum\int dW_i = \sum\int \bar{M}\,d\varphi + \sum\int \bar{F}_Q \gamma\,ds + \sum\int \bar{F}_N\,du \tag{4-6}$$

由式(4-5)和式(4-6)，根据虚功原理可得

$$1\cdot\Delta_K + \sum \bar{F}_{RC} = \sum\int \bar{M}\,d\varphi + \sum\int \bar{F}_Q \gamma\,ds + \sum\int \bar{F}_N\,du$$

即

$$\Delta_K = \sum\int \bar{M}\,d\varphi + \sum\int \bar{F}_Q \gamma\,ds + \sum\int \bar{F}_N\,du - \sum \bar{F}_{RC} \tag{4-7}$$

式(4-7)就是平面杆系结构位移计算的一般公式。

对于弹性、非弹性材料，静定、超静定结构，荷载、非荷载因素引起的位移和变形，式(4-7)普遍适用。

可见，只要求出虚拟状态下结构的内力 $\bar{M}$、$\bar{F}_Q$ 和 $\bar{F}_N$ 和支座反力 $\bar{F}_R$，并求出了实际状态下杆件的变形 $d\varphi$、γds 和 du，就可根据式(4-7)求出位移 Δ_K。

这种利用虚功原理通过虚设单位荷载求结构位移的方法称为单位荷载法，应用该方法每次只能计算一个位移。在虚设单位荷载时，其指向可以任意假定，若计算结果为正，表示单位荷载所做虚功为正，即所求位移 Δ_K 的实际方向与单位荷载 $F_K = 1$ 的方向相同，若计算结果为负，则表示单位荷载所做虚功为负，即所求位移 Δ_K 的实际方向与单位荷载 $F_K = 1$ 的方向相反。

单位荷载法既可计算结构的线位移，也可计算角位移和相对位移，只要虚拟状态中的单位荷载为与所求位移相应的广义力即可。

做功时，集中力是在其相应的线位移上做功，力偶是在其相应的角位移上做功。若求绝对线位移，则应在拟求位移处沿拟求线位移方向虚设相应的单位集中力；若求绝对角位移，则应在拟求角位移处沿拟求角位移方向虚设相应的单位集中力偶；若求相对位移，则应在拟求相对位移处沿拟求位移方向虚设相应的一对平衡单位力或力偶。

刚架和桁架单位荷载的施加方法如图 4-5 所示，说明在虚设广义单位荷载时，单位荷载应与拟求的广义位移相对应。

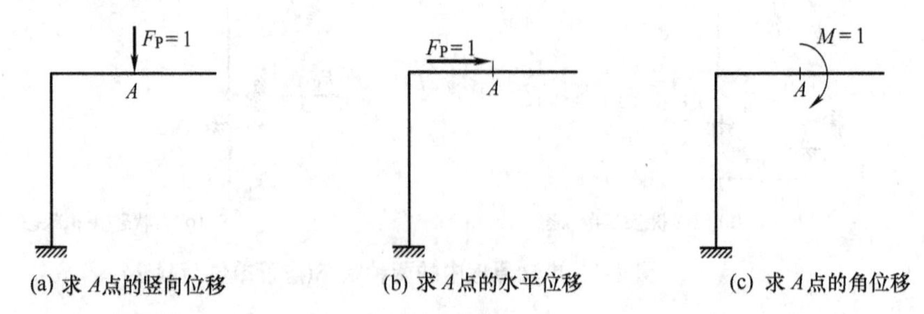

图 4-5　单位荷载的施加方法

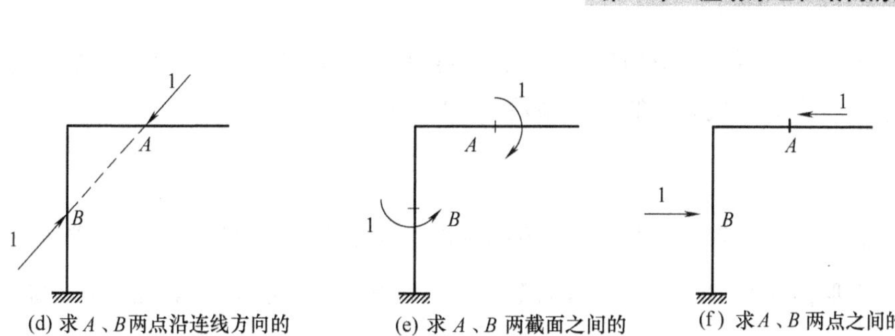

(d) 求 A、B 两点沿连线方向的相对线位移

(e) 求 A、B 两截面之间的相对角位移

(f) 求 A、B 两点之间的相对水平位移

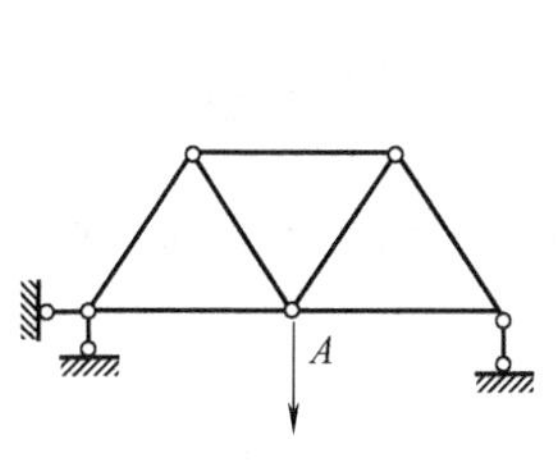

(g) 求 A 点的竖向位移

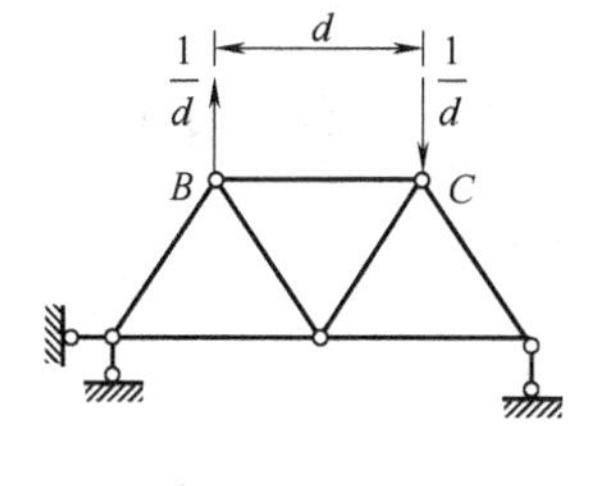

(h) 求 BC 杆的转角

图 4-5　单位荷载的施加方法(续)

4.4　静定结构在荷载作用下的位移计算

关于静定结构在荷载作用下的位移计算，本节将介绍位移与荷载呈线性关系的线弹性结构的位移计算方法，在计算过程中荷载的影响可以叠加，当荷载全部去除后位移也将完全消失。线弹性结构在荷载作用下的位移是微小的，应力与应变的关系符合胡克定律。

静定结构中，当仅有荷载作用而无支座移动时，位移计算的一般公式(4-7)可简化为

$$\Delta_{KP}=\sum\int\bar{M}\,\mathrm{d}\varphi_{P}+\sum\int\bar{F}_{Q}\gamma_{P}\,\mathrm{d}s+\sum\int\bar{F}_{N}\,\mathrm{d}u_{P} \tag{4-8}$$

式中，Δ_{KP} 用了两个下标，第一个下标 K 表示该位移发生的位置，第二个下标 P 表示引起该位移的原因，是由广义荷载引起的。

$\mathrm{d}\varphi_{P}$、$\gamma_{P}\,\mathrm{d}s$、$\mathrm{d}u_{P}$ 是实际状态中微段上的变形，如图 4-6(a)所示。

$\bar{M}$、$\bar{\boldsymbol{F}}_{Q}$、$\bar{\boldsymbol{F}}_{N}$ 为虚拟状态中微段上的内力，如图 4-6(b)所示。

设荷载作用下微段上的内力为 M_{P}、$\boldsymbol{F}_{QP}$ 和 $\boldsymbol{F}_{NP}$，根据材料力学可知：

$$\mathrm{d}\varphi_{P}=k\,\mathrm{d}s=\frac{M_{P}}{EI}\mathrm{d}s \tag{4-9}$$

$$\mathrm{d}u_{P}=\varepsilon\,\mathrm{d}s=\frac{F_{NP}}{EA}\mathrm{d}s \tag{4-10}$$

$$\gamma_{P}\,\mathrm{d}s=\frac{kF_{QP}}{GA}\mathrm{d}s \tag{4-11}$$

式中，E、G 为材料的弹性模量和切变模量；I 和 A 为杆件截面的惯性矩和面积；EI、EA 和

GA 分别代表杆件横截面的弯曲刚度、拉压刚度和剪切刚度；k 为切应力沿截面分布不均匀而引用的与截面形状有关的修正系数，k 的计算公式为

$$k=\frac{A}{I^2}\int\frac{S^2}{b^2}\mathrm{d}A \tag{4-12}$$

式中，S 为所求切应力点处上面或下面截面积对中性轴的静矩，b 为所求切应力点处的截面宽度，矩形截面 $k=1.2$，圆形截面 $k=\frac{10}{9}$，薄壁圆环截面 $k=2$，工字形截面 $k=\frac{A}{A'}$，A' 为腹板截面面积。

将式(4-9)、式(4-10)、式(4-11)代入式(4-8)，得到平面杆系结构在荷载作用下的位移计算一般公式为

$$\Delta_{KP}=\sum\int\frac{\bar{M}M_{\mathrm{P}}}{EI}\mathrm{d}s+\sum\int\frac{k\bar{F}_{\mathrm{Q}}F_{\mathrm{QP}}}{GA}\mathrm{d}s+\sum\int\frac{\bar{F}_{\mathrm{N}}F_{\mathrm{NP}}}{EA}\mathrm{d}s \tag{4-13}$$

式(4-13)是一个积分型的求位移公式，右边三项分别代表结构的弯曲变形、剪切变形和轴向变形对所求位移的贡献。

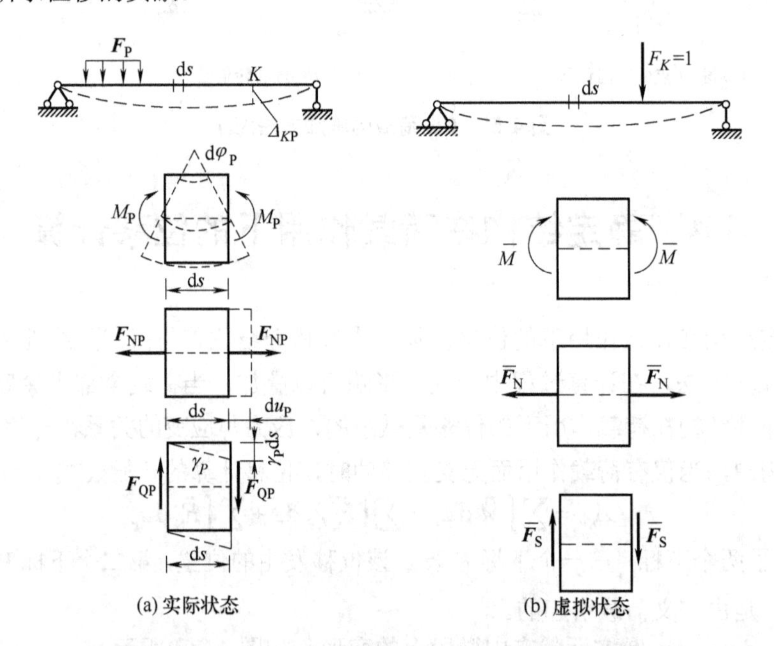

图 4-6　静定结构在荷载作用下的位移计算

在式(4-13)中，共有两类内力，其中 $\bar{M}$、$\bar{F}_{\mathrm{Q}}$、$\bar{F}_{\mathrm{N}}$ 为虚拟状态中由单位荷载引起的内力，M_{P}、F_{QP}、F_{NP} 为实际状态中由给定荷载引起的内力。在静定结构中，上述内力均可通过静力平衡条件求得，故不难利用式(4-13)求出相应的位移。

需要注意，上述关于微段变形的计算，对于直杆是正确的，对于曲杆则是近似的，因为曲杆还需考虑曲率对变形的影响。对工程中常见的曲杆结构，由于其截面高度与曲率半径相比很小，曲率的影响不大，仍可按直杆公式进行近似计算。

在荷载作用下的实际结构中，不同的结构形式的受力特点不同，各内力对位移的影响

也不同。为简化计算，对于不同结构常可忽略对位移影响较小的内力项，相应位移的计算可采用下面简化的公式。

(1) 梁和刚架。对于梁和刚架，位移主要是弯曲变形引起的，剪切变形和轴向变形的影响一般很小，因此式(4-13)可简化为

$$\Delta_{KP}=\sum\int\frac{\bar{M}M_{\mathrm{P}}}{EI}\mathrm{d}s \tag{4-14}$$

(2) 桁架。桁架中各杆件只有轴力并且轴力沿杆长是常数，拉压刚度 EA 对单根杆件一般也是常数，因此式(4-13)可简化为

$$\Delta_{KP}=\sum\int\frac{\bar{F}_{\mathrm{N}}F_{\mathrm{NP}}}{EA}\mathrm{d}s=\sum\frac{\bar{F}_{\mathrm{N}}F_{\mathrm{NP}}}{EA}\int\mathrm{d}s=\sum\frac{\bar{F}_{\mathrm{N}}F_{\mathrm{NP}}l}{EA} \tag{4-15}$$

(3) 组合结构。组合结构中的杆件分为梁式杆和链杆两类，梁式杆以受弯为主，一般可只考虑弯曲变形的影响；链杆只有轴力，只需考虑轴向变形的影响，此时位移公式为

$$\Delta_{KP}=\sum\int\frac{\bar{M}M_{\mathrm{P}}}{EI}\mathrm{d}s+\sum\frac{\bar{F}_{\mathrm{N}}F_{\mathrm{NP}}l}{EA} \tag{4-16}$$

(4) 拱。对于拱，剪力的影响一般是可以忽略的。如果拱的轴线与合理拱轴线相差较大，则轴力对位移的影响也可以忽略。如果拱的轴线与合理拱轴线比较接近，则弯矩和轴力对位移的影响都必须考虑。因此式(4-13)可简化为

$$\Delta_{KP}=\sum\int\frac{\bar{M}M_{\mathrm{P}}}{EI}\mathrm{d}s+\sum\frac{\bar{F}_{\mathrm{N}}F_{\mathrm{NP}}}{EA}\mathrm{d}s \tag{4-17}$$

如果拱的轴线恰好是合理拱轴线，此时 $M_{\mathrm{P}}=0$，只需保留轴力的影响。

对于带拉杆的拱，还应考虑拉杆的轴力对位移的影响，位移公式可简化为

$$\Delta_{KP}=\sum\int\frac{\bar{M}M_{\mathrm{P}}}{EI}\mathrm{d}s+\sum\frac{\bar{F}_{\mathrm{N}}F_{\mathrm{NP}}}{EA}\mathrm{d}s+\sum\frac{\bar{F}_{\mathrm{N}}F_{\mathrm{NP}}l}{EA} \tag{4-18}$$

其中最后一项是考虑拉杆的影响。

【例 4-1】 试求图 4-7(a)所示等截面简支梁中点 C 的挠度 Δ_C，并比较弯曲变形与剪切变形对位移的影响。已知 EI=常数，梁的截面为矩形，截面宽度为 b，截面高度为 h，泊松比 $\mu=\dfrac{1}{3}$。

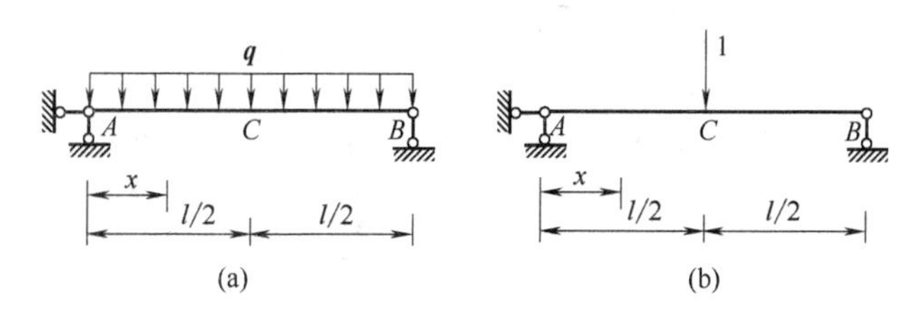

图 4-7　等截面简支梁中点的挠度计算

解： 在 C 点加一竖向单位荷载作为虚拟状态，如图 4-7(b)所示，分别求出单位荷载和实际荷载作用下梁的内力方程。取 A 点为坐标原点，则当 $0\leqslant x\leqslant\dfrac{l}{2}$ 时，有

$$\bar{M}=\frac{1}{2}x\text{，}\qquad \bar{F}_{Q}=\frac{1}{2}$$

$$M_{P}=\frac{1}{2}qlx-\frac{1}{2}qx^{2}\text{，}\qquad F_{QP}=\frac{1}{2}ql-qx$$

内力方程中的弯矩以梁下侧受拉为正，剪力以绕隔离体顺时针转动为正。

因为结构和荷载都是对称的，所以梁中的弯矩和剪力也是对称的，根据式(4-13)，由弯曲变形引起的位移为

$$\Delta_{CM}=2\int_{0}^{l/2}\frac{\bar{M}M_{P}}{EI}\mathrm{d}x=\frac{2}{EI}\int_{0}^{l/2}\frac{x}{2}\left(\frac{1}{2}qlx-\frac{1}{2}qlx^{2}\right)\mathrm{d}x=\frac{5ql^{4}}{384EI}$$

由剪切变形引起的位移为

$$\Delta_{CQ}=2\int_{0}^{l/2}\frac{k\bar{F}_{Q}F_{QP}}{GA}\mathrm{d}x=\frac{2k}{GA}\int_{0}^{l/2}\frac{1}{2}\left(\frac{1}{2}qlx-qx\right)\mathrm{d}x=\frac{1.2ql^{2}}{8GA}$$

由于梁的轴力为零，故 C 点挠度为 $\Delta=\Delta_{CM}+\Delta_{CQ}=\dfrac{5ql^{4}}{384EI}+\dfrac{1.2ql^{2}}{8GA}$。

位移计算结果为正，说明 C 点挠度的实际方向与虚设单位荷载的方向相同，即向下。

由 $\dfrac{E}{G}=2(1+\mu)=\dfrac{8}{3}$，矩形截面的惯性矩 $I=\dfrac{bh^{3}}{12}$，矩形截面的面积 $A=bh$，得到

$$\frac{\Delta_{CQ}}{\Delta_{CM}}=2.56\left(\frac{h}{l}\right)^{2}$$

当梁的高跨比 $\dfrac{h}{l}=\dfrac{1}{10}$ 时，$\dfrac{\Delta_{CQ}}{\Delta_{CM}}=2.56\%$，剪切变形的影响为弯曲变形影响的2.56%，故对于一般的细长梁可以忽略剪切变形对位移的影响。但对于高跨比较大的深梁来说，剪切变形对位移的影响不可忽略。

【例 4-2】图 4-8(a)中左图为一等截面悬臂曲梁，梁轴线为 $\dfrac{1}{4}$ 圆弧，受均布水压 $\boldsymbol{q}$ 作用，试求自由端 B 的水平位移 Δ_{B}。设该曲梁的截面厚度远小于其半径 R。

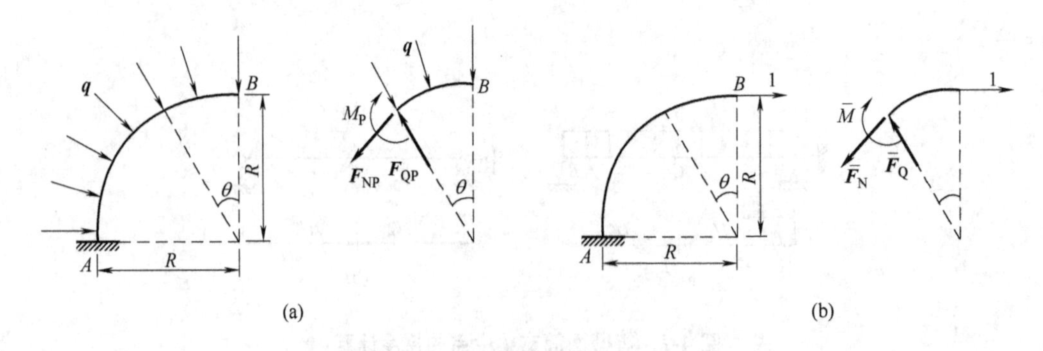

图 4-8　悬臂曲梁自由端的水平位移计算

解：该曲梁是小曲率杆，故可近似采用直杆的位移计算公式。

在 B 点加一水平向右的单位荷载作为虚拟状态，如图 4-8(b)中左图所示。

利用图 4-8(a)、(b)中的右图，分别求出实际荷载和单位荷载作用下梁的内力方程。

$$M_{\mathrm{P}}=\int_0^{\theta}-q\,\mathrm{d}s\cdot R\sin(\theta-\alpha)=qR^2(\cos\theta-1)$$

$$F_{\mathrm{QP}}=\int_0^{\theta}q\,\mathrm{d}s\cdot\sin\left(\frac{\pi}{2}-\theta+\alpha\right)=qR\sin\theta$$

$$F_{\mathrm{NP}}=\int_0^{\theta}-q\,\mathrm{d}s\cdot\cos\left(\frac{\pi}{2}-\theta+\alpha\right)=qR(\cos\theta-1)$$

$$\bar{M}=R(\cos\theta-1),\ \bar{F}_{\mathrm{Q}}=\sin\theta,\ \bar{F}_{\mathrm{N}}=\cos\theta$$

内力方程中的轴力以拉为正，剪力以绕隔离体顺时针转动为正，弯矩以梁内侧受拉为正。

根据式(4-13)，由弯曲变形引起的位移为

$$\Delta_{BM}=\int_0^{\pi/2}\frac{\bar{M}M_{\mathrm{P}}}{EI}\mathrm{d}s=\frac{1}{EI}\int_0^{\pi/2}R(\cos\theta-1)qR^2(\cos\theta-1)R\,\mathrm{d}\theta=\frac{qR^4}{EI}\left(\frac{3}{4}\pi-2\right)$$

由剪切变形引起的位移为

$$\Delta_{BQ}=\int_0^{\pi/2}\frac{k\bar{F}_{\mathrm{Q}}F_{\mathrm{QP}}}{GA}\mathrm{d}s=\frac{k}{GA}\int_0^{\pi/2}\sin\theta(qR\sin\theta)R\,\mathrm{d}\theta=\frac{kqR^2}{GA}\frac{\pi}{4}$$

由轴向变形引起的位移为

$$\Delta_{BN}=\int_0^{\pi/2}\frac{\bar{F}_{\mathrm{N}}F_{\mathrm{NP}}}{EA}\mathrm{d}s=\frac{1}{EA}\int_0^{\pi/2}\cos\theta qR(\cos\theta-1)R\,\mathrm{d}\theta=\frac{qR^2}{EA}\left(\frac{\pi}{4}-1\right)$$

故 B 点水平位移为 $\Delta_B=\Delta_{BM}+\Delta_{BQ}+\Delta_{BN}=\dfrac{qR^4}{EI}\left(\dfrac{3}{4}\pi-2\right)+\dfrac{kqR^2}{GA}\dfrac{\pi}{4}+\dfrac{qR^2}{EA}\left(\dfrac{\pi}{4}-1\right)$

讨论：假设该梁截面为矩形，材料的切变模量 G=0.4E，令 $\dfrac{h}{R}=\dfrac{1}{10}$，则 $\dfrac{\Delta_{BQ}+\Delta_{BN}}{\Delta_{BM}}=0.5\%$。

可见，剪切变形和轴向变形的影响很小，可以忽略不计。

【例 4-3】试求图 4-9(a)所示桁架 B 点的竖向位移 Δ_B。设各杆的 EA 均相同。

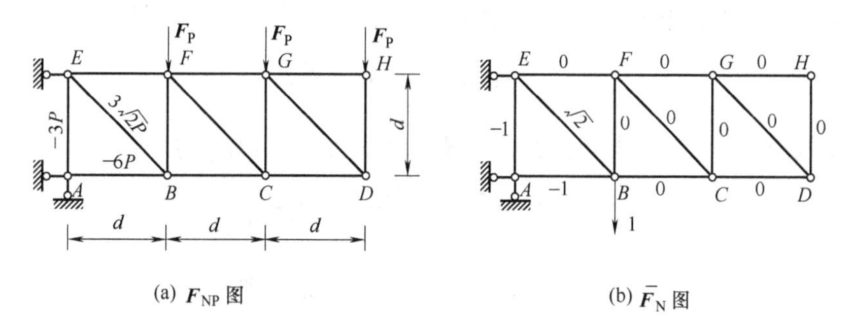

图 4-9　桁架结点的竖向位移计算

解：在 B 点加一竖向单位荷载作为虚拟状态(见图 4-9(b))，用结点法和截面法可求出实际状态和虚拟状态下各杆的轴力。

利用式(4-15)可得

$$\Delta_B=\sum\frac{\bar{F}_{\mathrm{N}}F_{\mathrm{NP}}l}{EA}=\frac{1}{EA}(1\cdot3F_{\mathrm{P}}\cdot d+1\cdot6F_{\mathrm{P}}\cdot d+\sqrt{2}\cdot3\sqrt{2}F_{\mathrm{P}}\cdot\sqrt{2}d)=\frac{9+6\sqrt{2}}{EA}F_{\mathrm{P}}d$$

位移计算结果为正，说明 B 点竖向位移的实际方向与虚设单位荷载的方向相同，即为向下。

4.5 图 乘 法

计算梁和刚架在荷载作用下的位移时，需要先写出弯矩方程 $\bar{M}=\bar{M}(x)$ 和 $M_P=M_P(x)$，然后代入积分型的位移公式

$$\Delta_{KP}=\int\frac{\bar{M}M_P}{EI}\mathrm{d}s \tag{4-19}$$

当结构中杆件数量较多且荷载比较复杂时，列出弯矩方程和进行积分运算的工作量都会很大，对于手算会感觉不胜其烦。当结构的各杆段符合下列条件时，则可用下述图乘法来代替积分运算。

(1) 杆件轴线为直线。

(2) 弯曲刚度 EI 为常数。

(3) $\bar{M}$ 和 M_P 两个弯矩图至少有一个为直线图形。

杆件轴线为直线时，结构在虚拟状态中由单位荷载产生的弯矩图都是由直线段组成的。图 4-10 所示为等截面直杆 AB 段上的两个弯矩图，$\bar{M}$ 图为一直线，M_P 图为任意形状。设杆轴为 x 轴，以 $\bar{M}$ 图的延长线与 x 轴的交点 O 为原点并设置 y 轴，以 α 表示 $\bar{M}$ 图直线的倾角，则 $\bar{M}$ 图中任一点的纵坐标 $\bar{M}=x\tan\alpha$，因为杆件是直杆，所以 $\mathrm{d}s$ 可以写成 $\mathrm{d}x$，于是有

$$\Delta_{KP}=\int\frac{\bar{M}M_P}{EI}\mathrm{d}s=\frac{\tan\alpha}{EI}\int xM_P\,\mathrm{d}x \tag{4-20}$$

式(4-20)中 $M_P\,\mathrm{d}x$ 是 M_P 图中阴影部分的微面积，故 $xM_P\,\mathrm{d}x$ 是该微面积对 y 轴的静矩，则 $\int xM_P\,\mathrm{d}x$ 应是整个 M_P 图的面积 A 对 y 轴的静矩。根据材料力学中的静矩公式，可知 $\int xM_P\,\mathrm{d}x$ 等于整个 M_P 图的面积 A 乘以其形心 C 到 y 轴的距离 x_C，即

$$\Delta_{KP}=\frac{\tan\alpha}{EI}=Ax_C\frac{Ay_C}{EI}$$

如果结构上所有各杆段都可图乘，则位移计算公式(4-14)可写为

$$\Delta_{KP}=\sum\int\frac{\bar{M}M_P}{EI}\mathrm{d}s=\sum\frac{Ay_C}{EI} \tag{4-21}$$

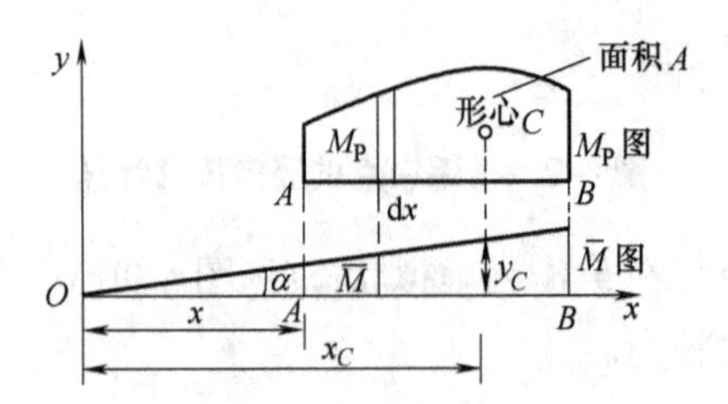

图 4-10 图乘法原理

式(4-21)即为图乘法的计算公式，式中 y_C 为 M_P 图的形心横坐标 x_C 在 $\bar{M}$ 图中对应的纵坐标。由此可知，图乘法将求位移的积分运算问题简化为求弯矩的面积、形心和纵坐标的问题。

根据上面的推导过程，在应用图乘法求位移时需注意以下问题。

(1) 必须符合图乘法的三个使用条件。

(2) 纵坐标 y_C 只能取自直线图形。若 $\bar{M}$ 图和 M_P 图都是直线图形，则 y_C 可取在任一图形中，面积 A 应取在另一图形中，纵坐标 y_C 和面积 A 不能取在同一个弯矩图中。

(3) 面积 A 与纵坐标 y_C 在杆件同侧时乘积取正号，在杆件的不同侧时乘积取负号。

(4) 需要掌握几种常见弯矩图的面积和形心位置，如图 4-11 所示。图 4-11 中所示的各次抛物线图形中，抛物线顶点(顶点在抛物线的中点或端点)处的切线与基线都是平行的，称为标准抛物线图形。使用图乘法公式时，应特别注意弯矩图是否为标准抛物线图形。

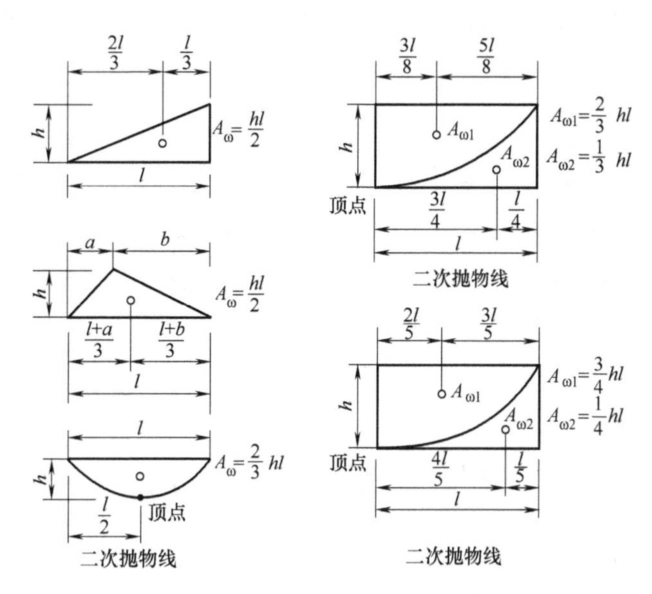

图 4-11 常用弯矩图形的面积和形心位置

(5) 当弯矩图面积或形心位置不易确定时，可将它分解为几个简单的图形，分别与另一图形相乘，然后把计算结果叠加。

图 4-12(a)所示两个梯形弯矩图相乘时，由于梯形的形心不易确定，可以把梯形分解为两个三角形(或者分解为一个矩形和一个三角形)，则

$$\int\frac{\bar{M}M_{\mathrm{P}}}{EI}\mathrm{d}s=\frac{1}{EI}\int\bar{M}M_{\mathrm{P}}\,\mathrm{d}s=\frac{1}{EI}\int\bar{M}(M_{\mathrm{P}a}+M_{\mathrm{P}b})\,\mathrm{d}s=\frac{1}{EI}(A_1y_a+A_2y_b)\tag{4-22}$$

式中，$A_1=\dfrac{al}{2}$，$y_a=\dfrac{2c}{3}+\dfrac{d}{3}$，$A_2=\dfrac{bl}{2}$，$y_b=\dfrac{c}{3}+\dfrac{2d}{3}$

代入式(4-22)中可得

$$\int \frac{\bar{M}M_{\mathrm{P}}}{EI}\mathrm{d}s = \frac{1}{6EI}(2ac + 2bc + ad + bc) \tag{4-23}$$

当 M_{P} 图或 $\bar{M}$ 图的纵坐标 a、b、c、d 不在基线的同侧时，可做类似处理，将其分解为位于基线两侧的两个三角形，如图 4-12(b)所示。需要注意式(4-23)括号中各项乘积的符号，纵坐标在基线同侧时，乘积取正号；纵坐标在基线不同侧时，乘积取负号。

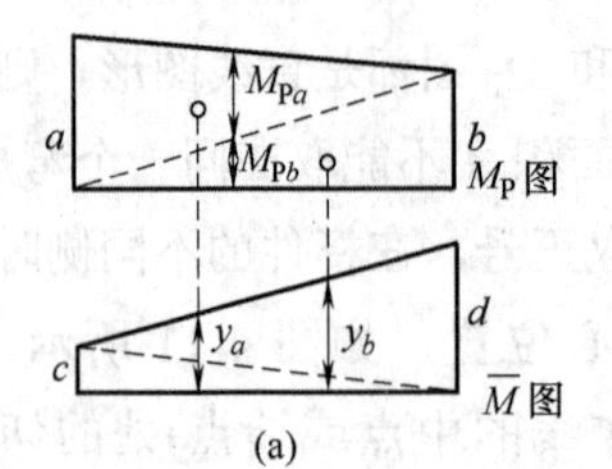

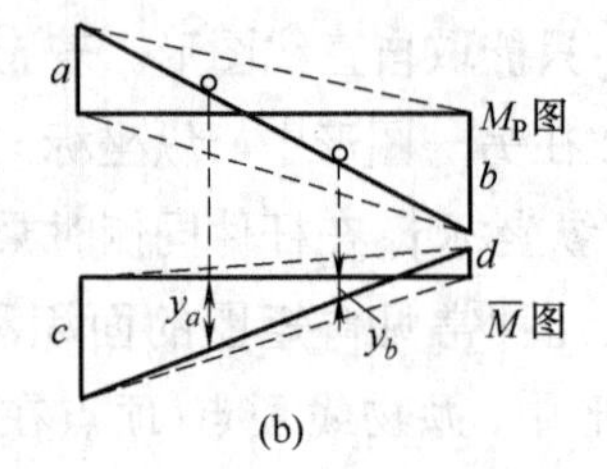

图 4-12　图乘时弯矩图的分解

当纵坐标 y_C 所在图形是折线时，或各杆段截面不相等时，均应分段考虑，再进行叠加，如图 4-13 所示。

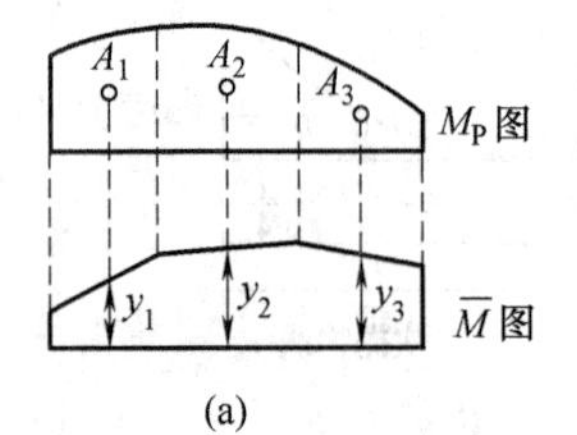

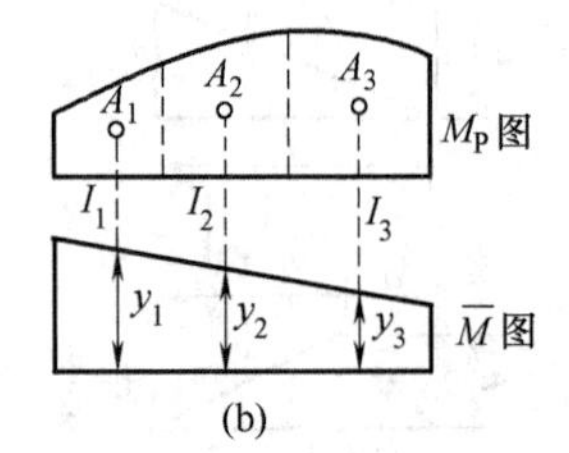

图 4-13　分段图乘

图 4-13(a)图乘结果应为

$$\int \frac{\bar{M}M_{\mathrm{P}}}{EI}\mathrm{d}s = \frac{1}{EI}(A_1y_1 + A_2y_2 + A_3y_3)$$

图 4-13(b)图乘结果应为

$$\int \frac{\bar{M}M_{\mathrm{P}}}{EI}\mathrm{d}s = \frac{A_1y_1}{EI_1} + \frac{A_2y_2}{EI_2} + \frac{A_3y_3}{EI_3}$$

图 4-14(a)所示为结构中的一段直杆 AB 在均布荷载 $\boldsymbol{q}$ 作用下的 M_{P} 图，这是一个非标准抛物线图形，其面积和形心位置不容易确定。根据叠加法作弯矩图可知，该 M_{P} 图是由两端弯矩为 M_A 和 M_B 的直线图 M' (见图 4-14(b))和简支梁在均布荷载 $\boldsymbol{q}$ 作用下的弯矩图 M_0 (见图 4-14(c))叠加而成，因此，可将 M_{P} 图进行分解，然后分别与 $\bar{M}$ 图进行图乘。再次指出，弯矩图的叠加是指对应位置处纵坐标的叠加，并不是两个弯矩图的简单拼合。例如，图 4-14(a)中的 M_0 图与图 4-14(c)中的 M_0 图在形状上并不相同，但在同一横坐标 x 处，它们的纵坐标是相同的，两图的面积和形心的横坐标也是相同的。

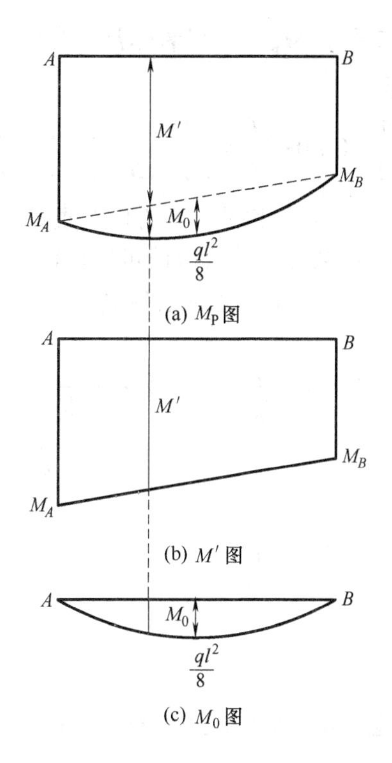

图 4-14　复杂图形图乘时分解

【例 4-4】试求图 4-15(a)所示悬臂梁中点 C 的挠度 Δ_C。已知 EI 为常数。

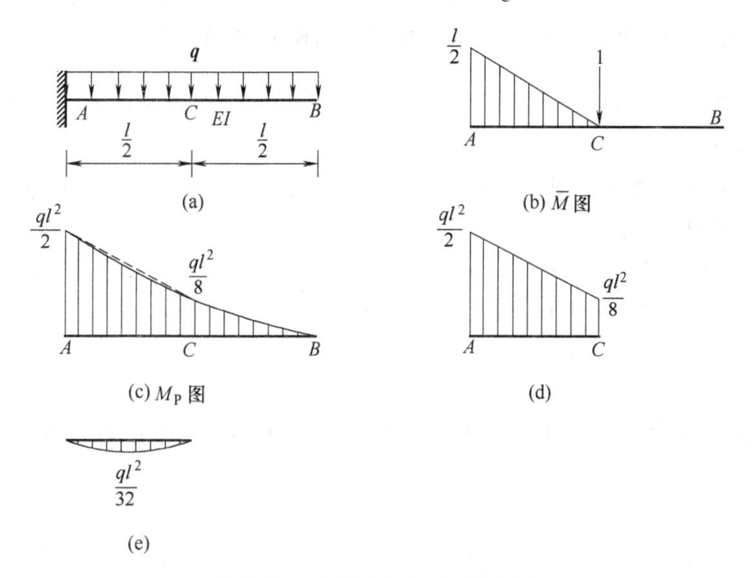

图 4-15　悬臂梁中点的挠度计算

解：在 C 点加一竖向单位荷载作为虚拟状态，作出实际荷载和单位荷载作用下梁的弯矩图，如图 4-15(b)和图 4-15(c)所示。$\bar{M}$ 图是两段折线，需要分段进行图乘计算。因为 CB 段上的 $\bar{M}=0$，所以 CB 段图乘结果应为零，只需要计算 AC 段。AC 段的 $\bar{M}$ 图是直线，纵坐标 y_C 可取在 $\bar{M}$ 图中。AC 段的 M_P 图不是标准抛物线图形，应将其进行分解。根据分段叠加法作弯矩图的过程可知，AC 段的 M_P 图可以看作是一个梯形(见图 4-15(d))减去一个标准抛物线图形，如图 4-15(e)所示。则

$$\Delta_C=\frac{l/2}{6EI}\left(2\times\frac{ql^2}{2}\times\frac{l}{2}+0+0+\frac{ql^2}{8}\times\frac{l}{2}\right)-\frac{1}{EI}\times\frac{2}{3}\times\frac{l}{2}\times\frac{ql^2}{32}\times\frac{1}{2}\times\frac{l}{2}=\frac{17ql^4}{384EI}$$

所得结果为正值，说明 C 点竖向位移的实际方向跟虚设单位力方向相同，即向下。

M_P 图的分解方法并不唯一，其他的分解方法可以自行尝试。

【例 4-5】试求图 4-16(a)所示简支梁 C 点的挠度 Δ_C。已知 EI 为常数。

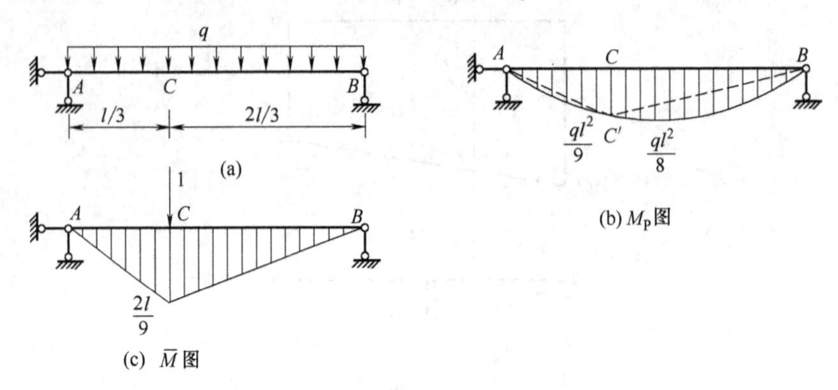

图 4-16　简支梁指定位置的挠度计算

解：在 C 点加一竖向单位荷载作为虚拟状态，作出实际荷载和单位荷载作用下梁的弯矩图，如图 4-16(b)和图 4-16(c)所示。$\bar{M}$ 图是两段折线，需要分段图乘；面积 A 取在 M_P 图中，纵坐标 y_C 取在 $\bar{M}$ 图中。需要注意，AC 段 M_P 图的面积 A_1 不等于 $\frac{2}{3}\times\frac{l}{3}\times\frac{ql^2}{9}$，因为 M_P 图中的 C' 点并不是抛物线的顶点，仅 AC 段并不是标准抛物线图形，不能直接用图 4-11 中的结论。

正确的计算过程如下。

在 M_P 图中作辅助线 AC' 和 $C'B$，将 AC 和 CB 段各分解成一个三角形和一个标准二次抛物线，分别计算后再叠加求和。

$$\Delta_C=\frac{1}{EI}\left(\frac{1}{2}\times\frac{l}{3}\times\frac{ql^2}{9}\times\frac{2}{3}\times\frac{2l}{9}+\frac{2}{3}\times\frac{1}{3}\times\frac{ql^2}{72}\times\frac{1}{2}\times\frac{2l}{9}+\frac{1}{2}\times\frac{2l}{3}\times\frac{ql^2}{9}\times\frac{2}{3}\times\frac{2l}{9}+\frac{2}{3}\times\frac{2l}{3}\times\frac{ql^2}{18}\times\frac{1}{2}\times\frac{2l}{9}\right)$$

$$=\frac{11ql^4}{972EI}$$

【例 4-6】图 4-17(a)为一简支梁在荷载作用下的 M_P 图，已知 EI 为常数，试求截面 B 的转角 θ_B。

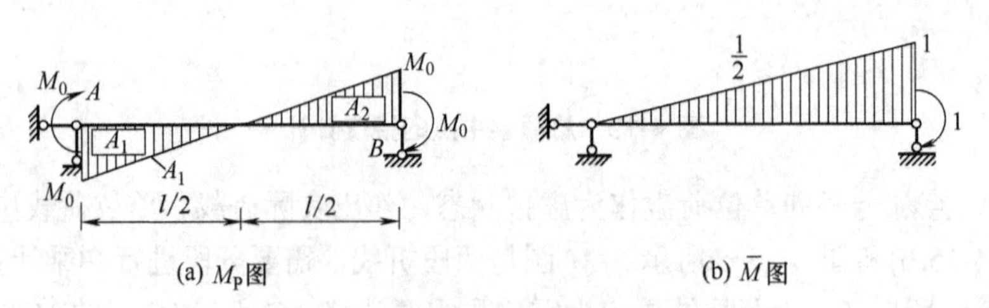

图 4-17　简支梁指定位置的转角计算

解：在 B 处加一单位力偶作为虚设荷载，作其弯矩图，如图 4-17(b)所示。

若这样计算：

$$\theta_B=\frac{1}{EI}\int_0^l \bar{M}M_{\mathrm{P}}\mathrm{d}x=\frac{1}{EI}(A_1+A_2)y_C=\frac{1}{EI}\left(-\frac{1}{2}\times\frac{l}{2}\times M_0+\frac{1}{2}\times\frac{l}{2}\times M_0\right)\times\frac{1}{2}=0$$

将得到错误的结果。

因为取整个 AB 段计算时，M_{P} 图有正有负，在图乘法公式 $\theta_B=\sum\frac{Ay_C}{EI}$ 中，面积 A 为零，其形心在无穷远处而不是在 C 点，此时纵坐标 y_C 应为无穷大。

由 $A=\int_0^l M_{\mathrm{P}}\mathrm{d}x=\int_0^l\frac{2M_0}{l}\left(x-\frac{l}{2}\right)\mathrm{d}x=0$，形心坐标 $x_C=\frac{\int_0^l xM_{\mathrm{P}}\mathrm{d}x}{\int_0^l M_{\mathrm{P}}\mathrm{d}x}=\infty$ 可知，$\theta_B=\frac{Ay_C}{EI}=$ $\frac{0\cdot\infty\cdot\frac{1}{l}}{EI}$，是一不确定值。

正确的计算过程如下。

方法 1：将杆件分为 AC 和 CB 两段，分别进行图乘计算。

$$\theta_B=\frac{1}{EI}\left(-\frac{1}{2}\times\frac{l}{2}\times M_0\times\frac{1}{2}\times\frac{1}{3}+\frac{1}{2}\times\frac{l}{2}\times M_0\times\frac{5}{6}\right)=\frac{M_0 l}{6EI}$$

方法 2：利用式(4-23)计算。

$$\theta_B=\frac{1}{6EI}(0+2\times M_0\times 1-M_0\times 1+0)=\frac{M_0 l}{6EI}$$

该例题说明，在使用图乘法时，不同杆段 M 图的面积不可随意抵消，也不可随意相加，因为其形心位置需另行确定。

【例 4-7】试求图 4-18(a)所示刚架 D 点的竖向位移 Δ_D，并绘制刚架的变形曲线。各杆的 EI 相等。

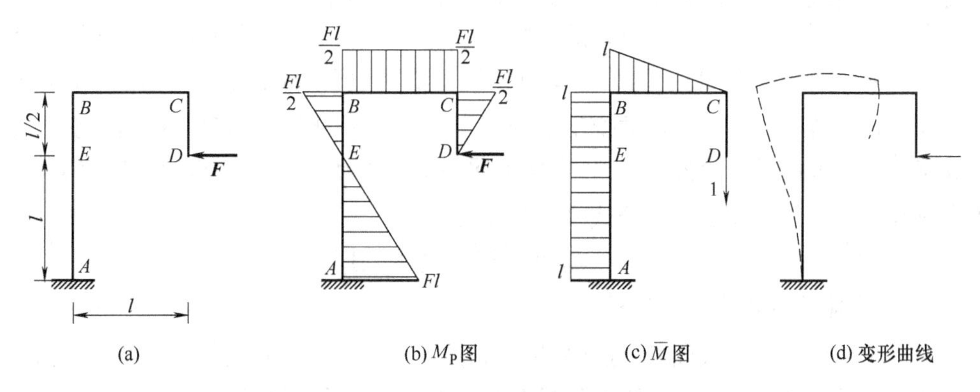

图 4-18　刚架的位移计算及变形曲线的绘制

解：实际状态的弯矩图如图 4-18(b)所示，虚设单位荷载及相应弯矩图如图 4-18(c)所示。因为 M_{P} 图和 $\bar{M}$ 图都是直线，所以可在任一个弯矩图上求面积 A，在另一个弯矩图上求纵坐标 y_C。这里面积取在 $\bar{M}$ 图上，纵坐标 y_C 取 M_{P} 图在上，则

$$\Delta_D = \frac{1}{EI}\left(-l \times \frac{3l}{2} \times \frac{Fl}{4} + \frac{1}{2} \times l \times \frac{Fl}{2}\right) = -\frac{Fl^3}{8EI} \tag{4-24}$$

计算结果为负值，说明实际位移方向向上，与虚设单位荷载方向相反。

绘制刚架变形曲线时，可先根据 M_P 图判断杆件弯曲后的凹凸性。*AE* 段右侧受拉，应向右凸；*EB* 段左侧受拉，应向左凸；同理，*BC* 段向上凸，*CD* 段向右凸。在弯矩为零的 *E* 点应有一反弯点。然后根据支座处的位移边界条件和结点处的位移连续条件，即可确定变形曲线的位置。*A* 处为固定约束，线位移和角位移均为零。*B*、*C* 为刚结点，在刚结点处各杆端的夹角应始终保持不变，仍为直角。最后，根据求出的 *D* 点竖向位移向上，考虑到忽略各杆的轴向变形，便可绘制出刚架变形曲线的形状，如图 4-18(d)中的虚线。杆件的变形相对自身长度来说通常是比较小的，为了看图方便，这里的变形曲线画得夸张一些，但基本上反映了变形曲线的形状。

4.6 温度变化和支座移动下静定结构的位移计算

前面已经指出，静定结构在温度变化、支座移动、材料收缩和制造误差等非荷载因素的作用下，结构中不产生内力，但会产生位移，这些位移仍可通过单位荷载法及其相应的位移公式(4-13)进行计算。

4.6.1 温度变化时的位移计算

静定结构发生温度变化时，各杆件均能自由变形而不会产生内力，但由于热胀冷缩，结构会产生变形，从而发生位移。在用式(4-13)计算时，只要求出杆件各微段因温度变化引起的变形的表达式，并将这种变形作为虚位移，即可求出结构的位移。

如图 4-19(a)所示，设杆件上边缘温度上升 t_1，下边缘温度上升 t_2，要求计算由此温度变化引起的 *K* 点竖向位移 Δ_{Kt}。为计算简便起见，假设温度沿截面高度为线性分布，因此截面在变形后仍保持为平面，微段的变形如图 4-19(a)中虚线所示。可见，在温度变化时，杆件不发生剪切变形，切应变 $\gamma_t = 0$，杆件变形应为沿轴线方向的伸缩和绕中性轴的转动。不考虑支座移动，位移计算的一般公式(4-7)简化为

$$\Delta_{Kt} = \sum\int \bar{M}\,\mathrm{d}\varphi_t + \sum\int \bar{F}_\mathrm{N}\mathrm{d}u_t \tag{4-25}$$

式中，Δ_{Kt} 表示温度变化引起的位移。

取实际位移状态中的微段 d*s* 进行分析，如图 4-19(a)所示，*h* 是截面高度，杆轴至微段上、下边缘的距离为 h_1、h_2，轴线处的温度变化 t_0 与上、下边缘的温差 Δt 分别为

$$t_0 = \frac{h_1 t_2 + h_2 t_1}{h}, \quad \Delta t = t_2 - t_1$$

若杆件的截面对称于中性轴，则 $h_1 = h_2 = \dfrac{h}{2}$，$t_0 = \dfrac{h_1 + h_2}{2}$。

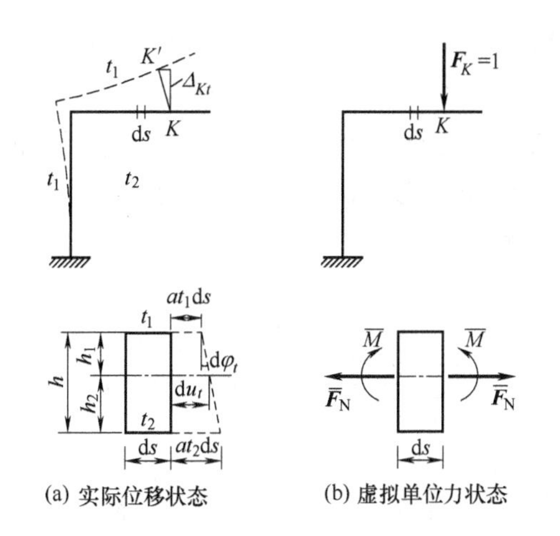

图 4-19　温度变化引起的位移

微段上、下边缘处的纤维由于温度升高而伸长，伸长量分别为$\alpha t_1 \mathrm{d}s$和$\alpha t_2 \mathrm{d}s$，这里α是材料的线膨胀系数。由几何关系可求出微段在杆轴处的伸长量为

$$\mathrm{d}u_t = \alpha t_1 \mathrm{d}s + (\alpha t_2 \mathrm{d}s - \alpha t_1 \mathrm{d}s)\frac{h_1}{h} = \alpha t_0 \mathrm{d}s \tag{4-26}$$

式中，αt_0是温度变化引起的轴向应变。

微段两端截面的相对转角为

$$\mathrm{d}\varphi_t = \frac{\alpha t_2 \mathrm{d}s - \alpha t_1 \mathrm{d}s}{h} = \frac{\alpha \Delta t \mathrm{d}s}{h} \tag{4-27}$$

式中，$\dfrac{\alpha \Delta t}{h}$是温度变化引起的曲率。

将式(4-26)、式(4-27)代入式(4-25)，可得

$$\Delta_{Kt} = \sum \int \bar{M} \frac{\alpha \Delta t \mathrm{d}s}{h} + \sum \int \bar{F}_N \alpha t_0 \mathrm{d}s = \sum \alpha \Delta t \int \bar{M} \frac{\mathrm{d}s}{h} + \sum \alpha t_0 \int \bar{F}_N \mathrm{d}s \tag{4-28}$$

若杆件沿长度方向温度变化相同且为等截面杆，则有

$$\Delta_{Kt} = \sum \frac{\alpha \Delta t}{h} \int \bar{M} \mathrm{d}s + \sum \alpha t_0 \int \bar{F}_N \mathrm{d}s = \sum \frac{\alpha \Delta t}{h} A_{\bar{M}} + \sum \alpha t_0 A_{\bar{F}_N} \tag{4-29}$$

式中，$A_{\bar{M}}$和$A_{\bar{F}_N}$分别为单位荷载作用下$\bar{M}$图和$\bar{F}_N$图的面积。

式(4-28)和式(4-29)是计算静定结构由温度变化所引起的位移的一般公式，等号右边第一项表示杆件上、下边缘温度变化之差引起的位移，第二项表示平均温度变化引起的位移。等号右边各项的符号应按照功的取值原则确定，当实际状态温度变化引起的变形与虚拟状态内力相应方向一致时，所做虚功为正，应取正号；方向相反时，所做虚功为负，应取负号。因此，对于温度变化问题，若规定以温度升高为正，温度降低为负，则轴力$\bar{F}_N$以拉力为正，压力为负；若弯矩$\bar{M}$和温差Δt使杆件的同一边产生拉伸变形，则其乘积为正，反之为负。

计算梁和刚架由于温度变化所引起的位移时，轴向变形和弯曲变形的影响都比较大，一般不能忽略轴向变形的影响。

对于桁架结构，仅有轴力的影响，位移计算公式简化为

$$\Delta_{Kt} = \sum \overline{F}_{\mathrm{N}} \alpha t_0 l \tag{4-30}$$

【例 4-8】图 4-20(a)所示刚架的初始温度为 30℃，降温后外侧温度为−15℃，内侧温度为 15℃，各杆截面形状均为矩形，截面高度 h=0.1l，材料的线膨胀系数为α，求 E 点的竖向位移 Δ_{Et} 和两侧截面的相对转角 φ_{Et}。

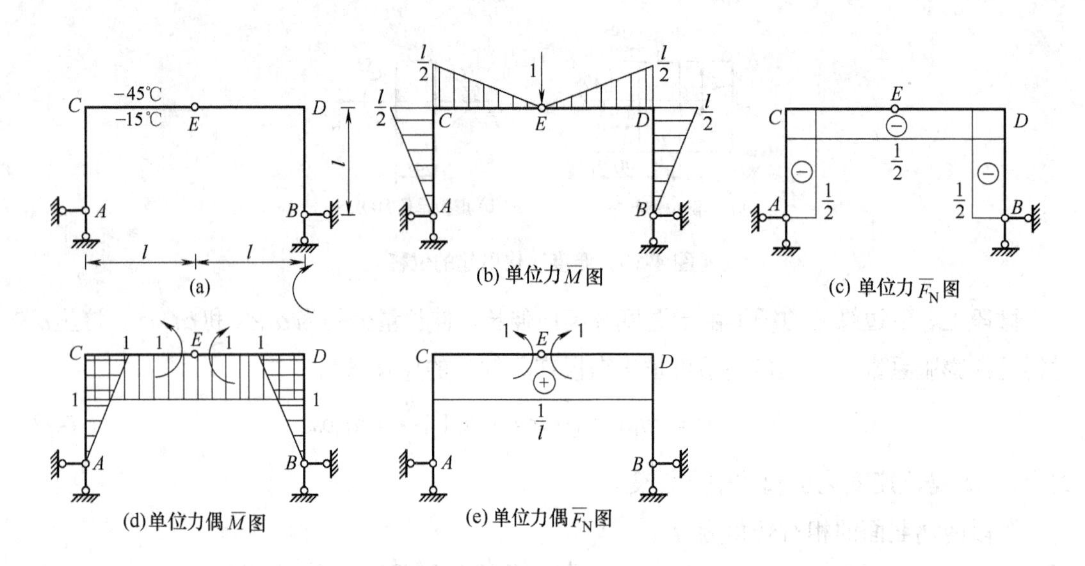

图 4-20 温度变化引起的刚架位移计算

解：根据给定条件可知，各杆外侧温度变化为 t_1=−15−30=−45(℃)，内侧温度变化为 t_2=15−30=−15(℃)，故Δt=t_2−t_1=−15+45=30(℃)，$t_0 = \dfrac{t_1 + t_2}{2} = -30℃$。

(1) 在 E 点加竖向单位力，作相应的 $\overline{M}$ 图和 $\overline{F}_{\mathrm{N}}$ 图，如图 4-20(b)、(c)所示。

根据式(4-29)，得

$$\Delta_{Et} = \sum \frac{\alpha \Delta t}{h} A_{\overline{M}} + \sum \alpha t_0 A_{\overline{F}_{\mathrm{N}}} = \frac{\alpha \times 30}{0.1l}\left(-\frac{1}{2}l \times \frac{1}{2}l \times 4\right) + \alpha \times (-30) \times \left(-\frac{1}{2}l \times 4\right) = -240\alpha l$$

所得结果为负数，说明实际位移方向竖直向上。

(2) 在 E 点两侧截面上加一对单位力偶，作相应的 $\overline{M}$ 图和 $\overline{F}_{\mathrm{N}}$ 图，如图 4-20(d)、(e)所示。

根据式(4-29)，得

$$\varphi_{Et} = \sum \frac{\alpha \Delta t}{h} A_{\overline{M}} + \sum \alpha t_0 A_{\overline{F}_{\mathrm{N}}} = \frac{\alpha \times 30}{0.1l}\left(\frac{1}{2}l \times 1 \times 2 + 2l \times 1\right) + \alpha \times (-30) \times \left(\frac{1}{l} \times 2l\right) = 840\alpha l$$

所得结果为负数，说明实际位移方向与假设单位力偶方向相反。

【例 4-9】图 4-21(a)所示桁架中，各杆的 EA 为常数。试求下列情况下 C 点的竖向位移 Δ_{Ct}。

(1) 由于温度升高，杆 AC 伸长 l_1，杆 BC 伸长 l_2。

(2) 只有 AD 杆的温度上升 t℃。已知材料的线膨胀系数为α。

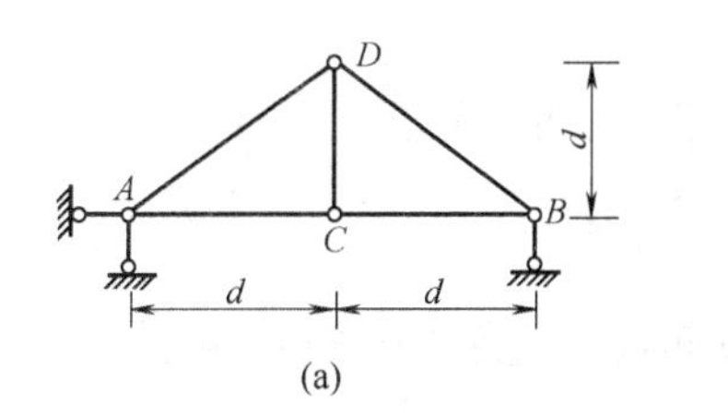

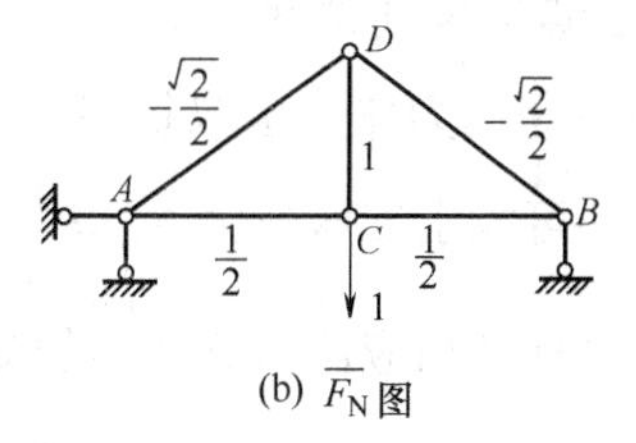

图 4-21　温度变化引起的桁架位移计算

解： 在 C 点加竖向单位力，作相应的 $\overline{F}_N$ 图，如图 4-21(b)所示。

(1) 由温度变化引起的轴向应变应为 $\varepsilon_{AC}=\alpha t_0=\dfrac{l_1}{d}$，$\varepsilon_{BC}=\dfrac{l_2}{d}$，其余各杆的轴向应变为零。根据式(4-30)，得

$$\varDelta_{Ct}=\sum\overline{F}_N\alpha t_0 l=\frac{1}{2}\times\frac{l_1}{d}\times d+\frac{1}{2}\times\frac{l_2}{d}\times d=\frac{1}{2}(l_1+l_2)$$

所得结果为正数，说明实际位移方向竖直向下。

(2) $\varDelta_{Ct}=\sum\overline{F}_N\alpha t_0 l=-\dfrac{\sqrt{2}}{2}\times\alpha t\times\sqrt{2}d=-\alpha td$，所得结果为负数，说明实际位移方向竖直向上。

4.6.2　支座移动时的位移计算

在静定结构中，支座移动并不使结构产生应力和应变，而只产生刚体位移。在比较简单的情况下，这种位移通常可由几何关系直接求出；当几何关系比较复杂时，仍可以利用虚功原理来计算位移。因此，位移的计算一般公式(4-7)可简化为

$$\varDelta_{Kc}=-\sum\overline{F}_R c \tag{4-31}$$

这就是静定结构由于支座移动引起的位移的计算公式。式中 $\overline{F}_R$ 为虚拟状态中的各支座反力，c 为实际状态中与 $\overline{F}_R$ 相应的支座位移。$\sum\overline{F}_R c$ 为虚拟状态的支座反力在实际状态的支座位移上所做虚功之和，当 $\overline{F}_R$ 与实际支座位移 c 方向一致时其乘积为正，相反时为负。

【例 4-10】 图 4-22(a)所示三铰刚架支座 A 向下移动了 a，支座 B 向右移动了 b，求 C 点的竖向位移 $\varDelta_C$ 和 C 点两侧截面的相对转角 φ_C。

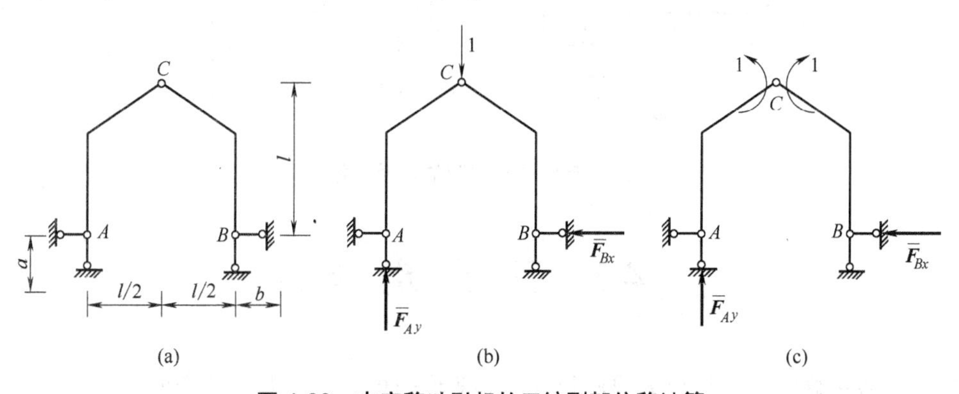

图 4-22　支座移动引起的三铰刚架位移计算

解：(1) 求 C 点的竖向位移 Δ_C。

在 C 点加单位竖向力作为虚拟状态，如图 4-22(b)所示。

根据平衡条件可求出支座反力 $\overline{F}_{Ay}=\frac{1}{2}$，$\overline{F}_{Bx}=\frac{1}{4}$。

将已知支座位移及相应虚拟状态中的支座反力代入式(4-31)，可得

$$\Delta_C=-\left(-\frac{1}{2}a-\frac{1}{4}b\right)=\frac{1}{2}a+\frac{1}{4}b$$

所得结果为正数，说明实际位移方向竖直向下。

(2) 求 C 点两侧截面的相对转角 φ_C。

在 C 点两侧加一对单位力偶作为虚拟状态，如图 4-22(c)所示。

根据平衡条件可求出支座反力 $\overline{F}_{Ay}=0$，$\overline{F}_{Bx}=\frac{1}{l}$。

将已知支座位移及相应虚拟状态中的支座反力代入式(4-31)，可得

$$\varphi_C=-\left(\frac{1}{l}a\right)=-\frac{a}{l}$$

所得结果为负数，说明实际位移方向与虚设的单位荷载方向相反。

【例 4-11】如图 4-23(a)所示桁架，已知支座 C 向下移动了 a，试求杆 EC 的转角 φ_{EC}。

解：在 E、C 两点加上图 4-23(b)所示的一对力，大小为$\frac{1}{d}$，方向与 EC 杆垂直，它们组成一个单位力偶。

根据平衡条件可求出支座反力 $\overline{F}_{Cy}=\frac{1}{l}$。

将已知支座位移及相应虚拟状态中的支座反力代入式(4-31)，可得

$$\varphi_{EC}=-\left(-\frac{1}{l}a\right)=\frac{a}{l}$$

所得结果为正数，说明实际位移方向为顺时针。

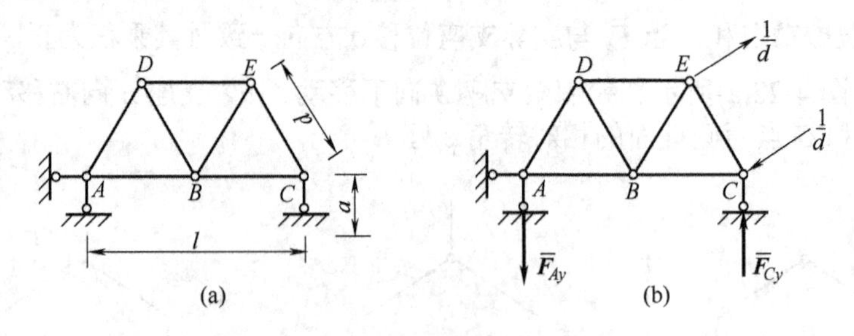

图 4-23　支座移动引起的桁架位移计算

4.7　互等定理

本节内容中假定：①材料为线性弹性；②变形是微小的，即线性变形体系。

对于线性变形体系，由虚功原理可推导出四个互等定理，其中功的互等定理是最基本的，其他三个互等定理都可由功的互等定理推导出来。

4.7.1　功的互等定理

图 4-24(a)、(b)表示同一线性变形体系受外力作用时的两种状态，分别称为状态 I 和状态 II。

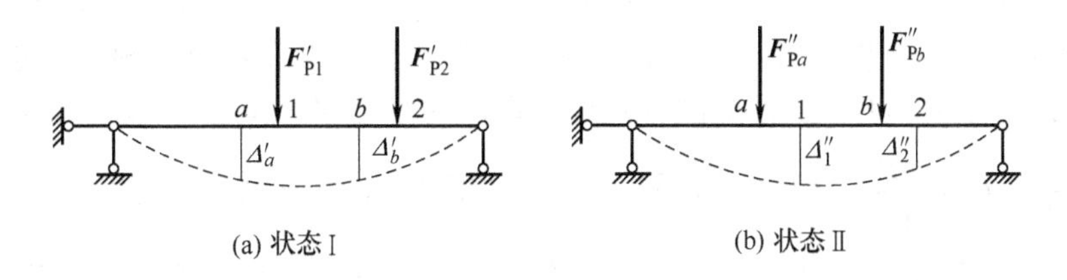

图 4-24　功的互等定理示意图

在状态 I 中，力系用 $\boldsymbol{F}'_P$、$\boldsymbol{F}'_N$、$\boldsymbol{M}'$、$\boldsymbol{F}'_Q$ 表示，位移和应变用 Δ'、ε'、κ'、γ'_0 表示。在状态 II 中，力系用 $\boldsymbol{F}''_P$、$\boldsymbol{F}''_N$、$\boldsymbol{M}''$、$\boldsymbol{F}''_Q$ 表示，位移和应变用 Δ''、ε''、κ''、γ''_0 表示。

计算状态 I 的力系在状态 II 的相应位移和变形上所做的虚功，根据虚功原理有

$$\sum F_P{}'\Delta'' = \sum\int \frac{F_N{}'F_N{}''}{EA}\mathrm{d}s + \sum\int \frac{M'M''}{EI}\mathrm{d}s + \sum\int \frac{\kappa F_Q{}'F_Q{}''}{GA}\mathrm{d}s \tag{4-32}$$

计算状态 II 的力系在状态 I 的相应位移和变形上所做的虚功，根据虚功原理有

$$\sum F_P{}''\Delta' = \sum\int \frac{F_N{}''F_N{}'}{EA}\mathrm{d}s + \sum\int \frac{M''M'}{EI}\mathrm{d}s + \sum\int \frac{\kappa F_Q{}''F_Q{}'}{GA}\mathrm{d}s \tag{4-33}$$

式(4-32)、式(4-33)等号的右边是相等的，所以等号左边也应该相等，即

$$\sum F_P{}'\Delta'' = \sum F_P{}''\Delta' \tag{4-34}$$

式(4-34)即为功的互等定理。它表明：在任一线性变形体系中，第一状态的外力在第二状态的位移上所做的虚功等于第二状态的外力在第一状态的位移上所做的虚功。功的互等定理也适用于杆件体系之外的线弹性连续体。

4.7.2　位移互等定理

图 4-25 为应用功的互等定理的一种特殊情况。状态 I 和状态 II 中的荷载都是单位力，即 $F_{P1}=F_{P2}=1$，用 δ_{12} 表示第二状态的单位力引起的第一状态单位力作用点沿其作用方向的位移，用 δ_{21} 表示第一状态的单位力引起的第二状态单位力作用点沿其作用方向的位移。符号 δ_{ij} 中的第一个下标表示位移的位置，第二个下标表示引起该位移的原因。

根据式(4-34)可得

$$1\cdot\delta_{12}=1\cdot\delta_{21}$$

即

$$\delta_{12}=\delta_{21} \tag{4-35}$$

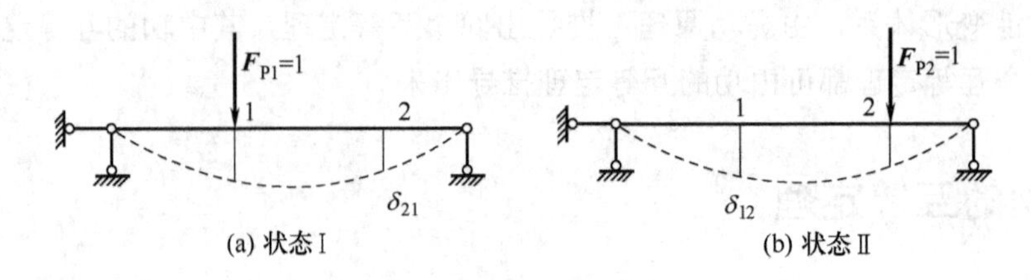

图 4-25　位移互等定理示意图

式(4-35)即位移互等定理。这里的单位力可以是广义力，位移则是相应的广义位移。有时会出现角位移和线位移相等，二者在含义上虽然不同，但在数值上相等，量纲也相同。如图 4-26 所示的两个状态，根据位移互等定理，有角位移φ_A等于挠度f_C。由材料力学可知，$\varphi_A=\dfrac{Fl^2}{16EI}$，$f_C=\dfrac{Ml^2}{16EI}$，因为这里是单位荷载，即 $F=M=1$(量纲为 1)，故有$\varphi_A=f_C=\dfrac{l^2}{16EI}$。可见，$\varphi_A$代表单位力引起的角位移，$f_C$代表单位力偶引起的线位移，两者含义虽然不同，但它们在数值上相等，量纲也相同。

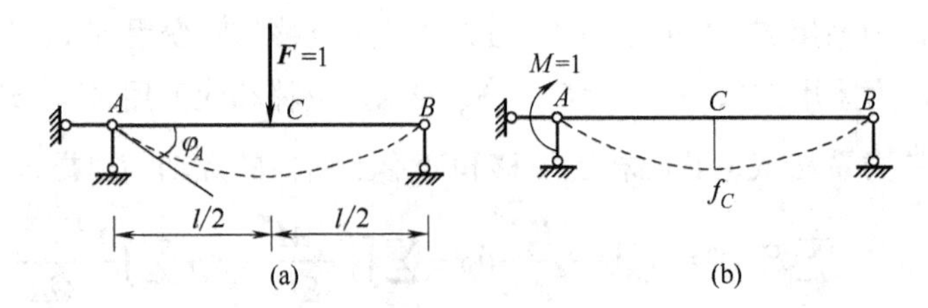

图 4-26　位移互等定理的应用图解

4.7.3　反力互等定理

图 4-27 所示为应用功的互等定理的另一种特殊情况。它用来说明超静定结构在发生单位支座位移时反力的互等关系。

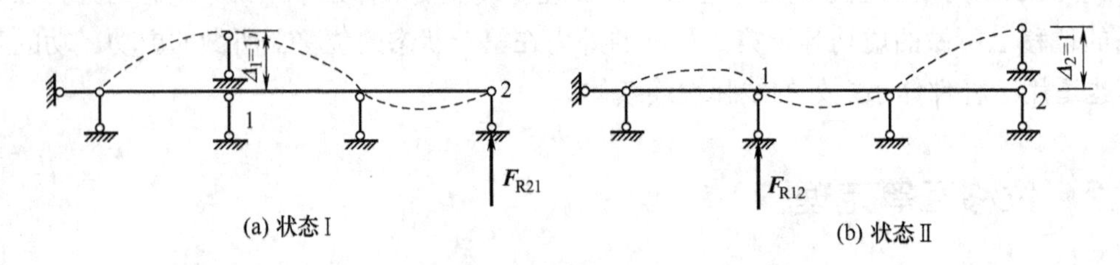

图 4-27　反力互等定理示意图

图 4-27(a)所示体系表示支座 1 发生单位位移$\Delta_1=1$，此时使支座 2 产生的反力为F_{R21}；图 4-27(b)所示体系表示支座 2 发生单位位移$\Delta_2=1$，此时使支座 1 产生的反力为F_{R12}。符号F_{Rij}中的第一个下标表示反力的位置，第二个下标表示产生该反力的原因。对于上述两种状态，根据功的互等定理，可得$F_{R21}\cdot 1=F_{R12}\cdot 1$，即

$$F_{R21}=F_{R12} \tag{4-36}$$

式(4-36)即反力互等定理。它表明：支座 1 发生单位位移所引起的支座 2 的反力等于支座 2 发生单位位移所引起的支座 1 的反力。这个定理适用于体系中任何两个支座上的反力。需要注意，在两种状态中，同一支座的反力和位移在做功的关系上应该是相对应的，即力对应线位移，力偶对应角位移。

例如，图 4-28(a)、(b)所示的两个状态中，根据反力互等定理，应有 $M_{R21}=F_{R12}$。M_{R21} 为单位线位移引起的反力偶，F_{R12} 为单位角位移引起的反力，两者含义虽然不同，但它们在数值上相等，量纲也相同。

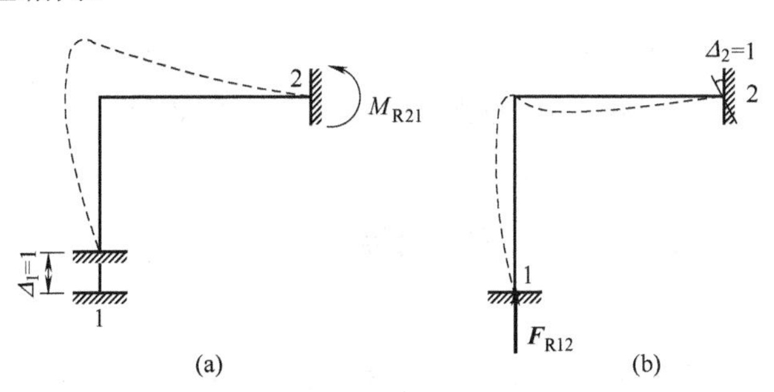

图 4-28　反力互等定理的应用图解

4.7.4　位移反力互等定理

图 4-29 为同一线性变形体系的两种变形状态。图 4-29(a)表示单位力 $F_2=1$ 作用时，支座 1 的反力偶为 M_{R12}，设其方向如图 4-29(a)所示。图 4-29(b)表示当支座 1 沿 M_{R12} 的方向发生单位转角 $\varphi_1=1$ 时，F_2 作用点沿其方向的位移为 δ_{21}。对上述两种状态应用功的互等定理，有

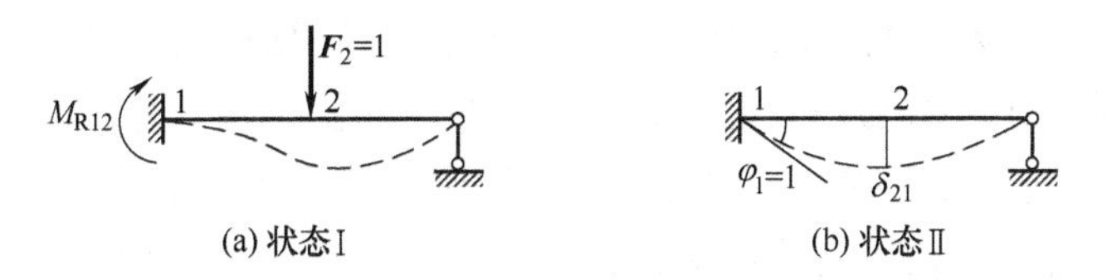

图 4-29　位移反力互等定理示意图

$$M_{R12}\cdot 1+1\cdot\delta_{21}=0$$

即

$$\delta_{21}=-M_{R12} \tag{4-37}$$

式(4-37)就是位移反力互等定理。它表明：单位力引起的结构某支座的反力，等于该支座发生单位位移时所引起的单位力作用点沿其方向的位移，但符号相反。同样，这里的力可以是广义力，位移可以是广义位移。

以图 4-30 所示的简支梁为例，在图 4-30(a)中，在 2 点作用竖直向下的单位力，在支座 1 处产生的反力应为 $F_{R12}=\dfrac{1}{2}$(向上)。在图 4-30(b)中，在支座 1 处向上发生单位位移时，引起梁的 2 点发生竖直向上的位移应为 $\dfrac{1}{2}$。位移反力互等定理的结论应为 $F_{R12}=-\delta_{21}=\dfrac{1}{2}$，此

时 $\delta_{21}=-\frac{1}{2}$，符号表示图 4-30(b)中 1 点处的位移方向与图 4-30(a)中 1 点处反力的方向一致时，图 4-30(b)中 2 点处的位移方向与图 4-30(a)中 2 点处作用力的方向相反。

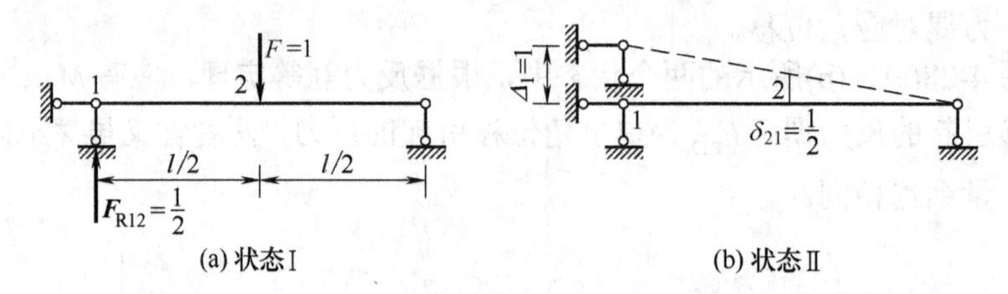

图 4-30　位移反力互等定理的应用图解

思　考　题

4-1　虚功的特点是什么？做虚功时，怎样理解做功的力和位移必须是对应的？

4-2　刚体体系虚功原理在静定结构中有哪两种应用？

4-3　刚体体系虚功原理和变形体体系虚功原理有哪些异同点？

4-4　没有变形就没有位移，这个结论是否正确？

4-5　图乘法的适用条件是什么？求变截面梁和拱的位移时是否可用图乘法？如果梁的截面沿杆长呈阶梯形变化，求位移时是否可用图乘法？

4-6　使用图乘法计算位移时，正负号是怎么确定的？

4-7　在计算温度变化引起的位移时，满足什么条件可以用计算面积代替积分？公式中各项正负号是怎么确定的？

4-8　结构上原本没有单位荷载作用，但在求位移时却加上了虚拟单位荷载，这样求出的位移是否等于原来的实际位移？它是否包括了虚拟单位荷载引起的位移？

4-9　反力互等定理是否可用于静定结构？这时会得出什么结果？

4-10　位移反力互等定理是否可用于静定结构？是否可用于非弹性的静定结构？

习　　题

4-1　试用积分法计算图 4-31 所示结构中 B 点和跨中 C 点的竖向位移和转角，已知 EI 为常数。

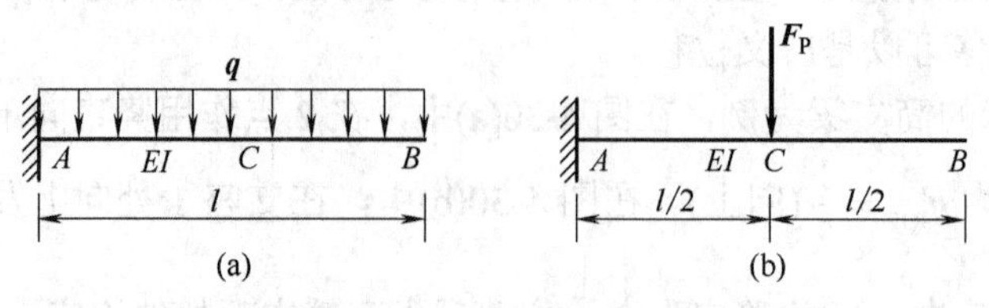

图 4-31　习题 4-1 图

4-2 图 4-32 所示为一等截面圆弧曲杆，弧段的圆心角为 α，半径为 R，受均布荷载 q 作用，试求 B 点的竖向位移 Δ_{By}，已知 EI 为常数。

4-3 试用积分法计算图 4-33 所示刚架 B 截面的转角 θ_B、C 点的水平位移 Δ_{Cx} 和竖向位移 Δ_{Cy}。

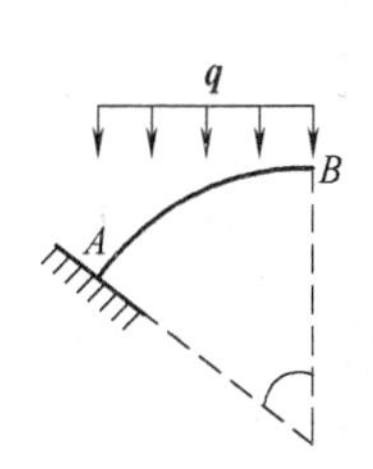

图 4-32 习题 4-2 图

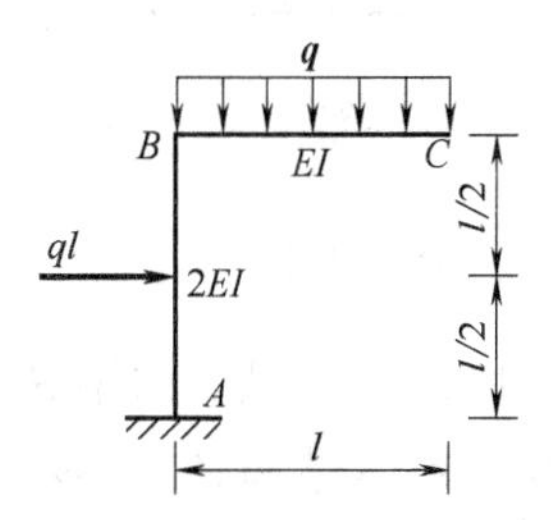

图 4-33 习题 4-3 图

4-4 试求图 4-34 所示桁架结点 C 的竖向位移、CE 杆的转角和角 DCE 的改变量。已知各杆 EA 相等。

4-5 试求图 4-35 所示桁架结点 G 的水平位移，设各杆 EA 相等。

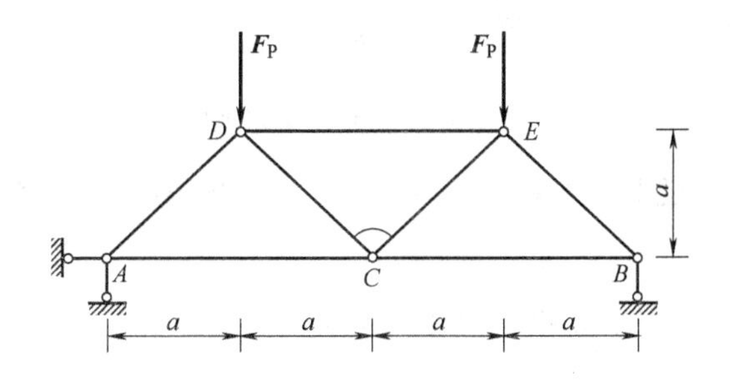

图 4-34 习题 4-4 图

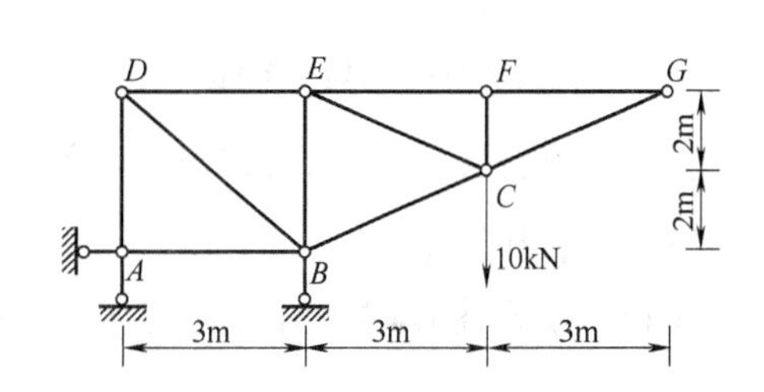

图 4-35 习题 4-5 图

4-6 试用图乘法计算图 4-36 中梁右端的转角 φ_B。

4-7 试求图 4-37 所示结构中 E 点的水平位移、转角和铰 C 左右两侧截面的相对转角。

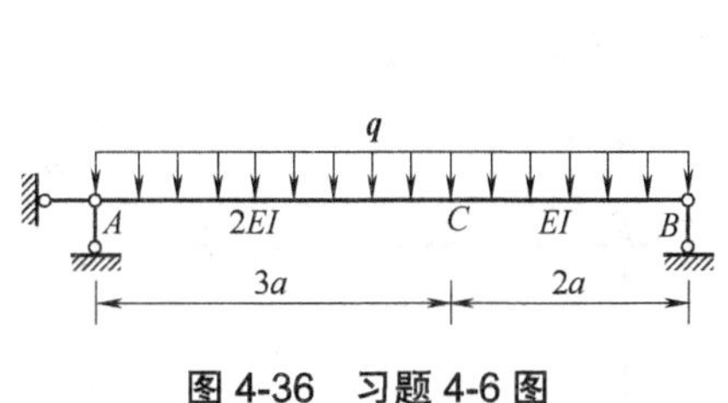

图 4-36 习题 4-6 图

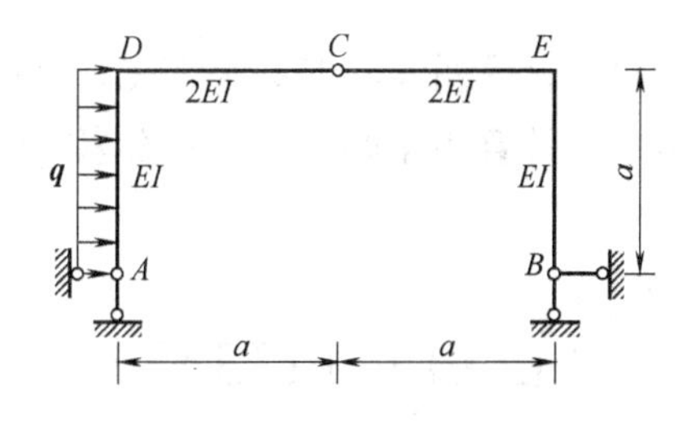

图 4-37 习题 4-7 图

4-8 试求图 4-38 所示简支梁中 C 点的挠度，已知 EI 为常数。

4-9 试求图 4-39 所示刚架 D 点的竖向位移和 C、B 两点的相对竖向位移，已知 EI 为常数。

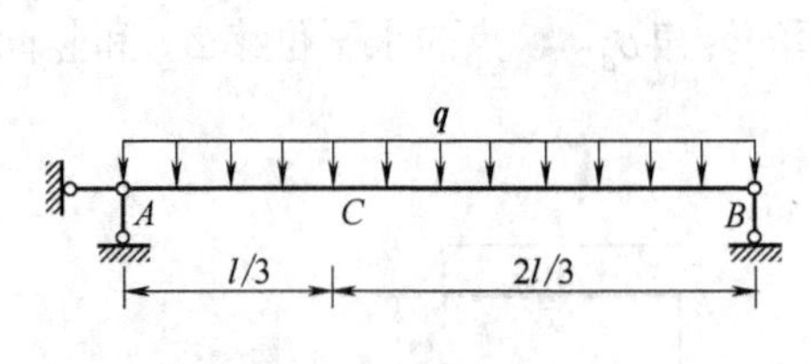

图 4-38　习题 4-8 图

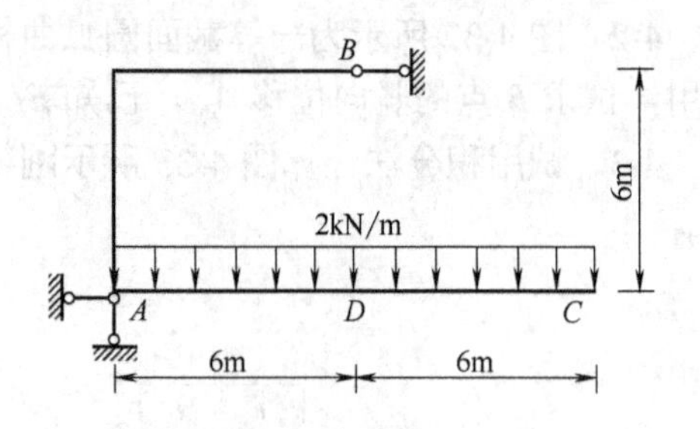

图 4-39　习题 4-9 图

4-10　试求图 4-40 所示圆弧形曲梁 B 点的水平位移，已知 EI 为常数。

4-11　试求图 4-41 所示结构 A、B 两点的相对水平位移，已知 EI 为常数。

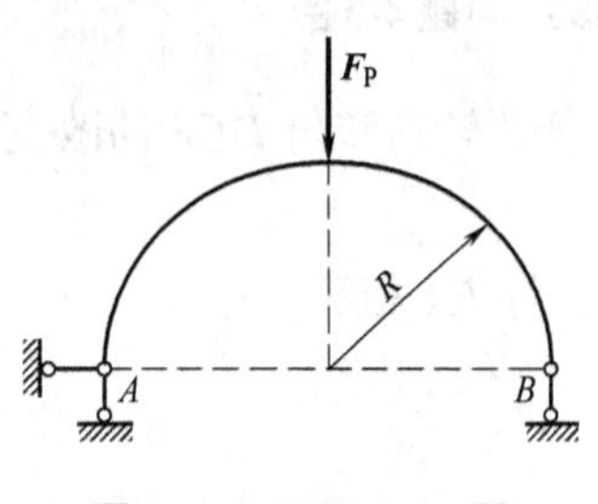

图 4-40　习题 4-10 图

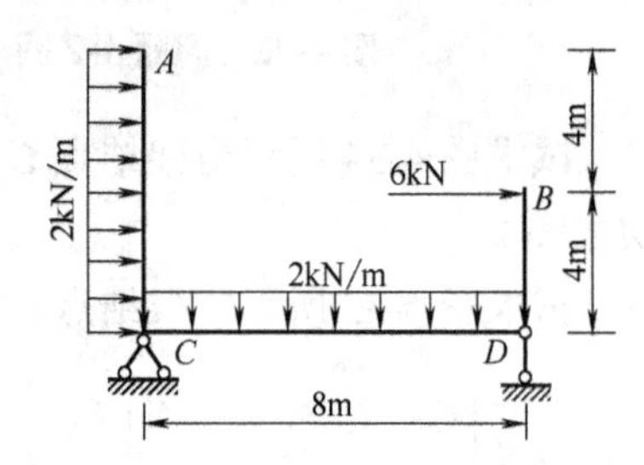

图 4-41　习题 4-11 图

4-12　在图 4-42 所示的结构中，欲使 E 点的竖向位移 $\Delta_{Ey}=0$，则铰 C 的位置 x 应在何处？已知 EI 为常数。

4-13　试求图 4-43 所示梁上 C 点的挠度。已知 $EI=2.1\times10^8\text{kN}\cdot\text{cm}^2$。

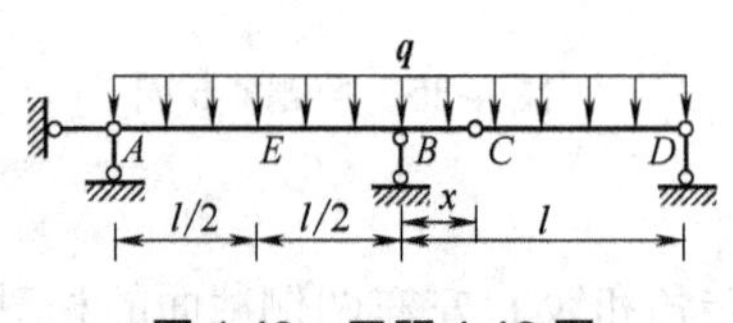

图 4-42　习题 4-12 图

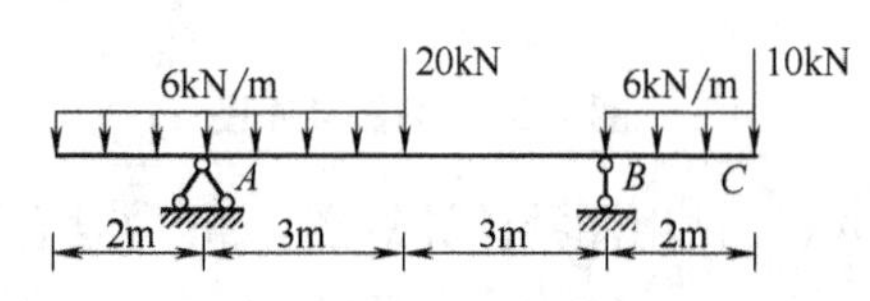

图 4-43　习题 4-13 图

4-14　试求图 4-44 所示刚架 C、D 两点的竖向位移。

4-15　计算图 4-45 所示组合结构 D 点的竖向位移，已知各杆 EI 相等。

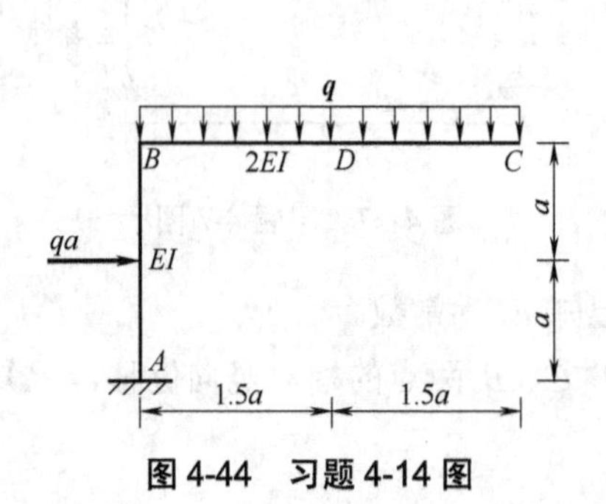

图 4-44　习题 4-14 图

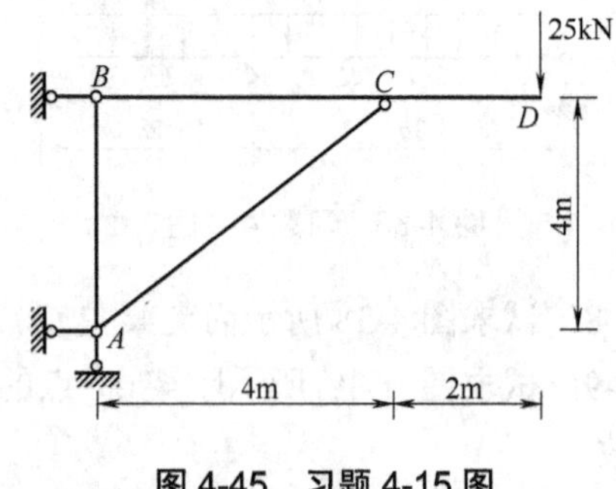

图 4-45　习题 4-15 图

4-16　试求图 4-46 所示结构 B 点的水平位移。

4-17　图 4-47 所示结构的支座 A、B、D 分别下沉了 C_1、C_2、C_3，求 C 点的竖向位移和铰 C 左右两侧截面的相对转角。

4-18　图 4-48 所示结构的支座 A 发生水平位移 a、竖向位移 b 和转角 φ，求 B 点的水平位移 Δ_{Bx}、竖向位移 Δ_{By} 和转角 φ_B。

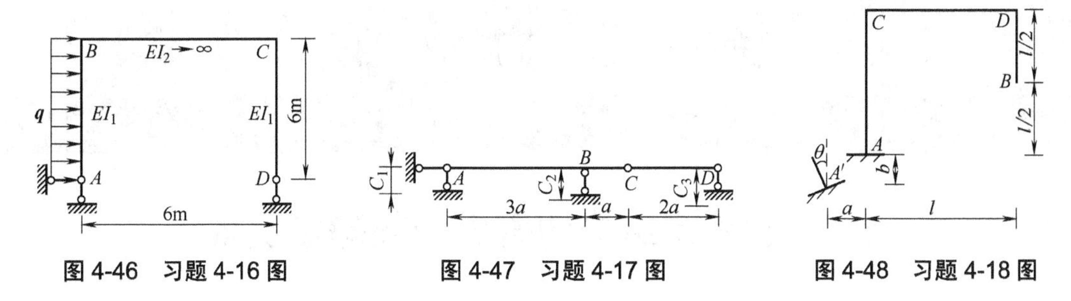

图 4-46　习题 4-16 图　　图 4-47　习题 4-17 图　　图 4-48　习题 4-18 图

4-19　计算图 4-49 所示刚架因温度变化而产生的 C 点的水平位移。已知材料的线膨胀系数为 α，各杆横截面均为矩形，截面高度 $h=0.1\text{m}$。

4-20　在图 4-50 所示的桁架中，AB 杆和 CD 杆温度升高 t℃，试求结点 C 的竖向位移。

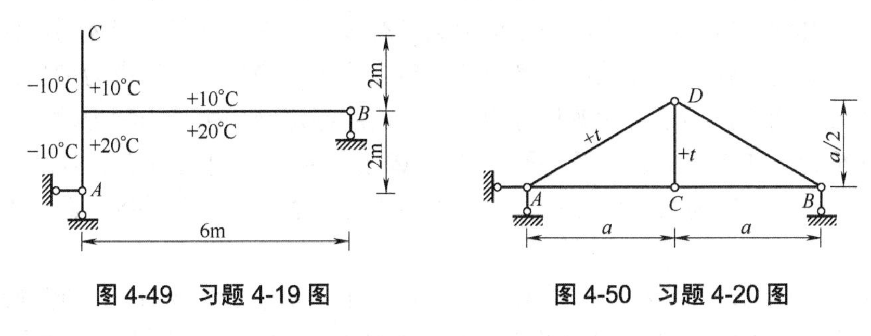

图 4-49　习题 4-19 图　　图 4-50　习题 4-20 图

4-21　图 4-51 所示为一矩形截面的简支梁，梁宽为 b，梁高为 h，梁上边温度升高 t℃，下边温度降低 t℃，欲使转角 $\theta=0$，则力偶 M 应是多少？

4-22　图 4-52 所示的刚架中，同时承受荷载、温度变化和支座移动的影响，试求 C 点的竖向位移。已知 EI 为常数，截面高度均为 h，材料的线膨胀系数为 α。

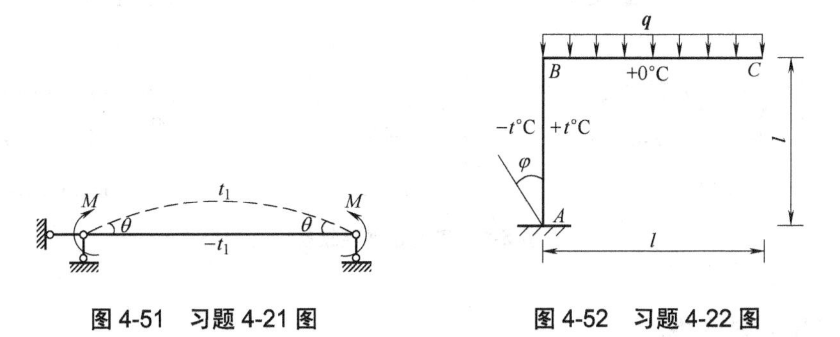

图 4-51　习题 4-21 图　　图 4-52　习题 4-22 图

第5章 力　法

5.1 超静定结构的概念和超静定次数

5.1.1 超静定结构的概念

在实际工程中，大多数结构都是超静定的。超静定结构与静定结构相比，主要有以下两个特点：从几何组成角度分析，静定结构是没有多余约束的几何不变体系，而超静定结构是有多余约束的几何不变体系；从静力特征角度分析，静定结构的内力和反力可以由静力平衡条件唯一确定，不必考虑变形协调条件；而超静定结构由于未知力数多于平衡方程数，内力和反力不能完全由静力平衡条件唯一地确定，必须同时考虑变形协调条件。

把有多于约束、支座反力和各截面内力不能完全由静力平衡条件唯一确定的结构称为超静定结构。

工程中，常见的超静定结构的类型有五种：超静定梁(见图 5-1(a))、超静定刚架(见图 5-1(b))；超静定拱(见图 5-1(c))；超静定桁架(见图 5-1(d))及超静定组合结构(见图 5-1(e))。

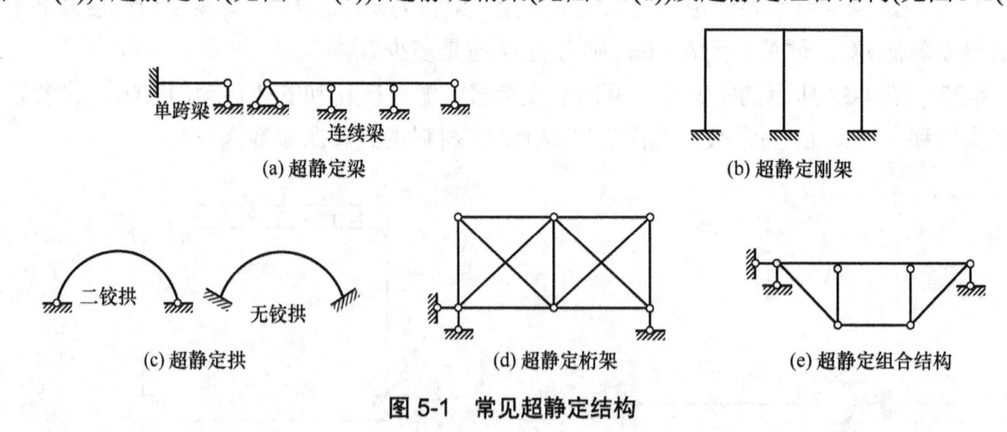

图 5-1　常见超静定结构

5.1.2 超静定次数

从几何组成来看，超静定次数是指超静定结构中多余约束的个数。如果从原结构中去

掉 n 个约束，结构就成为静定的，则原结构为 n 次超静定结构。

从静力分析看，超静定次数等于根据平衡方程计算未知力时所缺少的方程个数，即多余未知力(多余约束)的个数。

为了确定结构的超静定次数，可以用去掉多余约束使原结构变成静定结构的方法来进行。从超静定结构上解除多余联系或约束的方式有如下几种。

(1) 去掉一根支杆或切断一根链杆，相当于去掉一个约束(见图 5-2(a)、(b))。

(2) 去掉一个铰支座或去掉一个单铰，相当于去掉两个约束(见图 5-2(c)、(d))。

(3) 在刚接处切开或去掉一个固定端，或切断一根梁式杆，相当于去掉三个约束(见图 5-2(e))。

(4) 将刚接处改为单铰，或在连续杆中加入一个单铰，相当于去掉一个约束(见图 5-2(f))。

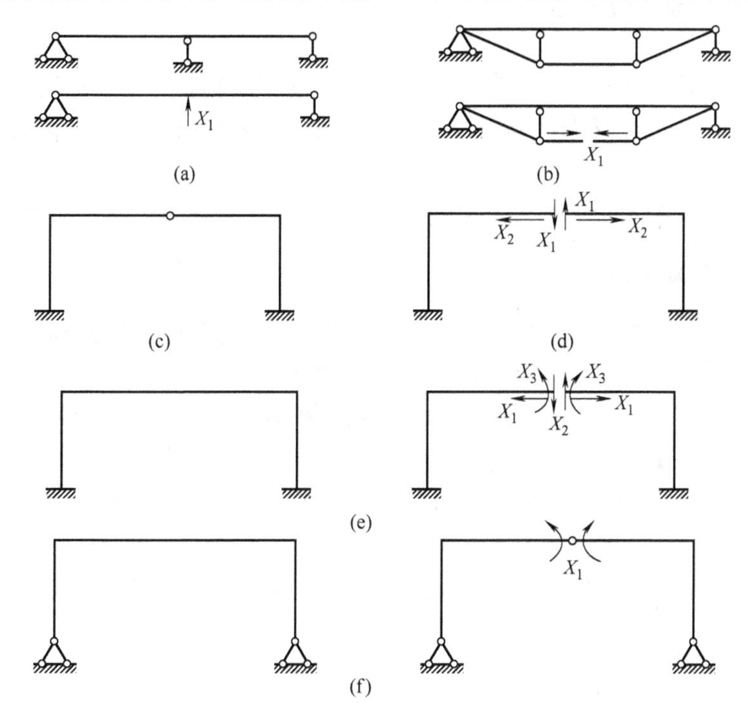

图 5-2 超静定结构解除多余约束的方式

在将超静定结构去掉多余约束转化成静定结构时应注意以下两个方面。

(1) 不能把原结构拆成一个几何可变体，即不能去掉必要的约束。例如，图 5-3 中的水平链杆不能拆掉，否则就变成了几何可变体。

(2) 内外多余约束都要去掉。图 5-4(a)所示的结构中，如果只去掉一根竖向支杆，如图 5-4(b)所示，则其中的闭合框仍具有三个多余约束，必须把闭合框再切开一个截面，如图 5-4(c)所示，才能转化为静定结构。

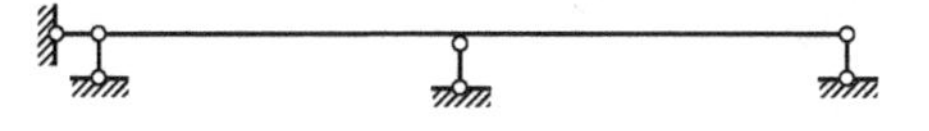

图 5-3 超静定两跨连续梁

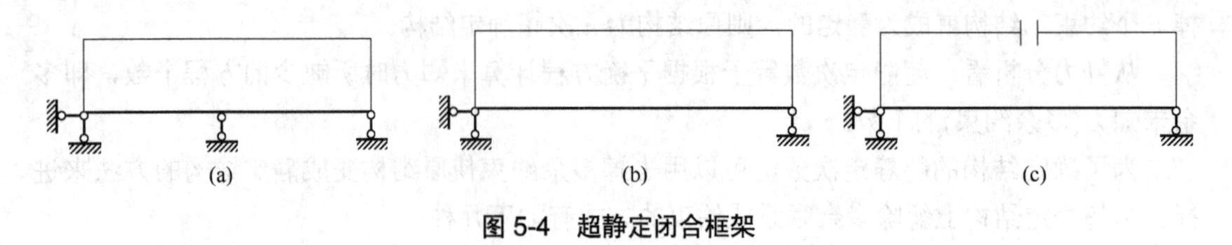

图 5-4 超静定闭合框架

5.2 力法的基本原理及典型方程

5.2.1 力法的基本原理

力法是计算超静定结构最基本的方法。力法最基本的思想是把超静定结构问题转化为静定结构问题，利用已经掌握的静定结构的计算方法来处理问题，然后再由静定问题过渡到超静定问题。

为便于理解力法的基本原理，下面结合图 5-5 所示的一次超静定梁加以分析。

1. 确定力法基本结构

图 5-5(a)所示的一次超静定梁具有一个多余约束，若将支座 B 处的竖向链杆作为多余约束去掉并以支座反力 $\boldsymbol{X}_1$ 代替，则得到图 5-5(b)所示的静定结构，又称力法基本结构或基本体系。这样，原来的超静定结构就转化为基本结构在荷载 $\boldsymbol{q}$ 和多余未知力 $\boldsymbol{X}_1$ 共同作用下的静定结构计算问题。多余未知力 $\boldsymbol{X}_1$ 又称为力法的基本未知量，只要设法求出 $\boldsymbol{X}_1$，则其余一切计算问题就与静定结构完全相同。因此，问题关键在于如何确定未知的支座反力 $\boldsymbol{X}_1$。

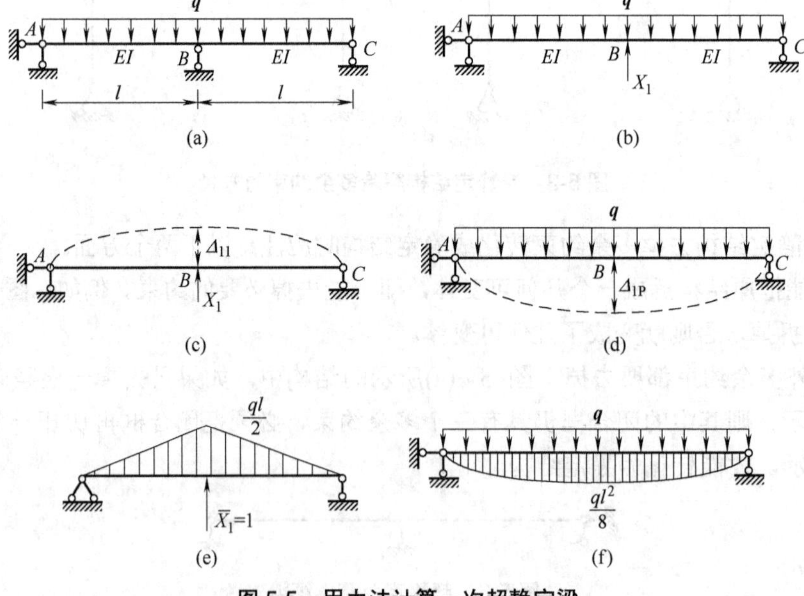

图 5-5 用力法计算一次超静定梁

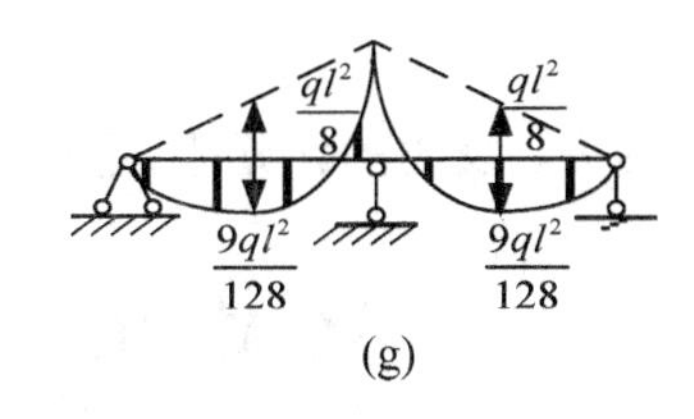

(g)

图 5-5 用力法计算一次超静定梁(续)

2. 建立变形协调方程

基本未知量 X_1 仅靠静力平衡条件无法解出，必须补充新的条件。为此，将原结构与基本体系加以比较，为了使基本结构等效于原结构，与原结构有相同的受力和变形，则基本结构在荷载 $\boldsymbol{q}$ 和多余未知力 $\boldsymbol{X}_1$ 的共同作用下，其 B 点沿 $\boldsymbol{X}_1$ 方向的竖向位移 $\varDelta_1$ 应等于零，即

$$\varDelta_1 = 0 \tag{5-1}$$

这就是用以确定 $\boldsymbol{X}_1$ 所需要的补充条件，也称变形协调条件。

设以 $\varDelta_{11}$ 和 $\varDelta_{1P}$ 分别表示多余未知力 $\boldsymbol{X}_1$ 和荷载 $\boldsymbol{q}$ 单独作用在基本结构上时，B 点沿 $\boldsymbol{X}_1$ 方向的位移，如图 5-5(c)、(d)所示，并规定位移与所设 $\boldsymbol{X}_1$ 方向相同者为正，第一个下标表示发生位移的位置和方向，第二个下标表示产生位移的原因。根据叠加原理，式(5-1)可写成

$$\varDelta_1 = \varDelta_{11} + \varDelta_{1P} = 0 \tag{5-2}$$

若令 $\bar{X}_1 = 1$，它引起的沿其方向上的位移用 δ_{11} 表示，则有

$$\varDelta_{11} = \delta_{11} X_1 \tag{5-3}$$

于是，位移条件式(5-2)即可写成

$$\delta_{11} X_1 + \varDelta_{1P} = 0 \tag{5-4}$$

这就是在变形条件下一次超静定结构的力法基本方程，简称力法方程。在该方程中，δ_{11} 称为方程的系数，$\varDelta_{1P}$ 称为方程的自由项。由于 δ_{11} 和 $\varDelta_{1P}$ 都是静定结构在已知力作用下的位移计算，完全可由第 4 章所述方法求得，进而可根据式(5-4)求得基本未知量 $\boldsymbol{X}_1$。

3. 计算系数 δ_{11} 和自由项 $\varDelta_{1P}$

分别绘出基本结构在 $\bar{X}_1 = 1$ 和荷载 $\boldsymbol{q}$ 作用下的弯矩图 $\bar{M}_1$ 和 M_P 图，如图 5-5(e)、(f)所示，利用图乘法计算这些位移。求 δ_{11} 时为 $\bar{M}_1$ 图自乘；求 $\varDelta_{1P}$ 时则为 $\bar{M}_1$ 图和 M_P 图相乘，即

$$\delta_{11} = \sum\int \frac{\bar{M}_1 \bar{M}_1}{EI} \mathrm{d}x = \frac{2}{EI}\left[\left(\frac{1}{2}\cdot l\cdot\frac{l}{2}\right)\times\left(\frac{2}{3}\cdot\frac{l}{2}\right)\right] = \frac{l^3}{6EI}$$

$$\varDelta_{1P} = \sum\int \frac{\bar{M}_1 M_P}{EI} \mathrm{d}x = -\frac{2}{EI}\left[\left(\frac{2}{3}\cdot l\cdot\frac{ql^2}{2}\right)\times\left(\frac{5}{8}\cdot\frac{l}{2}\right)\right] = -\frac{5ql^4}{24EI}$$

代入式(5-4)即可求得

$$X_1 = -\frac{\varDelta_{1P}}{\delta_{11}} = -\left(-\frac{5ql^4}{24EI}\right)\Big/\frac{l^3}{6EI} = \frac{5}{4}ql \ (\uparrow)$$

4. 按叠加原理绘 M 图

多余未知力 X_1 求出后，其余内力、反力的计算都是静定问题。结构任一截面的弯矩 M 可按叠加原理由式(5-5)求得

$$M = \bar{M}_1 \cdot X_1 + M_P \tag{5-5}$$

一般在绘制最后的弯矩图 M 时，可以利用已绘出的 $\bar{M}_1$ 图和 M_P 图按叠加法绘制，即将 $\bar{M}_1$ 图的竖标乘以 X_1 倍，再与 M_P 图的对应竖标相加，就可绘出 M 图，如图 5-5(g)所示。

像上述这样以多余未知力为基本未知量，以去掉多余约束后得到的静定结构作为基本结构，根据基本体系应与原结构变形相同的条件建立力法方程，从而求解多余未知力，然后由平衡条件即可计算其余反力、内力的方法，称为力法。力法是解算超静定结构最基本的方法，应用很广，可以分析任何类型的超静定结构。

5.2.2 力法的典型方程

前面以一次超静定结构为例说明了力法的基本原理。可以看出，用力法计算超静定结构的关键，在于根据变形条件建立力法方程以求解多余未知力。对于多次超静定结构，其计算原理与一次超静定结构相同。下面结合一个二次超静定刚架，如图 5-6(a)所示，进一步阐述力法基本原理及力法典型方程建立的过程。

1. 选取基本体系

若取 B 点两根支杆的反力 $\boldsymbol{X}_1$ 和 $\boldsymbol{X}_2$ 为基本未知量，则其对应的基本结构体系如图 5-6(b)所示。

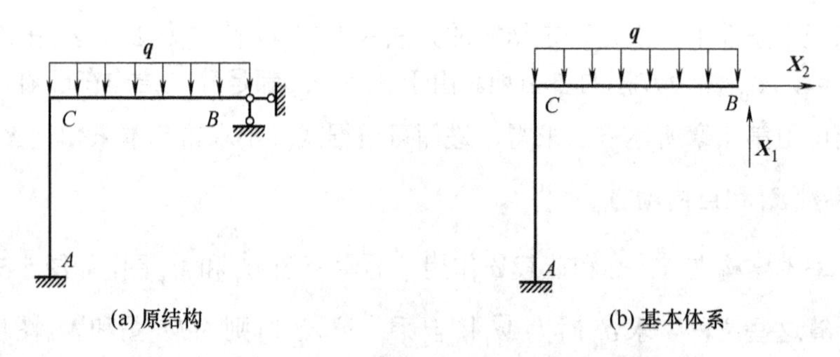

图 5-6 两次超静定刚架基本体系的选取

2. 建立力法基本方程

为了确定多余未知力 $\boldsymbol{X}_1$ 和 $\boldsymbol{X}_2$，可利用多余约束处的变形条件，即基本结构在 B 点沿 $\boldsymbol{X}_1$ 和 $\boldsymbol{X}_2$ 方向的位移应与原结构相同，即等于零，因此可写成

$$\left.\begin{aligned} \Delta_1 = 0 \\ \Delta_2 = 0 \end{aligned}\right\} \tag{5-6}$$

式中，Δ_1 和 Δ_2 分别表示基本结构在 B 点沿 $\boldsymbol{X}_1$ 方向(竖向)和 $\boldsymbol{X}_2$ 方向(水平)的位移。

应用叠加原理把变形条件式(5-6)写成展开形式。为了计算基本结构在荷载和未知力 $\boldsymbol{X}_1$ 和 $\boldsymbol{X}_2$ 共同作用下的位移 Δ_1 和 Δ_2，先分别计算基本结构在每种力单独作用下的位移。

(1) 荷载单独作用时，相应位移为 Δ_{1P}、Δ_{2P}，如图 5-7(a)所示。

(2) 单位多余未知力 $\bar{X}_1=1$ 和 $\bar{X}_2=1$ 单独作用时，相应位移为 δ_{11}、δ_{21} 和 δ_{12}、δ_{22}，如图 5-7(b)、(c)所示。

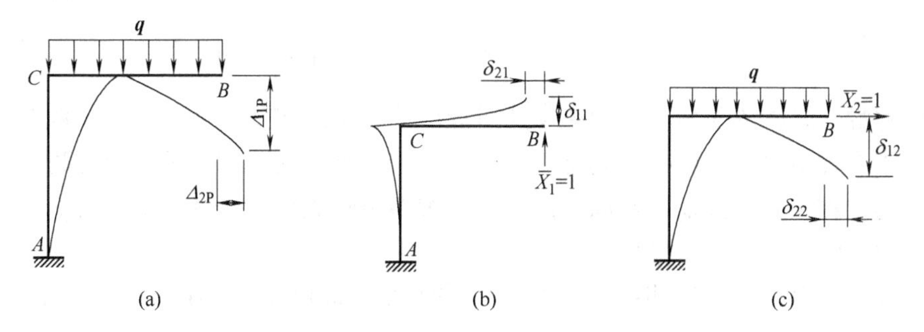

图 5-7　荷载及单位多余未知力单独作用下的位移

由叠加原理，变形条件式(5-6)即为

$$\left.\begin{aligned}\delta_{11}X_1+\delta_{12}X_2+\Delta_{1P}=0\\ \delta_{21}X_1+\delta_{22}X_2+\Delta_{2P}=0\end{aligned}\right\}\tag{5-7}$$

这就是二次超静定结构的力法基本方程。

3. 按叠加原理求内力

任意截面的弯矩 M 可用下面的叠加公式(5-8)计算：

$$M=\bar{M}_1X_1+\bar{M}_2X_2+M_P\tag{5-8}$$

其中，$\bar{M}_1$、$\bar{M}_2$ 和 M_P 分别表示单位力 $\bar{X}_1=1$、$\bar{X}_2=1$ 荷载在基本结构任一截面产生的弯矩。

应当说明，对于同一结构，可以按不同的方式选取力法的基本结构和基本未知量，但所选取的基本结构必须是几何不变的。因此，图 5-6(a)所示结构还可取图 5-8(a)、(b)所示的体系为其基本结构，而图 5-8(c)所示的体系为瞬变体系，不能选作基本结构。此外需注意，体系选取的不同直接影响到解题的难易程度。

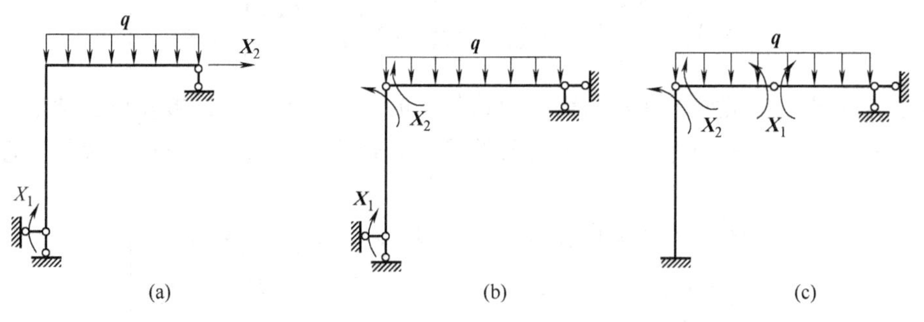

图 5-8　同一结构的不同基本体系

类似地，对于 n 次超静定结构，有 n 个多余未知力，每个未知力方向对应着一个多余约束，相应地就有一个位移协调条件，便可建立 n 个方程。当原结构沿各未知力方向的位移均为零时，n 个方程可表示为

$$\left.\begin{aligned}\delta_{11}X_1+\delta_{12}X_2+\cdots+\delta_{1n}X_n+\Delta_{1\mathrm{P}}=0\\\delta_{21}X_1+\delta_{22}X_2+\cdots+\delta_{2n}X_n+\Delta_{2\mathrm{P}}=0\\\vdots\\\delta_{n1}X_1+\delta_{n2}X_2+\cdots+\delta_{nn}X_n+\Delta_{n\mathrm{P}}=0\end{aligned}\right\}\tag{5-9}$$

无论超静定结构的次数、结构类型及所选取的基本结构如何变化，在一般荷载作用下的力法基本方程均具有式(5-9)“典型”的通式，因此称它为典型方程。该方程的物理意义是：基本结构在未知力及荷载共同作用下，去掉多余约束处，沿各未知力方向的总位移应与原结构该方向的已知位移相等。

在方程(5-9)中，系数 δ_{ij} 和自由项 $\Delta_{i\mathrm{P}}$ 代表基本结构的位移。位移符号中的两个下标，第一个表示发生位移的方向，第二个表示产生位移的原因。例如：

δ_{ij}——由单位力 $X_j=1$ 产生的沿 X_i 方向的位移，通常称为柔度系数。

$\Delta_{i\mathrm{P}}$——由荷载产生的沿 X_i 方向的位移，常称为自由项。

位移正负号规则：当位移 δ_{ij} 或 $\Delta_{i\mathrm{P}}$ 的方向与相应力 X_i 的正方向相同时，则位移规定为正。

上述方程组中位于主对角线(自左上方至右下方)上的系数 δ_{ii} (两个下标相同)称为主系数，其余系数 δ_{ij} ($i\neq j$)称为副系数。主系数 δ_{ii} 是单位未知力 $X_i=1$ 单独作用下引起的沿其本身方向的位移，故其值恒为正；副系数和自由项则可能为正、负或零。另外，根据位移互等定理可知，$\delta_{ij}=\delta_{ji}$。

力法方程中所有系数和自由项都是静定的基本结构在已知力(单位力或外荷载)作用下的位移，因此均可利用第 4 章静定结构的位移计算公式求得，即

$$\left.\begin{aligned}\delta_{ii}&=\sum\int\frac{\bar{M}_i^2}{EI}\mathrm{d}s+\sum\int\frac{\bar{F}_{\mathrm{N}i}^2}{EA}\mathrm{d}s+\sum\int\frac{\kappa\bar{F}_{\mathrm{Q}i}^2}{GA}\mathrm{d}s\\\delta_{ij}=\delta_{ji}&=\sum\int\frac{\bar{M}_i\bar{M}_j}{EI}\mathrm{d}s+\sum\int\frac{\bar{F}_{\mathrm{N}i}\bar{F}_{\mathrm{N}j}}{EA}\mathrm{d}s+\sum\int\frac{\kappa\bar{F}_{\mathrm{Q}i}\bar{F}_{\mathrm{Q}j}}{GA}\mathrm{d}s\\\Delta_{i\mathrm{P}}&=\sum\int\frac{\bar{M}_i\bar{M}_j}{EI}\mathrm{d}s+\sum\int\frac{\bar{F}_{\mathrm{N}i}F_{\mathrm{NP}}}{EA}\mathrm{d}s+\sum\int\frac{\kappa\bar{F}_{\mathrm{Q}i}F_{\mathrm{QP}}}{GA}\mathrm{d}s\end{aligned}\right\}\tag{5-10}$$

对于结构的具体类型，通常只需要计算其中的一项或两项。系数和自由项求出后，便可解方程组求出多余未知力，再由平衡条件求出其余反力和内力，也可按叠加原理求出最终内力，即

$$\left.\begin{aligned}M&=\bar{M}_1X_1+\bar{M}_2X_2+\cdots+\bar{M}_nX_n+M_{\mathrm{P}}=\sum\bar{M}_iX_i+M_{\mathrm{P}}\\F_{\mathrm{Q}}&=\bar{F}_{\mathrm{Q}1}X_1+\bar{F}_{\mathrm{Q}2}X_2+\cdots+\bar{F}_{\mathrm{Q}n}X_n+F_{\mathrm{QP}}=\sum\bar{F}_{\mathrm{Q}i}X_i+F_{\mathrm{QP}}\\F_{\mathrm{N}}&=\bar{F}_{\mathrm{N}1}X_1+\bar{F}_{\mathrm{N}2}X_2+\cdots+\bar{F}_{\mathrm{N}n}X_n+F_{\mathrm{NP}}=\sum\bar{F}_{\mathrm{N}i}X_i+F_{\mathrm{NP}}\end{aligned}\right\}\tag{5-11}$$

5.3 力法计算示例

根据上述内容，可归纳出力法求解超静定结构的一般步骤如下。

(1) 确定原结构的超静定次数。

(2) 选取基本结构。解除多余约束以多余未知力代替，得到静定的基本结构(可选不同的解除方案，但解除后必须仍为几何不变的体系)。

(3) 列力法方程。根据被解除的多余约束方向的位移协调条件(即解除前后该方向的位移相等)建立力法典型方程。

(4) 求系数和自由项。作出基本结构在各单位未知力和外荷载单独作用下的内力图，按求位移的方法求出各系数和自由项。

(5) 求多余未知力。通过解典型方程求得各未知力。

(6) 求最终内力。按静定结构的内力分析方法或由叠加原理求出原结构的最终内力并作内力图。

下面通过例题来说明用力法计算超静定梁、刚架、桁架、排架及组合结构的具体方法。

5.3.1 超静定梁和超静定刚架

用力法计算超静定梁和刚架时，由于剪力和轴力引起的位移较小，通常可忽略其对位移的影响，只考虑弯矩的影响。因此，式(5-10)可简化为

$$\left.\begin{aligned}\delta_{ii}&=\sum\int\frac{\bar{M}_i^2}{EI}\mathrm{d}s\\ \delta_{ij}=\delta_{ji}&=\sum\int\frac{\bar{M}_i\bar{M}_j}{EI}\mathrm{d}s\\ \varDelta_{iP}&=\sum\int\frac{\bar{M}_i\bar{M}_j}{EI}\mathrm{d}s\end{aligned}\right\}\tag{5-12}$$

1. 超静定梁

【例 5-1】图 5-9(a)所示为一两端固定的超静定梁，满跨受均布荷载 q 的作用，作梁的内力图。

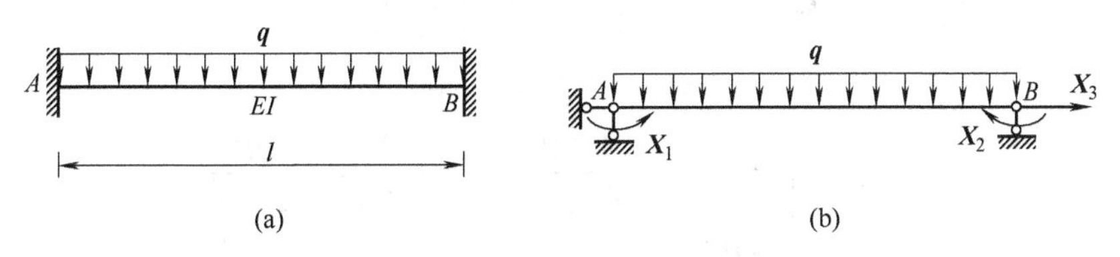

图 5-9 力法计算两端固定超静定梁

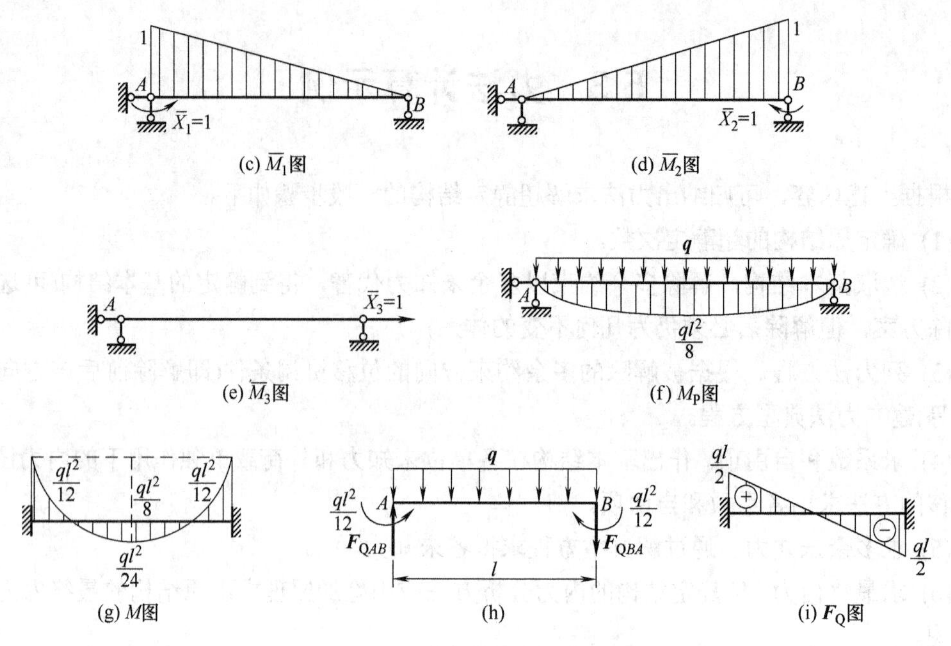

图 5-9　力法计算两端固定超静定梁(续)

解：(1) 确定超静定次数 n=3。

(2) 选取基本结构。去掉 A、B 端转动约束及 B 端水平约束，并代之以多余未知力 $\boldsymbol{X}_1$、$\boldsymbol{X}_2$、$\boldsymbol{X}_3$，得到基本结构如图 5-9(b)所示。

(3) 列力法方程。由梁的 A 端、B 端的转角和 B 端的水平位移分别等于零的变形条件，建立力法方程如下：

$$\begin{cases}\delta_{11}X_1+\delta_{12}X_2+\delta_{13}X_3+\varDelta_{1P}=0\\ \delta_{21}X_1+\delta_{22}X_2+\delta_{23}X_3+\varDelta_{2P}=0\\ \delta_{31}X_1+\delta_{32}X_2+\delta_{33}X_3+\varDelta_{3P}=0\end{cases}$$

(4) 计算系数和自由项。作出基本结构在单位力 $\bar{X}_1=1$、$\bar{X}_2=1$ 和 $\bar{X}_3=1$ 作用下的弯矩图，即 $\bar{M}_1$ 图、$\bar{M}_2$ 图和 $\bar{M}_3$ 图，分别如图 5-9(c)、(d)、(e)所示，其中 $\bar{M}_3$ 图等于零，以及在荷载作用下的弯矩图 M_P，如图 5-9(f)所示，利用图乘法计算：

$$\delta_{11}=\delta_{22}=\frac{1}{EI}\left(\frac{1}{2}\cdot 1\cdot l\cdot\frac{2}{3}\right)=\frac{l}{3EI}$$

$$\delta_{12}=\delta_{21}=\frac{1}{EI}\left(\frac{1}{2}\cdot 1\cdot l\cdot\frac{1}{3}\right)=\frac{l}{6EI}$$

$$\delta_{13}=\delta_{31}=0,\quad \delta_{23}=\delta_{32}=0$$

$$\varDelta_{1P}=\varDelta_{2P}=-\frac{1}{EI}\left(\frac{2}{3}\cdot\frac{1}{8}ql^2\cdot l\cdot\frac{1}{2}\right)=-\frac{ql^3}{24EI}$$

$$\varDelta_{3P}=0$$

在计算δ_{33}时，分以下两种情况讨论。

① 不计轴向变形时，$\delta_{33}=0$，将以上各值代入力法方程的前两式中得

$$\begin{cases}\dfrac{l}{3EI}X_1+\dfrac{l}{6EI}X_2-\dfrac{ql^3}{24EI}=0\\ \dfrac{l}{6EI}X_1+\dfrac{l}{3EI}X_2-\dfrac{ql^3}{24EI}=0\end{cases}$$

解得：$X_1=\dfrac{1}{12}ql^2$，$X_2=\dfrac{1}{12}ql^2$。

力法方程的第三式成为$0\cdot X_1+0\cdot X_2+0\cdot X_3+0=0$，即：$X_3=-\dfrac{\Delta_{3P}}{\delta_{33}}=\dfrac{0}{0}$。

所以，X_3为不定值。即，不考虑轴向变形，多余未知力X_3不能确定。

② 考虑轴向变形，则$\delta_{33}\neq0$，力法方程的第三式成为$\delta_{33}\cdot X_3=0$，所以$X_3=0$。

(5) 作内力图。由叠加原理计算出最后弯矩图，如图5-9(g)所示。

取杆件AB为隔离体(见图5-9(h))，利用已知的杆端弯矩，由静力平衡条件求出杆端剪力，作剪力图如图5-9(i)所示。

【例5-2】用力法计算图5-10(a)所示连续梁，作M图。

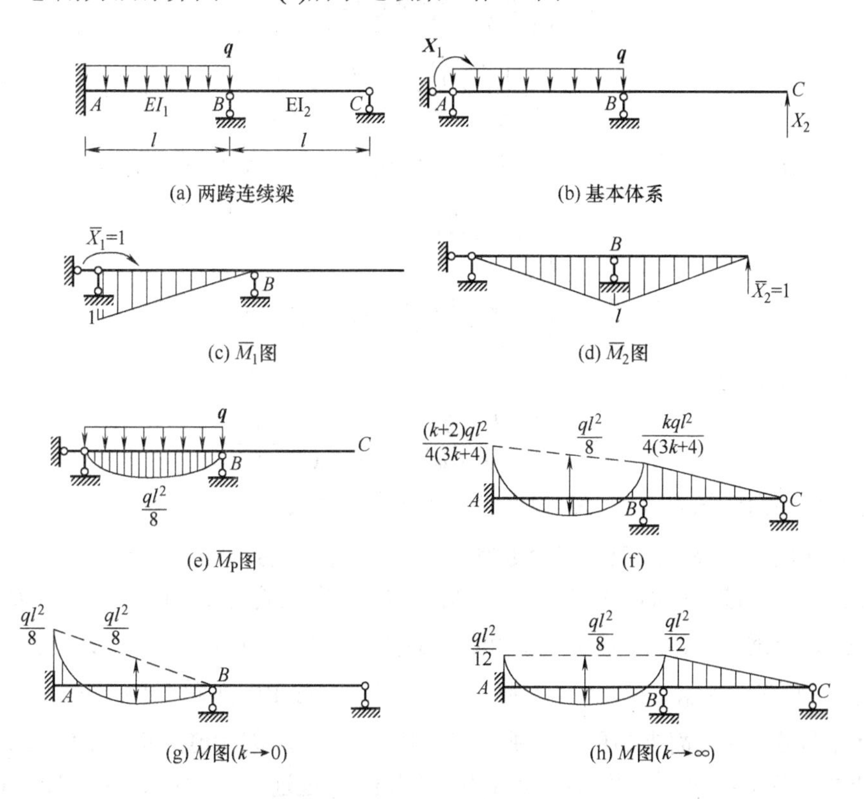

图5-10　力法计算两跨连续梁

解：(1) 确定超静定次数$n=2$。

(2) 选取基本体系。去掉 A 端的转动约束和 C 端的竖向支杆，并代之以多余未知力 $\boldsymbol{X}_1$ 和 $\boldsymbol{X}_2$，得到梁的基本体系，如图 5-10(b)所示。

(3) 列力法方程。根据基本体系应满足 A 端的转角和 C 端的竖向位移分别等于零的变形条件，建立力法方程：

$$\begin{cases}\delta_{11}X_1+\delta_{12}X_2+\varDelta_{1\mathrm{P}}=0\\ \delta_{21}X_1+\delta_{22}X_2+\varDelta_{2\mathrm{P}}=0\end{cases}$$

(4) 计算系数与自由项。作 $\bar{M}_1$、$\bar{M}_2$ 和 M_P 图，分别如图 5-10(c)、(d)、(e)所示，利用图乘法可得

$$\delta_{11}=\frac{1}{EI_1}\left[\frac{l}{2}\times1\times\left(\frac{2}{3}\times1\right)\right]=\frac{l}{3EI_1}$$

$$\delta_{12}=\delta_{21}=\frac{1}{EI_1}\left(\frac{l}{2}\times1\times\frac{l}{3}\right)=\frac{l^2}{6EI_1}$$

$$\delta_{22}=\frac{1}{EI_1}\left(\frac{l}{2}\cdot l\times\frac{2}{3}l\right)+\frac{1}{EI_2}\left(\frac{l}{2}\cdot l\times\frac{2}{3}l\right)=\frac{l^3}{3EI_1}\left(1+\frac{I_1}{I_2}\right)$$

$$\varDelta_{1\mathrm{P}}=\frac{1}{EI_1}\left(\frac{2}{3}l\times\frac{ql^2}{8}\times\frac{1}{2}\times1\right)=\frac{ql^3}{24EI_1}$$

$$\varDelta_{2\mathrm{P}}=\frac{1}{EI_1}\left(\frac{2}{3}\times\frac{ql^2}{8}\times l\times\frac{l}{2}\right)=\frac{ql^4}{24EI_1}$$

(5) 解力法方程，求多余未知力。将上述系数和自由项代入力法方程，得

$$\begin{cases}X_1+\dfrac{l}{2}X_2+\dfrac{ql^2}{8}=0\\ \dfrac{X_1}{2}+l\left(1+\dfrac{I_1}{I_2}\right)X_2+\dfrac{ql^2}{8}=0\end{cases}$$

令 $I_2/I_1=K$，则得到：

$$X_1=-\frac{ql^2}{4}\cdot\frac{K+2}{3K+4},\quad X_2=-\frac{ql}{4}\cdot\frac{K}{3K+4}$$

负号表示多余未知力 $\boldsymbol{X}_1$、$\boldsymbol{X}_2$ 的方向与所设方向相反。

(6) 作 M 图。由叠加原理计算弯矩值，最后弯矩图如图 5-10(f)所示。

由以上计算结果可知，多余未知力 $\boldsymbol{X}_1$、$\boldsymbol{X}_2$ 和梁的弯矩 M 值的大小与梁的刚度比 $K=I_2/I_1$ 有关。当刚度比值 $K\to0$ 时，即 BC 跨的抗弯刚度 EI_2 远远小于 AB 跨的抗弯刚度 EI_1 时，$M_{AB}=-ql^2/8$，$M_{BA}=M_{BC}=0$，$M_{CB}=0$，对应的弯矩图如图 5-10(g)所示。AB 跨相当于一个 A 端固定、B 端简支的单跨梁承受着荷载，而 BC 跨因刚度过小，不能承受荷载，没有弯矩产生；当 $K\to\infty$ 时，即 BC 跨的抗弯刚度 EI_2 远远大于 AB 跨的抗弯刚度 EI_1 时，$M_{AB}=-ql^2/12$，$M_{BA}=M_{BC}=-ql^2/12$，$M_{CB}=0$，对应的弯矩图如图 5-10(h)所示。AB 跨的弯矩分布与两端固定的单跨梁相同，这是由于 BC 跨的刚度过大，完全约束了 B 点的转动。总之，在荷载作用下，超静定结构的内力分布与各杆的相对刚度值有关，相对刚度愈大，

承受的内力也愈大，这是超静定结构受力的重要特征之一。

2. 超静定刚架

【例 5-3】 用力法计算图 5-11(a)所示刚架，并作弯矩图，各杆 EI 为常量。

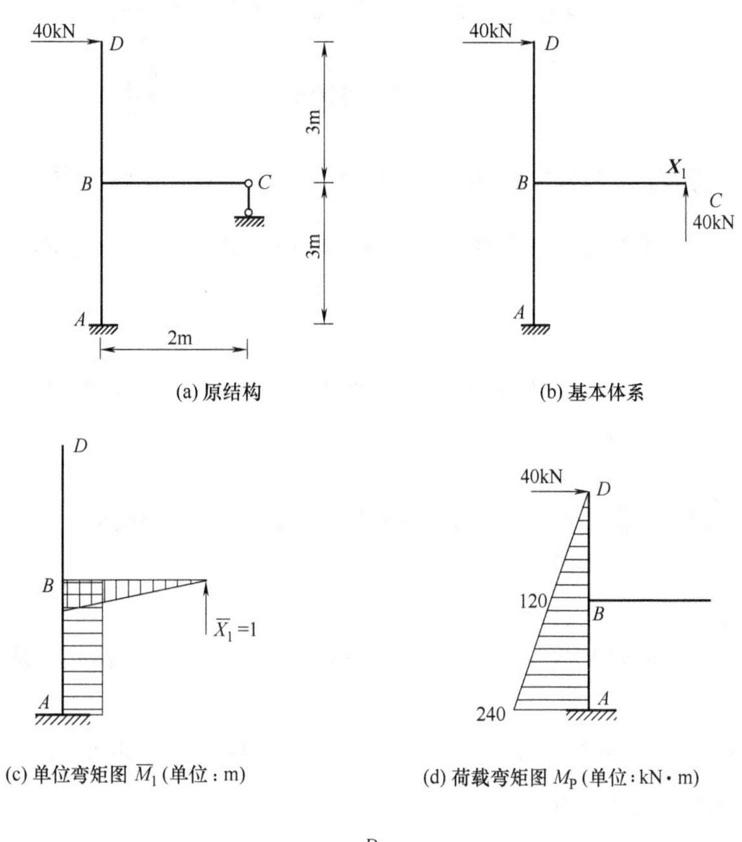

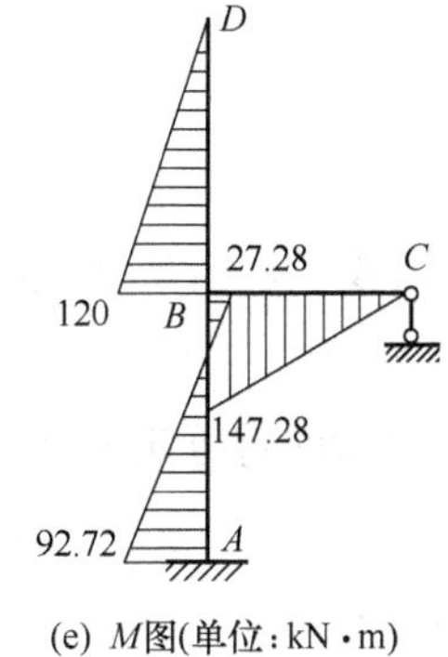

图 5-11 力法计算超静定刚架

解： (1) 确定超静定次数 $n=1$。

(2) 选取基本体系。去掉 C 处的多余约束(竖向链杆)代以未知力 X_1 得到基本体系，如图 5-11(b)所示。

(3) 列力法方程。根据基本体系在未知力 X_1 和外荷载共同作用下沿 X_1 方向的总位移为零，列变形协调条件，即 $\delta_{11}X_1+\Delta_{1P}=0$。

(4) 求系数和自由项。作 $\bar{M}_1$ 和 M_P 图，如图 5-11(c)、(d)所示，利用图乘法可得

$$\delta_{11}=\frac{1}{EI}\left[(2\times3)\times2+\left(\frac{1}{2}\times2\times2\right)\times\frac{2}{3}\times2\right]=\frac{44}{3EI}$$

$$\Delta_{1P}=-\frac{1}{EI}\left[\frac{1}{2}\times(240+120)\times3\right]\times2=-\frac{1080}{EI}$$

(5) 解力法方程，求多余未知力。将 δ_{11} 和 Δ_{1P} 代入力法方程，解得 $X_1=-\dfrac{\Delta_{1P}}{\delta_{11}}=73.64\text{kN}$。

(6) 作弯矩图。将 $\bar{M}_1$ 和 M_P 图叠加得最终弯矩 $M=\bar{M}_1X_1+M_P$，选取结构中的几个控制截面进行叠加。

下柱底截面：

$$\begin{aligned}M_{AB}&=\bar{M}_1X_1+M_P=2\text{m}\times73.64\text{kN}(\text{右侧受拉})-240\text{kN}\cdot\text{m}(\text{左侧受拉})\\&=-92.72\text{kN}\cdot\text{m}(\text{左侧受拉})\end{aligned}$$

下柱顶截面：

$$\begin{aligned}M_{BA}&=\bar{M}_1X_1+M_P=2\text{m}\times73.64\text{kN}(\text{右侧受拉})-120\text{kN}\cdot\text{m}(\text{左侧受拉})\\&=27.28\text{kN}\cdot\text{m}(\text{右侧受拉})\end{aligned}$$

上柱底截面：

$$M_{BD}=\bar{M}_1X_1+M_P=0+120\text{kN}\cdot\text{m}(\text{左侧受拉})=120\text{kN}\cdot\text{m}(\text{左侧受拉})$$

梁端截面：

$$M_{BC}=\bar{M}_1X_1+M_P=2\text{m}\times73.64\text{kN}(\text{下侧受拉})+0=147.28\text{kN}\cdot\text{m}(\text{下侧受拉})$$

最终弯矩图如图 5-11(e)所示。

5.3.2 超静定桁架

超静定桁架在桥梁、建筑中使用较多。桁架是链杆体系，计算其力法方程的系数和自由项时，只考虑轴力的影响。

【例 5-4】用力法计算图 5-12(a)所示的超静定桁架，各杆的轴向刚度均为 EA。

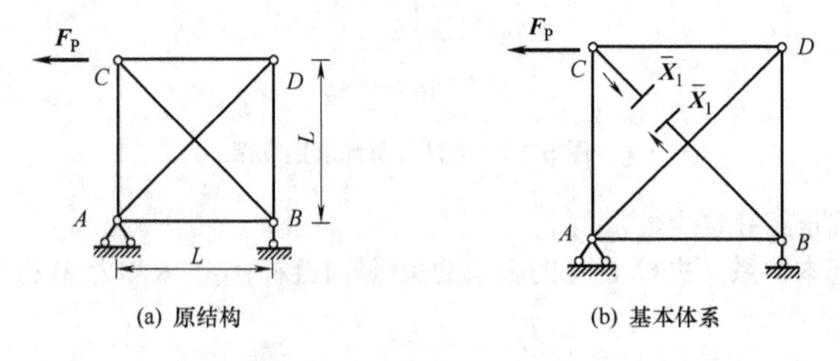

图 5-12 力法计算超静定桁架

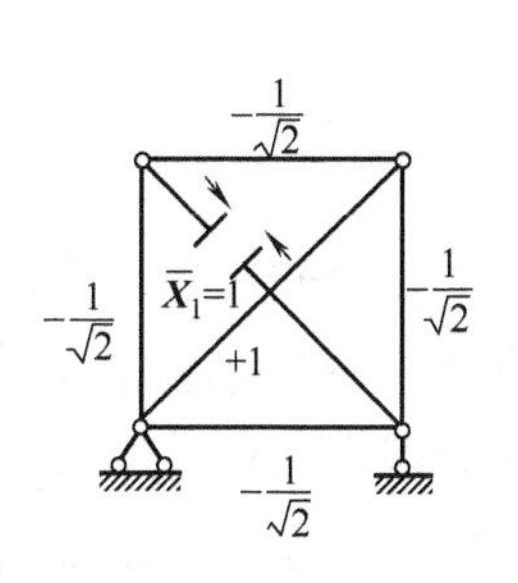

(c) 单位轴力图$\bar{F}_{N1}$

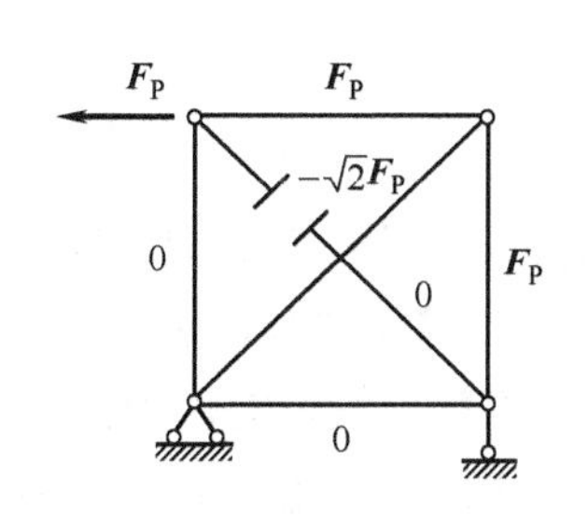

(d) 荷载轴力图F_{NP}

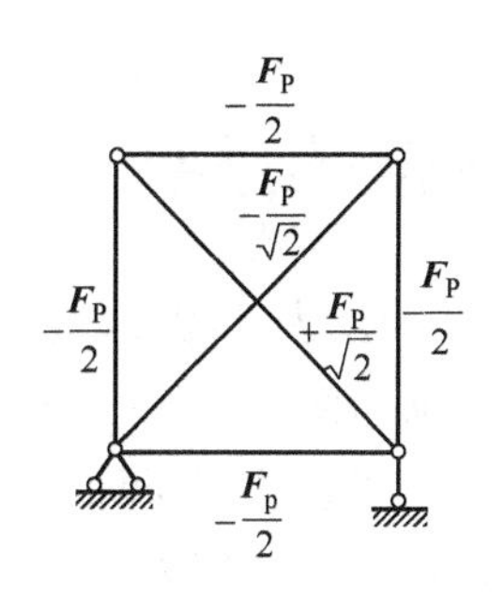

(e) 轴力图F_N

图 5-12 力法计算超静定桁架(续)

解：(1) 原结构为一次超静定结构，可截断其中的任一根杆件使其成为静定桁架。这里假设 BC 杆为多余约束，将其截断并代以未知力 X_1，得到基本体系如图 5-12(b)所示。基本结构沿 $\boldsymbol{X}_1$ 方向(即切口两侧截面)的相对线位移为零，建立力法方程：$\delta_{11}X_1+\Delta_{1P}=0$。

(2) 求系数、自由项并解方程。作基本结构在单位未知力 $\bar{X}_1=1$ 和外荷载作用下的各杆轴力图，如图 5-12(c)、(d)所示。利用图乘法计算系数和自由项如下：

$$\delta_{11}=\frac{1}{EA}\left[\left(-\frac{1}{\sqrt{2}}\right)^2\times L\times 4+(1^2\times\sqrt{2}L)\times 2\right]=\frac{2L}{EA}(1+\sqrt{2})$$

$$\Delta_{1P}=\frac{1}{EA}\left[\left(-\frac{1}{\sqrt{2}}\right)\times F_P\times L\times 2+1\times(-\sqrt{2}F_P)\times\sqrt{2}L\right]=-\frac{F_PL}{EA}(2+\sqrt{2})$$

代入力法方程，求得 $X_1=-\frac{\Delta_{1P}}{\delta_{11}}=\frac{F_P}{\sqrt{2}}$。

(3) 叠加最终内力：$F_N=\bar{F}_{N1}X_1+F_{NP}$，结果如图 5-12(e)所示。

由于超静定桁架具有多余联系，一般比相应静定桁架的刚度大，受力也均匀，因而更为经济，在工程中也被广泛采用。解算这类超静定桁架的计算问题，关键在于基本结构的选择，基本原则是尽量使在单位力或荷载作用下，基本结构中有较多的零杆，这样使系数和自由项的计算变得更加方便，并尽可能使一些副系数等于零，以使力法典型方程的解算较容易。

例如，对于连续梁式桁架(见图 5-13(a))，最好截断各中间支座两侧节间的弦杆而得到多跨简支桁架式的基本体系(见图 5-13(b))。这样，任一多余未知力只在其所属跨及相邻两跨内引起内力，可使计算工作大大减少。

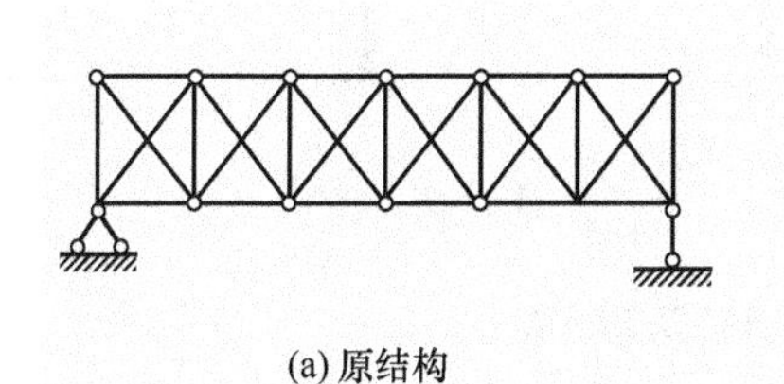

(a) 原结构

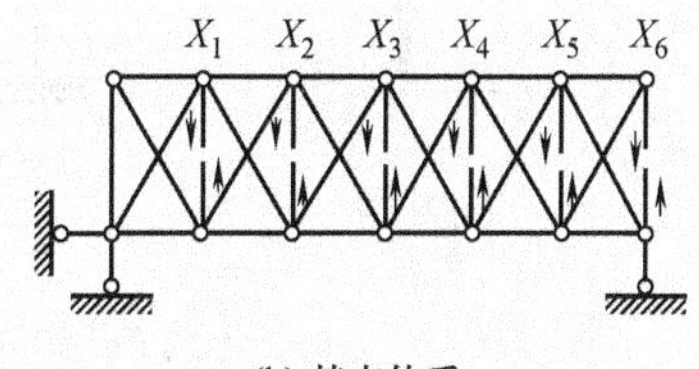

(b) 基本体系

图 5-13 连续梁式桁架

5.3.3 超静定排架

图 5-14 所示为装配式单层单跨厂房的排架简图。其中柱是阶梯形变截面杆件，柱底为固定端，柱顶与横梁(屋架)为铰接。计算排架时，通常假定排架的横梁刚度很大，受力后轴向变形很小，可以忽略不计，只考虑弯矩的影响，因而使计算得到简化。这对于一般钢屋架、钢筋混凝土或预应力混凝土屋架是适用的，但对于刚度较小的屋架，则必须考虑横梁的轴向变形。

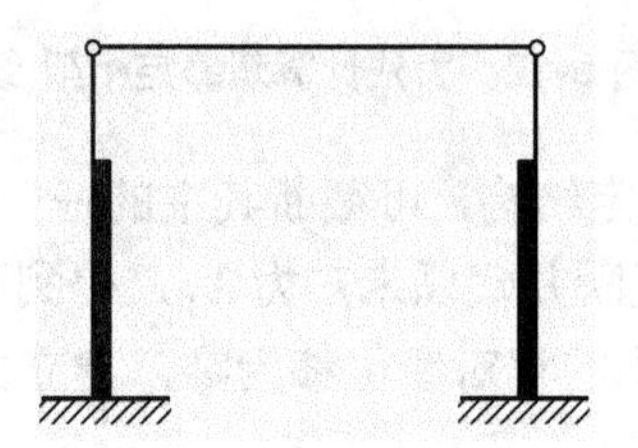

图 5-14 单层单跨排架结构

用力法计算排架时，一般把横杆作为多余约束而切断，代之以多余未知力，利用切口两侧相对位移为零的条件建立力法方程。

【例 5-5】图 5-15(a)所示为某车间横向排架的计算简图。各柱的惯性矩分别为 $I_1 = 12.3\times10^5\ \mathrm{cm}^4$，$I_2 = 8.008I_1$，$I_3 = 10.81I_1$，$I_4 = 2.772I_1$。荷载为吊车轮压，分别为 $F_{P1} = 169\,\mathrm{kN}$，$e_1 = 0.44\mathrm{m}$，$F_{P2} = 40.7\,\mathrm{kN}$，$e_2 = 0.375\mathrm{m}$。作排架的弯矩图。

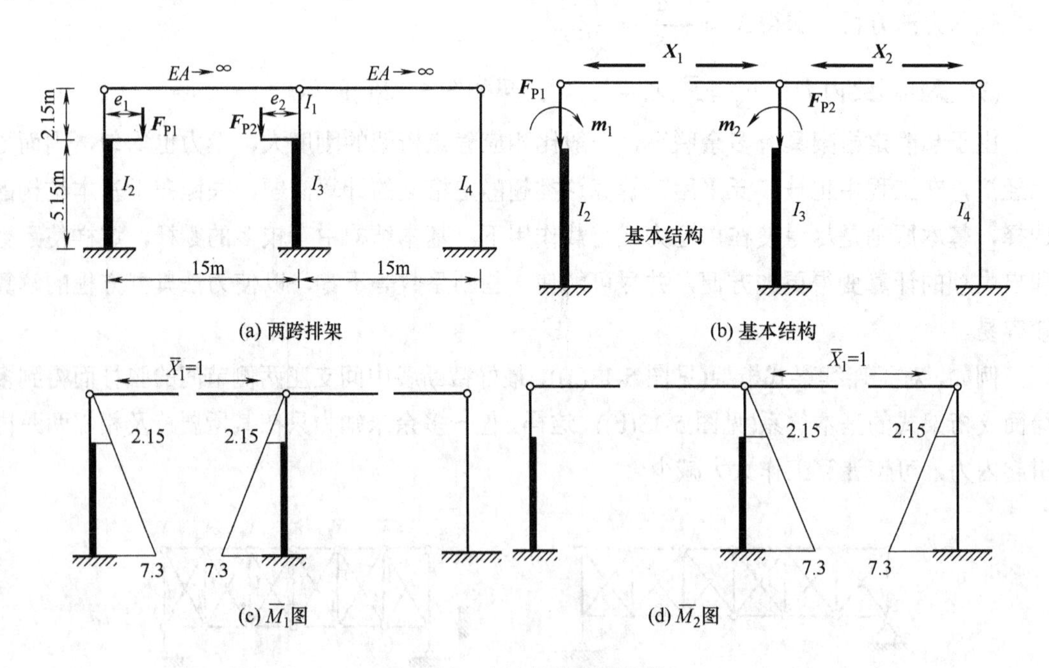

图 5-15 力法计算两跨排架

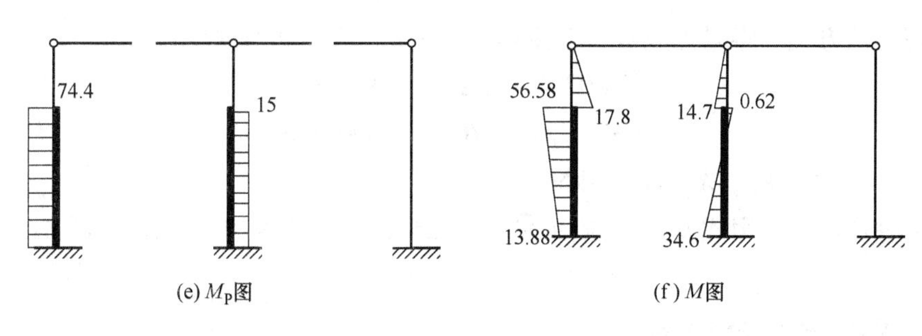

(e) M_P图　　(f) M图

图 5-15　力法计算两跨排架(续)

解：为便于计算，将吊车轮压分别向柱子的中心简化得到中心压力：

$F_{P1}=169\text{kN}$，$m_1=169\times0.44=74.4\text{kN}\cdot\text{m}$；

$F_{P2}=40.7\text{kN}$，$m_2=40.7\times0.375=15.5\text{kN}\cdot\text{m}$。

(1) 确定超静定次数 $n=2$。

(2) 选取基本结构，列力法方程。切断两根横杆并代之以多余未知力 X_1 和 X_2，基本结构如图 5-15(b)所示，列出力法方程式：

$$\begin{cases}\delta_{11}X_1+\delta_{12}X_2+\Delta_{1P}=0\\ \delta_{21}X_1+\delta_{22}X_2+\Delta_{2P}=0\end{cases}$$

(3) 求系数和自由项。作出基本结构在单位力 $\bar{X}_1=1$ 和 $\bar{X}_2=1$ 作用下的弯矩图，即 $\bar{M}_1$ 图、$\bar{M}_2$ 图以及在荷载作用下的弯矩图 M_P 图，分别如图 5-15(c)、(d)、(e)所示，由图乘法可得

$$\delta_{11}=\frac{2}{EI_1}\left(\frac{1}{2}\times2.15\times2.15\times\frac{2}{3}\times2.15\right)+\frac{5.15}{6EI_2}(2\times2.15^2+2\times7.3^2+2\times2.15\times7.3)+$$

$$\frac{5.15}{6EI_3}(2\times2.15^2+2\times7.3^2+2\times2.15\times7.3)$$

$$=\frac{6.26}{EI_1}+\frac{126.36}{EI_2}+\frac{126.36}{EI_3}=\frac{34.09}{EI_1}$$

$$\delta_{22}=\frac{3.313}{EI_1}+\frac{126.36}{EI_3}+\frac{1}{EI_4}\times\frac{1}{3}\times7.3^2=\frac{61.78}{EI_1}$$

$$\delta_{12}=\delta_{21}=-\frac{3.313}{EI_1}-\frac{126.36}{EI_3}=-\frac{15}{EI_1}$$

$$\Delta_{1P}=-\frac{1}{EI_2}\left[\frac{1}{2}\times(2.15+7.3)\times5.15\times74.4\right]-$$

$$\frac{1}{EI_3}\left[\frac{1}{2}\times(2.15+7.3)\times5.15\times15.3\right]$$

$$=-\frac{260.52}{EI_1}$$

$$\Delta_{2P}=\frac{1}{EI_3}\times\frac{1}{2}\times(2.15+7.3)\times5.15\times15.3=\frac{34.44}{EI_1}$$

(4) 解力法方程。将以上系数、自由项代入力法方程，并消除 EI_1 得

$$\begin{cases}34.07X_1-15X_2-260.52=0\\-15X_2+61.78X_2+34.44=0\end{cases}$$

解得：$X_1=8.29\text{kN},\ X_2=1.455\text{kN}$。

(5) 由叠加原理，用式 $M=\bar{M}_1X_1+\bar{M}_2X_2+M_P$，作出排架的 M 图，如图 5-15(f)所示。

5.3.4 超静定组合结构

在实际工程中，为了节约材料和制造方便，有时采用超静定组合结构。这类结构的一部分杆件的作用与梁相同(常称为梁式杆)，主要承受弯矩；而另一部分杆件则与桁架链杆作用相同，只承受轴力。因此在用力法分析时，力法方程中的系数和自由项可由式(5-13)计算：

$$\left.\begin{aligned}\delta_{ii}&=\sum\int\frac{\bar{M}_i^2}{EI}\mathrm{d}s+\sum\int\frac{\bar{F}_{Ni}^2}{EA}\mathrm{d}s\\\delta_{ij}=\delta_{ji}&=\sum\int\frac{\bar{M}_i\bar{M}_j}{EI}\mathrm{d}s+\sum\int\frac{\bar{F}_{Ni}\bar{F}_{Nj}}{EA}\mathrm{d}s\\\Delta_{iP}&=\sum\int\frac{\bar{M}_i\bar{M}_j}{EI}\mathrm{d}s+\sum\int\frac{\bar{F}_{Ni}F_{NP}}{EA}\mathrm{d}s\end{aligned}\right\}\tag{5-13}$$

【例 5-6】用力法求解图 5-16(a)所示的组合结构，已知，横梁 $I=1\times10^{-4}\text{m}^4$，链杆 $A=1\times10^{-3}\text{m}^2$，$E=C$。

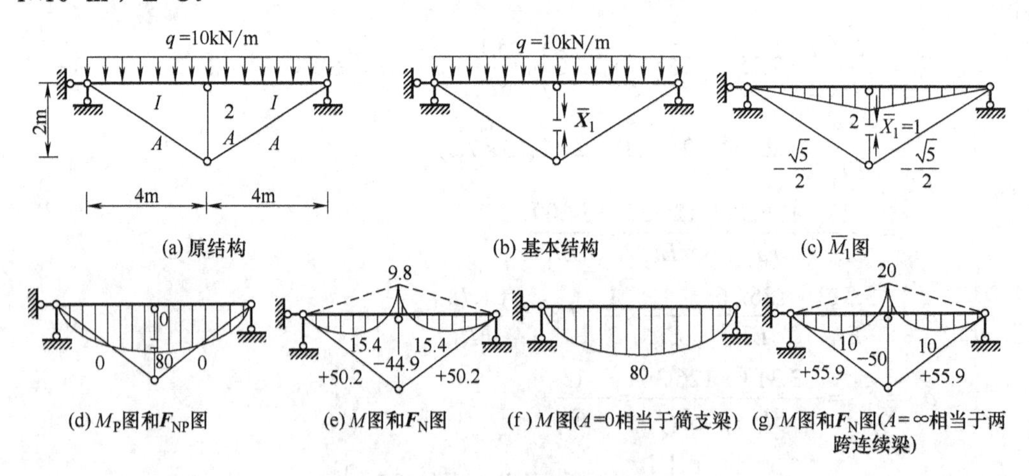

图 5-16 力法计算组合结构

解：(1) 确定超静定次数 $n=1$。

(2) 选取基本结构，如图 5-16(b)所示，列力法方程。切开竖向链杆代以多余未知力 X_1，列力法方程：$\delta_{11}X_1+\Delta_{1P}=0$。

(3) 求系数和自由项。作出基本结构在单位力 $\bar{X}_1=1$ 作用下时梁式杆的弯矩图，即 $\bar{M}_1$ 图和链杆的轴力图 $\bar{F}_{N1}$ (见图 5-16(c))，以及在荷载作用下的弯矩图 M_P 图和轴力图 F_{NP} 图(见图 5-16(d))，由图乘法可得

$$
\begin{aligned}
\delta_{11} &= \sum\int\frac{\bar{M}_1^2}{EI}\mathrm{d}s+\sum\frac{\bar{F}_{N1}^2}{EA}\\
&=2\times\frac{1}{EI}\cdot\frac{1}{2}\cdot4\cdot2\cdot\left(\frac{2}{3}\cdot2\right)+2\times\frac{1}{EA}\cdot\left(-\frac{\sqrt{5}}{2}\right)^2\cdot2\sqrt{5}+\frac{1}{2EA}\cdot1^2\cdot2\\
&=\frac{1.189\times10^5}{E}
\end{aligned}
$$

$$
\begin{aligned}
\Delta_{1P} &= \sum\int\frac{\bar{M}_1 M_P}{EI}\mathrm{d}s+\sum\frac{\bar{F}_{N1}F_{NP}}{EA}(\text{此项为}0)\\
&=2\times\frac{1}{EI}\cdot\frac{2}{3}\cdot4\cdot80\cdot\left(\frac{5}{8}\cdot2\right)=\frac{5.333\times10^6}{E}
\end{aligned}
$$

(4) 解力法方程。将以上系数、自由项代入力法方程，求得：$X_1=-\frac{\Delta_{1P}}{\delta_{11}}=-44.9\ \text{kN}$(压力)。

(5) 由叠加原理，得到：梁式杆 $M=X_1\bar{M}_1+M_P$，链杆 $F_N=X_1\bar{F}_{N1}+F_{NP}$。

最终弯矩图和轴力图如图 5-16(e)所示。

讨论：(1) 当梁无链杆时，它就是简支梁，M_{max}=80 kN·m；有链杆时，M_{max}=15.4 kN·m，两种情况下最大弯矩降低了 81%，这样的结构就是组合结构，也称加劲梁。

(2) 当 $A\to0$ 时，如图 5-16(f)所示，结构由加劲梁→简支梁。$A\uparrow$，$M_{max}\downarrow$，$|M_{min}|\uparrow$，当 $A=1.7\times10^{-3}\text{m}^2$ 时，$M_{max}=|M_{min}|$，最合理。

(3) 当 $A\to\infty$ 时，如图 5-16(g)所示，中间支撑可看成刚性支座，相当于两跨连续梁。

5.4　对称结构的计算

结构越复杂，其超静定次数就越多，用力法求解时，计算系数、自由项和解方程组的工作量将成倍增加。而充分利用结构的对称性，可以使方程组中的很多系数、自由项为零，从而实现简化分析的目的。力法简化的原则是：使尽可能多的副系数和自由项等于零。这样不仅简化了系数的计算工作，也简化了联立方程的求解工作。为达到这一目的，本节讨论利用结构的对称、荷载的对称和反对称来简化计算。

5.4.1　选取对称的基本结构

对称结构如图 5-17(a)所示，它有一个对称轴。对称包含两方面的含义。

(1) 结构的轴线形状对称，几何形状和支承情况对称。

(2) 各杆的刚度(EI 和 EA 等)对称。

取该对称结构的基本结构如图 5-17(b)所示，此时，多余未知力有三对，它们是一对弯矩 $\boldsymbol{X}_1$ 和一对轴力 $\boldsymbol{X}_2$，是正对称的，还有一对剪力 $\boldsymbol{X}_3$ 是反对称的。所谓正对称，是指绕对称轴折叠后其两个力的大小、方向和作用线均重合；反对称是指绕对称轴折叠后两个力的大小、作用点相同，而方向相反，作用线重合。

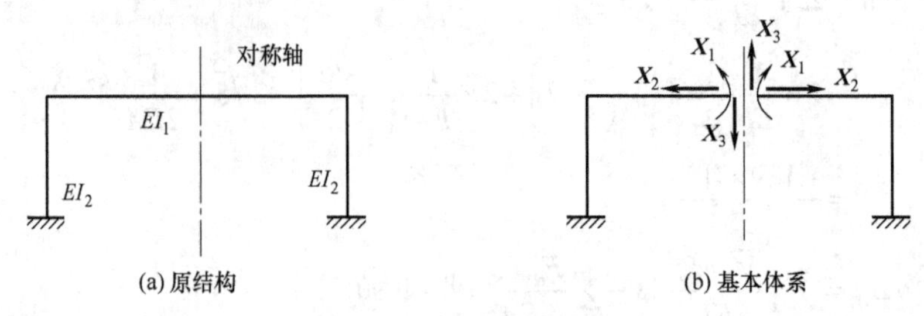

(a) 原结构　　(b) 基本体系

图 5-17　单轴对称刚架

绘出该基本结构在各多余未知单位力作用下的弯矩图，如图 5-18 所示。可以看出，$\bar{M}_1$ 图和 $\bar{M}_2$ 图是正对称的，而 $\bar{M}_3$ 图是反对称的。由于正对称和反对称的图形图乘时恰好正负抵消，使结果为零，所以可得典型方程中的副系数 $\delta_{13}=\delta_{31}=0$，$\delta_{23}=\delta_{32}=0$。于是，典型方程便简化为

$$\left.\begin{aligned}\delta_{11}X_1+\delta_{12}X_2+\Delta_{1P}=0\\ \delta_{21}X_1+\delta_{22}X_2+\Delta_{2P}=0\\ \delta_{33}X_3+\Delta_{3P}=0\end{aligned}\right\}\tag{5-14}$$

由此可见，典型方程已分为两组，一组只含正对称的多余未知力 X_1 和 X_2，而另一组只含反对称的多余未知力 X_3。

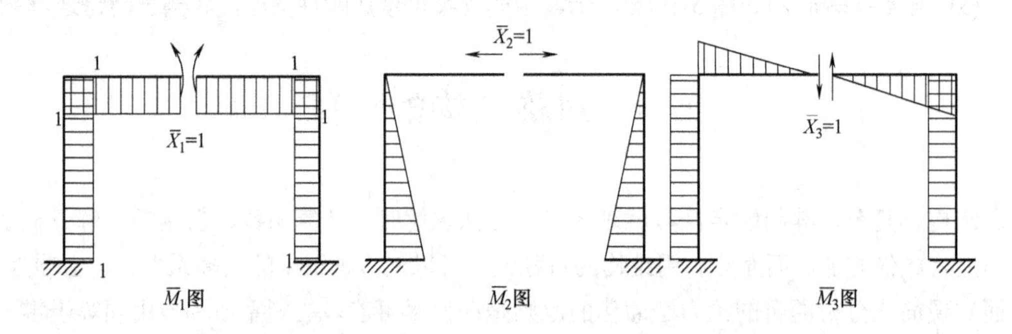

图 5-18　多余未知单位力作用下的弯矩图

5.4.2　选择对称或反对称的荷载

如果作用在对称结构上的荷载也是正对称的，如图 5-19(a)所示，则 M_P 图也是正对称的，如图 5-19(b)所示，于是有 $\Delta_{3P}=0$。由典型方程的第三式可知反对称的多余未知力 $X_3=0$，因此只需计算正对称的多余未知力 X_1 和 X_2。最后的弯矩图为 $M=\bar{M}_1X_1+\bar{M}_2X_2+M_P$，它也将是正对称的，其形状如图 5-19(c)所示。由此可推知：对称结构在正对称荷载作用下，结构上所有的反力、内力及位移都是正对称的，如图 5-19(a)中虚线所示。同时必须注意，此时剪力图是反对称的，这是由于剪力的正负号规定所致，而剪力的实际方向则是正对称的。

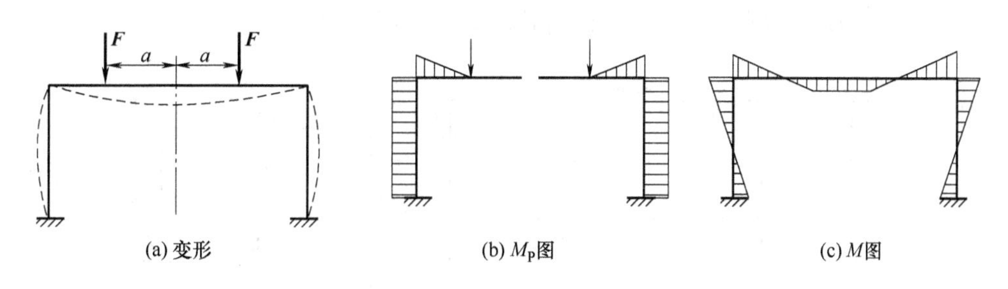

图 5-19 对称结构在正对称荷载下的变形图和弯矩图

如果作用在结构上的荷载是反对称的，如图 5-20(a)所示，作出其 M_P 图如图 5-20(b)所示，则同理可证，此时正对称的多余未知力 $X_1=X_2=0$，只剩下反对称的多余未知力 $\boldsymbol{X_3}$。最后弯矩图为 $M=\bar{M}_3X_3+M_P$，它也是反对称的，如图 5-20(c)所示，且此时结构上所有反力、内力和位移都是反对称的。但必须注意，剪力图是正对称的，剪力的实际方向则是反对称的。

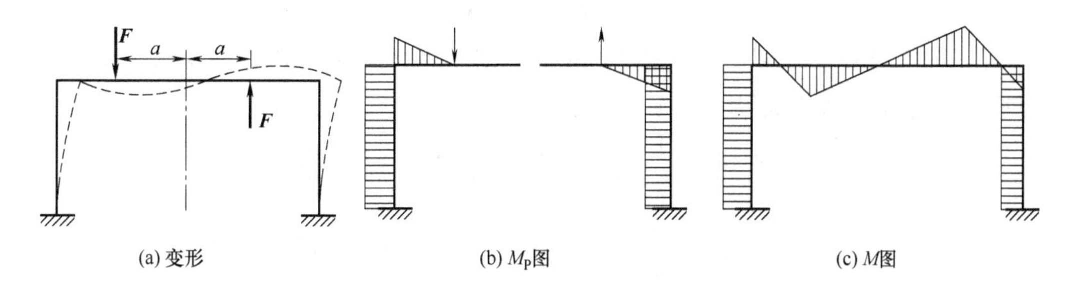

图 5-20 对称结构在反对称荷载作用下的变形图和弯矩图

通过前面的分析可得出如下结论。

(1) 对称结构在正对称荷载作用下，其内力和位移都是正对称的。

(2) 对称结构在反对称荷载作用下，其内力和位移都是反对称的。

也就是说，对称结构在正对称荷载作用下，只需要考虑对称未知力，反对称多余未知力必等于零；在反对称荷载作用下，只考虑反对称未知力，正对称的多余未知力必等于零。

另外，非对称荷载(任意荷载)可以分解成对称荷载和反对称荷载，如图 5-21 所示。

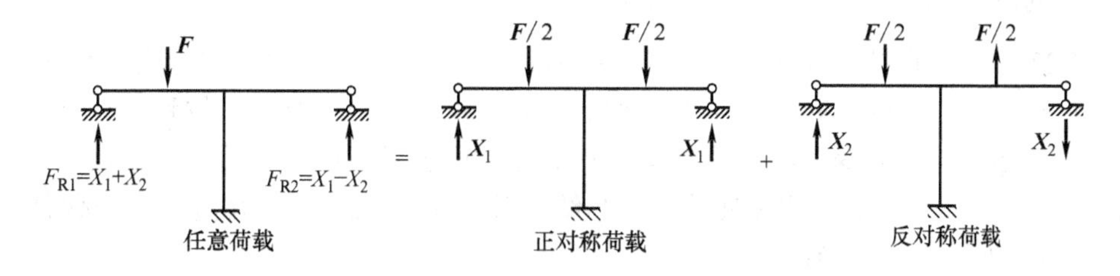

图 5-21 非对称荷载的分解

【例 5-7】用力法求解图 5-22 所示的对称刚架。各杆 $EI=C$。

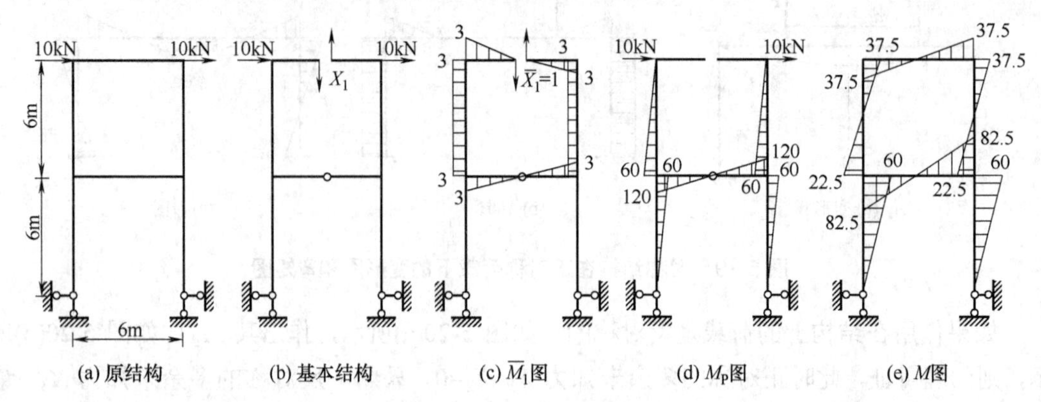

图 5-22 力法求解对称刚架

解： 该刚架为对称刚架，在反对称荷载作用下，取基本结构如图 5-22(b)所示，只有反对称多余未知力，则力法方程为

$$\delta_{11}X_1+\Delta_{1P}=0$$

作出基本结构在单位力 $\overline{X}_1=1$ 作用下的弯矩图 $\overline{M}_1$ 和荷载作用下的弯矩图 M_P，如图 5-22(c)、(d)所示，由图乘法计算系数和自由项：

$$\delta_{11}=2\times\frac{1}{EI}\left[\frac{1}{2}\cdot 3\cdot 3\cdot\left(\frac{2}{3}\cdot 3\right)+3\cdot 6\cdot 3\right]=\frac{144}{EI}$$

$$\Delta_{1P}=2\times\frac{1}{EI}\left[\frac{1}{2}\cdot 6\cdot 60\cdot 3+\frac{1}{2}\cdot 3\cdot 120\cdot\left(\frac{2}{3}\cdot 3\right)\right]=\frac{1800}{EI}$$

代入力法方程，求得：$X_1=-\dfrac{\Delta_{1P}}{\delta_{11}}=-12.5\,\text{kN}$。

再由 $M=X_1\overline{M}_1+M_P$ 作出最终 M 图(反对称)。

5.4.3 取半边结构计算

当对称结构承受正对称或反对称荷载时，根据对称结构在正对称和反对称两种荷载情况下的内力和变形特点，截取结构的一半来进行计算。下面讨论截取半边结构的方法。

1. 正对称荷载

图 5-23(a)所示的奇数跨对称刚架在正对称荷载作用下，将产生对称的内力和变形(变形曲线如图 5-23(a)中虚线所示)。位于对称轴上的 C 截面只能产生竖向线位移，不应产生水平位移和转角(否则将破坏变形的对称性)，同时，该截面上只有反对称的弯矩和轴力，没有反对称的剪力。因此，当从对称轴处截取一半结构时，在 C 截面处可用竖向链杆代替原有约束，计算简图如图 5-23(b)所示。

图 5-24(a)所示的偶数跨刚架在正对称荷载作用下，将产生对称的内力和变形。在不考虑杆件轴向变形的情况下，位于对称轴上的 C 截面处不产生水平、竖向和转角位移，相当于固定约束。因此，当取一半结构时，该截面处可用固定支座代替原有约束，计算简图如

图 5-24(b)所示。

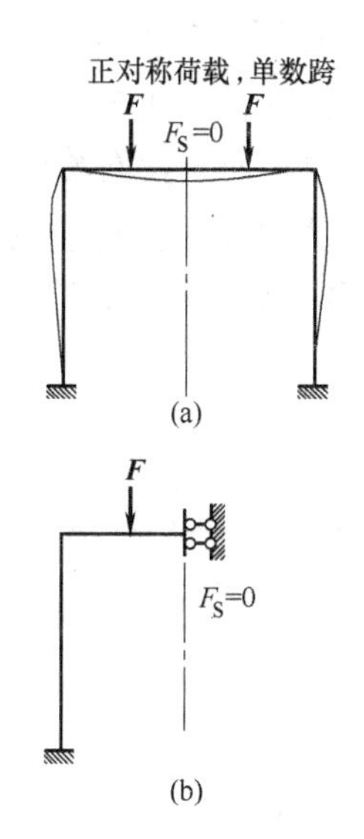

图 5-23　奇数跨对称刚架和半刚架

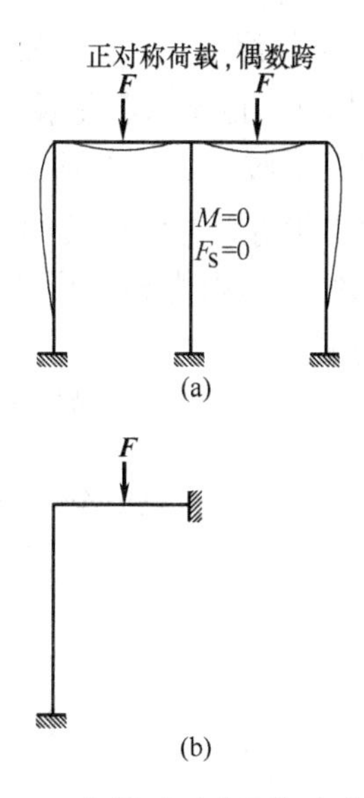

图 5-24　偶数跨对称刚架和半刚架

2. 反对称荷载

图 5-25(a)所示的奇数跨对称刚架在反对称荷载作用下，由于只产生反对称的内力和变形，故位于对称轴上的截面 C 处不可能产生竖向线位移，但可能有水平线位移和转角。同时，该截面上只有反对称的多余未知力(剪力)，而对称多余未知力(弯矩和轴力)应为零。因此，当截取半边刚架计算时，在截面 C 处可用竖向的可动铰支座来代替原有的约束，得到图 5-25(b)所示的计算简图。

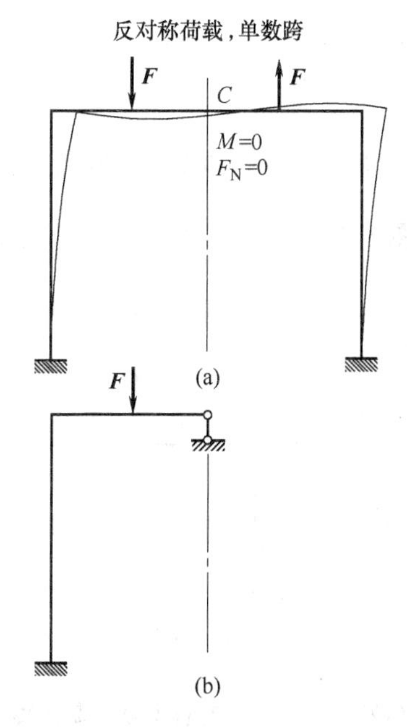

图 5-25　奇数跨对称刚架和半刚架(反对称荷载)

图 5-26(a)为偶数跨对称刚架，在反对称荷载作用下，可将其中间柱设想为由两根惯性矩各为 $I/2$ 的竖柱组成，它们分别在对称轴两侧与横梁刚结，如图 5-26(b)所示。若将此两柱中间的横梁切开，由于荷载是反对称的，故该截面上只有剪力存在，如图 5-26(c)所示。当不考虑轴向变形时，这一对剪力 F_S 对其他各杆均不产生内力，而只使对称轴两侧的两根竖柱产生大小相等、方向相反的轴力。由于原有中间柱的内力是两根竖柱的内力之和，故剪力 F_S 对原结构的内力和变形都无影响，于是可将其略去而取半边刚架计算，计算简图如图 5-26(d)所示。

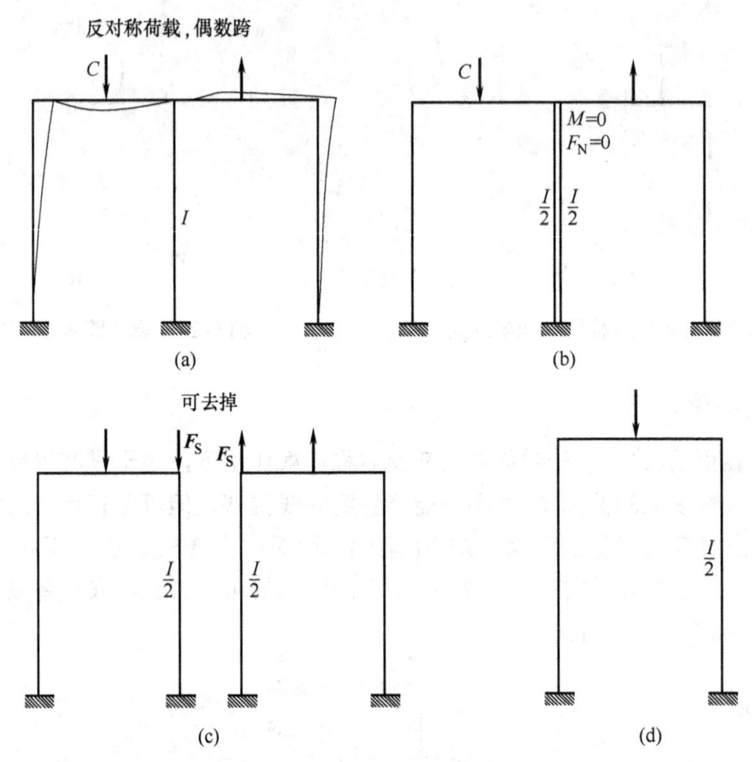

图 5-26　偶数跨对称刚架和半刚架(反对称荷载)

【例 5-8】利用对称性计算图 5-27(a)所示刚架，并作弯矩图，各杆 $EI=C$。

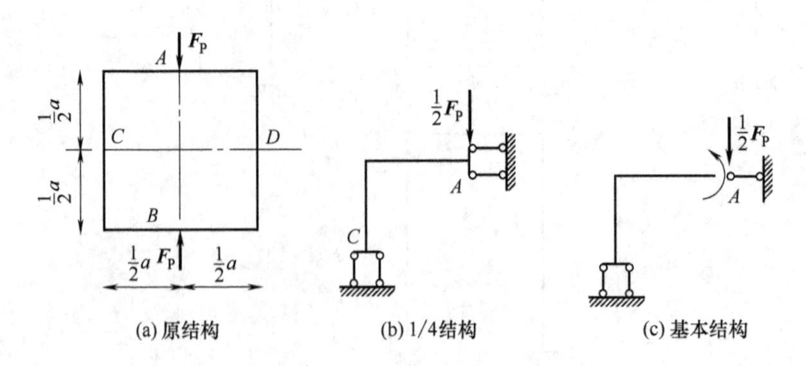

图 5-27　力法计算对称刚架的基本体系

解：该对称性刚架为三次超静定刚架，其结构及荷载均具有两个对称轴，可取1/4结构作为其计算简图，如图5-27(b)所示。解除一个多余约束得其基本结构如图5-27(c)所示，力法方程为

$$\delta_{11}X_1+\Delta_{1P}=0$$

作出基本结构在单位力$\bar{X}_1=1$作用下的弯矩图$\bar{M}_1$和荷载作用下的弯矩图M_P，如图5-28(a)、(b)所示，由图乘法计算系数和自由项：

$$\delta_{11}=\frac{a}{EI}, \quad \Delta_{1P}=-\frac{3F_Pa^2}{16EI}$$

代入力法方程解得未知的支座反力矩为$X_1=\dfrac{3F_Pa}{16}$。

由$M=X_1\bar{M}_1+M_P$作出1/4结构的弯矩图，如图5-28(c)所示，再根据对称性得到原结构完整的弯矩图，如图5-28(d)所示。

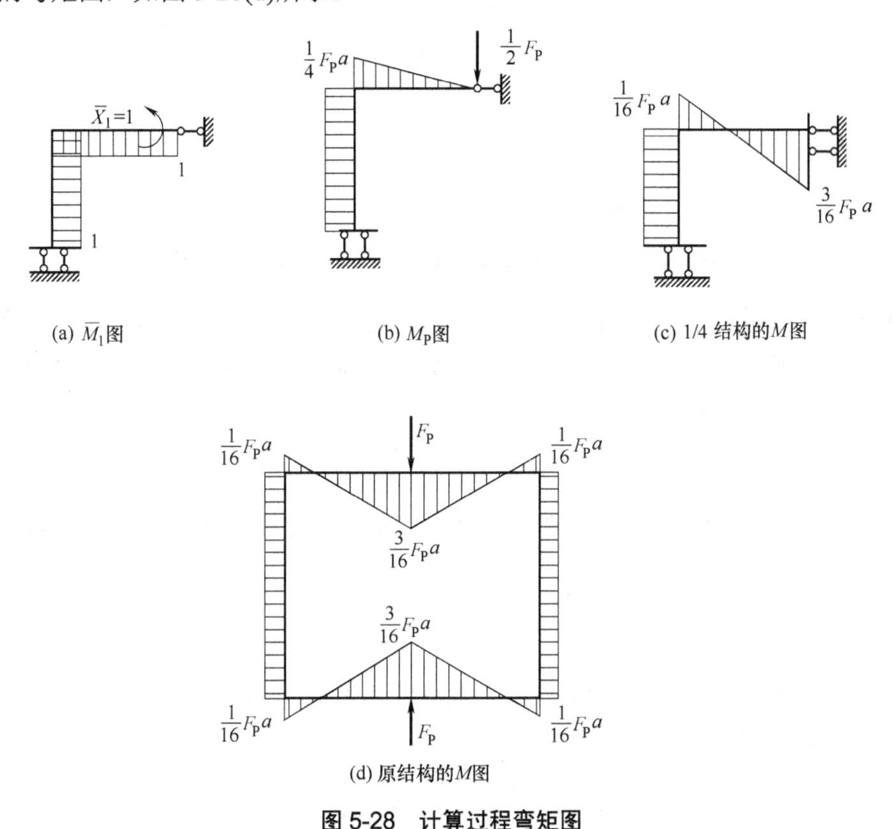

图5-28　计算过程弯矩图

5.5　温度变化和支座移动时超静定结构的计算

由于超静定结构中多余连系的存在，当温度改变、支座移动时，通常将使结构产生内力，这是超静定结构的特性之一。

用力法计算由温度变化和支座移动产生的超静定结构的内力时，根据前述的力法原理，也需要用位移条件来建立力法典型方程，确定多余未知力。位移条件是指基本结构在外在因素和多余未知力的共同作用下，去掉多余连系处的位移应与原结构的实际位移相同。显然，这对荷载以外的其他因素，如温度变化、支座移动等也是适用的。下面分别介绍超静定结构在温度变化和支座移动时其内力计算方法。

5.5.1 温度变化时超静定结构的内力计算

图 5-29(a)所示为三次超静定结构，设各杆外侧温度升高 t_1，内侧温度升高 t_2，现在用力法计算其内力。

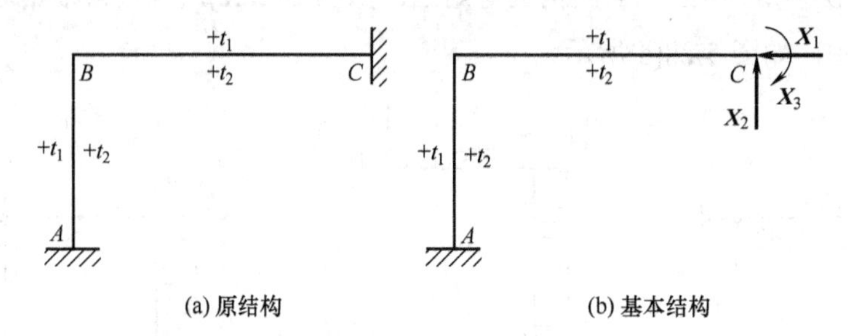

图 5-29 力法计算温度变化时超静定刚架的基本结构

去掉支座 C 处的三个多余连系，代以多余力 $\boldsymbol{X}_1$、$\boldsymbol{X}_2$ 和 $\boldsymbol{X}_3$，得其基本结构如图 5-29(b)所示。设基本结构的 C 点由于温度改变，沿 $\boldsymbol{X}_1$、$\boldsymbol{X}_2$ 和 $\boldsymbol{X}_3$ 方向所产生的位移分别为$\varDelta_{1t}$、$\varDelta_{2t}$和$\varDelta_{3t}$，它们可按式(5-15)计算：

$$\varDelta_{it}=\sum(\pm)\int\bar{F}_{Ni}\alpha t_0\,\mathrm{d}s+\sum(\pm)\int\frac{\bar{M}_i\alpha\Delta t}{h}\mathrm{d}s\quad(i=1,2,3)\tag{5-15}$$

式中，t_0 为轴线平均温度。若每一杆件沿其全长温度改变相同，且截面尺寸不变，则式(5-15)可改写为

$$\varDelta_{it}=\sum(\pm)\alpha t_0\omega_{\bar{\mathrm{M}}t}+\sum(\pm)\alpha\frac{\Delta t}{h}\omega_{\bar{\mathrm{M}}t}\tag{5-16}$$

根据基本结构在多余力 $\boldsymbol{X}_1$、$\boldsymbol{X}_2$ 和 $\boldsymbol{X}_3$ 以及温度改变的共同作用下，C 点位移应与原结构位移相同的条件，可以列出如下的力法方程：

$$\left.\begin{aligned}\delta_{11}X_1+\delta_{12}X_2+\delta_{13}X_3+\varDelta_{1t}=0\\\delta_{21}X_1+\delta_{22}X_2+\delta_{23}X_3+\varDelta_{2t}=0\\\delta_{31}X_1+\delta_{32}X_2+\delta_{33}X_3+\varDelta_{3t}=0\end{aligned}\right\}\tag{5-17}$$

其中各系数的计算仍与以前所述相同，自由项则按式(5-15)或式(5-16)计算。

由于基本结构是静定的，温度的改变并不使其产生内力。因此，由式(5-17)解出多余力 $\boldsymbol{X}_1$、$\boldsymbol{X}_2$ 和 $\boldsymbol{X}_3$ 后，按式(5-18)计算原结构的弯矩

$$M=X_1\bar{M}_1+X_2\bar{M}_2+X_3\bar{M}_3\tag{5-18}$$

再根据平衡条件即可求其剪力和轴力。

【例 5-9】试计算图 5-30(a)所示刚架的内力。设刚架各杆内侧温度升高 10℃，外侧温度无变化；各杆线膨胀系数为α；EI 和截面高度 h 均为常数。

解： 此刚架为一次超静定结构，取基本结构如图 5-30(b)所示。力法方程为

$$\delta_{11}X_1+\Delta_{1t}=0$$

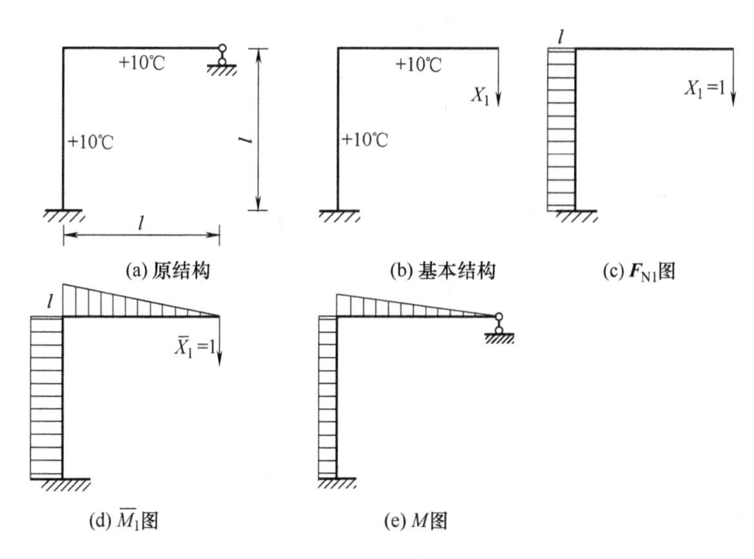

图 5-30　温度变化时的刚架计算

绘出 $\boldsymbol{F}_{\mathrm{N}1}$ 和 $\bar{M}_1$ 图，分别如图 5-30(c)、(d)所示。求得系数和自由项如下：

$$\delta_{11}=\int\frac{\bar{M}_1^{\,2}}{EI}\mathrm{d}s=\frac{1}{EI}\left(l^2\times l+\frac{L^2}{2}\times\frac{2}{3}l\right)=\frac{4l^3}{3EI}$$

$$\begin{aligned}\Delta_{1t}&=\sum(\pm)\alpha t_0\omega_{\bar{\mathrm{N}}t}+\sum(\pm)\alpha\frac{\Delta t}{h}\omega_{\bar{\mathrm{N}}t}\\&=-\alpha\times5\times t+\left[-a\times\frac{10}{h}\left(l^2+\frac{1}{2}l^2\right)\right]\\&=-5\alpha t\left(1+\frac{3l}{h}\right)\end{aligned}$$

代入力法方程，求得 $X_1=-\dfrac{\Delta_{1t}}{\delta_{11}}=\dfrac{15\alpha EI}{4L^2}\left(1+\dfrac{3l}{h}\right)$。

根据 M=$X_1\bar{M}_1$ 即可作出最后弯矩图，如图 5-30(e)所示。得出 M 图后，则不难据此求出相应的 $\boldsymbol{F}_{\mathrm{Q}}$ 图和 $\boldsymbol{F}_{\mathrm{N}}$ 图，在此不再赘述。

由以上计算结果可以看出，超静定结构由于温度变化引起的内力与各弯曲刚度 EI 的绝对值有关，这与荷载作用下的情况是不同的。

5.5.2　支座移动时超静定结构的内力计算

超静定结构在支座移动情况下的内力计算，原则上与温度变化情况下的并无不同，唯

一的区别在于力法方程中自由项的计算。

图 5-31(a)所示为三次超静定刚架，设其支座 A 向右移动 C_1，向下移动 C_2，并按顺时针方向转动了角度 θ。计算此刚架时，取基本结构如图 5-31(b)或图 5-31(c)所示，则力法方程为

$$\begin{cases}\delta_{11}X_1+\delta_{12}X_2+\delta_{13}X_3+\Delta_{1c}=0\\ \delta_{21}X_1+\delta_{22}X_2+\delta_{23}X_3+\Delta_{2c}=0\\ \delta_{31}X_1+\delta_{32}X_2+\delta_{33}X_3+\Delta_{3c}=0\end{cases}$$

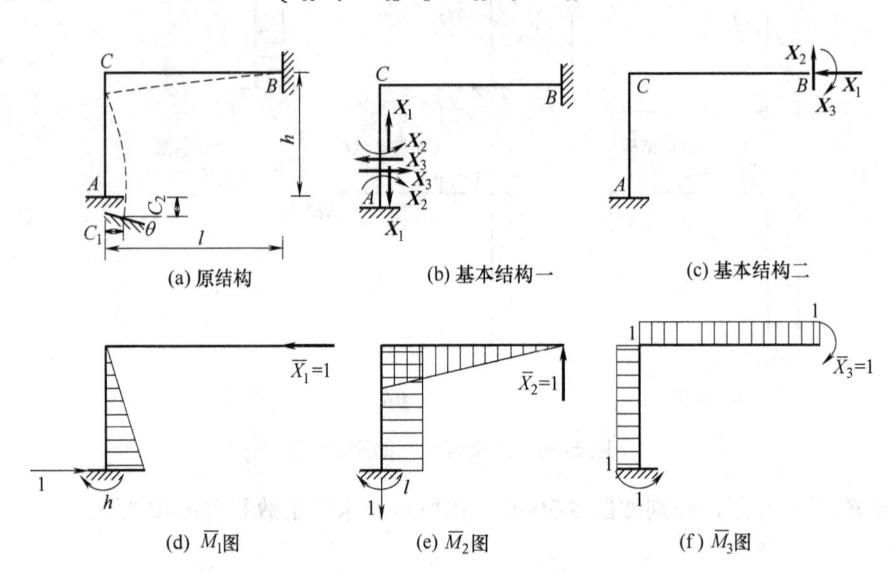

图 5-31　力法计算支座移动时的刚架

对于图 5-31(c)所示的基本结构，方程中各系数的计算与前述荷载作用的情况完全相同。自由项 $\Delta_{ic}(i=1,2,3)$ 代表基本结构由于支座 A 发生移动时在 B 端沿多余力 $\boldsymbol{X}_i$ 方向所产生的位移。按计算公式得

$$\Delta_{ic}=-\sum\overline{F}_{\mathrm{R}i}C_i$$

分别令 $X_i=1$ 作用于基本结构，求出反力，如图 5-31(d)、(e)、(f)所示。代入上式得

$$\Delta_{1c}=-(C_1+h\theta)$$
$$\Delta_{2c}=-(C_2+l\theta)$$
$$\Delta_{3c}=-(-\theta)=\theta$$

将系数和自由项代入力法方程，可解得 X_1、X_2 和 X_3，如图 5-32 所示。

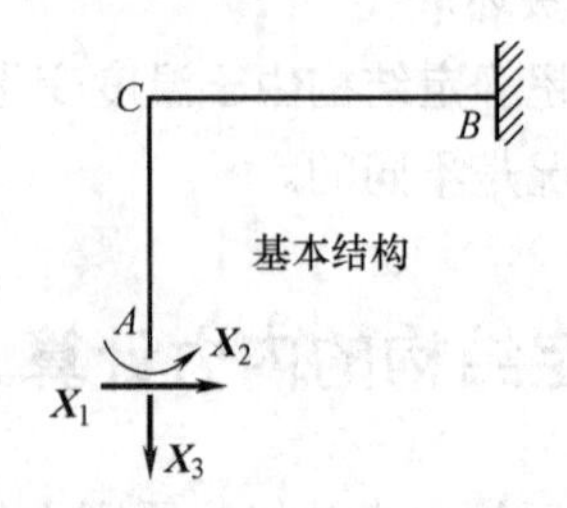

图 5-32　不同基本结构的选取

如果取如图 5-32 所示的基本结构，则力法方程为

$$\begin{cases}\delta_{11}X_1+\delta_{12}X_2+\delta_{13}X_3+\varDelta_{1c}=C_1\\ \delta_{21}X_1+\delta_{22}X_2+\delta_{23}X_3+\varDelta_{2c}=-\theta\\ \delta_{31}X_1+\delta_{32}X_2+\delta_{33}X_3+\varDelta_{3c}=C_2\end{cases}$$

其中：$\varDelta_{1c}=0$，$\varDelta_{2c}=0$，$\varDelta_{3c}=0$。

也就是说，此时的基本结构没有支座移动。

【例 5-10】图 5-33(a)所示为单跨超静定梁，设固定支座 A 处发生转角 φ，试求梁的支座反力和内力。

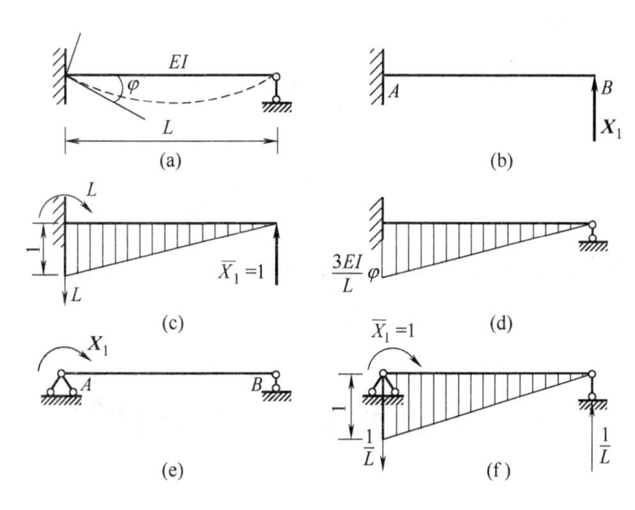

图 5-33　力法计算支座移动时的单跨超静定梁

解：取该单跨超静定梁的基本结构为图 5-33(b)所示的悬臂梁。根据原结构支座 B 处竖向位移等于零的条件列出力法方程：

$$\delta_{11}X_1+\varDelta_{1c}=0$$

绘出 $\bar{M}_1$ 图，如图 5-33(c)所示(相应的反力 $\bar{F}_{R1}$ 也标在图中)，由此可求得

$$\delta_{11}=\frac{1}{EI}\left(\frac{1}{2}\times L\times L\times\frac{2}{3}L\right)=\frac{L^3}{3EI}$$

$$\varDelta_{1c}=-\sum\bar{F}_{Ri}C_i=-(L\times\varphi)=-L\varphi$$

代入力法方程可求得

$$X_1=-\frac{\varDelta_{1c}}{\delta_{11}}=\frac{3EI}{L^2}\varphi$$

所得结果为正值，表明多余力的作用方向与图 5-33(b)中所设的方向相同。

根据 $M=X_1\bar{M}_1$ 作出最后弯矩图如图 5-33(d)所示。梁的支座反力分别为

$$F_{RB}=X_1=\frac{3EI}{L^2}\varphi(\downarrow)$$

$$F_{RA}=-F_{RB}=-\frac{3EI}{L^2}\varphi(\downarrow)$$

$$M_A = \frac{3EI}{L}\varphi(\curvearrowright)$$

如果选取基本结构图 5-33(e)所示的简支梁，则相应的力法方程为

$$\delta_{11}X_1 + \Delta_{1c} = \varphi$$

绘出 $\bar{M}_1$ 图并求出相应的反力 $\bar{F}_R$ (见图 5-33(f))。由此可求得

$$\delta_{11} = \frac{1}{EI}\left(\frac{1}{2}\times 1\times L\times\frac{2}{3}\right) = \frac{L}{3EI}$$

$$\Delta_{1c} = -\sum \bar{F}_{Ri}C_i = 0$$

代入上述力法方程即得

$$\frac{1}{3EI}X_1 = \varphi$$

故

$$X_1 = \frac{\varphi}{L/3EI} = \frac{3EI}{L}\varphi$$

据此作出的 M 图仍如图 5-33(d)所示。由此可以看出，选取的基本结构不同，相应的力法方程形式也不同，但最后内力图是相同的。

5.6 超静定结构的位移计算

力法的基本思路是取静定结构作为超静定结构的基本体系，利用基本体系来求原结构的内力。现在要计算超静定结构的位移，仍采用同一个思路：利用基本体系来求原结构的位移。

在静定结构的位移计算中，根据虚功原理推导出计算位移的一般公式为

$$\Delta = \sum\int\frac{\bar{M}M_P}{EI}ds + \sum\int\frac{\bar{F}_Q F_{QP}}{GA}ds + \sum\int\frac{\bar{F}_N F_{NP}}{EA}ds + \sum\alpha t_0\int\bar{F}_N ds + \sum\frac{\alpha\Delta t}{h}\int\bar{M}ds - \sum\bar{R}_i C_i \quad (5\text{-}19)$$

对于超静定结构，只要求出多余未知力，将多余未知力也当作荷载同时加在基本结构上，则该静定基本结构在已知荷载、温度变化、支座移动以及各多余力共同作用下的位移也就是原超静定结构的位移。这样，计算超静定结构的位移问题通过基本结构就转化成计算静定结构的位移问题，而式(5-19)仍可应用。此时，$\bar{M}$、$\bar{F}_Q$、$\bar{F}_N$ 和 $\bar{F}_R$ 即是基本结构由于虚拟状态的单位力 F_P=1 的作用所引起的内力和支座反力；M_P、F_{QP}和F_{NP} 则是由原荷载和全部多余力产生的基本结构的内力；t_0、Δt和C 仍代表结构的温度变化和支座移动。

由于超静定结构的内力并不因所取基本结构的不同而有所改变，因此可以将其内力看作是按任一基本结构而求得的。这样，在计算超静定结构的位移时，也就可以将所设单位力 P=1 施加于任一基本结构作为虚力状态。为了使计算简化，应当选取单位内力图比较简单的基本结构。

下面举例说明超静定结构的位移计算。

【例 5-11】 试求图 5-34(a)所示刚架 D 点的水平位移 $\varDelta_{DH}$ 和横梁中点 F 的竖向位移 $\varDelta_{FV}$ 。设 EI 为常数。

解： 在计算内力时，选取去掉支座 B 处的多余联系而得到的悬臂刚架作为基本结构。最后弯矩图如图 5-34(b)所示。

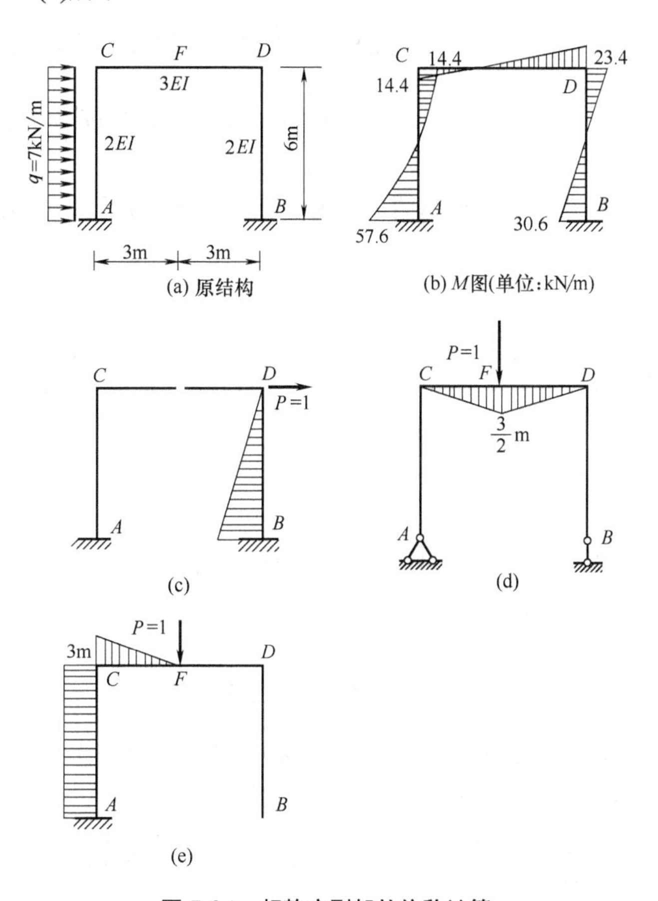

图 5-34　超静定刚架的位移计算

求 D 点的水平位移时，可选取图 5-34(c)所示的基本结构作为虚拟状态。在 D 点加水平单位力 P=1，得虚力状态的 $\bar{M}_1$ 图(见图 5-34(c))。应用图乘法求得

$$\varDelta_{DH}=\frac{1}{2EI}\left[\frac{1}{2}\times6\times6\times\left(\frac{2}{3}\times30.6-\frac{1}{3}\times23.4\right)\right]=\frac{113.4}{EI}(\mathrm{kN\cdot m^3})(\rightarrow)$$

计算结果为正值，表示位移方向与所设单位力的方向一致，即向右。

求横梁中点 F 的竖向位移时，为了使计算简化，可选取图 5-34(d)所示的基本结构作为虚拟状态。在 F 点加竖向单位力 $F_{\mathrm{P}}=1$，得虚力状态的 $\bar{M}_1$ 图。

应用图乘法求得

$$\varDelta_{FV}=\frac{1}{3EI}\left(\frac{1}{2}\times\frac{3}{2}\times6\times\frac{14.4-23.4}{2}\right)=-\frac{6.75}{EI}(\mathrm{kN\cdot m^3})(\uparrow)$$

所得结果为负值，表示 F 点的位移方向与所设单位力的方向相反，即向上。

若采用图 5-34(e)所示的基本结构作为虚拟状态，并作出相应的 $\bar{M}_1$ 图。

此时，应用图乘法计算，则得

$$\Delta_{FV}=\frac{1}{2EI}\left[\frac{1}{2}\times(57.6-14.4)\times6\times3-\frac{2}{3}\times\frac{1}{8}\times7\times6^2\times6\times3\right]-$$

$$\frac{1}{3EI}\times\frac{1}{2}\times3\times\left(\frac{2}{3}\times14.4-\frac{1}{3}\times\frac{23.4-14.4}{2}\right)=-\frac{6.75}{EI}(\text{kN}\cdot\text{m}^3)(\uparrow)$$

与上述计算结果完全相同。显然，选取图 5-34(d)所示基本结构作为虚拟状态时，计算比较简单。

【例 5-12】试计算图 5-35(a)所示两端固定的单跨超静定梁中点 C 的竖向位移 Δ_{CV}。设 EI 为常数。

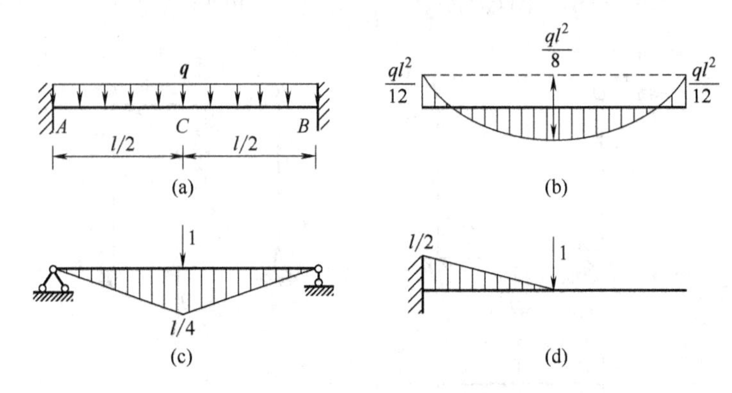

图 5-35 超静定梁的位移计算

解：梁的弯矩图如图 5-35(b)所示。用两种基本结构计算并比较其结果。

(1) 取图 5-35(c)所示基本结构，用图乘法计算得

$$\Delta_{CV}=\frac{1}{EI}\left[-\left(\frac{ql^2}{12}\times\frac{l}{2}\right)\times\left(\frac{1}{2}\times\frac{l}{4}\right)+\left(\frac{2}{3}\times\frac{ql^2}{8}\times\frac{l}{2}\right)\left(\frac{5}{8}\times\frac{l}{4}\right)\right]=\frac{ql^2}{384EI}$$

(2) 取图 5-35(d)所示基本结构，用图乘法计算得

$$\Delta_{CV}=\frac{1}{EI}\left[\left(\frac{ql^2}{12}\times\frac{l}{2}\right)\times\left(\frac{1}{2}\times\frac{l}{2}\right)-\left(\frac{2}{3}\times\frac{ql^2}{8}\times\frac{l}{2}\right)\left(\frac{3}{8}\times\frac{1}{2}\right)\right]=\frac{ql^2}{384EI}$$

可见其结果是相同的。

5.7 超静定结构内力图校核和特性

5.7.1 超静定结构最后内力图的校核

内力图是结构设计的依据，因此，在求得内力图后，应该对其进行校核，以保证它的

正确性。正确的内力图必须同时满足平衡条件和位移条件，所以校核工作就是验算内力图是否满足这两个条件。现通过例题说明最后内力图的校核方法。

【例 5-13】试校核图 5-36(a)所示刚架的内力图。

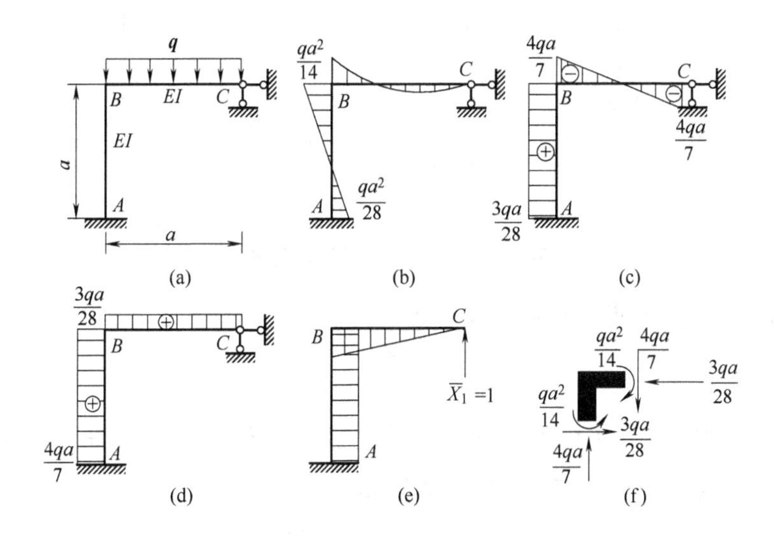

图 5-36　超静定刚架内力图的校核

解：(1) 校核平衡条件。

首先作内力图，如图 5-36(b)、(c)、(d)所示，取结点 B 为研究对象(分离体)，如图 5-36(f)所示，内力图按实际方向画出各内力。显然各结点能满足平衡条件：

$$\begin{cases}\sum X=0\\ \sum Y=0\\ \sum M=0\end{cases}$$

(2) 校核位移条件。

校核 C 支座的竖向位移。取一种基本结构作 $\bar{M}_1$ 图，如图 5-36(e)所示，用图乘法计算：

$$\Delta_{CV}=\frac{1}{EI}\left[-\frac{1}{2}\times\frac{qa^2}{14}\times a\times\frac{2}{3}a+\frac{2}{3}\times\frac{ql^2}{8}\times a\times\frac{1}{2}a-\frac{1}{2}\left(\frac{qa^2}{14}-\frac{qa^2}{28}\times a\times a\right)\right]=0$$

这个结果说明满足位移条件。

下面以图 5-37(a)所示刚架为例，讨论所谓“闭合刚架”位移校核。

刚架上的 B、C 结点是满足平衡条件的。下面根据刚架固定端支座 E 转角为零的条件，校核弯矩图。刚架的基本结构和 $\bar{M}_1$ 图如图 5-37(b)所示，E 截面的转角为

$$\theta_E=\sum\int\frac{\bar{M}_1M}{EI}\mathrm{d}x$$

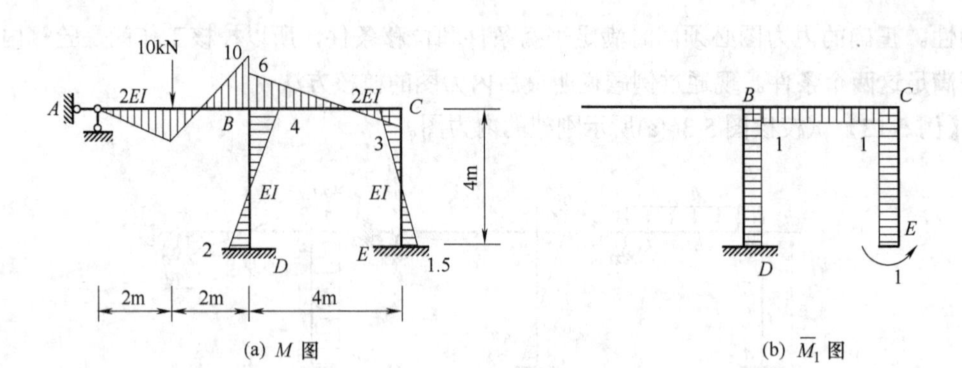

(a) M 图　　(b) $\overline{M}_1$ 图

图 5-37　“闭合刚架”位移校核

式中，$\overline{M}_1=1$，若满足截面的位移条件，必有

$$\sum\int\frac{M}{EI}\mathrm{d}x=0 \tag{5-20}$$

式(5-20)中的积分表示 $DBCE$ 部分 M/EI 图的面积为零(正、负面积抵消)。由此可得出结论：沿刚架任一无铰的封闭图形，其 M/EI 图的面积为零。

图 5-37(a)所示刚架的 $DBCE$ 为无铰封闭形，其 M/EI 图的面积为

$$\sum\int\frac{M}{EI}\mathrm{d}x=\frac{1}{EI}\left(-\frac{2\times4}{2}+\frac{4\times4}{2}\right)+\frac{1}{2EI}\left(-\frac{6\times4}{2}+\frac{3\times4}{2}\right)+\frac{1}{EI}\left(-\frac{1.5\times4}{2}+\frac{3\times4}{2}\right)=\frac{4}{EI}\neq0$$

可见，图 5-37(a)所示 M 图是错误的。

【例 5-14】校核图 5-38 所示刚架的 M 图。

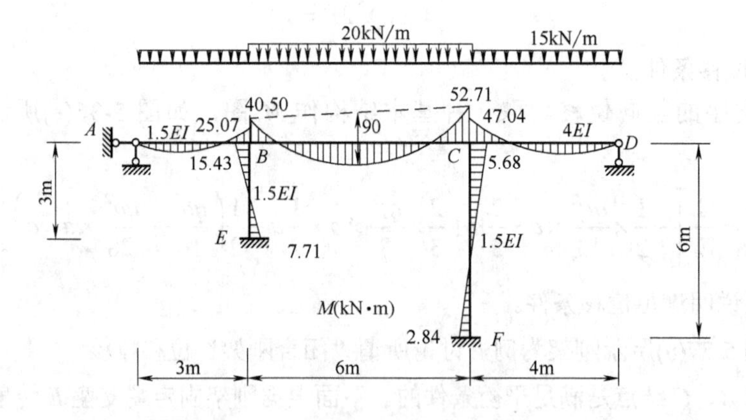

图 5-38　闭合刚架的弯矩图校核

解：刚结点 B、C 满足平衡条件，下面按位移条件校核。$EBCF$ 为无铰封闭形(闭合刚架)，其 M/EI 图的面积为

$$\sum\int\frac{M}{EI}\mathrm{d}x=\frac{1}{6EI}\left[\frac{1}{2}(40.5+52.71)\times6\right]+\frac{1}{1.5EI}\times\frac{1}{2}\times15.43\times3+\frac{1}{1.5EI}\times\frac{1}{2}\times5.68\times6-\frac{1}{6EI}\times\frac{2}{3}\times90\times6-\frac{1}{1.5EI}\times\frac{1}{2}\times2.84\times6\approx0$$

满足位移条件。

5.7.2　超静定结构的特性

超静定结构与静定结构对比，具有以下一些重要特性。了解这些特性有助于加深对超静定结构的认识，以便更好地应用它们。

(1) 静定结构的内力只用静力平衡条件即可确定，其值与结构的材料性质以及杆件截面尺寸无关。超静定结构的内力单由静力平衡条件不能全部确定，还需要同时考虑位移条件。所以，超静定结构的内力与结构的材料性质以及杆件截面尺寸有关。

在超静定结构中，各杆刚度比值有任何改变，都会使结构的内力重新分布，因此在力法方程中，系数和自由项都与各杆刚度有关。如果各杆的刚度比值有改变，各系数与自由项之间的比值也随之改变，因而内力分布也改变；反之，如果杆件的刚度比值不变，内力分布不会改变。由此可知，在荷载作用下，超静定结构的内力分布与各杆刚度比值有关，而与其绝对值无关。

由于超静定结构的内力状态与各杆刚度比值相关，因此在设计超静定结构时，须事先根据经验拟定或用近似方法估算截面尺寸，以此为基础才能求出截面内力，再根据内力重新选择截面。所选的截面尺寸与事先拟定的截面尺寸不一定符合，这就需要调整截面进行计算，如此反复进行，直到得到一个满意的结果为止。可见，一方面，超静定结构的设计过程比静定结构复杂。另一方面，也可利用超静定结构的这一特点，通过改变各杆的刚度大小来调整超静定结构的内力分布，以达到预期的目的。

(2) 在静定结构中，除了荷载作用以外，其他因素，如支座移动、温度变化、制造误差等都不会引起内力。在超静定结构中，任何上述因素作用通常都会引起内力，这是由于上述因素都将引起结构变形，而这种变形由于受到结构多余联系的限制，因而往往在结构中产生内力。

由于温度变化或支座移动因素在超静定结构中引起的内力一般与各杆刚度的绝对值成正比，因此简单地增加结构截面尺寸并不能有效地抵抗温度变化或支座移动引起的内力。为了防止温度变化或支座沉降而产生过大的附加内力，在结构设计时通常采用预留温度缝和沉降缝来减少这种附加内力，另外也可以主动利用这种自内力来调节超静定结构的内力。如对于连续梁可以通过改变支座的高度来调整梁的内力，以得到更合理的内力分布。

(3) 静定结构在任一连系遭到破坏后，即丧失几何不变性，不能再承受荷载。而超静定结构由于具有多余连系，在多余连系遭到破坏后，仍然维持其几何不变性，因而还具有一定的承载能力。

(4) 局部荷载作用对超静定结构比对静定结构影响的范围大。例如 5-39(a)所示连续梁，当中跨受荷载作用时，两边跨也将产生内力。但图 5-39(b)所示的多跨静定梁则不同，当中跨受荷载作用时，两边跨只随着转动，但不产生内力。从内力、变形的分布来看，超静定结构由于有多余约束，一般要比相应静定结构的刚度大一些，内力及变形分布也均匀一些，如图 5-39(c)、(d)所示。

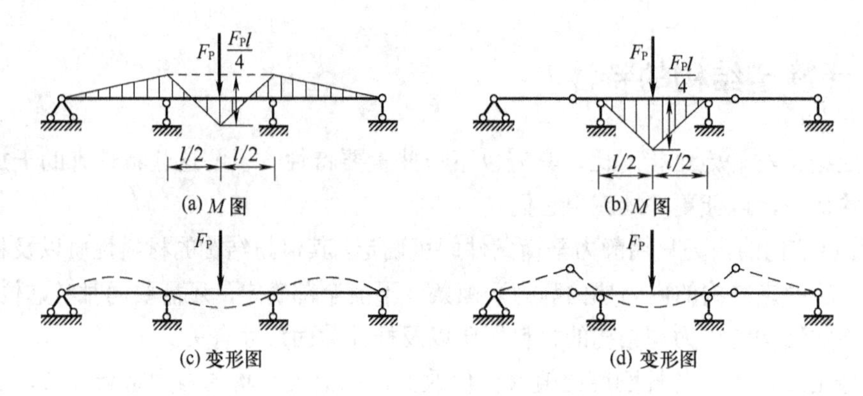

图 5-39 超静定梁和静定梁的内力图和变形图比较

思 考 题

5-1 什么是力法的基本结构、基本体系和基本未知量？基本结构与原结构有哪些异同？

5-2 力法典型方程的物理意义是什么？为什么方程中的主系数必为大于零的正值？副系数的正负情况如何？

5-3 在荷载作用下，超静定刚架的内力状态与各杆 EI 有怎样的关系？

5-4 什么是变形协调条件？用力法计算超静定多跨连续梁时，如果将撤除多余支杆后的结构作为基本结构，则变形协调条件是什么？

5-5 什么是对称结构？利用对称性计算正对称及反对称荷载作用下的结构，可以从哪些环节上减少计算工作量？

5-6 用力法计算超静定刚架受温度变化作用时，力法基本方程中哪个系数的计算可以忽略轴向变形的影响？而哪一项一般又不能忽略轴向变形的影响？为什么？

5-7 计算超静定结构位移的思路是什么？与静定结构位移计算做比较，两者有何异同？

5-8 用力法计算超静定结构的结果为什么不能仅用平衡条件进行校核？如何检查变形协调条件？

习 题

5-1 确定图 5-40 所示结构的超静定次数。

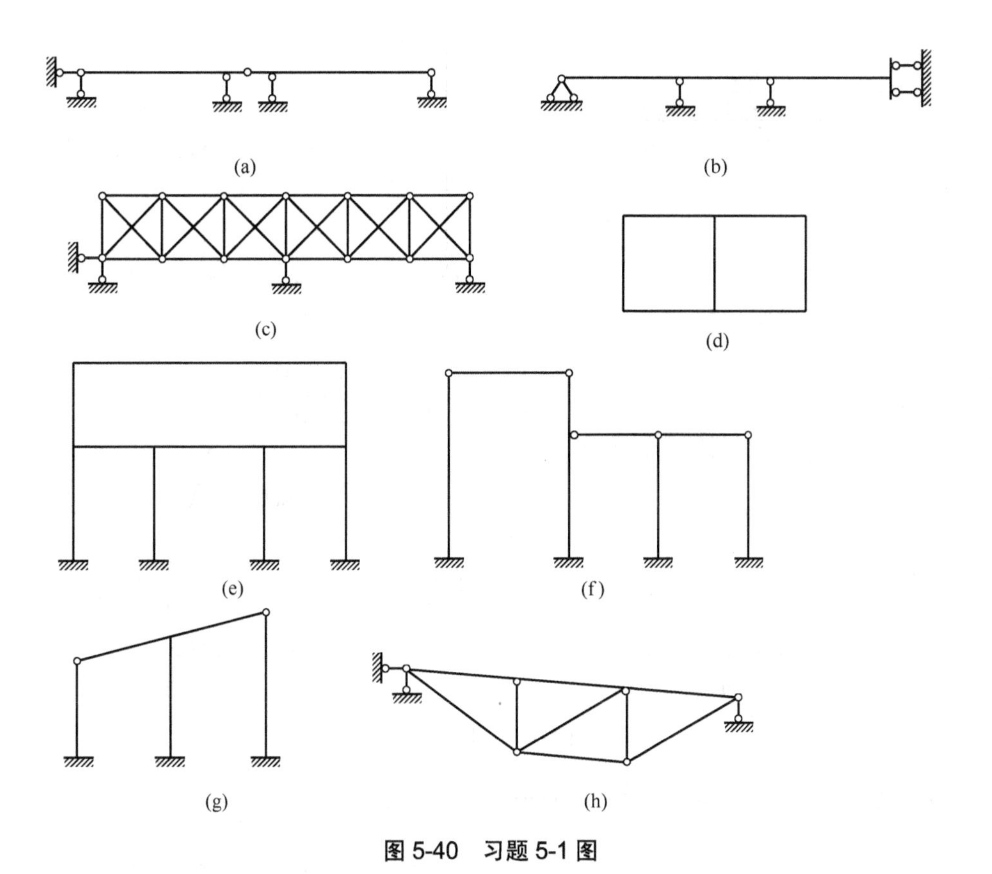

图 5-40 习题 5-1 图

5-2 用力法计算图 5-41 所示超静定梁，并作弯矩图和剪力图。已知各杆 EI 均相同，EI = 常数。

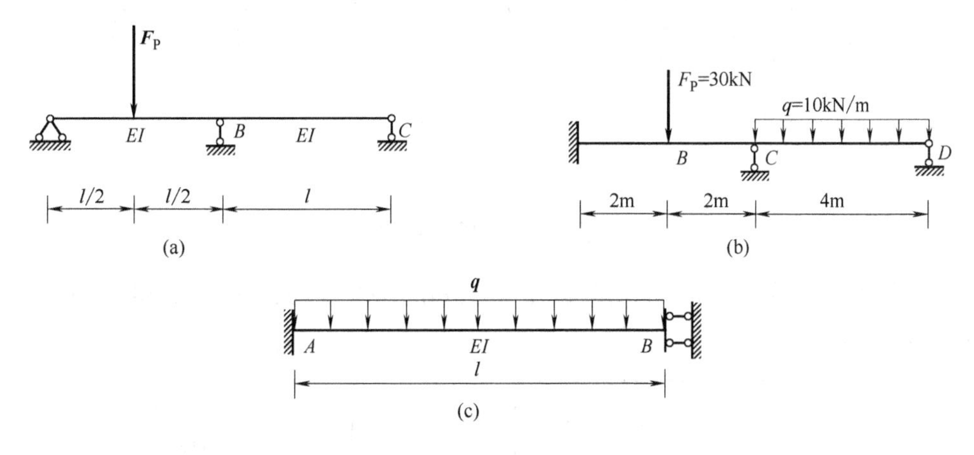

图 5-41 习题 5-2 图

5-3 用力法计算图 5-42 所示刚架，并作 M 图。

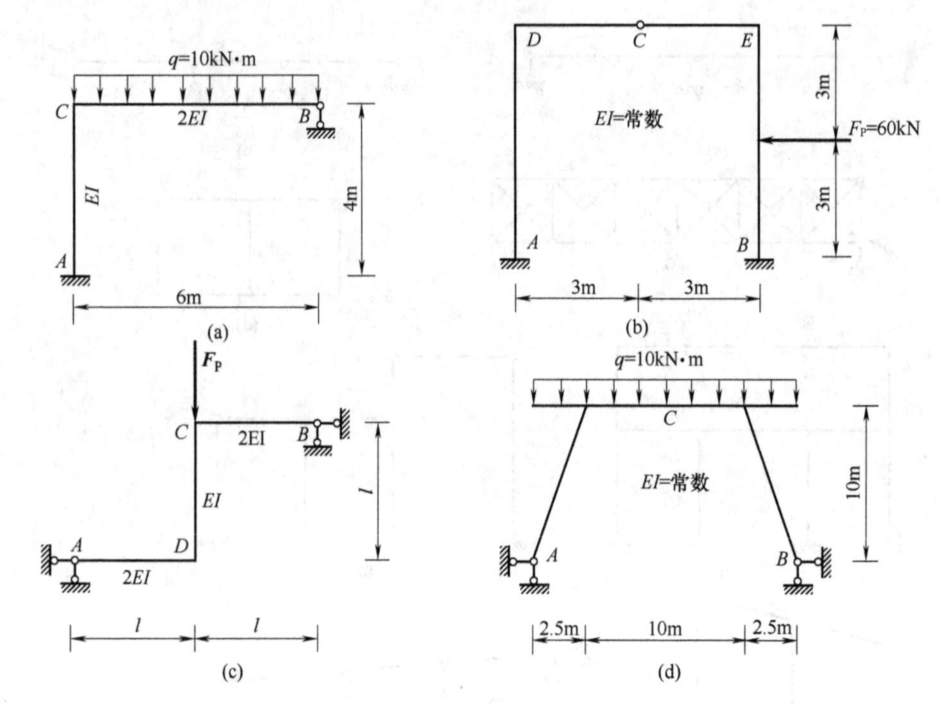

图 5-42　习题 5-3 图

5-4　用力法计算图 5-43 所示桁架的轴力。各杆 EA=常数。

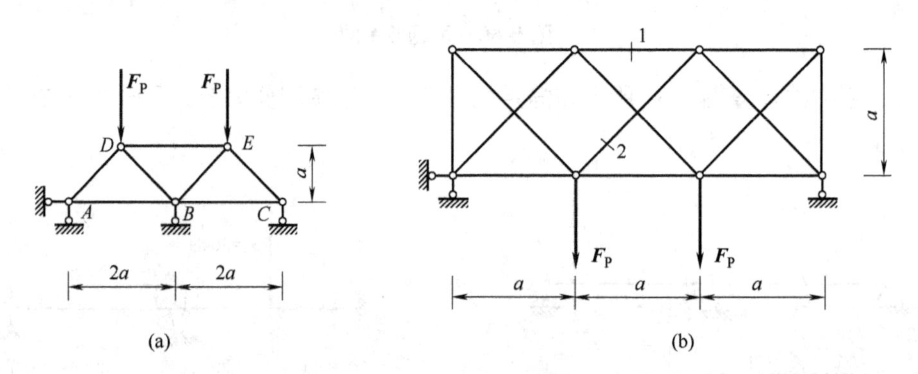

图 5-43　习题 5-4 图

5-5　用力法计算图 5-44 所示排架，q=2kN/m，并作 M 图。图 5-44(b)圆圈内的数字代表各杆 EI 的相对值。

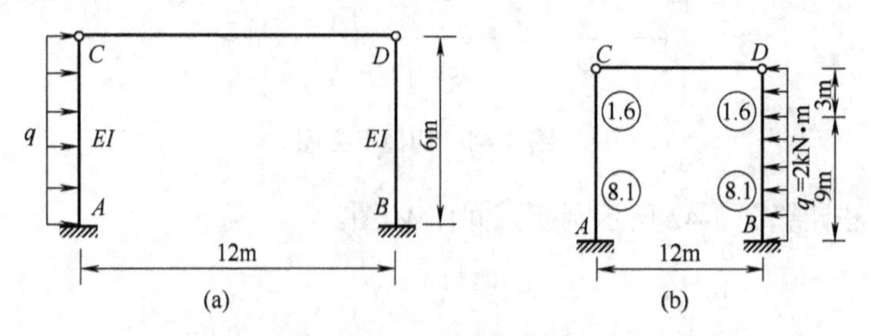

图 5-44　习题 5-5 图

5-6 用力法计算图5-45所示组合结构，求出铰接杆的轴力并作梁式杆的弯矩图。已知$EA=2\times10^5\text{kN}$，$EI=1\times10^4\text{kN}\cdot\text{m}^2$。

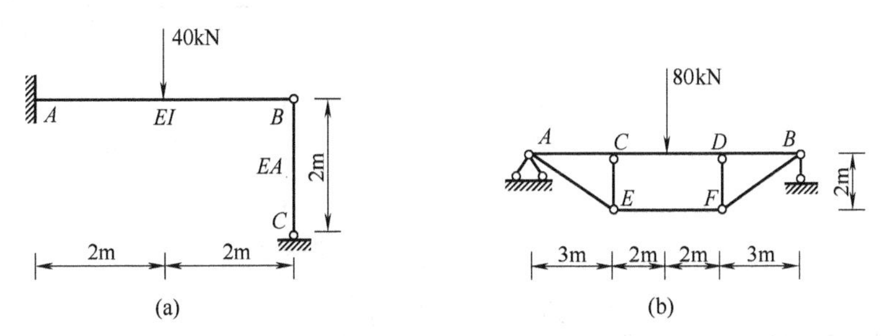

图5-45 习题5-6图

5-7 利用对称性计算图5-46所示结构，并作M图。

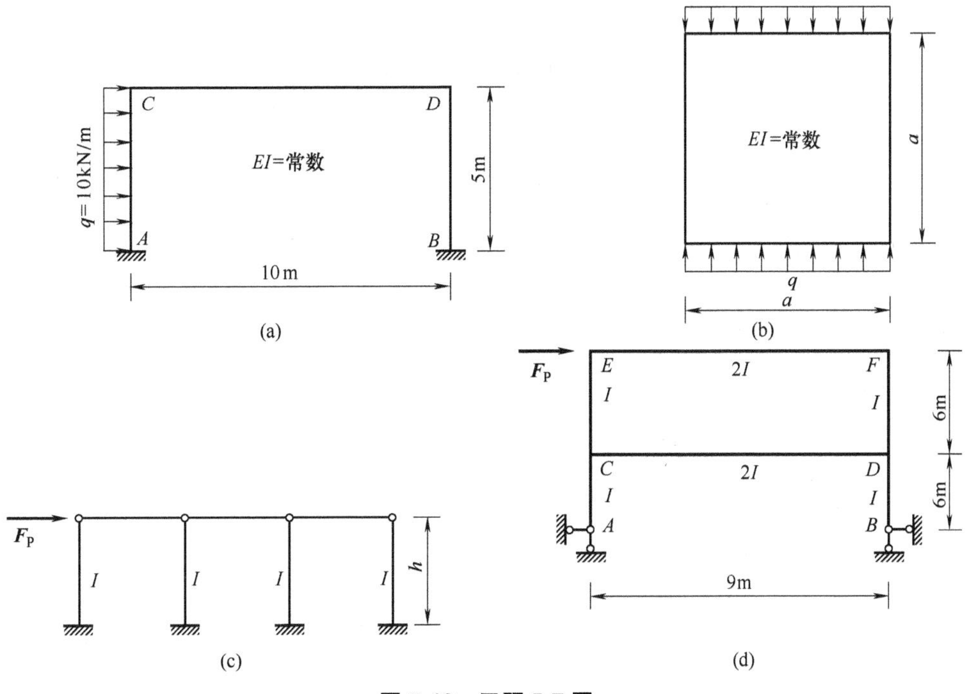

图5-46 习题5-7图

5-8 绘出图5-47所示结构因温度变化产生的M图。已知各杆截面为矩形，EI=常数，截面高度h，材料线膨胀系数为α。

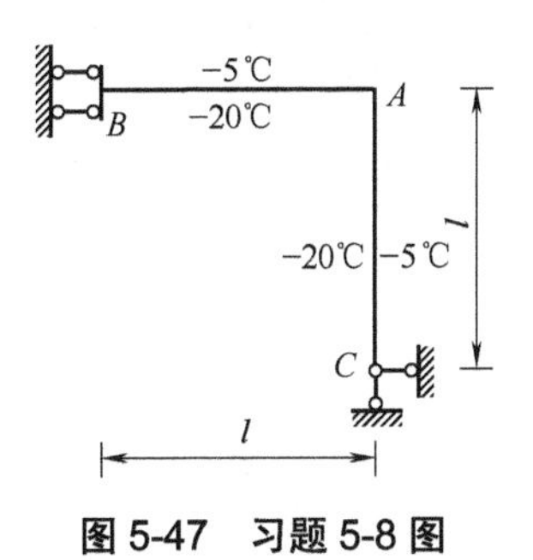

图5-47 习题5-8图

5-9　作图 5-48 所示结构在已知支座位移下的 M 图。

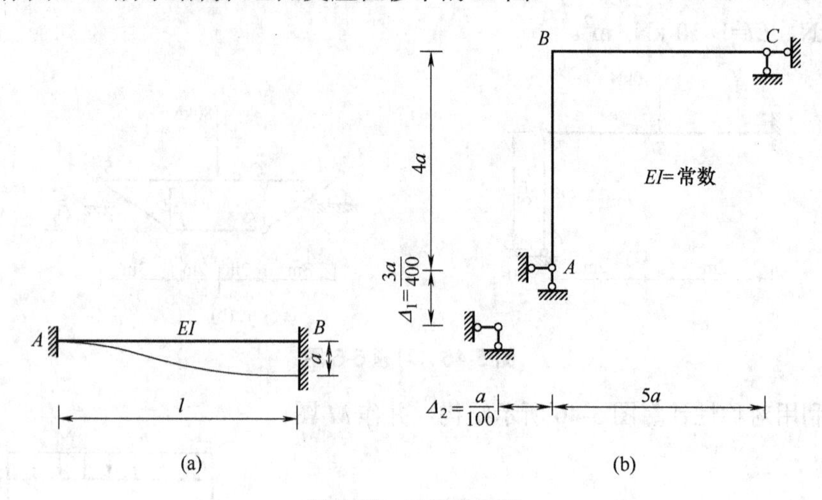

图 5-48　习题 5-9 图

第6章 位移法

位移法是分析计算超静定结构的第二个基本方法。该方法是将结构拆成杆件，以杆件的内力和位移关系作为计算的基础，再把杆件组装成结构进行整体分析，通过各杆在结点处力的平衡和变形协调条件建立位移方程，求解该方程得到基本未知量，最后利用所得结点位移计算各杆的内力和变形。

由于位移法处理问题的着眼点和手法不同，它的模型更适合现代大型通用分析程序的编制，较之力法，位移法广泛应用于现代结构分析中有其独到之处，显示了其较强的灵活性和实用性。

6.1 位移法的基本原理及基本方程

结构在一定的外因作用下，其内力与位移之间具有确定的关系。先确定结点位移，再据此推求内力，便是位移法的基本思想。位移法是以某些结点位移作为基本未知量的。

下面以一个杆系结构为例来说明位移法的基本原理和思路。

图 6-1 为一对称杆系结构，承受荷载 $\boldsymbol{F}_{\mathrm{P}}$，结点 B 只发生竖向位移 $\varDelta$，水平位移为零，求各杆的轴力。

(1) 选取 B 点的竖向位移 $\varDelta$ 为基本未知量。若将 $\varDelta$ 求出，则各杆的伸长变形即可求出，从而各杆的内力就可求出。

(2) 从结构中选出一个杆件分析，如图 6-2 中 AB 杆，已知杆端 B 沿轴向的位移为 u_i，则杆端力 $\boldsymbol{F}_{\mathrm{N}i}$ 应为

$$F_{\mathrm{N}i}=\frac{EA_i}{l_i}u_i \tag{6-1}$$

式中，E、A_i、l_i 分别为杆件的弹性模量、截面面积和长度。系数 $\dfrac{EA_i}{l_i}$ 是使杆端产生单位位移时所需要的杆端力，称为杆件的刚度系数。式(6-1)表明杆端力 $F_{\mathrm{N}i}$ 与杆端位移 u_i 之间的关系，称为杆件的刚度方程。

(3) 把各杆件综合成整体结构时各杆在 B 端的位移是相同的，即都由 B 改变到 B'，此为变形协调条件。如图 6-2(b)所示，根据变形协调条件，各杆端位移 u_i 与基本未知量 Δ 间的关系为

$$u_i = \Delta \sin \alpha_i \tag{6-2}$$

(4) 再考虑结点 B 的平衡条件 $\sum F_y = 0$，得(见图 6-1(b))

$$\sum_{i=1}^{5} F_{Ni} \sin \alpha_i = F_P \tag{6-3}$$

由式(6-1)和式(6-2)，可将式(6-3)表示成

$$\sum_{i=1}^{5} \frac{EA_i}{l_i} \sin^2 \alpha_i \cdot \Delta = F_P \tag{6-4}$$

这就是位移法的基本方程，是用位移表示的平衡方程，表明了位移 Δ 和荷载 $\boldsymbol{F}_P$ 之间的关系，由此解得

$$\Delta = \frac{F_P}{\sum_{i=1}^{5} \frac{EA_i}{l_i} \sin^2 \alpha_i} \tag{6-5}$$

(5) 将式(6-5)代入式(6-2)，再代入式(6-1)可得

$$F_{Ni} = \frac{\frac{EA_i}{l_i} \sin \alpha_i}{\sum_{i=1}^{5} \frac{EA_i}{l_i} \sin^2 \alpha_i} F_P \tag{6-6}$$

将图 6-1(a)的尺寸代入式(6-5)和式(6-6)，设各杆 EA 相同，得

$$\Delta = 0.637 \frac{F_P a}{EA}$$

$$F_{N1} = F_{N5} = 0.159 F_P，\quad F_{N2} = F_{N4} = 0.255 F_P，\quad F_{N3} = 0.319 F_P$$

在图 6-1(a)中，如果只有两根杆，结构则是静定的；当杆数大于(或等于)3 时，结构是超静定的，均可用上述方法计算。可见，用位移法计算结构内力时，其方法并不因结构的静定或超静定而有所不同。

由上面的例子，可归纳出位移法的要点如下。

(1) 确定位移法的基本未知量见图 6-1(a)中 B 点的竖向位移 Δ；

(2) 建立位移法的基本方程(为一平衡方程)：①把整体结构拆成单独杆件进行分析，得到杆件的刚度方程，这是位移法分析的基础；②再把各杆件组合成整体结构，进行整体分析，得出基本方程。

总之，位移法是一拆一搭，拆了再搭的过程，它把复杂结构的计算问题转变为简单杆件的分析和综合的问题，这就是位移法的基本思路。

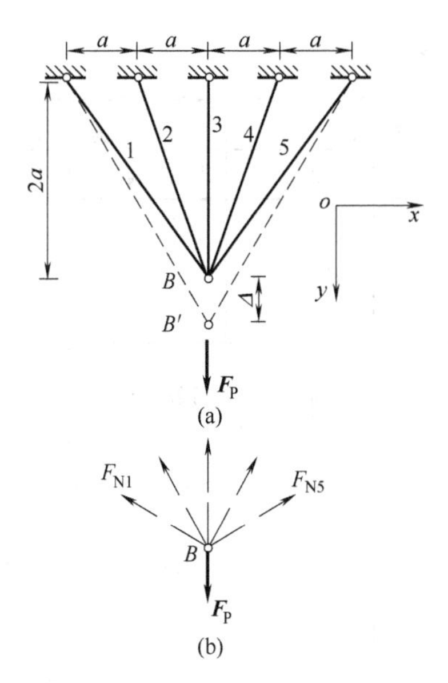

图 6-1　用位移法计算杆系结构

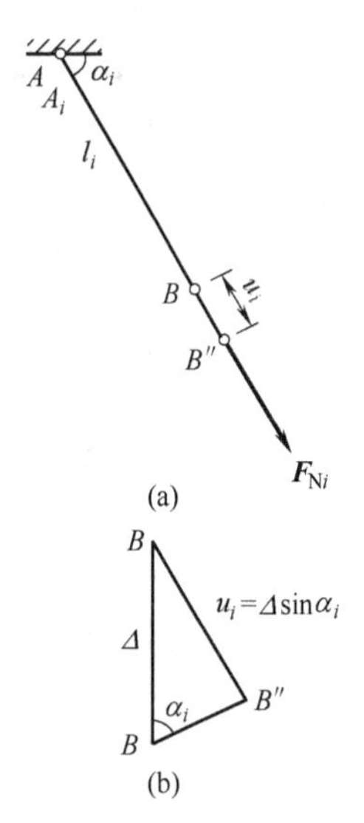

图 6-2　单根杆件杆端力及位移

6.2　等截面杆件的转角位移方程

位移法是将整体结构拆成单独杆件进行分析，所以在用位移法求解超静定结构时，需要用到单跨静定杆件(梁)在杆端位移及荷载作用下的内力，这种杆端内力与其杆端位移及荷载之间的对应关系称为转角位移方程，这里的杆件是指截面尺寸保持不变的“等截面”直杆。在位移法中，将超静定刚架等结构中的杆件分为三类：两端固定、一端固定另一端铰支、一端固定另一端定向滑动，如图 6-3 所示。

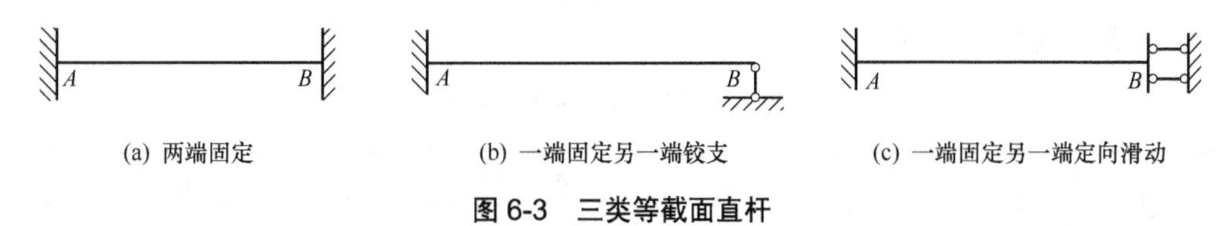

图 6-3　三类等截面直杆

6.2.1　等截面直杆的形常数和载常数

采用位移法分析时，关键是要用杆端位移表示杆端力，将上述三类基本杆件由单位位移引起的杆端力称为刚度系数，因为它们只与杆件的截面尺寸和材料性质(如弹性模量等)有关，所以称为形常数。形常数可以利用第 5 章力法的知识求解得到，三种等截面单跨超静定直杆的形常数列入表 6-1，其中 $i = EI/l$ 称为杆件的弯曲线刚度。由形常数的数值可见，杆件刚度越大，杆端位移时产生的杆端力就越大。

表 6-1　等截面直杆的形常数

类型	编号	简图	弯矩		剪力	
			M_{AB}	M_{BA}	F_{QAB}	F_{QBA}
两端固定	1	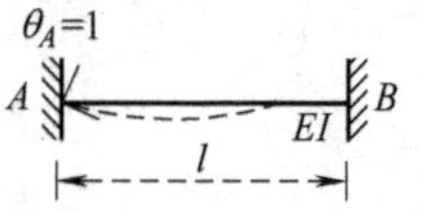	$4i$	$2i$	$-\dfrac{6i}{l}$	$-\dfrac{6i}{l}$
	2	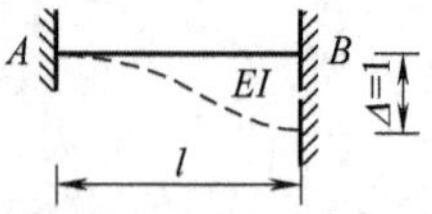	$-\dfrac{6i}{l}$	$-\dfrac{6i}{l}$	$\dfrac{12i}{l^2}$	$\dfrac{12i}{l^2}$
一端固定 一端铰支	3	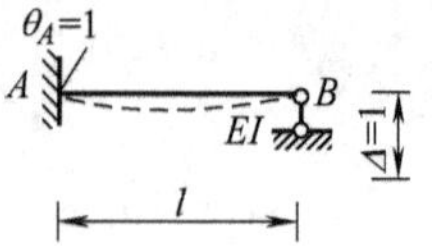	$3i$	0	$-\dfrac{3i}{l}$	$-\dfrac{3i}{l}$
	4	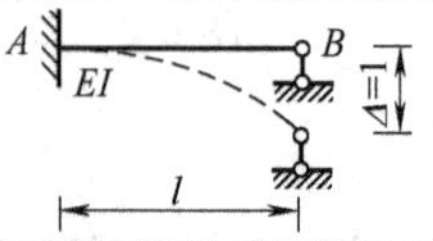	$-\dfrac{3i}{l}$	0	$\dfrac{3i}{l^2}$	$\dfrac{3i}{l^2}$
一端固定 一端定向滑动	5	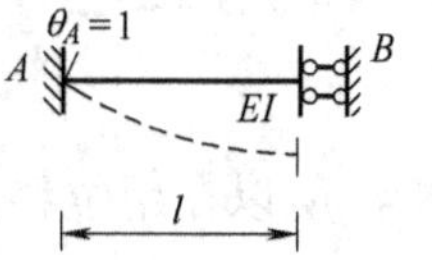	i	$-i$	0	0

等截面直杆中，仅在荷载作用下引起的杆端内力，称为固端力(包括固端弯矩和固端剪力)。因固端力与杆件所受荷载的形式有关，在给定杆件类型后，其数值只与荷载形式有关，也称为杆端载常数，简称载常数。同样可以用力法求得载常数。对于三种等截面单跨超静定梁，在常见荷载作用下的载常数见表 6-2。

表 6-2　等截面直杆的载常数

类型	编号	简图	弯矩		剪力	
			M_{AB}	M_{BA}	F_{QAB}	F_{QBA}
两端固定	1	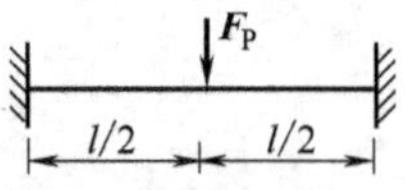	$-\dfrac{F_P l}{8}$	$\dfrac{F_P l}{8}$	$\dfrac{F_P}{2}$	$-\dfrac{F_P}{2}$
	2	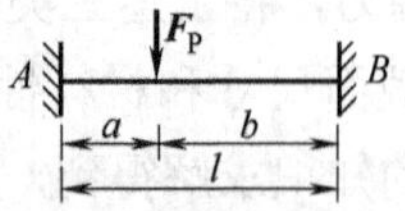	$-\dfrac{F_P ab^2}{l^2}$	$\dfrac{F_P a^2 b}{l^2}$	$\dfrac{F_P b^2}{l^2}\left(1+\dfrac{2a}{l}\right)$	$-\dfrac{F_P a^2}{l^2}\left(1+\dfrac{2b}{l}\right)$
	3	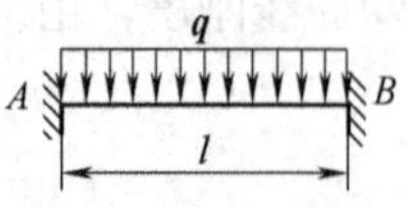	$-\dfrac{ql^2}{12}$	$\dfrac{ql^2}{12}$	$\dfrac{ql}{2}$	$-\dfrac{ql}{2}$

续表

类型	编号	简图	弯矩		剪力	
			M_{AB}	M_{BA}	F_{QAB}	F_{QBA}
两端固定	4	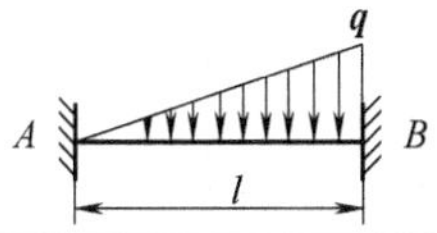 q; A; B; l	$-\frac{ql^2}{30}$	$\frac{ql^2}{20}$	$\frac{3}{20}ql$	$-\frac{7}{20}ql$
	5	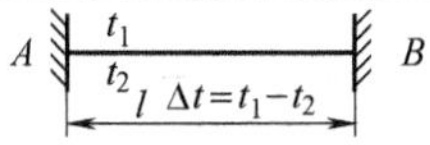 A; t_1; t_2; B; l $\Delta t=t_1-t_2$	$\frac{EI\alpha\Delta t}{h}$	$-\frac{EI\alpha\Delta t}{h}$	0	0
一端固定一端铰支	6	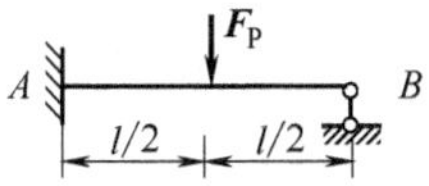 F_P; A; B; $l/2$; $l/2$	$-\frac{3F_Pl}{16}$	0	$\frac{11F_P}{16}$	$-\frac{5F_P}{16}$
	7	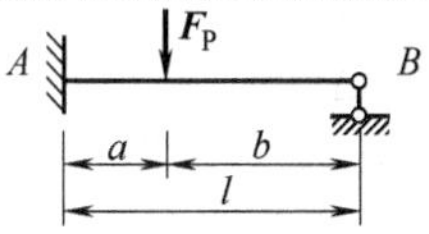 F_P; A; B; a; b; l	$-\frac{F_Pb(l^2-b^2)}{2l^2}$	0	$\frac{F_Pb(3l^2-b^2)}{2l^3}$	$-\frac{F_Pa^2(3l-a)}{2l^3}$
	8	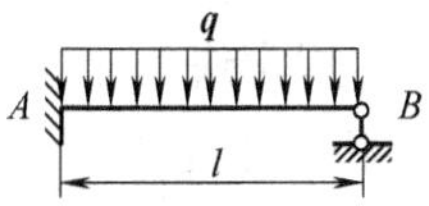 q; A; B; l	$-\frac{ql^2}{8}$	0	$\frac{5ql}{8}$	$-\frac{3ql}{8}$
	9	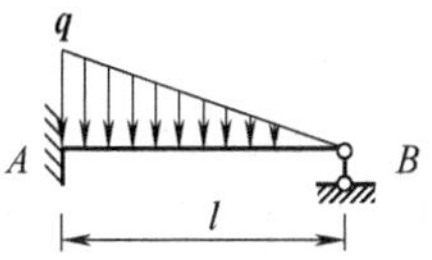 q; A; B; l	$-\frac{ql^2}{15}$	0	$\frac{2ql}{5}$	$-\frac{ql}{10}$
	10	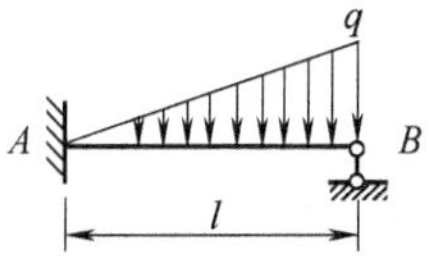 q; A; B; l	$-\frac{7ql^2}{120}$	0	$\frac{9ql}{40}$	$-\frac{11ql}{40}$
	11	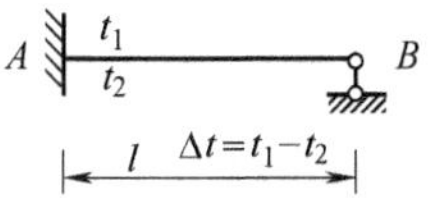 A; t_1; t_2; B; l $\Delta t=t_1-t_2$	$\frac{3EI\alpha\Delta t}{2h}$	0	$-\frac{3EI\alpha\Delta t}{2hl}$	$-\frac{3EI\alpha\Delta t}{2hl}$
一端固定一端定向滑动	12	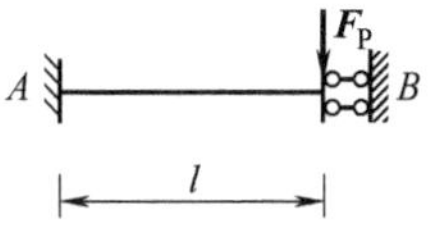 F_P; A; B; l	$-\frac{F_Pl}{2}$	$-\frac{F_Pl}{2}$	F_P	$B_{左}$：F_P $B_{右}$：0
	13	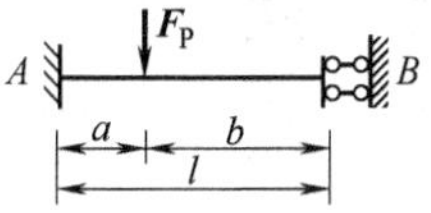 F_P; A; B; a; b; l	$-\frac{F_Pa}{2l}(2l-a)$	$-\frac{F_Pa^2}{2l}$	F_P	0
	14	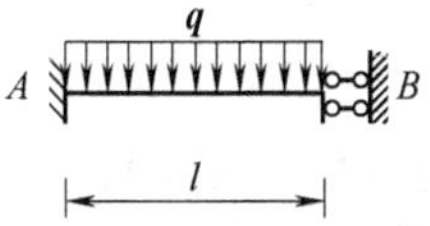 q; A; B; l	$-\frac{ql^2}{3}$	$-\frac{ql^2}{6}$	ql	0

续表

类　型	编号	简　图	弯　矩		剪　力	
			M_{AB}	M_{BA}	F_{QAB}	F_{QBA}
一端固定一端定向滑动	15		$-\dfrac{ql^2}{8}$	$-\dfrac{ql^2}{24}$	$\dfrac{ql}{2}$	0
	16		$-\dfrac{5ql^2}{24}$	$-\dfrac{ql^2}{8}$	$\dfrac{ql}{2}$	0
	17	$\Delta t=t_1-t_2$	$\dfrac{EI\alpha\Delta t}{h}$	$-\dfrac{EI\alpha\Delta t}{h}$	0	0

在结构力学中，从位移法开始，对杆端弯矩的正负号规定进行了重新定义(与材料力学中梁下部纤维受拉为正有所不同)。杆端弯矩和剪力的正负号规定如下：杆端弯矩以对杆端顺时针方向为正(对结点或支座则以反时针方向为正)，反之为负；杆端剪力正负号的规定与通常规定相同，即以使杆端微段顺时针转动为正，反之为负。

杆端位移正负号规定如下：杆端转角以顺时针为正，反之为负；杆端线位移以使整个杆件顺时针转动为正，反之为负。图 6-4 中所示的杆端力及杆端位移均为正值。

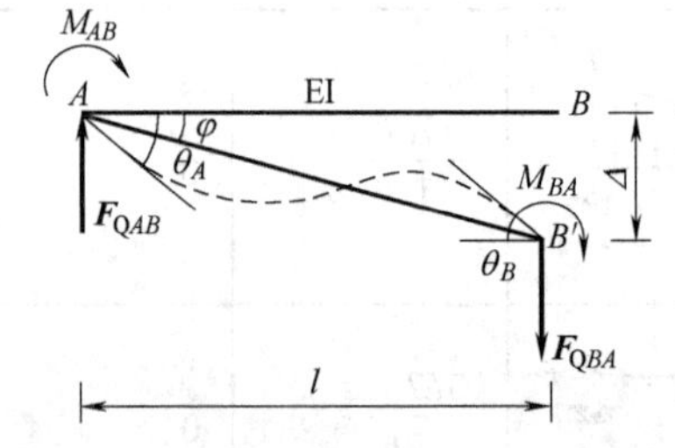

图 6-4　等截面直杆的杆端力及杆端位移

6.2.2　等截面直杆的转角位移方程

前面给出了等截面直杆的形常数和载常数，对于任一等截面直杆，当杆两端同时有角位移、线位移和荷载作用时，即可根据形常数和载常数，利用叠加原理写出杆件杆端力的表达式，此表达式称为等截面直杆的转角位移方程。

1. 两端固定等截面直杆的转角位移方程

图 6-5 所示为横向荷载作用下的两端固定的等截面直杆。设该杆 A、B 两端分别发生顺时针转角 θ_A 和 θ_B，并且两端发生相对线位移 Δ。当等截面杆件在已知荷载和端点位移作用下，应用形常数和载常数的公式并叠加，可得

$$\left.\begin{aligned}M_{AB}&=4i_{AB}\theta_A+2i_{AB}\theta_B-6i_{AB}\frac{\Delta}{l}+M_{AB}^F\\M_{BA}&=2i_{AB}\theta_A+4i_{AB}\theta_B-6i_{AB}\frac{\Delta}{l}+M_{BA}^F\end{aligned}\right\}\tag{6-7}$$

求得杆端弯矩后，就可以根据静力平衡条件求出杆端剪力如下：

$$F_{QAB}=F_{QBA}=-\frac{1}{l}(M_{AB}+M_{BA})\tag{6-8}$$

当同时有横向荷载作用时，上述杆端剪力还应叠加荷载作用下的简支梁杆端剪力，此时杆端剪力的一般公式如下：

$$\left.\begin{aligned}F_{QAB}&=-\frac{6i}{l}\theta_A-\frac{6i}{l}\theta_B+\frac{12i}{l^2}\Delta+F_{QAB}^F\\F_{QBA}&=-\frac{6i}{l}\theta_A-\frac{6i}{l}\theta_B+\frac{12i}{l^2}\Delta+F_{QBA}^F\end{aligned}\right\}\tag{6-9}$$

式中，F_{QAB}^F 和 F_{QBA}^F 是由荷载引起的固端剪力。

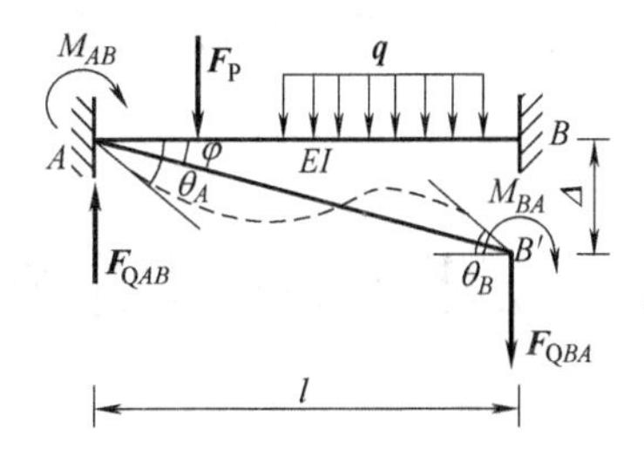

图 6-5　横向荷载作用下两端固定等截面直杆的杆端力及杆端位移

2. 一端固定另一端铰支等截面直杆的转角位移方程

图 6-6 所示为一端固定另一端铰支的等截面直杆。杆件 A 端发生顺时针转角 θ_A，A、B 两端发生相对线位移 Δ，并有荷载作用，应用形常数和载常数的公式并叠加，可得

$$\left.\begin{aligned}M_{AB}&=3i\theta-3i\frac{\Delta}{l}+M_{AB}^F\\M_{BA}&=0\end{aligned}\right\}\tag{6-10}$$

相应的杆端剪力为

$$\left.\begin{aligned}F_{QAB}&=-\frac{3i\theta_A}{l}+\frac{3i\Delta}{l^2}+F_{QAB}^F\\F_{QBA}&=-\frac{3i\theta_A}{l}+\frac{3i\Delta}{l^2}+F_{QBA}^F\end{aligned}\right\}\tag{6-11}$$

3. 一端固定另一端定向滑动等截面直杆的转角位移方程

图 6-7 所示为一端固定另一端定向滑动等截面直杆。杆件 A 端有顺时针转角 θ_A，并有荷载作用，应用形常数和载常数的公式并叠加，可得

$$\left.\begin{aligned}M_{AB}&=i\theta_A+M_{AB}^F\\M_{BA}&=-i\theta_A+M_{BA}^F\end{aligned}\right\}\tag{6-12}$$

相应的杆端剪力为

$$F_{QAB}=F_{QAB}^{F} \tag{6-13}$$

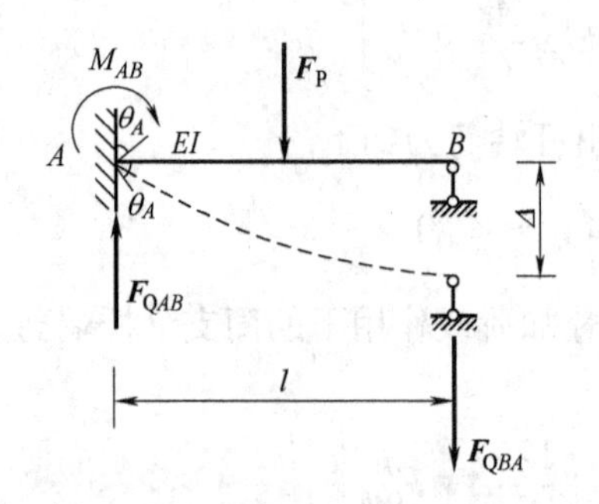

图 6-6　一端固定另一端铰支等截面直杆的杆端力及杆端位移

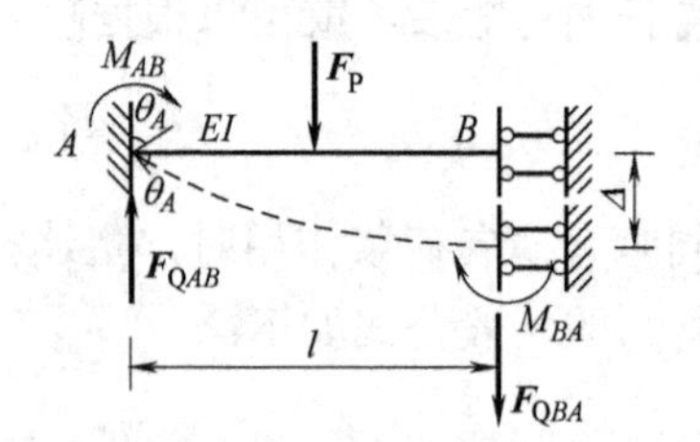

图 6-7　一端固定另一端定向滑动等截面直杆的杆端力及杆端位移

上述单跨超静定梁的转角位移方程实质上反映了原结构某一部分的静力平衡条件，即上述等截面直杆的杆端内力与杆端位移、荷载之间的关系。这一思路就是位移法的基本解题思路，是位移法的基础。

6.3　位移法的基本未知量

位移法的基本未知量包含了结点角位移和结点线位移。在计算时，应首先确定独立的结点角位移和线位移的个数。

1. 确定独立的结点角位移的个数

由于在同一结点处各杆端的转角都是相等的，因此每一个刚结点具有一个独立的角位移未知量。在固定支座处，其转角等于零或已知的支座位移值。至于铰结点或铰支座处各杆端的转角，确定内力时可以不需要它们的数值，故可不作为基本未知量。这样，确定结构独立的结点角位移数目时，只要看刚结点数即可。如图 6-8 所示刚架，其独立的结点角位移数目为 2，即 θ_A 和 θ_C。

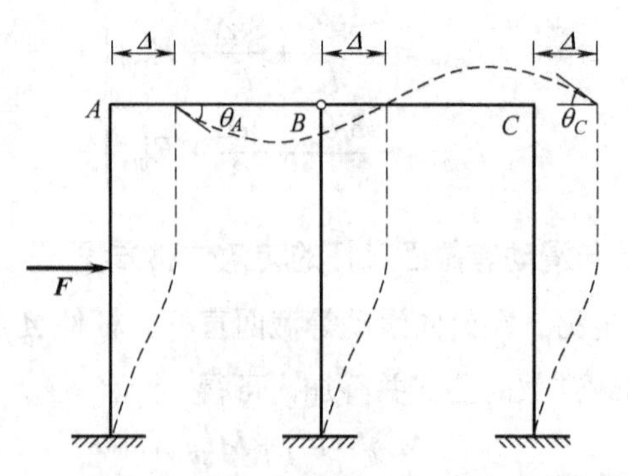

图 6-8　超静定刚架的变形图及结点角位移和线位移

2. 确定独立结点线位移的个数

严格来说，一个刚结点存在一个角位移和两个(水平和竖向)线位移，使得位移法的基本未知量过多，计算工作量过大，因此在手算时，常作如下假定。

(1) 忽略轴力产生的轴向变形；

(2) 结点转角和各杆弦转角都很微小。

根据以上假设可知，尽管杆件发生了轴线变形和弯曲变形，但杆件两端结点之间的距离保持不变，由此来研究独立结点线位移的个数。在图 6-8 所示刚架中，三个固定端都是不动的点，三根柱子的长度又保持不变，因而结点 A、B、C 均无竖向位移。又由于两根横梁亦保持长度不变，故三个结点均有相同的水平位移。因此，在用位移法计算时，只有一个独立的结点线位移，即 $\varDelta$ 。

对于一般刚架，独立结点线位移的数目常可由观察判定。在图 6-9 所示的两个图形中，虚线表示变形后杆的曲线。图 6-9(a)中只有一个独立线位移 $\varDelta$ ，因为由水平梁连接起来的各结点 D、E、F 的水平线位移必然相同。图 6-9(b)所示为两层刚架，4 个刚结点 C、D、E、F 有 4 个转角；此外，还有两个独立结点线位移 $\varDelta_1$ 和 $\varDelta_2$ 。显然，每层有一个线位移，因而独立结点线位移的数目等于刚架的层数。

由于刚架计算不考虑各杆长度的改变，因而结点独立线位移的数目可以用几何组成分析的方法来判定。如果把所有刚结点(包括固定支座)都改为铰结点，则此铰接体系的自由度个数就是原结构独立结点线位移的数目。或者说，为了使铰接体系成为几何不变体系而需添加的链杆数等于原结构独立结点线位移的数目。以图 6-10(a)所示刚架为例，为了确定独立的结点线位移数，把所有刚结点都改为铰结点，得到图 6-10(b)实线所示的体系。图中添加两根链杆(虚线)后，体系就由几何可变成为几何不变。由此可知，原刚架用位移法计算时有两个独立结点线位移。

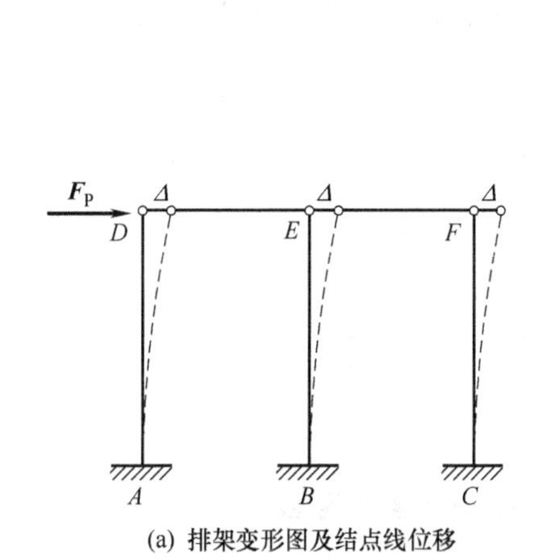

(a) 排架变形图及结点线位移

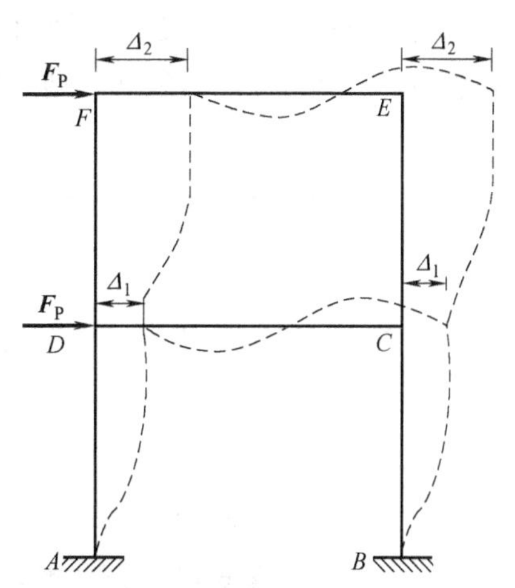

(b) 双层刚架变形图及结点角位移和线位移

图 6-9　排架及双层刚架的变形图及结点角位移和线位移

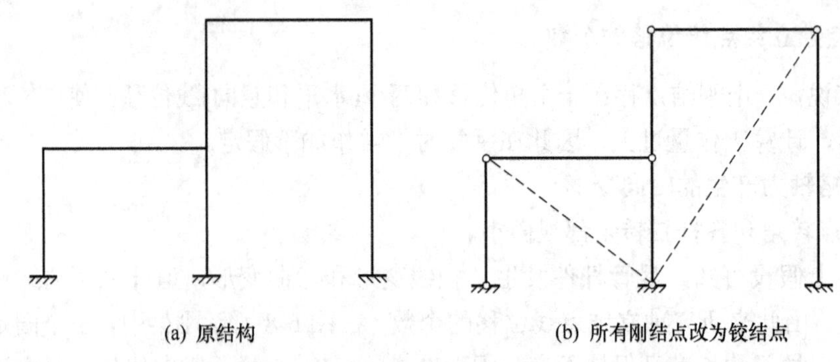

图 6-10 利用几何组成分析判定不等高刚架的独立结点线位移数目

又如图 6-11(a)所示刚架，将其中刚结点都改为铰结点，得到图 6-11(b)所示一几何瞬变体系，具有一个自由度。在铰 C 处增加一根链杆后，体系变为几何不变体，故原结构所示刚架有一个独立结点线位移。

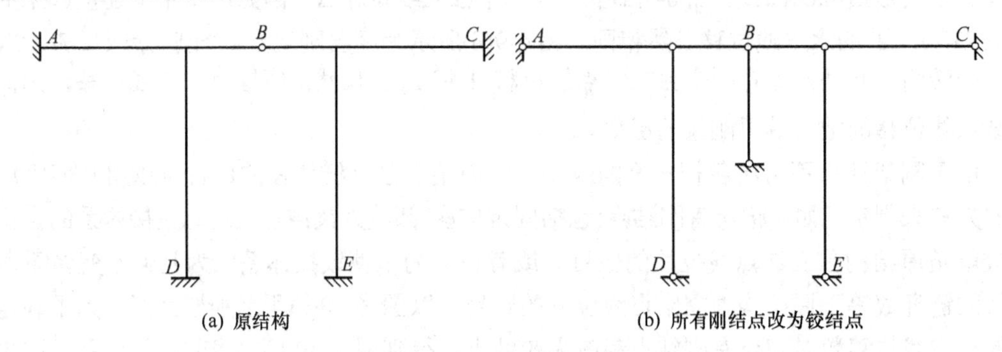

图 6-11 利用几何组成分析判定对称刚架的独立结点线位移数目

需要注意的是，上述确定独立的结点线位移数目的方法是以受弯直杆变形后两端距离不变的假设为依据的。对于需要考虑轴向变形的链杆或受弯的曲杆，其两端距离不能看作不变。如图 6-12 所示结构，其独立的结点线位移数目应是 2 而不是 1。

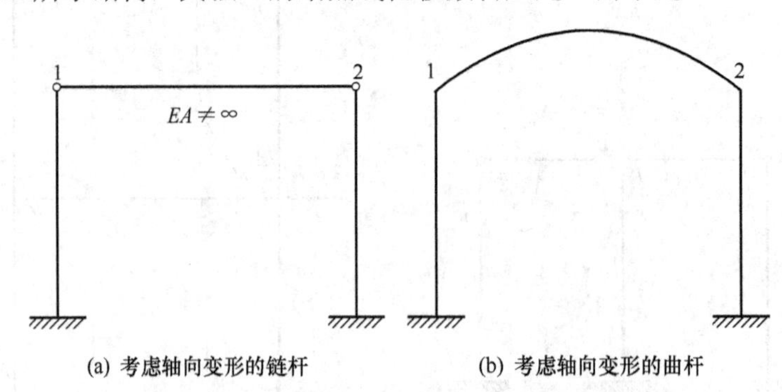

图 6-12 考虑杆件轴向变形的结构的结点线位移

总的来说，位移法基本未知量包括结点转角和独立结点线位移。结点转角的数目等于刚结点的数目，独立结点线位移的数目等于铰接体系自由度的数目。在选取基本未知量时，由于既保证了刚结点处各杆杆端转角彼此相等，又保证了各杆杆端距离保持不变。因此，在结构拆了再搭的过程中，能够保证各杆位移的彼此协调，因而能够满足变形连续条件。

6.4　位移法计算示例

位移法方程的实质是静力平衡方程。根据转角位移方程可以直接利用原结构的平衡条件建立位移法方程。在有结点角位移处，建立结点的力矩平衡方程；在有结点线位移处，建立截面的剪力平衡方程，从而计算基本未知量，进一步得到各杆的内力。这种方法通常称为直接平衡法。下面结合例子来说明位移法基本方程的建立方法。

6.4.1　无侧移刚架的计算

如果刚架的各结点(不包括支座)只有角位移而没有线位移，这种刚架称为无侧移刚架。连续梁的计算也属于这类问题。

【例 6-1】 用位移法作图 6-13 所示连续梁的弯矩图，已知 $F=\dfrac{3}{2}ql$，各杆 EI 为常数。

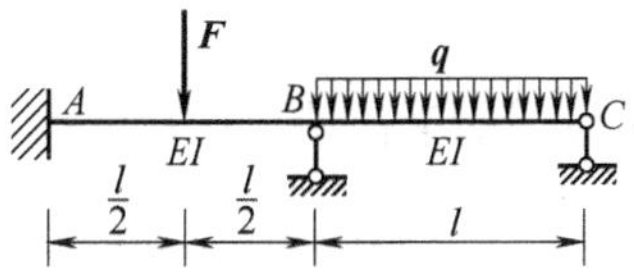

图 6-13　例 6-1 图

解： (1) 确定基本未知量。在荷载 $\boldsymbol{q}$ 作用下，结点 B 只有角位移 θ_B，没有线位移。取结点角位移 θ_B 作为基本未知量。

(2) 将连续梁拆成两个单杆梁，写出转角位移方程(两杆的线刚度相等)，如图 6-14 所示。

$$M_{AB}=2i\theta_B-\frac{1}{8}Fl=2i\theta_B-\frac{3}{16}ql^2$$

$$M_{BA}=4i\theta_B+\frac{1}{8}Fl=4i\theta_B+\frac{3}{16}ql^2$$

$$M_{BC}=3i\theta_B-\frac{1}{8}ql^2$$

$$M_{CB}=0$$

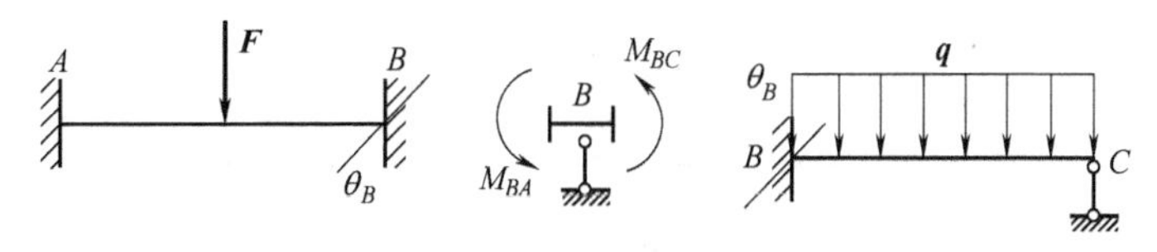

图 6-14　受力分析图

(3) 考虑 B 结点的力矩平衡，$\sum M_B=0$，建立位移法方程：

$$M_{BA}+M_{BC}=0\text{，}\ 4i\theta_B+3i\theta_B+\frac{1}{16}ql^2=0$$

解得：$i\theta_B=-\dfrac{1}{112}ql^2$(负号说明 θ_B 逆时针转)。

(4) 将 $i\theta_B=-\dfrac{1}{112}ql^2$ 代回转角位移方程，求出各杆的杆端弯矩：

$$M_{AB}=2i\theta_B-\frac{3}{16}ql^2=-\frac{23}{112}ql^2\text{，}\ M_{BA}=4i\theta_B+\frac{3}{16}ql^2=\frac{17}{112}ql^2$$

$$M_{BC}=3i\theta_B-\frac{1}{8}ql^2=-\frac{17}{112}ql^2\text{，}\ M_{CB}=0$$

(5) 根据杆端弯矩求出杆端剪力(略)，并作出弯矩图、剪力图，如图 6-15、图 6-16 所示。

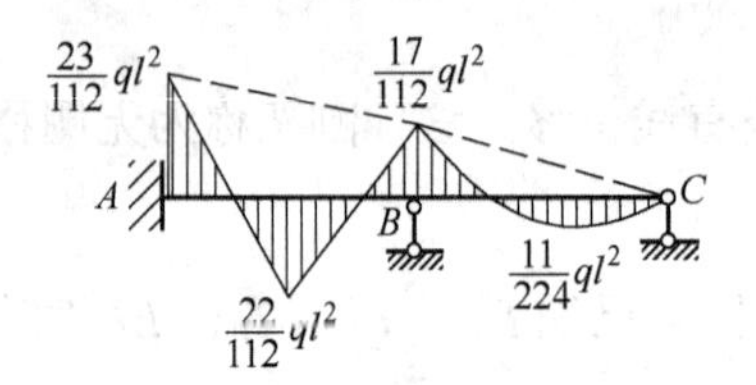

图 6-15　M 图

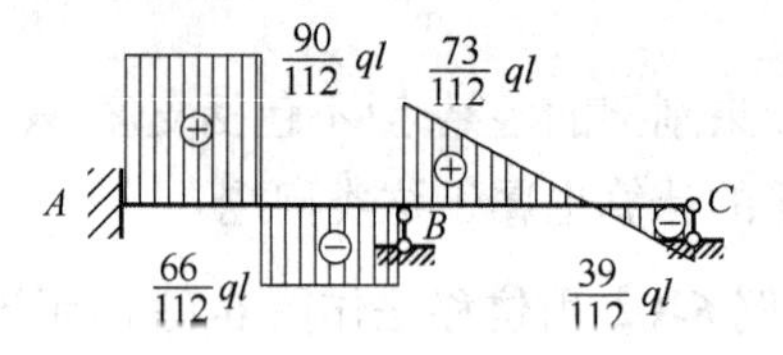

图 6-16　F_Q 图

【例 6-2】用位移法计算图 6-17 所示刚架的 M 图。

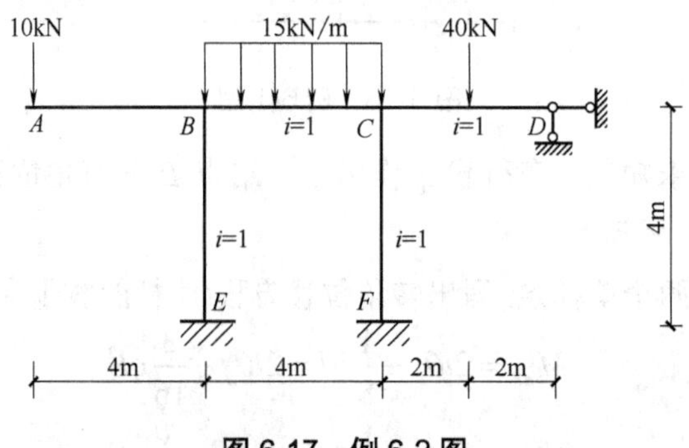

图 6-17　例 6-2 图

解：(1) 确定基本未知量。此刚架有两个结点角位移 θ_B、θ_C。

(2) 写出转角位移方程：

$$M_{BC}=4i\theta_B+2i\theta_C-\frac{ql^2}{12}=4\theta_B+2\theta_C-20$$

$$M_{CB}=2\theta_B+4\theta_C+20$$

$$M_{CD}=3i\theta_C-\frac{3F_Pl}{16}=3\theta_C-30\text{，}\ M_{DC}=0$$

$$M_{BE}=4i\theta_B=4\theta_B\text{，}\ M_{EB}=2i\theta_B=2\theta_B$$

$$M_{CF}=4i\theta_C=4\theta_C\text{，}\ M_{FC}=2\theta_C$$

因为悬臂 AB 为一静定部分，所以该部分的弯矩可按静力平衡条件求得

$$M_{AB}=0,\ M_{BA}=40\,\text{kN}\cdot\text{m}$$

(3) 建立位移法方程。

取结点 B、C 为隔离体，如图 6-18 所示，由 $\sum M_B=0$ 和 $\sum M_C=0$ 得

$$M_{BA}+M_{BE}+M_{BC}=0,\ M_{CB}+M_{CF}+M_{CD}=0$$

将有关杆端弯矩代入，并整理得

$$4\theta_B+\theta_C+10=0,\ 2\theta_B+11\theta_C-10=0$$

解得：$\theta_B=-2.86$，$\theta_C=1.43$

(4) 将 $\theta_B=-2.86$，$\theta_C=1.43$ 代回转角位移方程，计算杆端弯矩，并画出弯矩图，如图 6-19 所示。

$$M_{BC}=4\times(-2.86)+2\times1.43-20=-28.6\,(\text{kN}\cdot\text{m})$$

$$M_{CB}=2\times(-2.86)+4\times1.43+20=20\,(\text{kN}\cdot\text{m})$$

$$M_{CD}=3\times1.43-30=-25.71\,(\text{kN}\cdot\text{m}),\ M_{DC}=0$$

$$M_{BE}=4\times(-2.86)=-11.4\,(\text{kN}\cdot\text{m}),\ M_{EB}=2\times(-2.86)=-5.72\,(\text{kN}\cdot\text{m})$$

$$M_{CF}=4\times1.43=5.72\,(\text{kN}\cdot\text{m}),\ M_{FC}=2\times1.43=2.86\,(\text{kN}\cdot\text{m})$$

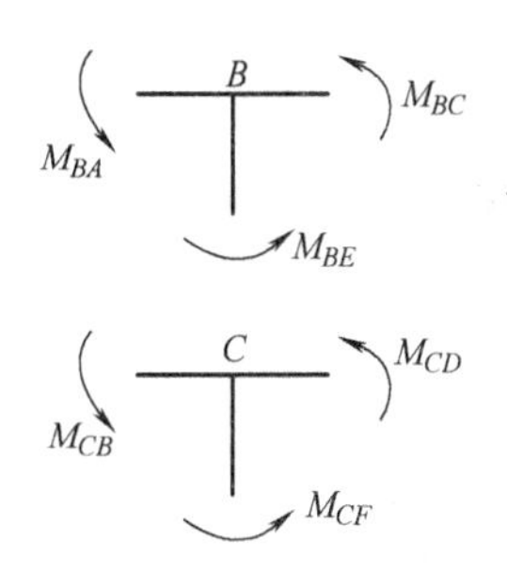

图 6-18　B、C 结点隔离体

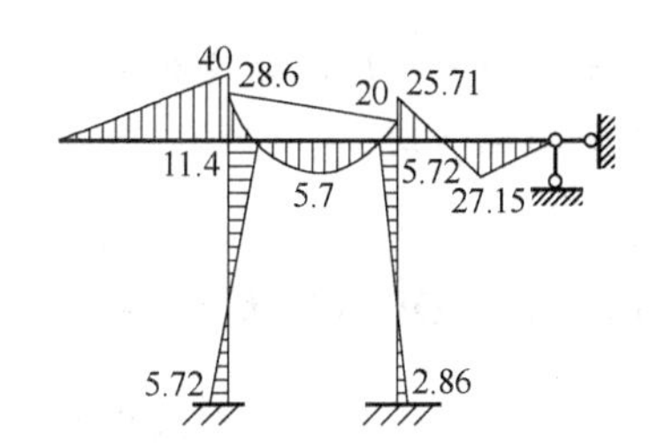

图 6-19　M 图(单位：kN·m)

6.4.2　有侧移刚架的计算

将有结点角位移和结点线位移的刚架称为有侧移刚架。在杆件计算中，要考虑线位移的影响。

【例 6-3】 用位移法计算图 6-20 所示刚架的 M 图。

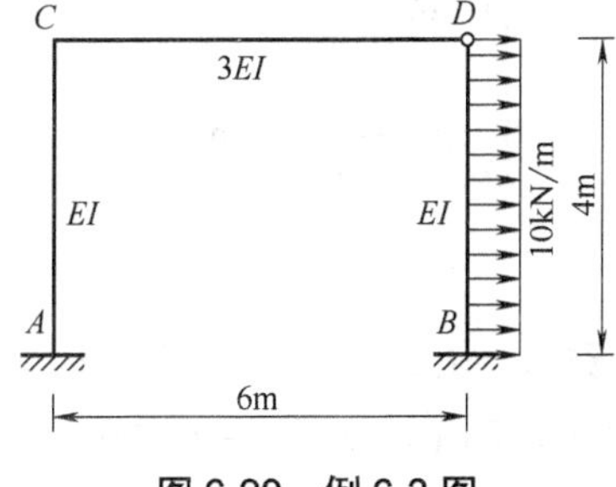

图 6-20　例 6-3 图

解：(1) 确定基本未知量。基本未知量为刚结点 C 的转角位移 θ_C，结点 C、D 的水平位移 $\varDelta$。

(2) 列转角位移方程。令 $i_{CA}=i_{BD}=\dfrac{EI}{4}=i$，$i_{CD}=\dfrac{3EI}{6}=2i$，各杆杆端弯矩表达式为

$$M_{CA}=4i_{CA}\theta_C-\frac{6i_{CA}}{l_{CA}}\varDelta=4i\theta_C-\frac{3i}{2}\varDelta$$

$$M_{AC}=2i_{CA}\theta_C-\frac{6i_{CA}}{l_{CA}}\varDelta=2i\theta_C-\frac{3i}{2}\varDelta$$

$$M_{CD}=3i_{CD}\theta_C=3\times2i\times\theta_C=6i\theta_C$$

$$M_{BD}=-\frac{3i_{BD}}{l_{BD}}\varDelta-\frac{10}{8}\times4^2=-\frac{3i}{4}\varDelta-20$$

(3) 建立位移法方程。相应于结点 C 的转角 θ_C，取结点 C 为隔离体，如图 6-21 所示，建立力矩平衡方程：

$$\sum M_C=0，\ M_{CD}+M_{CA}=0$$

即

$$10i\theta_C-\frac{3}{2}i\varDelta=0 \tag{6-14}$$

相应于结点 C、D 的水平位移 $\varDelta$，截取柱顶以上的横梁为隔离体，如图 6-22 所示，建立水平投影平衡方程：

$$\sum X=0，\ F_{\mathrm{Y}CA}+F_{\mathrm{Y}DB}=0 \tag{6-15}$$

分别取 CA、DB 为隔离体，得力矩平衡方程：

$$\left.\begin{aligned}\sum M_A=0,\quad & F_{\mathrm{Y}CA}=-\frac{M_{AC}+M_{CA}}{l_{AC}}\\ \sum M_D=0,\quad & F_{\mathrm{Y}DB}=-\frac{M_{BD}}{l_{BD}}-\frac{1}{2}ql_{BD}\end{aligned}\right\} \tag{6-16}$$

将式(6-16)代入式(6-15)得 $M_{AC}+M_{CA}+M_{BD}+80=0$。

将各杆端弯矩代入得

$$6i\theta_C-\frac{15}{4}i\varDelta+60=0 \tag{6-17}$$

(4) 联立方程(6-14)和方程(6-17)，求解 θ_C 和 $\varDelta$。

$$\begin{cases}10i\theta_C-\dfrac{3}{2}i\varDelta=0\\ 6i\theta_C-\dfrac{15}{4}i\varDelta+60=0\end{cases}$$

解得 $\theta_C=\dfrac{60}{19i}$，$\varDelta=\dfrac{400}{19i}$。

(5) 将 θ_C 和 $\varDelta$ 代入各杆端弯矩，得到各杆端实际弯矩：

$$M_{CA}=-18.95\mathrm{kN\cdot m}，\ M_{AC}=-25.26\mathrm{kN\cdot m}$$

$$M_{CD}=18.95\mathrm{kN\cdot m}，\ M_{BD}=-35.79\mathrm{kN\cdot m}$$

(6) 作弯矩图，如图6-23所示。

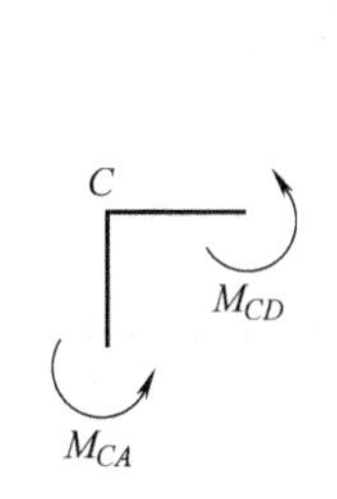

图 6-21 结点 *C* 受力图

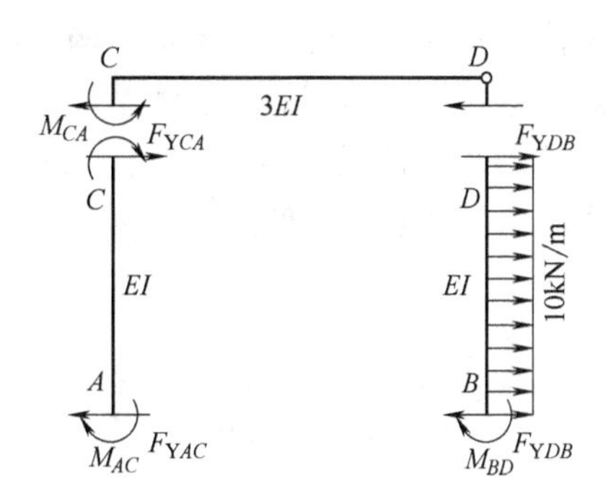

图 6-22 *CD*、*CA* 和 *DB* 隔离体的受力分析图

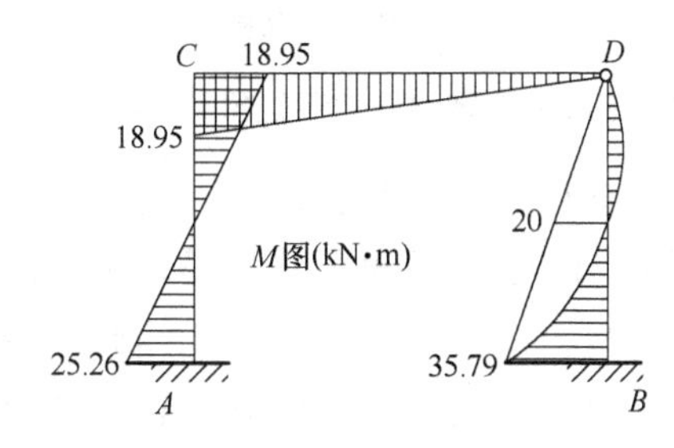

图 6-23 弯矩图

根据上述内容，可归纳出直接平衡法求解超静定结构的一般步骤。

(1) 确定位移法的基本未知量；

(2) 写出各杆件的转角位移方程；

(3) 利用结点或截面的平衡条件建立位移法方程；

(4) 求解方程得到基本未知量；

(5) 将求得的基本未知量代回转角位移方程求得各杆端内力。

6.5 位移法的基本体系和典型方程

前述内容介绍了位移法求解超静定结构的一种计算方法：直接平衡法。本节开始介绍另一种计算方法——典型方程法(又称基本体系法)。该方法与力法非常相似，也是首先建立与原结构相对应的基本结构，列出位移法典型方程，再根据基本结构的单位弯矩图及荷载图计算方程中的系数和自由项，通过求解方程得到结点位移后，叠加得最终弯矩。

6.5.1 基本体系的概念

图 6-24(a)所示刚架只有一个刚结点 *D*，所以结构的基本未知量只有一个结点角位移 $\Delta_1(\theta_D)$，没有结点线位移。在结点 *D* 引入“附加刚臂”控制 *D* 点不发生转动，原结构就变

成一个由若干单跨静定梁组成的组合体。这个增加了附加约束，使原结构的结点不能发生位移的结构，就称为原结构的基本结构，如图 6-24(b)所示。进一步，把基本结构在荷载和基本未知位移共同作用下的组合体系，称为原结构的基本体系，如图 6-24(c)所示。由此可知，位移法的基本体系是通过增加约束将基本未知量完全锁住后，在荷载和基本未知位移的共同作用下的超静定杆件的综合体。

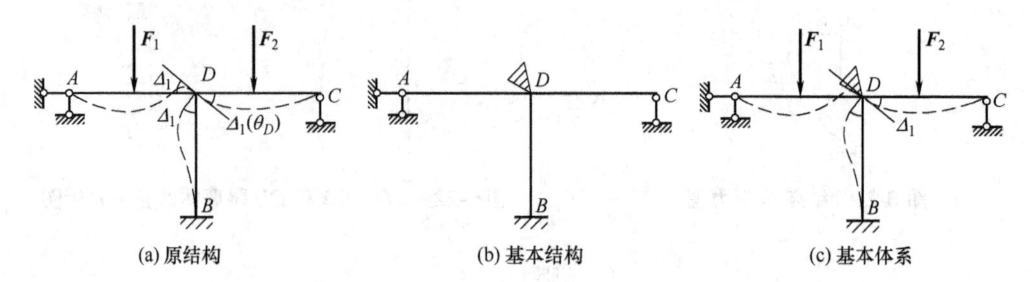

(a) 原结构　　(b) 基本结构　　(c) 基本体系

图 6-24　只有一个刚结点的刚架的基本结构和基本体系

又如图 6-25(a)所示刚架，它有两个基本未知量：结点 B 的转角 $\Delta_1(\theta_B)$和结点 C 的水平位移 Δ_2。这里，位移法的基本未知量不管是角位移还是线位移，统一用 Δ 表示，以便与力法中使用的基本未知量 $\boldsymbol{X}$ 相对应。在结点 B 施加“附加刚臂”控制结点 B 的转角位移(不控制线位移)，在结点 C 处附加一水平链杆，控制结点 B 和 C 的水平位移，得到该刚架的基本体系和基本结构，分别如图 6-25(b)、(c)所示。

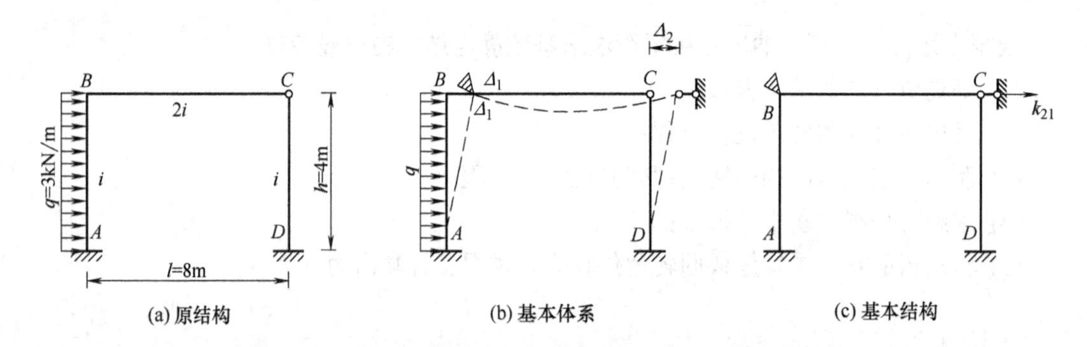

(a) 原结构　　(b) 基本体系　　(c) 基本结构

图 6-25　有结点角位移和线位移刚架的基本结构和基本体系

在原结构基本未知量处增加相应的约束，再使其产生与原结构相同的结点位移，就得到原结构的基本体系。对于结点角位移，为其增加控制转动的附加刚臂；对于结点线位移，则增加附加链杆，这两种约束的作用是相互独立的。因此，基本体系与原结构的区别在于，增加了人为约束，把原结构变为一个被约束的单杆综合体，分解成荷载和基本未知位移分别作用下的叠加。应该注意，力法是用撤除约束的办法达到简化计算的目的，而位移法是用增加约束的办法达到简化计算的目的。措施相反，但效果相同。

下面分析利用基本体系来建立位移法的基本方程。

6.5.2　位移法的典型方程

这里以图 6-25 所示的有两个基本未知量的超静定结构为例来讨论建立位移法基本方

程，可以分两步来考虑。

(1) 控制附加约束，使结点位移Δ_1和Δ_2都为零，这时基本结构处于锁住状态，施加荷载后，可求出基本结构中的内力(见图6-26(a))，同时在附加约束中会产生约束力矩$\boldsymbol{F}_{1P}$和约束水平力$\boldsymbol{F}_{2P}$。这些约束力在原结构中是没有的。

(2) 再控制附加约束，使基本结构发生结点位移Δ_1和Δ_2，这时附加约束中的约束力$\boldsymbol{F}_1$和$\boldsymbol{F}_2$将随之改变。如果控制结点位移Δ_1和Δ_2使其与原结构的实际值正好相等，则约束力$\boldsymbol{F}_1$和$\boldsymbol{F}_2$完全消失，即得到图6-26(b)所示的基本体系。这时基本体系形式上虽然还有附加约束，但实际上它们已经不起作用，即：$F_1=0$，$F_2=0$。因而基本体系实际上处于放松状态，与原结构相同。

由此可看出，基本体系转化为原结构的条件是：基本结构在给定荷载及结点位移Δ_1和Δ_2共同作用下，在附加约束中产生的总约束力$\boldsymbol{F}_1$和$\boldsymbol{F}_2$应等于零，即

$$\left.\begin{aligned}F_1=0\\F_2=0\end{aligned}\right\}\tag{6-18}$$

这就是建立位移法基本方程的条件。

利用叠加原理，将基本体系中的约束力分解成三种情况的叠加。

(1) 荷载单独作用下，相应的约束力为$\boldsymbol{F}_{1P}$和$\boldsymbol{F}_{2P}$，如图6-26(a)所示。

(2) 单位位移$\Delta_1=1$单独作用下，相应约束力为k_{11}和k_{21}，如图6-26(b)所示。

(3) 单位位移$\Delta_2=1$单独作用下，相应约束力为k_{12}和k_{22}，如图6-26(c)所示。

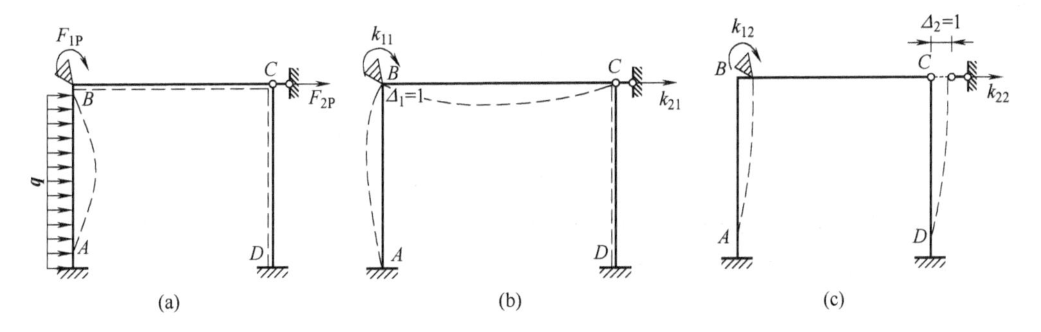

图6-26 荷载及单位位移单独作用下的刚架约束力

利用叠加原理得总约束力为

$$\left.\begin{aligned}F_1=k_{11}\Delta_1+k_{12}\Delta_2+F_{1P}\\F_2=k_{21}\Delta_1+k_{22}\Delta_2+F_{2P}\end{aligned}\right\}\tag{6-19}$$

由式(6-18)可得位移法的基本方程为

$$\left.\begin{aligned}k_{11}\Delta_1+k_{12}\Delta_2+F_{1P}=0\\k_{21}\Delta_1+k_{22}\Delta_2+F_{2P}=0\end{aligned}\right\}\tag{6-20}$$

由此可求出基本未知量Δ_1和Δ_2。

上述例子中有两个未知位移，从而需要加两个附加约束，同时需要两个使附加约束反力等于零的方程，以使结构恢复到自然状态。有多个未知位移的情况也是如此。因此，位移法方程式的数目永远与基本未知量数目相同。

对于具有 n 个基本未知量的结构，其位移法方程式的典型形式如下：

$$\left.\begin{aligned}k_{11}\Delta_1+k_{12}\Delta_2+\cdots+k_{1n}\Delta_n+F_{1\mathrm{P}}=0\\k_{21}\Delta_1+k_{22}\Delta_2+\cdots+k_{2n}\Delta_n+F_{2\mathrm{P}}=0\\\vdots\qquad\qquad\\k_{n1}\Delta_1+k_{n2}\Delta_2+\cdots+k_{nn}\Delta_n+F_{n\mathrm{P}}=0\end{aligned}\right\}\tag{6-21}$$

式中：k_{ii}——基本体系在单位结点位移 $\Delta_i=1$ 单独作用(其他结点位移 $\Delta_i=0$)时，在附加约束 i 中产生的约束力；

k_{ij}——基本体系在单位结点位移 $\Delta_j=1$ 单独作用(其他结点位移 $\Delta_i=0$)时，在附加约束 i 中产生的约束力($i=1,2,\cdots,n;j=1,2,\cdots,n,i\neq j$)；

$F_{i\mathrm{P}}$——基本体系在荷载单独作用(结点位移 $\Delta_1,\Delta_2,\cdots\Delta_n$ 都锁住)时，在附加约束 i 中产生的约束力($i=1,2,\cdots,n$)。

式(6-21)与力法典型方程是对应的，称为位移法典型方程。将其写成矩阵形式，如下：

$$\begin{bmatrix}k_{11}&k_{12}&\cdots&k_{1n}\\k_{21}&k_{22}&\cdots&k_{2n}\\\vdots&\vdots&\ddots&\vdots\\k_{n1}&k_{n2}&\cdots&k_{nn}\end{bmatrix}\begin{bmatrix}\Delta_1\\\Delta_2\\\vdots\\\Delta_n\end{bmatrix}+\begin{bmatrix}F_{1\mathrm{P}}\\F_{2\mathrm{P}}\\\vdots\\F_{n\mathrm{P}}\end{bmatrix}=\begin{bmatrix}0\\0\\\vdots\\0\end{bmatrix}\tag{6-22}$$

或写成

$$\boldsymbol{K}\boldsymbol{\Delta}+\boldsymbol{F}_{\mathrm{P}}=\boldsymbol{0}\tag{6-23}$$

其中

$$\boldsymbol{K}=\begin{bmatrix}k_{11}&k_{12}&\cdots&k_{1n}\\k_{21}&k_{22}&\cdots&k_{2n}\\\vdots&\vdots&\ddots&\vdots\\k_{n1}&k_{n2}&\cdots&k_{nn}\end{bmatrix}$$

称为结构的刚度矩阵，其中系数称为结构的刚度系数。并将典型方程称为刚度方程，因而位移法也称为刚度法。由反力互等定理可知

$$k_{ij}=k_{ji}$$

因此，结构刚度矩阵也是一个对称矩阵，主对角线上的系数称为主系数，恒大于零；其他系数称为副系数，可为正，可为负，也可为零。

6.5.3 位移法典型方程的应用举例

【例 6-4】用位移法计算图 6-27(a)所示连续梁的弯矩图。

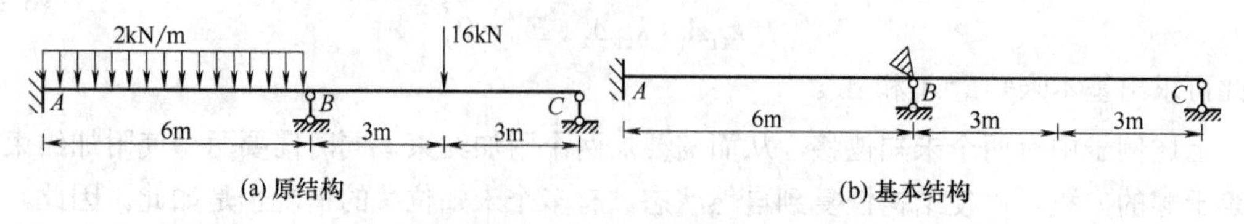

图 6-27 位移法计算两跨连续梁

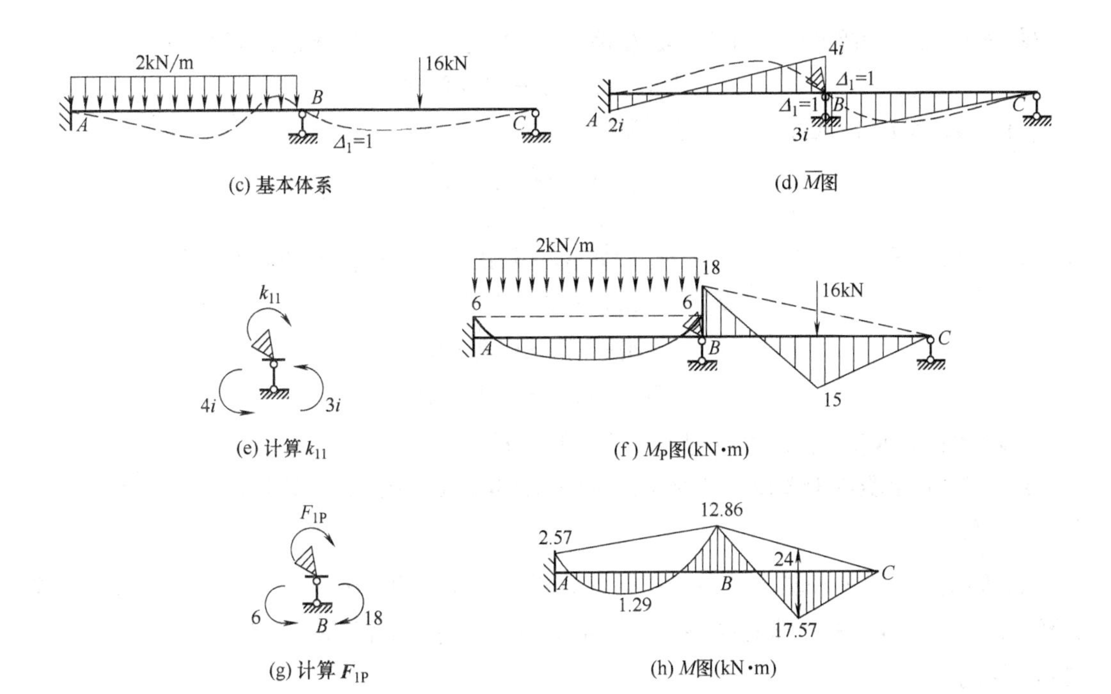

(c) 基本体系　(d) $\overline{M}$图

(e) 计算 k_{11}　(f) M_P图(kN·m)

(g) 计算 F_{1P}　(h) M图(kN·m)

图 6-27　位移法计算两跨连续梁(续)

解：(1) 确定基本未知量。该连续梁为无侧移结构，为一次超静定，在刚结点 B 处只有转角位移 Δ_1。

(2) 确定基本结构和基本体系。在结点 B 设置附加刚臂限制结点 B 转动，得到基本结构，如图 6-27(b)所示；在荷载和基本未知位移共同作用下的单跨超静定杆的综合体即为基本体系，如图 6-27(c)所示。

(3) 列位移法方程。由附加约束 B 处结点的转动平衡条件建立位移法方程：

$$k_{11}\Delta_1 + F_{1P} = 0$$

(4) 计算系数。刚度系数 k_{11} 为基本结构在结点 B 有单位转角 $\Delta_1 = 1$ 作用下，在附加约束中产生的约束力矩。

① 令 $i = \dfrac{EI}{l} = \dfrac{EI}{6}$，由形常数计算杆端弯矩，并作 $\overline{M}_1$ 图，如图 6-27(d)所示。

$$\overline{M}_{BC} = 3i\,,\quad \overline{M}_{BA} = 4i\,,\quad \overline{M}_{AB} = 2i$$

② 取结点 B 为隔离体(见图 6-27(e))，由结点 B 的力矩平衡可得

$$\sum M_B = 0\,,\quad k_{11} = 4i + 3i = 7i$$

(5) 计算 $\boldsymbol{F}_{1P}$。$\boldsymbol{F}_{1P}$ 为基本结构在荷载作用下在附加约束力中的约束力矩，此时结点 B 锁住，没有位移。

① 利用各杆端载常数计算各杆固端弯矩，并作 M_P 图，如图 6-27(f)所示。

$$-M_{AB}^F = M_{BA}^F = \frac{ql^2}{12} = 6\text{kN·m}\,,\quad M_{BC}^F = -\frac{ql^2}{16} = -18\text{kN·m}$$

② 取结点 B 为隔离体，如图 6-27(g)所示，由结点 B 的力矩平衡，可得

$$\sum M_B = 0\text{，}\quad F_{1P} = -12\text{kN·m}$$

(6) 将 k_{11} 和 F_{1P} 代入位移法方程，解出 $\varDelta_1$。

$$\varDelta_1 = -\frac{F_{1P}}{k_{11}} = \frac{12}{7i} = 1.714\frac{1}{i}$$

(7) 作出 M 图。由 $M = \bar{M}_1\varDelta_1 + M_P$ 计算杆端弯矩，作 M 图，如图 6-27(h)所示。

$$M_{AB} = 2i\varDelta_1 + M_{AB}^F = -2.57\text{kN·m}$$

$$M_{BA} = 4i\varDelta_1 + M_{BA}^F = 12.86\text{kN·m}$$

$$M_{BC} = 3i\varDelta_1 + M_{BC}^F = -12.86\text{kN·m}$$

【例 6-5】用典型方程法求解例 6-3 所示有侧移刚架的 M 图。

解：(1) 确定基本未知量。该结构为有侧移结构，在刚结点 C 处有转角位移 $\varDelta_1$，D 处有水平线位移 $\varDelta_2$。

(2) 确定基本结构和基本体系。在结点 C 设置附加刚臂限制结点 C 转动，在 D 点设置水平链杆，在荷载和基本未知位移共同作用下的单跨超静定杆的综合体即为基本体系，如图 6-28 所示。

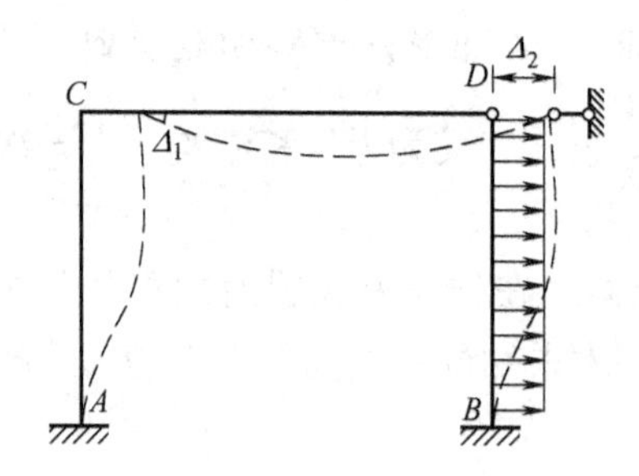

图 6-28　基本体系

(3) 列位移法方程。

$$\begin{cases} k_{11}\varDelta_1 + k_{12}\varDelta_2 + F_{1P} = 0 \\ k_{21}\varDelta_1 + k_{22}\varDelta_2 + F_{2P} = 0 \end{cases}$$

(4) 计算系数。各杆件 EI 为常数，令 $EI = 4i$，各杆相对线刚度为：$i_{AC} = i_{BD} = i$，$i_{CD} = 2i$。基本结构在单位转角 $\varDelta_1 = 1$ 单独作用下($\varDelta_2 = 0$)的计算。由形常数表得各杆端弯矩为

$$\bar{M}_{CA} = 4i_{CA} = 4i\text{，}\ \bar{M}_{AC} = 2i_{AC} = 2i\text{，}\ \bar{M}_{CD} = 3i_{CD} = 6i$$

作 $\bar{M}_1$ 图，如图 6-29 所示。

取结点 C 为隔离体，如图 6-30 所示，由力矩平衡求得 k_{11}，即

$$\sum M_C = 0\text{，}\ k_{11} = 3i_{CD} + 4i_{CA} = 6i + 4i = 10i$$

为计算 k_{21}，取柱 AC 和横梁 CD 为隔离体，如图 6-31 所示，建立水平投影方程：

$$\sum F_X=0,\quad \bar{F}_{QCA}+\bar{F}_{QDB}=k_{21}$$

以柱 AC，BD 为隔离体，如图 6-31 所示，由平衡方程计算 $\bar{F}_{QCA}$，$\bar{F}_{QDB}$。

柱 AC：$\sum M_A=0$，$\bar{F}_{QCA}=-\dfrac{\bar{M}_{AC}+\bar{M}_{CA}}{4}=-1.5i$

柱 BD：$\sum M_B=0$，$\bar{F}_{QDB}\times 4+\bar{M}_{BD}=0$，$\bar{F}_{QDB}=0$

将 $\bar{F}_{QCA}$，$\bar{F}_{QDB}$ 代入投影方程，得 $k_{21}=-1.5i$。

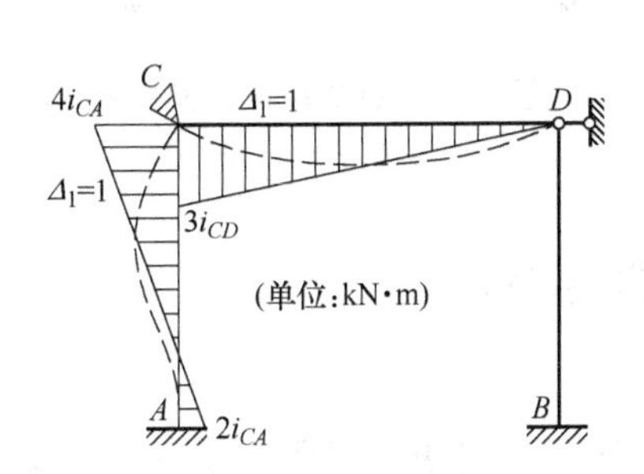

图 6-29 $\bar{M}_1$ 图

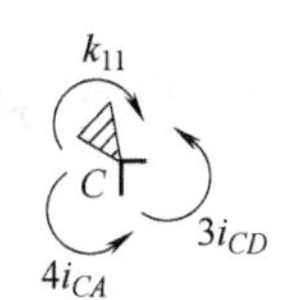

图 6-30 结点 C 平衡

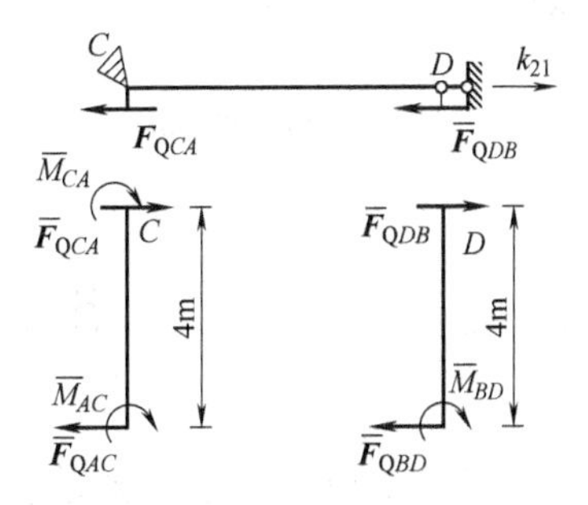

图 6-31 横梁隔离体和柱隔离体

同理，可计算基本结构在单位水平位移 $\varDelta_2=1$ 单独作用下的情况，即

$$k_{12}=-1.5i=k_{21}\ ,\quad k_{22}=\frac{3}{4}i+\frac{3}{16}i=\frac{15}{16}i$$

(5) 计算 F_{1P}、F_{2P}。

利用各杆端载常数计算各杆固端弯矩，并作 M_P 图，如图 6-32 所示：

$$M_{BD}^F=-\frac{ql^2}{8}=-20\text{kN}\cdot\text{m}$$

取结点 C 为隔离体，如图 6-33 所示，由结点 C 的力矩平衡可得

$$\sum M_C=0\ ,\quad F_{1P}=0$$

以横梁 CD 为隔离体，如图 6-34 所示，建立水平投影平衡方程：

$$\sum F_X=0,\quad F_{QCA}^F+F_{QDB}^F=F_{2P}\ ,\quad F_{QCA}^F=0\ ,\quad F_{QDB}^F=-\frac{M_{BD}^F+10\times4\times2}{4}=-15\text{kN}$$

$$F_{2P}=-15\text{kN}$$

(6) 将系数和自由项代入位移法方程，得到：

$$\begin{cases}10i\varDelta_1-1.5i\varDelta_2=0\\ -1.5i\varDelta_1+\dfrac{15}{16}i\varDelta_2-15=0\end{cases}$$

解得，$\varDelta_1=\dfrac{60}{19i}$，$\varDelta_2=\dfrac{400}{19i}$。

所得结果为正，表明其方向与所设位移方向一致(该结果与例 6-3 一致)。

(7) 作出弯矩图。由 $M=\bar{M}_1\varDelta_1+M_P$ 计算杆端弯矩并作弯矩 M 图，同例 6-3，此处略。

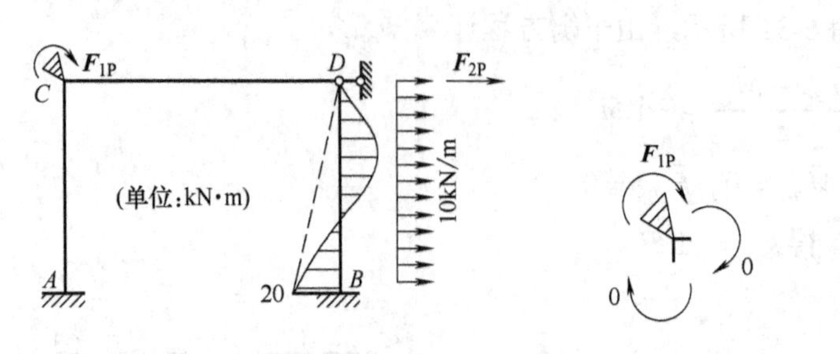

图 6-32　M_P 图

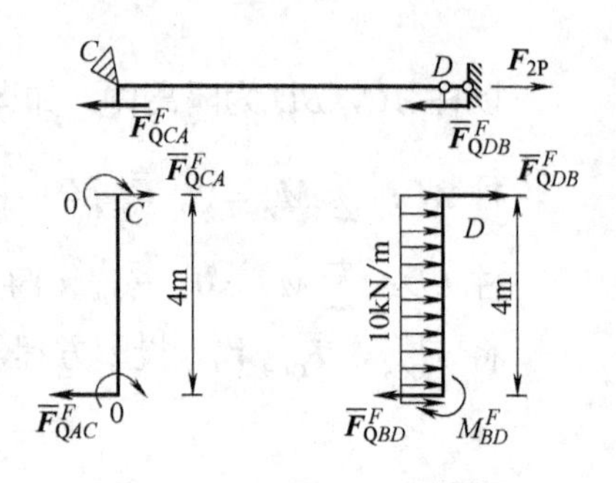

图 6-33　结点 C 平衡　　图 6-34　横梁隔离体和柱隔离体

6.6　位移法计算对称结构

在 5.4 节中已经讨论过利用结构的对称性简化力法计算的问题，对于承受任意荷载的对称结构，总是可以将作用在其上的荷载分解为对称荷载和反对称荷载，并分别取相应的半边结构、选择适当的方法进行计算，然后将结果进行叠加即得到最终的解答。取“半边结构”的方式对力法和位移法都是通用的。本节结合例子来说明用位移法计算对称结构。

【例 6-6】用位移法并利用对称性分析图 6-35 所示非对称荷载作用下的对称刚架，并作弯矩图。

解：将荷载分解成对称和反对称的两组，如图 6-36、图 6-37 所示；对称和反对称荷载作用下的半结构如图 6-38 所示，因横梁的长度缩减一半，其线刚度增大一倍。

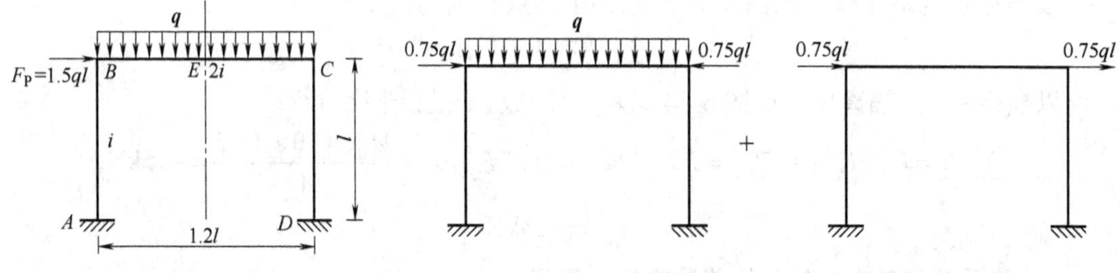

图 6-35　非对称荷载作用下的对称刚架　　图 6-36　对称荷载　　图 6-37　反对称荷载

(1) 图 6-38(a)所示的半结构是无侧移刚架，在刚结点 B 有一个转角位移 θ_B。由转角位移方程得

$$M_{AB}=2i\theta_B,\ M_{BA}=4i\theta_B;\ M_{BE}=4i\theta_B-0.12ql^2,\ M_{EB}=-4i\theta_B-0.06ql^2$$

由结点 B 的力矩平衡 $\sum M_B=0$ 得：$8i\theta_B-0.12ql^2=0$，解得 $\theta_B=\dfrac{0.015ql^2}{i}$。

所以，$M_{AB}=0.03ql^2$，$M_{BA}=0.06ql^2$；$M_{BE}=-0.06ql^2$，$M_{EB}=-0.12ql^2$。

由此，作出图 6-38(a)所示的半结构的弯矩图，如图 6-39(a)所示。

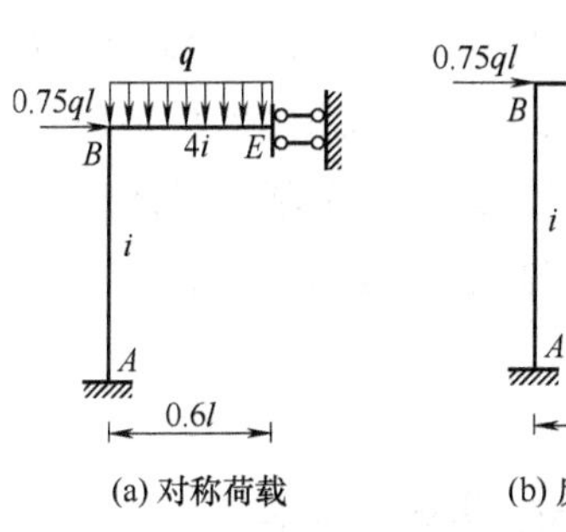

(a) 对称荷载

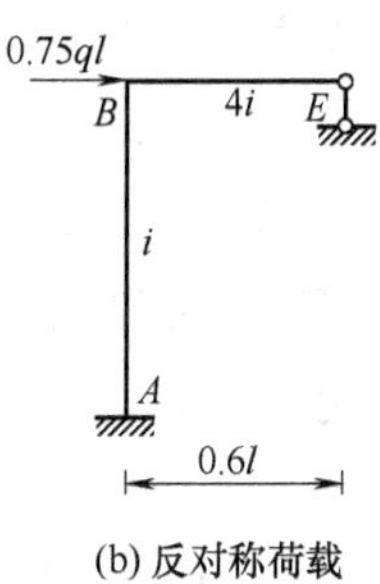

(b) 反对称荷载

图 6-38　半结构

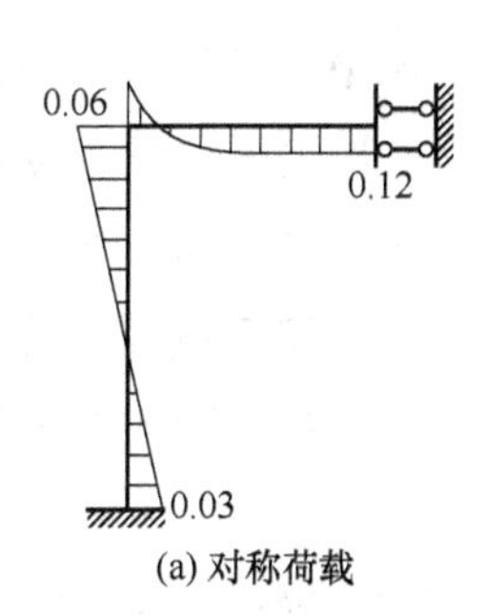

(a) 对称荷载

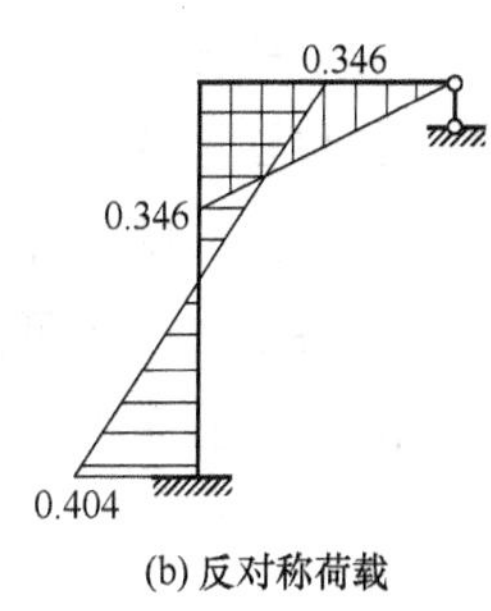

(b) 反对称荷载

图 6-39　半结构对应的弯矩图

(2) 图 6-38(b)所示的半结构是有侧移刚架，刚结点 B 点有一个转角位移 θ_B，E 点有线位移 $\varDelta$(以向右为正)。由转角位移方程得

$$M_{AB}=2i\theta_B-6i\frac{\varDelta}{l},\ M_{BA}=4i\theta_B-6i\frac{\varDelta}{l},\ M_{BE}=12i\theta_B$$

$$F_{QBA}=-\frac{6i\theta_B}{l}+\frac{12i\varDelta}{l^2}$$

由结点 B 的力矩平衡方程和横梁水平方向的投影平衡方程得

$$\begin{cases}16i\theta_B-6i\dfrac{\varDelta}{l}=0\\-6i\dfrac{\theta_B}{l}+12i\dfrac{\varDelta}{l^2}-0.75ql=0\end{cases}$$

解得：$\begin{cases}\theta_B=0.0288\dfrac{ql^2}{i}\\\varDelta=0.0769\dfrac{ql^3}{i}\end{cases}$

所以，$M_{AB}=-0.404ql^2$，$M_{BA}=-0.346ql^2$，$M_{BE}=0.346ql^2$。

由此作图 6-38(b)所示半结构的弯矩图，如图 6-39(b)所示。

(3) 与图 6-36 和图 6-37 相应的弯矩图分别是对称和反对称的，图 6-39 所示为它们左半边的弯矩图。据此并根据叠加原理可作出图 6-35 所示刚架的弯矩图，如图 6-40 所示。

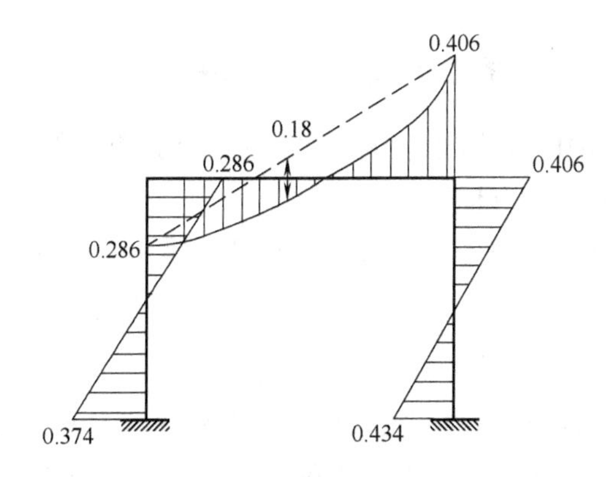

图 6-40　刚架弯矩图

综上所述可知，图 6-38(a)所示的半结构为二次超静定，用力法计算有两个基本未知量，而用位移法计算，只有一个基本未知量，位移法优于力法；图 6-38(b)所示的半结构为一次超静定，用力法计算只有一个基本未知量，而用位移法计算，则有两个基本未知量，力法优于位移法。由此可见，从手算角度看，力法和位移法各有其适用范围，一般来说，对称荷载作用下宜采用位移法，反对称荷载作用下宜采用力法。

6.7 温度变化和支座移动时的结构计算

第 5 章已指出，超静定结构在温度改变及支座移动时，结构中一般会产生内力，用位移法计算时，基本未知量、基本体系和位移法方程的建立以及解题步骤都与荷载作用下一样，不同的是固端力一项，即固端力是由温度发生变化或者支座发生位移引起的，而不是由荷载引起的。例如，由荷载产生的固端弯矩由杆件的载常数得到，而由已知的支座位移作用产生的固端弯矩由杆件的形常数得到；在温度变化时，除了杆件内外温差使杆件发生弯曲变形而产生一部分固端弯矩外，还有杆件产生的轴向变形，这种轴向变形使结点产生已知位移、杆端产生横向位移，从而产生另一部分固端弯矩。下面结合例题分别讨论温度变化和支座移动时内力的计算。

【例 6-7】温度变化时的位移法计算。求图 6-41 所示刚架由于温度改变产生的弯矩。图中所标温度为温度变化值，各杆截面尺寸相同。

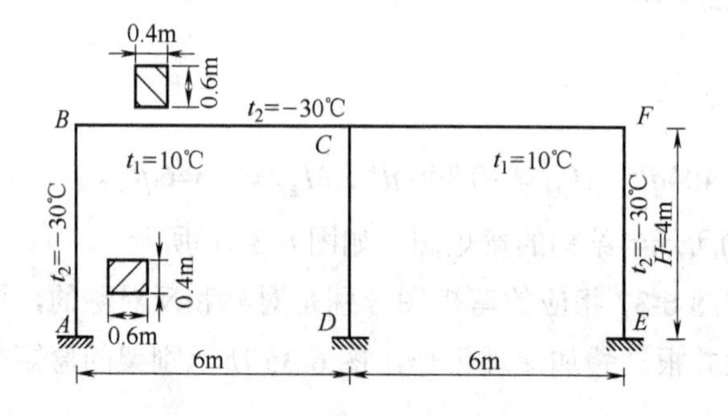

图 6-41 温度作用下的两跨刚架

解：该结构为对称结构，采用位移法，取半边结构进行计算，如图 6-42(a)所示。

(1) 确定基本未知量和基本体系。

刚结点 B 处有一个转角位移 θ_B。考虑轴向变形的影响，CD 杆仍要画出，基本体系如图 6-42(a)所示。

(2) 列转角位移方程。

① 求固端弯矩。由形常数和载常数表可将温度变化分为两个部分：轴线平均温度变化 t_0 (见图 6-42(b))、杆件两侧温度差 Δt (见图 6-42(c))，杆轴线平均温度变化使杆长改变，变

化值为已知值，得：柱 AB 缩短：$\alpha t_0 H = 40\alpha$；柱 CD 伸长：$\alpha t_0 H = 40\alpha$；梁 BC 缩短：$\alpha t_0 l = 60\alpha$。这些位移使杆端产生相对线位移：$\Delta_{AB} = 60\alpha$，$\Delta_{BC} = -(40\alpha + 40\alpha) = -80\alpha$。

Δ_{AB} 和 Δ_{BC} 作为已知位移，使杆端产生的固端弯矩为

$$M_{AB}^F = M_{BA}^F = -6\frac{i}{H}\Delta_{AB} = -22.5\alpha EI，\quad M_{BC}^F = M_{CB}^F = -6\frac{i}{l}\Delta_{BC} = 13.3\alpha EI$$

杆件两侧的温度差 Δt 使杆端产生的固端弯矩为

$$-M_{AB}^F = M_{BA}^F = \frac{EI\alpha\Delta t}{h} = 66.7\alpha EI，\quad -M_{BC}^F = M_{CB}^F = \frac{EI\alpha\Delta t}{h} = 66.7\alpha EI$$

最后固端弯矩等于上述两式之和。

② 求杆端弯矩。

$$M_{AB} = 2i_{AB}\theta_B + M_{AB}^F = 0.5EI\theta_B - 89.2\alpha EI$$
$$M_{BA} = 4i_{AB}\theta_B + M_{BA}^F = EI\theta_B + 44.2\alpha EI$$
$$M_{BC} = 2i_{BC}\theta_B + M_{BC}^F = 0.67EI\theta_B - 53.3\alpha EI$$
$$M_{CB} = 2i_{BC}\theta_B + M_{CB}^F = 0.33EI\theta_B + 80\alpha EI$$

(3) 列位移法方程。

$$M_{BA} + M_{BC} = 0，1.67EI\theta_B - 9.1\alpha EI = 0，\theta_B = 5.4\alpha$$

由此得杆端弯矩为

$$M_{AB} = -86.5\alpha EI，M_{BA} = 49.6\alpha EI，M_{BC} = -49.7\alpha EI，M_{CB} = 81.8\alpha EI$$

(4) 作弯矩图，如图 6-43 所示。

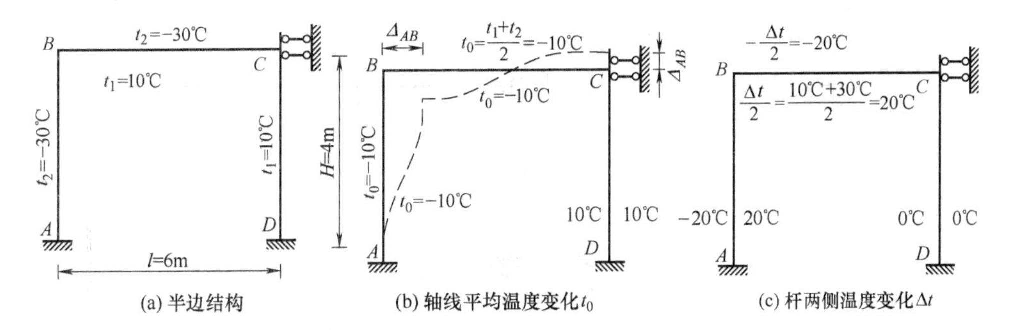

图 6-42 温度作用下的两跨刚架分析

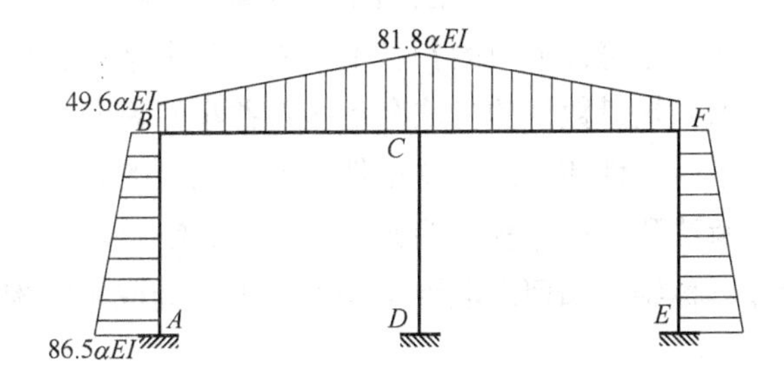

图 6-43 M 图

【例 6-8】支座移动时的位移法计算。已知图 6-44 所示的连续梁支座 C 下沉 Δ_C，用位移法求该结构的弯矩图。两杆 i 相等。

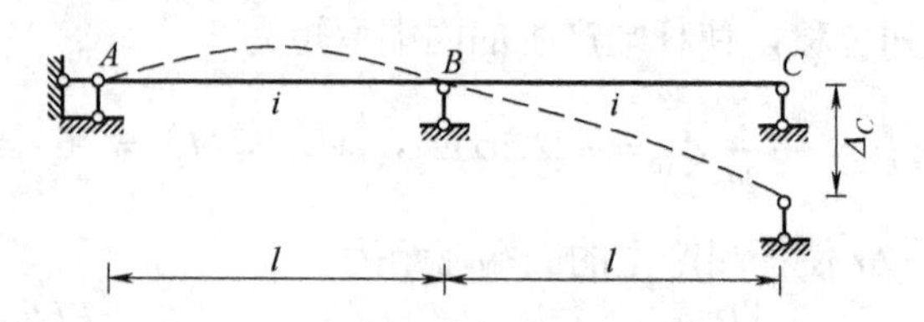

图 6-44　发生支座下沉的两跨连续梁

解：(1) 确定基本未知量为 θ_B。

(2) 求杆端弯矩。

$$M_{BA}=3i\theta_B \quad M_{BC}=3i\theta_B-3i\frac{\Delta_C}{l}$$

(3) 列位移法方程。

$$M_{BA}+M_{BC}=0,\ 3i\theta_B+3i\theta_B-3i\frac{\Delta_C}{l}=0,\ \theta_B=\frac{\Delta_C}{2l}$$

由此得杆端弯矩为

$$M_{BA}=3i\left(\frac{\Delta_C}{2l}\right)=1.5i\frac{\Delta_C}{2l},\ M_{BC}=3i\left(\frac{\Delta_C}{2l}\right)-3i\frac{\Delta_C}{l}=-1.5i\frac{\Delta_C}{l}$$

(4) 作弯矩图，如图 6-45 所示。

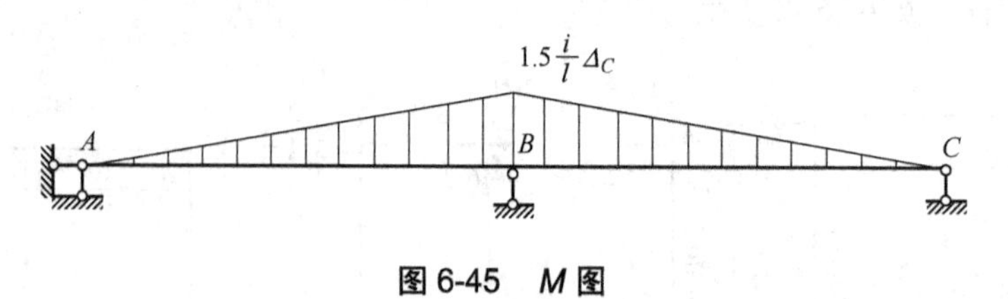

图 6-45　M 图

思　考　题

6-1　位移法的基本思路是什么？同力法相比，位移法有哪些优点？

6-2　位移法的基本体系是怎样形成的？基本体系和基本结构有什么不同？

6-3　确定位移法基本未知量数目的方法有哪些？并举例说明。

6-4　在位移法中，平衡条件和变形协调条件是如何满足的？

6-5　试比较直接平衡法和典型方程法的异同及各自优缺点。

6-6　用位移法计算对称结构如何选取半结构？同力法选取半结构相比，应注意哪些方面的问题？

6-7　综合对比力法和位移法两者在解题原理、解题步骤上的异同。为什么说两种分析方法本质上是一致的？

习　　题

6-1　确定图 6-46 所示结构在下面几种情况下采用位移法计算时所需基本未知量数目。

(1) 当 EI、EA 为无限大时；

(2) 当 EI、EA 为有限大时；

(3) 当不考虑轴向变形时；

(4) 当考虑轴向变形时。

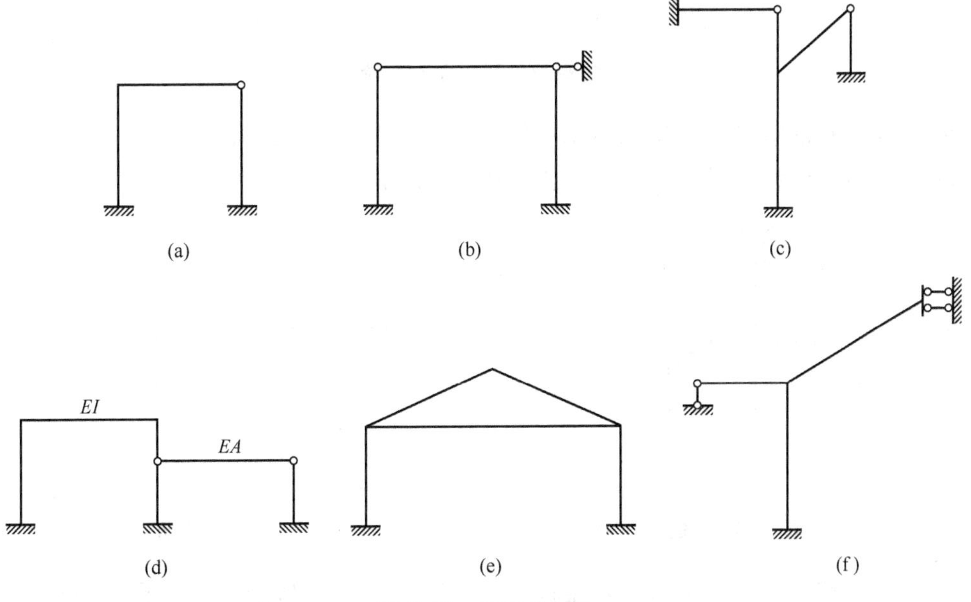

图 6-46　习题 6-1 图

6-2　利用转角位移方程建立求解图 6-47 所示结构内力的位移法方程。

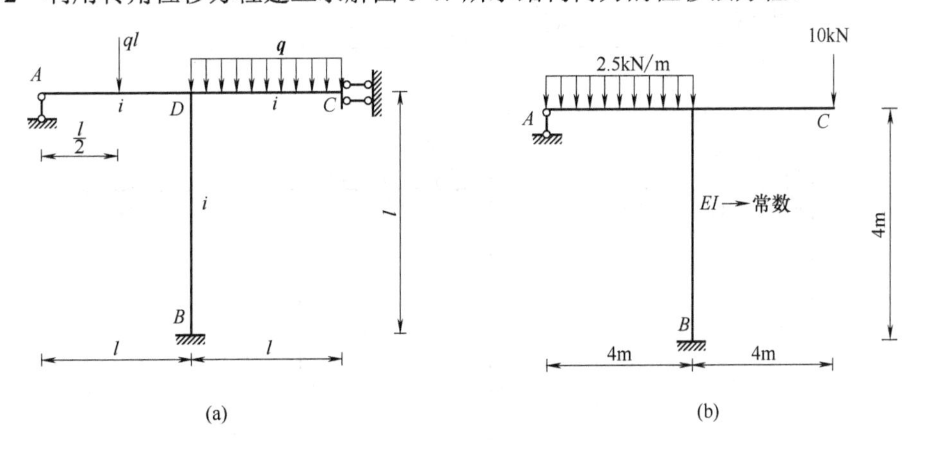

图 6-47　习题 6-2 图

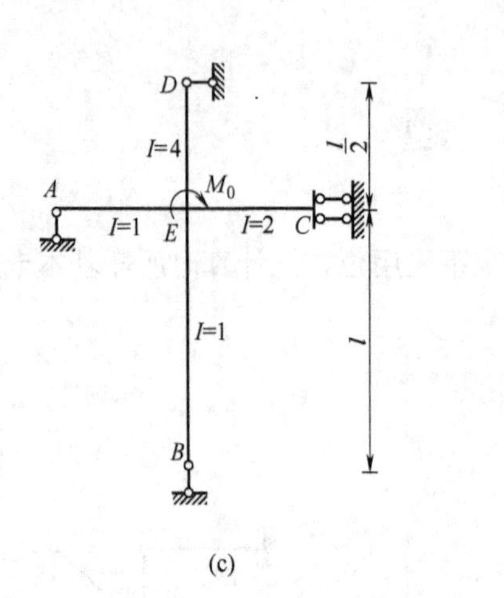

(c)

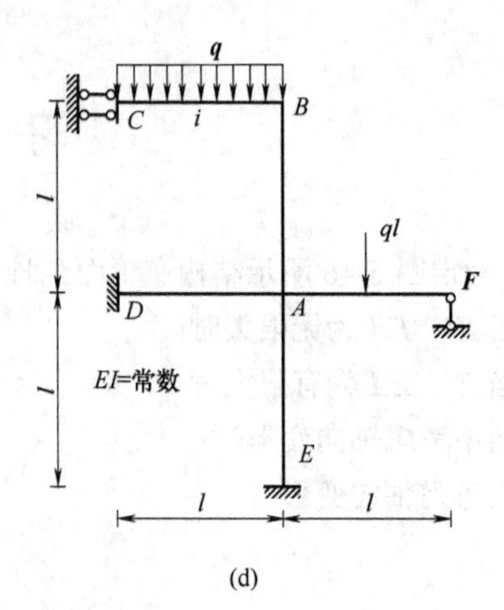

(d)

图 6-47　习题 6-2 图(续)

6-3　用位移法求出图 6-48 所示结构的基本未知量，各杆 EI 相同。

6-4　用位移法计算图 6-49 所示结构并作 M 图，EI=常数。

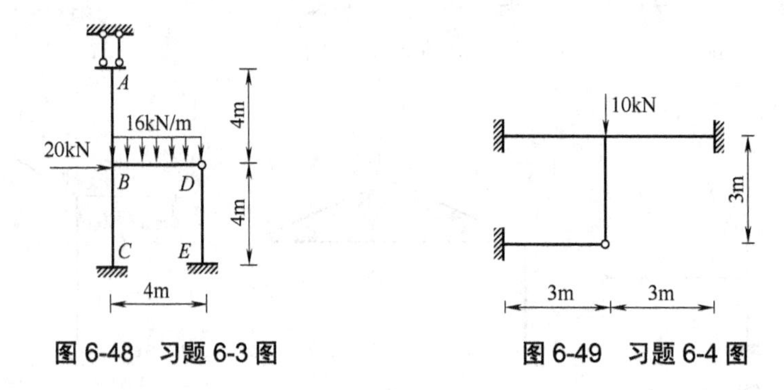

图 6-48　习题 6-3 图　　　　图 6-49　习题 6-4 图

6-5　用位移法计算图 6-50 所示结构，并绘制弯矩图、剪力图和轴力图。EI=常数。

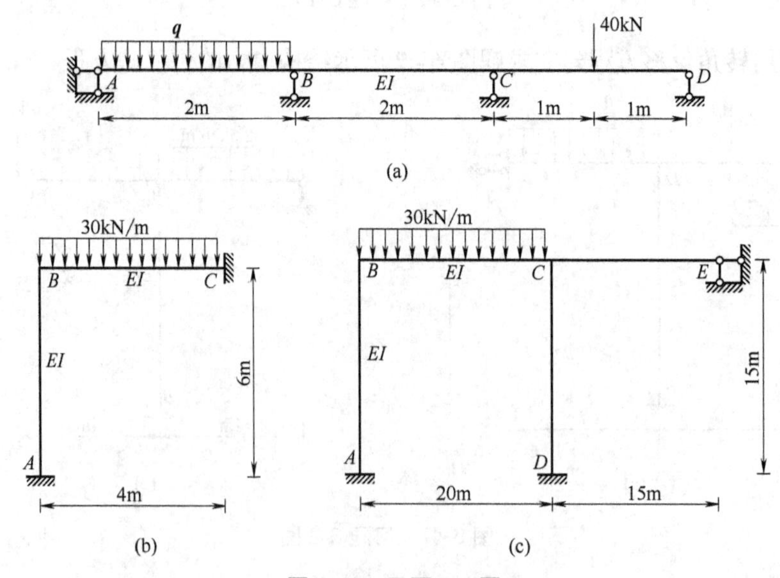

图 6-50　习题 6-5 图

6-6　作图 6-51 所示刚架的弯矩图。

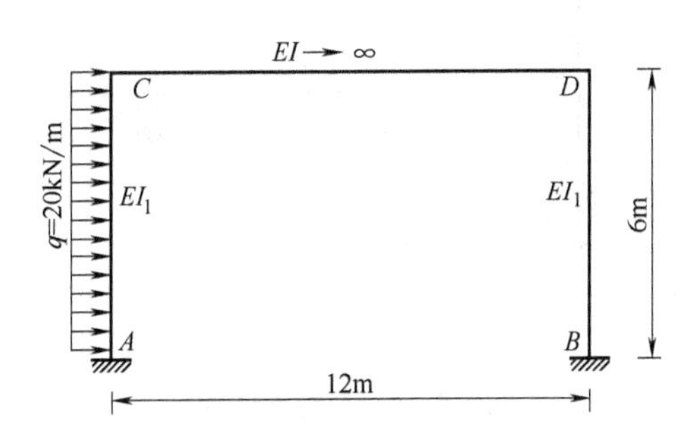

图 6-51　习题 6-6 图

6-7　作图 6-52 所示排架的弯矩图、剪力图和轴力图。

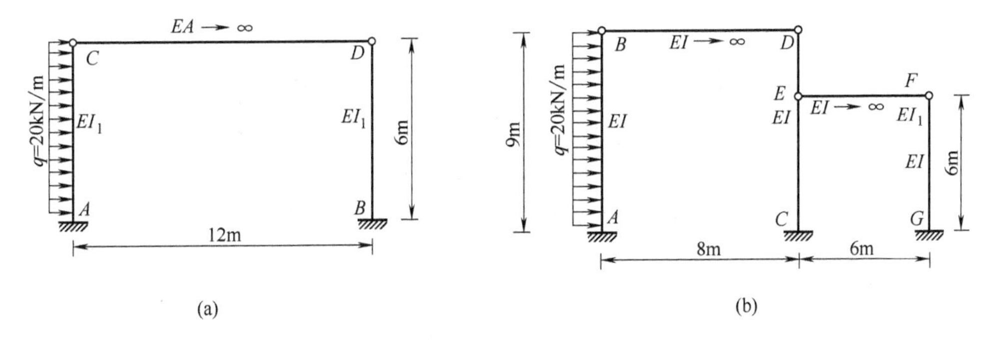

图 6-52　习题 6-7 图

6-8　利用对称性，作图 6-53 所示刚架的弯矩图。EI=常数。

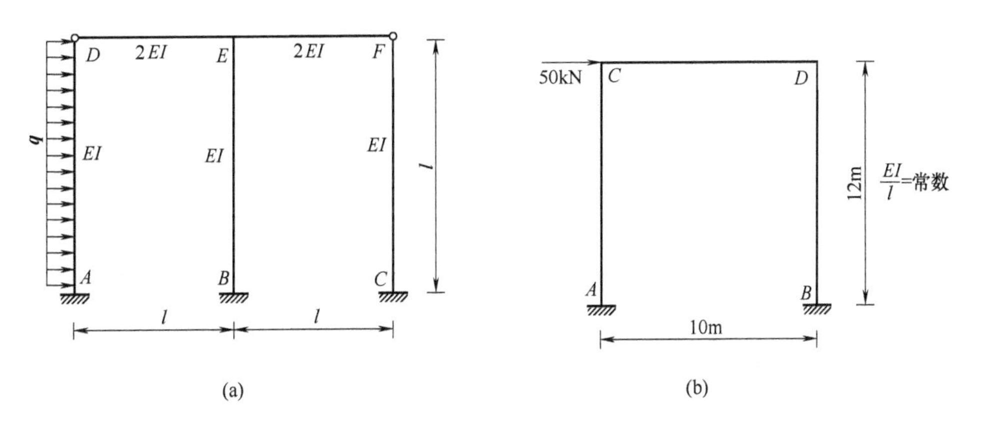

图 6-53　习题 6-8 图

6-9　用位移法计算图 6-54 所示结构由于支座变位引起的内力，并作弯矩图。

6-10　计算图 6-55 所示刚架在温度改变作用下的弯矩，并绘制弯矩图。已知各杆 $EI=4.58\times10^4\text{kN}\cdot\text{m}^2$，矩形截面高度 $h=0.5\text{m}$，材料的线膨胀系数 $\alpha=10^{-5}/℃$。

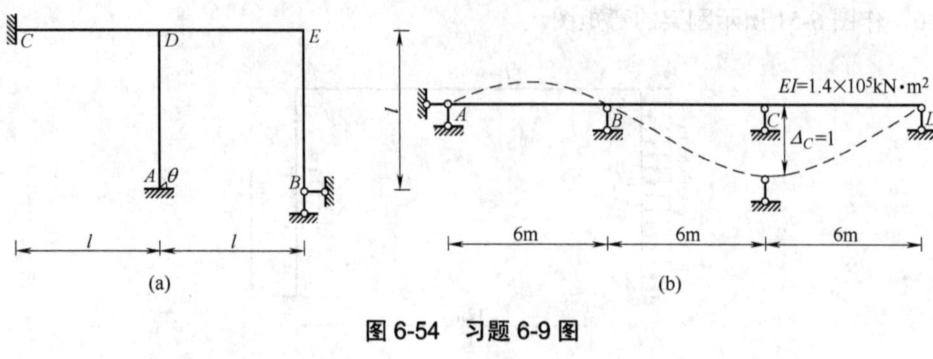

图 6-54　习题 6-9 图

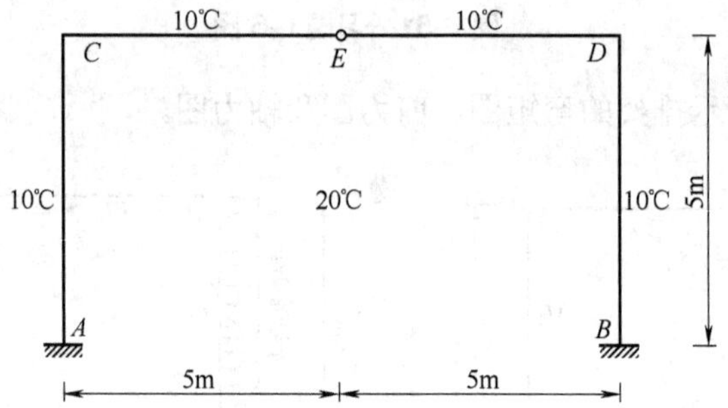

图 6-55　习题 6-10 图

第7章　渐　近　法

7.1　概　　述

用力法和位移法计算超静定结构都要建立和解算联立方程，当未知量的个数增加时，计算工作量非常大，且在求得基本未知量后，还要利用杆端弯矩叠加公式求得杆端弯矩。为了避免解算联立方程，人们提出过许多实用的计算方法，如力矩分配法和迭代法，这两种方法都是渐近法，即在计算过程中采用逐次修正或逐步逼近的方法，以求提高计算结果的精确度。采用这种计算方法不需要建立和求解联立方程，只需按表格进行计算，故常在工程设计中应用。

本章主要阐述力矩分配法，以及无剪力分配法和剪力分配法。

7.2　力矩分配法的基本概念

力矩分配法是计算连续梁和无侧移刚架的一种实用计算方法，它不需要建立和求解基本方程，只需按表格进行计算，非常方便、快捷。

力矩分配法是逐步逼近(对多结点力矩分配而言)精确解的计算方法，是渐近法，不是近似法。该法适用于连续梁和无结点位移的刚架计算。杆端弯矩的符号正负规定与位移法相同。

7.2.1　转动刚度

转动刚度表示杆端对转动的抵抗能力，在数值上等于使杆端产生单位转角(无线位移)时所需施加的力矩，用符号 S 表示。图 7-1 所示为 AB 杆 A 端的转动刚度 S_{AB} 与 AB 杆的线刚度 i(材料的性质、横截面的形状和尺寸、杆长)及远端支承之间的关系，而与近端支承无关(施力端称为近端，另一端称为远端)。

(a) S_{AB}=4i，远端为固定端

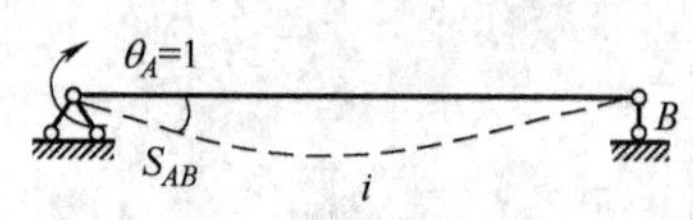

(b) S_{AB}=3i，远端为铰支座

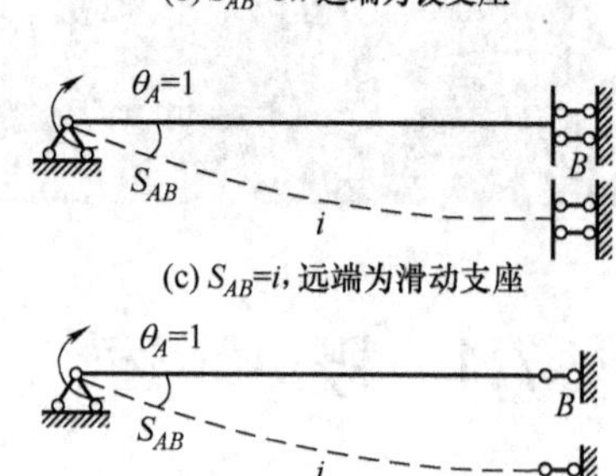

(c) S_{AB}=i，远端为滑动支座

(d) S_{AB}=0，远端为滚轴支座

图 7-1　远端为不同支承时的转动刚度

7.2.2　分配系数

用位移法求解图 7-2 所示结构，未知量为 θ_A。

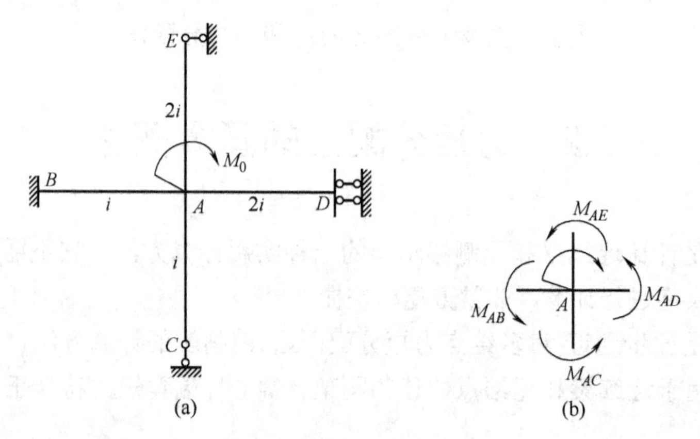

图 7-2　用位移法求解图

杆端弯矩表达式：

$$M_{AB}=S_{AB}\theta_A=4i\theta_A,\quad S_{AB}=4i$$
$$M_{AC}=S_{AC}\theta_A=0,\quad S_{AC}=0$$
$$M_{AD}=S_{AD}\theta_A=2i\theta_A,\quad S_{AD}=2i$$
$$M_{AE}=S_{AE}\theta_A=6i\theta_A,\quad S_{AE}=6i$$

取结点 A 为隔离体(见图 7-2(b))，由平衡方程 $\sum M_A=0$，得

$$M_{AB}+M_{AC}+M_{AD}+M_{AE}=M_0$$

$$(S_{AB}+S_{AC}+S_{AD}+S_{AE})\theta_A=M_0$$

$$\theta_A=\frac{M_0}{S_{AB}+S_{AC}+S_{AD}+S_{AE}}=\frac{M_0}{\sum S}$$

式中 $\sum S$ 表示各杆 A 端转动刚度之和，且

$$\sum S=S_{AB}+S_{AC}+S_{AD}+S_{AE}=12i$$

$$M_{AB}=S_{AB}\theta_A=\frac{S_{AB}}{\sum S}M_0=\mu_{AB}M_0=\frac{4i}{12i}M_0=\frac{1}{3}M_0\text{，}\quad \mu_{AB}=\frac{S_{AB}}{\sum S}=\frac{1}{3}$$

$$M_{AD}=S_{AD}\theta_A=\frac{S_{AD}}{\sum S}M_0=\mu_{AD}M_0=\frac{2i}{12i}M_0=\frac{1}{6}M_0\text{，}\quad \mu_{AD}=\frac{S_{AD}}{\sum S}=\frac{1}{6}$$

$$M_{AE}=S_{AE}\theta_A=\frac{S_{AE}}{\sum S}M_0=\mu_{AE}M_0=\frac{6i}{12i}M_0=\frac{1}{2}M_0\text{，}\quad \mu_{AE}=\frac{S_{AE}}{\sum S}=\frac{1}{2}$$

$$M_{AC}=S_{AC}\theta_A=0\text{，}\quad \mu_{AC}=\frac{S_{AC}}{\sum S}=0$$

由此可以看出，结点力偶 M_0 按系数μ确定的比例分配给各杆端。系数μ称为分配系数，某杆的分配系数μ等于该杆的转动刚度 S 与交于同一结点的各杆转动刚度之和的比值，即

$$\mu_{ij}=\frac{S_{ij}}{\sum S} \tag{7-1}$$

对于某一结点，各杆分配系数之代数和应为 1，即：$\sum\mu_{ij}=1$。

7.2.3　传递系数

传递系数指的是杆端转动时产生的远端弯矩与近端弯矩的比值(见图 7-3)，即

$$C=\frac{M_{远}}{M_{近}} \tag{7-2}$$

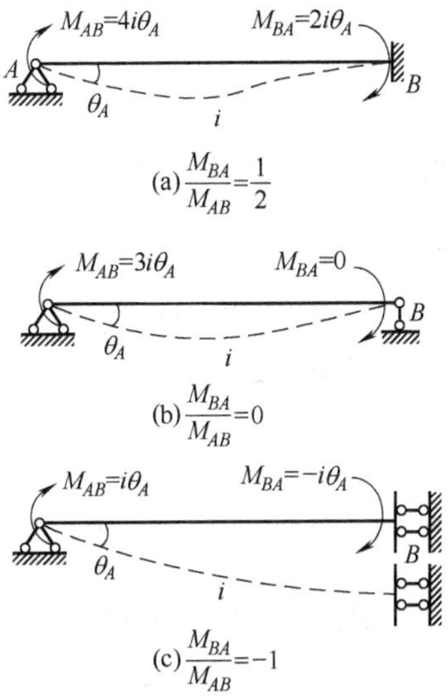

(a) $\frac{M_{BA}}{M_{AB}}=\frac{1}{2}$

(b) $\frac{M_{BA}}{M_{AB}}=0$

(c) $\frac{M_{BA}}{M_{AB}}=-1$

图 7-3　传递系数

等截面直杆的转动刚度和传递系数见表 7-1。

表 7-1　等截面直杆的转动刚度和传递系数

远端支撑	转动刚度	传递系数
固定	$4i$	1/2
铰支	$3i$	0
定向支座	i	−1

7.3　力矩分配法的基本运算

力矩分配法的基本运算指的是单结点结构的力矩分配法计算。

【**例 7-1**】计算图 7-4(a)所示刚架的 M 图。

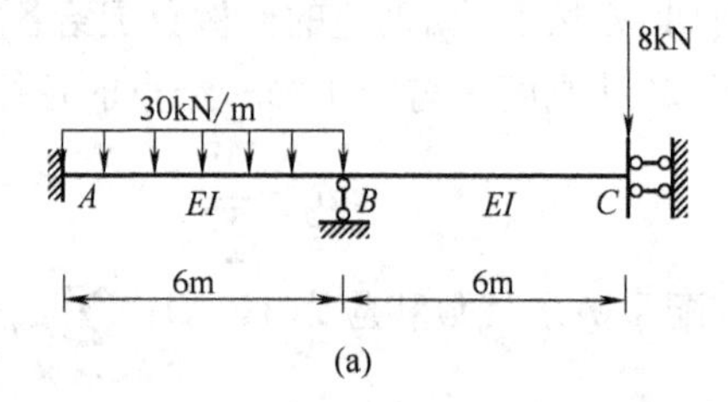

(a)

分配系数		0.8	0.2	
固端弯矩	−90	90	−240	−240
弯矩分配	60	−60	30	−30
最终弯矩	−30	30	−210	−270

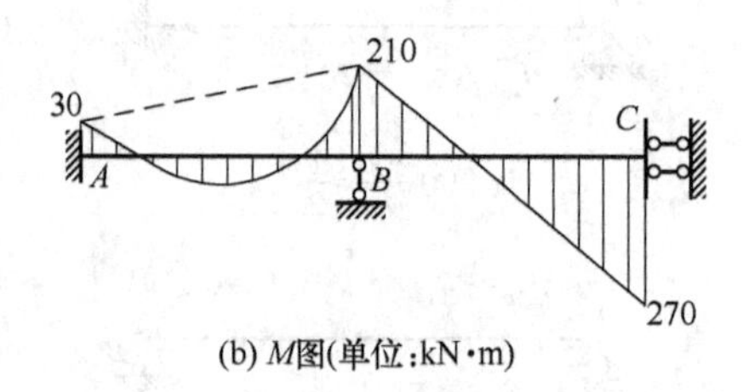

(b) M图(单位:kN·m)

图 7-4　例 7-1 图

解：(1) 计算分配系数。

设$i=\dfrac{EI}{6}$，$i_{BA}=i$，$i_{BC}=i$，则

$$\sum S_{Bj}=4i_{BA}+i_{BC}=5i$$

$$\mu_{BA}=\frac{4i}{5i}=0.8$$

$$\mu_{BC}=\frac{i}{5i}=0.2$$

(2) 计算固端弯矩。

$$M_{BA}^{F}=\frac{ql^2}{12}=\frac{30\times6^2}{12}=90(\text{kN}\cdot\text{m})$$

$$M_{AB}^{F}=-\frac{ql^2}{12}=\frac{30\times6^2}{12}=-90(\text{kN}\cdot\text{m})$$

$$M_{BC}^{F}=-\frac{pl}{2}=-\frac{80\times6}{2}=-240(\text{kN}\cdot\text{m})$$

$$M_{CB}^{F}=-\frac{pl}{2}=-\frac{80\times6}{2}=-240(\text{kN}\cdot\text{m})$$

(3) 分配、传递均在图7-4(a)上进行。

(4) 绘M图，如图7-4(b)所示。B结点满足$\sum M_B=0$。

【例7-2】试用力矩分配法计算图7-5(a)所示刚架，作M图。设E处弹性支承的弹簧刚度为$k=\frac{3EI}{l^3}$，l=4m，各杆EI=常数，忽略各杆的轴向变形。

解：此刚架只有一个刚结点D，当不考虑各杆的轴向变形时，只有一个独立的结点角位移，故可用力矩分配法计算，只是其中杆件DE(一端固定、一端弹性链杆支承的等截面杆)的转动刚度需另行导出。

(1) 先用力法求出图7-5(b)所示的DE杆在D端的弯矩(即D端的转动刚度S_{DE})。为此，以弹性支承的反力为多余力X_1，列力法方程为

$$\delta_{11}X_1+\varDelta_{1\Delta}=-\varDelta_F$$

其中$\varDelta_F=-\frac{X_1}{k}$；$\varDelta_{1\Delta}=-l\varphi_D=-l$；$\delta_{11}=\frac{l^3}{3EI}$

故得

$$X_1=\frac{l^3}{\delta_{11}+\frac{1}{k}}=\frac{kl}{1+k\delta_{11}}=\frac{kl}{1+\frac{kl^3}{3EI}}=\frac{3EI}{2l^2}$$

据此可得

$$S_{DE}=X_1l=\frac{3EI}{2l}=1.5i$$

其中

$$i=\frac{EI}{l}$$

(2) 求结点D各杆端的分配系数。

其余各杆在D端的转动刚度分别为

$$S_{DA}=3i,\quad S_{DC}=3i,\quad S_{DB}=\frac{4EI}{2l}=2i$$

由此可求得结点D各杆的分配系数如下：

$$\mu_{DC}=\mu_{DA}=\frac{3}{3\times2+2+1.5}=\frac{3}{9.5}=0.316\text{；}\quad \mu_{DB}=\frac{2}{9.5}=0.210\text{；}\quad \mu_{DE}=\frac{1.5}{9.5}=0.158$$

(3) 固端弯矩的计算。

$$M_{DA}^{F}=\frac{15\times4^2}{8}=30(\text{kN}\cdot\text{m})$$

$$M_{DC}^{F}=\frac{3\times40\times4}{16}=30(\text{kN}\cdot\text{m})$$

(4) 进行分配、传递及计算最后的杆端弯矩，见表 7-2。

表 7-2　最后的杆端弯矩

结点	A	C	D				B	E
杆端	AD	CD	DC	DA	DE	DB	BD	ED
分配系数			0.316	0.316	0.158	0.210		
固端弯矩	0	0	+30	+30	0	0	0	0
分配与传递	0	0	−18.96	−18.96	−9.48	−12.60	−6.30	0
最后杆端弯矩	0	0	11.04	11.04	−9.48	−12.60	−6.30	

由求得的最后杆端弯矩，即可作出最后的 M 图，如图 7-5(c)所示。

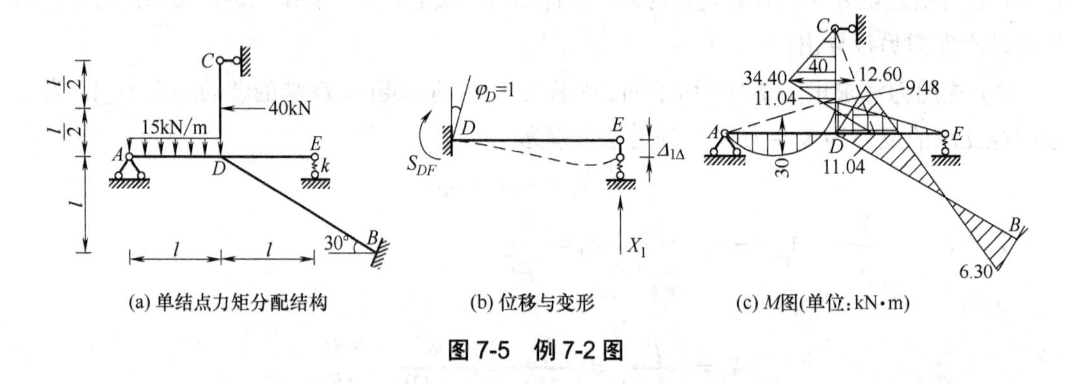

(a) 单结点力矩分配结构　　(b) 位移与变形　　(c) M图(单位：kN·m)

图 7-5　例 7-2 图

7.4　多结点无侧移结构的计算

用力矩分配法计算多结点的连续梁和无侧移刚架，只要逐次放松每一个结点，应用单结点的基本运算，就可逐步渐近求出杆端弯矩。以图 7-6 所示连续梁为例加以说明。

(1) 加刚臂，锁住刚结点，将体系化成一组单跨超静定梁，计算各杆固端弯矩 M，由结点力矩平衡求刚臂内的约束力矩(称为结点的不平衡力矩)，如图 7-6(b)所示。该图与原结构的差别是：在受力上，结点 B、C 上多了不平衡力矩 M_B、M_C；在变形上结点 B、C 不能转动。

(2) 为了取消结点 B 的刚臂，放松结点 B(结点 C 仍锁住)，在结点 B 加上$-M_B$，如图 7-6(c)所示，此时 ABC 部分只有一个角位移，并且受结点集中力偶作用，可按基本运算进行力矩分配和传递，结点 B 处于暂时的平衡。此时 C 点的不平衡力矩是 $M_C+M_{传}$。

(3) 为了取消结点 C 的刚臂，放松结点 C，在结点 C 加上$-(M_C+M_{传})$，如图 7-6(d)所示。为了使 BCD 部分只有一个角位移，结点 B 再次被锁住，按基本运算进行力矩分配和传递。结点 C 处于暂时的平衡。

(4) 传递弯矩的到来，又打破了 B 点的平衡，B 点又有了新的约束力矩 $M_{传}$，重复步骤(2)、(3)两步，经多次循环后各结点的约束力矩都趋于零，恢复到原结构的受力状态和变形状态。一般 2～3 个循环就可获得足够的精度。

(5) 叠加：最后杆端弯矩为

$$M=\sum M_{分}+\sum M_{传}+M_{F} \tag{7-3}$$

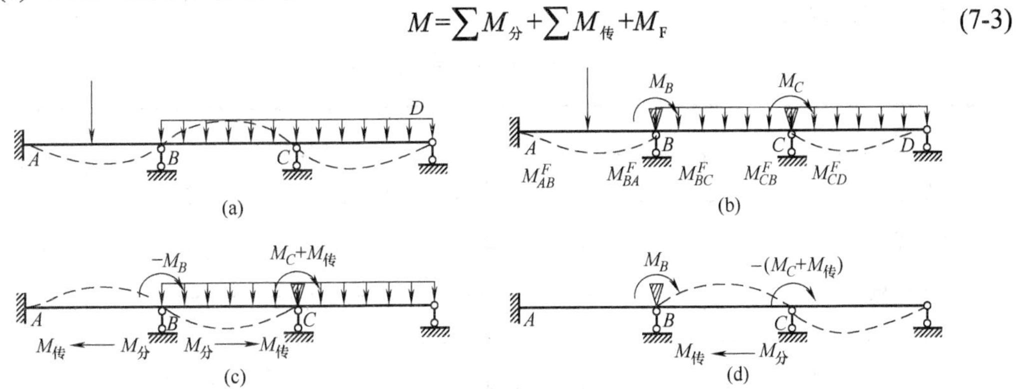

图 7-6　连续梁的弯矩分配原理

注意：

(1) 多结点结构的力矩分配法得到的是渐近解。

(2) 首先从结点不平衡力矩较大的结点开始，以加速收敛。

(3) 不能同时放松相邻的结点(因为两相邻结点同时放松时，它们之间的杆的转动刚度和传递系数定不出来)；但是，可以同时放松所有不相邻的结点，这样可以加速收敛。

(4) 每次要将结点不平衡力矩变号分配。

(5) 结点 i 的不平衡力矩 M_i 等于附加刚臂上的约束力矩，可由结点平衡求得。

在第一轮第一个分配结点：$M_i=\sum M_F-m$(结点力偶荷载顺时针为正)。

在第一轮其他分配结点：$M_i=\sum M_F+M_{传}-m$(结点力偶荷载顺时针为正)。

以后各轮的各分配结点：$M_i=M_{传}$。

【例 7-3】用弯矩分配法计算图 7-7(a)所示连续梁，并作弯矩图，各杆 EI=常数。

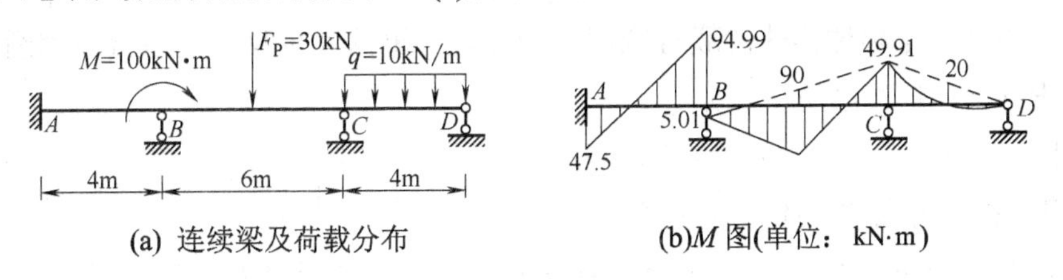

(a) 连续梁及荷载分布　　(b)M 图(单位：kN·m)

图 7-7　例 7-3 图

解： 计算转动刚度为

$$S_{BA}=\frac{4EI}{4}=EI\text{，}\ S_{BC}=S_{CB}=\frac{2EI}{3}\text{，}\ S_{CD}=\frac{3EI}{4}$$

分配系数为

$$\mu_{BA}=0.6\text{，}\ \mu_{BC}=0.4\text{，}\ \mu_{CB}=0.471\text{，}\ \mu_{CD}=0.529$$

固端弯矩为

$$M_{BC}^{F}=-\frac{60\times 6}{8}=-45(\text{kN}\cdot\text{m})\text{；}\ M_{CB}^{F}=\frac{60\times 6}{8}=45(\text{kN}\cdot\text{m})\text{；}\ M_{CD}^{F}=-\frac{10\times 4^{2}}{8}=-20(\text{kN}\cdot\text{m})$$

弯矩分配见表 7-3。

表 7-3　杆端弯矩分配结果

<table>
<tr><th>结点</th><th>A</th><th colspan="2">B</th><th colspan="2">C</th></tr>
<tr><td>杆端</td><td>AB</td><td>BA</td><td>BC</td><td>CB</td><td>CD</td></tr>
<tr><td>分配系数</td><td></td><td>0.6</td><td>0.4</td><td>0.471</td><td>0.529</td></tr>
<tr><td rowspan="2">固端弯矩</td><td></td><td colspan="2">-100</td><td></td><td></td></tr>
<tr><td></td><td></td><td>-45</td><td>45</td><td>-20</td></tr>
<tr><td rowspan="5">弯矩分配</td><td>43.5</td><td>← 87</td><td>58</td><td>→ 29</td><td></td></tr>
<tr><td></td><td></td><td>-12.72</td><td>← -25.43</td><td>28.57</td></tr>
<tr><td>3.82</td><td>← 7.63</td><td>5.09</td><td>→ 2.54</td><td></td></tr>
<tr><td></td><td></td><td>-0.6</td><td>← -1.2</td><td>-1.34</td></tr>
<tr><td>0.18</td><td>← 0.36</td><td>0.24</td><td></td><td></td></tr>
<tr><td>最终弯矩</td><td>47.5</td><td>94.99</td><td>5.01</td><td>49.91</td><td>-49.91</td></tr>
</table>

根据计算结果作 M 图，如图 7-7(b)所示。

7.5　力矩分配法和位移法的联合应用

力矩分配法适用于连续梁和无结点线位移的刚架；无剪力分配法适用于具有侧移的单跨多层刚架的特殊情况。对于一般有结点线位移的刚架均不能单独应用上述两种方法，这时可考虑力矩分配法和位移法的联合应用。即力矩分配法和位移法的联合应用适用于具有侧移的一般刚架。该方法的特点如下。

(1) 用力矩分配法考虑结点角位移的影响；

(2) 用位移法考虑结点线位移的影响。

【例 7-4】 配合使用力矩分配法和位移法来作图 7-8(a)所示刚架的弯矩图。

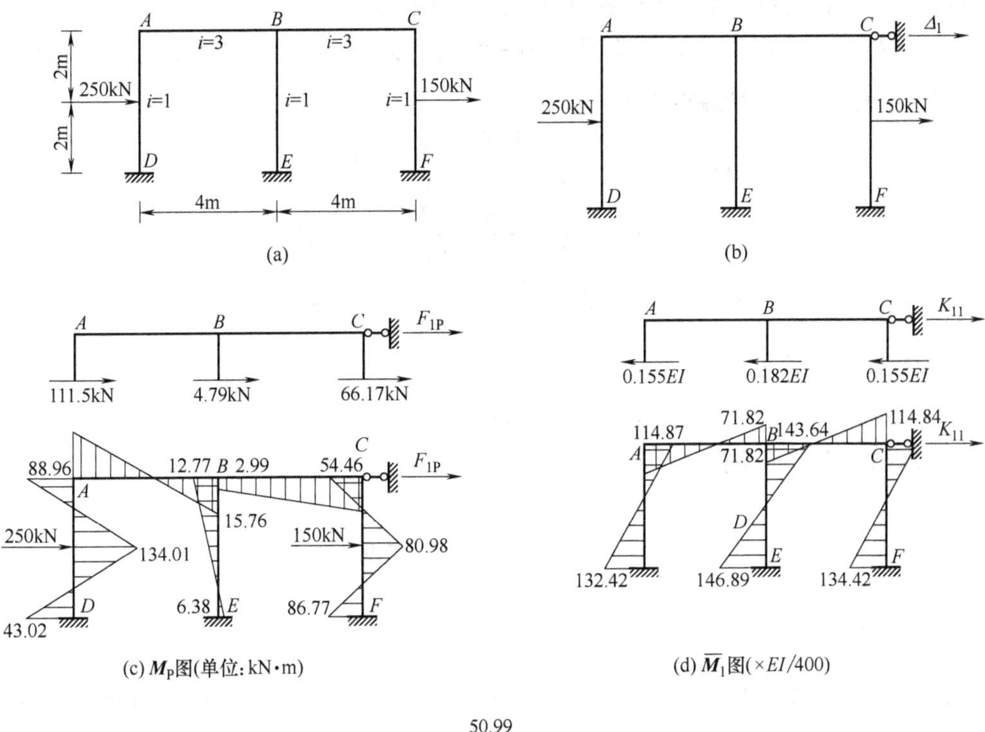

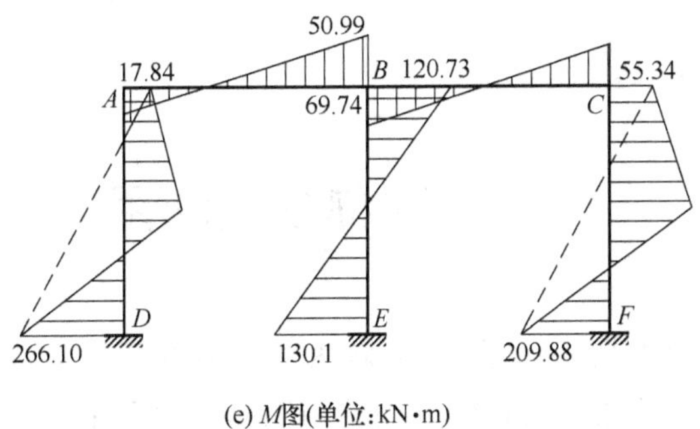

图 7-8　例 7-4 图

解：(1) 在 C 处加水平链杆，取为基本体系，如图 7-8(b)所示，然后作荷载作用下的弯矩图，如图 7-8(c)所示。

由杆端弯矩可求得柱端剪力：

$$F_{QAD}=\frac{250\times2+88.96-143.02}{4}=111.5(\text{kN})$$

$$F_{QBE}=\frac{12.77+6.38}{4}=4.79(\text{kN})$$

$$F_{QCF}=\frac{150\times2+51.46-86.77}{4}=66.17(\text{kN})$$

再由平衡条件 $\sum F_x=0$，求得

$$F_{1P}=-(111.5+4.79+66.17)=-182.46(\text{kN})$$

(2) 作支座 C 向左产生单位位移时刚架的弯矩图 $\bar{M}_1$。

这时已知结点线位移 $\varDelta_1=1$，可用力矩分配法计算 $\bar{M}$，得到的弯矩图如图 7-8(d)所示。由杆端弯矩求出的柱端剪力为

$$F_{QAD}=-\frac{132.42+114.84}{4}\times\frac{EI}{400}=-0.155EI$$

$$F_{QBE}=-\frac{143.64+146.89}{4}\times\frac{EI}{400}=-0.182EI$$

$$F_{QCF}=-\frac{114.84+132.42}{4}\times\frac{EI}{400}=-0.155EI$$

再由平衡条件求出 k_{11}：

$$k_{11}=(0.155+0.182+0.155)EI=0.491EI$$

(3) 求出结点水平位移 $\varDelta_1$。

由位移方程求得

$$\varDelta_1=-\frac{F_{1P}}{k_{11}}=\frac{371.9}{EI}$$

(4) 作弯矩图。

将图 7-8(d)中 $\bar{M}_1$ 的标距与 $\varDelta_1=\dfrac{371.9}{EI}$ 相乘，再与图 7-8(c)中 M_P 图的标距叠加，即得出最后弯矩图 M，如图 7-8(e)所示。

7.6 对称性的利用

作用在对称结构上的任意荷载可以分解为对称荷载和反对称荷载两部分。在对称荷载作用下，弯矩图和轴力图是对称的，而剪力图是反对称的；在反对称荷载作用下，弯矩图和轴力图是反对称的，而剪力图是对称的。利用此性质，可取对称结构的半边结构进行计算。

【例 7-5】用力矩分配法计算图 7-9(a)所示的对称结构，并作弯矩图。EI=常数。

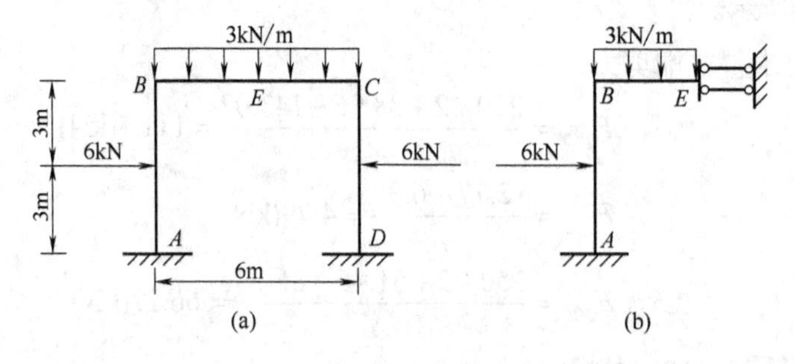

图 7-9 例 7-5 图

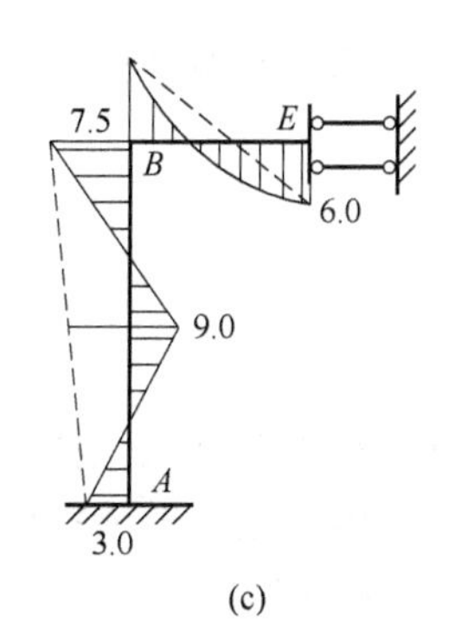

(c)

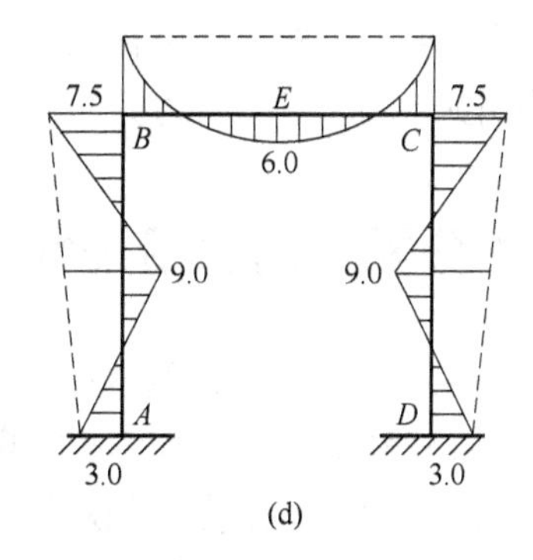

(d)

图 7-9　例 7-5 图(续)

解：对称荷载一般用力矩分配法进行计算，取半边结构如图 7-9(b)所示。

(1) 计算分配系数。

$$S_{BE}=\frac{EI}{3}\qquad S_{BA}=\frac{2EI}{3}$$

$$\mu_{BE}=\frac{1}{3}\qquad \mu_{BA}=\frac{2}{3}$$

(2) 计算固端弯矩。

$$M_{BA}^{F}=-M_{AB}^{F}=\frac{1}{8}F_{P}l=4.5\,\text{kN·m}$$

$$M_{BE}^{F}=-\frac{1}{3}ql^{2}=-9\,\text{kN·m}$$

$$M_{EB}^{F}=-\frac{1}{6}ql^{2}=-4.5\,\text{kN·m}$$

(3) 力矩分配。

力矩分配见表 7-4。

表 7-4　力矩分配结果

杆端	AB	BA	BE	EB
分配系数		2/3	1/3	
固端弯矩	−4.5	4.5	−9.0	−4.5
分配弯矩	1.5	3.0	1.5	−1.5
最终弯矩	−3.0	7.5	7.5	−6.0

作半边弯矩图，如图 7-9(c)所示。

(4) 作弯矩图，如图 7-9(d)所示。

7.7　无剪力分配法

在位移法中，刚架分为无侧移刚架和有侧移刚架两类。它们的区别为：无侧移刚架中基本未知量只含结点角位移；有侧移刚架中基本未知量含有结点线位移。

力矩分配法只能用于求解无侧移刚架，不能直接用于有侧移刚架。对于求解符合某些特定条件的有侧移刚架，可用无剪力分配法。

7.7.1 无剪力分配法的适用条件

无剪力分配法的适用条件为：结构中有线位移的杆件的剪力是静定的。即：刚架中除了无侧移杆外，其余杆件全是剪力静定杆。图 7-10(a)所示结构即为有侧移刚架。

图 7-10(a)中，水平梁两端结点无相对线位移，这种杆件称为两端无相对线位移的杆件。柱两端结点虽有侧位移，但其剪力可根据静力平衡条件直接求出，如图 7-10(b)所示，这种杆件称为剪力静定杆件。

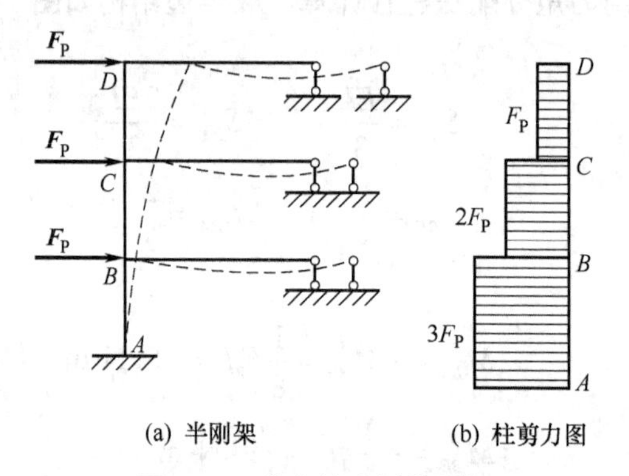

图 7-10 剪力静定侧移刚架

在图 7-11 所示的有侧移刚架中，立柱 AB、CD 不是剪力静定杆件，不符合无剪力分配法的适用条件，因此不能使用无剪力分配法进行计算。

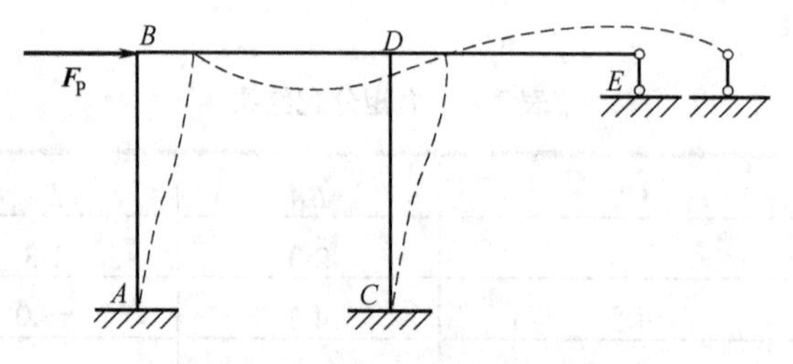

图 7-11 非剪力静定侧移刚架

7.7.2 剪力静定杆的固端弯矩

采用无剪力分配法计算图 7-12(a)所示半边刚架的剪力静定杆的固端弯矩时，分两步完成：①锁定结点(只阻止结点的角位移，但不阻止线位移)，求各杆的固端弯矩，如图 7-12(b)所示；②放松结点(结点产生角位移，同时也产生线位移)，求各杆的分配弯矩和传递系数，如图 7-12(c)所示。将两步所得的结果叠加，既得出原刚架的杆端弯矩。

现在求图 7-12(b)中杆 AB 的固端弯矩。此杆的变形特点是：两端没有转角，但有相对位移。受力特点是：整根杆件的剪力是静定的，例如顶点 A 处的剪力已知为零。因此，

图 7-12(b)中杆 AB 的受力状态与图 7-12(d)所示的下端固定、上端滑动的杆 AB 相同。

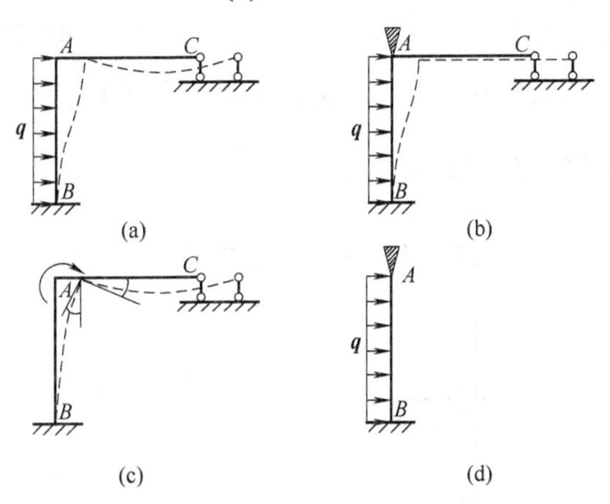

图 7-12　剪力静定杆固端弯矩求法

7.7.3　剪力静定杆的转动刚度和传递系数

为计算图 7-12(c)所示半边刚架在放松结点 A 时所引起的附加应力，放松结点 A 的约束，相当于在结点 A 加一个与图 7-12(b)中约束力偶相反的力偶荷载，如图 7-13(a)所示。

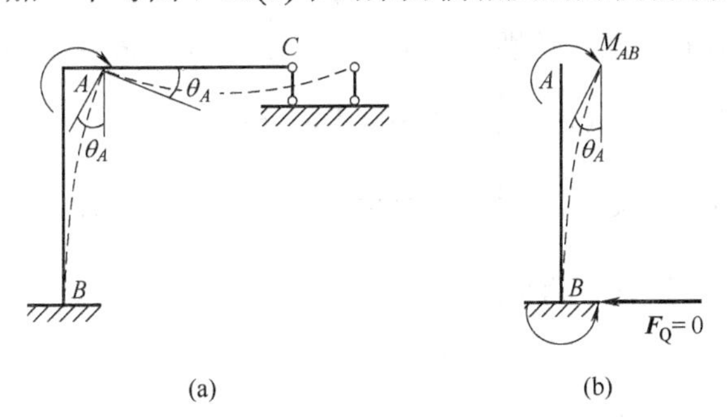

图 7-13　剪力静定杆的变形

图 7-13(a)中，杆 AB 的变形特点是：结点 A 既有转角，同时也有侧移；受力特点是：各截面剪力都为零，因此各截面的弯矩为常数，这种杆件称为零剪力杆件。因此，图 7-13(a)中杆 AB 的受力状态与图 7-13(b)中悬臂杆的受力状态相同。当 A 端转动 θ_A 时，杆端力偶为

$$M_{AB}=i_{AB}\theta_A\text{，}\quad M_{BA}=-M_{AB}$$

由此可知，零剪力杆件的转动刚度为

$$S_{AB}=i_{AB}$$

传递系数为

$$C_{AB}=-1$$

在结点力偶作用下，刚架中的剪力静定杆件的剪力均为零，也就是说在放松结点时，弯矩的分配与传递均在零剪力条件下进行，故称为无剪力分配。

【例 7-6】试作图 7-14(a)所示刚架在水平荷载作用下的弯矩图。

解：由于刚架为对称结构，所以可将荷载分为对称和反对称两部分。对称荷载对弯矩无影响，不予考虑。在图 7-14(b)所示反对称荷载作用下，可取其半边刚架进行计算，如图 7-14(b)所示。其中横梁长度减少一半，故线刚度 $i=\dfrac{I}{l}$ 增大 1 倍。

(1) 固端弯矩(柱侧移端修正为滑动)。

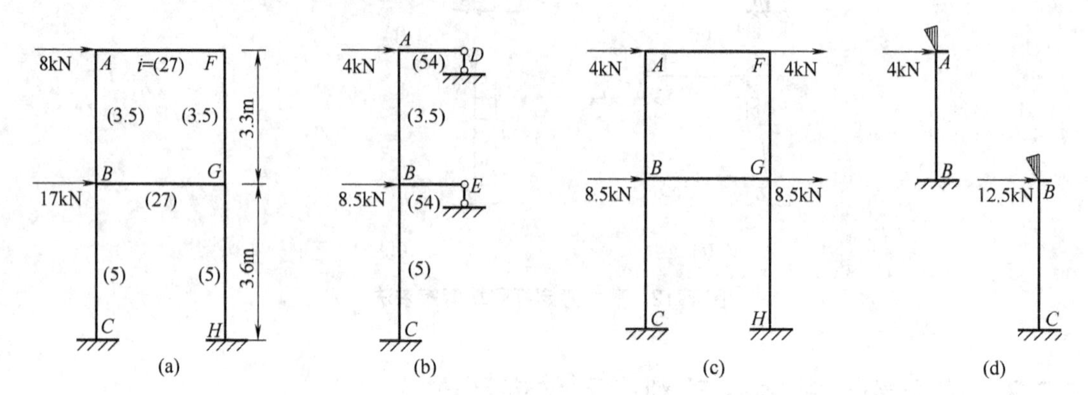

图 7-14　例 7-6 图

立柱 AB 和 BC 为剪力静定杆，由平衡方程求得剪力为

$$F_{QAB}=4\text{kN}，\quad F_{QBC}=12.5\text{kN}$$

将杆端剪力看作杆端荷载，按图 7-14(d)所示杆件可求得固端弯矩如下：

$$M_{AB}^{F}=M_{BA}^{F}=-\frac{1}{2}\times 4\text{kN}\times 3.3\text{m}=-6.6\text{kN}\cdot\text{m}$$

$$M_{BC}^{F}=M_{CB}^{F}=-\frac{1}{2}\times 12.5\text{kN}\times 3.6\text{m}=-22.5\text{kN}\cdot\text{m}$$

(2) 分配系数(柱远端修正为滑动)。

A 结点(B 滑动)：

$$S_{AB}=i_{AB}=3.5$$

$$S_{AD}=3i_{AD}=162$$

$$\sum S=S_{AB}+S_{AD}=3.5+162=165.5$$

A 结点的分配系数为

$$\mu_{AB}=\frac{S_{AB}}{\sum S}=\frac{3.5}{165.5}=0.0211$$

$$\mu_{AD}=\frac{S_{AD}}{\sum S}=\frac{162}{165.5}=0.9789$$

B 结点(A、C 滑动)：

$$S_{BA}=i_{BA}=3.5$$

$$S_{BC}=i_{BC}=5$$

$$S_{BE}=3i_{BE}=162$$

$$\sum S=S_{BA}+S_{BC}+S_{BE}=3.5+5+162=170.5$$

故 A 结点的分配系数为

$$\mu_{BA} = \frac{S_{BA}}{\sum S} = \frac{3.5}{170.5} = 0.0206$$

$$\mu_{BC} = \frac{S_{BC}}{\sum S} = \frac{5}{170.5} = 0.0293$$

$$\mu_{BE} = \frac{S_{BE}}{\sum S} = \frac{162}{170.5} = 0.9501$$

(3) 力矩分配与传递。

计算过程如图 7-15 所示。结点分配次序为 B、A、B、A。注意，立柱的传递系数为-1。最后作 M 图，如图 7-16 所示。

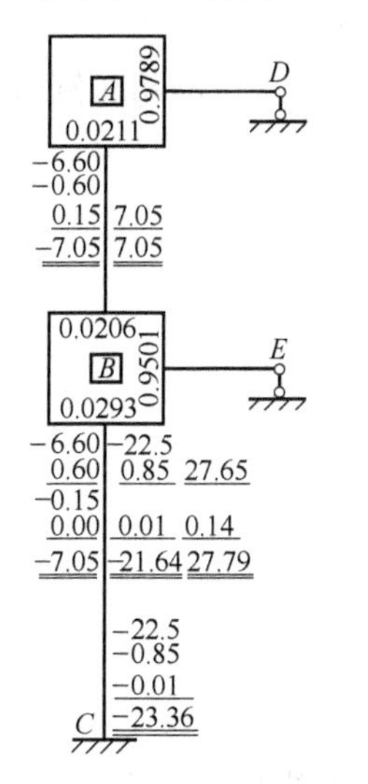

图 7-15　力矩分配和传递过程

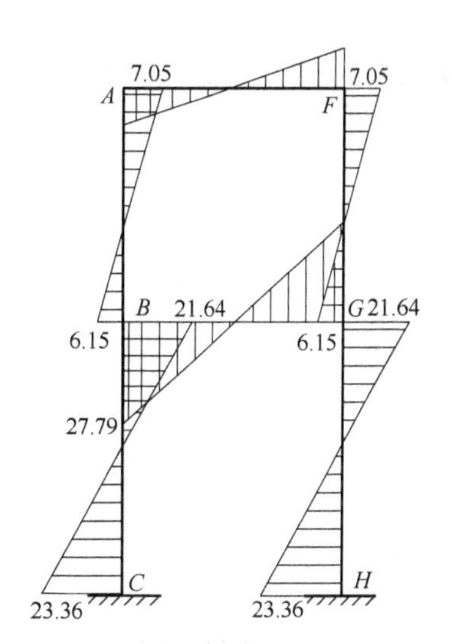

图 7-16　M 图

7.8　剪力分配法

剪力分配法是计算承受水平结点荷载刚架内力的一种实用算法，它假设刚架横梁为无限刚性，即不计刚性结点转动的影响，只考虑结点的侧移，从而使计算步骤大为简化。因实际的横梁不是无限刚性的，所以用剪力分配法所得的结果是近似的。当刚架横梁与立柱的线刚度之比 $i_b / i_c \geqslant 3$ 时，采用剪力分配法计算的精度能满足工程上的要求。当 $i_b / i_c < 3$ 时计算误差较大，可采用修正的办法来调整。

由于剪力分配法计算十分简便，且具有传力直观明确的优点，所以在实际工程中，尤其在结构方案比较或初步设计中常被采用。下面介绍此法中用到的几个术语。

1. 抗剪刚度与抗剪柔度

1) 两端固定的等截面柱

图 7-17 所示为两端固定(或刚接)的等截面柱子，当柱顶发生相对线位移 Δ 时，柱顶的

剪力 F_{YBA}(或反力 F_{PB})等于

$$F_{YBA}=F_{PB}=\frac{12EI}{h^3}\Delta \tag{7-4}$$

式中，系数$12EI/h^3$是杆端相对侧移$\Delta=1$时产生的剪力，称为抗剪刚度，或侧移刚度，通常以D表示：

$$D_{AB}=\frac{12EI}{h^3}=\frac{12i}{h^2} \tag{7-5}$$

在式(7-4)中若取$F_{YBA}=F_{PB}=1$，并以δ代替Δ，则有

$$\delta_{AB}=\frac{h^3}{12EI}=\frac{h^2}{12i} \tag{7-6}$$

δ_{AB}称为柱的抗剪柔度，表示当柱子承受单位剪力时柱顶产生的相对侧移。

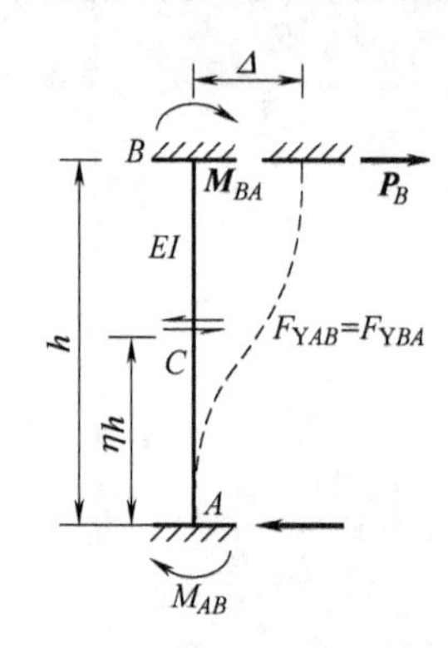

图 7-17　两端固定等截面柱子

由式(7-5)、式(7-6)可知，单柱的抗剪刚度与抗剪柔度互为倒数：$\delta_{AB}=1/D_{AB}$。

图 7-17 所示柱子的中点C为弯矩等于零的截面，称为反弯点。以ηh表示反弯点离柱底的高度，反弯点高度比$\eta=M_{AB}/(M_{AB}+M_{BA})$。两端固定的柱$\eta=0.5$。

2) 一端固定、另一端铰接的等截面柱

图 7-18 为下端固定、上端铰接的等截面柱，柱顶发生相对线位移Δ时，柱顶的剪力F_{YBA}(或反力F_{PB})等于

$$F_{YBA}=F_{PB}=\frac{3EI}{h^3}\Delta=\frac{1}{4}\left(\frac{12EI}{h^3}\right)\Delta \tag{7-7}$$

式中，系数$\frac{1}{4}\left(\frac{12EI}{h^3}\right)$称为该柱的修正抗剪刚度，即

$$D'_{AB}=\frac{1}{4}D_{AB} \tag{7-8}$$

修正抗剪柔度为

$$\delta'_{AB}=\frac{h^3}{3EI}=4\delta_{AB}=4\left(\frac{1}{D_{AB}}\right)=\frac{1}{D'_{AB}} \tag{7-9}$$

图 7-18 所示柱子的反弯点在上端铰B处，即$\eta=1.0$。

3) 下端固定、上端铰接的单阶柱

图 7-19 所示为变截面的单阶柱，上、下段截面惯性矩分别为 I_1、I_2，全柱高 h_2，上柱高 h_1。当柱顶发生相对侧位移 Δ 时，可用力法求出柱顶剪力值为

$$F_{YBA}=\frac{3EI_2}{h_2^3}\left[\frac{1}{1+\left(\frac{1}{n}-1\right)\lambda^3}\right]\Delta \tag{7-10}$$

式中 $n=\frac{I_1}{I_2},\lambda=\frac{h_1}{h_2}$，则其抗剪刚度可表示为

$$D_{AB}^0=\frac{3EI_2}{h_2^3}\left[\frac{1}{1+\left(\frac{1}{n}-1\right)\lambda^3}\right] \tag{7-11}$$

相应的抗剪柔度即为 $\delta_{AB}^0=1/D_{AB}^0$。

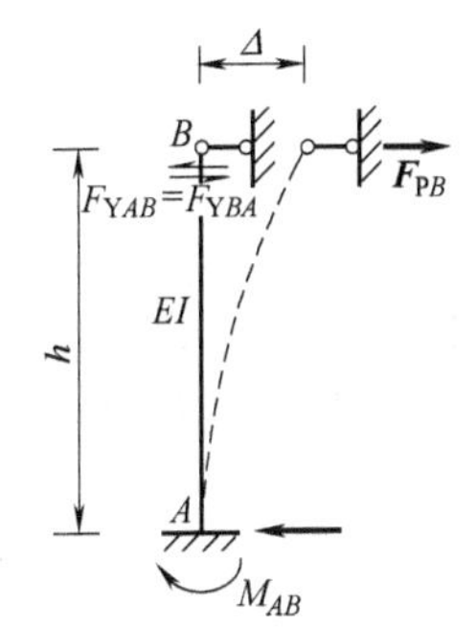

图 7-18　一端固定、另一端铰接的等截面柱

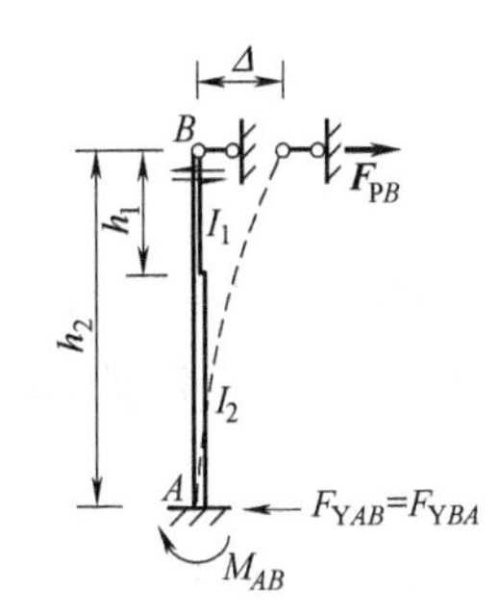

图 7-19　下端固定、上端铰接的单阶柱

2. 并联体系

图 7-20(a)表示横梁具有无限刚性的刚架，竖柱各为等截面杆，在结点上受集中荷载 $\boldsymbol{F}_{\mathrm{P}}$ 的作用，刚结点无转角，各柱两端的相对线位移相同，如图 7-20(b)所示，即

$$\Delta_1=\Delta_2=\Delta_3=\Delta \quad (变形条件)$$

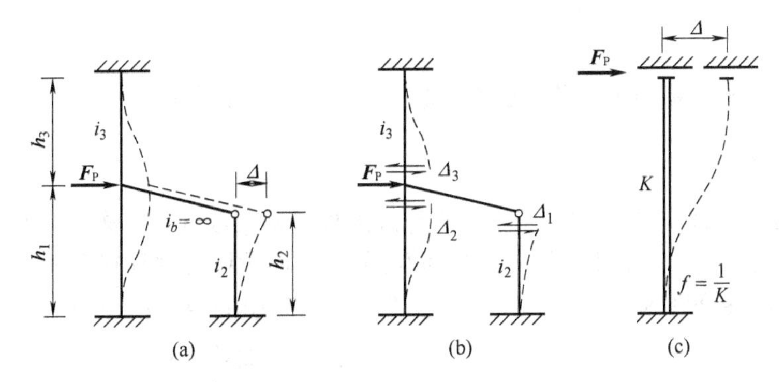

图 7-20　并联体系

但刚架各柱剪力是各不相等的，分别为(物理条件)

$$\left.\begin{aligned}F_{Y1}&=\frac{12i_1}{h_1^2}\varDelta=D_1\varDelta\\F_{Y2}&=\frac{1}{4}\left(\frac{12i_2}{h_2^2}\right)\varDelta=D_2'\varDelta\\F_{Y3}&=\frac{12i_3}{h_3^2}\varDelta=D_3\varDelta\end{aligned}\right\}\tag{7-12}$$

根据图 7-20(b)所示横梁隔离体的平衡条件$\sum X=0$，得

$$F_P-F_{Y1}-F_{Y2}-F_{Y3}=0$$

将式(7-12)代入上式求得横梁结点的侧移

$$\varDelta=\frac{1}{D_1+D_2'+D_3}\times F_P=\frac{1}{\sum D}\times F_P$$

于是可得各柱剪力为

$$F_{Yi}=\frac{D_i}{\sum D}\times F_P=\gamma_i F_P$$

其中

$$\gamma_i=\frac{D_i}{\sum D}\tag{7-13}$$

γ_i称为柱子的剪力分配系数，其物理意义表示当刚架受结点单位横向荷载($F_P=1$)作用时，端点位移相等的各柱分别承担的剪力。γ_i与D_i值成正比，柱子的抗剪刚度越大，所分担的剪力也越大。

综上所述，刚架各柱通过同一个刚性横梁互相连接成为整体，如果有结点横向力作用，由于各柱端发生相同的侧移，各柱按其抗剪刚度产生各自的剪力(抗力)，将具有这种受力和变形特点的柱系称为并联体系。将图 7-20(c)所示合成柱等效代替图 7-20(a)的刚架各柱的并联体系，则该合成柱的总抗剪刚度K即为并联体系各柱抗剪刚度之总和，就是式(7-13)中的分母$\sum D$：

$$K=D_1+D_2'+D_3=\sum D\tag{7-14}$$

并联体系总抗剪柔度f等于总抗剪刚度之倒数：

$$f=\frac{1}{K}$$

K和f将用于结构中更大范围的合成柱之间剪力分配系数的计算。

3. 串联体系

图 7-21(a)表示刚架中各柱与若干具有无限刚性的横梁线连接，若在刚架顶层结点处作用一水平集中荷载F_P，各刚结点只发生移动而无转动，所以可用计算简图 7-21(b)表示。各柱两端的相对位移分别为$\varDelta_1$、$\varDelta_2$、$\varDelta_3$，各不相同，顶层的中侧移等于

$$\varDelta=\varDelta_1+\varDelta_2+\varDelta_3\quad\text{(变形条件)}\tag{7-15}$$

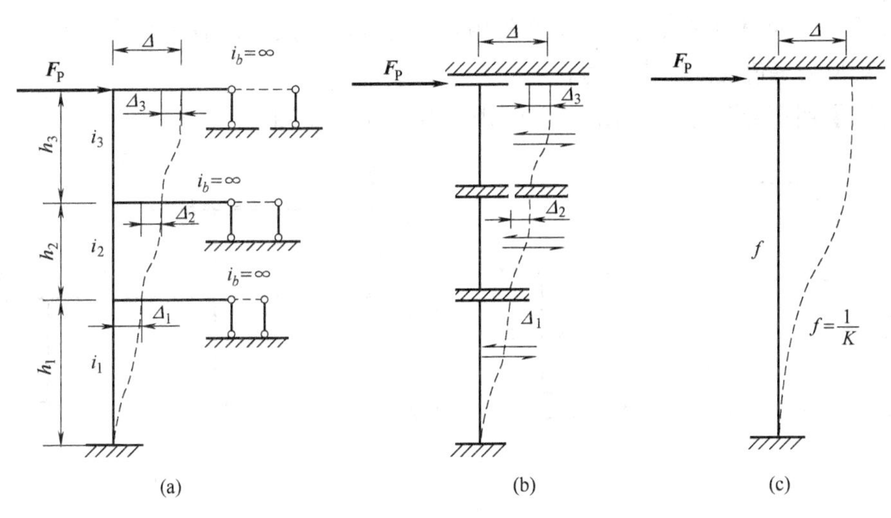

图 7-21　串联体系

根据图 7-21(b)各楼层截面的平衡条件，可知：

$$F_{Y1}=F_{Y2}=F_{Y3}=F_P$$

各层柱端的相对位移分别为(物理条件)

$$\left.\begin{aligned}\Delta_1&=\frac{h_1^3}{12EI_1}F_{Y1}=\frac{h_1^2}{12i_1}F_P=\delta_1F_P\\\Delta_2&=\frac{h_2^3}{12EI_2}F_{Y2}=\frac{h_2^2}{12i_2}F_P=\delta_2F_P\\\Delta_3&=\frac{h_3^3}{12EI_3}F_{Y3}=\frac{h_3^2}{12i_3}F_P=\delta_3F_P\end{aligned}\right\}\tag{7-16}$$

于是

$$\Delta=(\delta_1+\delta_2+\delta_3)F_P=\sum\delta F_P\tag{7-17}$$

综上所述，若连接若干具有无限刚性横梁的各柱所承受的剪力相同，但各柱两端的相对位移不同，该柱系称为串联体系。将图 7-21(c)所示的合成柱等效代替图 7-21(a)刚架各柱的串联体系，则此合成柱的总抗剪柔度 f 为当顶端 $F_P=1$时所产生的总位移，由式(7-17)可知：

$$f=(\delta_1+\delta_2+\delta_3)\times1=\sum\delta\tag{7-18}$$

即串联体系的抗剪总柔度为各柱抗剪柔度之总和；其倒数即等于串联体系的抗剪总刚度

$$K=\frac{1}{f}$$

4. 用剪力分配法计算受水平荷载作用的刚架

由于实际的刚架结构所受的水平荷载不仅作用在顶层结点上，更有各种非结点荷载，为了能用剪力分配法进行计算，需将非结点荷载转化成等效的结点荷载(位移法的基本结构)，即在柱顶与刚性横梁的结点旁设置附加水平支杆，附加支杆阻止柱顶的水平移动，就产生约束反力。为消除事实上并不存在的附加支杆和约束反力，需在原结构的结点处施加一个与约束反力等值反向的集中力。

【例 7-7】用剪力分配法绘制图 7-22(a)所示刚架的弯矩图。

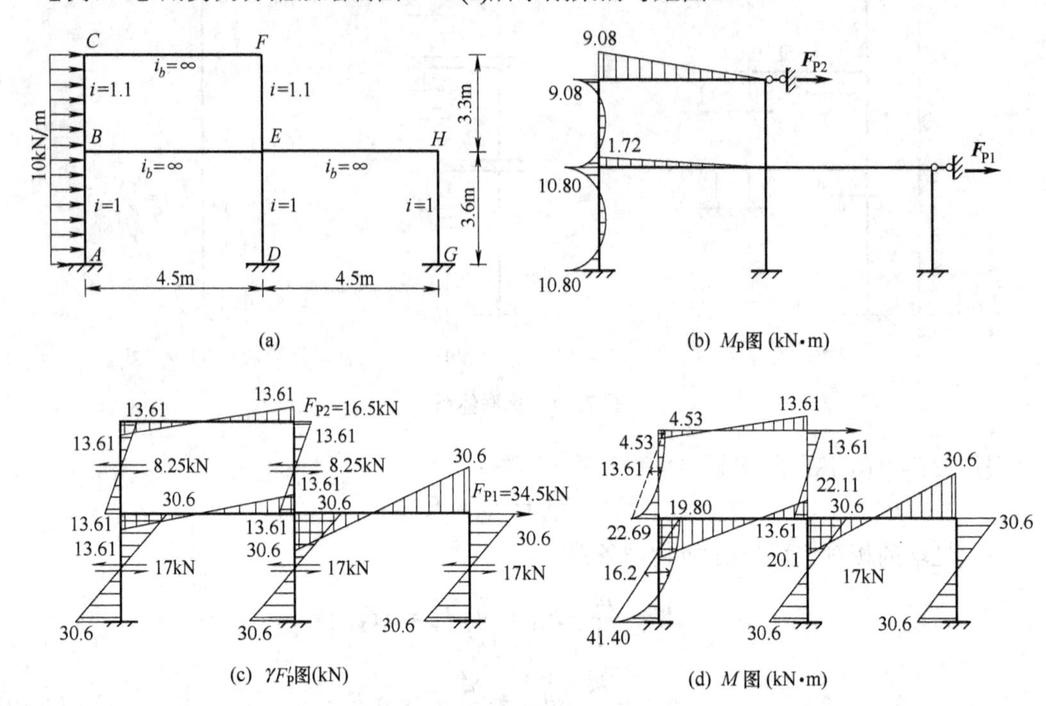

图 7-22　例 7-7 图

解： 两层刚架柱分别用刚性横梁连接，每层均为并联体系。为求等效结点荷载须设置两个附加支杆于结点 F、H 处，如图 7-22(b)所示。

(1) 求约束反力。左柱均布荷载产生的基本结构 M_P 图如图 7-22(b)所示，并由上、下两柱的固端剪力求得支杆约束反力为(假设向右为正)

$$F_{P2}=-\frac{1}{2}\times 10\times 3.3=-16.5(\text{kN})$$

$$F_{P1}=-\frac{1}{2}\times 10\times (3.3+3.6)=-34.5(\text{kN})$$

(2) 求剪力分配系数。上层并联二柱 h、i 值相等；即 $\sum D_2=2\times D_{BC}$；下层并联三柱的 $\sum D_1=3\times D_{AB}$。故有

$$\gamma_{BC}=\gamma_{EF}=\frac{1}{2}$$

$$\gamma_{AB}=\gamma_{DE}=\gamma_{GH}=\frac{1}{3}$$

(3) 进行剪力分配。等效结点荷载有两个，$F_{P2}=16.5\text{kN}$，$F_{P1}=34.5\text{kN}$，均向右方。

单独考虑上层结点力 $F_{P2}=16.5\text{kN}$ 时，它作用于上、下两层组成的串联体系，即上、下层均受到16.5kN作用而分别按并联柱进行分配；单独考虑下层结点力 E 时，仅下层并联体系受其影响，因上层刚架仅随结点 B、E 侧移而平动。故上层各柱有分配剪力

$$\gamma_{BC}F_{P2}=\frac{1}{2}\times16.5=8.25\text{kN}\ \ (\text{正号剪力})$$

下层各柱有分配剪力

$$\gamma_{AB}(F_{P2}+F_{P1})=\frac{1}{3}\times(16.5+34.5)=17.0\text{kN}\ \ (\text{正号剪力})$$

分别标记在图 7-22(c)各柱反弯点处。

(4) 绘制弯矩图。由各柱的分配剪力而作出图 7-22(c)，再按 $M=\sum\bar{M}_iZ_i+M_P$ 进行叠加，画出最终弯矩图如图 7-22(d)所示。其中刚性横梁端的弯矩值可按结点平衡及在两侧平分的原则而确定。各柱剪力方向可由分层截面平衡条件制定。

思 考 题

7-1 力矩分配法的基本运算有哪些步骤？每一步的物理意义是什么？

7-2 图 7-23(a)、(b)所示结构中，*EI*=常数，能否用力矩分配法计算？试确定它们的弯矩图形状。

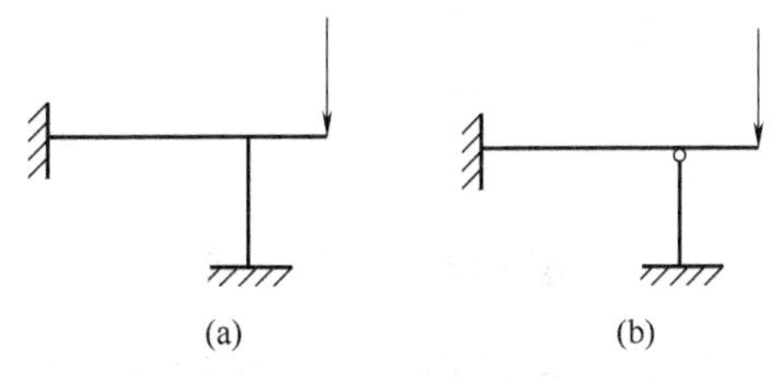

图 7-23 思考题 7-2 图

7-3 多结点的弯矩分配过程中，为什么每次只放松一个结点？可以同时放松多个结点吗？在什么条件下可以同时放松多个结点？

7-4 用力矩分配法计算连续梁和刚架时，为什么结点的约束力矩会趋于 0，即为什么计算过程是收敛的？

7-5 试用力矩分配法计算图 7-24 所示的刚架时，能否将 *AB* 杆的 *B* 端按刚结点处理？

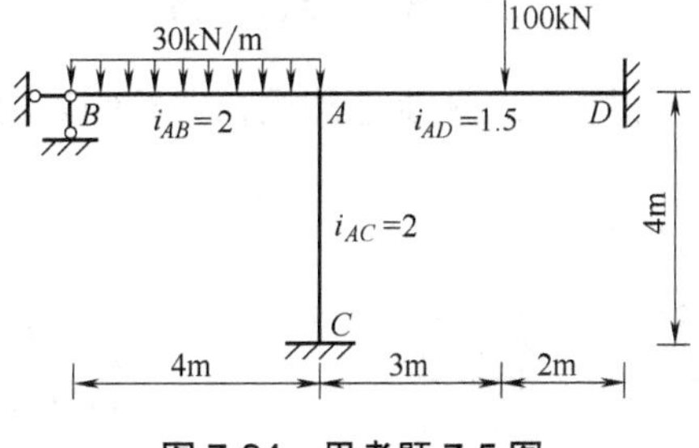

图 7-24 思考题 7-5 图

7-6 用力矩分配法计算对称结构时，如不取半边结构，而直接利用原结构进行计算，如何利用对称性简化计算？

7-7 支座移动和温度改变时，可以用力矩分配法进行计算吗？什么情况下可以？什么情况下不可以？可以计算的情况如何计算？

7-8 为什么力矩分配法不能直接应用于有结点线位移的刚架？

习　　题

7-1 请判断图 7-25 所示结构可否用无剪力分配法计算，说明理由。

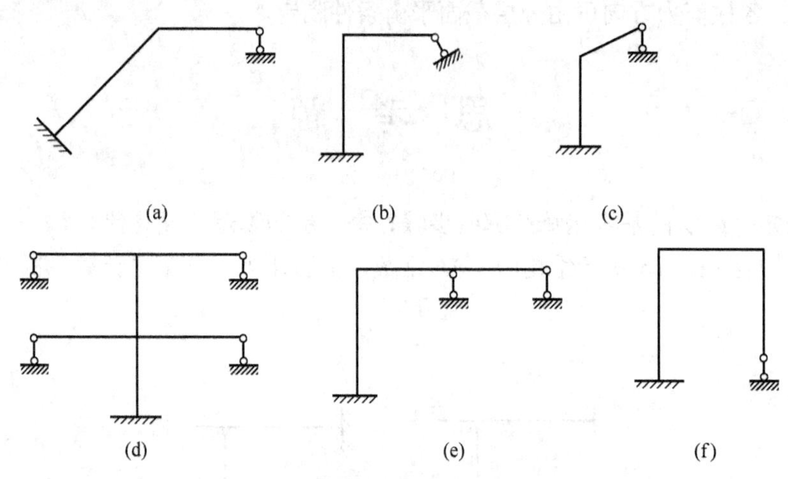

图 7-25　习题 7-1 图

7-2 试用力矩分配法计算图 7-26 所示结构，并绘制其弯矩图。

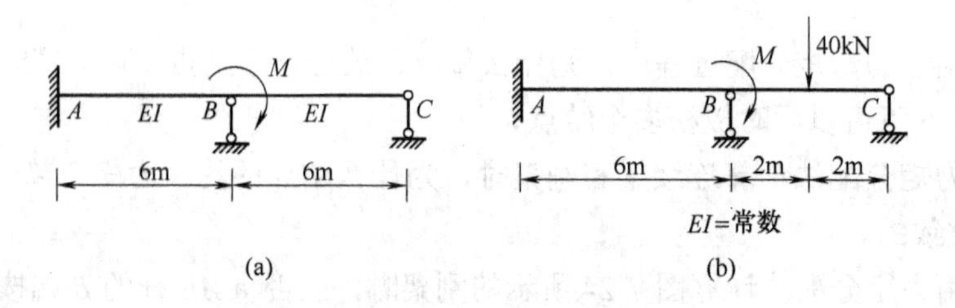

图 7-26　习题 7-2 图

7-3 试用力矩分配法计算图 7-27 所示连续梁，并绘制其弯矩图。

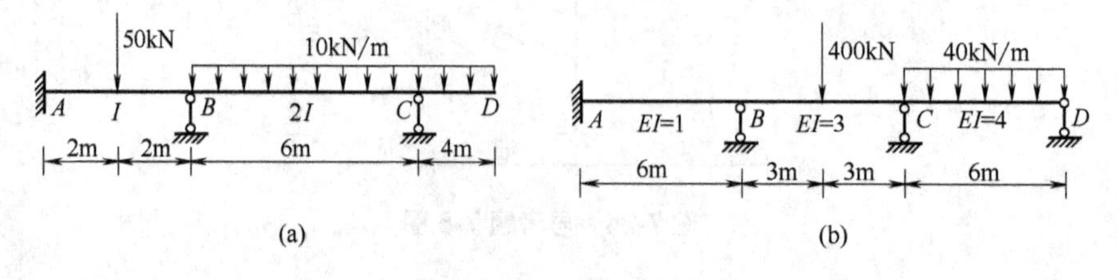

图 7-27　习题 7-3 图

7-4　试用力矩分配法计算图7-28所示刚架，并绘制其弯矩图。

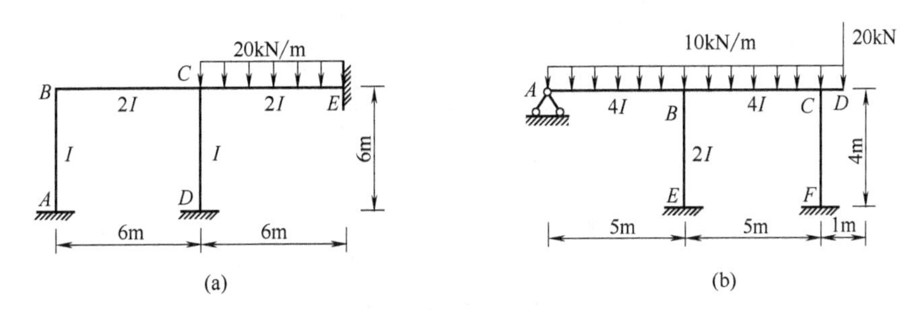

图7-28　习题7-4图

7-5　试用力矩分配法计算图7-29所示对称刚架，并绘制其弯矩图。

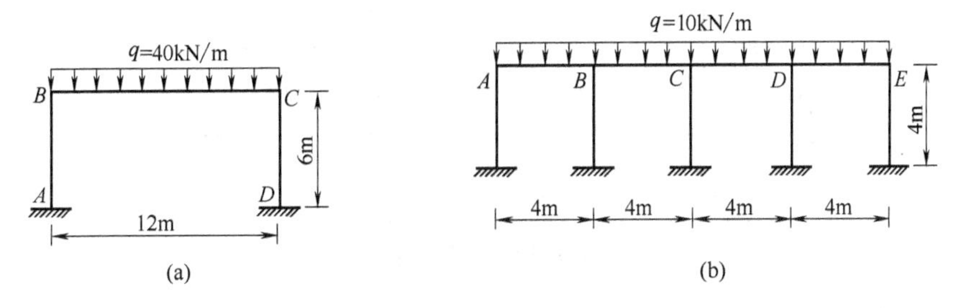

图7-29　习题7-5图

7-6　设图7-30所示连续梁的支座 C 向下沉陷20mm，且已知 $E=21\times10^4$MPa，$I=4\times10^{-4}\text{m}^4$。试用力矩分配法计算该连续梁，并绘制其弯矩图。

7-7　图7-31所示等截面连续梁的 $EI=3600\text{kN}\cdot\text{m}^2$，在图示荷载作用下，设欲通过升降支座 B、C，以使梁中间跨的最大正弯矩和支座截面负弯矩相等，试求此两支座的竖向位移应为多少。

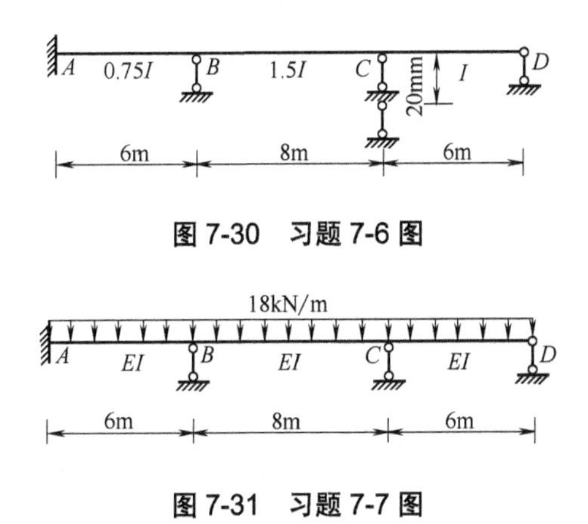

图7-30　习题7-6图

图7-31　习题7-7图

7-8　做图7-32所示刚架弯矩图。

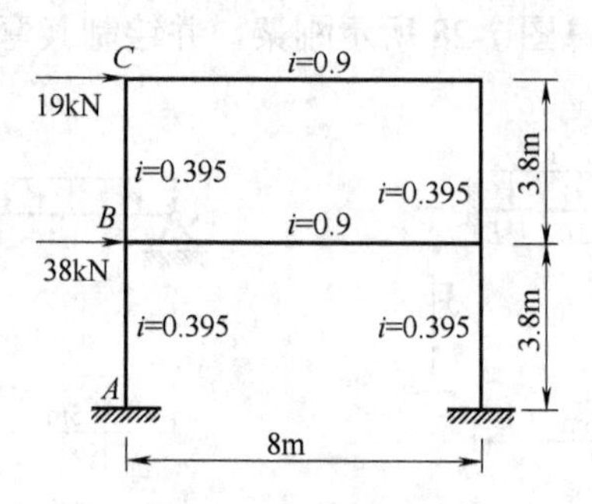

图 7-32　习题 7-8 图

7-9　试用无剪力分配法作图 7-33 所示 6 孔空腹刚架的弯矩图。

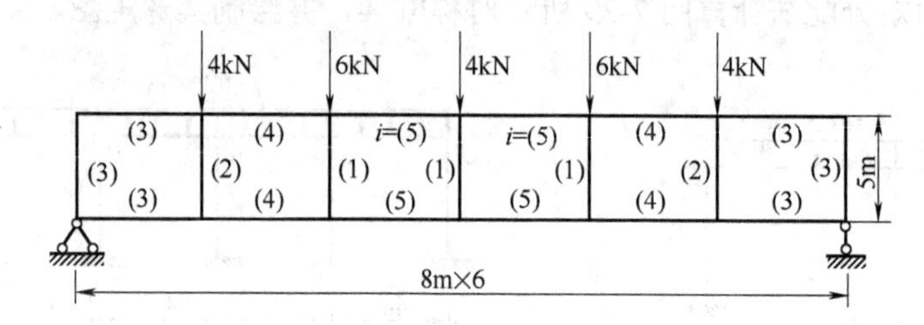

图 7-33　习题 7-9 图

7-10　用剪力分配法求作图 7-34 所示结构弯矩图

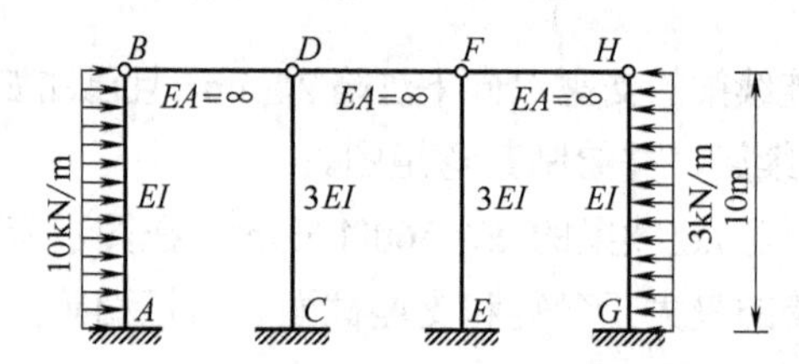

图 7-34　习题 7-10 图

第 8 章　影响线及其应用

8.1　移动荷载和影响线的概念

前面几章讨论的结构受力分析问题中，结构所受荷载的大小、方向以及作用点位置是固定不变的，这类荷载称为固定荷载，结构在固定荷载作用下的反力、内力和位移等通常是不变的。然而实际工程结构在承受固定荷载的同时，还常受到移动荷载的作用，例如桥梁要承受行驶的车辆荷载，工业厂房中吊车梁要承受移动的吊车荷载等。在移动荷载作用下，结构的反力、内力和位移等都将随着荷载作用位置的变动而改变，这样就需要解决以下两个新问题。

(1) 荷载作用位置移动时，结构中某一量值(反力、内力或位移等)的变化规律。

(2) 确定使上述量值达到最大值时的荷载作用位置，称为该量值的最不利荷载位置，并求出相应的最不利值，为结构设计提供相应的依据。

以上两条是本章主要研究的内容。需要特别指出，本章讨论的移动荷载仍属静力荷载，不考虑荷载移动对结构产生的动力效应，因此仍属于静力计算问题。

实际工程中的移动荷载一般是由若干个大小和间距保持不变的竖向荷载所组成的，称为移动荷载组。例如，图 8-1 所示的简支梁 *AB* 上有辆汽车自左向右行驶，汽车的前后轮压可表示为两个间距不变的竖向荷载 F_{P1} 和 F_{P2}，构成一个移动荷载组，其位置可用其中一个荷载 F_{P1} 与梁 *A* 端的距离 x 表示。车辆向前行驶时，*A* 端的支座反力 F_{Ay} 逐渐减小，而 *B* 端的支座反力 F_{By} 逐渐增大。在这个过程中，梁内不同截面处的内力变化规律是各不相同的，即使是在同一截面处，不同内力的变化规律也不相同。如果通过梁 *AB* 的是一个汽车车队，情况会更为复杂。考虑到实际荷载的多样性，不可能逐一加以研究，而是需要抽取其中的共性进行分析。作为最基础的研究，可以从单位移动荷载作用下给定截面上某种量值的变化规律入手，然后根据叠加原理，就可以进一步研究各种复杂移动荷载的影响。所谓单位移动荷载是数值和量纲均为 1 的量，通常采用一个竖向单位集中荷载 $F_P=1$。

表示单位移动荷载作用下结构某一量值变化规律的图形，就称为该量值的影响线。影响线是研究移动荷载作用的基本工具，在求得某一量值的影响线之后，就可以用它来确定最不利荷载位置，从而求出该量值的最大值。下面先以图 8-2(a)所示的简支梁 *AB* 为例，说明影响线的绘制过程。取 A 点为坐标原点，用 x 表示单位移动荷载 $F_P=1$ 的作用位置。若需绘制 B 支座反力 F_{By} 的影响线，可以通过改变荷载作用位置来进行。显然，当 $x=0$ 时，$F_{By}=0$；$x=l$ 时，$F_{By}=1$；当 x 在 A、B 之间变化时，根据平衡方程，有

$$F_{By}=\frac{x}{l}F_P=\frac{x}{l}\quad(0\leqslant x\leqslant l)$$

即 F_{By} 是 x 的线性函数。于是可以作出图 8-2(b)所示 F_{By} 的影响线，它形象地表明了支座反力 F_{By} 随单位移动荷载 $F_P=1$ 的移动而变化的规律。影响线上的某竖标 y 表示 $F_P=1$ 作用于该处时，B 支座反力 F_{By} 的值。

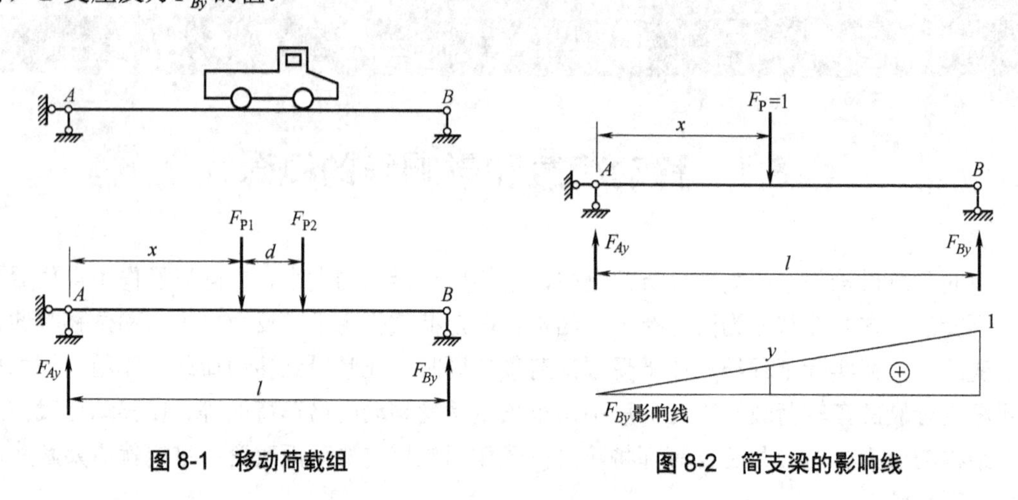

图 8-1　移动荷载组　　　　图 8-2　简支梁的影响线

8.2　用静力法作静定梁的影响线

影响线有两种基本做法：静力法和机动法。所谓静力法，就是利用静力平衡条件作影响线的方法。

静力法绘制影响线的基本步骤如下。

(1) 将荷载 $F_P=1$ 置于任意位置；

(2) 选定一坐标系，以横坐标 x 表示荷载作用点的位置；

(3) 根据静力平衡条件求出所研究量值与 x 之间的函数关系式，称为影响线方程；

(4) 根据影响线方程作出该量值的影响线。

1. 简支梁影响线

下面以图 8-3(a)所示简支梁为例，介绍静力法绘制影响线的步骤。

1) 支座反力影响线

设要绘制图 8-3(a)所示简支梁支座反力 F_{Ay} 的影响线。取 A 为坐标原点，x 轴向右为正，以坐标 x 表示 $F_P=1$ 的位置，设反力方向以向上为正，取全梁为隔离体，列出平衡方程

$$\sum M_B=0,\qquad F_{Ay}l-F_P(l-x)=0$$

得

$$F_{Ay}=\frac{l-x}{l}F_{\mathrm{P}}=\frac{l-x}{l}\quad(0\leqslant x\leqslant l)$$

这就是 F_{Ay} 的影响线方程。由此方程可知，F_{Ay} 是 x 的一次函数，所以 F_{Ay} 的影响线是一条直线。只需定出两点：A 点：$x=0, F_{Ay}=1$；B 点：$x=l, F_{Ay}=0$，便可画出 F_{Ay} 的影响线，如图 8-3(b)所示。同理可绘制出反力 F_{By} 的影响线，如图 8-3(c)所示。

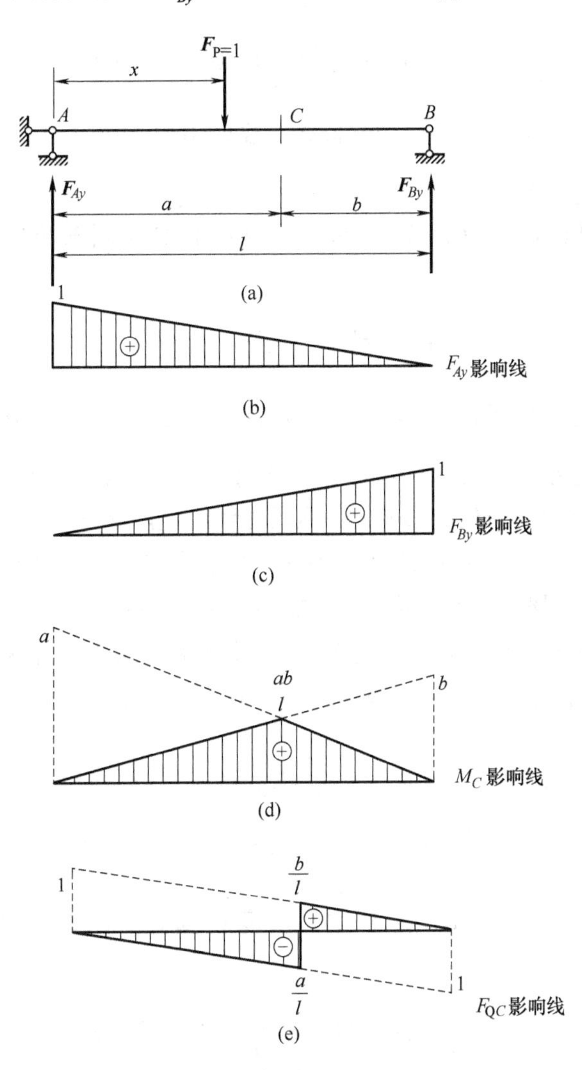

图 8-3　简支梁支座反力和内力影响线

在作支座反力影响线时，需要注意以下两点。

(1) 作图时规定支座反力方向以向上为正，要把正的竖标画在基线的上面，负的竖标画在基线的下面，并标上正负号。

(2) 由于荷载 $F_{\mathrm{P}}=1$ 的量纲为 1，支座反力影响线竖标的量纲也为 1，在利用影响线研究实际荷载的影响时，要乘上实际荷载相应的单位。

2) 弯矩影响线

现拟作指定截面C处弯矩M_C的影响线。当荷载$F_P=1$分别在C截面以左和以右时，M_C具有不同的表达式，应予分别考虑。在作弯矩影响线时，规定使梁下边纤维受拉的弯矩为正。

当$F_P=1$在截面C以左(AC段)移动时，取截面C右侧部分(CB段)为隔离体，由$\sum M_C=0$得

$$M_C=F_{By}b=\frac{x}{l}b \quad (0\leqslant x\leqslant a)$$

该式表明M_C的影响线在AC段为一直线。当$x=0$时，$M_C=0$；当$x=a$时，$M_C=\frac{ab}{l}$。于是可绘出AC段M_C的影响线。

当$F_P=1$在截面C以右(CB段)移动时，取截面C左侧部分(AC段)为隔离体，由$\sum M_C=0$得

$$M_C=F_{Ay}a=\frac{l-x}{l}a \quad (a\leqslant x\leqslant l)$$

该式表明 M_C 的影响线在CB段也是一条直线。当$x=a$时，$M_C=\frac{ab}{l}$；当$x=l$时，$M_C=0$。于是可绘出CB段M_C的影响线。完整的M_C影响线如图8-3(d)所示。

从图8-3(d)可以看出，M_C的影响线由两段直线组成，呈一三角形，三角形的顶点恰好位于截面C处。还可进一步看出，M_C影响线的AC段可由支座反力F_{By}的影响线竖标乘以b并取其AC段获得，CB段可由支座反力F_{Ay}的影响线竖标乘以a并取其CB段获得，因此M_C的影响线也可以利用F_{Ay}和F_{By}的影响线绘出。这种利用已知量值影响线来作其他量值影响线的方法是很方便也很常用的。另外需要指出，弯矩影响线竖标的量纲应为长度的量纲。

3) 剪力影响线

现拟作指定截面C处剪力F_{QC}的影响线。当荷载$F_P=1$分别在C截面以左和以右时，F_{QC}具有不同的表达式，应予分别考虑。剪力的正负号规定与前面章节相同，即使隔离体顺时针方向转动的剪力为正。

当$F_P=1$在截面C以左(AC段)移动时，取C截面右侧部分(CB段)为隔离体，由$\sum F_y=0$得

$$F_{QC}=-F_{By}=-\frac{x}{l} \quad (0\leqslant x\leqslant a)$$

可见AC段F_{QC}的影响线只需将反力F_{By}的影响线反号便可得到。当$F_P=1$在截面C以右(CB段)移动时，取C截面左侧部分(AC段)为隔离体，由$\sum F_y=0$得

$$F_{QC}=F_{Ay}=\frac{l-x}{l} \quad (a\leqslant x\leqslant l)$$

可见CB段F_{QC}的影响线与反力F_{Ay}的影响线相同。由此可作出F_{QC}的影响线如图8-3(e)所示。剪力影响线竖标和反力影响线竖标一样也是量纲为1的量。

必须指出影响线与内力图是截然不同的，前者表示单位集中荷载沿结构移动时，某一指定截面处某一量值的变化规律；后者表示在固定荷载作用下，某项内力沿结构轴线的分布规律，应注意它们之间的区别。

2. 伸臂梁影响线

试作图 8-4(a)所示伸臂梁的反力，截面 C、D 以及 B 支座处弯矩和剪力的影响线。

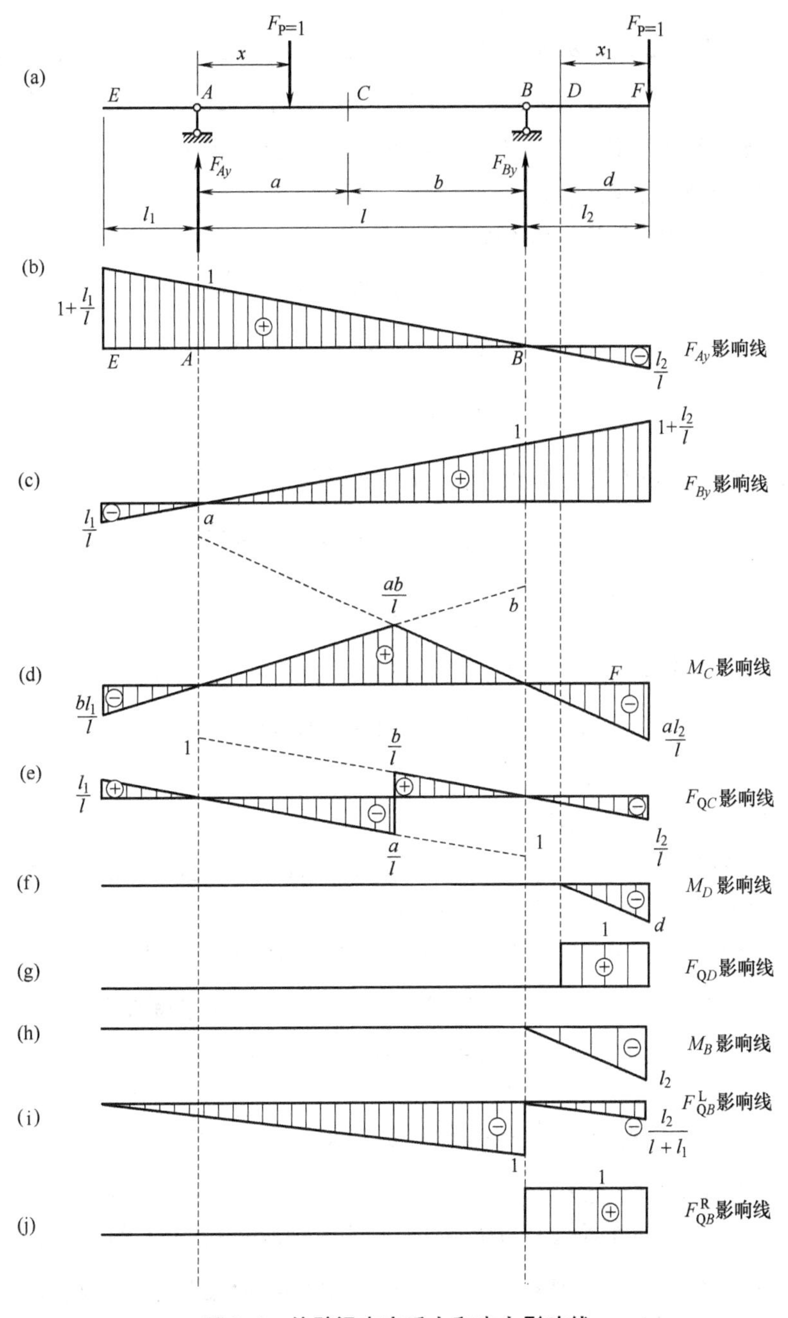

图 8-4　伸臂梁支座反力和内力影响线

1) 支座反力影响线

以 A 点为坐标原点，坐标 x 以向右为正，利用整体平衡条件可分别求得 F_{Ay}、F_{By} 的影响线方程为

$$F_{Ay}=\frac{l-x}{l}\quad(-l_1\leqslant x\leqslant l+l_2)$$

$$F_{By}=\frac{x}{l}\quad(-l_1\leqslant x\leqslant l+l_2)$$

注意：当 $F_P=1$ 在 A 点以左时，x 取负值。根据以上两式，可以绘出 F_{Ay}、F_{By} 的影响线，如图 8-4(b)、(c)所示。可以看出 AB 段内的反力影响线与简支梁完全相同，因此只需将简支梁的反力影响线向两个伸臂部分延长，即得伸臂梁的反力影响线。

2) 跨内部分截面内力影响线

现拟作弯矩 M_C 和剪力 F_{QC} 的影响线。

当 $F_P=1$ 在 C 截面以左时，求得 M_C、F_{QC} 的影响线方程为

$$M_C=F_{By}b=\frac{x}{l}b\quad(-l_1\leqslant x\leqslant a)$$

$$F_{QC}=-F_{By}=-\frac{x}{l}\quad(-l_1\leqslant x\leqslant a)$$

当 $F_P=1$ 在 C 截面以右时，求得 M_C、F_{QC} 的影响线方程为

$$M_C=F_{Ay}a=\frac{l-x}{l}a\quad(a\leqslant x\leqslant l+l_2)$$

$$F_{QC}=F_{Ay}=\frac{l-x}{l}\quad(a\leqslant x\leqslant l+l_2)$$

根据以上 4 式，可绘出 M_C 和 F_{QC} 的影响线，如图 8-4(d)、(e)所示。可以看出，只需将简支梁相应截面的弯矩和剪力影响线分别向左右两伸臂部分延长，即可得到伸臂梁的影响线。

3) 伸臂部分截面内力影响线

在求伸臂部分截面 D 的弯矩和剪力影响线时，为计算方便，改取 D 点为坐标原点，以 x_1 表示 $F_P=1$ 至 D 点的距离，如图 8-4(a)所示。

当 $F_P=1$ 位于 D 截面以左时，D 截面不产生弯矩和剪力，所以 M_D 和 F_{QD} 的影响线竖标在 D 截面以左均为 0。当 $F_P=1$ 位于 D 截面以右时，取 DF 段为隔离体，根据平衡条件，有

$$M_D=-x_1\quad(0\leqslant x_1\leqslant d)$$

$$F_{QD}=1\quad(0\leqslant x_1\leqslant d)$$

根据以上两式绘出 M_D 和 F_{QD} 的影响线，如图 8-4(f)、(g)所示。

4) 支座处截面内力影响线

对于支座 B 处的弯矩影响线，只需在 M_D 影响线中取 $d=l_2$ 即可得到，如图 8-4(h)所示。

由于在支座处剪力会发生突变，支座 B 处剪力的影响线必须按支座以左和以右两个截面分别绘制，其剪力可分别记为 F_{QB}^{L} 和 F_{QB}^{R}。左侧截面剪力 F_{QB}^{L} 的影响线属于跨内部分，可

由 F_{QC} 的影响线使 C 截面趋于 B 左截面而得到，如图 8-4(i)所示。右侧截面剪力 F_{QB}^{R} 的影响线属于伸臂部分，可由 F_{QD} 的影响线使 D 截面趋于 B 右截面而得到，如图 8-4(j)所示。

3. 多跨静定梁影响线

绘制多跨静定梁影响线主要有如下思路。

(1) 采用传统的方法推导影响线方程。

(2) 分段—定点—连线法。如前所述，简支梁、伸臂梁的反力和内力影响线方程都是 $F_P=1$ 作用点坐标 x 的一次函数，进一步可以证明所有静定梁(包括多跨静定梁)的影响线方程也具有相同性质，其反力、内力影响线同样由分段直线图形构成，因此可以用分段—定点—连线的方法绘制影响线，具体步骤如下。

① 确定控制截面(梁端点、铰结点、支座位置、待求影响线所在截面等)；

② 利用静力平衡条件求出 $F_P=1$ 位于控制截面时的影响线量值，在影响线图上用竖标表示；

③ 将相邻竖标顶点用直线段相连，得到所求量值的影响线。

对于图 8-5(a)所示的多跨静定梁，欲绘制其 M_K 的影响线，则控制截面取 A、K、B、D、C、E，计算出 $F_P=1$ 作用于上述位置时 M_K 值分别为 0，$\frac{4}{3}$，0，-1，0，$\frac{2}{3}$，连线即得图 8-5(b)所示的影响线。同理也可绘制 F_{Cy} 和 F_{QC}^{L} 影响线，分别如图 8-5(c)、(d)所示。

(3) 利用传力关系和单跨静定梁的影响线绘制。对于多跨静定梁，如果能够分清它的基本部分和附属部分之间的传力关系，就可以利用单跨静定梁的已知影响线来绘制其影响线。若要绘制某量值的影响线，有以下一般结论。

① 当 $F_P=1$ 在量值本身所在的梁段上移动时，量值的影响线与相应单跨静定梁的影响线相同。

② 当 $F_P=1$ 在对于量值所在部分来说是基本部分的梁段上移动时，量值影响线的竖标为零。

③ 当 $F_P=1$ 在对于量值所在部分来说是附属部分的梁段上移动时，量值影响线为直线。

下面仍以图 8-5(a)所示的多跨静定梁为例进行说明。

对于 M_K 的影响线，当 $F_P=1$ 作用于 AD 段(量值本身所在梁段)时，与对应伸臂梁影响线相同；当 $F_P=1$ 作用于 DE 段(相对于 AD 段为附属部分)时，影响线为直线，根据在支座 C 处竖标为零的条件，即可绘出。

对于 F_{Cy} 和 F_{QC}^{L} 的影响线，当 $F_P=1$ 作用于 AD 段(相对于量值所在的 DE 段为基本部分)时，影响线竖标为零；当 $F_P=1$ 作用于 DE 段(量值本身所在梁段)，与对应伸臂梁的影响线相同，据此即可绘出。

(4) 利用机动法绘制。用机动法绘制多跨静定梁的影响线是十分方便的，机动法的内容将在 8.3 节介绍。

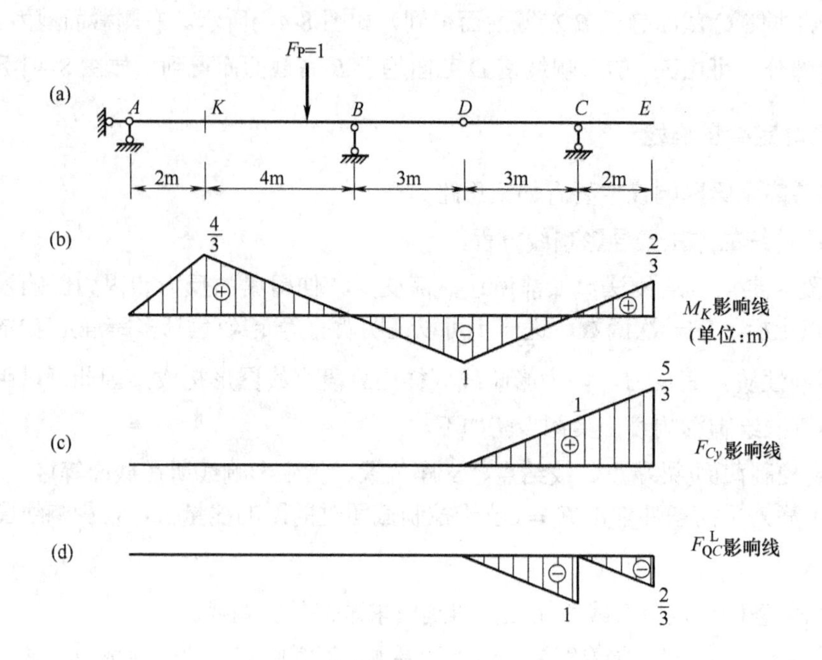

图 8-5 多跨静定梁支座反力和内力影响线

8.3 用机动法作静定梁的影响线

机动法是绘制影响线的另一种方法，它的理论依据是虚功原理。应用机动法可以将绘制静定结构内力和反力影响线的静力学问题转化为求作位移图的几何学问题，不需计算就能快速获得影响线的轮廓，绘制过程十分快捷。

下面以伸臂梁为例，说明机动法作影响线的原理和步骤。

1. 反力影响线

现拟求图 8-6(a)所示伸臂梁的支座反力 F_{Ay} 的影响线，可先将与 F_{Ay} 相对应的支座撤除，代之以未知反力 F_{Ay} (取向上为正)。此时体系仍保持平衡状态，但转化为具有一个自由度的机构，如图 8-6(b)所示，使该机构沿 F_{Ay} 的正方向发生虚位移，用 δ_A 和 δ_P 分别表示梁 A 点处和 $F_P=1$ 作用点处的虚位移，δ_A 取与 F_{Ay} 方向一致为正，δ_P 取与 $F_P=1$ 方向一致为正，根据虚功原理，得

$$F_{Ay}\delta_A+F_P\delta_P=0$$

由此可得

$$F_{Ay}=-\frac{\delta_P}{\delta_A}$$

在给定虚位移的情况下，随着单位荷载 $F_P=1$ 的移动，δ_A 值保持不变，但 δ_P 随着 $F_P=1$ 的位置而变化，其变化规律就如图 8-6(b)的机构虚位移图所示。若令 $\delta_A=1$，则有

$$F_{Ay}=-\delta_{\mathrm{P}}$$

上式表明，$\delta_A=1$时的虚位移δ_{P}图与F_{Ay}的影响线形状相同，符号相反。由于规定δ_{P}取与$F_{\mathrm{P}}=1$方向一致为正，即δ_{P}图以向下为正，而F_{Ay}的影响线取向上为正，因此只需将虚位移图改变符号，就可得到F_{Ay}的影响线，如图 8-6(c)所示。

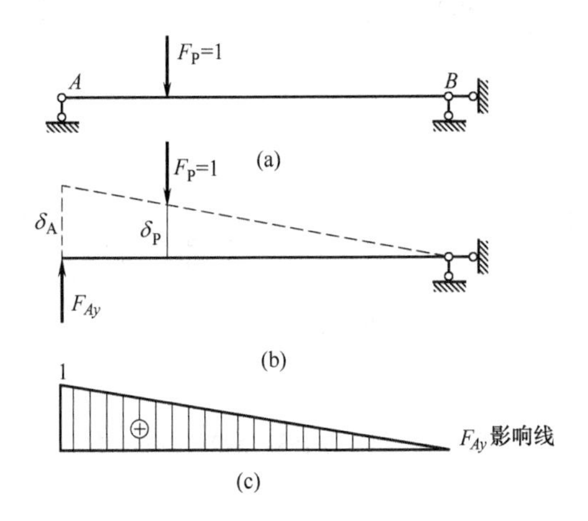

图 8-6　机动法作支座反力影响线

2. 弯矩影响线

下面讨论用机动法作图 8-6(a)所示伸臂梁弯矩M_C的影响线。首先将与M_C相对应的约束撤除，即在C截面处加入一个铰，使其由刚结点变为铰结点，然后用一对等值反向的力偶M_C(以使梁下侧受拉为正方向)代替原有约束力，此时铰C两侧的梁段可以相对转动，使上述机构沿力偶M_C正方向发生虚位移，如图 8-7(a)所示，根据虚功原理得

$$M_C(\alpha+\beta)+F_{\mathrm{P}}\delta_{\mathrm{P}}=0$$

由此可得

$$M_C=-\frac{\delta_{\mathrm{P}}}{\alpha+\beta}$$

式中，$\alpha+\beta$是铰C两侧杆件的相对转角，即与M_C相对应的广义位移。若令$\alpha+\beta=1$，并注意将机构虚位移图改变符号，即可得到M_C的影响线，如图 8-7(b)所示。图中影响线的竖标可根据几何关系求得。

需要说明的是，所谓令$\alpha+\beta=1$，并不是说使铰C两侧杆件的相对转角等于 1 弧度。虚位移$\alpha+\beta$应是微小值，从而图 8-7(a)中可认为$AA_1=(\alpha+\beta)\cdot a$，然后将此虚位移图的竖标除以$\alpha+\beta$以求得$M_C$的影响线，这样便有$\dfrac{AA_1}{\alpha+\beta}=\dfrac{(\alpha+\beta)\cdot a}{\alpha+\beta}=a$，可见在图 8-7(b)中令$\alpha+\beta=1$，实际上是相当于把图 8-7(a)中虚位移图的竖标除以$\alpha+\beta$。前面求支座反力影响线时令$\delta_A=1$也是同样的道理。

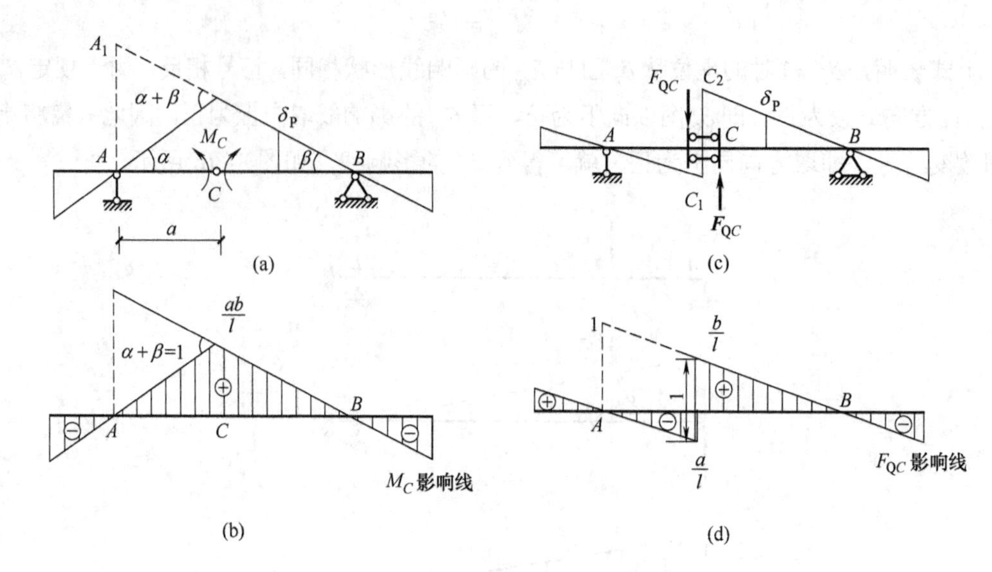

图 8-7　机动法作弯矩和剪力影响线

3. 剪力影响线

下面讨论用机动法作图 8-6(a)所示伸臂梁剪力 F_{QC} 的影响线。同理撤除与 F_{QC} 相对应的约束，即将 C 处刚结点转化为定向节点，并用一对剪力 F_{QC} 代替原有约束，得到图 8-7(c)所示的机构，此时 C 截面两侧梁段能发生相对竖向位移，但不能发生相对转动和水平位移。由于组成定向结点的两根等长链杆和两侧的刚片在机构运动中必定保持为平行四边形，因此 C 截面两侧梁段 AC_1 与 C_2B 必定是平行的。使上述机构沿 F_{QC} 正方向发生虚位移，根据虚功原理有

$$F_{QC}(CC_1+CC_2)+F_P\delta_P=0$$

得

$$F_{QC}=-\frac{\delta_P}{CC_1+CC_2}$$

式中，CC_1+CC_2 为 C 截面两侧梁段的相对竖向位移，即与 F_{QC} 相对应的广义位移。若令 $CC_1+CC_2=1$，并按与前同样的理由将机构虚位移图改变符号，即可得到 F_{QC} 的影响线，如图 8-7(d)所示。图中影响线的竖标可根据几何关系求得。

综上所述，用机动法作静定结构某个量值 X(内力或支座反力)的影响线的步骤如下。

(1) 撤去与 X 相对应的约束，代之以未知力 X(注意 X 的正方向)。此时原结构变为具有一个自由度的机构，并且仍处于平衡状态。

(2) 使所得机构沿 X 的正方向发生单位虚位移，作出虚位移图。

(3) 利用几何关系定出影响线各竖标的数值。

(4) 横坐标以上的图形，标正号；横坐标以下的图形，标负号。

用机动法作静定梁内力或反力影响线时，原结构去掉约束后成为具有一个自由度的机构，当该机构发生虚位移时，各杆件将发生符合约束的刚体转动或平动，因此得到的虚位移图必然由直线段组成，这也证明了静定结构反力和内力的影响线都是分段直线图形。

【**例 8-1**】使用机动法作图 8-8(a)所示多跨静定梁 F_{By}、 M_F、 F_{QF} 的影响线。

解：(1) 作 F_{By} 的影响线。

撤掉支座 B，代之以未知反力 F_{By}，令体系沿 F_{By} 的正方向发生单位虚位移，得到相应的虚位移图，如图 8-8(b)所示。用实线画轮廓，并标明正负号，按比例关系求出各控制点的纵标，即得到 F_{By} 的影响线，如图 8-8(c)所示。

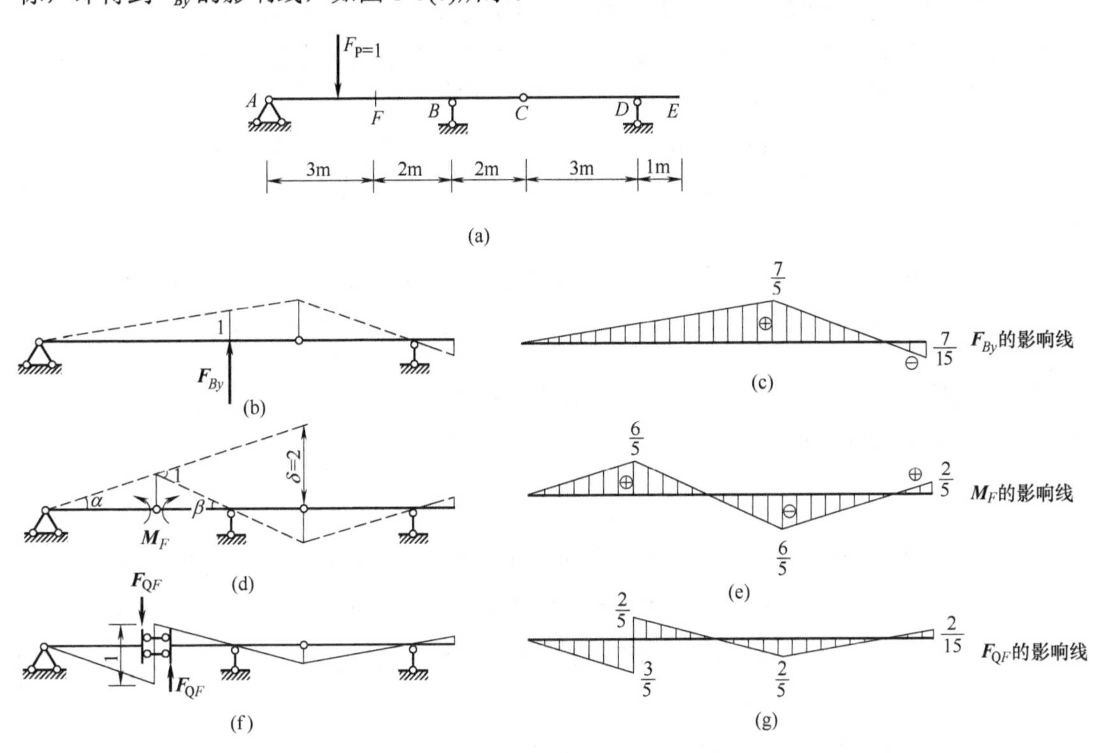

图 8-8　机动法作多跨静定梁的影响线

(2) 画 M_F 的影响线。

撤掉 F 截面处相应的约束，代之以一对等值反向的力偶 M_F，使铰处沿 M_F 正方向发生单位虚位移，如图 8-8(d)所示。根据几何关系，$\alpha+\beta=1$时，$\delta=2$，以实线画出轮廓线，标明正负号，按比例关系求出各控制点的竖标，即得 M_F 的影响线，如图 8-8(e)所示。

(3) 画 F_{QF} 的影响线。

撤掉 F 截面处相应的约束，代之以剪力 F_{QF}，使 F 截面处沿 F_{QF} 正方向发生单位虚位移(即左右截面产生的相对位移等于 1)，如图 8-8(f)所示。根据虚位移图用实线画出轮廓线，标明正负号，按比例关系求出各控制点的竖标，即得 F_{QF} 的影响线，如图 8-8(g)所示。

8.4 结点荷载作用下的静定梁影响线

前面两节介绍的静定梁影响线的作法都是针对荷载直接作用于梁上的情况，这样的荷载称为直接荷载，而实际结构常受到结点荷载的作用。例如，一些桥梁或房屋结构都存在主梁和次梁(纵梁和横梁)，计算主梁时通常可假定纵梁简支在横梁上，横梁简支在主梁上。荷载直接作用在纵梁上，再通过横梁传到主梁，主梁只在各横梁处受到集中力作用，这种荷载称为结点荷载(也称为间接荷载)，这些荷载传递点称为主梁的结点。

下面通过实例说明结点荷载作用下影响线的绘制方法。如图 8-9(a)所示，AB 为一简支主梁，横梁支在主梁的 A、B、C、D、E 点处，这些点就是结点。横梁上面为 4 根简支纵梁，$F_P=1$ 在纵梁上移动。现拟求主梁上截面 K 的弯矩影响线 M_K。

首先，考虑荷载 $F_P=1$ 移动到各结点处的情况，与荷载直接作用在主梁上的情况完全相同。因此，如果作出直接荷载作用下主梁 M_K 的影响线，对于结点荷载来说，各结点处的竖标都是正确的。

其次，考虑荷载 $F_P=1$ 作用于任意两相邻结点之间的情况。例如 $F_P=1$ 作用于结点 C、D 之间的纵梁上时，主梁 AB 在 C、D 两点分别受到结点荷载 $\dfrac{d-x}{d}$ 和 $\dfrac{x}{d}$ 的作用，如图 8-9(b)所示。设直接荷载作用下 M_K 影响线在 C、D 两点的竖标分别为 y_C 和 y_D (见图 8-9(c))，根据影响线的定义和叠加原理可知，在上述两个结点荷载共同作用下，M_K 的值应为

$$M_K=\frac{d-x}{d}y_C+\frac{x}{d}y_D$$

此式为 x 的一次式，说明 M_K 影响线在 CD 段内为一直线；且由当 $x=0$ 时，$y=y_C$；当 $x=d$ 时，$y=y_D$，可以看出，此直线就是连接竖标 y_C 和 y_D 的直线，如图 8-9(c)所示。

以上结论同样适用于结点荷载作用下其他量值的影响线，因此可将绘制结点荷载作用下影响线的一般方法归纳如下。

(1) 绘出直接荷载作用下所求量值的影响线；

(2) 取各结点处的竖标，将相邻两结点的竖标用直线连接，即得到该量值在结点荷载作用下的影响线。

按照上述作法，可以作出主梁上 K 截面剪力 F_{QK} 影响线，如图 8-9(d)所示。可以看出，不论截面 K 位于 C、D 两点之间的何处，F_{QK} 影响线都一样，这是因为主梁在 C、D 两点之间没有外力，因此 CD 段各截面的剪力都相等，通常称为结间剪力，用 F_{QCD} 表示。

由上述作法还可推知：主梁反力 F_{Ay}、F_{By} 的影响线以及结点处截面内力的影响线与直接荷载作用时完全相同。

结点荷载作用下的影响线也可采用机动法绘制，但是需要注意机动法中的虚位移图是指荷载作用点处的位移图，即纵梁的位移图，而不是主梁的位移图。

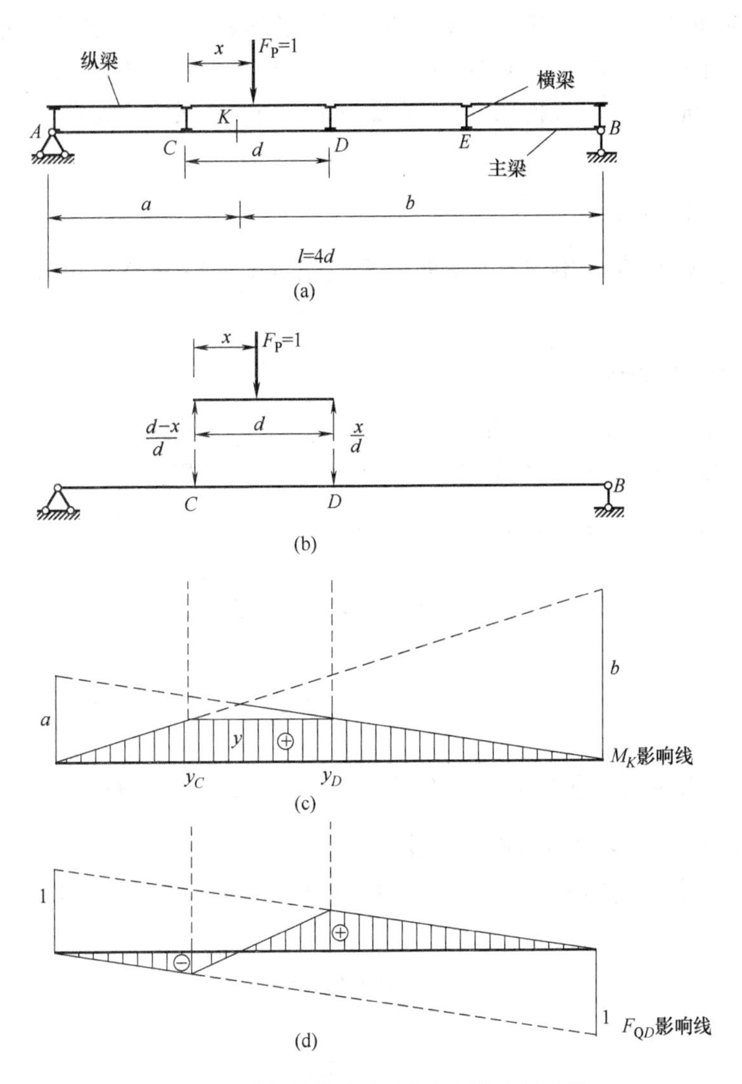

图 8-9　结点荷载作用下简支梁内力影响线

8.5　静力法作静定桁架的影响线

对于常见的梁式桁架，其支座反力的计算与相应的梁相同，因此二者的支座反力影响线是一样的。本节主要讨论桁架杆件内力影响线的绘制方法。

如第 3 章所述，计算桁架内力的方法通常有结点法和截面法，用静力法作桁架内力的影响线时，这些方法也同样适用，只需考虑 $F_P=1$ 在不同部分移动时，分别写出所求杆件内力的影响线方程，即可作出影响线。对于桁架中的斜杆，为计算方便，可先求其水平或竖向分力的影响线，然后按照比例关系求得其内力的影响线。

由于作用在桁架上的荷载一般是通过弦杆和腹杆(相当于纵梁和横梁)传递到桁架的结

点上的，所以前面讨论的结点荷载(间接荷载)作用下影响线的性质，在这里仍然适用。因此作桁架杆件内力的影响线跟作间接荷载作用下梁的内力影响线异曲同工。

下面以图 8-10(a)所示简支桁架为例，说明桁架内力影响线的绘制方法。设荷载 $F_P=1$ 沿桁架下弦移动。

1. 支座反力的影响线

支座反力 F_{Ay} 和 F_{By} 的影响线与对应同跨度简支梁(见图 8-10(b))的相同，图 8-10 中没有画出。

2. 弦杆内力的影响线

现拟求上弦杆 2-4 的轴力 F_{N24} 和下弦杆 3-5 的轴力 F_{N35} 的影响线。

求 F_{N24} 的影响线时，可作截面Ⅰ-Ⅰ，以结点 3 为矩心，利用力矩平衡方程来求。当 $F_P=1$ 在被截的结间以左，也就是在结点 A、1 之间移动时，取截面Ⅰ-Ⅰ以右部分为隔离体，由 $\sum M_3=0$ 有

$$F_{By}\times 4d+F_{N24}\times h=0$$

得

$$F_{N24}=-\frac{4d}{h}F_{By}$$

将反力 F_{By} 的影响线竖标乘以 $\frac{4d}{h}$，并取对应于结点 A、1 之间的一段，反号画在基线下方，即得到 F_{N24} 在 A、1 之间部分的影响线。

当 $F_P=1$ 在被截结间以右，即在结点 3、B 之间移动时，取截面Ⅰ-Ⅰ以左部分为隔离体，由 $\sum M_3=0$ 有

$$F_{Ay}\times 2d+F_{N24}\times h=0$$

得

$$F_{N24}=-\frac{2d}{h}F_{Ay}$$

将反力 F_{Ay} 的影响线竖标乘以 $\frac{2d}{h}$，并取对应于结点 3、B 之间的一段，反号画在基线下方，即得到 F_{N24} 在 3、B 之间部分的影响线。

当 $F_P=1$ 在被截的结间内，即结点 1、3 之间移动时，根据结点荷载作用下影响线的性质可知，F_{N24} 的影响线在该段应为一直线，即将结点 1、3 处的竖标用直线相连，恰与左段延长线重合。F_{N24} 的影响线如图 8-10(c)所示，为一三角形。

上述 F_{N24} 的影响线方程还可合并写为一个式子，即

$$F_{N24}=-\frac{M_3^0}{h}$$

式中，M_3^0 为相应简支梁(见图 8-10(b))对应于矩心(结点 3)处截面的弯矩，因此 F_{N24} 的影响线也可用相应简支梁矩心处的弯矩影响线作出。

同理，求 F_{N35} 的影响线时，可作截面Ⅱ-Ⅱ，以结点 4 为矩心，根据力矩平衡方程

$\sum M_4 = 0$，得

$$F_{N35} = \frac{M_3^0}{h}$$

由于桁架 3、4 结点的水平位置重合，式中统一用 M_3^0 表示。由此可绘出 F_{N35} 的影响线，如图 8-10(d)所示。

3. 斜杆和竖杆内力的影响线

现拟求斜杆 2-3 轴力 F_{N23} 和竖杆 3-4 轴力 F_{N34} 的影响线。

欲作斜杆 F_{N23} 的影响线，可先作 F_{23y} (即 F_{N23} 在 y 方向分量)的影响线，然后将其竖标乘以比例系数而得到。作截面Ⅰ-Ⅰ，当 $F_P = 1$ 在结点 1 以左移动时，取截面Ⅰ-Ⅰ以右部分为隔离体，由 $\sum F_y = 0$，得

$$F_{23y} = -F_{By}$$

当 $F_P = 1$ 在结点 3 以右移动时，取截面Ⅰ-Ⅰ以左部分为隔离体，由 $\sum F_y = 0$，得

$$F_{23y} = F_{Ay}$$

当 $F_P = 1$ 在结点 1 和 3 之间移动时，影响线为连接结点 1、3 处竖标的直线。综上可绘出 F_{23y} 的影响线，如图 8-10(e)所示。以上影响线方程也可合并为一式：

$$F_{23y} = F_{Q13}^0$$

式中，F_{Q13}^0 为相应简支梁结点 1、3 的结间剪力，因此 F_{23y} 的影响线也可用相应简支梁的结间剪力影响线作出。将 F_{23y} 影响线的竖标乘以比例系数 $\frac{\sqrt{d^2 + h^2}}{h}$，即可得到 F_{N23} 的影响线。

同理，求 F_{N34} 的影响线时，可作截面Ⅱ-Ⅱ，由 $\sum F_y = 0$，得

$$F_{N34} = -F_{Q35}^0$$

式中，F_{Q35}^0 为相应简支梁结点 3、5 的结间剪力。据此可绘出 F_{N34} 的影响线，如图 8-10(f)所示。

4. 桁架承载方式对杆件内力影响线的影响

现在考虑作竖杆 5-6 轴力 F_{N56} 的影响线。在上面的分析中，一直假设 $F_P = 1$ 沿桁架下弦移动，根据结点 6 的平衡条件可知

$$F_{N56} = 0$$

因此 F_{N56} 的影响线与基线重合，如图 8-10(g)所示，竖杆 5-6 始终为零杆。

如果假设 $F_P = 1$ 沿桁架上弦移动，则根据结点 6 的平衡条件有：当 $F_P = 1$ 位于结点 6 时，$F_{N56} = -1$；当 $F_P = 1$ 位于其他结点时，$F_{N56} = 0$。由于结点之间是直线，因此 F_{N56} 的影响线为一个三角形，如图 8-10(g)所示。

由此可知，在绘制桁架内力影响线时，要注意区分桁架是下弦承载(下承)，还是上弦承载(上承)，因为两种情况下所作出的影响线有时是不相同的。

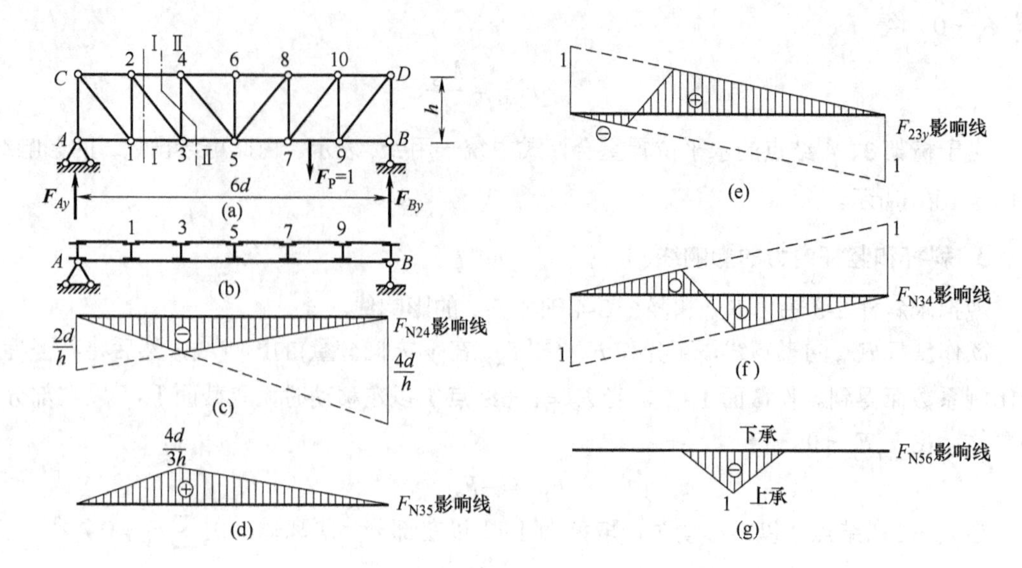

图 8-10　静定桁架轴力影响线

8.6　超静定结构的影响线

从静定梁和静定桁架影响线的作法可知，静定梁和静定桁架的反力和内力影响线都是由直线段组成，只要求出每段直线的两个竖标，影响线便可绘出，而且计算影响线的竖标也比较简单。然而对于超静定结构，其反力和内力影响线不是直线，其绘制过程要繁杂得多。本节以超静定梁为例，讨论超静定结构影响线的绘制方法。

1. 静力法作超静定梁影响线

图 8-11(a)所示的结构为单跨超静定梁，拟绘制其支座 A 处弯矩 M_A 的影响线。用静力法求影响线需要先求解超静定结构，这里选用力法。设 $F_P=1$ 至 A 支座的距离为 x，将支座 A 处与弯矩相对应的约束解除，代之以未知反力 M_A，得到图 8-11(b)所示的基本体系。考虑到单位荷载作用，力法方程可写为

$$\delta_{11}M_A+\varDelta_{1P}=0$$

式中的系数和自由项可分别根据 $\bar{M}_1$ 图(见图 8-11(c))和 M_P 图(见图 8-11(d))由图乘法求得，分别为

$$\delta_{11}=\frac{l}{3EI},\qquad \varDelta_{1P}=\frac{(2l-x)(l-x)xl}{2l^2 3EI}$$

从而得到 M_A 的影响线方程为

$$M_A=-\frac{\varDelta_{1P}}{\delta_{11}}=-\frac{(2l-x)(l-x)x}{2l^2}$$

据此可绘出 M_A 的影响线，如图 8-11(e)所示。

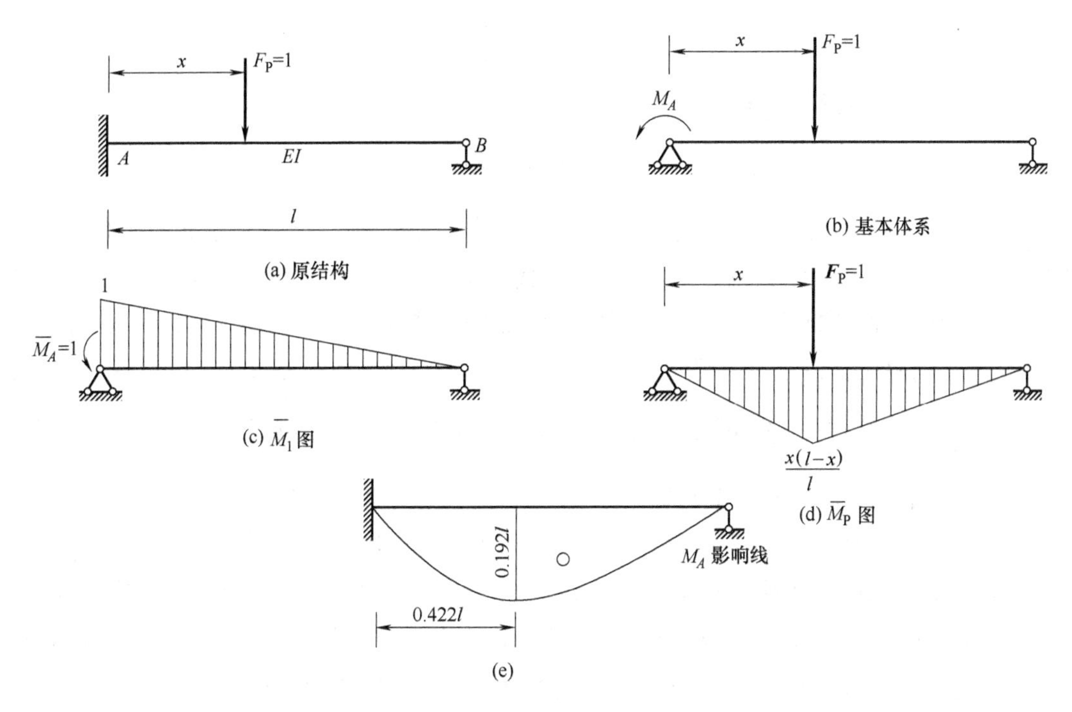

图 8-11　超静定梁的影响线

以上便通过静力法绘制了超静定梁支座弯矩 M_A 的影响线，可以看出 M_A 的影响线是荷载位置 x 的 3 次函数。利用静力法也可以绘制出其他反力与内力影响线，进而可以发现它们的影响线都是曲线。对于连续梁来说，这一结论同样适用。用静力法绘制超静定结构各量值的影响线时，必须先解算超静定结构，然后求得影响线方程，最后画出曲线。显然，这样绘制影响线的过程是非常复杂的。

2. 机动法作超静定梁的影响线轮廓

在房屋建筑工程中，连续梁承受的活载多为可动均布荷载(如楼面上的施工荷载、人群和可移动的设备等)，这时只需要知道影响线的轮廓就可确定其最不利荷载位置，而不必求出影响线竖标的具体数值。而由前述可知，用机动法可以不经具体计算就能快速绘出影响线的轮廓，这可以给连续梁的设计带来很大的方便。下面介绍用机动法作连续梁影响线轮廓的原理和方法。

设有一 n 次超静定连续梁如图 8-12(a)所示，欲绘制其 K 截面某量值 X_K (例如 M_K)的影响线，可先去掉与 X_K 相应的约束，并以 X_K 替代其作用，得到 n−1 次超静定结构，如图 8-12(b)所示。以该 n−1 次超静定结构作为力法计算的基本体系，根据原结构在截面 K 处的已知位移条件，可建立如下的力法典型方程：

$$\delta_{KK}X_K + \Delta_{KP} = 0$$

得

$$X_K = -\frac{\Delta_{KP}}{\delta_{KK}}$$

由位移互等定理得 $\Delta_{KP} = \Delta_{PK}$ ，则

$$X_K = -\frac{\Delta_{PK}}{\delta_{KK}}$$

式中，δ_{KK} 代表基本结构上由于 $\bar{X}_K = 1$ 的作用，在截面 K 处沿 X_K 方向所引起的相对位移(见图 8-12(c))，这是一个常数且恒为正值；Δ_{PK} 代表由于 $\bar{X}_K = 1$ 的作用，在移动荷载 $F_P = 1$ 方向上所引起的位移，它将随着 $F_P = 1$ 位置的变化而变化，其变化规律如图 8-12(c)中虚线所示，即为基本结构由于 $\bar{X}_K = 1$ 的作用所引起的竖向位移图。由此可知，若将 Δ_{PK} 位移图的竖标乘上常数 $-\frac{1}{\delta_{KK}}$ ，便可得到 X_K 的影响线，即 X_K 的影响线与 Δ_{PK} 位移成正比。因此，Δ_{PK} 位移图的轮廓即代表了 X_K 影响线的轮廓。

由于连续梁位移轮廓线一般可凭直观描绘出来，故依据机动法的原理，无须进行具体计算，即可迅速确定影响线的大致形状。注意到竖向位移 Δ_{PK} 图的竖标是以梁轴线下方为正，而 X_K 与 Δ_{PK} 反号，故在用机动法确定 X_K 影响线的轮廓图时，应取梁轴线上方的竖标为正，下方的为负，如图 8-12(d)所示，这点与机动法作静定结构影响线是相同的。

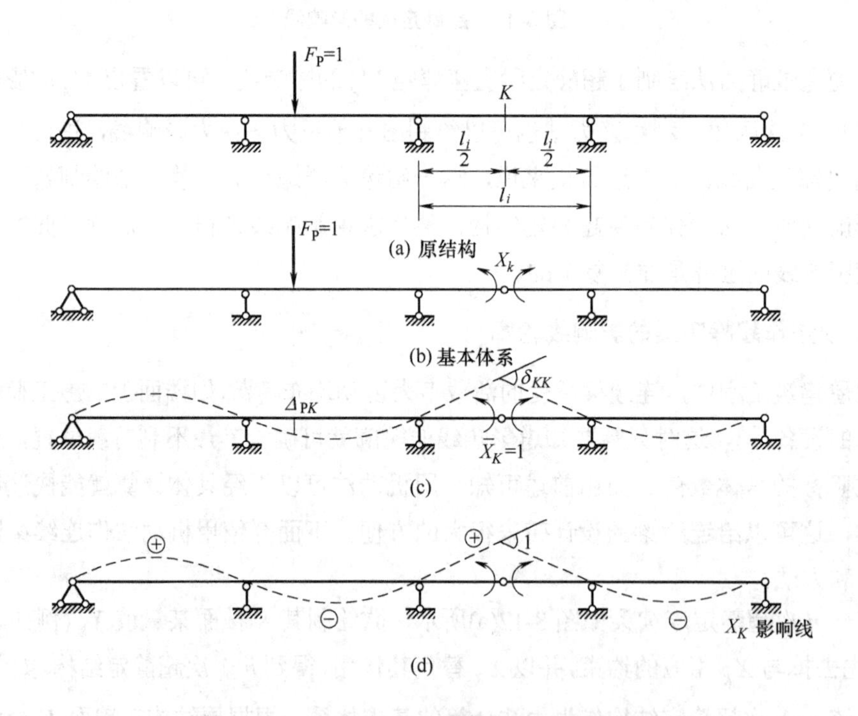

图 8-12　用机动法作超静定梁的影响线轮廓

应用机动法作影响线的原理，不难确定连续梁其他量值影响线的轮廓。图 8-13(a)、(b)、(c)分别绘出了连续梁剪力 F_{QK} 、支座弯矩 M_C 和支座反力 F_{By} 影响线的轮廓。

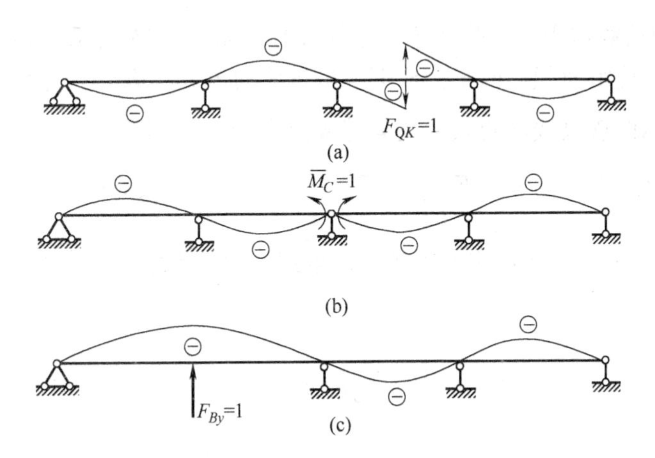

图 8-13　用机动法作超静定梁内力和支座反力影响线轮廓

8.7　影响线的应用

前面已介绍了影响线的绘制方法，下面讨论如何应用某量值的影响线。影响线一般有两类用法。

(1) 利用影响线求位置确定的若干集中荷载或分布荷载作用下量值的大小。

(2) 利用影响线确定移动荷载组或任意分布荷载对某一量值的最不利位置，从而求出该量值的最大值。

1. 利用影响线计算量值

(1) 集中荷载的情况。如图 8-14 所示，设结构上有一组竖向集中荷载 F_{P1}，F_{P2}，…，F_{Pn} 作用于已知位置，某量值 S 的影响线已经绘出，其在荷载作用位置的竖标分别为 y_1，y_2，…，y_n。此时，集中荷载组所产生的影响量 S 应等于各荷载产生影响量的代数和，即有

$$S=F_{P1}y_1+F_{P2}y_2+\cdots+F_{Pn}y_n=\sum_{i=1}^{n}F_{Pi}y_i \tag{8-1}$$

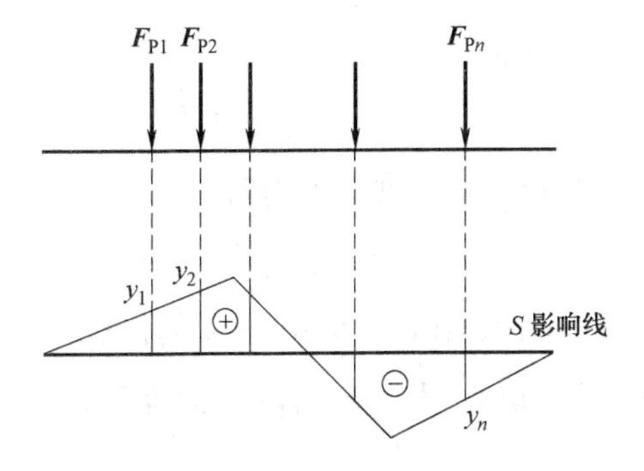

图 8-14　利用影响线计算一组集中荷载作用下某量值

当有一组集中荷载作用于影响线某一直线段时，如图 8-15 所示，为简化计算，可用它们的合力 F_R 来代替这组荷载，而不会改变所求量值的数值。这个结论可证明如下。

将图 8-15 所示的该直线段延长使之与基线交于 O 点，则有

$$S = F_{P1}y_1 + F_{P2}y_2 + \cdots + F_{Pn}y_n = (F_{P1}x_1 + F_{P2}x_2 + \cdots + F_{Pn}x_n)\tan\alpha = \tan\alpha\sum_{i=1}^{n}F_{Pi}x_i$$

因为 $\sum_{i=1}^{n}F_{Pi}x_i$ 为各力对 O 点的力矩之和，根据合力矩定理，它应等于合力 F_R 对 O 点力矩，即

$$\sum_{i=1}^{n}F_{Pi}x_i = F_R\overline{x}$$

故有

$$S = F_R\overline{x}\tan\alpha = F_R\overline{y} \tag{8-2}$$

式中，$\overline{y}$ 为合力 F_R 对应的影响线竖标。

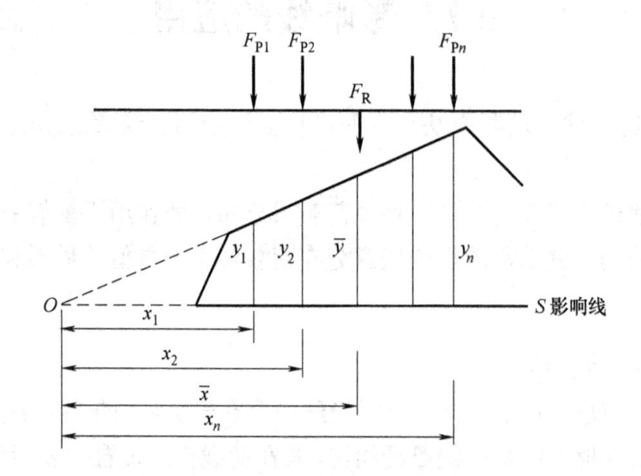

图 8-15　一组集中荷载作用于影响线某一直线段

(2) 分布荷载的情况。设有图 8-16 所示分布荷载的作用，可将分布荷载沿其长度分成许多无穷小的微段，则每一微段 dx 上的荷载 $q(x)\mathrm{d}x$ 可看作是一集中荷载，根据微积分原理，AB 段分布荷载作用所产生的量值 S 为

$$S = \int_A^B q(x)y\mathrm{d}x \tag{8-3}$$

若 $q(x)$ 为均布荷载时，即 $q(x) = q$，则式(8-3)成为

$$S = q\int_A^B y\mathrm{d}x = qA_0 \tag{8-4}$$

式中，A_0 表示 S 影响线在均布荷载范围(AB 段)内面积的代数和。注意应用式(8-4)时，面积有正负之分，基线以上的面积取正号，基线以下的面积取负号，对于图 8-16，则有 $A_0 = A_1 - A_2$。

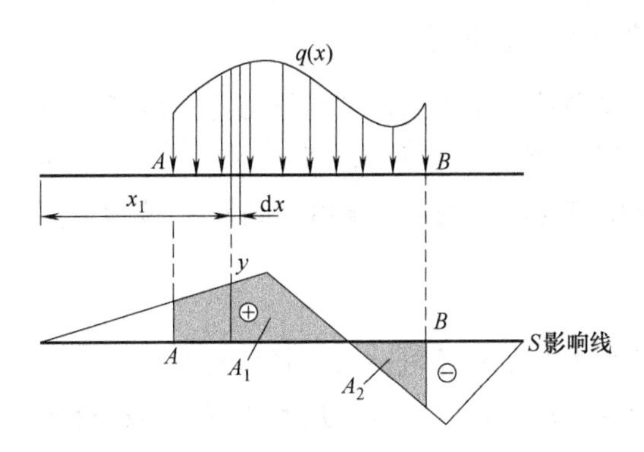

图 8-16　利用影响线计算分布荷载作用下某量值

【例 8-2】试利用影响线求图 8-17(a)所示简支梁在图示荷载作用下 M_C 和 F_{QC} 的值。

解：先分别作出 M_C 和 F_{QC} 的影响线并求出有关的影响线竖标值，如图 8-17(b)所示。根据叠加原理可算得

$$M_C = 20\times10^3\times0.96+10\times10^3\times\left[\frac{1}{2}\times(1.44+0.72)\times1.2+\frac{1}{2}\times(1.44+0.48)\times2.4\right]$$

$$=19.2\times10^3+36\times10^3=55.2\times10^3(\mathrm{N\cdot m})=55.2(\mathrm{kN\cdot m})$$

$$F_{QC} = 20\times10^3\times0.4+10\times10^3\times\left[\frac{1}{2}\times(0.6+0.2)\times2.4-\frac{1}{2}\times(0.2+0.4)\times1.2\right]$$

$$=8\times10^3+6\times10^3=14\times10^3(\mathrm{N\cdot m})=(14\mathrm{kN\cdot m})$$

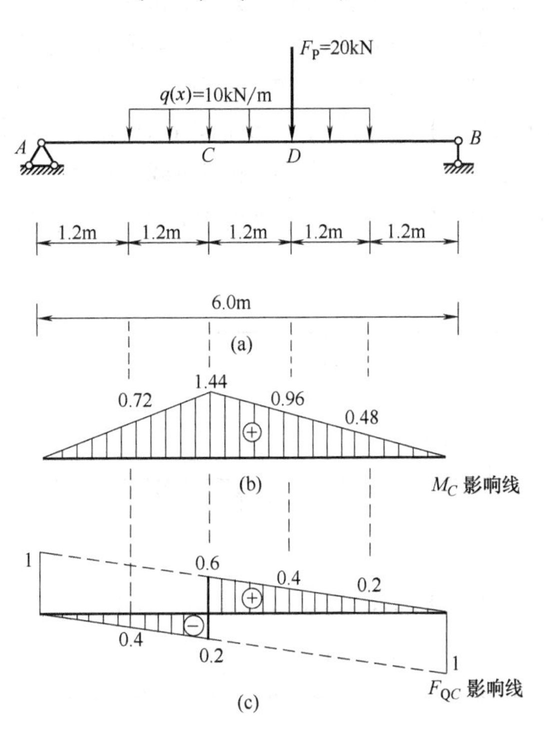

图 8-17　例 8-2 图

2. 利用影响线求最不利荷载位置

前面已经指出，移动荷载作用下结构某量值 S 将随荷载位置的移动而变化，在设计时需要求出各量值的最大值(包括最大正值 S_{max} 和最大负值，最大负值也称最小值 S_{min})，以作为设计的依据。为此需要首先确定使某一量值达到最大(或最小)值的荷载位置，即最不利荷载位置。

1) 单个集中荷载

当只有一个集中荷载 F_P 时，最不利荷载位置可直观确定。如图 8-18 所示，显然将 F_P 置于 S 影响线的最大竖标处即产生 S_{max} ，而将 F_P 置于最小竖标处即产生 S_{min} 。

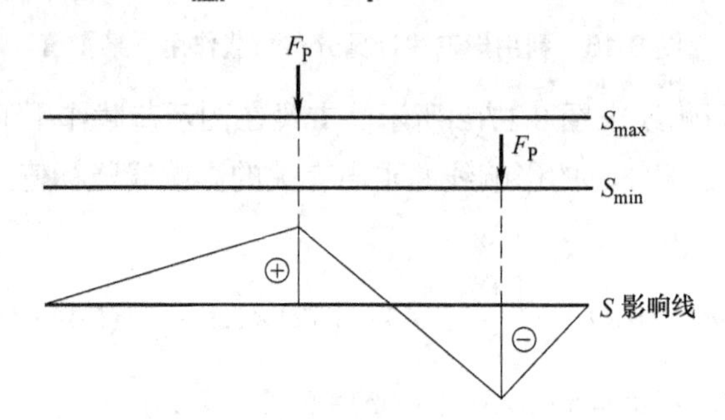

图 8-18　单个集中荷载作用下的最不利位置

2) 可任意布置的均布荷载

在结构设计中，一般将楼面活载(如人群、货物等)简化为可以任意间断布置的均布荷载来考虑，此时其最不利荷载位置很容易确定。由式(8-4)可知，当均布活载布满相应影响线正号面积的部分时，S 即取得最大值 S_{max} ；反之，当均布活载布满相应影响线负号面积的部分时，S 取得最小值(最大负值) S_{min} 。例如，对于图 8-19(a)所示的多跨静定梁，M_D 的影响线如图 8-19(b)所示，根据 M_D 的影响线可得最不利活载的布置分别如图 8-19(c)、(d)所示；确定了均布活载的最不利布置后，便可应用静力学方法或是直接利用式(8-4)求得相应的最不利值。

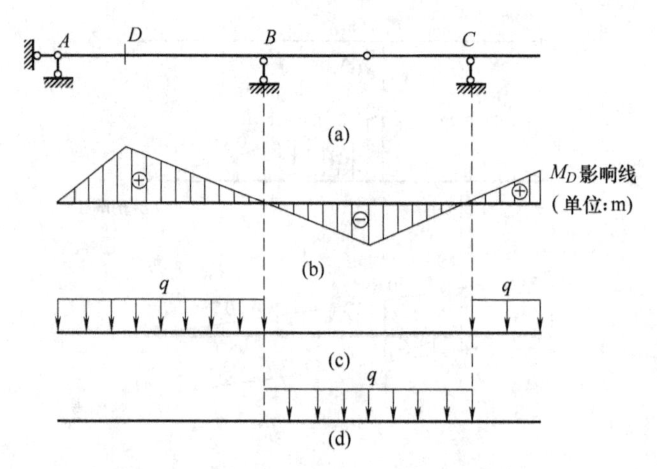

图 8-19　静定梁受均布活载的最不利布置

连续梁在任意均布荷载作用下最不利位置的确定与静定梁类似。如图 8-20(a)所示的连续梁，欲确定其跨中截面 K 的弯矩 M_K 的最不利荷载位置，可先绘制出 M_K 影响线的轮廓图。根据前述结论，将均布活荷载布满影响线正号面积的部分时，M_K 达到最大值，对应的最不利荷载位置如图 8-20(b)所示；当均布活载布满影响线负号面积的部分时，M_K 达到最小值(最大负值)，对应的最不利荷载位置如图 8-20(c)所示。同理可绘出 F_{QK} 最不利荷载位置，如图 8-20(d)、图 8-20(e)所示。

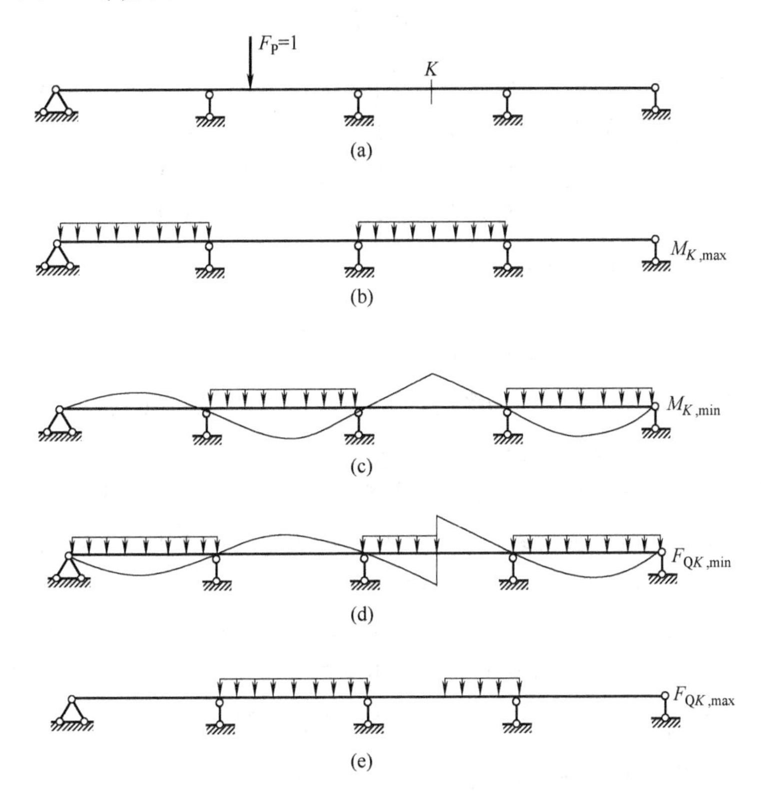

图 8-20　超静定梁受均布活载的最不利布置

3) 移动集中荷载组

对于移动集中荷载组(例如汽车车队、平板拖车和火车等)作用的情况，最不利荷载位置难以凭直观确定。但是根据最不利荷载位置的定义，当荷载移动到该位置时，所求量值 S 为最大，即荷载从该位置不论向左还是向右移动到邻近位置，S 值均将减小，因此可以从荷载移动时量值 S 的增量入手来解决这个问题。

(1) 多边形影响线。

设有一组集中荷载处在图 8-21(a)所示位置，某量值的影响线如图 8-21(b)所示，为一折线形；各段直线的倾角为 α_1、α_2、α_3，以逆时针方向为正。若各直线段荷载的合力分别为 F_{R1}、F_{R2}、F_{R3}，根据式(8-2)，有

$$S = F_{R1}\overline{y}_1 + F_{R2}\overline{y}_2 + F_{R3}\overline{y}_3 = \sum_{i=1}^{3} F_{Ri}\overline{y}_i$$

式中，$\overline{y}_1$、$\overline{y}_2$、$\overline{y}_3$ 分别为 F_{R1}、F_{R2}、F_{R3} 对应的影响线竖标。当整个荷载组移动一个微小距离 Δx 时(向右移动时 Δx 为正)，竖标 $\overline{y}_i$ 的增量为

$$\Delta\overline{y}_i = \Delta x \cdot \tan\alpha_i$$

则 S 的增量为

$$\Delta S = \Delta x \cdot \sum_{i=1}^{3} F_{Ri} \tan\alpha_i$$

由于使 S 成为极大值的条件是：荷载自该位置向左或向右移动微小距离时，S 均将减小，即 $\Delta S < 0$。由于荷载左移时 $\Delta x < 0$，而右移时 $\Delta x > 0$，故 S 成为极大值时应有

$$\left.\begin{array}{l} \text{荷载左移}(\Delta x < 0),\ \sum F_{Ri}\tan\alpha_i \geqslant 0 \\ \text{荷载右移}(\Delta x > 0),\ \sum F_{Ri}\tan\alpha_i \leqslant 0 \end{array}\right\} \tag{8-5}$$

同理，使 S 成为极小值时应有

$$\left.\begin{array}{l} \text{荷载左移}(\Delta x < 0),\ \sum F_{Ri}\tan\alpha_i \leqslant 0 \\ \text{荷载右移}(\Delta x > 0),\ \sum F_{Ri}\tan\alpha_i \geqslant 0 \end{array}\right\} \tag{8-6}$$

由此可得到如下结论：如果 S 为极值，则荷载向左、右移动微小距离时，$\sum F_{Ri}\tan\alpha_i$ 必须变号(包括由正、负变为零或由零变为正、负)。

分析求和项 $\sum F_{Ri}\tan\alpha_i$ 可知，$\tan\alpha_i$ 是影响线各段直线的斜率，它们是常数，不随荷载位置的变化而改变。因此欲使荷载往左、右移动微小距离时 $\sum F_{Ri}\tan\alpha_i$ 变号，一定是各直线段上合力 F_{Ri} 的数值发生了变化，而这种情况只有当某一集中荷载恰好作用在影响线的某一个顶点(转折点)处时，才有可能发生。需要注意的是，集中荷载位于影响线的顶点是使 $\sum F_{Ri}\tan\alpha_i$ 变号的必要条件，但并不是每个集中荷载位于顶点时都能使其变号。将位于影响线顶点上且能使 $\sum F_{Ri}\tan\alpha_i$ 变号的集中荷载称为临界荷载，用 F_{Pcr} 表示，此时的荷载位置称为临界位置，式(8-5)和式(8-6)称为临界位置判别式。

确定临界位置一般需要通过试算，即先将荷载组中某一集中荷载置于影响线的某一顶点，然后令荷载分别向左、右移动，计算相应的 $\sum F_{Ri}\tan\alpha_i$ 值，考察其是否变号。当荷载左移时，此集中荷载应作为该顶点左边直线段上的荷载，同理右移时应作为右边直线段上的荷载。如果此时 $\sum F_{Ri}\tan\alpha_i$ 不变号，则说明此荷载位置不是临界位置，应换一个荷载或换一个顶点再行试算，直至 $\sum F_{Ri}\tan\alpha_i$ 变号，就找出了一个临界位置。在一般情况下，临界位置不只一个，应分别计算与临界位置相应的量值 S，再从中选取最大(最小)值，其相应的荷载位置就是最不利荷载位置。

为了减少试算次数，建议先大致估计最不利荷载位置。一般的做法是将荷载组中数值较大且较为密集的部分置于影响线的最大竖标附近，并注意使位于影响线同号区段内的荷载尽可能多，尽量避免同时在同号区段和异号区段内排列荷载，这样更有可能获得较大的 S 值。

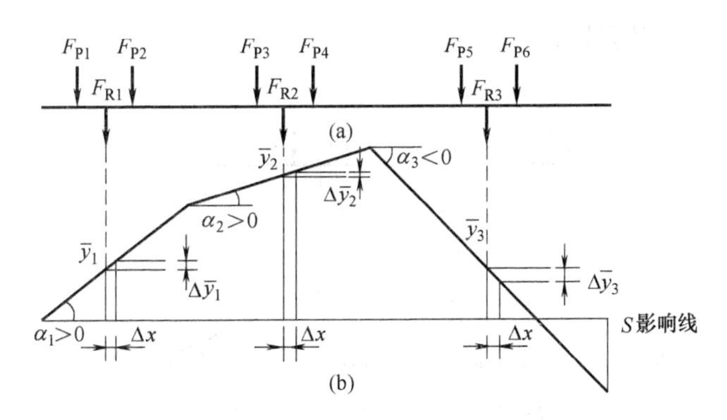

图 8-21　移动集中荷载组作用于折线形影响线时最不利位置的确定

(2) 三角形影响线。

将多边形影响线的临界位置判别式简化后，可用于三角形影响线。图 8-22(a)、(b)分别表示一组间距不变的移动集中荷载和某一量值 S 的影响线。影响线两直线段的倾角分别记为 α_1、α_2，均以逆时针转向为正。用 F_R^L 和 F_R^R 分别表示 F_{Pcr} 以左和以右荷载的合力，根据判别式(8-5)，可写出如下两个不等式

$$(F_R^L + F_{Pcr})\tan\alpha + F_R^R \tan\beta \geqslant 0$$
$$F_R^L \tan\alpha + (F_{Pcr} + F_R^R)\tan\beta \leqslant 0$$

将影响线左、右直线的斜率 $\tan\alpha_1 = \dfrac{h}{a}$ 和 $\tan\alpha_2 = -\dfrac{h}{b}$ 代入后，得

$$\left.\begin{aligned} \frac{F_R^L + F_{Pcr}}{a} \geqslant \frac{F_R^R}{b} \\ \frac{F_R^L}{a} \leqslant \frac{F_{Pcr} + F_R^R}{b} \end{aligned}\right\} \tag{8-7}$$

式(8-7)即为三角形影响线临界位置的判别式。该判别式可以形象地理解为：将临界荷载 F_{Pcr} 归到顶点的哪一侧，哪一侧的“平均荷载”就大些，即临界荷载起着“举足轻重”的作用。

对于履带车或车轮轴距很密的车辆，可将它们看作移动的均布荷载。对于均布荷载跨过三角形影响线顶点的情况(见图 8-23)，其量值 S 是荷载位置参数 x 的二次函数，可以采用一般求极值的方法来确定临界位置，即

$$\frac{dS}{dx} = \sum F_{Ri}\tan\alpha_i = 0$$

此时有

$$\sum F_{Ri}\tan\alpha_i = F_R^L \frac{h}{a} - F_R^R \frac{h}{b} = 0$$

得

$$\frac{F_R^L}{a} = \frac{F_R^R}{b} \tag{8-8}$$

即左、右两边的平均荷载应相等。

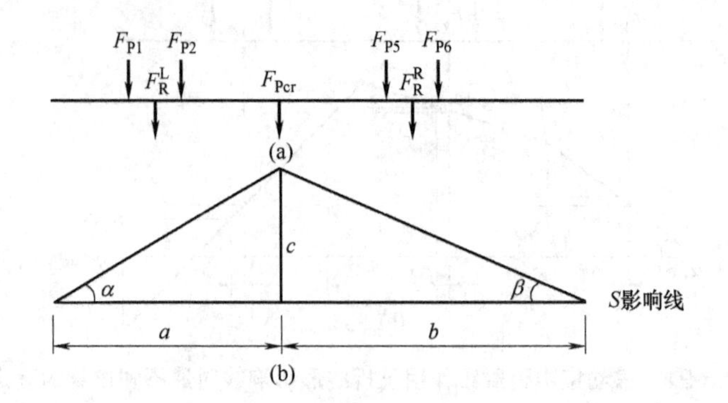

图 8-22　移动集中荷载组作用于三角形影响线时最不利位置的确定

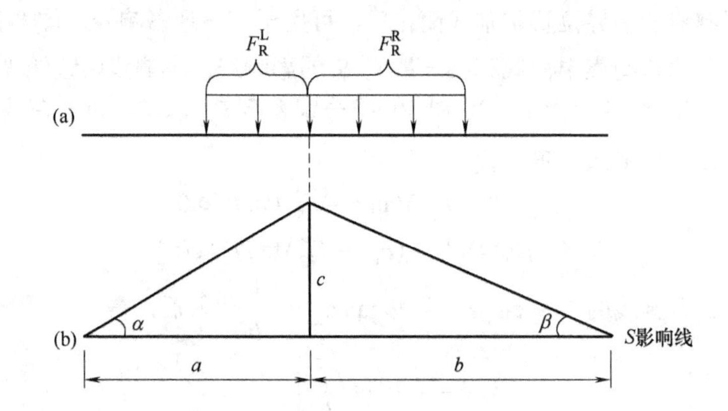

图 8-23　移动均布荷载作用于三角形影响线时最不利位置的确定

(3) 注意事项。

确定最不利荷载位置时还需要注意以下几点。

① 在车辆掉头行驶时，移动荷载的排列顺序将反向，此时对于同一量值 S 的最不利荷载位置以及 S 的最不利值都有可能发生改变，因此解题时需要全面考虑。

② 当某一集中荷载使得判别式(8-5)、式(8-6)、式(8-7)、式(8-8)中一个式子取严格不等号，另一式取等号时，该荷载依然属于临界荷载。

③ 对于直角三角形影响线，以及凡是竖标有突变的影响线，判别式(8-5)、式(8-6)、式(8-7)、式(8-8)均不再适用。此时当荷载较简单时，最不利荷载位置一般可由直观判定；当荷载较复杂时，可按前述估计最不利荷载位置的原则，布置几种荷载位置，直接算出相应的 S 值，而选取其中最大者。

【例 8-3】求图 8-24(a)所示移动荷载作用下 B 支座的最大反力值，已知：$F_{P1}=F_{P2}=295\text{kN}$，$F_{P3}=F_{P4}=435\text{kN}$。

解：作 F_{By} 的影响线，如图 8-24(b)所示，经直观判断，F_{P1} 和 F_{P4} 显然不可能是临界荷载。下面讨论 F_{P2} 和 F_{P3}。当 F_{P2} 作用于 B 点时，有

$$\frac{295+295}{6}<\frac{435\times 2}{6}$$

$$\frac{295}{6}>\frac{295+435\times 2}{6}$$

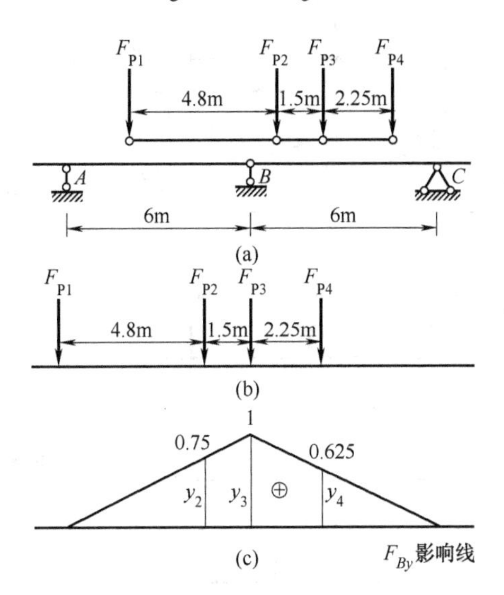

图 8-24　例 8-3 图

故 F_{P2} 不是临界荷载。当 F_{P3} 作用于 B 点时，有

$$\frac{295+435}{6}>\frac{435}{6}$$

$$\frac{295}{6}<\frac{435+435}{6}$$

故 F_{P3} 是临界荷载。

下面计算 B 支座反力 F_{By} 的最大值：

$$F_{By}=\sum F_{Pi}y_i=295\times 0.75+435\times 1+435\times 0.625=298.125(\text{kN})$$

将 F_{P3} 置于 B 点处即为该组移动荷载的最不利位置。

【例 8-4】 试求图 8-25(a)所示结点荷载作用下简支梁在图示车队荷载作用下 K 截面的最大弯矩。$F_{P1}=70\text{kN}$，$F_{P2}=130\text{kN}$，$F_{P3}=50\text{kN}$，$F_{P4}=100\text{kN}$。

解： 首先需要注意，此车队有两种方式通过此桥，自右向左和自左向右，需要分别考虑。

(1) 考虑车队自左向右行驶的情况。

作出 K 截面弯矩 M_K 的影响线，如图 8-25(b)所示，可以算出

$$\tan\alpha_1=0.625,\ \tan\alpha_2=0.125,\ \tan\alpha_3=-0.375$$

经直观判断，只有当重车后轴 F_{P2} 作用于影响线顶点时 C 或 D 时，M_K 才可能达到最大值。先考虑 F_{P2} 置于 D 点的情况，如图 8-25(b)所示。

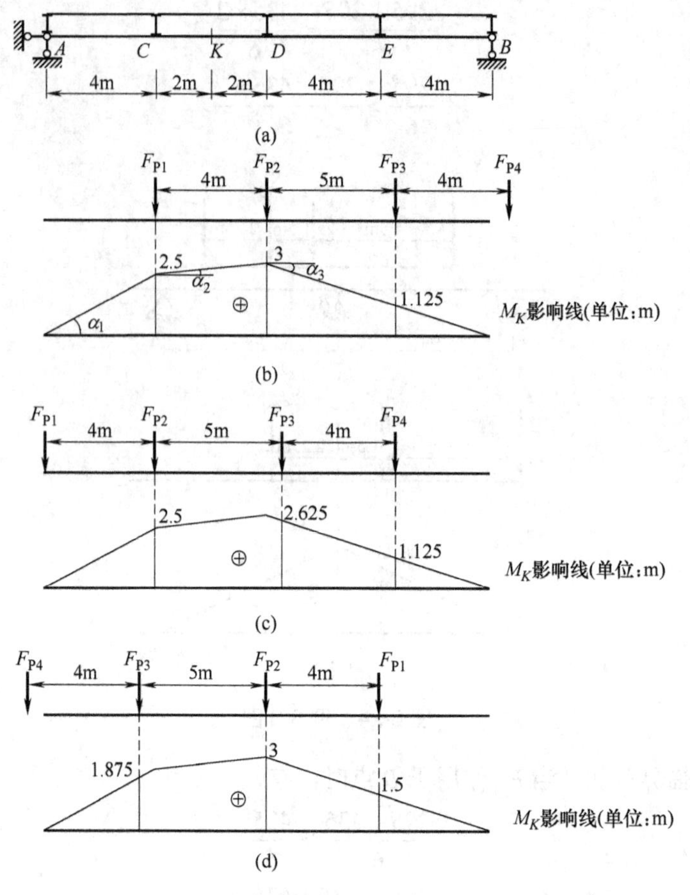

图 8-25　例 8-4 图

F_{P2} 稍向左移时：

$$\sum F_{Ri}\tan\alpha_i = F_{P1}\tan\alpha_1 + F_{P2}\tan\alpha_2 + F_{P3}\tan\alpha_3$$
$$= 70\text{kN}\times 0.625 + 130\text{kN}\times 0.125 - 50\text{kN}\times 0.375 = 41.25\text{kN} > 0$$

F_{P2} 稍向右移时：

$$\sum F_{Ri}\tan\alpha_i = F_{P1}\tan\alpha_2 + F_{P2}\tan\alpha_3 + F_{P3}\tan\alpha_3$$
$$= 70\text{kN}\times 0.125 - 130\text{kN}\times 0.375 - 50\text{kN}\times 0.375 = -58.75\text{kN} < 0$$

可见 $\sum F_{Ri}\tan\alpha_i$ 变号，故此为一临界位置，对应的 M_K 极值为

$$M_K = \sum F_{Pi}y_i = 70\text{kN}\times 2.5\text{m} + 130\text{kN}\times 3\text{m} + 50\text{kN}\times 1.125\text{m} = 621.25\text{kN}\cdot\text{m}$$

若将 F_{P2} 置于 C 点，如图 8-25(c)所示。

F_{P2} 稍向左移时：

$$\sum F_{Ri}\tan\alpha_i = F_{P2}\tan\alpha_1 + F_{P3}\tan\alpha_3 + F_{P4}\tan\alpha_3$$
$$= 130\text{kN}\times 0.625 - 50\text{kN}\times 0.375 - 100\text{kN}\times 0.375 = 25\text{kN} > 0$$

F_{P2} 稍向右移时：

$$\sum F_{Ri}\tan\alpha_i = F_{P1}\tan\alpha_2 + F_{P2}\tan\alpha_2 + F_{P3}\tan\alpha_3 + F_{P4}\tan\alpha_3$$
$$= 70\text{kN}\times 0.625 + 130\text{kN}\times 0.125 - 50\text{kN}\times 0.375 - 100\text{kN}\times 0.375 = 3.75\text{kN} > 0$$

可见$\sum F_{Ri}\tan\alpha_i$未变号，所以 C 点非临界位置。继续试算未发现其他临界位置。

(2) 考虑车队自右向左行驶的情况。

如图 8-25(d)所示，经直观判断，只有当重车后轴 F_{P2} 作用于影响线顶点 D 时，M_K 才可能达到最大值。

F_{P2} 稍向左移时：

$$\sum F_{Ri}\tan\alpha_i = F_{P3}\tan\alpha_1 + F_{P2}\tan\alpha_2 + F_{P1}\tan\alpha_3$$
$$= 50\text{kN}\times 0.625 + 130\text{kN}\times 0.125 - 70\text{kN}\times 0.375 = 21.25\text{kN} > 0$$

F_{P2} 稍向右移时：

$$\sum F_{Ri}\tan\alpha_i = F_{P3}\tan\alpha_1 + F_{P2}\tan\alpha_3 + F_{P1}\tan\alpha_3$$
$$= 50\text{kN}\times 0.625 - 130\text{kN}\times 0.375 - 70\text{kN}\times 0.375 = -43.75\text{kN} < 0$$

可见$\sum F_{Ri}\tan\alpha_i$变号，故此也为一临界位置，对应的 M_K 极值为

$$M_K = \sum F_{Pi}y_i = 50\text{kN}\times 1.875\text{m} + 130\text{kN}\times 3\text{m} + 70\text{kN}\times 1.5\text{m} = 588.75\text{kN}\cdot\text{m}$$

继续试算未发现其他临界位置。

(3) 比较车队自右向左和自左向右两种行驶情况可知，荷载最不利位置应如图 8-25(b)所示，此时 K 截面最大弯矩为 $M_{K,\max} = 621.25\text{kN}\cdot\text{m}$。

思 考 题

8-1 什么是影响线？影响线上任一点的横坐标和纵坐标各代表什么意义？

8-2 试从含义、单位、作法等方面对比影响线与内力图之间的区别。

8-3 静力法作影响线的步骤如何？与在固定荷载下求内力有何异同？在什么情况下，影响线方程必须分段求出？

8-4 机动法作影响线的原理是什么？试用机动法的概念说明静定结构影响线是由直线段组成的。

8-5 某截面的剪力影响线在该截面处是否一定有突变？突变处左右两竖标各代表什么意义？突变处两侧的线段为何必定平行？

8-6 桁架影响线为何要区分上弦承载还是下弦承载？

8-7 为何可以用影响线来求得恒载作用下的内力？

8-8 何谓最不利荷载位置？何谓临界荷载和临界位置？

8-9 试说明对于三角形或多边形影响线，为什么移动集中荷载组的最不利位置必定发生在有集中荷载位于影响线的某一顶点处？上述情况下临界荷载应如何判定？

习 题

8-1 试用静力法作图 8-26 所示静定梁指定量值的影响线。

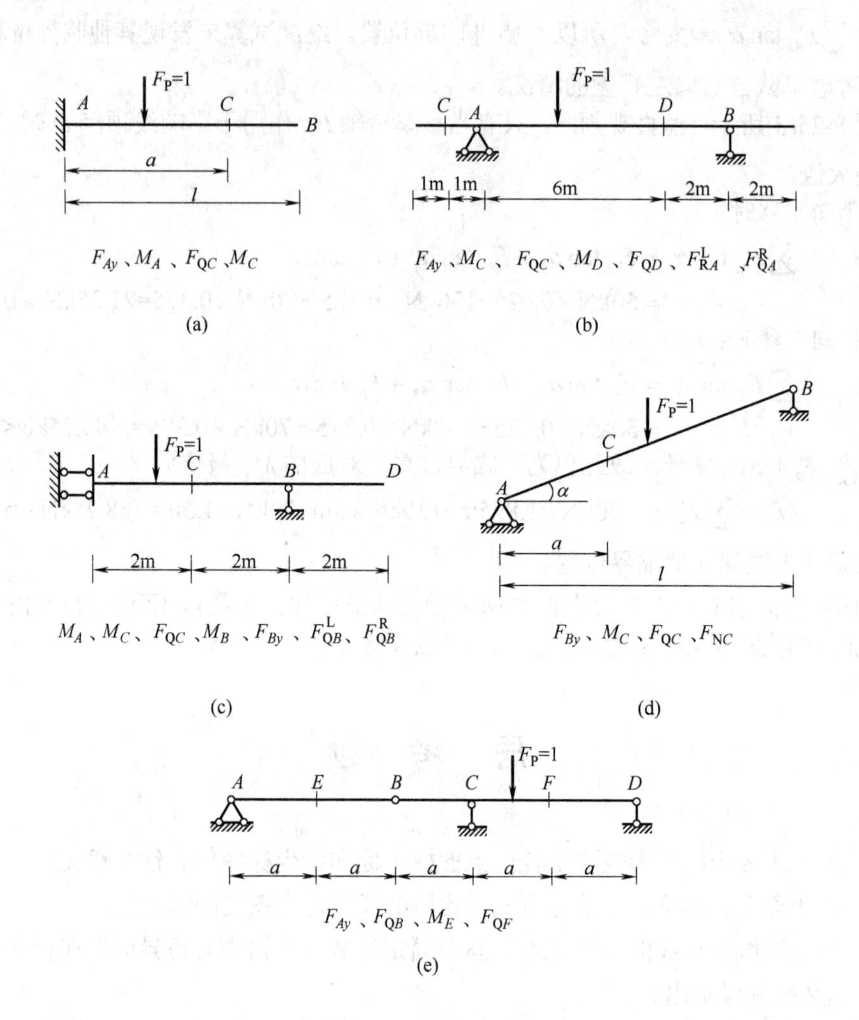

图 8-26　习题 8-1 图

8-2　试用静力法作图 8-27 所示结构横梁 AB 的 M_D、F_{QD} 影响线。荷载在 AB 上移动。

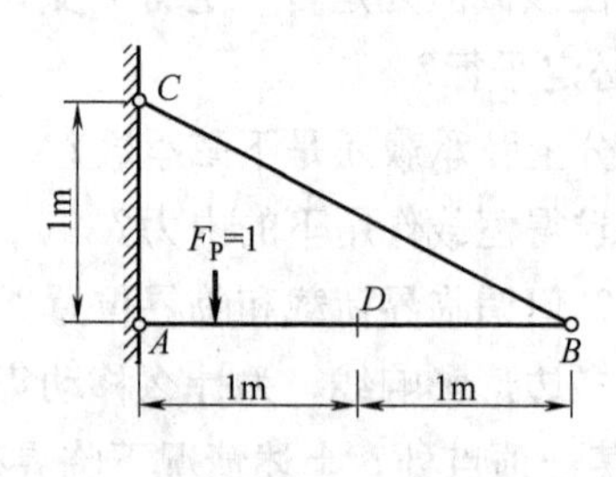

图 8-27　习题 8-2 图

8-3　试用静力法或机动法作图 8-28 所示多跨静定梁指定量值的影响线。

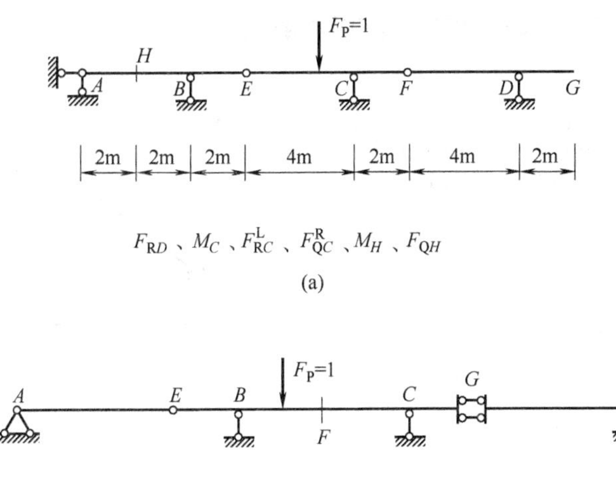

图 8-28　习题 8-3 图

8-4　试绘制图 8-29 所示结构主梁指定量值的影响线？并加以比较。

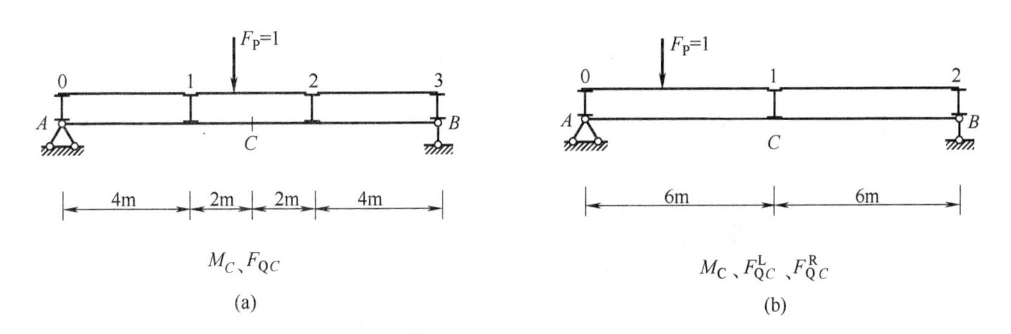

图 8-29　习题 8-4 图

8-5　试绘制图 8-30 所示桁架指定杆内力的影响线，分别考虑荷载上弦和下弦承载两种情况。

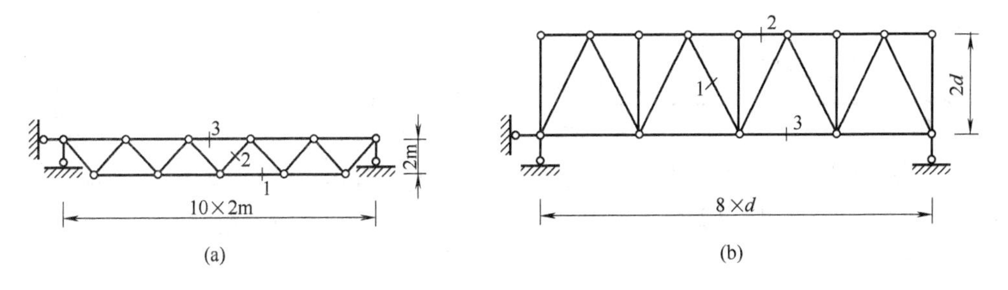

图 8-30　习题 8-5 图

8-6　试作图 8-31 所示刚架指定量值的影响线。

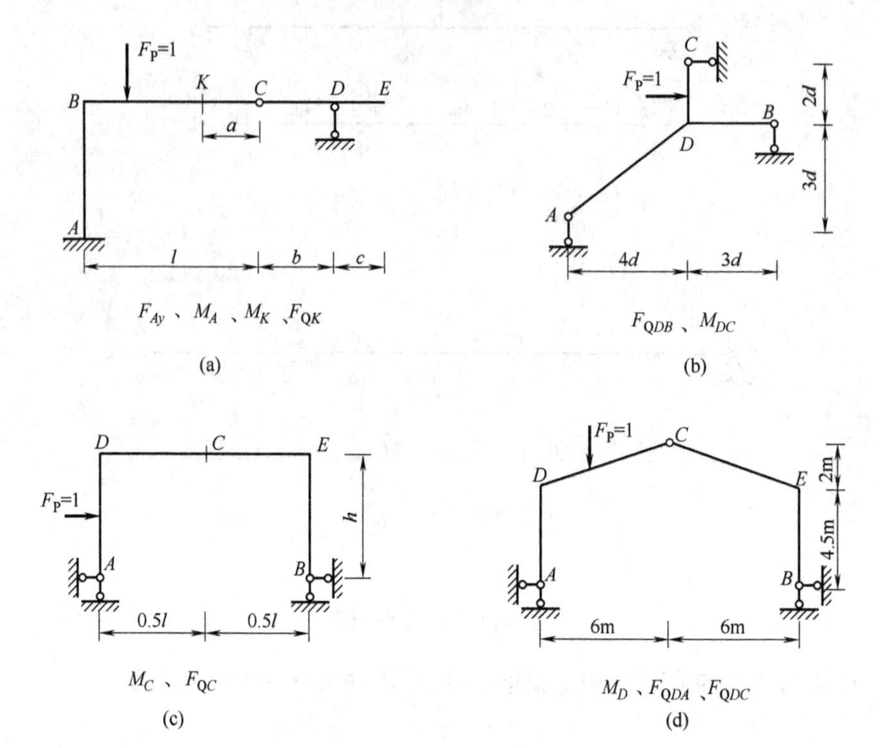

图 8-31　习题 8-6 图

8-7　试作图 8-32 所示组合结构 F_{NAF}、F_{NFG}、F_{NDA}、M_D、F_{QD}^{L}、F_{QD}^{R} 的影响线。

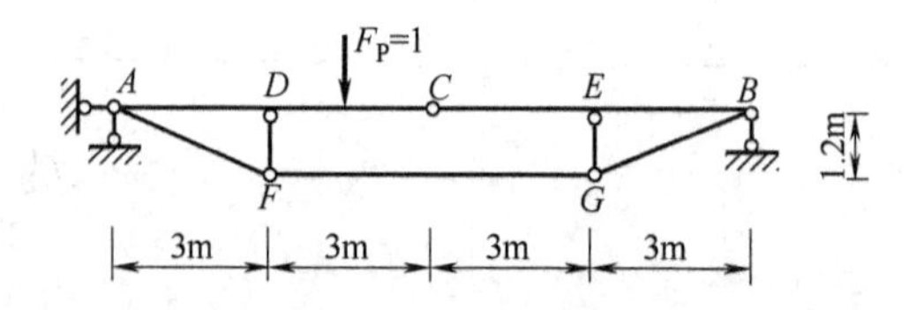

图 8-32　习题 8-7 图

8-8　试利用影响线求下列结构在图 8-33 所示固定荷载作用下指定量值的大小，并以静力平衡条件校核。

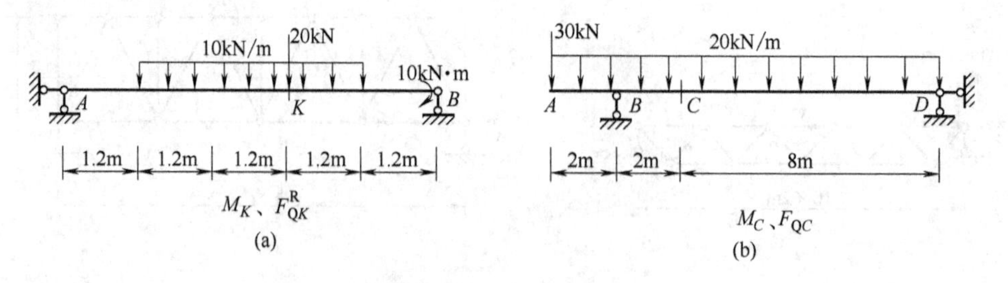

图 8-33　习题 8-8 图

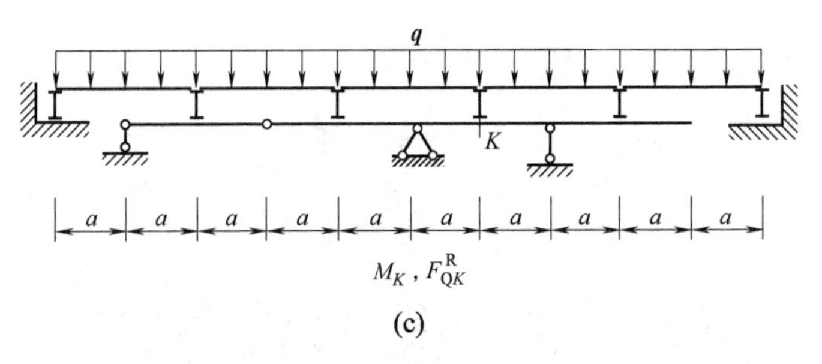

图 8-33　习题 8-8 图(续)

8-9　试求图 8-34 所示简支梁在移动荷载作用下 F_{Ay} 、 M_C 和 F_{QC} 的最大值。

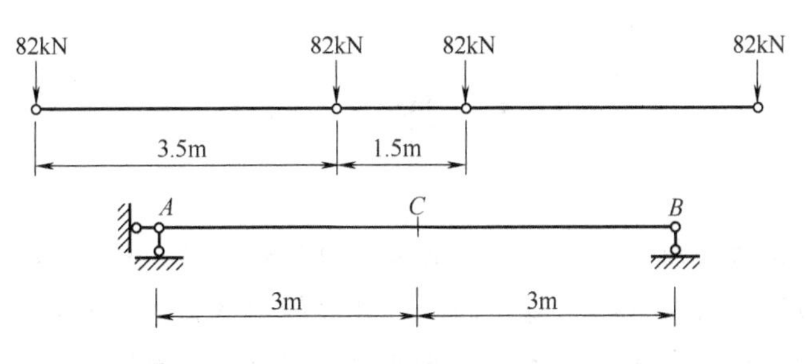

图 8-34　习题 8-9 图

8-10　试求图 8-35 所示车队荷载在影响线 S 上的最不利位置和 S 的绝对最大值。

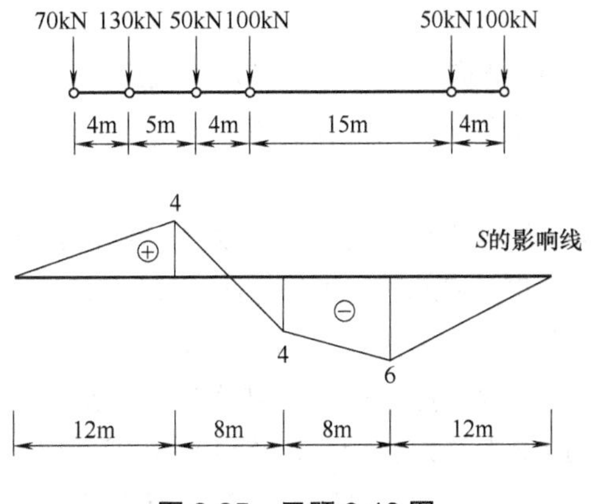

图 8-35　习题 8-10 图

第 9 章　矩阵位移法

9.1　概　　述

前面章节介绍的力法和位移法都是传统的结构力学方法，它们均建立在手算的基础上，只能解决未知量数目不太多的结构分析问题。随着经济的发展和科技的进步，结构分析问题逐渐向大型化和复杂化发展，基本未知量数目不断增加，需要求解的联立方程组规模也不断增大，计算工作变得极为冗繁和困难，使得传统的结构力学分析方法难以适应。计算机技术的飞速发展为结构计算提供了有效工具，结构矩阵分析方法(也称作杆件结构有限元法)迅速发展起来。

结构矩阵分析是将传统的结构力学解题手段，通过矩阵运算方式实现，使得公式紧凑、形式规则，实现计算过程的程序化，便于计算机自动化处理，从而代替人来完成大型复杂结构的计算问题。

结构矩阵分析的基本原理与传统结构力学方法是一致的，与力法和位移法相对应，结构矩阵分析包括矩阵力法(柔度法)和矩阵位移法(刚度法)两种基本方法，前者以多余力为基本未知量，后者以结点位移为基本未知量。当用力法分析超静定结构时，同一结构可以采用不同形式的基本结构；而用位移法分析时，基本结构的形式是较为固定的。此外位移法既适用于超静定结构，也适用于静定结构，比力法的分析过程更容易规格化，更易于编制通用的计算程序，因此矩阵位移法在工程界的应用更为广泛。本章将介绍矩阵位移法。

矩阵位移法的主要内容包括以下两部分。

(1) 单元分析。首先把结构拆开，分解成有限个单元的集合，各单元在结点处彼此连接而形成整体，这个过程称作结构的离散化(也称作划分单元)。在杆件结构中，一般把一根杆件或者杆件的一段作为一个单元。结构离散化后，分析单元杆端力与单元杆端位移之间的关系，建立单元刚度方程和单元刚度矩阵。

(2) 整体分析。根据结构的静力平衡条件和变形协调条件将各单元组合成整体，从而建立整个结构的整体刚度方程和整体刚度矩阵。求解结构整体刚度方程，得到原结构的位移和内力。

综上所述，矩阵位移法的基本思路是先将结构离散，然后再集合，在一分一合、先拆后搭的过程中，将复杂结构的计算转化为简单杆件单元的分析和集合问题。因此单元分析和整体分析是矩阵位移法的两个最重要的环节，也是本章重点讨论的内容。

9.2　局部坐标系下的单元刚度矩阵

本节将对平面结构的杆件单元进行分析，建立单元刚度方程和单元刚度矩阵。

1. 结构的离散化

结构离散化是指把结构分解成有限个独立杆件(单元)的集合体，一般情况下将杆件结构中的每个杆件作为一个单元，并且规定荷载只作用于结点处。为了计算简便，只采用等截面直杆这种单元形式。单元的连接点称为结点，结点确定的基本原则如下。

(1) 将杆件的汇交点、转折点、支承点和截面的突变点取为结点，这些结点是根据结构本身的构造特征确定的，因而称为构造结点。

(2) 为保证结构只承受结点荷载，集中荷载作用点可以作为结点处理，这种结点称为非构造结点。集中荷载处也可不设置结点，而通过等效结点荷载方式处理，这将在 9.6 节进行讨论。

结构的所有结点确定后，各个单元也就随之确定了，离散化后结构通常用数字编号进行描述，例如采用①，②，…，n 表示单元编号，用 1，2，…，n 表示结点编号。下面通过实例进一步阐述结构离散化过程。

图 9-1(a)所示的平面刚架中共有 4 个结点，可划分为 3 个单元；当截面存在突变时，突变处也需看成是结点，如图 9-1(b)所示结构中共有 6 个结点，划分成 5 个单元；当存在集中荷载作用于结构上时，可以将荷载作用点也取为结点，如图 9-1(c)所示，共有 5 个结点，划分成 4 个单元；另外也可如图 9-1(d)所示，将荷载转化为等效结点荷载进行处理，仍划分为 4 个结点，3 个单元。比较上述两种划分方法，前一种划分方法增加了结点和单元数目，也就增加了计算工作量，一般不采用。

在结构中，往往会遇到变截面杆或曲杆，可将它们视为阶梯形截面或折杆，在结构离散化时，可沿轴线将其细分为若干段，每段均作为等截面直杆处理，如图 9-2 所示，当分段数足够多时，这种近似处理方法的计算精度可以得到保证。

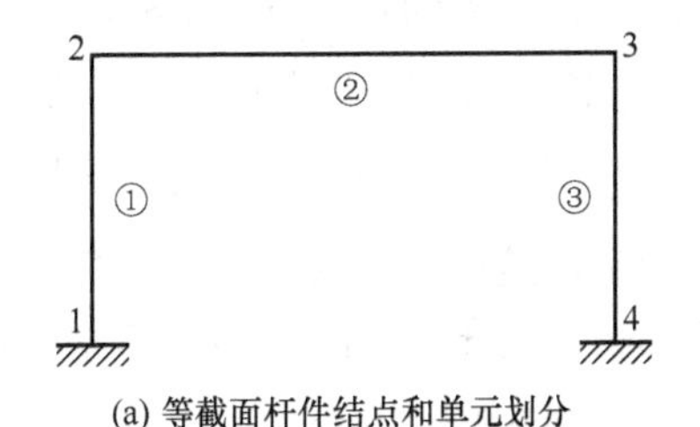

(a) 等截面杆件结点和单元划分

(b) 变等截面杆件结点和单元划分

图 9-1　平面刚架离散化过程

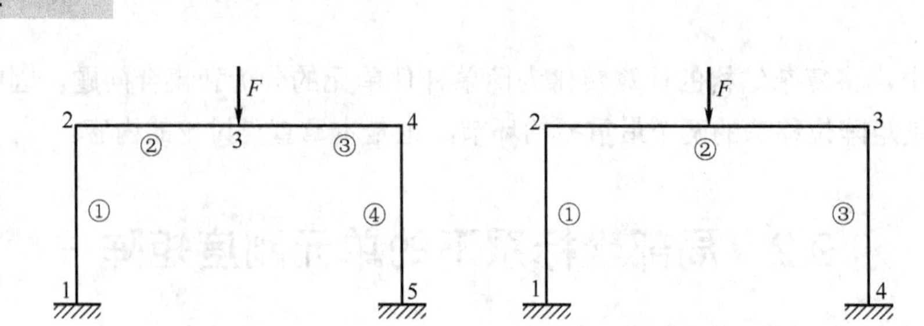

(c) 荷载结点　　(d) 荷载结点转化为等效结合荷载

图 9-1　平面刚架离散化过程(续)

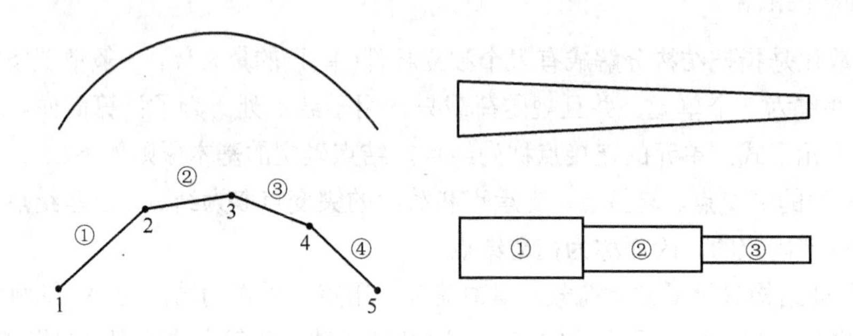

图 9-2　曲杆和变截面杆的离散化方法

2. 局部坐标系

为了方便单元分析，可以给每个单元设定一个局部坐标系(也称为单元坐标系)$i\bar{x}\bar{y}$。局部坐标系通常采用右手系，原点设在单元的一个端点 i，并且使坐标系 $\bar{x}$ 轴与杆件的轴线相重合。字母 $\bar{x}$ 和 $\bar{y}$ 上面都有一横线，作为局部坐标系的标志。

例如，图 9-3 所示的等截面直杆单元，设其编号为 e，其两端结点分别用 i、j 表示，以 i 点为坐标原点，以从 i 到 j 的方向为 $\bar{x}$ 轴的正向，$\bar{y}$ 轴正方向通过右手法则确定，这样建立的坐标系 $i\bar{x}\bar{y}$ 称为单元 e 的局部坐标系，i、j 分别称为单元 e 的始端和末端。

3. 单元的杆端位移和杆端力

当不考虑单元两端的约束情况时，对于平面杆件，其两端各有三个位移分量(两个平动和一个转动)以及相对应的三个力分量(两个力和一个力矩)，因此杆件共有 6 个杆端位移分量和 6 个杆端力分量，这是平面结构杆件单元的一般情况。

如图 9-3 所示，设局部坐标系中，i 端的杆端位移分别为 $\bar{u}_i^e$、$\bar{v}_i^e$ 和 $\bar{\varphi}_i^e$，分别代表轴向位移、切向位移和转角，相应的杆端力为 $\bar{F}_{Ni}^e$、$\bar{F}_{Qi}^e$ 和 $\bar{M}_i^e$，分别代表轴力、剪力和弯矩；j 端的杆端位移分别为 $\bar{u}_j^e$、$\bar{v}_j^e$ 和 $\bar{\varphi}_j^e$，相应的杆端力为 $\bar{F}_{Nj}^e$、$\bar{F}_{Qj}^e$ 和 $\bar{M}_j^e$。这些符号上面加一横线，表示它们是局部坐标系中的量值，上标 e 表示它们是属于单元 e 的。它们的正负号规定如下：在单元 e 的局部坐标系下，$\bar{u}$ 和 $\bar{F}_N$ 以沿 $\bar{x}$ 轴正向为正；$\bar{v}$ 和 $\bar{F}_Q$ 以沿 $\bar{y}$ 轴正向为正；$\bar{\varphi}$ 和 $\bar{M}$ 以逆时针方向为正。图 9-3 所示杆端位移分量和杆端力的分量均为正向。显然上述规定与前述章节有所区别，在学习矩阵位移法时应特别注意有关物理量的正负号规定。

单元 e 的6个杆端位移分量和6个杆端力分量按一定顺序排列，形成杆端位移列向量 $\boldsymbol{\Delta}^e$ 和杆端力列向量 $\overline{\boldsymbol{F}}^e$，如下：

$$\left.\begin{aligned}\overline{\boldsymbol{\Delta}}^e &= (\overline{\Delta}_1^e \quad \overline{\Delta}_2^e \quad \overline{\Delta}_3^e \quad \overline{\Delta}_4^e \quad \overline{\Delta}_5^e \quad \overline{\Delta}_6^e)^{\mathrm{T}} = (\overline{u}_i^e \quad \overline{v}_i^e \quad \overline{\varphi}_i^e \quad \overline{u}_j^e \quad \overline{v}_j^e \quad \overline{\varphi}_j^e)^{\mathrm{T}} \\ \overline{\boldsymbol{F}}^e &= (\overline{F}_1^e \quad \overline{F}_2^e \quad \overline{F}_3^e \quad \overline{F}_4^e \quad \overline{F}_5^e \quad \overline{F}_6^e)^{\mathrm{T}} = (\overline{F}_{\mathrm{N}i}^e \quad \overline{F}_{Qi}^e \quad \overline{M}_i^e \quad \overline{F}_{\mathrm{N}j}^e \quad \overline{F}_{\mathrm{Q}j}^e \quad \overline{M}_j^e)^{\mathrm{T}}\end{aligned}\right\} \tag{9-1}$$

式中，各元素是按先 i 端后 j 端，依照 $\overline{x}$、$\overline{y}$、$\overline{\varphi}$ 的顺序排列的。1～6表示对杆端位移和力分量的局部编码。

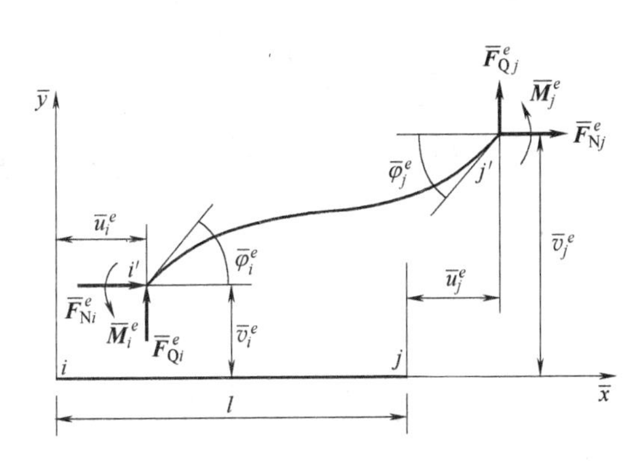

图 9-3 局部坐标系下单元杆端位移和杆端力

4. 单元刚度矩阵的一般形式

单元刚度矩阵即由单元杆端位移确定杆端力的转换矩阵，现就图9-3所示的单元 e，阐述建立单元刚度矩阵的过程。在图9-4所示中，首先不考虑杆件上的荷载作用，在杆件两端加上人为控制的附加约束，分别推导各杆端位移单独引起的杆端力，其中 E 为材料的弹性模量，l 为杆长，A 为截面面积，I 为截面的惯性矩。假定小变形情况下，忽略轴向受力状态和弯曲受力状态之间的相互影响，应用叠加原理即可得到杆端力与杆端位移之间的关系如下：

$$\left.\begin{aligned}\overline{F}_{\mathrm{N}i}^e &= \frac{EA}{l}\overline{u}_i^e - \frac{EA}{l}\overline{u}_j^e \\ \overline{F}_{\mathrm{Q}i}^e &= \frac{12EI}{l^3}\overline{v}_i^e + \frac{6EI}{l^2}\overline{\varphi}_i^e - \frac{12EI}{l^3}\overline{v}_j^e + \frac{6EI}{l^2}\overline{\varphi}_j^e \\ \overline{M}_i^e &= \frac{6EI}{l^2}\overline{v}_i^e + \frac{4EI}{l}\overline{\varphi}_i^e - \frac{6EI}{l^2}\overline{v}_j^e + \frac{2EI}{l}\overline{\varphi}_j^e \\ \overline{F}_{\mathrm{N}j}^e &= -\frac{EA}{l}\overline{u}_i^e + \frac{EA}{l}\overline{u}_j^e \\ \overline{F}_{\mathrm{Q}j}^e &= -\frac{12EI}{l^3}\overline{v}_i^e - \frac{6EI}{l^2}\overline{\varphi}_i^e + \frac{12EI}{l^3}\overline{v}_j^e - \frac{6EI}{l^2}\overline{\varphi}_j^e \\ \overline{M}_j^e &= \frac{6EI}{l^2}\overline{v}_i^e + \frac{2EI}{l}\overline{\varphi}_i^e - \frac{6EI}{l^2}\overline{v}_j^e + \frac{4EI}{l}\overline{\varphi}_j^e\end{aligned}\right\} \tag{9-2}$$

式(9-2)即为单元 e 局部坐标系下的单元刚度方程，写成矩阵形式为

$$\begin{bmatrix} \overline{F}_{Ni}^{e} \\ \overline{F}_{Qi}^{e} \\ \overline{M}_{i}^{e} \\ \overline{F}_{Nj}^{e} \\ \overline{F}_{Qj}^{e} \\ \overline{M}_{j}^{e} \end{bmatrix} = \begin{bmatrix} \frac{EA}{l} & 0 & 0 & -\frac{EA}{l} & 0 & 0 \\ 0 & \frac{12EI}{l^3} & \frac{6EI}{l^2} & 0 & -\frac{12EI}{l^3} & \frac{6EI}{l^2} \\ 0 & \frac{6EI}{l^2} & \frac{4EI}{l} & 0 & -\frac{6EI}{l^2} & \frac{2EI}{l} \\ -\frac{EA}{l} & 0 & 0 & \frac{EA}{l} & 0 & 0 \\ 0 & -\frac{12EI}{l^3} & -\frac{6EI}{l^2} & 0 & \frac{12EI}{l^3} & -\frac{6EI}{l^2} \\ 0 & \frac{6EI}{l^2} & \frac{2EI}{l} & 0 & -\frac{6EI}{l^2} & \frac{4EI}{l} \end{bmatrix} \begin{bmatrix} \overline{u}_{i}^{e} \\ \overline{v}_{i}^{e} \\ \overline{\varphi}_{i}^{e} \\ \overline{u}_{j}^{e} \\ \overline{v}_{j}^{e} \\ \overline{\varphi}_{j}^{e} \end{bmatrix} \tag{9-3}$$

式(9-3)可简写为

$$\overline{\boldsymbol{F}}^{e} = \overline{\boldsymbol{k}}^{e} \overline{\boldsymbol{\Delta}}^{e} \tag{9-4}$$

其中，

$$\overline{\boldsymbol{k}}^{e} = \begin{array}{c} \begin{array}{cccccc} \overline{u}_i^e=1 & \overline{v}_i^e=1 & \overline{\varphi}_i^e=1 & \overline{u}_j^e=1 & \overline{v}_j^e=1 & \overline{\varphi}_j^e=1 \end{array} \\ \begin{bmatrix} \frac{EA}{l} & 0 & 0 & -\frac{EA}{l} & 0 & 0 \\ 0 & \frac{12EI}{l^3} & \frac{6EI}{l^2} & 0 & -\frac{12EI}{l^3} & \frac{6EI}{l^2} \\ 0 & \frac{6EI}{l^2} & \frac{4EI}{l} & 0 & -\frac{6EI}{l^2} & \frac{2EI}{l} \\ -\frac{EA}{l} & 0 & 0 & \frac{EA}{l} & 0 & 0 \\ 0 & -\frac{12EI}{l^3} & -\frac{6EI}{l^2} & 0 & \frac{12EI}{l^3} & -\frac{6EI}{l^2} \\ 0 & \frac{6EI}{l^2} & \frac{2EI}{l} & 0 & -\frac{6EI}{l^2} & \frac{4EI}{l} \end{bmatrix} \end{array} \begin{array}{c} \overline{F}_{Ni}^{e} \\ \overline{F}_{Qi}^{e} \\ \overline{M}_{i}^{e} \\ \overline{F}_{Nj}^{e} \\ \overline{F}_{Qj}^{e} \\ \overline{M}_{j}^{e} \end{array} \tag{9-5}$$

式中，$\overline{\boldsymbol{k}}^{e}$ 即为单元 e 局部坐标系中的单元刚度矩阵(简称单刚)，它的行数等于单元杆端力的数目，列数则等于杆端位移的数目，是6×6的方阵。需要注意，杆端位移和杆端力列向量的各个元素必须按照式(9-1)进行排序，否则随着排列顺序的改变，$\overline{\boldsymbol{k}}^{e}$ 中各元素的排列将随之改变。

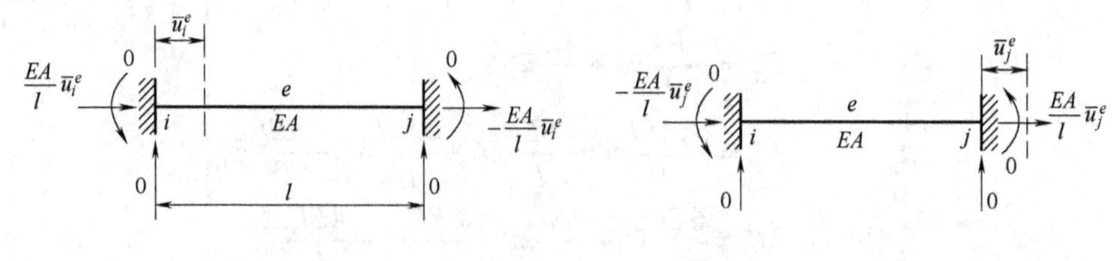

图 9-4 各杆端位移单独作用引起的杆端力

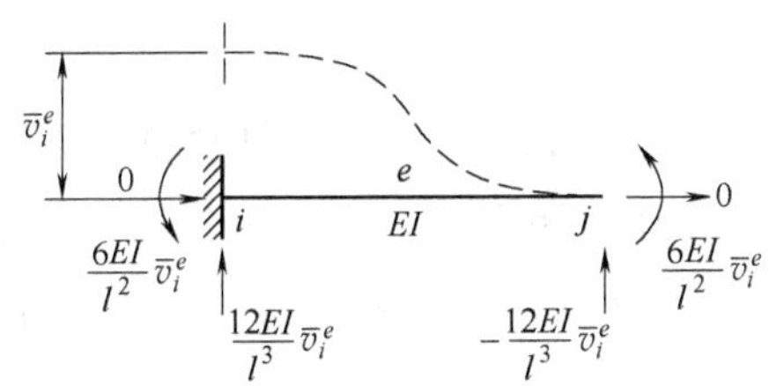

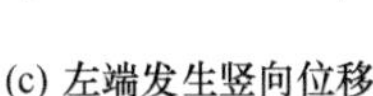
(c) 左端发生竖向位移

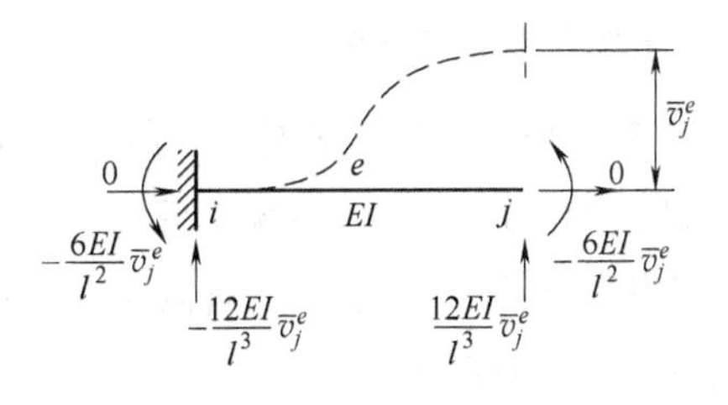

(d) 右端发生竖向位移

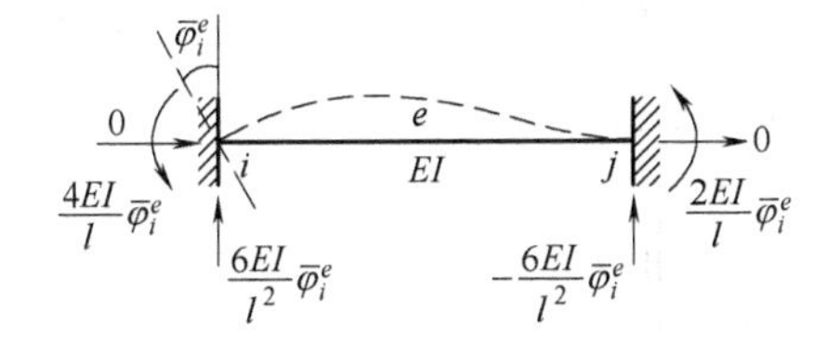

(e) 左端发生转角

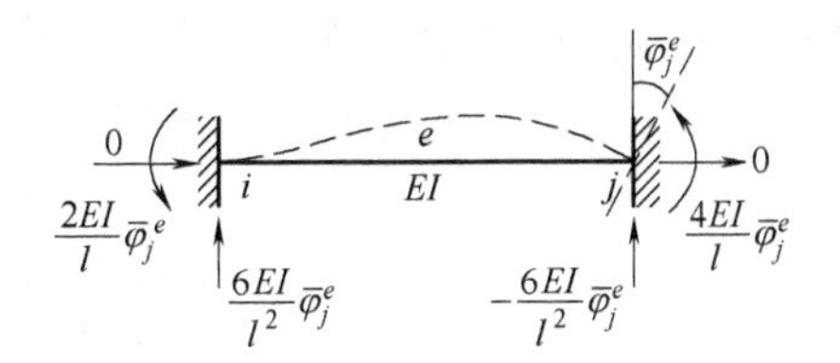

(f) 右端发生转角

图 9-4　各杆端位移单独作用引起的杆端力(续)

5. 一般单元刚度矩阵的性质

1) 元素的意义

单元刚度矩阵 $\overline{\boldsymbol{k}}^e$ 中的每个元素代表单位杆端位移所引起的杆端力。例如，$\overline{\boldsymbol{k}}^e$ 第 3 行第 2 列元素代表当第 2 个杆端位移分量 $\overline{v}_i^e=1$ 时引起的第 3 个杆端力分量 $\overline{M}_i^e$。一般来说，第 i 行第 j 列的元素 $\overline{k}_{ij}^e$ 代表当第 j 个杆端位移分量等于 1(其他位移分量为零)时所引起的第 i 个杆端力分量的值。

单元刚度矩阵 $\overline{\boldsymbol{k}}^e$ 某一列 6 个元素分别表示当某个杆端位移分量等于 1(其他位移分量为零)时所引起的 6 个杆端力分量。例如，第 2 列的 6 个元素表示当 $\overline{v}_i^e=1$，其他杆端位移均为零时引起的 6 个杆端力。为了帮助理解，在式(9-5)中标注了对应的杆端位移和杆端力分量。

2) 对称性

$\overline{\boldsymbol{k}}^e$ 是一个对称方阵，处于对角线两侧对称位置上的元素互等，即

$$\overline{k}_{ij}^e=\overline{k}_{ji}^e \tag{9-6}$$

单元刚度矩阵的对称性可以通过反力互等定理得出。

3) 奇异性

单元刚度矩阵的奇异性是指其对应行列式之值等于零，即

$$\left|\overline{\boldsymbol{k}}^e\right|=0 \tag{9-7}$$

由此可知，单元刚度矩阵 $\overline{\boldsymbol{k}}^e$ 是一个奇异矩阵，不存在逆矩阵。也就是说，根据单元刚度方程(9-4)，可以由杆端位移 $\overline{\boldsymbol{\Delta}}^e$ 唯一确定杆端力 $\overline{\boldsymbol{F}}^e$，但是不能反过来由杆端力 $\overline{\boldsymbol{F}}^e$ 唯一确定杆端位移 $\overline{\boldsymbol{\Delta}}^e$，原因在于单元 e 的位移中除杆端引起的轴向变形和弯曲变形外，还包含任意的刚体位移，如果不对单元加以约束，刚体位移不能确定。

6. 特殊单元刚度矩阵

式(9-5)是平面杆件结构中单元刚度矩阵的一般表达式，其中 6 个杆端位移可以为任意值，但是结构中还有一些特殊单元，其某些杆端位移值为零而不能任意指定，这些特殊单元的刚度矩阵无须另行推导，只需对一般单元刚度方程(9-3)做一些特殊处理即可得到。

1) 连续梁单元刚度矩阵

计算连续梁时，通常忽略其轴向变形，如果取每跨梁作为单元(见图 9-5)，则杆端只有角位移 $\bar{\varphi}_i^e$ 和 $\bar{\varphi}_j^e$ 可以指定为任意值，而线位移分量 $\bar{u}_i^e$、$\bar{v}_i^e$、$\bar{u}_j^e$、$\bar{v}_j^e$ 均为零，将 $\bar{u}_i^e=\bar{v}_i^e=\bar{u}_j^e=\bar{v}_j^e=0$ 代入式(9-3)，得到连续梁单元的刚度方程如下：

$$\begin{pmatrix}\bar{M}_i^e\\ \bar{M}_j^e\end{pmatrix}=\begin{bmatrix}\dfrac{4EI}{l} & \dfrac{2EI}{l}\\ \dfrac{2EI}{l} & \dfrac{4EI}{l}\end{bmatrix}\begin{bmatrix}\bar{\varphi}_i^e\\ \bar{\varphi}_j^e\end{bmatrix} \tag{9-8}$$

相应的单元刚度矩阵为

$$\bar{\boldsymbol{k}}^e=\begin{bmatrix}\dfrac{4EI}{l} & \dfrac{2EI}{l}\\ \dfrac{2EI}{l} & \dfrac{4EI}{l}\end{bmatrix} \tag{9-9}$$

上述矩阵也可通过删除式(9-5)中与 $\bar{u}_i^e$、$\bar{v}_i^e$、$\bar{u}_j^e$、$\bar{v}_j^e$ 对应的 1、2、4、5 行和列后得出。另外需要特别指出，某些特殊单元的刚度矩阵是可逆的，式(9-9)中 $\bar{\boldsymbol{k}}^e$ 的逆矩阵就存在，这是因为对于图 9-5 所示的特殊单元，已经附加了两端没有线位移的约束条件，单元不会发生刚体位移，故单元刚度矩阵为非奇异矩阵。

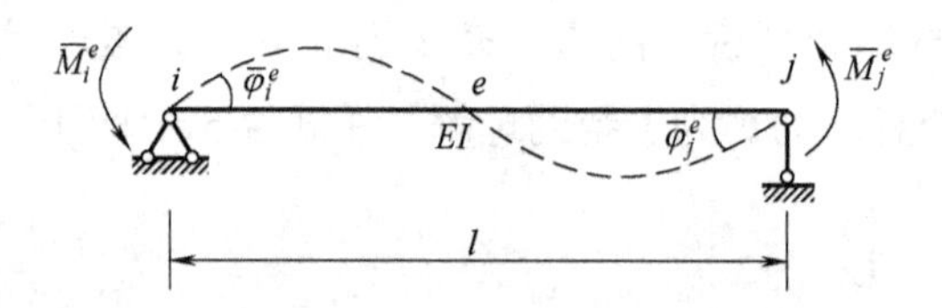

图 9-5 连续梁单元杆端位移和杆端力

2) 桁架单元刚度矩阵

对于平面桁架中的杆件，其两端仅有轴力作用，剪力和弯矩均为零(见图 9-6)，由式(9-3)可得，桁架单元的刚度方程为

$$\begin{bmatrix}\bar{F}_{Ni}^e\\ \bar{F}_{Nj}^e\end{bmatrix}=\begin{bmatrix}\dfrac{EA}{l} & -\dfrac{EA}{l}\\ -\dfrac{EA}{l} & \dfrac{EA}{l}\end{bmatrix}\begin{bmatrix}\bar{u}_i^e\\ \bar{u}_j^e\end{bmatrix} \tag{9-10}$$

相应的单元刚度矩阵为

$$
\bar{\boldsymbol{k}}^e = \begin{bmatrix} \dfrac{EA}{l} & -\dfrac{EA}{l} \\ -\dfrac{EA}{l} & \dfrac{EA}{l} \end{bmatrix} \begin{matrix} \bar{F}_{Ni}^e \\ \bar{F}_{Nj}^e \end{matrix} \quad (\text{columns: } \bar{u}_i^e,\ \bar{u}_j^e) \tag{9-11}
$$

矩阵(9-11)也通过删除式(9-5)与 $\bar{v}_i^e$、$\bar{\varphi}_i^e$、$\bar{v}_j^e$、$\bar{\varphi}_j^e$ 对应的 2、3、5、6 行和列后得出。为了便于后续进行坐标变换，可以将其写成 4×4 的矩阵：

$$
\bar{\boldsymbol{k}}^e = \begin{bmatrix} \dfrac{EA}{l} & 0 & -\dfrac{EA}{l} & 0 \\ 0 & 0 & 0 & 0 \\ -\dfrac{EA}{l} & 0 & \dfrac{EA}{l} & 0 \\ 0 & 0 & 0 & 0 \end{bmatrix} \begin{matrix} \bar{F}_{Ni}^e \\ \bar{F}_{Qi}^e \\ \bar{F}_{Nj}^e \\ \bar{F}_{Qj}^e \end{matrix} \quad (\text{columns: } \bar{u}_i^e,\ \bar{v}_i^e,\ \bar{u}_j^e,\ \bar{v}_j^e) \tag{9-12}
$$

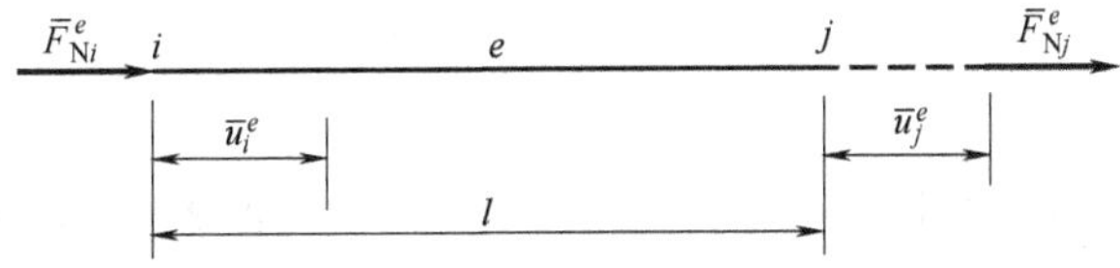

图 9-6　桁架单元杆端位移和杆端力

使用同样的方法还可以得出其他各类特殊单元的刚度矩阵。在实际应用中，没有必要将各种特殊单元的刚度矩阵都罗列出来，而是只采用一般单元刚度矩阵的标准化形式，各种特殊形式可利用计算机程序自动形成。

9.3　整体坐标系下单元刚度矩阵

9.2 节给出的单元刚度矩阵是建立在局部坐标系上的，这样可以使结构的各单元刚度矩阵具有简单统一的表达形式。但对于整个结构，各单元局部坐标的方向往往是不同的。例如，图 9-7 所示平面刚架，单元①、②、③采用的局部坐标系的方向各不相同，这样就不便于进行整体分析。

为了结构的整体分析，必须确定一个统一的坐标系，一般称为整体坐标系(或结构坐标系)。例如，图 9-7 中的 Oxy 可作为整体坐标系。然后将各结点的力和位移分量都用沿整体坐标系坐标方向的分量表示，这样表示整体坐标系下杆端力和杆端位移之间变换关系的单元刚度矩阵，与局部坐标系下的单元刚度矩阵将有所不同。为了得到整体坐标系下的单元刚度矩阵，可以采用坐标变换的方法，将局部坐标系下的单元刚度矩阵进行变换来获得。为了便于区分，整体坐标用 x,y 表示，以区别于用 $\bar{x},\bar{y}$ 表示的局部坐标。整体坐标系中杆端力和位移分量以与整体坐标轴指向一致为正，弯矩和角位移以逆时针方向为正。

1. 一般单元的坐标变换矩阵

图 9-8 所示的单元e的局部坐标系为$i\bar{x}\,\bar{y}$，整体坐标系为Oxy，局部坐标系相对于整体坐标系的方位角用α表示，α定义为x轴沿逆时针方向转至与$\bar{x}$轴重合时所转过的角度。局部坐标系中的单元杆端位移和杆端力分量见式(9-1)，整体坐标系中单元杆端位移和杆端力分量如下：

$$\left.\begin{aligned}\boldsymbol{\Delta}^e&=(\Delta_1^e\quad\Delta_2^e\quad\Delta_3^e\quad\Delta_4^e\quad\Delta_5^e\quad\Delta_6^e)^{\mathrm{T}}=(u_i^e\quad v_i^e\quad\varphi_i^e\quad u_j^e\quad v_j^e\quad\varphi_j^e)^{\mathrm{T}}\\\boldsymbol{F}^e&=(F_1^e\quad F_2^e\quad F_3^e\quad F_4^e\quad F_5^e\quad F_6^e)^{\mathrm{T}}=(F_{xi}^e\quad F_{yi}^e\quad M_i^e\quad F_{xj}^e\quad F_{yj}^e\quad M_j^e)^{\mathrm{T}}\end{aligned}\right\}\tag{9-13}$$

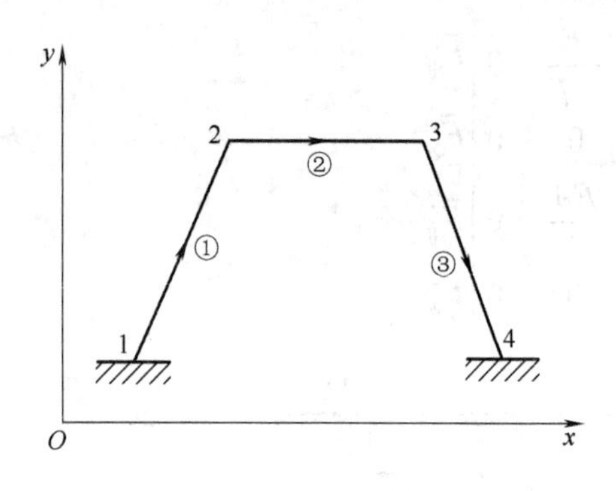

图 9-7 整体坐标系

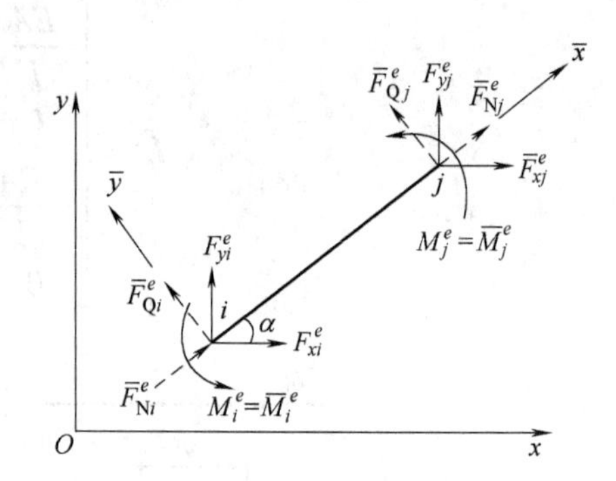

图 9-8 单元坐标变换

对比两坐标系，由于弯矩是垂直于坐标平面的力偶矢量，故不受平面内坐标变换的影响，即

$$\left.\begin{aligned}\bar{M}_1^e&=M_1^e\\\bar{M}_2^e&=M_2^e\end{aligned}\right\}\tag{9-14}$$

根据力的投影关系，可得

$$\left.\begin{aligned}\bar{F}_{Ni}^e&=F_{xi}^e\cos\alpha+F_{yi}^e\sin\alpha\\\bar{F}_{Qi}^e&=-F_{xi}^e\sin\alpha+F_{yi}^e\cos\alpha\\\bar{F}_{Nj}^e&=F_{xj}^e\cos\alpha+F_{yj}^e\sin\alpha\\\bar{F}_{Qj}^e&=-F_{xj}^e\sin\alpha+F_{yj}^e\cos\alpha\end{aligned}\right\}\tag{9-15}$$

将式(9-14)、式(9-15)写为矩阵形式，得

$$\begin{bmatrix}\bar{F}_{Ni}^e\\\bar{F}_{Qi}^e\\\bar{M}_i^e\\\hline\bar{F}_{Nj}^e\\\bar{F}_{Qj}^e\\\bar{M}_j^e\end{bmatrix}=\left[\begin{array}{ccc|ccc}\cos\alpha&\sin\alpha&0&0&0&0\\-\sin\alpha&\cos\alpha&0&0&0&0\\0&0&1&0&0&0\\\hline0&0&0&\cos\alpha&\sin\alpha&0\\0&0&0&-\sin\alpha&\cos\alpha&0\\0&0&0&0&0&1\end{array}\right]\begin{bmatrix}F_{xi}^e\\F_{yi}^e\\M_i^e\\\hline F_{xj}^e\\F_{yj}^e\\M_j^e\end{bmatrix}\tag{9-16}$$

式(9-16)可简写为

$$\bar{\boldsymbol{F}}^e=\boldsymbol{T}\boldsymbol{F}^e\tag{9-17}$$

式中 $\boldsymbol{T}$ 称为单元坐标变换矩阵：

$$\boldsymbol{T}=\left[\begin{array}{ccc|ccc}\cos\alpha & \sin\alpha & 0 & 0 & 0 & 0\\ -\sin\alpha & \cos\alpha & 0 & 0 & 0 & 0\\ 0 & 0 & 1 & 0 & 0 & 0\\ \hline 0 & 0 & 0 & \cos\alpha & \sin\alpha & 0\\ 0 & 0 & 0 & -\sin\alpha & \cos\alpha & 0\\ 0 & 0 & 0 & 0 & 0 & 1\end{array}\right] \tag{9-18}$$

可以证明，单元坐标变换矩阵 $\boldsymbol{T}$ 为一正交矩阵，其逆矩阵等于其转置矩阵，即

$$\left.\begin{array}{l}\boldsymbol{T}^{-1}=\boldsymbol{T}^{\mathrm{T}}\\ \boldsymbol{T}\boldsymbol{T}^{\mathrm{T}}=\boldsymbol{T}^{\mathrm{T}}\boldsymbol{T}=\boldsymbol{I}\end{array}\right\} \tag{9-19}$$

式中，$\boldsymbol{I}$ 为与 $\boldsymbol{T}$ 同阶的单位矩阵。由式(9-19)可知，式(9-17)的逆变换为

$$\boldsymbol{F}^e=\boldsymbol{T}^{-1}\overline{\boldsymbol{F}}^e=\boldsymbol{T}^{\mathrm{T}}\overline{\boldsymbol{F}}^e \tag{9-20}$$

式(9-17)和式(9-20)表示整体坐标系和局部坐标系下单元杆端力之间的变换关系。同理可以求出单元杆端位移在两种坐标系中的变换关系：

$$\left.\begin{array}{l}\overline{\boldsymbol{\Delta}}^e=\boldsymbol{T}\boldsymbol{\Delta}^e\\ \boldsymbol{\Delta}^e=\boldsymbol{T}^{\mathrm{T}}\overline{\boldsymbol{\Delta}}^e\end{array}\right\} \tag{9-21}$$

2. 一般单元刚度矩阵的坐标变换关系

确定了单元杆端力和杆端位移在两个坐标系之间的变换关系后，便可求出单元刚度矩阵在两个坐标系之间的变换关系。因为单元 e 在局部坐标系中的刚度方程为

$$\overline{\boldsymbol{F}}^e=\overline{\boldsymbol{k}}^e\overline{\boldsymbol{\Delta}}^e$$

将式(9-17)和式(9-21)代入得

$$\boldsymbol{T}\boldsymbol{F}^e=\overline{\boldsymbol{k}}^e\boldsymbol{T}\boldsymbol{\Delta}^e \tag{9-22}$$

将等号两边分别左乘 $\boldsymbol{T}^{\mathrm{T}}$，根据式(9-19)，得

$$\boldsymbol{F}^e=\boldsymbol{T}^{\mathrm{T}}\overline{\boldsymbol{k}}^e\boldsymbol{T}\boldsymbol{\Delta}^e \tag{9-23}$$

令

$$\boldsymbol{k}^e=\boldsymbol{T}^{\mathrm{T}}\overline{\boldsymbol{k}}^e\boldsymbol{T} \tag{9-24}$$

则有

$$\boldsymbol{F}^e=\boldsymbol{k}^e\boldsymbol{\Delta}^e \tag{9-25}$$

式(9-25)为整体坐标系下的单元刚度方程，$\boldsymbol{k}^e$ 称为整体坐标系下的单元刚度矩阵。式(9-24)表述了两种坐标系中单元刚度矩阵的坐标变换关系，只要求出坐标变换矩阵 $\boldsymbol{T}$，就可按照式(9-24)由 $\overline{\boldsymbol{k}}^e$ 计算 $\boldsymbol{k}^e$。

整体坐标系中的单元刚度矩阵 $\boldsymbol{k}^e$ 与 $\overline{\boldsymbol{k}}^e$ 同阶，具有类似的性质。

(1) 元素的意义。$\boldsymbol{k}^e$ 第 i 行第 j 列的元素 k_{ij}^e 表示整体坐标系中第 j 个杆端位移分量等于1(其他位移分量为零)时引起的第 i 个杆端力分量。

(2) 对称性。$\boldsymbol{k}^e$ 仍为对称矩阵。

(3) 奇异性。一般单元的 $\boldsymbol{k}^e$ 是奇异矩阵，一些特殊单元(如连续梁单元)的 $\boldsymbol{k}^e$ 是非奇异

矩阵。

$\boldsymbol{k}^e$ 与 $\overline{\boldsymbol{k}}^e$ 也有一定的区别：在局部坐标系中，单元刚度矩阵只与单元本身的属性(如材料弹性模量、单元长度、横截面面积、截面惯性矩等)有关；而在整体坐标系中，单元刚度矩阵还与单元的方位角 α 有关。

$\boldsymbol{k}^e$ 可表示为如下一般形式：

$$\boldsymbol{k}^e=\begin{bmatrix} k_{11}^e & k_{12}^e & k_{13}^e & k_{14}^e & k_{15}^e & k_{16}^e \\ k_{21}^e & k_{22}^e & k_{23}^e & k_{24}^e & k_{25}^e & k_{26}^e \\ k_{31}^e & k_{32}^e & k_{33}^e & k_{34}^e & k_{35}^e & k_{36}^e \\ k_{41}^e & k_{42}^e & k_{43}^e & k_{44}^e & k_{45}^e & k_{46}^e \\ k_{51}^e & k_{52}^e & k_{53}^e & k_{54}^e & k_{55}^e & k_{56}^e \\ k_{61}^e & k_{62}^e & k_{63}^e & k_{64}^e & k_{65}^e & k_{66}^e \end{bmatrix} \tag{9-26}$$

式中的下标 1～6 表示局部编码。在本章，当物理量存在表示单元编号的上标 e 时，下标中的数字均代表针对单元 e 的局部编码，应注意与结构总体编码进行区分。

3. 特殊单元的坐标变换矩阵

特殊单元的坐标变换矩阵可以通过在一般单元坐标变换矩阵式(9-18)的基础上删去对应行列获得。

(1) 连续梁单元只有杆端角位移，保留式(9-18)中与角位移有关的行列，可以得出连续梁单元的坐标变换矩阵为单位矩阵。

(2) 桁架单元不含杆端角位移，删去式(9-18)中与角位移有关的行列，其坐标变换矩阵如下：

$$\boldsymbol{T}=\left[\begin{array}{cc|cc} \cos\alpha & \sin\alpha & 0 & 0 \\ -\sin\alpha & \cos\alpha & 0 & 0 \\ \hline 0 & 0 & \cos\alpha & \sin\alpha \\ 0 & 0 & -\sin\alpha & \cos\alpha \end{array}\right] \tag{9-27}$$

【例 9-1】试求图 9-9 所示刚架中各单元在整体坐标系中的单元刚度矩阵。设各杆杆长均为 l=5m，各杆均为矩形截面，尺寸为 $b\times h=0.5\text{m}\times 1\text{m}$ ， $E=3\times10^4\text{MPa}$ 。

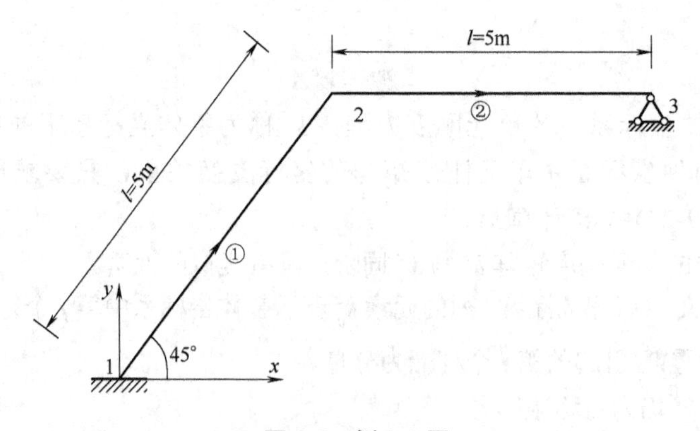

图 9-9 例 9-1 图

解：(1) 对单元和结点编号，选定整体坐标系和单元局部坐标系(用箭头标明 $\bar{x}$ 的正方向)，如图 9-9 所示。原始数据计算如下：

$$A=0.5\text{m}^2,\quad I=\frac{1}{24}\text{m}^4,\quad \frac{EA}{l}=3\times10^6\text{kN/m},\quad \frac{EI}{l}=2.5\times10^5\text{kN}\cdot\text{m}$$

(2) 由式(9-5)得到局部坐标系下各单元刚度矩阵：

$$\bar{\boldsymbol{k}}^{①}=\bar{\boldsymbol{k}}^{②}=10^4\times\begin{bmatrix} 300\text{kN/m} & 0 & 0 & -300\text{kN/m} & 0 & 0 \\ 0 & 12\text{kN/m} & 30\text{kN} & 0 & -12\text{kN/m} & 30\text{kN} \\ 0 & 30\text{kN} & 100\text{kN}\cdot\text{m} & 0 & -30\text{kN} & 50\text{kN}\cdot\text{m} \\ -300\text{kN/m} & 0 & 0 & 300\text{kN/m} & 0 & 0 \\ 0 & -12\text{kN/m} & -30\text{kN} & 0 & 12\text{kN/m} & -30\text{kN} \\ 0 & 30\text{kN} & 50\text{kN}\cdot\text{m} & 0 & -30\text{kN} & 100\text{kN}\cdot\text{m} \end{bmatrix}$$

(3) 整体坐标系中的单元刚度矩阵。

单元①：$\alpha=45^\circ$，根据式(9-18)，单元坐标变换矩阵为

$$\boldsymbol{T}=10^4\times\left[\begin{array}{ccc|ccc} \frac{\sqrt{2}}{2} & \frac{\sqrt{2}}{2} & 0 & 0 & 0 & 0 \\ -\frac{\sqrt{2}}{2} & \frac{\sqrt{2}}{2} & 0 & 0 & 0 & 0 \\ 0 & 0 & 1 & 0 & 0 & 0 \\ \hline 0 & 0 & 0 & \frac{\sqrt{2}}{2} & \frac{\sqrt{2}}{2} & 0 \\ 0 & 0 & 0 & -\frac{\sqrt{2}}{2} & \frac{\sqrt{2}}{2} & 0 \\ 0 & 0 & 0 & 0 & 0 & 1 \end{array}\right]$$

$$\boldsymbol{k}^{①}=\boldsymbol{T}^{\mathrm{T}}\bar{\boldsymbol{k}}^{①}\boldsymbol{T}=10^4\times\begin{bmatrix} 156\text{kN/m} & 144\text{kN/m} & -21.2\text{kN} & -156\text{kN/m} & -144\text{kN/m} & -21.2\text{kN} \\ 144\text{kN/m} & 156\text{kN/m} & 21.2\text{kN} & -144\text{kN/m} & -156\text{kN/m} & 21.2\text{kN} \\ -21.2\text{kN} & 21.2\text{kN} & 100\text{kN}\cdot\text{m} & 21.2\text{kN} & -21.2\text{kN} & 50\text{kN}\cdot\text{m} \\ -156\text{kN/m} & -144\text{kN/m} & 21.2\text{kN} & 156\text{kN/m} & 144\text{kN/m} & 21.2\text{kN} \\ -144\text{kN/m} & -156\text{kN/m} & -21.2\text{kN} & 144\text{kN/m} & 156\text{kN/m} & -21.2\text{kN} \\ -21.2\text{kN} & 21.2\text{kN} & 50\text{kN}\cdot\text{m} & 21.2\text{kN} & -21.2\text{kN} & 100\text{kN}\cdot\text{m} \end{bmatrix}$$

单元②：$\alpha=0^\circ$，即 $\boldsymbol{T}=\boldsymbol{I}$，则

$$\boldsymbol{k}^{②}=\bar{\boldsymbol{k}}^{②}$$

9.4 连续梁的整体刚度矩阵

前两节进行了单元分析，本节进行矩阵位移法的整体分析。在单元分析的基础上，将离散的单元组合成原整体结构，即根据结构的几何条件和平衡条件建立结点荷载和结点位

移的关系，从而解出结构的结点位移和各杆的内力，这一步骤称为整体分析。整体分析的主要目的是建立整体刚度方程，形成整体刚度矩阵。整体刚度方程反映了结点荷载和结构位移之间的关系，其实质就是位移法的基本方程，它们之间的区别仅在于建立方程的方法不同。矩阵位移法采用的是直接刚度法(也称为单元集成法或刚度集成法)，即在整体坐标系下将单元刚度矩阵按一定规则集装成整体刚度矩阵，从而建立整体刚度方程。直接刚度法的优点是便于实现计算过程的程序化。在应用直接刚度法时，按照对约束的处理方式，又可分为先处理法和后处理法。本节将以连续梁为例讨论整体刚度矩阵的建立过程。

1. 先处理直接刚度法

将图 9-10 所示的三跨连续梁离散化为 3 个单元，4 个结点，单元编号为①～③，结点编号为 1～4。各单元统一以左端为始端，右端为末端，采用图示整体坐标系 Oxy 。以单元②为例，连续梁单元整体坐标系下的杆端位移和杆端力列向量分别表示为

$$\left.\begin{aligned}\boldsymbol{\Delta}^{②} &= (\Delta_1^{②} \quad \Delta_2^{②})^{\mathrm{T}} \\ \boldsymbol{F}^{②} &= (F_1^{②} \quad F_2^{②})^{\mathrm{T}}\end{aligned}\right\} \tag{9-28}$$

式中，下标 1、2 为针对单元②的局部编码。$\Delta_1^{②}$、$F_1^{②}$ 分别表示单元②在始端(结点 2)的转角位移和杆端弯矩分量，$\Delta_2^{②}$、$F_2^{②}$ 分别表示单元②在末端(结点 3)的转角位移和杆端弯矩分量。单元②的刚度矩阵可以写成如下一般形式：

$$\boldsymbol{k}^{②} = \begin{bmatrix} k_{11}^{②} & k_{12}^{②} \\ k_{21}^{②} & k_{22}^{②} \end{bmatrix} \tag{9-29}$$

对应刚度方程为

$$\boldsymbol{F}^{②} = \boldsymbol{k}^{②}\boldsymbol{\Delta}^{②} \tag{9-30}$$

其余单元的刚度方程和刚度矩阵可通过同样的方法列出。

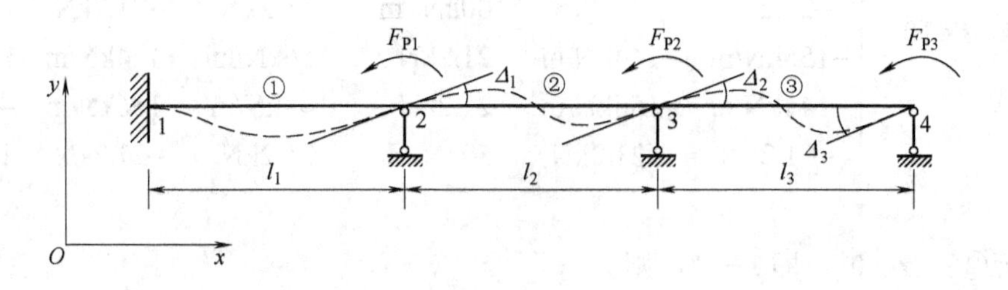

图 9-10　连续梁先处理法编码

为了进行整体分析，下面对结构位移进行统一编号。先处理法只针对未约束的结点位移进行编号，取整体结构的结点位移列向量 $\boldsymbol{\Delta}$ 为

$$\boldsymbol{\Delta} = (\Delta_1 \quad \Delta_2 \quad \Delta_3)^{\mathrm{T}} \tag{9-31}$$

其中，Δ_1、Δ_2、Δ_3 分别表示结点 2、3、4 的角位移，以逆时针方向为正。由于结点 1 处为固定端，角位移恒为 0，因此没有纳入 $\boldsymbol{\Delta}$ 中。在本章中，当物理量不含有表示单元编号的上

标时，下标数字 1、2、3 等是针对结构整体统一编排的数码，称为总码，注意将其与单元内部的局部编码进行区分。与 $\boldsymbol{\Delta}$ 相对应的结点荷载列向量为

$$\boldsymbol{F}_{\mathrm{P}}=(F_{\mathrm{P1}} \quad F_{\mathrm{P2}} \quad F_{\mathrm{P3}})^{\mathrm{T}} \tag{9-32}$$

其中，$F_{\mathrm{P}i}$ 代表与 Δ_i 相对应的荷载(集中力偶)，以与 Δ_i 方向一致为正。

整体分析需要导出结点荷载列向量 $\boldsymbol{F}_{\mathrm{P}}$ 与结点位移列向量 $\boldsymbol{\Delta}$ 之间的关系式，应分别考虑结点的力矩平衡条件和结点与杆端的变形协调条件。

1) 结点平衡条件

分析结点处的平衡条件：作用于结点的外荷载与各交于该结点的单元在该结点处的杆端力应满足平衡方程。分别取图 9-10 中的 2、3、4 结点为隔离体，建立相应的平衡方程，得

$$\left.\begin{aligned}F_{\mathrm{P1}}&=F_2^{①}+F_1^{②}\\F_{\mathrm{P2}}&=F_2^{②}+F_1^{③}\\F_{\mathrm{P3}}&=F_2^{③}\end{aligned}\right\} \tag{9-33}$$

2) 变形协调条件

将单元组合起来时，要使各单元在结点处变形协调，即结点位移应与交于该结点的各单元的杆端位移一致，可得

$$\left.\begin{aligned}&\Delta_1^{①}=0\\&\Delta_2^{①}=\Delta_1^{②}=\Delta_1\\&\Delta_2^{②}=\Delta_1^{③}=\Delta_2\\&\Delta_2^{③}=\Delta_3\end{aligned}\right\} \tag{9-34}$$

将式(9-34)分别代入各单元的刚度方程，可得：

单元①：

$$\begin{bmatrix}F_1^{①}\\F_2^{①}\end{bmatrix}=\begin{bmatrix}k_{11}^{①} & k_{12}^{①}\\k_{21}^{①} & k_{22}^{①}\end{bmatrix}\begin{bmatrix}\Delta_1^{①}\\\Delta_2^{①}\end{bmatrix}=\begin{bmatrix}k_{11}^{①} & k_{12}^{①}\\k_{21}^{①} & k_{22}^{①}\end{bmatrix}\begin{bmatrix}0\\\Delta_1\end{bmatrix} \tag{9-35}$$

单元②：

$$\begin{pmatrix}F_1^{②}\\F_2^{②}\end{pmatrix}=\begin{pmatrix}k_{11}^{②} & k_{12}^{②}\\k_{21}^{②} & k_{22}^{②}\end{pmatrix}\begin{pmatrix}\Delta_1^{②}\\\Delta_2^{②}\end{pmatrix}=\begin{pmatrix}k_{11}^{②} & k_{12}^{②}\\k_{21}^{②} & k_{22}^{②}\end{pmatrix}\begin{pmatrix}\Delta_1\\\Delta_2\end{pmatrix} \tag{9-36}$$

单元③：

$$\begin{bmatrix}F_1^{③}\\F_2^{③}\end{bmatrix}=\begin{bmatrix}k_{11}^{③} & k_{12}^{③}\\k_{21}^{③} & k_{22}^{③}\end{bmatrix}\begin{bmatrix}\Delta_1^{③}\\\Delta_2^{③}\end{bmatrix}=\begin{bmatrix}k_{11}^{③} & k_{12}^{③}\\k_{21}^{③} & k_{22}^{③}\end{bmatrix}\begin{bmatrix}\Delta_2\\\Delta_3\end{bmatrix} \tag{9-37}$$

整理式(9-35)、式(9-36)、式(9-37)代入式(9-33)得

$$\left.\begin{aligned}F_{\mathrm{P1}}&=(k_{22}^{①}+k_{11}^{②})\Delta_1+k_{12}^{②}\Delta_2\\F_{\mathrm{P2}}&=k_{21}^{②}\Delta_1+(k_{22}^{②}+k_{11}^{③})\Delta_2+k_{12}^{③}\Delta_3\\F_{\mathrm{P3}}&=k_{21}^{③}\Delta_2+k_{22}^{③}\Delta_3\end{aligned}\right\} \tag{9-38}$$

式(9-38)即为结构整体刚度方程，可写成矩阵形式为

$$\begin{bmatrix} F_{P1} \\ F_{P2} \\ F_{P3} \end{bmatrix} = \begin{bmatrix} k_{22}^{①} + k_{11}^{②} & k_{12}^{②} & 0 \\ k_{21}^{②} & k_{22}^{②} + k_{11}^{③} & k_{12}^{③} \\ 0 & k_{21}^{③} & k_{22}^{③} \end{bmatrix} \begin{bmatrix} \varDelta_1 \\ \varDelta_2 \\ \varDelta_3 \end{bmatrix} \tag{9-39}$$

可进一步简写为

$$\boldsymbol{F}_P = \boldsymbol{K\varDelta} \tag{9-40}$$

式中

$$\boldsymbol{K} = \begin{matrix} & \begin{matrix} 1 & \quad 2 & \quad 3 \end{matrix} & \\ & \begin{bmatrix} k_{22}^{①} + k_{11}^{②} & k_{12}^{②} & 0 \\ k_{21}^{②} & k_{22}^{②} + k_{11}^{③} & k_{12}^{③} \\ 0 & k_{21}^{③} & k_{22}^{③} \end{bmatrix} & \begin{matrix} 1 \\ 2 \\ 3 \end{matrix} \end{matrix} \tag{9-41}$$

式(9-40)称为整体刚度方程(也称为结构刚度方程)，$\boldsymbol{K}$ 称为整体刚度矩阵(也称作结构刚度矩阵或简称为总刚)，它的右侧和上方是用结构位移总码表示的行码和列码。考察式(9-41)可知，$\boldsymbol{K}$ 中元素都是由各单元刚度矩阵的相关元素组成。

在建立整体刚度矩阵时，可以不必采用式(9-33)～式(9-39)的推导过程，而是通过建立单元定位向量并进行“对号入座”的方式集成整体刚度矩阵，具体步骤如下。

(1) 建立单元定位向量。单元定位向量是由单元结点位移总码组成的向量，它反映了单元结点位移局部码和总码之间的对应关系，记为 $\boldsymbol{\lambda}^e$。

对于单元①，其局部码 1 对应的杆端位移为 1 结点的转角，由于其恒为零，并未列入总码之中，在建立单元定位向量时按总码 0 考虑；局部码 2 对应的杆端位移为 2 结点的转角 $\varDelta_1$，其总码为 1。则单元①的定位向量为 $\lambda^{①} = (0 \quad 1)^{\mathrm{T}}$。类似地，可以得到单元②、③的定位向量分别为 $\boldsymbol{\lambda}^{②} = (1 \quad 2)^{\mathrm{T}}$ 和 $\lambda^{③} = (2 \quad 3)^{\mathrm{T}}$。

(2) “对号入座”。首先将整体刚度矩阵 $\boldsymbol{K}$ 置零，然后依次将每个单元的元素按照单元定位向量进行定位并累加到 $\boldsymbol{K}$ 中。对于单元①，在其单元刚度矩阵的右侧和上方用单元定位向量 $\boldsymbol{\lambda}^{①} = (0 \quad 1)^{\mathrm{T}}$ 标注行码和列码，即

$$\boldsymbol{k}^{①} = \begin{matrix} & \begin{matrix} 0 & \quad 1 \end{matrix} & \\ & \begin{bmatrix} k_{11}^{①} & k_{12}^{①} \\ k_{21}^{①} & k_{22}^{①} \end{bmatrix} & \begin{matrix} 0 \\ 1 \end{matrix} \end{matrix} \tag{9-42}$$

上述过程实质上是将用局部码表示的行码和列码 $(1,2)$，通过单元定位向量转换为用总码表示的行码和列码 $(0,1)$，因此称为换码。对比式(9-41)和式(9-42)可以看出，$\boldsymbol{k}^{①}$ 中元素对应的换码后的行码就是它在整体刚度矩阵中的行号，而对应的换码后的列码就是它在整体刚度矩阵中的列号，因此可以将 $\boldsymbol{k}^{①}$ 所有元素按其换码后的行码和列码填入结构刚度矩阵的相应位置，这个过程称作“对号入座”。需要注意对于行码或列码为“0”的元素，不进入整体刚度矩阵。将 $\boldsymbol{k}^{①}$ “对号入座”后，整体刚度矩阵为

$$
\boldsymbol{K}=\begin{bmatrix} k_{22}^{①} & 0 & 0 \\ 0 & 0 & 0 \\ 0 & 0 & 0 \end{bmatrix} \tag{9-43}
$$

按照相同的方法对单元②的刚度矩阵按 $\boldsymbol{\lambda}^{②}=(1\quad 2)^{\mathrm{T}}$ 进行换码，得

$$
\boldsymbol{k}^{②}=\begin{bmatrix} k_{11}^{②} & k_{12}^{②} \\ k_{21}^{②} & k_{22}^{②} \end{bmatrix}\begin{matrix} 1 \\ 2 \end{matrix} \quad (\text{列码}: 1\quad 2) \tag{9-44}
$$

将 $\boldsymbol{k}^{②}$ “对号入座”，注意若 $\boldsymbol{K}$ 中的同一位置已有元素，应予以叠加，得到

$$
\boldsymbol{K}=\begin{bmatrix} k_{22}^{①}+k_{11}^{②} & k_{12}^{②} & 0 \\ k_{21}^{②} & k_{22}^{②} & 0 \\ 0 & 0 & 0 \end{bmatrix} \tag{9-45}
$$

采用同样的方法将单元③“对号入座”，得到最终的整体刚度矩阵为

$$
\boldsymbol{K}=\begin{bmatrix} k_{22}^{①}+k_{11}^{②} & k_{12}^{②} & 0 \\ k_{21}^{②} & k_{22}^{②}+k_{11}^{③} & k_{12}^{③} \\ 0 & k_{21}^{③} & k_{22}^{③} \end{bmatrix} \tag{9-46}
$$

上述先对单元刚度矩阵换码，再按用总码表示的行码和列码分别将各元素置于整体刚度矩阵的相应位置(即“对号入座”)，直接形成整体刚度矩阵的方法称为直接刚度法。而在形成整体刚度矩阵之前，已考虑结构位移边界条件(如结点线位移为零、固定端转角为零)的直接刚度法称为先处理法。

在获得整体刚度矩阵后，根据式(9-40)即可求得结点位移：

$$
\boldsymbol{\Delta}=\boldsymbol{K}^{-1}\boldsymbol{F}_{\mathrm{P}} \tag{9-47}
$$

将求出的结点位移代入式(9-35)～式(9-37)即可得到各单元整体坐标系下的杆端力，对于连续梁单元，可以直接绘制弯矩图；对于一般单元还需要根据式(9-17)进行坐标变换，获得局部坐标系下的单元杆端力，然后绘制内力图。

【例 9-2】试求图 9-11(a)所示连续梁的整体刚度矩阵，图中给出了各杆件的线刚度 i。

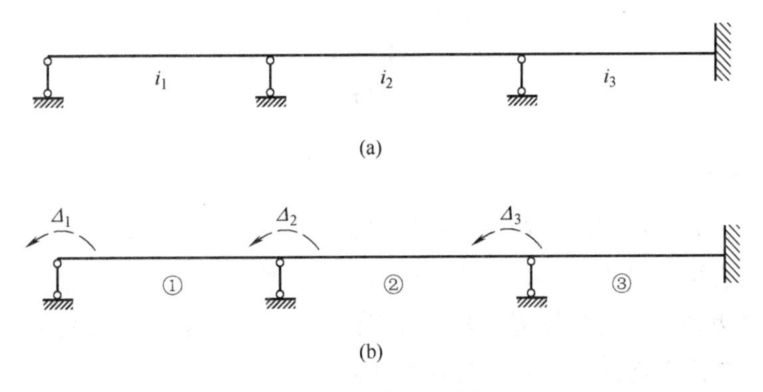

图 9-11　例 9-2 图

解：单元编号如图 9-11(b)所示，各单元统一以左端为始端，右端为末端。

(1) 结点位移分量统一编码。如图 9-11(b)所示，该连续梁有 3 个未知结点位移分量，其总码分别编为 1，2，3；固定端处结点位移分量为零，其总码取 0。

(2) 单元定位向量。根据图 9-11(b)可确定各单元定位向量如下：

$$\boldsymbol{\lambda}^{①} = (1 \quad 2)^{\mathrm{T}}$$

$$\boldsymbol{\lambda}^{②} = (2 \quad 3)^{\mathrm{T}}$$

$$\boldsymbol{\lambda}^{③} = (3 \quad 0)^{\mathrm{T}}$$

(3) 单元集成过程。根据式(9-9)，单元①刚度矩阵如下：

$$\boldsymbol{k}^{①} = \begin{bmatrix} 4i_1 & 2i_1 \\ 2i_1 & 4i_1 \end{bmatrix}$$

按照 $\boldsymbol{\lambda}^{①}$ 进行换码和“对号入座”，得到整体刚度矩阵 $\boldsymbol{K}$ 的阶段结果：

$$\boldsymbol{K} = \begin{bmatrix} 4i_1 & 2i_1 & 0 \\ 2i_1 & 4i_1 & 0 \\ 0 & 0 & 0 \end{bmatrix}$$

单元②刚度矩阵如下：

$$\boldsymbol{k}^{②} = \begin{bmatrix} 4i_2 & 2i_2 \\ 2i_2 & 4i_2 \end{bmatrix}$$

按照 $\boldsymbol{\lambda}^{②}$ 进行换码和“对号入座”，得到整体刚度矩阵 $\boldsymbol{K}$ 的阶段结果：

$$\boldsymbol{K} = \begin{bmatrix} 4i_1 & 2i_1 & 0 \\ 2i_1 & 4i_1 + 4i_2 & 2i_2 \\ 0 & 2i_2 & 4i_2 \end{bmatrix}$$

单元③刚度矩阵如下：

$$\boldsymbol{k}^{③} = \begin{pmatrix} 4i_3 & 2i_3 \\ 2i_3 & 4i_3 \end{pmatrix}$$

按照 $\boldsymbol{\lambda}^{③}$ 进行换码和“对号入座”，得到整体刚度矩阵 $\boldsymbol{K}$ 的最终结果：

$$\boldsymbol{K} = \begin{bmatrix} 4i_1 & 2i_1 & 0 \\ 2i_1 & 4i_1 + 4i_2 & 2i_2 \\ 0 & 2i_2 & 4i_2 + 4i_3 \end{bmatrix}$$

2. 后处理直接刚度法

后处理法与先处理法的区别在于，后处理法先不考虑支座对结点位移的约束作用，即认为全部结点都有可能发生位移，据此对全部结点位移统一编码。形成整体刚度矩阵后，再考虑结点的约束条件，对整体刚度矩阵进行修改。由于这种方法是将约束条件的处理放在整体刚度矩阵形成之后进行，故称为后处理法。

现以图 9-12 所示的三跨连续梁为例简要说明后处理法的实施步骤。后处理法的单元编号、结点编号、单元杆端位移和杆端力列向量以及单元刚度矩阵均与先处理法没有区别，只是在对结点位移和荷载进行总体编码时，受约束的结点也一起被编码，即

$$\boldsymbol{\Delta}=(\Delta_1\quad \Delta_2\quad \Delta_3\quad \Delta_4)^{\mathrm{T}} \tag{9-48}$$

$$\boldsymbol{F}_{\mathrm{P}}=(F_{\mathrm{P1}}\quad F_{\mathrm{P2}}\quad F_{\mathrm{P3}}\quad F_{\mathrm{P4}})^{\mathrm{T}} \tag{9-49}$$

根据总码得到各单元定位向量为

$$\boldsymbol{\lambda}^{①}=(1\quad 2)^{\mathrm{T}},\ \boldsymbol{\lambda}^{②}=(2\quad 3)^{\mathrm{T}},\ \boldsymbol{\lambda}^{③}=(3\quad 4)^{\mathrm{T}} \tag{9-50}$$

根据单元定位向量，对各单元刚度矩阵进行换码和“对号入座”，得到整体刚度矩阵：

$$\boldsymbol{K}=\begin{bmatrix} k_{11}^{①} & k_{12}^{①} & 0 & 0 \\ k_{21}^{①} & k_{22}^{①}+k_{11}^{②} & k_{12}^{②} & 0 \\ 0 & k_{21}^{②} & k_{22}^{②}+k_{11}^{③} & k_{12}^{③} \\ 0 & 0 & k_{21}^{③} & k_{22}^{③} \end{bmatrix} \tag{9-51}$$

对应的整体刚度方程为

$$\begin{bmatrix} F_{\mathrm{P1}} \\ F_{\mathrm{P2}} \\ F_{\mathrm{P3}} \\ F_{\mathrm{P4}} \end{bmatrix}=\begin{bmatrix} k_{11}^{①} & k_{12}^{①} & 0 & 0 \\ k_{21}^{①} & k_{22}^{①}+k_{11}^{②} & k_{12}^{②} & 0 \\ 0 & k_{21}^{②} & k_{22}^{②}+k_{11}^{③} & k_{12}^{③} \\ 0 & 0 & k_{21}^{③} & k_{22}^{③} \end{bmatrix}\begin{bmatrix} \Delta_1 \\ \Delta_2 \\ \Delta_3 \\ \Delta_4 \end{bmatrix} \tag{9-52}$$

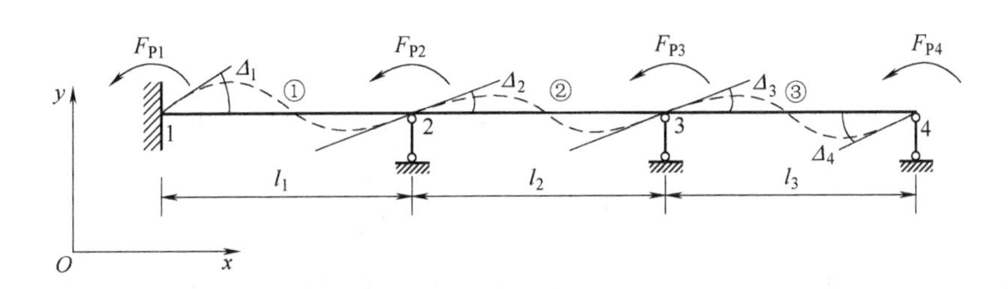

图 9-12　连续梁后处理法编码

由于后处理法未考虑约束条件，结构还可以有任意的刚体位移，因此式(9-51)中的 $\boldsymbol{K}$ 是奇异的，称为原始整体刚度矩阵。必须引入约束条件对原始整体刚度矩阵进行修正，将其变为非奇异矩阵，才能继续求解结点位移。常用的修正方法如下。

1) 直接缩减法

首先考虑比较一般的情况，设式(9-52)中某些结点位移分量等于已知值(包括零值)，例如：

$$\begin{bmatrix} \Delta_1 \\ \Delta_4 \end{bmatrix}=\begin{bmatrix} C_1 \\ C_4 \end{bmatrix} \tag{9-53}$$

将式(9-53)代入式(9-52)，由矩阵乘法可得

$$\begin{bmatrix} F_{\mathrm{P1}} \\ F_{\mathrm{P4}} \end{bmatrix}-\begin{bmatrix} k_{11}^{①} & 0 \\ 0 & k_{22}^{③} \end{bmatrix}\begin{bmatrix} C_1 \\ C_4 \end{bmatrix}=\begin{bmatrix} k_{12}^{①} & 0 \\ 0 & k_{21}^{③} \end{bmatrix}\begin{bmatrix} \Delta_2 \\ \Delta_3 \end{bmatrix} \tag{9-54}$$

$$\begin{bmatrix} F_{P2} \\ F_{P3} \end{bmatrix} - \begin{bmatrix} k_{21}^{①} & 0 \\ 0 & k_{12}^{③} \end{bmatrix} \begin{bmatrix} C_1 \\ C_4 \end{bmatrix} = \begin{bmatrix} k_{22}^{①} + k_{11}^{②} & k_{12}^{②} \\ k_{21}^{②} & k_{22}^{②} + k_{11}^{③} \end{bmatrix} \begin{bmatrix} \Delta_2 \\ \Delta_3 \end{bmatrix} \tag{9-55}$$

式(9-55)只包括已知结点荷载和未知结点位移，对应刚度矩阵是由原始整体刚度矩阵缩减而来。在考虑约束条件后，消除了任意刚体位移，因而缩减后的整体刚度矩阵是非奇异矩阵，于是可以由式(9-55)解出未知结点位移，将其代入式(9-54)即得支座反力值，上述方法称为直接缩减法。该方法的优点在于能够减少整体刚度矩阵的阶数，提高计算速度，但是程序编制较为复杂。

具体到图 9-12 所示的连续梁，已知约束条件 $\Delta_1 = 0$，根据矩阵乘法运算，式(9-52)可写为

$$F_{P1} = k_{11}^{①}\Delta_1 + (k_{12}^{①} \quad 0 \quad 0)\begin{bmatrix} \Delta_2 \\ \Delta_3 \\ \Delta_4 \end{bmatrix} \tag{9-56}$$

$$\begin{pmatrix} F_{P2} \\ F_{P3} \\ F_{P4} \end{pmatrix} = \begin{bmatrix} k_{22}^{①} + k_{11}^{②} & k_{12}^{②} & 0 \\ k_{21}^{②} & k_{22}^{②} + k_{11}^{③} & k_{12}^{③} \\ 0 & k_{21}^{③} & k_{22}^{③} \end{bmatrix} \begin{bmatrix} \Delta_2 \\ \Delta_3 \\ \Delta_4 \end{bmatrix} + \begin{bmatrix} k_{21}^{①} \\ 0 \\ 0 \end{bmatrix} \Delta_1 \tag{9-57}$$

将 $\Delta_1 = 0$ 代入以上两式，得

$$F_{P1} = (k_{12}^{①} \quad 0 \quad 0)\begin{bmatrix} \Delta_2 \\ \Delta_3 \\ \Delta_4 \end{bmatrix} \tag{9-58}$$

$$\begin{bmatrix} F_{P2} \\ F_{P3} \\ F_{P4} \end{bmatrix} = \begin{bmatrix} k_{22}^{①} + k_{11}^{②} & k_{12}^{②} & 0 \\ k_{21}^{②} & k_{22}^{②} + k_{11}^{③} & k_{12}^{③} \\ 0 & k_{21}^{③} & k_{22}^{③} \end{bmatrix} \begin{bmatrix} \Delta_2 \\ \Delta_3 \\ \Delta_4 \end{bmatrix} \tag{9-59}$$

求解式(9-59)可得到未知结点位移，将其代入式(9-58)即可得到支座反力值。

2) 划零置一法

设结点位移列向量中第 j 个位移分量 $\Delta_j = C_j$ (包括 $\Delta_j = 0$)，划零置一法是指将整体刚度矩阵 $\boldsymbol{K}$ 中主对角元素 K_{jj} 替换为 1，j 行和 j 列的其他元素均改为零；同时将结点荷载列向量中的 F_{Pj} 改为 C_j，其余分量 $F_{Pi}(i \neq j)$ 改为 $F_{Pi} - K_{ij}C_j$。经过这样处理后，整体刚度矩阵即化为非奇异矩阵，且保证了支座位移 $\Delta_j = C_j$，从而可以求解未知结点位移。该方法修改后的整体刚度矩阵 $\boldsymbol{K}$ 阶数不变，程序编制较为简单，但计算速度低于直接缩减法。

针对 $\Delta_1 = 0$ 的约束条件，应用划零置一法可将式(9-52)可修改为

$$\begin{pmatrix} 0 \\ \hline F_{P2} \\ F_{P3} \\ F_{P4} \end{pmatrix} = \left(\begin{array}{c|ccc} 1 & 0 & 0 & 0 \\ \hline 0 & k_{22}^{①} + k_{11}^{②} & k_{12}^{②} & 0 \\ 0 & k_{21}^{②} & k_{22}^{②} + k_{11}^{③} & k_{12}^{③} \\ 0 & 0 & k_{21}^{③} & k_{22}^{③} \end{array}\right) \begin{pmatrix} \Delta_1 \\ \hline \Delta_2 \\ \Delta_3 \\ \Delta_4 \end{pmatrix} \tag{9-60}$$

3) 对角元素乘大数法

设结点位移列向量中第 i 个位移分量 $\Delta_i = C_i$ (包括 $\Delta_j = 0$)，取一个大数 ε (例如 10^{10} 或更

大)，在原始整体刚度矩阵中将主对角线元素 K_{ii} 改为 εK_{ii}，将结点荷载列向量中 F_{Pi} 改为 $\varepsilon C_i K_{ii}$，经过修改后，整体刚度方程中第 i 个方程改为

$$K_{i1}\Delta_1 + K_{i2}\Delta_2 + \cdots + \varepsilon K_{ii}\Delta_i + \cdots + K_{in}\Delta_n = \varepsilon K_{ii}C_i \tag{9-61}$$

由于 ε 为很大的数，其余各项都充分的小，故式(9-61)可足够精确地解出 $\Delta_i = C_i$，这样就引入了给定的约束条件，该方法称为对角元素乘大数法，其修改后的整体刚度矩阵 $\boldsymbol{K}$ 阶数也不变，程序编制较为简单，但大数 ε 的值需要合理选取，当 ε 过小时方程求解精度偏低，而 ε 过大时可能造成相关变量溢出，导致错误结果。

针对 $\Delta_1 = 0$ 的约束条件，应用对角元素乘大数法可以将式(9-52)修改为

$$\begin{bmatrix} \varepsilon k_{11}^{①} \cdot 0 \\ \hline F_{P2} \\ F_{P3} \\ F_{P4} \end{bmatrix} = \left[\begin{array}{c|ccc} \varepsilon k_{11}^{①} & k_{12}^{①} & 0 & 0 \\ \hline k_{21}^{①} & k_{22}^{①} + k_{11}^{②} & k_{12}^{②} & 0 \\ 0 & k_{21}^{②} & k_{22}^{②} + k_{11}^{③} & k_{12}^{③} \\ 0 & 0 & k_{21}^{③} & k_{22}^{③} \end{array}\right] \begin{bmatrix} \Delta_1 \\ \hline \Delta_2 \\ \Delta_3 \\ \Delta_4 \end{bmatrix} \tag{9-62}$$

在应用上述三种方式中的任意一种对整体刚度矩阵进行修正后，即可求得结点位移的唯一解答。

对比后处理法和先处理法的解题步骤可知，采用后处理法时结构上每个结点的未知量的个数都是相同的，整体刚度矩阵的阶数很容易根据结点总数求得，整个分析过程便于规格化，也方便了计算机程序的设计，但后处理法形成的整体刚度矩阵阶数较高，占用存储量大，也影响计算机的计算速度，当结构约束较多时显得不够经济；先处理法每个结点的未知量个数不尽相同，不如后处理法容易编制程序，但形成的整体刚度矩阵阶数较低，计算速度较快。鉴于上述原因，本章中的例题均采用先处理法进行求解，对于后处理法建议读者编制程序进行练习。

3. 整体刚度矩阵的性质

(1) 元素的意义。整体刚度矩阵 $\boldsymbol{K}$ 中元素 K_{ij} 表示当第 j 个结点的位移分量 $\Delta_j = 1$，且其他结点位移分量均为零时，所产生的第 i 个结点力。

(2) 对称性。根据反力互等定理，$\boldsymbol{K}$ 是对称矩阵。

(3) 先处理法得到的 $\boldsymbol{K}$ 是可逆矩阵；后处理法得到的原始整体刚度矩阵 $\boldsymbol{K}$ 是奇异矩阵，在引入约束条件进行修改之后，成为可逆矩阵。

(4) $\boldsymbol{K}$ 是稀疏矩阵和带状矩阵。对于图 9-13 所示的 n 跨连续梁，可以推导出其整体刚度方程的一般形式如下：

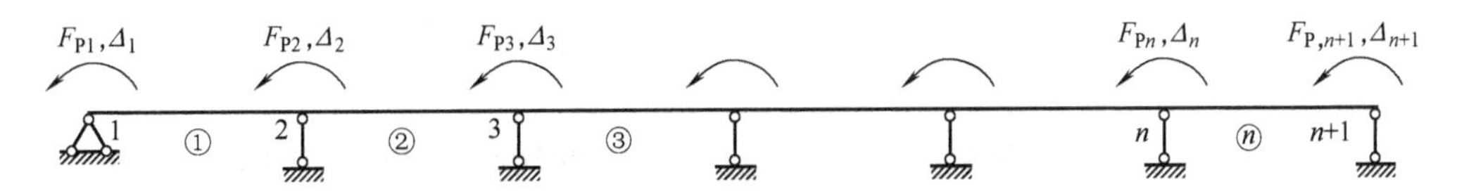

图 9-13　n 跨连续梁

$$
\begin{bmatrix} F_{P1} \\ F_{P2} \\ F_{P3} \\ \vdots \\ F_{Pn} \\ F_{P,n+1} \end{bmatrix} = \begin{bmatrix} K_{11} & K_{12} & 0 & & \mathbf{0} \\ K_{21} & K_{22} & K_{23} & 0 & & \\ 0 & K_{32} & K_{33} & K_{34} & \ddots & \\ & \ddots & \ddots & \ddots & \ddots & 0 \\ & & 0 & K_{n,n-1} & K_{n,n} & K_{n,n+1} \\ \mathbf{0} & & & 0 & K_{n+1,n} & K_{n+1,n+1} \end{bmatrix} \begin{bmatrix} \Delta_1 \\ \Delta_2 \\ \Delta_3 \\ \vdots \\ \Delta_n \\ \Delta_{n+1} \end{bmatrix} \tag{9-63}
$$

由此可以看出，当整体刚度矩阵阶数较高时，将包含大量的零元素，因此是一个稀疏矩阵；而非零元素都分布在以主对角线为中线的倾斜带状区域内，故为带状矩阵。

9.5 刚架的整体刚度矩阵

本节讨论用直接刚度法集成平面刚架的整体刚度矩阵，其基本思路与连续梁相似，但对于刚架，一般情况下要考虑各杆件的轴向变形，因此每个结点除角位移外还有两个方向的线位移分量。另外由于刚架中各杆件方向不尽相同，整体分析时必须采用整体坐标系。

1. 先处理直接刚度法

以图 9-14(a)所示刚架为例进行说明。将刚架划分为两个单元，对单元和结点进行编号。单元①以 1 为始端，2 为末端，单元②以 2 为始端，3 为末端。选取整体坐标系和各单元局部坐标系。

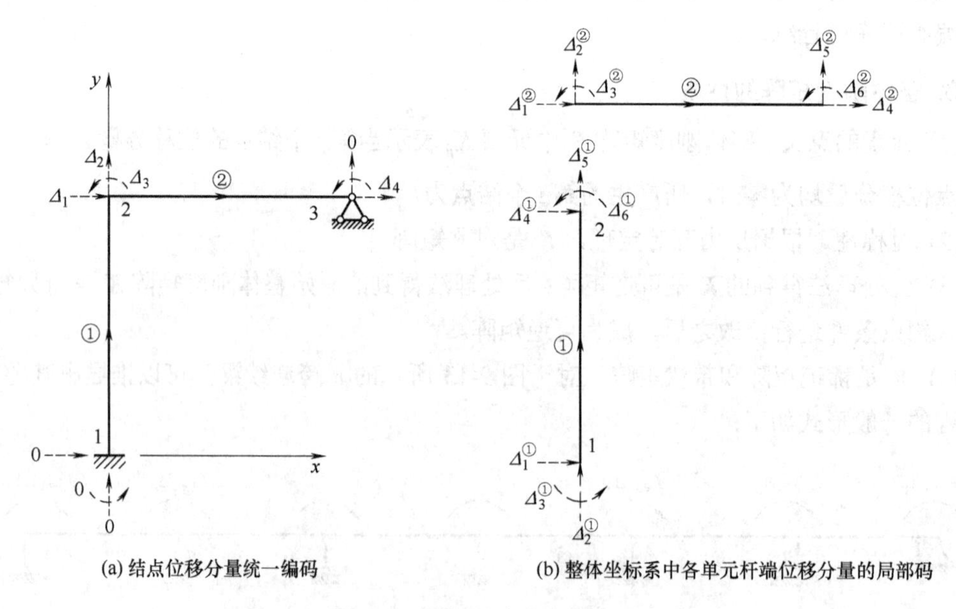

(a) 结点位移分量统一编码　　(b) 整体坐标系中各单元杆端位移分量的局部码

图 9-14　刚架的先处理法编码

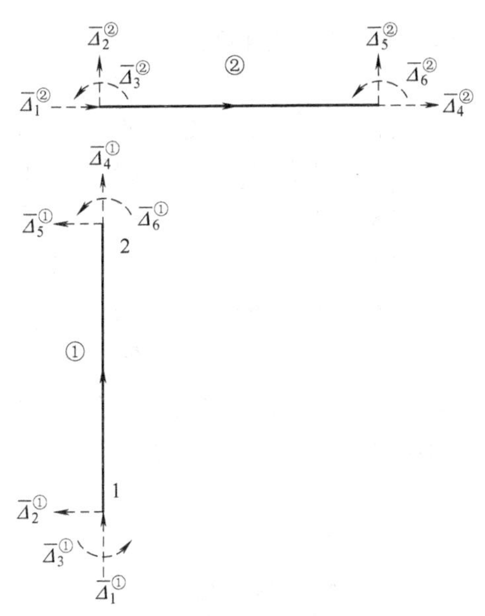

(c) 局部坐标系中各单元杆端位移分量的局部码

图 9-14　刚架的先处理法编码(续)

1) 对结点位移分量统一编码

每个结点位移按照u、v、φ的顺序逐个统一编码，对于被约束的结点位移分量，其总码均取 0。如图 9-14(a)所示，1 为固定端，三个位移分量u_1、v_1、φ_1已知为零，其总码取(0　0　0)；结点 2 的三个位移分量u_2、v_2、φ_2均为未知量，其总码分别为(1　2　3)；结点 3 为铰支座，$u_3=v_3=0$，φ_3为未知量，它们的总码为(0　0　4)。

通过编码，此刚架共有 4 个未知结点位移分量，其结点位移列向量为

$$\boldsymbol{\Delta}=(\Delta_1 \quad \Delta_2 \quad \Delta_3 \quad \Delta_4)^{\mathrm{T}} \tag{9-64}$$

相应的结点荷载列向量为

$$\boldsymbol{F}_{\mathrm{P}}=(F_{\mathrm{P1}} \quad F_{\mathrm{P2}} \quad F_{\mathrm{P3}} \quad F_{\mathrm{P4}})^{\mathrm{T}} \tag{9-65}$$

2) 确定单元定位向量

需要特别指出，刚架单元的 6 个位移分量在整体坐标系和局部坐标系中有两套局部码，整体坐标系中的局部码是按照u、v、φ的顺序，从单元始端向末端编码；而局部坐标系中的局部码是按照$\overline{u}^e$、$\overline{v}^e$、$\overline{\varphi}^e$的顺序进行编码。图 9-14(b)和图 9-14(c)分别给出了整体坐标系和局部坐标系中各单元杆端位移分量的局部码，对比两图可以发现其差异。在确定单元定位向量时，采用的是图 9-14(b)整体坐标系中的局部码。

根据各单元在整体坐标系中结点位移分量的局部码与总码之间的对应关系，可以得到各单元的定位向量：

$$\left.\begin{aligned}\boldsymbol{\lambda}^{①}&=(0 \quad 0 \quad 0 \quad 1 \quad 2 \quad 3)^{\mathrm{T}}\\ \boldsymbol{\lambda}^{②}&=(1 \quad 2 \quad 3 \quad 0 \quad 0 \quad 4)^{\mathrm{T}}\end{aligned}\right\} \tag{9-66}$$

3) 集成整体刚度矩阵

根据单元定位向量，对各单元刚度矩阵进行换码。首先考虑单元①，其整体坐标系下

单元刚度矩阵的一般形式及其换码后的行码和列码如下：

$$
\begin{matrix} & 0 & 0 & 0 & 1 & 2 & 3 & \\ \boldsymbol{k}^{①} = & \left[\begin{matrix} k_{11}^{①} & k_{12}^{①} & k_{13}^{①} & k_{14}^{①} & k_{15}^{①} & k_{16}^{①} \\ k_{21}^{①} & k_{22}^{①} & k_{23}^{①} & k_{24}^{①} & k_{25}^{①} & k_{26}^{①} \\ k_{31}^{①} & k_{32}^{①} & k_{33}^{①} & k_{34}^{①} & k_{35}^{①} & k_{36}^{①} \\ k_{41}^{①} & k_{42}^{①} & k_{43}^{①} & k_{44}^{①} & k_{45}^{①} & k_{46}^{①} \\ k_{51}^{①} & k_{52}^{①} & k_{53}^{①} & k_{54}^{①} & k_{55}^{①} & k_{56}^{①} \\ k_{61}^{①} & k_{62}^{①} & k_{63}^{①} & k_{64}^{①} & k_{65}^{①} & k_{66}^{①} \end{matrix}\right. & & & & & & \left.\begin{matrix} \\ \\ \\ \\ \\ \\ \end{matrix}\right]\begin{matrix} 0 \\ 0 \\ 0 \\ 1 \\ 2 \\ 3 \end{matrix} \end{matrix} \tag{9-67}
$$

按照式(9-67)进行“对号入座”，注意行码或列码中有一个为 0 或两个均为 0 的元素不进入整体刚度矩阵，得到整体刚度矩阵 $\boldsymbol{K}$ 的阶段结果：

$$
\boldsymbol{K} = \begin{bmatrix} k_{44}^{①} & k_{45}^{①} & k_{46}^{①} & 0 \\ k_{54}^{①} & k_{55}^{①} & k_{56}^{①} & 0 \\ k_{64}^{①} & k_{65}^{①} & k_{66}^{①} & 0 \\ 0 & 0 & 0 & 0 \end{bmatrix}\begin{matrix} 1 \\ 2 \\ 3 \\ 4 \end{matrix} \quad (\text{列码 } 1\ 2\ 3\ 4) \tag{9-68}
$$

其次，考虑单元②，其整体坐标系下单元刚度矩阵的一般形式及其换码后的行码和列码如下：

$$
\boldsymbol{k}^{②} = \begin{bmatrix} k_{11}^{②} & k_{12}^{②} & k_{13}^{②} & k_{14}^{②} & k_{15}^{②} & k_{16}^{②} \\ k_{21}^{②} & k_{22}^{②} & k_{23}^{②} & k_{24}^{②} & k_{25}^{②} & k_{26}^{②} \\ k_{31}^{②} & k_{32}^{②} & k_{33}^{②} & k_{34}^{②} & k_{35}^{②} & k_{36}^{②} \\ k_{41}^{②} & k_{42}^{②} & k_{43}^{②} & k_{44}^{②} & k_{45}^{②} & k_{46}^{②} \\ k_{51}^{②} & k_{52}^{②} & k_{53}^{②} & k_{54}^{②} & k_{55}^{②} & k_{56}^{②} \\ k_{61}^{②} & k_{62}^{②} & k_{63}^{②} & k_{64}^{②} & k_{65}^{②} & k_{66}^{②} \end{bmatrix}\begin{matrix} 1 \\ 2 \\ 3 \\ 0 \\ 0 \\ 4 \end{matrix} \quad (\text{列码 } 1\ 2\ 3\ 0\ 0\ 4) \tag{9-69}
$$

按照式(9-69)进行“对号入座”，将 $\boldsymbol{k}^{②}$ 中元素累加到前阶段 $\boldsymbol{K}$ 中，得到 $\boldsymbol{K}$ 的最终结果如下：

$$
\boldsymbol{K} = \begin{bmatrix} k_{44}^{①}+k_{11}^{②} & k_{45}^{①}+k_{12}^{②} & k_{46}^{①}+k_{13}^{②} & k_{16}^{②} \\ k_{54}^{①}+k_{21}^{②} & k_{55}^{①}+k_{22}^{②} & k_{56}^{①}+k_{23}^{②} & k_{26}^{②} \\ k_{64}^{①}+k_{31}^{②} & k_{65}^{①}+k_{32}^{②} & k_{66}^{①}+k_{33}^{②} & k_{36}^{②} \\ k_{61}^{②} & k_{62}^{②} & k_{63}^{②} & k_{66}^{②} \end{bmatrix}\begin{matrix} 1 \\ 2 \\ 3 \\ 4 \end{matrix} \quad (\text{列码 } 1\ 2\ 3\ 4) \tag{9-70}
$$

整体刚度方程同式(9-40)，求解整体刚度方程获得结点位移后，通过单元刚度方程和坐标变换即可获得单元杆端力，即

$$
\left.\begin{aligned} \boldsymbol{F}^{e} &= \boldsymbol{k}^{e}\boldsymbol{\Delta}^{e} \\ \overline{\boldsymbol{F}}^{e} &= \boldsymbol{T}\boldsymbol{k}^{e}\boldsymbol{\Delta}^{e} = \overline{\boldsymbol{k}}^{e}\boldsymbol{T}\boldsymbol{\Delta}^{e} \end{aligned}\right\} \tag{9-71}
$$

【例 9-3】试求例 9-1 中平面刚架(见图 9-15)的整体刚度矩阵。

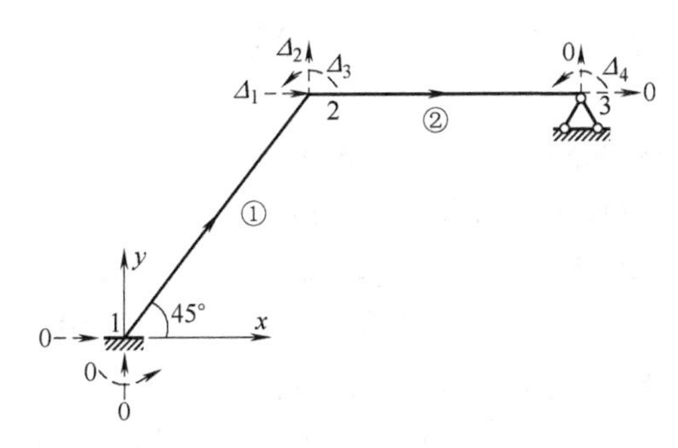

图 9-15　例 9-3 图

解：(1) 结点位移分量统一编码。

该刚架共有 4 个未知结点位移分量，如图 9-15 所示，其总码分别编为 1，2，3，4，对于已知为零的结点位移分量，其总码均取 0。

(2) 单元定位向量。

根据图 9-15 可确定各单元定位向量如下：

$$\boldsymbol{\lambda}^{①}=(0\quad 0\quad 0\quad 1\quad 2\quad 3)^{\mathrm{T}}$$

$$\boldsymbol{\lambda}^{②}=(1\quad 2\quad 3\quad 0\quad 0\quad 4)^{\mathrm{T}}$$

(3) 单元集成过程。

根据例 9-1，可得整体坐标系中单元①的刚度矩阵如下：

$$\boldsymbol{k}^{①}=10^4\times\begin{bmatrix} 156\text{kN/m} & 144\text{kN/m} & -21.2\text{kN} & -156\text{kN/m} & -144\text{kN/m} & -21.2\text{kN} \\ 144\text{kN/m} & 156\text{kN/m} & 21.2\text{kN} & -144\text{kN/m} & -156\text{kN/m} & 21.2\text{kN} \\ -21.2\text{kN} & 21.2\text{kN} & 100\text{kN}\cdot\text{m} & 21.2\text{kN} & -21.2\text{kN} & 50\text{kN}\cdot\text{m} \\ -156\text{kN/m} & -144\text{kN/m} & 21.2\text{kN} & 156\text{kN/m} & 144\text{kN/m} & 21.2\text{kN} \\ -144\text{kN/m} & -156\text{kN/m} & -21.2\text{kN} & 144\text{kN/m} & 156\text{kN/m} & -21.2\text{kN} \\ -21.2\text{kN} & 21.2\text{kN} & 50\text{kN}\cdot\text{m} & 21.2\text{kN} & -21.2\text{kN} & 100\text{kN}\cdot\text{m} \end{bmatrix}$$

按照 $\boldsymbol{\lambda}^{①}$ 对单元①刚度矩阵进行换码和“对号入座”，得到整体刚度矩阵 $\boldsymbol{K}$ 的阶段结果为

$$\boldsymbol{K}=10^4\times\begin{bmatrix} 156\text{kN/m} & 144\text{kN/m} & 21.2\text{kN} & 0 \\ 144\text{kN/m} & 156\text{kN/m} & -21.2\text{kN} & 0 \\ 21.2\text{kN} & -21.2\text{kN} & 100\text{kN}\cdot\text{m} & 0 \\ 0 & 0 & 0 & 0 \end{bmatrix}$$

根据例 9-1，可得整体坐标系中单元②的刚度矩阵如下：

$$\boldsymbol{k}^{②}=10^4\times\begin{bmatrix} 300\text{kN/m} & 0 & 0 & -300\text{kN/m} & 0 & 0 \\ 0 & 12\text{kN/m} & 30\text{kN} & 0 & -12\text{kN/m} & 30\text{kN} \\ 0 & 30\text{kN} & 100\text{kN}\cdot\text{m} & 0 & -30\text{kN} & 50\text{kN}\cdot\text{m} \\ -300\text{kN/m} & 0 & 0 & 300\text{kN/m} & 0 & 0 \\ 0 & -12\text{kN/m} & -30\text{kN} & 0 & 12\text{kN/m} & -30\text{kN} \\ 0 & 30\text{kN} & 50\text{kN}\cdot\text{m} & 0 & -30\text{kN} & 100\text{kN}\cdot\text{m} \end{bmatrix}$$

按照$\boldsymbol{\lambda}^{②}$对单元②刚度矩阵进行换码和“对号入座”，得到整体刚度矩阵$\boldsymbol{K}$的最终结果：

$$\boldsymbol{K}=10^4\times\begin{bmatrix}156+300\text{kN/m} & 144\text{kN/m} & 21.2\text{kN} & 0\\ 144\text{kN/m} & 156+12\text{kN/m} & -21.2+30\text{kN} & 30\text{kN}\\ 21.2\text{kN} & -21.2+30\text{kN} & 100+100\text{kN}\cdot\text{m} & 50\text{kN}\cdot\text{m}\\ 0 & 30\text{kN} & 50\text{kN}\cdot\text{m} & 100\text{kN}\cdot\text{m}\end{bmatrix}$$

$$=10^4\times\begin{bmatrix}456\text{kN/m} & 144\text{kN/m} & 21.2\text{kN} & 0\\ 144\text{kN/m} & 168\text{kN/m} & 8.8\text{kN} & 30\text{kN}\\ 21.2\text{kN} & 8.8\text{kN} & 200\text{kN}\cdot\text{m} & 50\text{kN}\cdot\text{m}\\ 0 & 30\text{kN} & 50\text{kN}\cdot\text{m} & 100\text{kN}\cdot\text{m}\end{bmatrix}$$

2. 后处理直接刚度法

后处理法在对结点位移分量统一编码时，不考虑支座对结点位移的约束作用，对全部结点位移进行编码，后续步骤与先处理法基本一致。仍以图 9-14(a)所示刚架为例进行简要说明。

1) 对结点位移分量统一编码

对刚架中的所有结点不管是否被约束，均给予统一编码，如图 9-16 所示。刚架的结点位移列向量和结点荷载列向量为

$$\left.\begin{aligned}\boldsymbol{\Delta}&=(\Delta_1\quad\Delta_2\quad\Delta_3\quad\Delta_4\quad\Delta_5\quad\Delta_6\quad\Delta_7\quad\Delta_8\quad\Delta_9)^{\mathrm{T}}\\ \boldsymbol{F}_{\mathrm{P}}&=(F_{\mathrm{P}1}\quad F_{\mathrm{P}2}\quad F_{\mathrm{P}3}\quad F_{\mathrm{P}4}\quad F_{\mathrm{P}5}\quad F_{\mathrm{P}6}\quad F_{\mathrm{P}7}\quad F_{\mathrm{P}8}\quad F_{\mathrm{P}9})^{\mathrm{T}}\end{aligned}\right\}\tag{9-72}$$

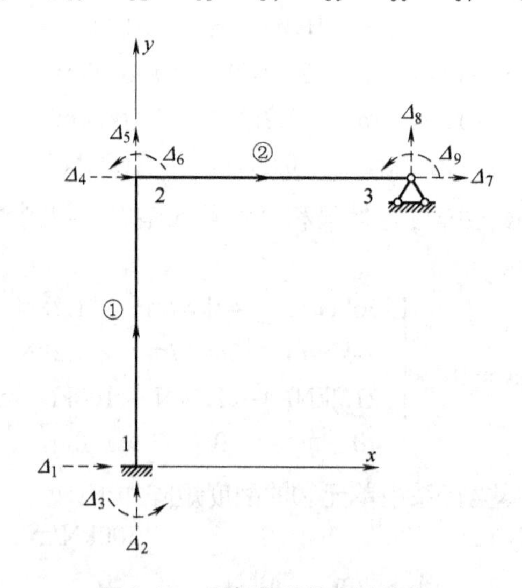

图 9-16　刚架的后处理法编码

2) 确定单元定位向量

整体坐标系中各单元杆端位移分量的局部码(见图 9-14(b))，根据各单元在整体坐标系中结点位移分量的局部码与总码之间的对应关系，可以得到各单元的定位向量：

$$\left.\begin{aligned}\boldsymbol{\lambda}^{①}&=(1\quad 2\quad 3\quad 4\quad 5\quad 6)^{\mathrm{T}}\\ \boldsymbol{\lambda}^{②}&=(4\quad 5\quad 6\quad 7\quad 8\quad 9)^{\mathrm{T}}\end{aligned}\right\}\tag{9-73}$$

3) 集成整体刚度矩阵

根据单元定位向量，对各单元刚度矩阵进行换码和“对号入座”，得到整体刚度矩阵：

$$\boldsymbol{K}=\begin{bmatrix} k_{11}^{①} & k_{12}^{①} & k_{13}^{①} & k_{14}^{①} & k_{15}^{①} & k_{16}^{①} & 0 & 0 & 0\\ k_{21}^{①} & k_{22}^{①} & k_{23}^{①} & k_{24}^{①} & k_{25}^{①} & k_{26}^{①} & 0 & 0 & 0\\ k_{31}^{①} & k_{32}^{①} & k_{33}^{①} & k_{34}^{①} & k_{35}^{①} & k_{36}^{①} & 0 & 0 & 0\\ k_{41}^{①} & k_{42}^{①} & k_{43}^{①} & k_{44}^{①}+k_{11}^{②} & k_{45}^{①}+k_{12}^{②} & k_{46}^{①}+k_{13}^{②} & k_{14}^{②} & k_{15}^{②} & k_{16}^{②}\\ k_{51}^{①} & k_{52}^{①} & k_{53}^{①} & k_{54}^{①}+k_{21}^{②} & k_{55}^{①}+k_{22}^{②} & k_{56}^{①}+k_{23}^{②} & k_{24}^{②} & k_{25}^{②} & k_{26}^{②}\\ k_{61}^{①} & k_{62}^{①} & k_{63}^{①} & k_{64}^{①}+k_{31}^{②} & k_{65}^{①}+k_{32}^{②} & k_{66}^{①}+k_{33}^{②} & k_{34}^{②} & k_{35}^{②} & k_{36}^{②}\\ 0 & 0 & 0 & k_{41}^{②} & k_{42}^{②} & k_{43}^{②} & k_{44}^{②} & k_{45}^{②} & k_{46}^{②}\\ 0 & 0 & 0 & k_{51}^{②} & k_{52}^{②} & k_{53}^{②} & k_{54}^{②} & k_{55}^{②} & k_{56}^{②}\\ 0 & 0 & 0 & k_{61}^{②} & k_{62}^{②} & k_{63}^{②} & k_{64}^{②} & k_{65}^{②} & k_{66}^{②} \end{bmatrix}\tag{9-74}$$

在形成整体刚度矩阵后，再考虑结点的约束条件，对整体刚度矩阵进行修改，具体步骤与连续梁的后处理法相同。最后求解修改后的整体刚度方程，获得结点位移和杆端力。

3. 铰结点的处理

以图 9-17 所示具有铰结点的刚架为例，讨论铰结点的处理方法。

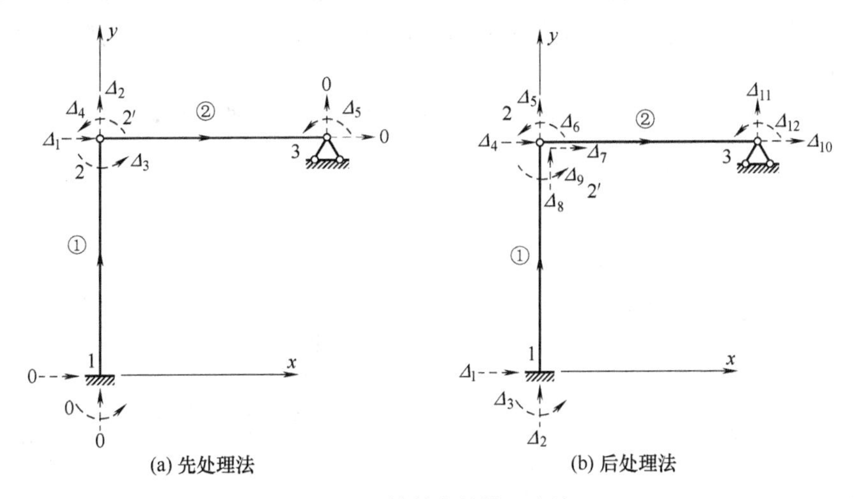

图 9-17　铰结点的处理方法

1) 先处理法

在对具有铰结点的刚架结点位移分量进行统一编码时，将铰结点处的两杆杆端结点看作半独立的两个结点(2 和 2′)，如图 9-17(a)所示，它们的线位移相同，采用同样的编码，但角位移不同，采用不同的编码。相应的各单元定位向量为

$$\left.\begin{aligned}\boldsymbol{\lambda}^{①} &= (0 \quad 0 \quad 0 \quad 1 \quad 2 \quad 3)^{\mathrm{T}} \\ \boldsymbol{\lambda}^{②} &= (1 \quad 2 \quad 4 \quad 0 \quad 0 \quad 5)^{\mathrm{T}}\end{aligned}\right\} \tag{9-75}$$

最后，按照各单元定位向量集成整体刚度矩阵。

2) 后处理法

在对结点位移分量进行统一编码时，将铰结点处的两杆杆端结点看作完全独立的两个结点(2 和 2′)，它们的线位移和角位移都采用不同的编码，如图 9-17(b)所示。相应的各单元定位向量为

$$\left.\begin{aligned}\boldsymbol{\lambda}^{①} &= (1 \quad 2 \quad 3 \quad 4 \quad 5 \quad 6)^{\mathrm{T}} \\ \boldsymbol{\lambda}^{②} &= (7 \quad 8 \quad 9 \quad 10 \quad 11 \quad 12)^{\mathrm{T}}\end{aligned}\right\} \tag{9-76}$$

按照各单元定位向量集成整体刚度矩阵，并引入约束条件修改整体刚度矩阵，最后补充下列方程，一并求解：

$$\left.\begin{aligned}\varDelta_4 &= \varDelta_7 \\ \varDelta_5 &= \varDelta_8\end{aligned}\right\} \tag{9-77}$$

9.6 等效结点荷载

前面讨论了结点荷载作用下结构的矩阵分析方法，但是实际结构不可避免地会承受非结点荷载作用。对于非结点荷载，将其变换为相应的等效结点荷载后，就可以用前面介绍的方法进行分析。变换的原则是使结构在等效结点荷载作用下的结点位移与原非结点荷载作用下相同。

下面以图 9-18(a)所示刚架为例，说明等效结点荷载的计算。结构的单元、结点编号以及单元方向如图 9-18(a)所示。

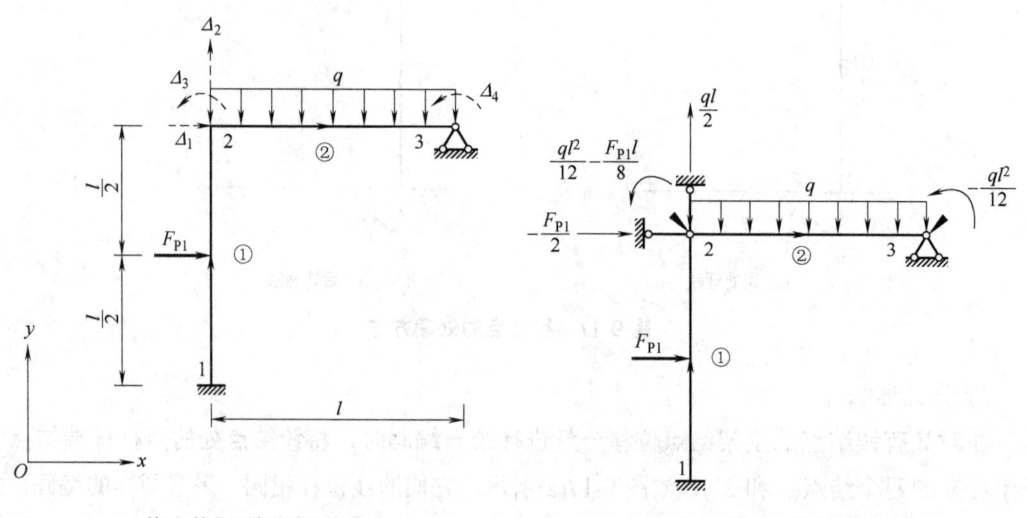

(a) 单元、结点及位移分量编码　　(b) 对未知结点位移施加附加约束

图 9-18　刚架等效结点荷载的计算

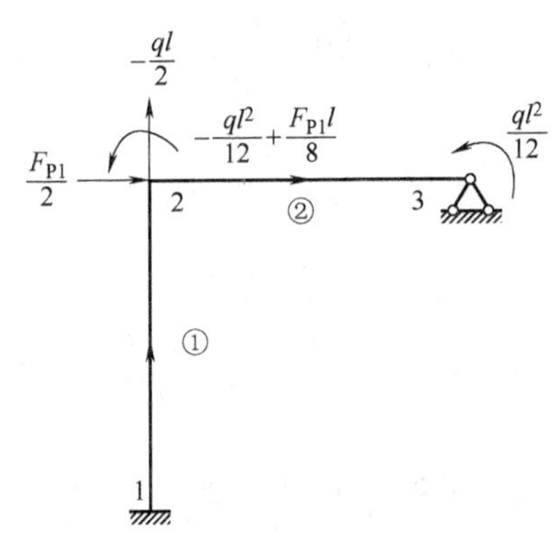

(c) 将附加约束反力反方向作用于结构

图 9-18　刚架等效结点荷载的计算(续)

(1) 在考虑杆件轴向变形的情况下，该刚架共有 4 个未知结点位移，即结点 2 处两个线位移和一个角位移，以及结点 3 的角位移。若采用附加约束将上述未知结点位移约束住，就得到图 9-18(b)的状态，此时各单元成为两端固定梁，各结点在非结点荷载作用下产生的局部坐标系下的固端反力见表 9-1，具体如下：

表 9-1　常见非结点荷载的固端约束反力(局部坐标系)

序　号	荷载简图	符　号	结点 i	结点 j
1		$\bar{F}_x$	0	0
		$\bar{F}_y$	$qa\left(1-\frac{a^2}{l^2}+\frac{a^3}{2l^3}\right)$	$qa\left(\frac{a^2}{l^2}-\frac{a^3}{2l^3}\right)$
		$\bar{M}$	$\frac{qa^2}{12}\left(6-\frac{8a}{l}+\frac{3a^2}{l^2}\right)$	$\frac{qa^3}{12l}\left(\frac{3a}{l}-4\right)$
2		$\bar{F}_x$	0	0
		$\bar{F}_y$	$F_P\frac{b^2}{l^2}\left(1+\frac{2a}{l}\right)$	$F_P\frac{a^2}{l^2}\left(1+\frac{2b}{l}\right)$
		$\bar{M}$	$F_P\frac{ab^2}{l^2}$	$-F_P\frac{ba^2}{l^2}$
3		$\bar{F}_x$	0	0
		$\bar{F}_y$	$-\frac{6Mab}{l^3}$	$\frac{6Mab}{l^3}$
		$\bar{M}$	$\frac{Mb}{l}\left(1-\frac{3a}{l}\right)$	$\frac{Ma}{l}\left(\frac{3a}{l}-2\right)$

$$\left.\begin{aligned}\bar{\boldsymbol{F}}_{\mathrm{F}}^{①}&=\begin{pmatrix}0 & \frac{F_{\mathrm{P1}}}{2} & \frac{F_{\mathrm{P1}}l}{8} & 0 & \frac{F_{\mathrm{P1}}}{2} & -\frac{F_{\mathrm{P1}}l}{8}\end{pmatrix}^{\mathrm{T}}\\ \bar{\boldsymbol{F}}_{\mathrm{F}}^{②}&=\begin{pmatrix}0 & \frac{ql}{2} & \frac{ql^2}{12} & 0 & \frac{ql}{2} & -\frac{ql^2}{12}\end{pmatrix}^{\mathrm{T}}\end{aligned}\right\}\tag{9-78}$$

利用坐标变换，将各单元局部坐标系下的固端反力转为整体坐标系下固端反力：

$$\left.\begin{aligned}\boldsymbol{F}_{\mathrm{F}}^{①}&=\boldsymbol{T}^{\mathrm{T}①}\bar{\boldsymbol{F}}_{\mathrm{F}}^{①}=\begin{pmatrix}-\frac{F_{\mathrm{P1}}}{2} & 0 & \frac{F_{\mathrm{P1}}l}{8} & -\frac{F_{\mathrm{P1}}}{2} & 0 & -\frac{F_{\mathrm{P1}}l}{8}\end{pmatrix}^{\mathrm{T}}\\ \boldsymbol{F}_{\mathrm{F}}^{②}&=\boldsymbol{T}^{\mathrm{T}②}\bar{\boldsymbol{F}}_{\mathrm{F}}^{②}=\begin{pmatrix}0 & \frac{ql}{2} & \frac{ql^2}{12} & 0 & \frac{ql}{2} & -\frac{ql^2}{12}\end{pmatrix}^{\mathrm{T}}\end{aligned}\right\}\tag{9-79}$$

在得到各单元固端反力后，根据单元定位向量计算各附加约束上的约束反力$\boldsymbol{F}_{\mathrm{F}}$，采用的方法跟集成整体刚度矩阵类似，也是“对号入座”。

单元①的定位向量$\boldsymbol{\lambda}^{①}=(0\quad 0\quad 0\quad 1\quad 2\quad 3)^{\mathrm{T}}$，将$\boldsymbol{F}_{\mathrm{F}}^{①}$“对号入座”，得到$\boldsymbol{F}_{\mathrm{F}}$的阶段结果

$$\boldsymbol{F}_{\mathrm{F}}=\begin{pmatrix}-\frac{F_{\mathrm{P1}}}{2} & 0 & -\frac{F_{\mathrm{P1}}l}{8} & 0\end{pmatrix}^{\mathrm{T}}\tag{9-80}$$

单元②的定位向量$\boldsymbol{\lambda}^{②}=(1\quad 2\quad 3\quad 0\quad 0\quad 4)^{\mathrm{T}}$，将$\boldsymbol{F}_{\mathrm{F}}^{②}$“对号入座”，得到$\boldsymbol{F}_{\mathrm{F}}$的最终结果

$$\boldsymbol{F}_{\mathrm{F}}=\begin{pmatrix}-\frac{F_{\mathrm{P1}}}{2} & \frac{ql}{2} & \frac{ql^2}{12}-\frac{F_{\mathrm{P1}}l}{8} & -\frac{ql^2}{12}\end{pmatrix}^{\mathrm{T}}\tag{9-81}$$

式(9-81)中的4个约束反力已标于图9-18(b)中。

(2) 为了符合原结构的实际情况，将附加约束反力反向(反号)后作用于结构，如图9-18(c)所示，相应的结点荷载为

$$\boldsymbol{F}_{\mathrm{PE}}=-\boldsymbol{F}_{\mathrm{F}}=\begin{pmatrix}\frac{F_{\mathrm{P1}}}{2} & -\frac{ql}{2} & -\frac{ql^2}{12}+\frac{F_{\mathrm{P1}}l}{8} & \frac{ql^2}{12}\end{pmatrix}^{\mathrm{T}}\tag{9-82}$$

将图9-18(b)、(c)两种状态叠加，则图9-18(b)中各附加约束反力即与图9-18(c)中的结点荷载$\boldsymbol{F}_{\mathrm{PE}}$抵消，这就如同解除了附加约束的作用，使结构恢复到图9-18(a)所示的原本受力状态。因为在图9-18(b)状态下各结点位移均为零，所以图9-18(c)与图9-18(a)两种状态下的结点位移是相同的，也就是说就结点位移而言这两种状态所对应的荷载是等效的，故称图9-18(c)的荷载$\boldsymbol{F}_{\mathrm{PE}}$为原荷载的等效结点荷载，这样就可以用$\boldsymbol{F}_{\mathrm{PE}}$替代原结构上的非结点荷载来计算结点位移，而原结构的内力则等于图9-18(b)和(c)两种状态下结构内力之和。所以在计算原结构的单元杆端力时，必须将等效结点荷载作用下的杆端力与相应的固端反力叠加，才能求得实际的杆端力。

此外，在温度变化或支座产生位移的条件下进行结构分析，同样可以采用上述方法，只要确定了各杆在温度变化或支座位移下的固端反力，即可计算相应的等效结点荷载。当然支座产生位移后的结构分析，也可以采用处理已知非零位移边界条件的方法。

当有多种因素同时作用于结构时，可以利用叠加原理计算。例如，结构上既有非结点荷载又有直接作用在结点上的荷载时，在求得非结点荷载的等效结点荷载后，应与直接结点荷载叠加，从而得到综合结点荷载：

$$\boldsymbol{F}_{\mathrm{P}}=\boldsymbol{F}_{\mathrm{PD}}+\boldsymbol{F}_{\mathrm{PE}} \tag{9-83}$$

式中，$\boldsymbol{F}_{\mathrm{P}}$ 表示综合结点荷载列向量，$\boldsymbol{F}_{\mathrm{PD}}$ 表示直接结点荷载列向量，$\boldsymbol{F}_{\mathrm{PE}}$ 表示等效结点荷载列向量。

然后以综合结点荷载计算原结构的结点位移，各单元的最后杆端力等于非结点荷载对应的固端反力 $\boldsymbol{F}_{\mathrm{F}}^{e}$ 与综合结点荷载作用下产生的杆端力之和，即

$$\left.\begin{aligned}\boldsymbol{F}^{e}&=\boldsymbol{F}_{\mathrm{F}}^{e}+\boldsymbol{k}^{e}\boldsymbol{\Delta}^{e}\\ \overline{\boldsymbol{F}}^{e}&=\overline{\boldsymbol{F}}_{\mathrm{F}}^{e}+\boldsymbol{T}\boldsymbol{k}^{e}\boldsymbol{\Delta}^{e}=\overline{\boldsymbol{F}}_{\mathrm{F}}^{e}+\overline{\boldsymbol{k}}^{e}\boldsymbol{T}\boldsymbol{\Delta}^{e}\end{aligned}\right\} \tag{9-84}$$

【例 9-4】试求例 9-1 中平面刚架在图 9-19 给定荷载作用下的综合结点荷载列向量。

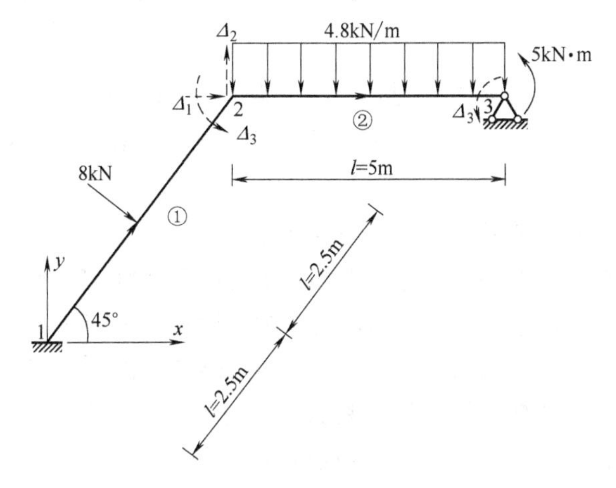

图 9-19　例 9-4 图

解：(1) 求局部坐标系下固端反力，查表 9-1 可得

$$\overline{\boldsymbol{F}}_{\mathrm{F}}^{①}=(0\quad 4\mathrm{kN}\quad 5\mathrm{kN\cdot m}\quad 0\quad 4\mathrm{kN}\quad -5\mathrm{kN\cdot m})^{\mathrm{T}}$$

$$\overline{\boldsymbol{F}}_{\mathrm{F}}^{②}=(0\quad 12\mathrm{kN}\quad 10\mathrm{kN\cdot m}\quad 0\quad 12\mathrm{kN}\quad -10\mathrm{kN\cdot m})^{\mathrm{T}}$$

(2) 求各单元在整体坐标系中的固端反力，根据例 9-1 给出的坐标变换矩阵和式(9-79)，得

$$\boldsymbol{F}_{\mathrm{F}}^{①}=\boldsymbol{T}^{\mathrm{T}①}\overline{\boldsymbol{F}}_{\mathrm{F}}^{①}=(-2.83\mathrm{kN}\quad 2.83\mathrm{kN}\quad 5\mathrm{kN\cdot m}\quad -2.83\mathrm{kN}\quad 2.83\mathrm{kN}\quad -5\mathrm{kN\cdot m})^{\mathrm{T}}$$

$$\boldsymbol{F}_{\mathrm{F}}^{②}=\boldsymbol{T}^{\mathrm{T}②}\overline{\boldsymbol{F}}_{\mathrm{F}}^{②}=(0\quad 12\mathrm{kN}\quad 10\mathrm{kN\cdot m}\quad 0\quad 12\mathrm{kN}\quad -10\mathrm{kN\cdot m})^{\mathrm{T}}$$

(3) 根据例 9-3 给出的各单元定位向量，计算各附加约束上的约束反力。

单元①的定位向量 $\lambda^{①}=(0\quad 0\quad 0\quad 1\quad 2\quad 3)^{\mathrm{T}}$，将 $\boldsymbol{F}_{\mathrm{F}}^{①}$ “对号入座”，得到 $\boldsymbol{F}_{\mathrm{F}}$ 的阶段结果：

$$\boldsymbol{F}_{F}=(-2.83\mathrm{kN}\quad 2.83\mathrm{kN}\quad -5\mathrm{kN\cdot m}\quad 0)^{\mathrm{T}}$$

单元②的定位向量 $\lambda^{②}=(1\quad 2\quad 3\quad 0\quad 0\quad 4)^{\mathrm{T}}$，将 $\boldsymbol{F}_{\mathrm{F}}^{②}$ “对号入座”，得到 $\boldsymbol{F}_{\mathrm{F}}$ 的最终结果：

$$\boldsymbol{F}_{\mathrm{F}} = (-2.83\mathrm{kN} \quad 2.83\mathrm{kN}+12\mathrm{kN} \quad -5\mathrm{kN\cdot m}+10\mathrm{kN\cdot m} \quad -10\mathrm{kN\cdot m})^{\mathrm{T}}$$
$$= (-2.83\mathrm{kN} \quad 14.83\mathrm{kN} \quad 5\mathrm{kN\cdot m} \quad -10\mathrm{kN\cdot m})^{\mathrm{T}}$$

(4) 将 $\boldsymbol{F}_{\mathrm{F}}$ 反号，得到等效结点荷载列向量 $\boldsymbol{F}_{\mathrm{PE}}$：

$$\boldsymbol{F}_{\mathrm{PE}} = -\boldsymbol{F}_{\mathrm{F}} = (2.83\mathrm{kN} \quad -14.83\mathrm{kN} \quad -5\mathrm{kN\cdot m} \quad 10\mathrm{kN\cdot m})^{\mathrm{T}}$$

(5) 计算综合结点荷载列向量。

直接结点荷载向量为

$$\boldsymbol{F}_{\mathrm{PD}} = (0 \quad 0 \quad 0 \quad 5\mathrm{kN\cdot m})^{\mathrm{T}}$$

根据式(9-83)，得到综合结点荷载列向量 $\boldsymbol{F}_{\mathrm{P}}$：

$$\boldsymbol{F}_{\mathrm{P}} = \boldsymbol{F}_{\mathrm{PD}} + \boldsymbol{F}_{\mathrm{PE}} = (2.83\mathrm{kN} \quad -14.83\mathrm{kN} \quad -5\mathrm{kN\cdot m} \quad 15\mathrm{kN\cdot m})^{\mathrm{T}}$$

9.7 矩阵位移法计算实例

通过上述各节的讨论，矩阵位移法的计算步骤可归纳如下。

(1) 给结构划分单元并对结点和单元进行编号，选取整体坐标系和局部坐标系，同时对结点位移进行编码。

(2) 形成局部坐标系下的各单元刚度矩阵 $\bar{\boldsymbol{k}}^e$。

(3) 通过坐标变换，计算整体坐标系下的各单元刚度矩阵 $\boldsymbol{k}^e = \boldsymbol{T}^{\mathrm{T}}\bar{\boldsymbol{k}}^e\boldsymbol{T}$。

(4) 确定各单元定位向量，采用直接刚度法集成整体刚度矩阵 $\boldsymbol{K}$。

(5) 对于非结点荷载，求局部坐标系下单元固端反力 $\bar{\boldsymbol{F}}_{\mathrm{F}}^e$，再转换成整体坐标系下固端反力 $\boldsymbol{F}_{\mathrm{F}}^e$，然后集成为附加约束反力 $\boldsymbol{F}_{\mathrm{F}}$，将其反号得到等效结点荷载 $\boldsymbol{F}_{\mathrm{PE}}$。将等效结点荷载 $\boldsymbol{F}_{\mathrm{PE}}$ 与直接结点荷载 $\boldsymbol{F}_{\mathrm{PD}}$ 叠加得结构综合结点荷载 $\boldsymbol{F}_{\mathrm{P}}$。

(6) 若采用后处理法，需要进行边界条件处理，修正整体刚度矩阵。

(7) 求解整体刚度方程 $\boldsymbol{K\Delta} = \boldsymbol{F}_{\mathrm{P}}$，解得结点位移 $\boldsymbol{\Delta}$。

(8) 计算局部坐标系下各单元的杆端力 $\bar{\boldsymbol{F}}^e = \bar{\boldsymbol{F}}_{\mathrm{F}}^e + \boldsymbol{T}\boldsymbol{k}^e\boldsymbol{\Delta}^e = \bar{\boldsymbol{F}}_{\mathrm{F}}^e + \bar{\boldsymbol{k}}^e\boldsymbol{T}\boldsymbol{\Delta}^e$，并作出结构的内力图。

【例 9-5】试用矩阵位移法计算图 9-20(a)所示刚架的内力。设各杆均为矩形截面，立柱截面面积为 $b_1 \times h_1 = 0.5\mathrm{m} \times 1\mathrm{m}$，横梁截面面积为 $b_2 \times h_2 = 0.5\mathrm{m} \times 1.26\mathrm{m}$，$E = 1$(为了计算方便，$E$ 没有用真值，故运算过程中不再注明单位)。

解：(1) 将刚架结构离散化，对单元和结点编号，选定整体坐标系和单元局部坐标系(用箭头标明 $\bar{x}$ 的正方向)，对结点位移分量的统一编码，如图 9-20(b)所示。原始数据计算如下：

柱：$A_1 = 0.5\mathrm{m}^2$，$I_1 = 41.67 \times 10^{-3}\mathrm{m}^4$，$l_1 = 6\mathrm{m}$，$\dfrac{EA_1}{l_1} = 83.3 \times 10^{-3}$，$\dfrac{EI_1}{l_1} = 6.94 \times 10^{-3}$。

梁：$A_2 = 0.63\mathrm{m}^2$，$I_2 = 83.33 \times 10^{-3}\mathrm{m}^4$，$l_2 = 12\mathrm{m}$，$\dfrac{EA_2}{l_2} = 52.5 \times 10^{-3}$，$\dfrac{EI_2}{l_2} = 6.94 \times 10^{-3}$。

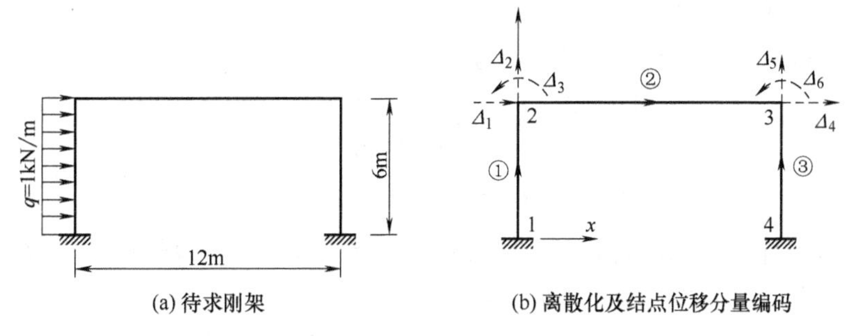

(a) 待求刚架　　(b) 离散化及结点位移分量编码

图 9-20　例 9-5 图

(2) 形成局部坐标系下的单元刚度矩阵。

$$
\bar{\boldsymbol{k}}^{①}=\bar{\boldsymbol{k}}^{③}=10^{-3}\left[\begin{array}{ccc|ccc}
83.3 & 0 & 0 & -83.3 & 0 & 0 \\
0 & 2.31 & 6.94 & 0 & -2.31 & 6.94 \\
0 & 6.94 & 27.8 & 0 & -6.94 & 13.9 \\
\hline
-83.3 & 0 & 0 & 83.3 & 0 & 0 \\
0 & -2.31 & -6.94 & 0 & 2.31 & -6.94 \\
0 & -6.94 & 13.9 & 0 & -6.94 & 27.8
\end{array}\right]
$$

$$
\bar{\boldsymbol{k}}^{②}=10^{-3}\left[\begin{array}{ccc|ccc}
52.5 & 0 & 0 & -52.5 & 0 & 0 \\
0 & 0.58 & 3.47 & 0 & -0.58 & 3.47 \\
0 & 3.47 & 27.8 & 0 & -3.47 & 13.9 \\
\hline
-52.5 & 0 & 0 & 52.5 & 0 & 0 \\
0 & -0.58 & -3.47 & 0 & 0.58 & -3.47 \\
0 & 3.47 & 13.9 & 0 & -3.47 & 27.8
\end{array}\right]
$$

(3) 形成整体坐标系下单元刚度矩阵。

单元①和单元③的坐标转换矩阵为(α=90°)：

$$
\boldsymbol{T}=\left[\begin{array}{ccc|ccc}
0 & -1 & 0 & 0 & 0 & 0 \\
1 & 0 & 0 & 0 & 0 & 0 \\
0 & 0 & 1 & 0 & 0 & 0 \\
\hline
0 & 0 & 0 & 0 & -1 & 0 \\
0 & 0 & 0 & 1 & 0 & 0 \\
0 & 0 & 0 & 0 & 0 & 1
\end{array}\right]
$$

$$
\boldsymbol{k}^{①}=\boldsymbol{k}^{③}=\boldsymbol{T}^{\mathrm{T}}\bar{\boldsymbol{k}}^{①}\boldsymbol{T}=10^{-3}\left[\begin{array}{ccc|ccc}
2.31 & 0 & -6.94 & -2.31 & 0 & -6.94 \\
0 & 83.3 & 0 & 0 & -83.3 & 0 \\
-6.94 & 0 & 27.8 & 6.94 & 0 & 13.9 \\
\hline
-2.31 & 0 & 6.94 & 2.31 & 0 & 6.94 \\
0 & -83.3 & 0 & 0 & 83.3 & 0 \\
-6.94 & 0 & 13.9 & 6.94 & 0 & 27.8
\end{array}\right]
$$

单元②的坐标转换矩阵 $\boldsymbol{T}=\boldsymbol{I}$ (α=0°)，因此 $\boldsymbol{k}^{②}=\bar{\boldsymbol{k}}^{②}$。

(4) 集成整体刚度矩阵。

根据图 9-20(b)，确定各单元定位向量如下：

$$\boldsymbol{\lambda}^{①}=(0\quad 0\quad 0\quad 1\quad 2\quad 3)^{\mathrm{T}}$$
$$\boldsymbol{\lambda}^{②}=(1\quad 2\quad 3\quad 4\quad 5\quad 6)^{\mathrm{T}}$$
$$\boldsymbol{\lambda}^{③}=(0\quad 0\quad 0\quad 4\quad 5\quad 6)^{\mathrm{T}}$$

按照单元定位向量，依次将各单元刚度矩阵中元素在整体刚度矩阵中定位并累加(即“对号入座”)，最后得到整体刚度矩阵如下：

$$\boldsymbol{K}=10^{3}\left[\begin{array}{ccc|ccc} 54.81 & 0 & 6.94 & -52.5 & 0 & 0 \\ 0 & 83.88 & -3.47 & 0 & -0.58 & -3.47 \\ 6.94 & -3.47 & 55.6 & 0 & 3.47 & 13.9 \\ \hline -52.5 & 0 & 0 & 52.5 & 0 & 6.94 \\ 0 & -0.58 & 3.47 & 0 & 83.88 & 3.47 \\ 0 & -3.47 & 13.9 & 6.94 & 3.47 & 55.6 \end{array}\right]$$

(5) 计算结构等效结点荷载。

只有单元①作用有荷载，其固端约束力向量为

$$\overline{\boldsymbol{F}}_{\mathrm{F}}^{①}=(0\quad 3\quad 3\quad 0\quad 3\quad -3)^{\mathrm{T}}$$

求单元①在整体坐标系中的固端反力：

$$\boldsymbol{F}_{\mathrm{F}}^{①}=\boldsymbol{T}^{\mathrm{T}①}\overline{\boldsymbol{F}}_{\mathrm{F}}^{①}=\left[\begin{array}{ccc|ccc} 0 & -1 & 0 & 0 & 0 & 0 \\ 1 & 0 & 0 & 0 & 0 & 0 \\ 0 & 0 & 1 & 0 & 0 & 0 \\ \hline 0 & 0 & 0 & 0 & -1 & 0 \\ 0 & 0 & 0 & 1 & 0 & 0 \\ 0 & 0 & 0 & 0 & 0 & 1 \end{array}\right]\left[\begin{array}{c} 0 \\ 3 \\ 3 \\ \hline 0 \\ 3 \\ -3 \end{array}\right]=\left[\begin{array}{c} -3 \\ 0 \\ 3 \\ \hline -3 \\ 0 \\ -3 \end{array}\right]$$

按照单元定位向量 $\boldsymbol{\lambda}^{①}=(0\quad 0\quad 0\quad 1\quad 2\quad 3)^{\mathrm{T}}$，将 $\boldsymbol{F}_{\mathrm{F}}^{①}$ 在 $\boldsymbol{F}_{\mathrm{F}}$ 定位，得

$$\boldsymbol{F}_{\mathrm{F}}=(-3\quad 0\quad -3\quad 0\quad 0\quad 0)^{\mathrm{T}}$$

将 $\boldsymbol{F}_{\mathrm{F}}$ 反号，得到等效结点荷载列向量 $\boldsymbol{F}_{\mathrm{P}}$

$$\boldsymbol{F}_{\mathrm{P}}=-\boldsymbol{F}_{\mathrm{F}}=(3\quad 0\quad 3\quad 0\quad 0\quad 0)^{\mathrm{T}}$$

(6) 解整体刚度方程 $\boldsymbol{K\Delta}=\boldsymbol{F}_{\mathrm{P}}$。

$$10^{3}\left[\begin{array}{ccc|ccc} 54.81 & 0 & 6.94 & -52.5 & 0 & 0 \\ 0 & 83.88 & -3.47 & 0 & -0.58 & -3.47 \\ 6.94 & -3.47 & 55.6 & 0 & 3.47 & 13.9 \\ \hline -52.5 & 0 & 0 & 52.5 & 0 & 6.94 \\ 0 & -0.58 & 3.47 & 0 & 83.88 & 3.47 \\ 0 & -3.47 & 13.9 & 6.94 & 3.47 & 55.6 \end{array}\right]\left[\begin{array}{c} \Delta_1 \\ \Delta_2 \\ \Delta_3 \\ \hline \Delta_4 \\ \Delta_5 \\ \Delta_6 \end{array}\right]=\left[\begin{array}{c} 3 \\ 0 \\ 3 \\ \hline 0 \\ 0 \\ 0 \end{array}\right]$$

求得

$$\boldsymbol{\Delta}=(\Delta_1\quad \Delta_2\quad \Delta_3\quad \Delta_4\quad \Delta_5\quad \Delta_6)^{\mathrm{T}}=(847\quad 5.13\quad -28.4\quad 824\quad -5.13\quad -96.5)^{\mathrm{T}}$$

(7) 计算各单元局部坐标系下杆端力。

单元①：先求 $\boldsymbol{F}^{①}$，然后求 $\overline{\boldsymbol{F}}^{①}$。

$$\boldsymbol{F}^{①}=\boldsymbol{k}^{①}\boldsymbol{\Delta}^{①}+\boldsymbol{F}_{\mathrm{F}}^{①}$$

$$=10^{-3}\left[\begin{array}{ccc|ccc}2.31 & 0 & -6.94 & -2.31 & 0 & -6.94\\ 0 & 83.3 & 0 & 0 & -83.3 & 0\\ -6.94 & 0 & 27.8 & 6.94 & 0 & 13.9\\ \hline -2.31 & 0 & 6.94 & 2.31 & 0 & 6.94\\ 0 & -83.3 & 0 & 0 & 83.3 & 0\\ -6.94 & 0 & 13.9 & 6.94 & 0 & 27.8\end{array}\right]\left[\begin{array}{c}0\\0\\0\\ \hline 847\\5.13\\-28.4\end{array}\right]+\left[\begin{array}{c}-3\\0\\3\\ \hline -3\\0\\-3\end{array}\right]$$

$$=\left[\begin{array}{c}-4.76\\-0.43\\8.49\\ \hline -1.24\\0.43\\2.09\end{array}\right]$$

$$\overline{\boldsymbol{F}}^{①}=\boldsymbol{T}\boldsymbol{F}^{①}=(-0.43\quad 4.76\quad 8.49\quad 0.43\quad 1.24\quad 2.09)^{\mathrm{T}}$$

单元②：

$$\overline{\boldsymbol{F}}^{②}=\boldsymbol{F}^{②}=\boldsymbol{k}^{②}\boldsymbol{\Delta}^{②}$$

$$=10^{-3}\left[\begin{array}{ccc|ccc}52.5 & 0 & 0 & -52.5 & 0 & 0\\ 0 & 0.58 & 3.47 & 0 & -0.58 & 3.47\\ 0 & 3.47 & 27.8 & 0 & -3.47 & 13.9\\ \hline -52.5 & 0 & 0 & 52.5 & 0 & 0\\ 0 & -0.58 & -3.47 & 0 & 0.58 & -3.47\\ 0 & 3.47 & 13.9 & 0 & -3.47 & 27.8\end{array}\right]\left[\begin{array}{c}847\\5.13\\-28.4\\ \hline 824\\-5.13\\-96.5\end{array}\right]$$

$$=\left[\begin{array}{c}1.24\\-0.43\\-2.09\\ \hline -1.24\\0.43\\-3.04\end{array}\right]$$

单元③：

$$\boldsymbol{F}^{③}=\boldsymbol{k}^{③}\boldsymbol{\Delta}^{③}=10^{-3}\left[\begin{array}{ccc|ccc}2.31 & 0 & 6.94 & -2.31 & 0 & -6.94\\ 0 & 83.3 & 0 & 0 & -83.3 & 0\\ -6.94 & 0 & 27.8 & 6.94 & 0 & 13.9\\ \hline -2.31 & 0 & 6.94 & 2.31 & 0 & 6.94\\ 0 & -83.3 & 0 & 0 & 83.3 & 0\\ -6.94 & 0 & 13.9 & 6.94 & 0 & 27.8\end{array}\right]\left[\begin{array}{c}0\\0\\0\\ \hline 824\\-5.13\\-96.5\end{array}\right]=\left[\begin{array}{c}-1.24\\0.43\\4.38\\ \hline 1.24\\-0.43\\3.04\end{array}\right]$$

$$\overline{F}^{③} = TF^{③} = (0.43 \quad 1.24 \quad 4.38 \quad -0.43 \quad -1.24 \quad 3.04)^{\mathrm{T}}$$

(8) 根据杆端力绘制内力图，如图 9-21 所示。

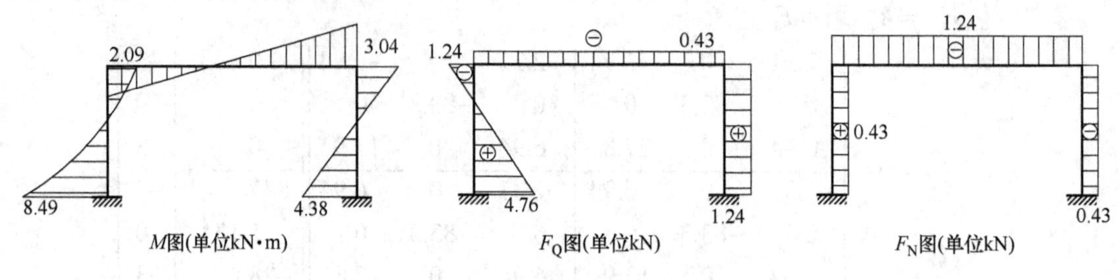

图 9-21　例 9-5 刚架内力图

【例 9-6】试用矩阵位移法在忽略轴向变形的情况下求解例 9-5。

解：(1) 分散刚架结构，为单元和结点编号，选定整体坐标系和单元局部坐标系，原始数据同例 9-5。

结点位移分量的统一编码如图 9-22 所示。由于忽略轴向变形，结点 2 和 3 处竖向位移均为零，用 0 编码。结点 2 和 3 处水平位移相等，编码同为 1。

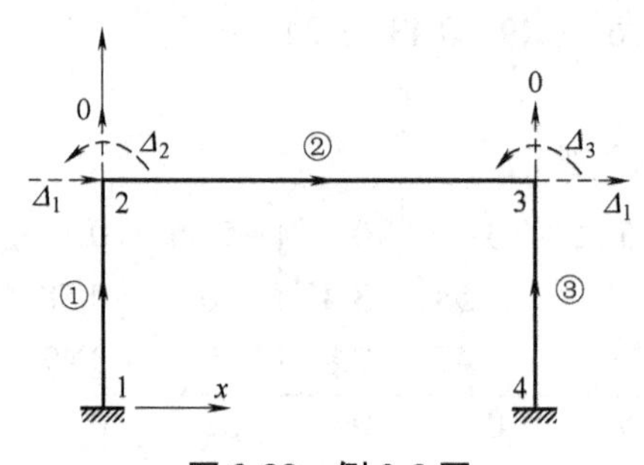

图 9-22　例 9-6 图

(2) 形成局部坐标系下的单元刚度矩阵。

(3) 形成整体坐标系下的单元刚度矩阵。

以上两步结果同例 9-5。

(4) 集成整体刚度矩阵。

根据图 9-22，确定各单元定位向量如下：

$$\boldsymbol{\lambda}^{①} = (0 \quad 0 \quad 0 \quad 1 \quad 0 \quad 2)^{\mathrm{T}}$$
$$\boldsymbol{\lambda}^{②} = (1 \quad 0 \quad 2 \quad 1 \quad 0 \quad 3)^{\mathrm{T}}$$
$$\boldsymbol{\lambda}^{③} = (0 \quad 0 \quad 0 \quad 1 \quad 0 \quad 3)^{\mathrm{T}}$$

按照单元定位向量，依次将各单元刚度矩阵中元素在整体刚度矩阵中定位并累加，最后得到整体刚度矩阵如下：

$$\boldsymbol{K} = 10^3 \begin{bmatrix} 4.62 & 6.94 & 6.94 \\ 6.94 & 55.6 & 13.9 \\ 6.94 & 13.9 & 55.6 \end{bmatrix}$$

(5) 计算结构等效结点荷载。

按照单元定位向量$\boldsymbol{\lambda}^{①}=(0\quad 0\quad 0\quad 1\quad 0\quad 2)^{\mathrm{T}}$，将$\boldsymbol{F}_{\mathrm{F}}^{①}$在$\boldsymbol{F}_{\mathrm{F}}$定位，再反号得到等效结点荷载列向量：

$$\boldsymbol{F}_{\mathrm{P}}=-\boldsymbol{F}_{\mathrm{F}}=(3\quad 3\quad 0)^{\mathrm{T}}$$

(6) 解整体刚度方程$\boldsymbol{K\Delta}=\boldsymbol{F}_{\mathrm{P}}$。

$$10^{3}\begin{bmatrix}4.62 & 6.94 & 6.94\\ 6.94 & 55.6 & 13.9\\ 6.94 & 13.9 & 55.6\end{bmatrix}\begin{bmatrix}\Delta_1\\ \Delta_2\\ \Delta_3\end{bmatrix}=\begin{bmatrix}3\\ 3\\ 0\end{bmatrix}$$

求得

$$\boldsymbol{\Delta}=(\Delta_1\quad \Delta_2\quad \Delta_3)^{\mathrm{T}}=(838\quad -26.1\quad -97.9)^{\mathrm{T}}$$

(7) 计算各单元局部坐标系下杆端力。

单元①：

$$\boldsymbol{F}^{①}=\boldsymbol{k}^{①}\boldsymbol{\Delta}^{①}+\boldsymbol{F}_{\mathrm{F}}^{①}=10^{-3}\left[\begin{array}{ccc|ccc}2.31 & 0 & 6.94 & -2.31 & 0 & -6.94\\ 0 & 83.3 & 0 & 0 & -83.3 & 0\\ -6.94 & 0 & 27.8 & 6.94 & 0 & 13.9\\ \hline -2.31 & 0 & 6.94 & 2.31 & 0 & 6.94\\ 0 & -83.3 & 0 & 0 & 83.3 & 0\\ -6.94 & 0 & 13.9 & 6.94 & 0 & 27.8\end{array}\right]\left[\begin{array}{c}0\\ 0\\ 0\\ \hline 838\\ 0\\ -26.1\end{array}\right]+\left[\begin{array}{c}-3\\ 0\\ 3\\ \hline -3\\ 0\\ -3\end{array}\right]$$

$$=\left[\begin{array}{c}-4.75\\ 0\\ 8.41\\ \hline -1.25\\ 0\\ 2.09\end{array}\right]$$

$$\overline{\boldsymbol{F}}^{①}=\boldsymbol{TF}^{①}=(0\quad 4.75\quad 8.41\quad 0\quad 1.25\quad 2.09)^{\mathrm{T}}$$

单元②：

$$\overline{\boldsymbol{F}}^{②}=\boldsymbol{F}^{②}=\boldsymbol{k}^{②}\boldsymbol{\Delta}^{②}=10^{-3}\left[\begin{array}{ccc|ccc}52.5 & 0 & 0 & -52.5 & 0 & 0\\ 0 & 0.58 & 3.47 & 0 & -0.58 & 3.47\\ 0 & 3.47 & 27.8 & 0 & -3.47 & 13.9\\ \hline -52.5 & 0 & 0 & 52.5 & 0 & 0\\ 0 & -0.58 & -3.47 & 0 & 0.58 & -3.47\\ 0 & 3.47 & 13.9 & 0 & -3.47 & 27.8\end{array}\right]\left[\begin{array}{c}838\\ 0\\ -26.1\\ \hline 838\\ 0\\ -97.9\end{array}\right]$$

$$=\left[\begin{array}{c}0\\ -0.43\\ -2.09\\ \hline 0\\ 0.43\\ -3.09\end{array}\right]$$

单元③：

$$
\boldsymbol{F}^{③}=\boldsymbol{k}^{③}\boldsymbol{\Delta}^{③}=10^{-3}\left(\begin{array}{ccc|ccc}
2.31 & 0 & 6.94 & -2.31 & 0 & -6.94\\
0 & 83.3 & 0 & 0 & -83.3 & 0\\
-6.94 & 0 & 27.8 & 6.94 & 0 & 13.9\\
\hline
-2.31 & 0 & 6.94 & 2.31 & 0 & 6.94\\
0 & -83.3 & 0 & 0 & 83.3 & 0\\
-6.94 & 0 & 13.9 & 6.94 & 0 & 27.8
\end{array}\right)\left(\begin{array}{c}0\\0\\0\\\hline 838\\0\\-97.9\end{array}\right)=\left(\begin{array}{c}-1.25\\0\\4.47\\\hline 1.25\\0\\3.09\end{array}\right)
$$

$$
\overline{\boldsymbol{F}}^{③}=\boldsymbol{T}\boldsymbol{F}^{③}=(0\quad 1.25\quad 4.47\quad 0\quad -1.25\quad 3.09)^{\mathrm{T}}
$$

(8) 根据杆端力绘制内力图，如图 9-23 所示。

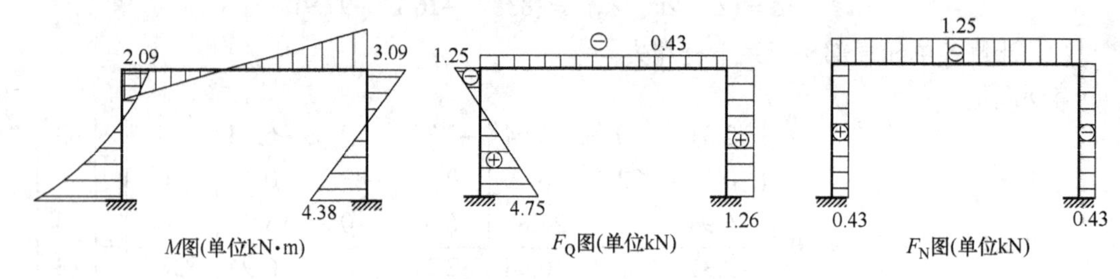

图 9-23　例 9-6 刚架内力图

将图 9-23 中的弯矩图和剪力图与图 9-21 对比，发现两者差别很小，可见忽略轴向变形的影响不大。由于假设杆件轴向变形为零，因此根据刚度方程求出的杆端轴力也为零，图 9-23 中的轴力图根据平衡条件利用剪力图得到的。

【例 9-7】试用矩阵位移法计算图 9-24(a)所示桁架的内力。各杆 *EA* 相同(本例 *EA* 没有用真值，故运算过程不再注明单位)。

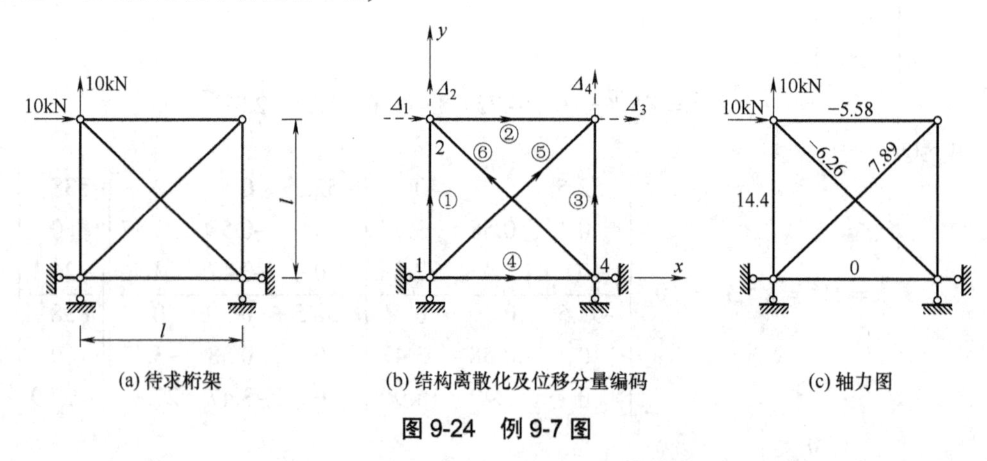

图 9-24　例 9-7 图

解：(1) 将桁架结构离散化，对单元和结点编号，取整体坐标系与局部坐标系(用箭头方向表示)，对结点位移分量进行统一编码，如图 9-24(b)所示。

(2) 形成局部坐标系下单元刚度矩阵。根据式(9-12)，得

$$\overline{\boldsymbol{k}}^{①}=\overline{\boldsymbol{k}}^{②}=\overline{\boldsymbol{k}}^{③}=\overline{\boldsymbol{k}}^{④}=\frac{EA}{l}\left[\begin{array}{cc|cc}1&0&-1&0\\0&0&0&0\\\hline -1&0&1&0\\0&0&0&0\end{array}\right]$$

$$\overline{\boldsymbol{k}}^{⑤}=\overline{\boldsymbol{k}}^{⑥}=\frac{EA}{\sqrt{2}l}\left[\begin{array}{cc|cc}1&0&-1&0\\0&0&0&0\\\hline -1&0&1&0\\0&0&0&0\end{array}\right]$$

(3) 形成整体坐标系下单元刚度矩阵。

单元①和③：$\alpha=90^\circ$，由式(9-27)，得

$$\boldsymbol{T}=\left[\begin{array}{cc|cc}0&1&0&0\\-1&0&0&0\\\hline 0&0&0&1\\0&0&-1&0\end{array}\right]$$

$$\boldsymbol{k}^{①}=\boldsymbol{k}^{③}=\boldsymbol{T}^{\mathrm{T}}\overline{\boldsymbol{k}}^{①}\boldsymbol{T}=\frac{EA}{l}\left[\begin{array}{cc|cc}0&0&0&0\\0&1&0&-1\\\hline 0&0&0&0\\0&-1&0&1\end{array}\right]$$

单元②和④：$\alpha=0$，得

$$\boldsymbol{k}^{②}=\boldsymbol{k}^{④}=\frac{EA}{l}\left[\begin{array}{cc|cc}1&0&-1&0\\0&0&0&0\\\hline -1&0&1&0\\0&0&0&0\end{array}\right]$$

单元⑤：$\alpha=45^\circ$，得

$$\boldsymbol{T}=\frac{1}{\sqrt{2}}\left[\begin{array}{cc|cc}1&1&0&0\\-1&1&0&0\\\hline 0&0&1&1\\0&0&-1&1\end{array}\right]$$

$$\boldsymbol{k}^{⑤}=\boldsymbol{T}^{\mathrm{T}}\overline{\boldsymbol{k}}^{⑤}\boldsymbol{T}=\frac{EA}{2\sqrt{2}l}\left[\begin{array}{cc|cc}1&1&-1&-1\\1&1&-1&-1\\\hline -1&-1&1&1\\-1&-1&1&1\end{array}\right]$$

单元⑥：$\alpha=135^\circ$，得

$$\boldsymbol{T}=\frac{1}{\sqrt{2}}\left[\begin{array}{cc|cc}-1&1&0&0\\-1&-1&0&0\\\hline 0&0&-1&1\\0&0&-1&-1\end{array}\right]$$

$$\boldsymbol{k}^{⑥}=\boldsymbol{T}^{\mathrm{T}}\overline{\boldsymbol{k}}^{⑥}\boldsymbol{T}=\frac{EA}{2\sqrt{2}l}\left[\begin{array}{cc|cc}1 & -1 & -1 & 1\\ -1 & 1 & 1 & -1\\ \hline -1 & 1 & 1 & -1\\ 1 & -1 & -1 & 1\end{array}\right]$$

(4) 集成整体刚度矩阵。

根据图 9-24(b)，确定各单元定位向量：

$$\boldsymbol{\lambda}^{①}=(0\quad 0\quad 1\quad 2)^{\mathrm{T}},\ \boldsymbol{\lambda}^{②}=(1\quad 2\quad 3\quad 4)^{\mathrm{T}},\ \boldsymbol{\lambda}^{③}=(0\quad 0\quad 3\quad 4)^{\mathrm{T}}$$

$$\boldsymbol{\lambda}^{④}=(0\quad 0\quad 0\quad 0)^{\mathrm{T}},\ \boldsymbol{\lambda}^{⑤}=(0\quad 0\quad 3\quad 4)^{\mathrm{T}},\ \boldsymbol{\lambda}^{⑥}=(0\quad 0\quad 1\quad 2)^{\mathrm{T}}$$

按照单元定位向量，依次将各单元刚度矩阵中元素在整体刚度矩阵中定位并累加(即“对号入座”)，最后得到整体刚度矩阵如下：

$$\boldsymbol{K}=\frac{EA}{l}\left[\begin{array}{cc|cc}1.35 & -0.35 & -1 & 0\\ -0.35 & 1.35 & 0 & 0\\ \hline -1 & 0 & 1.35 & 0.35\\ 0 & 0 & 0.35 & 1.35\end{array}\right]$$

(5) 结点荷载列向量。

根据图 9-24(a)、(b)，可直接写出结点荷载列向量：

$$\boldsymbol{F}_{\mathrm{P}}=(10\quad 10\quad 0\quad 0)^{\mathrm{T}}$$

(6) 求解整体刚度方程 $\boldsymbol{K\Delta}=\boldsymbol{F}_{\mathrm{P}}$。

$$\frac{EA}{l}\left[\begin{array}{cc|cc}1.35 & -0.35 & -1 & 0\\ -0.35 & 1.35 & 0 & 0\\ \hline -1 & 0 & 1.35 & 0.35\\ 0 & 0 & 0.35 & 1.35\end{array}\right]\left[\begin{array}{c}\Delta_1\\ \Delta_2\\ \hline \Delta_3\\ \Delta_4\end{array}\right]=\left[\begin{array}{c}10\\ 10\\ \hline 0\\ 0\end{array}\right]$$

解得

$$\boldsymbol{\Delta}=(\Delta_1\quad \Delta_2\quad \Delta_3\quad \Delta_4)^{\mathrm{T}}=\frac{l}{EA}(26.94\quad 14.42\quad 21.36\quad -5.58)^{\mathrm{T}}$$

(7) 计算各单元局部坐标系下杆端力。

单元①：

$$\overline{\boldsymbol{F}}^{①}=\boldsymbol{TF}^{①}=\boldsymbol{Tk}^{①}\boldsymbol{\Delta}^{①}=\left[\begin{array}{cc|cc}0 & 1 & 0 & 0\\ -1 & 0 & 0 & 0\\ \hline 0 & 0 & 0 & 1\\ 0 & 0 & -1 & 0\end{array}\right]\left[\begin{array}{cc|cc}0 & 0 & 0 & 0\\ 0 & 1 & 0 & -1\\ \hline 0 & 0 & 0 & 0\\ 0 & -1 & 0 & 1\end{array}\right]\left[\begin{array}{c}0\\ 0\\ \hline 26.94\\ 14.42\end{array}\right]=\left[\begin{array}{c}-14.42\\ 0\\ \hline 14.42\\ 0\end{array}\right]$$

单元②：

$$\overline{\boldsymbol{F}}^{②}=\boldsymbol{F}^{②}=\boldsymbol{k}^{②}\boldsymbol{\Delta}^{②}=\left[\begin{array}{cc|cc}1 & 0 & -1 & 0\\ 0 & 0 & 0 & 0\\ \hline -1 & 0 & 1 & 0\\ 0 & 0 & 0 & 0\end{array}\right]\left[\begin{array}{c}26.94\\ 14.42\\ \hline 21.36\\ -5.58\end{array}\right]=\left[\begin{array}{c}5.58\\ 0\\ \hline -5.58\\ 0\end{array}\right]$$

单元③：

$$\bar{\boldsymbol{F}}^{③}=\boldsymbol{T}\boldsymbol{F}^{③}=\boldsymbol{T}\boldsymbol{k}^{③}\boldsymbol{\Delta}^{③}=\begin{bmatrix}0&1&0&0\\-1&0&0&0\\0&0&0&1\\0&0&-1&0\end{bmatrix}\begin{bmatrix}0&0&0&0\\0&1&0&-1\\0&0&0&0\\0&-1&0&1\end{bmatrix}\begin{bmatrix}0\\0\\21.36\\-5.58\end{bmatrix}=\begin{bmatrix}5.58\\0\\-5.58\\0\end{bmatrix}$$

单元④：

$$\bar{\boldsymbol{F}}^{④}=\boldsymbol{F}^{④}=\boldsymbol{k}^{④}\boldsymbol{\Delta}^{④}=\begin{bmatrix}0\\0\\0\\0\end{bmatrix}$$

单元⑤：

$$\bar{\boldsymbol{F}}^{⑤}=\boldsymbol{T}\boldsymbol{F}^{⑤}=\boldsymbol{T}\boldsymbol{k}^{⑤}\boldsymbol{\Delta}^{⑤}=\boldsymbol{T}=\frac{1}{\sqrt{2}}\begin{bmatrix}1&1&0&0\\-1&1&0&0\\0&0&1&1\\0&0&-1&1\end{bmatrix}\times\frac{1}{2\sqrt{2}}\begin{bmatrix}1&1&-1&-1\\1&1&-1&-1\\-1&-1&1&1\\-1&-1&1&1\end{bmatrix}\begin{bmatrix}0\\0\\21.36\\-5.58\end{bmatrix}$$

$$=\begin{bmatrix}-7.89\\0\\7.89\\0\end{bmatrix}$$

单元⑥：

$$\bar{\boldsymbol{F}}^{⑥}=\boldsymbol{T}\boldsymbol{F}^{⑥}=\boldsymbol{T}\boldsymbol{k}^{⑥}\boldsymbol{\Delta}^{⑥}=\boldsymbol{T}=\frac{1}{\sqrt{2}}\begin{bmatrix}-1&1&0&0\\-1&-1&0&0\\0&0&-1&1\\0&0&-1&-1\end{bmatrix}\times\frac{1}{2\sqrt{2}}\begin{bmatrix}1&-1&-1&1\\-1&1&1&-1\\-1&1&1&-1\\1&-1&-1&1\end{bmatrix}\begin{bmatrix}0\\0\\26.94\\14.42\end{bmatrix}$$

$$=\begin{bmatrix}6.26\\0\\-6.26\\0\end{bmatrix}$$

(8) 根据杆端力绘制内力图，如图 9-24(c)所示。

思　考　题

9-1　试述矩阵位移法与传统位移法的异同。

9-2　什么叫单元刚度矩阵？试述其每一元素的物理意义和性质。

9-3　对单元刚度矩阵进行坐标变换的目的是什么？

9-4　什么叫整体刚度矩阵？试述其每一元素的物理意义和性质。

9-5　单元定位向量是由什么组成的？它的用处是什么？

9-6　什么叫等效结点荷载？如何求得？“等效”是指什么效果相等？

9-7　能否用矩阵位移法计算静定结构？它与计算超静定结构是否相同？

习　　题

9-1　试用矩阵位移法计算图 9-25 所示连续梁，并画出弯矩图。EI=常数。

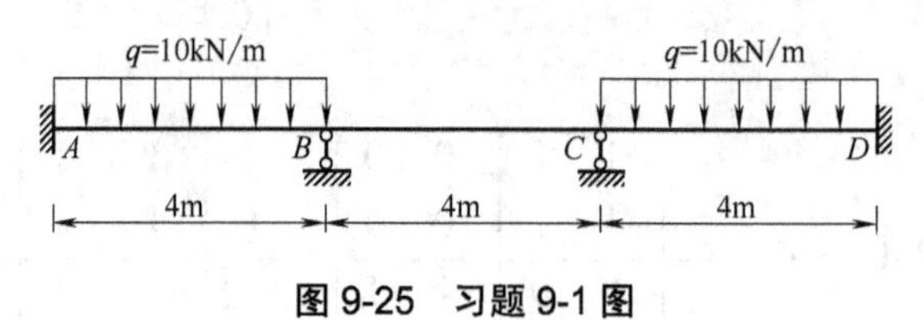

图 9-25　习题 9-1 图

9-2　试用矩阵位移法计算图 9-26 所示连续梁的内力。EI=常数。

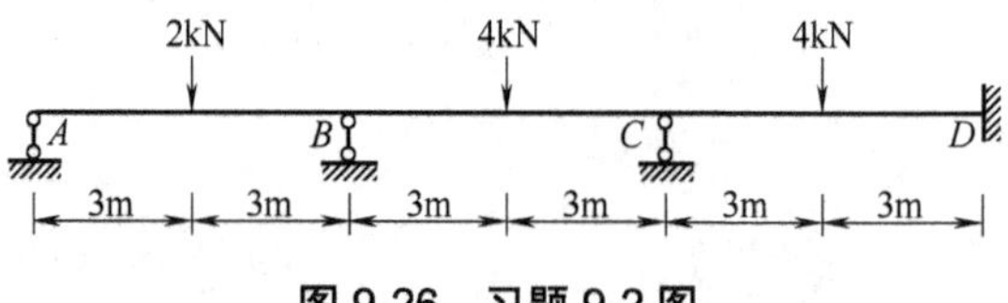

图 9-26　习题 9-2 图

9-3　试用矩阵位移法计算图 9-27 所示桁架。各杆 EA=常数。

9-4　试用矩阵位移法计算图 9-28 所示桁架。各杆 EA=常数。

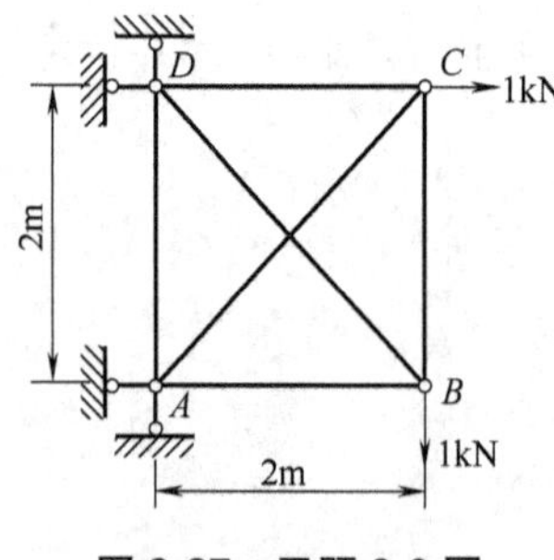

图 9-27　习题 9-3 图

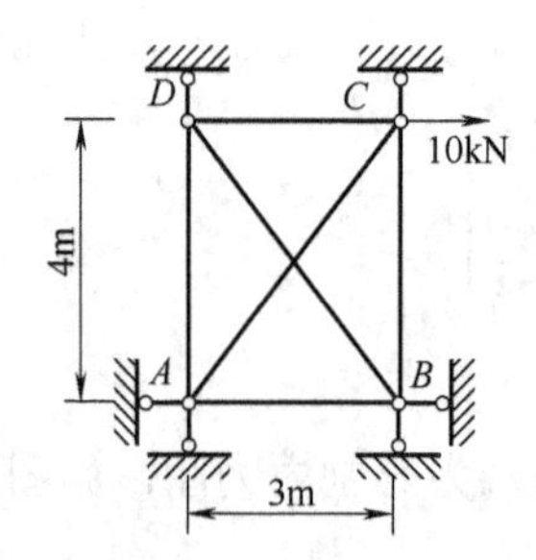

图 9-28　习题 9-4 图

9-5　试用矩阵位移法计算图 9-29 所示刚架内力(考虑轴向变形)。各杆件 E、I、A 均相同，且满足 $A=40I/\text{m}^2$ 。

9-6　试用矩阵位移法计算图 9-30 所示平面刚架(考虑轴向变形)。各杆件 E、I、A 均相同，$E=30\text{GPa}$ ，$I=\dfrac{1}{24}\text{m}^4$ ，$A=0.5\text{m}^2$ 。

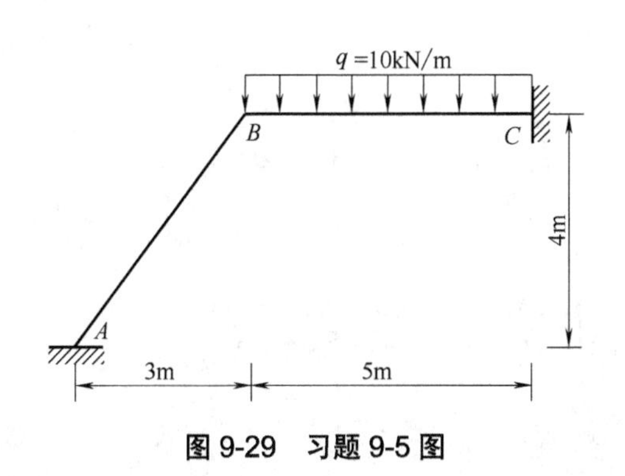

图 9-29　习题 9-5 图

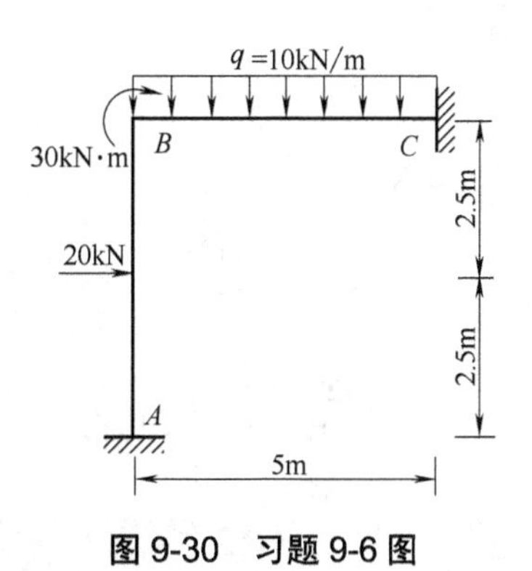

图 9-30　习题 9-6 图

9-7　试用矩阵位移法计算图 9-31 所示平面刚架(忽略轴向变形)。

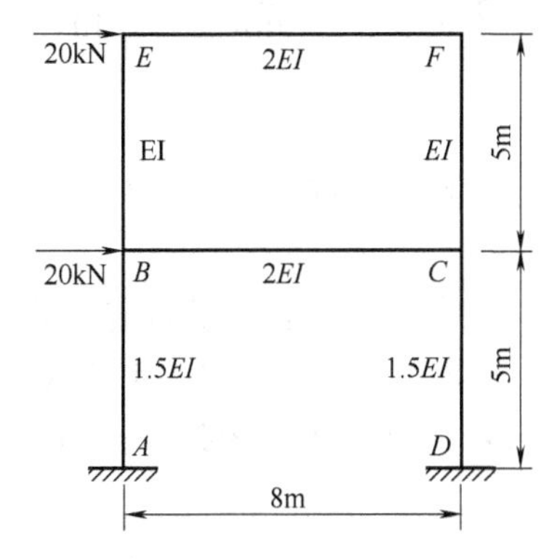

图 9-31　习题 9-7 图

第 10 章　结构动力计算基础

10.1　概　　述

10.1.1　结构动力计算的特点和内容

前面各章讨论了结构在静力荷载作用下的计算问题，本章将讨论结构在动力荷载作用下的计算问题。所谓动力荷载，是指大小、方向和作用位置等随时间 t 变化，并且使结构产生不可忽视的惯性力的荷载。与静力计算不同的是，结构在动力荷载作用下，其质量具有加速度，计算过程中必须考虑惯性力的影响。

结构的内力和位移是位置和时间 t 的函数，称为动内力和动位移，统称为结构的动力响应。动力荷载作用于结构就会引起结构的动力响应。引起动力响应动力荷载是外因，结构本身的动力特性是内因。所谓动力特性，是指结构自由振动时，其自振频率、振型和阻尼参数等指标。研究结构的动力计算方法，需要分析结构的自由振动和在动力荷载作用下的受迫振动两种情况，前者计算结构的动力特性，后者进一步计算结构的动力响应。

在实际工程中，绝大多数荷载都是随着时间变化的。但是从工程实用角度出发，为了简化计算，如果结构产生的振动很小以至于惯性力可以略去不计时，则往往将荷载视为静力荷载。因此，区分静力荷载和动力荷载主要看其对结构产生的影响。本章内容所考虑的动力荷载不仅随时间变化而且使结构产生较大的动力响应。

研究动力荷载作用下结构的计算方法具有十分重要的工程意义。例如，如何减小机器振动对现代化厂房的影响，如何减小风荷载及地震作用引起的高层建筑的动力响应等，都需要对动力荷载的作用进行深入研究，研究结果用于指导结构设计。

10.1.2　动力荷载的分类

根据动力荷载随时间变化的规律，可将工程中常见的动力荷载分为以下几种。

(1) 周期荷载是指随时间呈周期性变化的荷载。荷载大小随时间按正弦或余弦规律变化的称为简谐荷载。由于机械转动部分偏心引起的对结构的作用，是常见的简谐荷载。

(2) 冲击荷载是短时间内作用在结构上的一种幅值较大的荷载。如桩锤对桩的冲击、爆炸冲击波对结构的作用等。

(3) 突加荷载是在瞬间突然施加在结构上且保持一段较长时间的荷载。如吊车的制动力对结构的作用；在结构上突然放置一重物对结构的作用等。

(4) 随机荷载在任一时刻其数值是随机量，其变化规律不能用确定的函数关系进行表示。如脉动风和地震对结构的作用等。

本章只涉及前三种荷载因为它们都属于确定性荷载，而分析随机荷载对结构的动力作用要用到数理统计的方法，称为结构的随机振动分析，本书将不涉及。

10.1.3　结构的振动自由度

结构振动时，确定某一时刻全部质量的位置所需要的独立几何参数的数目，称为结构的振动自由度。

实际结构的质量都是连续分布的，要确定其质量的位置需要无限多个独立的几何参数，也就是说实际结构都是无限自由度体系。但是根据所研究问题的具体情况，可将无限自由度体系简化为单自由度或多自由度体系以方便分析和计算。将实际结构简化成有限自由度体系的方法很多，本章仅介绍集中质量法。集中质量方法是将连续分布的质量集中到结构的若干点上，即结构动力计算简图为有限质点体系。例如，图10-1所示的悬臂梁，简化时，可将梁的全部质量集中到梁的一点(见图 10-1(a))或若干点(见图 10-1(b))。显然，集中质点越多越接近原结构。

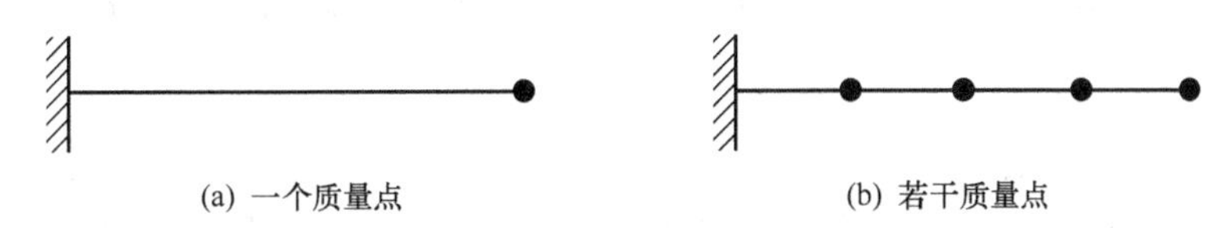

图 10-1　悬臂梁的集中质量点

通常对于杆系结构，质点惯性力矩对结构动力响应的影响很小，因此可忽略不计，即质点的角位移不作为基本未知量。对于受弯杆件通常还忽略轴向变形的影响，即假定变形后杆上任意两点之间距离保持不变。例如，图 10-2(a)所示平面刚架，将其简化为两个质点，两个质点的位置可由 y_1 和 y_2 两个独立参数确定，则结构有两个自由度。

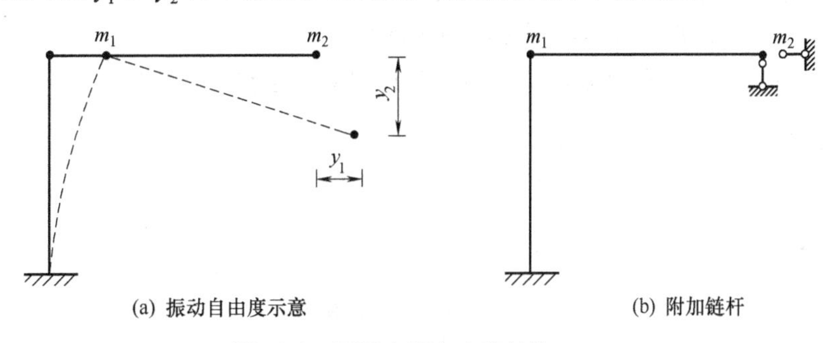

图 10-2　两质点两自由度结构

确定结构的振动自由度可采用附加链杆的方法：加入最少的链杆使结构上全部质点均不能运动，则结构振动的自由度为所加链杆的数目。例如，图 10-2(a)所示结构，加入两根链杆就使两个质点不能运动，故其自由度为 2，如图 10-2(b)所示。

对于图10-3所示平面刚架，有两个质点，加入 3 根链杆就限制了全部质点的运动，则其自由度为 3。

对于图 10-4 所示结构，加入两根链杆后限制了 3 个质点的运动，则其自由度为 2。若将此结构所有结点改为铰结点，其自由度仍为 2。

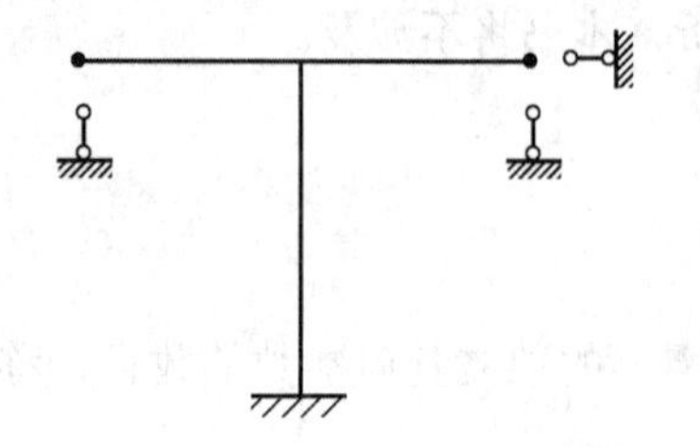

图 10-3　两质点三自由度结构

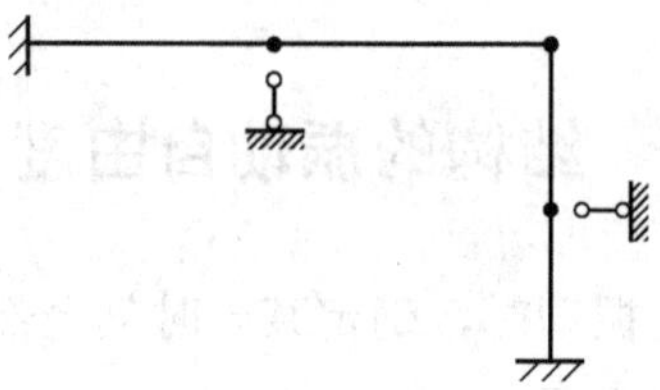

图 10-4　三质点两自由度结构

由以上几个例子可以看出：

(1) 结构振动自由度的数目不一定等于体系集中质量的数目；

(2) 结构振动自由度的数目与体系是静定或超静定无关；

(3) 结构振动自由度的数目与计算精度有关。

10.2　单自由度体系无阻尼自由振动

单自由度体系的动力分析是多自由度体系动力分析的基础，并且实际工程中很多动力问题都可以简化为单自由度体系进行近似计算。本节讨论单自由度体系的无阻尼自由振动。

10.2.1　运动微分方程的建立

在结构动力计算中，一般取结构质点的位移为基本未知量，为求解它们，应建立体系的运动微分方程。建立运动微分方程可采用以达朗贝尔原理为依据的动静法。利用动静法建立运动微分方程有两种方法：刚度法和柔度法。

以图 10-5(a)所示单自由度体系为例，分别用刚度法和柔度法建立其运动方程。

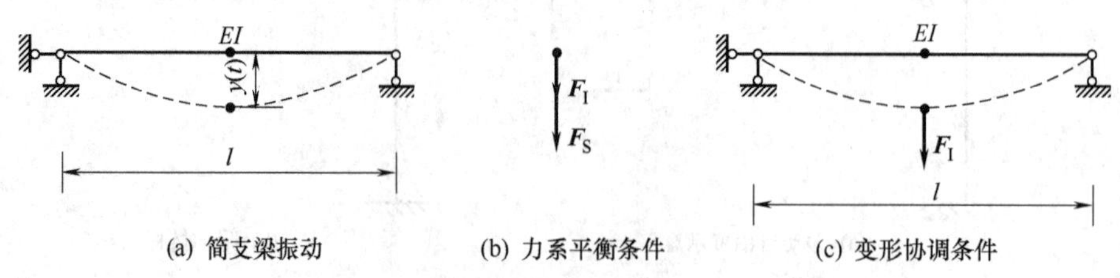

(a) 简支梁振动　(b) 力系平衡条件　(c) 变形协调条件

图 10-5　用柔度法和刚度法建立运动方程

1. 刚度法

设质点 m 在振动中任一时刻的位移为 $y(t)$。取质点 m 为隔离体(见图 10-5(b))，其受力情况为：弹性恢复力 $F_S = -k_{11}y(t)$，其中 k_{11} 为结构刚度系数，$\boldsymbol{F}_S$ 与质点位移 $y(t)$ 的方向相反；惯性力 $F_I = -m\ddot{y}(t)$，它与质点加速度 $\ddot{y}(t)$ 的方向相反。若将质点位移的计算始点取在质点静力平衡位置上，则质点质量的影响不必考虑。

对于无阻尼自由振动，质点在惯性力 $\boldsymbol{F}_I$ 和弹性恢复力 $\boldsymbol{F}_S$ 作用下处于动力平衡状态，则有

$$F_I + F_S = 0$$

即

$$m\ddot{y}(t) + k_{11}y(t) = 0 \tag{10-1}$$

将式(10-1)改写为

$$\ddot{y}(t) + \frac{k_{11}}{m}y(t) = 0 \tag{10-2}$$

式(10-2)为单自由度体系无阻尼自由振动的运动方程，这种由力系平衡条件建立运动微分方程的方法称为刚度法。

2. 柔度法

将惯性力 $\boldsymbol{F}_I$ 作为静力荷载加于体系的质点上(见图 10-5(c))，则惯性力 $\boldsymbol{F}_I$ 引起的位移等于质点的位移 $y(t)$，即运动方程为

$$y = F_I\delta_{11} = -m\ddot{y}(t)\delta_{11} \tag{10-3}$$

式中，δ_{11} 为结构的柔度系数。

式(10-3)可改写为

$$\ddot{y}(t) + \frac{1}{m\delta_{11}}y(t) = 0 \tag{10-4}$$

这种由变形协调条件建立运动微分方程的方法称为柔度法。

对于单自由度体系，有 $\delta_{11} = \frac{1}{k_{11}}$，因此两种方法所得到的运动方程(10-2)和方程(10-4)实质是一致的，只是表现形式不同。

令

$$\omega^2 = \frac{k_{11}}{m} = \frac{1}{m\delta_{11}} \tag{10-5}$$

将式(10-5)代入(10-2)或式(10-4)，得到统一的运动方程为

$$\ddot{y}(t) + \omega^2 y(t) = 0 \tag{10-6}$$

式(10-6)为二阶常系数线性齐次微分方程，其通解为

$$y(t) = c_1\cos\omega t + c_2\sin\omega t \tag{10-7}$$

式中的 c_1 和 c_2 为积分常数，由初始条件确定。

若当 $t = 0$ 时，$y(t) = y_0$，$\dot{y}(t) = \dot{y}_0$，则有

$$c_1 = y_0 \quad c_2 = \frac{\dot{y}}{\omega} \tag{10-8}$$

将式(10-8)代入式(10-7)，则得到满足初始条件的任一时刻的质点位移为

$$y(t)=y_0\cos\omega t+\frac{\dot{y}_0}{\omega}\sin\omega t \tag{10-9}$$

式(10-9)可改写为如下形式

$$y(t)=A\sin(\omega t+\varphi) \tag{10-10}$$

其中

$$A=\sqrt{{y_0}^2+\frac{{\dot{y}_0}^2}{\omega^2}} \tag{10-11}$$

$$\tan\varphi=\frac{y_0\omega}{\dot{y}_0} \tag{10-12}$$

式(10-10)表明，无阻尼的自由振动是以静平衡位置为中心的简谐振动。式中 A 表示体系振动时质点 m 的最大动位移，称为振幅。φ 称为初始相位角，$(\omega t+\varphi)$ 称为相位角。

10.2.2 运动分析

式(10-10)表示的简谐振动是周期运动，质点 m 的位移是周期性的，其周期为

$$T=\frac{2\pi}{\omega} \tag{10-13}$$

T 称为结构的自振周期。自振周期的倒数 f 称为工程频率：

$$f=\frac{1}{T} \tag{10-14}$$

f 表示体系每秒的振动次数，单位是 1/秒(1/s)，或称为赫兹(Hz)。

由式(10-13)可得

$$\omega=2\pi f=\frac{2\pi}{T} \tag{10-15}$$

ω 称为体系自由振动的圆频率或角频率，简称为自振频率或频率。

由式(10-5)可得出结构自振频率 ω 的计算公式为

$$\omega=\sqrt{\frac{k_{11}}{m}}=\sqrt{\frac{1}{m\delta_{11}}}=\sqrt{\frac{g}{W\delta_{11}}}=\sqrt{\frac{g}{y_{st}}} \tag{10-16}$$

式中，W 表示重力，y_{st} 是由重力产生的静力位移。相应地，结构的自振周期 T 的计算公式为

$$T=2\pi\sqrt{\frac{m}{k_{11}}}=2\pi\sqrt{m\delta_{11}}=2\pi\sqrt{\frac{y_{st}}{g}} \tag{10-17}$$

由公式(10-16)和式(10-17)可知：自振频率和自振周期只与结构的质量和刚度有关，与外界的干扰因素无关，是结构本身固有的属性。所以自振周期、自振频率也称为固有周期、固有频率，T 和 ω 是反映结构动力特性的重要参数。

【例 10-1】 如图10-6(a)所示，简支梁承受静荷载 $F=12\text{kN}$，梁 EI 为常数。设在 $t=0$ 时刻把这个静荷载突然撤除，不计梁的阻力，试求系统的自振频率和质点 m 的位移。

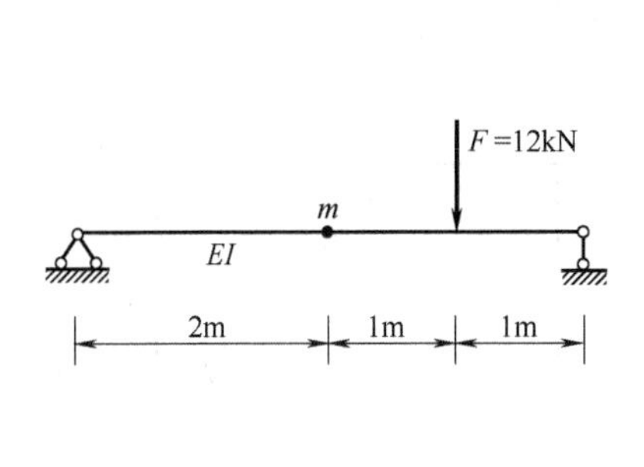

(a) 单自由度简支梁

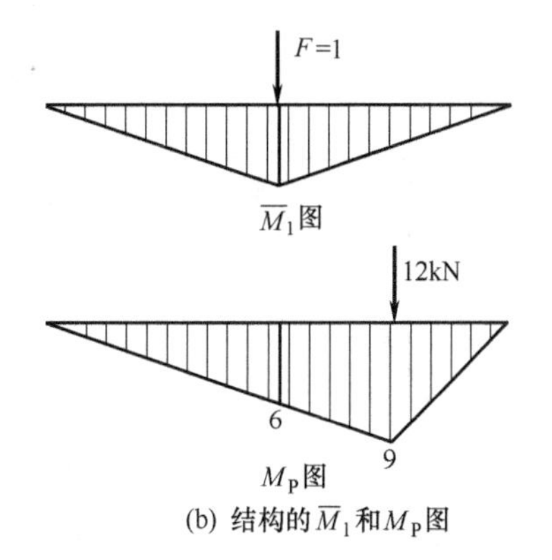

(b) 结构的$\overline{M}_1$和M_P图

图 10-6　例 10-1 图

解：自振频率是系统的固有特性，与荷载无关。由式(10-16)知，可先求出柔度系数δ_{11}，再求固有频率ω。

结构的$\overline{M}_1$图如图 10-6(b)所示，则有

$$\delta_{11}=\frac{1}{EI}\int\overline{M}_1^2\mathrm{d}x=\frac{4}{3EI}$$

由式(10-16)得

$$\omega=\sqrt{\frac{1}{m\delta_{11}}}=\sqrt{\frac{3EI}{4m}}$$

当静荷载撤除后，梁的运动为单自由度体系的无阻尼自由振动。由式(10-9)可知，求质点 m 的位移关键在于确定系统的初始状态 y_0、$\dot{y}_0$。易知初始时刻质点速度为零，即$\dot{y}_0=0$，y_0 可由图乘法计算得到，结构的 M_P 图如图 10-6(b)所示，则有

$$y_0=\frac{1}{EI}\int\overline{M}_1M_P\mathrm{d}x=\frac{11}{EI}$$

将 y_0、$\dot{y}_0$ 和ω代入式(10-9)，得到质点 m 的位移

$$y=y_0\cos\omega t=\frac{11}{EI}\cos\sqrt{\frac{3EI}{4m}}t$$

【例 10-2】图 10-7(a)为一门式刚架。两个立柱的截面抗弯刚度分别为 E_1I_1 和 E_2I_2，横梁的截面抗弯刚度 $EI=\infty$，横梁的总质量为m，立柱的质量不计。求刚架做水平振动时的频率。

解：图 10-7(a)所示体系，当横梁产生单位位移时，由位移法知，左右两柱的杆端剪力分别为$F_{Q1}=\frac{12E_1I_1}{h^3}$，$F_{Q2}=\frac{12E_2I_2}{h^3}$。因而，使刚架产生单位水平位移所施加的力$k_{11}$(见图 10-7(b))为

$$k_{11}=F_{Q1}+F_{Q2}=\frac{12}{h^3}(E_1I_1+E_2I_2)$$

由式(10-16)求得刚架水平振动时的自振频率为

$$\omega = \sqrt{\frac{k_{11}}{m}} = \sqrt{\frac{12(E_1I_1 + E_2I_2)}{mh^3}}$$

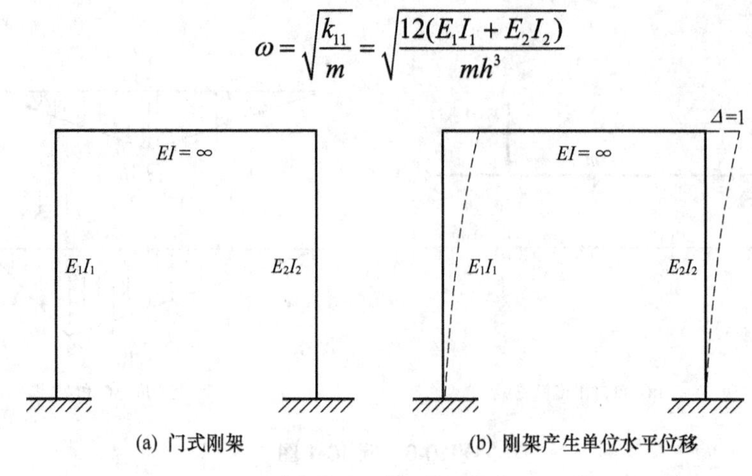

(a) 门式刚架　　(b) 刚架产生单位水平位移

图 10-7　例 10-2 图

10.3　单自由度体系无阻尼受迫振动

体系在动力荷载作用下所产生的振动称为受迫振动。本节讨论单自由度体系的无阻尼受迫振动。

图 10-8(a)所示为单自由度体系无阻尼振动模型，在荷载 $F(t)$作用下，其位移为 $y(t)$。用刚度法建立其运动微分方程，对质量块 m 进行受力分析，如图 10-8(b)所示，在荷载 $F(t)$，弹性恢复力 $F_S(t) = -k_{11}y(t)$ 和惯性力 $F_I(t) = -m\ddot{y}(t)$ 的共同作用下，质量块保持平衡，即

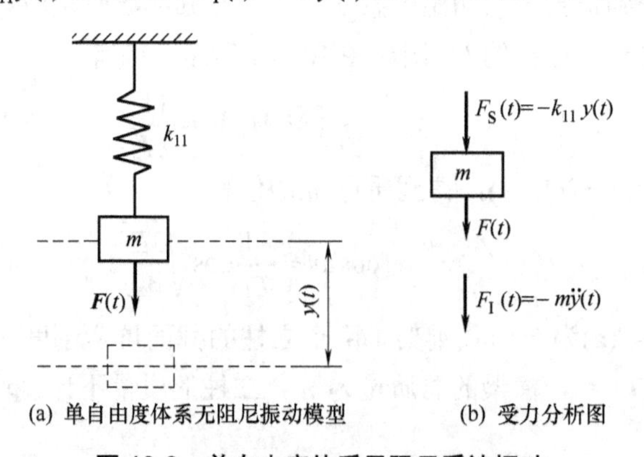

(a) 单自由度体系无阻尼振动模型　　(b) 受力分析图

图 10-8　单自由度体系无阻尼受迫振动

$$F(t) + F_S(t) + F_I(t) = 0$$

整理得

$$m\ddot{y}(t) + k_{11}y(t) = F(t)$$

改写为

$$\ddot{y}(t) + \omega^2 y(t) = \frac{F(t)}{m} \tag{10-18}$$

式(10-18)即为单自由度体系无阻尼受迫振动的微分方程，式中 $\omega=\sqrt{\dfrac{k_{11}}{m}}$ 。下面分别讨论几种常见动力荷载作用下结构的动力性能。

10.3.1　简谐荷载

设荷载的表达式为

$$F(t)=F\sin\theta t$$

式中，F 为简谐荷载的幅值，θ 为简谐荷载的圆频率。将其代入式(10-16)得

$$\ddot{y}(t)+\omega^2 y(t)=\frac{F}{m}\sin\theta t \tag{10-19}$$

方程(10-19)为二阶线性常系数非齐次微分方程，其通解为

$$y(t)=\overline{y}(t)+y*(t) \tag{10-20}$$

其中，$\overline{y}(t)$ 为齐次方程的通解，$y*(t)$ 为非齐方程的一个特解。

设齐次方程的通解为

$$\overline{y}(t)=c_1\cos\omega t+c_2\sin\omega t \tag{10-21}$$

设特解为

$$y*(t)=A\sin\theta t \tag{10-22}$$

式中，A 为待定系数，将式(10-22)代入式(10-19)，得

$$A=\frac{F}{m(\omega^2-\theta^2)}$$

则特解为

$$y*(t)=\frac{F}{m(\omega^2-\theta^2)}\sin\theta t \tag{10-23}$$

将式(10-21)和式(10-23)代入式(10-20)，则得方程(10-19)的通解为

$$y(t)=c_1\cos\omega t+c_2\sin\omega t+\frac{F}{m(\omega^2-\theta^2)}\sin\theta t \tag{10-24}$$

其中 c_1、c_2 为积分常数，由初始条件而定。

由式(10-24)可知：前两项是固有频率为ω的自由振动，在阻尼作用下，其为衰减函数，将会在一段时间内逐渐消失。第 3 项按动荷载的频率 θ 振动，称为纯受迫振动或稳态受迫振动。一般把刚开始几种振动同时存在的阶段称为过渡阶段，而把后面只存在纯受迫振动的阶段称为平稳阶段。通常过渡阶段比较短，因此在实际问题中分析平稳阶段的动力特性更为重要。

纯受迫振动的质点位移即为式(10-23)，其最大动位移(即振幅)为

$$A=\frac{F}{m(\omega^2-\theta^2)}=\frac{1}{1-\dfrac{\theta^2}{\omega^2}}\times\frac{F}{m\omega^2} \tag{10-25}$$

由于$\delta_{11}=\dfrac{1}{m\omega^2}$，代入式(10-25)，有

$$A=\frac{1}{1-\dfrac{\theta^2}{\omega^2}}\times F\delta_{11}=\frac{1}{1-\dfrac{\theta^2}{\omega^2}}y_{st}^F \tag{10-26}$$

式中，$y_{st}^F=F\delta_{11}$表示将动荷载的幅值F作为静荷载作用于结构时所引起的位移。

令

$$\mu=\frac{1}{1-\dfrac{\theta^2}{\omega^2}} \tag{10-27}$$

代入式(10-26)，则

$$A=\mu y_{st}^F \tag{10-28}$$

式中，μ称为动力系数，它表示质点的最大动位移与静位移的比值。根据式(10-28)，可先求出简谐荷载的幅值作为静荷载所产生的静位移y_{st}^F，然后再乘以动力系数μ，即可得到在动荷载作用下的最大动位移A，这一方法称为动力系数法。

对于单自由度体系，若荷载作用在质点上，并且其作用线与质点的位移一致时，结构的动内力与动位移成正比，因此动内力和动位移有相同的动力系数，最大动内力按与最大动位移相同方法进行计算。例如，结构的最大动弯矩为

$$M_d=\mu M_{st}^F \tag{10-29}$$

其中，M_{st}^F为荷载幅值作为静荷载时所产生的弯矩。

下面分析动力系数的变化规律。令：

$$\beta=\frac{\theta}{\omega}$$

β称为频率比，则式(10-27)可改写为

$$\mu=\frac{1}{1-\dfrac{\theta^2}{\omega^2}}=\frac{1}{1-\beta^2} \tag{10-30}$$

以β为横坐标，μ的绝对值为纵坐标，绘出动力系数随频率比变化的图形，如图10-9所示。根据该图可以分析单自由度系统在简谐荷载作用下无阻尼稳态受迫振动的规律。

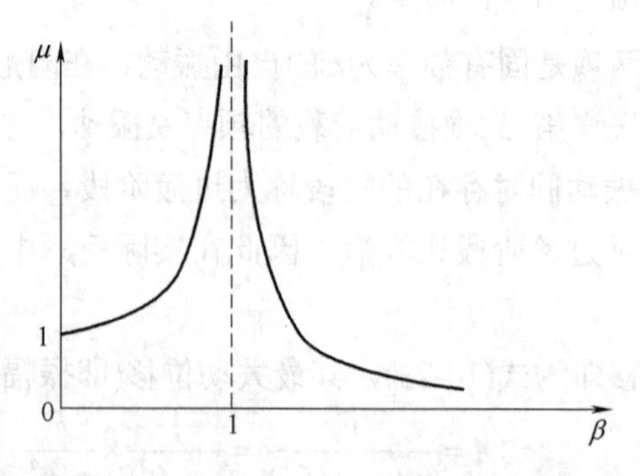

图 10-9 无阻尼情况下动力系数随频率比变化图

(1) 当$\beta\to 0$时，$\mu\to 1$。此时动荷载的频率比结构固有频率小得多，动荷载随时间变

化缓慢，其引起的动位移幅值与静位移 y_{st}^{F} 趋于一致，故可将动荷载作为静荷载处理。

(2) 当 $\beta \to 1$ 时，$|\mu| \to \infty$。这说明当简谐荷载的频率与结构自振频率接近时，振幅将趋于无穷，较小的荷载即可产生很大的位移和内力，这种情况称为共振。在工程结构设计时，常常需要避免发生共振现象。

(3) 当 $0 < \beta < 1$ 时，动力系数 $\mu > 1$，且随 β 值的增大而增大。

(4) 当 $\beta > 1$ 时，μ 为负值，说明振动过程中动位移与动荷载反向，并且 $|\mu|$ 随 β 增大而逐渐减小趋于零，说明当荷载频率 θ 远大于结构固有频率 ω 时，动位移幅值反而比静位移 y_{st}^{F} 要小。

对于单自由度体系，当动荷载作用在质点上，且作用线与质点运动方向一致时，可采用上述介绍的动力系数法，直接计算动位移幅值和动内力幅值。

【例 10-3】 如图 10-10 所示，简支梁跨中安装一台电动机。已知电动机自重 F_Q=35kN，转速为 n=400r/min。转动时由于偏心产生的离心力 F=10kN，离心力的竖向分量为 $\boldsymbol{F}\sin\theta t$。梁的截面抗弯刚度 EI=1.848×10^{4}kN·m^2。忽略梁的自重，求梁的最大弯矩和最大挠度。

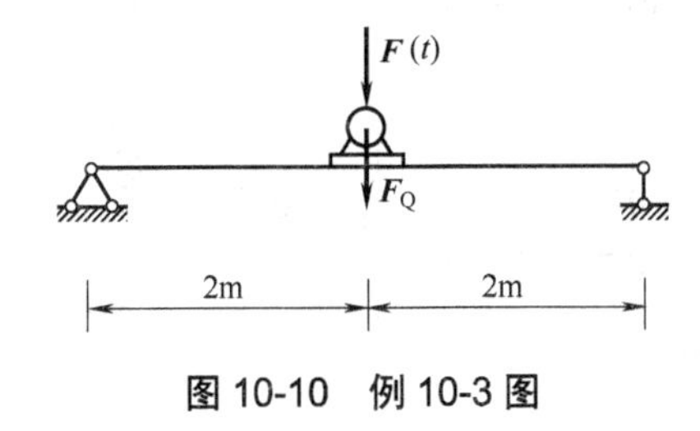

图 10-10　例 10-3 图

解： 最大弯矩和最大挠度发生在梁的中点，它们是在电动机重力 $\boldsymbol{F}_Q$ 和动荷载 $\boldsymbol{F}\sin\theta$ 共同作用下引起的。

梁在电动机重力作用下跨中的弯矩和挠度为

$$M_Q = \frac{1}{4}F_Q l = \frac{1}{4}\times 35\times 4 = 35(\text{kN}\cdot\text{m})$$

$$y_Q = Q\delta_{11} = F_Q\frac{l^3}{48EI} = \frac{35\times 10^3\times 4^3}{48\times 1.848\times 10^7} = 2.53\times 10^{-3}(\text{m})$$

将荷载幅值 $\boldsymbol{F}$ 作用在结构上，其跨中弯矩和位移为

$$M_{st}^{F} = \frac{1}{4}Fl = \frac{1}{4}\times 10\times 4 = 10(\text{kN}\cdot\text{m})$$

$$y_{st}^{F} = F\delta_{11} = \frac{10\times 10^3\times 4^3}{48\times 1.848\times 10^7} = 0.722\times 10^{-3}(\text{m})$$

结构的自振频率为

$$\omega = \sqrt{\frac{1}{m\delta_{11}}} = \sqrt{\frac{g}{mg\delta_{11}}} = \sqrt{\frac{g}{y_Q}}$$

$$= \sqrt{\frac{9.8}{2.53\times 10^{-3}}} = 62.2\text{Hz}$$

动荷载的频率为

$$\theta = \frac{2\pi n}{60} = \frac{2\times 3.14\times 400}{60} = 41.9\text{Hz}$$

由式(10-27)求得动力系数为

$$\mu = \frac{1}{1-\dfrac{\theta^2}{\omega^2}} = \frac{1}{1-\dfrac{41.9^2}{62.2^2}} = 1.83$$

梁跨中截面动弯矩幅值和动位移幅值为

$$M_d = \mu M_{st}^F = 1.83\times 10 = 18.3(\text{kN}\cdot\text{m})$$
$$A = \mu y_{st}^F = 1.83\times 0.722\times 10^{-3} = 1.32\times 10^{-3}(\text{m})$$

梁截面的最大弯矩和最大位移为

$$M_{max} = M_Q + M_d = 35 + 18.3 = 53.3(\text{kN}\cdot\text{m})$$
$$y_{max} = y_Q + A = 2.53\times 10^{-3} + 1.32\times 10^{-3} = 3.85\times 10^{-3}(\text{m})$$

以上分析的是动荷载 $\boldsymbol{F}(t)$ 直接作用在质点上的情况，若动荷载 $\boldsymbol{F}(t)$ 不直接作用在质点上，则动内力幅值、动位移幅值的计算与前述不完全相同，以图 10-11 为例加以说明。

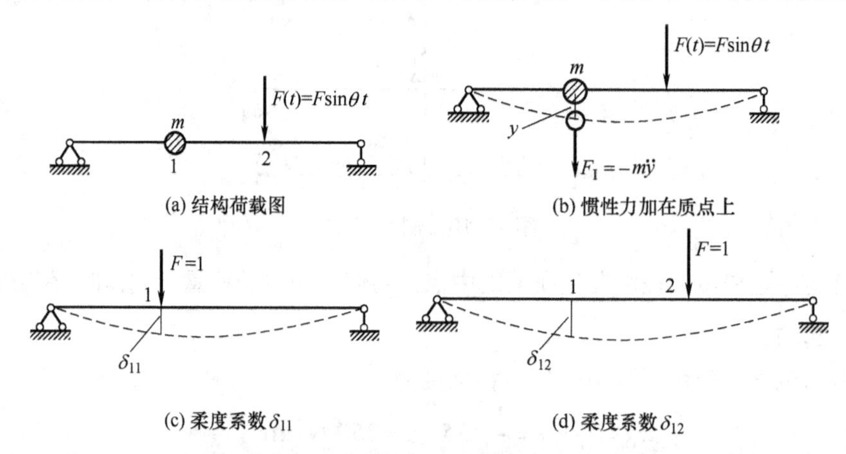

图 10-11　动荷载不直接作用在质点上，动内力幅值、动位移幅值的计算

图 10-11(a)所示体系上的动荷载不作用在质点上。将惯性力加在质点上(见图 10-11(b))，用柔度法列质点的运动方程为

$$y(t) = -m\ddot{y}(t)\times\delta_{11} + F\sin\theta t\times\delta_{12}$$

或

$$m\ddot{y}(t) + \frac{1}{\delta_{11}}y(t) = \frac{\delta_{12}}{\delta_{11}}F\sin\theta t$$

式中，δ_{11}、δ_{12} 为柔度系数(见图 10-11(c)、(d))。

令

$$\overline{F} = F\cdot\frac{\delta_{12}}{\delta_{11}}$$

则

$$m\ddot{y}(t) + \frac{1}{\delta_{11}}y(t) = \overline{F}\sin\theta t$$

质点的位移幅值可用前述动力系数法求出，为

$$A = \overline{y}_{st}^{F}\mu = \overline{F}\delta_{11}\mu = \left(\frac{\delta_{12}}{\delta_{11}}F\delta_{11}\right)\mu = F\delta_{12}\mu$$

即

$$A = y_{st}^{F}\cdot\mu \tag{10-31}$$

其中，$\overline{y}_{st}^{F}$ 表示大小为 $\overline{F}$ 的静荷载直接作用在质点上所引起的质点的位移，y_{st}^{F} 为在动荷载幅值 F 作用下质点的位移。式(10-31)表明结点位移幅值仍可用动力系数法计算。

由于动荷载不作用在质点上，则荷载幅值 $\boldsymbol{F}$ 作为静荷载所引起的结构内力图与惯性力引起的内力图不成比例，因此，动内力幅值不能采用上述动力系数法计算，但是可用下述方法求得。

在简谐荷载作用下，质点的位移、加速度、惯性力和动荷载的变化规律分别为

$$y(t) = A\sin\theta$$
$$\ddot{y}(t) = -A\theta^2\sin\theta t$$
$$F_{\mathrm{I}}(t) = -m\ddot{y}(t) = mA\theta^2\sin\theta t$$
$$F(t) = F\sin\theta t$$

由此可见，它们随时间的变化规律一致，并同时达到最大值。根据这一特性，可将惯性力幅值和动荷载的幅值作为静荷载作用于结构上，按此方法不仅可求得动内力幅值，同样也可求得动位移幅值。

【**例 10-4**】试求图 10-12(a)所示结构在简谐荷载作用下的质点动位移幅值，并画出动弯矩幅值图。已知：$\theta = \sqrt{\dfrac{6EI}{ml^3}}$。

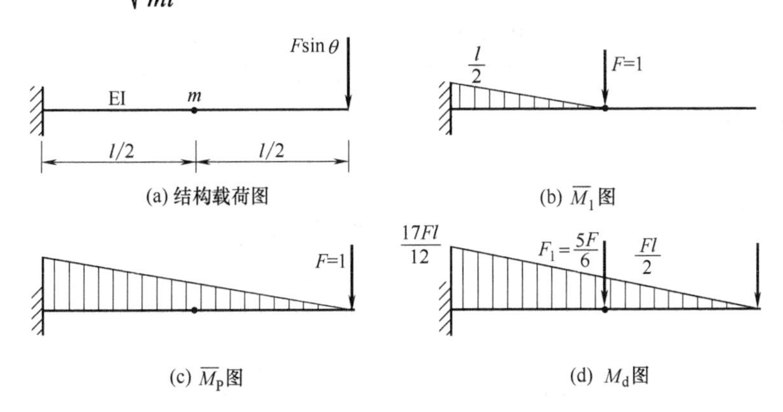

图 10-12　例 10-4 图

解：质点位移是由惯性力和动荷载共同引起的，用柔度法建立位移幅值方程为

$$A = F\delta_{12} + mA\theta^2\delta_{11} = y_{st}^{F} + mA\theta^2\delta_{11}$$

整理得

$$A = \frac{y_{st}^{F}}{1 - m\delta_{11}\theta^2} = y_{st}^{F}\frac{1}{1-\dfrac{\theta^2}{\omega^2}} = y_{st}^{F}\mu$$

该式与位移幅值计算公式(10-31)相同。由 $\overline{M}_1$ 和 $\overline{M}_P$ (见图 10-12(b)、(c))，利用图乘法求得

$$y_{st}^{F}=F\delta_{12}=\frac{5Fl^3}{48EI}$$

体系的自振频率为

$$\omega=\sqrt{\frac{1}{m\delta_{11}}}=\sqrt{\frac{24EI}{ml^3}}$$

位移的动力系数为

$$\mu=\frac{1}{1-\frac{\theta^2}{\omega^2}}=\frac{4}{3}$$

则质点动位移幅值为

$$A=\mu y_{st}^{F}=\frac{4}{3}\times\frac{5Fl^3}{48EI}=\frac{5Fl^3}{36EI}$$

质点惯性力幅值为

$$F_{I}=mA\theta^2=m\times\frac{5Fl^3}{36EI}\times\frac{6EI}{ml^3}=\frac{5F}{6}$$

将惯性力幅值 $\boldsymbol{F}_{I}$ 和荷载幅值 $\boldsymbol{F}$ 共同作用在结构上，即可作出动弯矩幅值图，如图 10-12(d)所示。

10.3.2 一般动力荷载

在一般动力荷载作用下，式(10-20)的特解可用如下方法推导。

若 t=0 时，作用在质点上的荷载大小为 $\boldsymbol{F}$，作用时间为Δt，则瞬时冲量为$Q=F\Delta t$，即图 10-13(a)所示阴影面积。

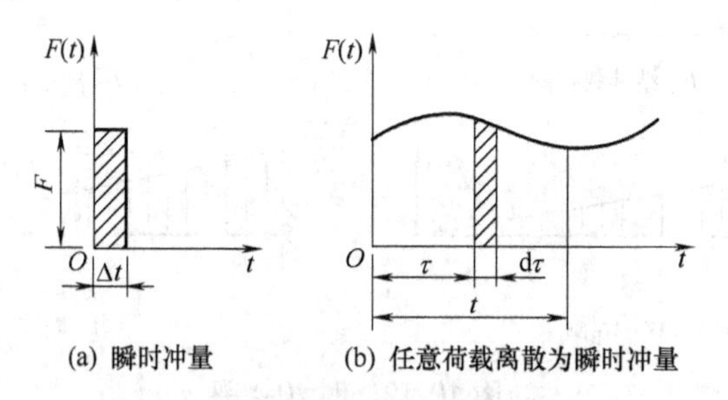

(a) 瞬时冲量　　(b) 任意荷载离散为瞬时冲量

图 10-13　瞬时冲量和任意荷载关系

设静止的单自由度体系在 t=0 时刻受冲量 $\boldsymbol{F}_{Q}$ 的作用，根据动量定理 $m\dot{y}_0=F\Delta t$，则 $\dot{y}_0=\frac{F\Delta t}{m}=\frac{F_Q}{m}$，因此在荷载 F 作用的终了时刻，质点将获得初始速度 $\dot{y}_0$，而由于荷载 F 的作用时间很短，质点的初位移 $y_0=0$，因此瞬时冲量作用过后，质点将产生自由振动。由式(10-9)可知质点 m 的位移方程为

$$y(t)=\frac{F\Delta t}{m\omega}\sin\omega t=\frac{F_Q}{m\omega}\sin\omega t$$

若瞬时冲量在 $t=\tau$ 时作用在质点上，则质点位移在 $t<\tau$ 时为零，在 $t>\tau$ 时有

$$y(t)=\frac{F_{\mathrm{Q}}}{m\omega}\sin\omega(t-\tau) \tag{10-32}$$

其中，瞬时冲量 $F_{\mathrm{Q}}=F(\tau)\Delta\tau$，式(10-32)即为在 $t=\tau$ 时瞬时冲量 F_{Q} 引起的无阻尼单自由度系统的动力响应。

一般荷载 $\boldsymbol{F}(t)$ 可看成是一系列瞬时冲量的集合(见图 10-13(b))，若把每个瞬时冲量所引起的位移叠加，即可得到 $\boldsymbol{F}(t)$ 作用下质点的位移。根据这一思路，结合式(10-32)，在一般荷载作用下，质点的位移可表示为

$$y(t)=\frac{1}{m\omega}\int_{o}^{t}F(\tau)\sin\omega(t-\tau)\mathrm{d}\tau \tag{10-33}$$

式(10-33)称为杜哈梅(Duhamel)积分。它是初始时刻处于静止状态的无阻尼单自由度系统在任意动力荷载作用下的位移计算公式。如果初位移 y_0 和初速度 $\dot{y}_0$ 不为零，则总位移应为

$$y(t)=y_0\cos\omega t+\frac{\dot{y}_0}{\omega}\sin\omega t+\frac{1}{m\omega}\int_{0}^{t}F(\tau)\sin\omega(t-\tau)\mathrm{d}\tau \tag{10-34}$$

【例 10-5】试求无阻尼单自由度体系在突加荷载作用下的动位移幅值，假设加载前体系静止。突加荷载 $\boldsymbol{F}(t)$ 随时间变化的规律为

$$F(t)=\begin{cases}0 & (t=0)\\ F_0 & (t>0)\end{cases}$$

其函数曲线如图 10-14(a)所示。

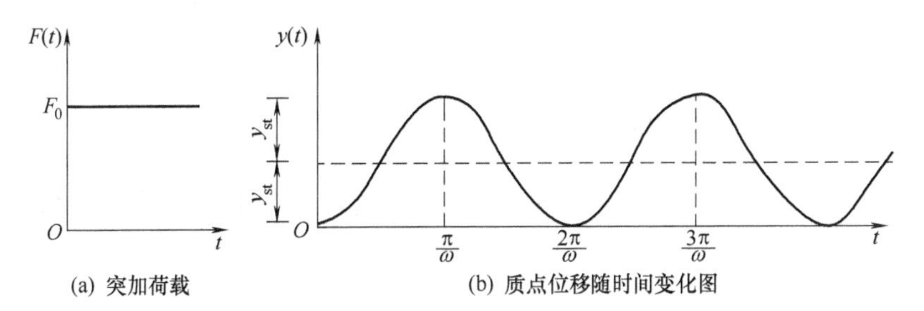

(a) 突加荷载　　(b) 质点位移随时间变化图

图 10-14　例 10-5 图

解：加载前结构处于静止状态，因此可由式(10-33)求出质点的位移：

$$\begin{aligned}y(t)&=\frac{1}{m\omega}\int_{0}^{t}F_0\sin\omega(t-\tau)\mathrm{d}\tau\\&=\frac{F_0}{m\omega^2}(1-\cos\omega t)\\&=y_{\mathrm{st}}^{F}(1-\cos\omega t)\end{aligned}$$

质点位移与时间关系曲线如图 10-14(b)所示。由此可知，突加荷载引起质点最大动位移 $y_{\mathrm{d}}=2y_{\mathrm{st}}^{F}$，因此动力系数为 2。

【例 10-6】爆炸荷载可近似用图 10-15 所示规律表示，即

$$F(t)=\begin{cases}F_0\left(1-\dfrac{t}{t_1}\right) & (t\leqslant t_1)\\ 0 & (t\geqslant t_1)\end{cases}$$

若不考虑阻尼，试求单自由度结构在此动荷载作用下的位移表达式。设结构原处于静止状态。

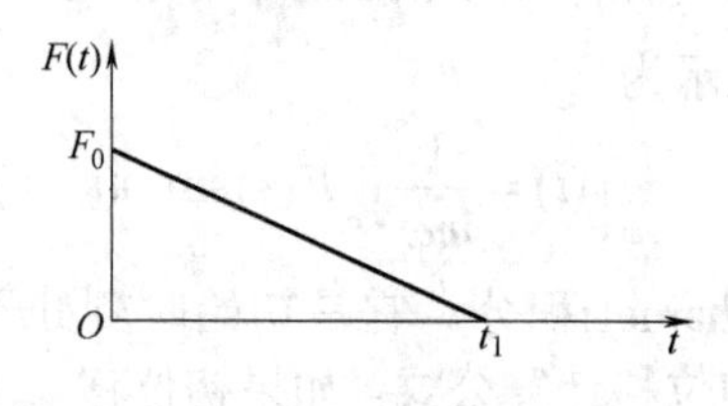

图 10-15　爆炸荷载

解：(1) 当 $t\leqslant t_1$ 时，结构的运动为初始条件均为零的强迫振动。

将 $F(t)$ 代入式(10-33)，得

$$y(t)=\frac{F_0}{m\omega}\int_0^t\left(1-\frac{\tau}{t_1}\right)\sin\omega(t-\tau)\mathrm{d}\tau$$

积分得

$$y(t)=\frac{F_0}{m\omega^2}\left(1-\cos\omega t+\frac{1}{\omega t_1}\sin\omega t-\frac{t}{t_1}\right)$$

即

$$y(t)=y_{\mathrm{st}}^F\left(1-\cos\omega t+\frac{1}{\omega t_1}\sin\omega t-\frac{t}{t_1}\right) \tag{10-35}$$

(2) 当 $t\geqslant t_1$ 时，结构的运动是初始条件为 $y_0=y(t_1)$，$\dot{y}_0=\dot{y}(t_1)$ 的自由振动。由式(10-35)求得

$$y_0=y(t_1)=y_{\mathrm{st}}^F\left(\frac{1}{\omega t_1}\sin\omega t_1-\cos\omega t_1\right)$$

$$\dot{y}_0=\dot{y}(t_1)=y_{\mathrm{st}}^F\left(\omega\sin\omega t_1+\frac{1}{t_1}\cos\omega t_1-\frac{1}{t_1}\right)$$

将 y_0、$\dot{y}_0$ 代入无阻尼自由振动位移公式(10-9)，并将时间变量改为 $t-t_1$，即得 $t>t_1$ 时结构的位移

$$y=y(t_1)\cos\omega(t-t_1)+\frac{\dot{y}(t_1)}{\omega}\sin\omega(t-t_1)\qquad(t\geqslant t_1)$$

整理得

$$y=y_{\mathrm{st}}^F\left[-\cos\omega t+\frac{\sin\omega t-\sin\omega(t-t_1)}{\omega t_1}\right]\qquad(t\geqslant t_1)$$

10.4 单自由度体系有阻尼自由振动

前面介绍的是无阻尼振动，但是实际结构在振动过程中或多或少总是存在阻尼的。所谓阻尼，就是结构在振动时来自外部和内部使其能量损耗的作用。确切估计阻尼的作用是一个复杂的问题，对阻尼力的描述有多种不同的理论，在结构动力分析中通常采用黏滞阻尼理论，即认为振动中物体所受的阻尼力与其运动速度成正比，方向与速度方向相反。若用 $\boldsymbol{F}_{\mathrm{R}}$ 表示黏滞阻尼力，则

$$F_{\mathrm{R}}(t)=-c\dot{y}(t)$$

式中，c 为阻尼系数，可由实验确定。

当考虑阻尼时，质点 m 的受力分析如图 10-16 所示。采用刚度法，列动力平衡方程

$$F_{\mathrm{I}}+F_{\mathrm{R}}+F_{\mathrm{S}}=0$$

即

$$m\ddot{y}(t)+c\dot{y}(t)+k_{11}y(t)=0$$

或

$$\ddot{y}(t)+\frac{c}{m}\dot{y}(t)+\frac{k_{11}}{m}y(t)=0$$

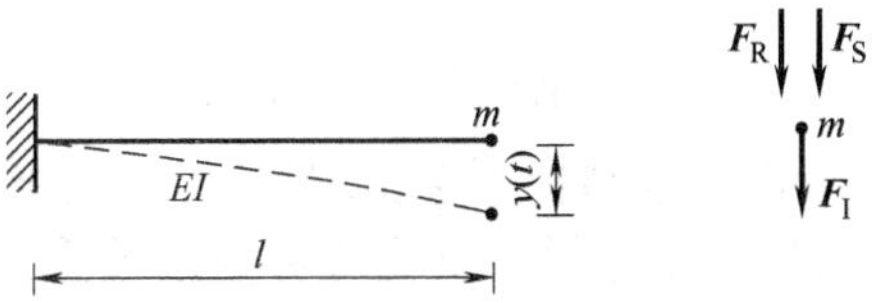

图 10-16 单自由度有阻尼自由振动受力分析

令

$$\frac{k_{11}}{m}=\omega^2$$

$$\frac{c}{m}=2\xi\omega \qquad (10\text{-}36)$$

其中，ξ 称为阻尼比，则有

$$\ddot{y}(t)+2\xi\omega\dot{y}(t)+\omega^2 y=0 \qquad (10\text{-}37)$$

方程(10-37)为线性常系数齐次微分方程，其解的形式为

$$y(t)=A\mathrm{e}^{\lambda t}$$

代入方程(10-37)，可得特征方程为

$$\lambda^2+2\xi\omega\lambda+\omega^2=0$$

特征方程的根为

$$r_{1,2}=-\xi\omega\pm i\omega\sqrt{1-\xi^2}$$

根据 ξ 的取值不同，方程(10-37)的解有三种不同的形式。

(1) 当 $\xi<1$，即阻尼系数 $c<2m\omega$ 时，特征方程的根为两个虚根，令

$$\omega_{\mathrm{d}}=\omega\sqrt{1-\xi^2} \qquad (10\text{-}38)$$

ω_d 为有阻尼时系统的自振频率。方程(10-37)的通解为

$$y(t) = e^{-\xi\omega t}(c_1 \sin\omega_d t + c_2 \cos\omega_d t)$$

由初始条件：$t=0$，$y(t)=y_0$，$\dot{y}(t)=\dot{y}_0$，可确定积分常数 c_1、c_2 的值为

$$c_1 = \frac{\dot{y}_0 + \xi\omega y_0}{\omega_d},\ c_2 = y_0$$

代入通解，得方程(10-37)的解为

$$y(t) = e^{-\xi\omega t}\left(\frac{\dot{y}_0 + \xi\omega y_0}{\omega_d}\sin\omega_d t + y_0\cos\omega_d t\right)$$

或

$$y(t) = e^{-\xi\omega t}A\sin(\omega_d t + \varphi_d) \tag{10-39}$$

其中

$$A = \sqrt{{y_0}^2 + \left(\frac{\dot{y}_0 + \xi\omega y_0}{\omega_d}\right)^2} \tag{10-40}$$

$$\tan\varphi_d = \frac{y_0\omega_d}{\dot{y}_0 + \xi\omega y_0} \tag{10-41}$$

式(10-39)为 $\xi<1$(小阻尼)时质点位移的变化规律。

(2) 当 $\xi=1$，即 $c=2m\omega$ 时，特征方程有两个相等的实根，即 $r_{1,2}=-\xi\omega$。方程(10-37)的通解为

$$y = e^{-\xi\omega t}(c_1 + c_2 t)$$

这是一个衰减的非周期函数，故结构不会出现振动。此种情况是结构由振动过渡到非振动之间的临界状态，将此时的阻尼系数定义为临界阻尼系数 c_{cr}，显然 $c_{cr}=2m\omega$。

由式(10-36)可得

$$\xi = \frac{c}{2m\omega} = \frac{c}{c_{cr}} \tag{10-42}$$

可见阻尼比 ξ 的物理意义是结构实际的阻尼 c 与结构临界阻尼 c_{cr} 的比值。

对于一般建筑结构，阻尼比 ξ 的值很小，如钢筋混凝土和砌体结构 $\xi=0.04$～0.05；钢结构 $\xi=0.02$～0.03。

(3) 当 $\xi>1$，即 $c>2m\omega$ 时，特征方程有两个不相等的实根。

方程(10-37)的通解为

$$y = e^{-\xi\omega t}\left(c_1 \operatorname{ch}\omega\sqrt{\xi^2-1}t + c_2 \operatorname{sh}\omega\sqrt{\xi^2-1}t\right)$$

此时质点位移为衰减的非周期函数，也不产生振动。

由上述讨论可知，只有在小阻尼情况($\xi<1$时)下结构才能发生自由振动。

由式(10-38)可见，有阻尼的自振频率 ω_d 随阻尼增大而减小。由于阻尼一般都很小，有阻尼的自振频率接近无阻尼的自振频率，因此，一般情况下计算自振频率时可不考虑阻尼的影响。

由式(10-39)知，小阻尼自由振动的振幅 $Ae^{-\xi\omega t}$ 是不断衰减的，其衰减的速度与阻尼大小有关。利用这个特点，可通过如下方法确定结构的阻尼比。

若在 $t=t_0$ 时刻质点位移(或振幅)为 y_n，经过一个周期后位移(或振幅)为 y_{n+1}，则有

$$\frac{y_n}{y_{n+1}}=\frac{A\mathrm{e}^{-\xi\omega t_0}\sin(\omega_\mathrm{d}t_0+\varphi_\mathrm{d})}{A\mathrm{e}^{-\xi\omega(t_0+T_\mathrm{d})}\sin[\omega_\mathrm{d}(t_0+T_\mathrm{d})+\varphi_\mathrm{d}]}=\frac{A\mathrm{e}^{-\xi\omega t_0}\sin(\omega_\mathrm{d}t_0+\varphi_\mathrm{d})}{A\mathrm{e}^{-\xi\omega(t_0+T_\mathrm{d})}\sin(\omega_\mathrm{d}t_0+\varphi_\mathrm{d}+2\pi)}=\mathrm{e}^{\xi\omega T_\mathrm{d}}=\text{常数}$$

上式两边取对数，得

$$\ln\frac{y_n}{y_{n+1}}=\xi\omega T_\mathrm{d}=\xi\omega\times\frac{2\pi}{\omega_\mathrm{d}}\approx 2\pi\xi$$

令

$$\delta=\ln\left(\frac{y_n}{y_{n+1}}\right) \tag{10-43}$$

称为振幅的对数衰减率，则

$$\xi=\frac{\delta}{2\pi} \tag{10-44}$$

由式(10-43)和式(10-44)可求出阻尼比ξ。

【例 10-7】图 10-17 所示刚架的横梁$EA=\infty$，质量m集中于横梁。在横梁处施加一水平力$F=9.8\text{kN}$，测得刚架柱顶产生侧移$y_0=0.5\text{cm}$，然后突然卸载使刚架产生水平自由振动。测得周期$T_\mathrm{d}=1.5\text{s}$及一个周期后刚架的侧移$y_1=0.4\text{cm}$。试求刚架的阻尼系数和振动 5 周后柱顶的振幅y_5。

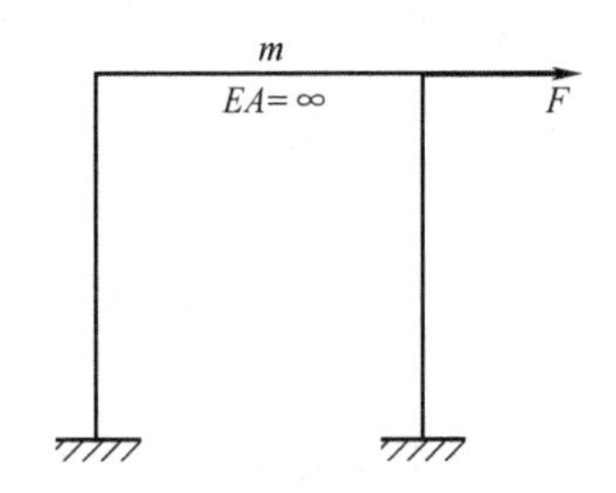

图 10-17　例 10-7 图

解：(1) 求阻尼系数c。

因为阻尼对频率和周期的影响很小，所以取$T=T_\mathrm{d}=1.5\text{s}$，于是

$$\omega^2=\frac{k_{11}}{m}=\left(\frac{2\pi}{T}\right)^2=\left(\frac{2\pi}{1.5}\right)^2$$

而

$$k_{11}=\frac{F}{y_0}=\frac{9.8\times10^3}{0.5\times10^{-2}}=1.96\times10^6(\text{N/m})$$

则

$$m=\frac{k_{11}}{\omega^2}=1.96\times10^6\times\left(\frac{1.5}{2\pi}\right)^2=111707(\text{kg})$$

由式(10-44)，阻尼比

$$\xi=\frac{\delta}{2\pi}=\frac{1}{2\pi}\ln\frac{y_n}{y_{n+1}}=\frac{1}{2\pi}\ln\frac{y_0}{y_1}=\frac{1}{2\pi}\ln\frac{0.5}{0.4}=0.036$$

阻尼系数为

$$c=2m\omega\xi=2\times111707\times\frac{2\pi}{1.5}\times0.036=33690(\text{kg/s})$$

(2) 求振动 5 周后柱顶的振幅 y_5。

由柱顶的运动方程 $y(t)=Ae^{-\xi\omega t}\sin(\omega_d t+\varphi_d)$ 得

$$\frac{y_1}{y_0}=e^{-\xi\omega T_d},\quad \frac{y_5}{y_0}=e^{-5\xi\omega T_d}$$

所以
$$y_5=\left(\frac{y_1}{y_0}\right)^5\times y_0=\left(\frac{0.4}{0.5}\right)^5\times 0.5=0.16(\text{cm})$$

10.5 单自由度体系有阻尼受迫振动

10.5.1 简谐荷载

在简谐荷载作用下有阻尼的质点运动方程为

$$m\ddot{y}(t)+c\dot{y}(t)+k_{11}y(t)=F\sin\theta t$$

或
$$\ddot{y}(t)+2\xi\omega\dot{y}(t)+\omega^2 y(t)=\frac{F}{m}\sin\theta t \tag{10-45}$$

方程(10-45)为二阶非齐次常微分方程，其解由齐次方程的通解和特解两部分组成。设方程(10-45)的特解为

$$y(t)=c_1\cos\theta t+c_2\sin\theta t \tag{10-46}$$

式中，c_1、c_2为待定系数。

将式(10-46)代入方程(10-45)，利用比较系数法，则有

$$c_1=-\frac{F}{m}\frac{2\xi\omega\theta}{(\omega^2-\theta^2)^2+4\xi^2\omega^2\theta^2}$$

$$c_2=\frac{F}{m}\frac{\omega^2-\theta^2}{(\omega^2-\theta^2)^2+4\xi^2\omega^2\theta^2}$$

将c_1、c_2代入式(10-45)即得该方程的特解，此特解也是平稳阶段纯受迫振动的解。

令
$$\frac{(\omega^2-\theta^2)F}{m\left[(\omega^2-\theta^2)^2+4\xi^2\omega^2\theta^2\right]}=A\cos\varphi$$

$$\frac{2\xi\omega\theta F}{m\left[(\omega^2-\theta^2)^2+4\xi^2\omega^2\theta^2\right]}=A\sin\varphi$$

则纯受迫振动的解可以表示为

$$y=A\sin(\theta t-\varphi) \tag{10-47}$$

式中，振幅为
$$A=\frac{1}{\sqrt{(\omega^2-\theta^2)^2+4\xi^2\omega^2\theta^2}}\times\frac{F}{m} \tag{10-48}$$

相位角为
$$\tan\varphi=\frac{2\xi\omega\theta}{\omega^2-\theta^2} \tag{10-49}$$

式(10-48)可进一步改写为

$$A=\frac{1}{\sqrt{\left(1-\frac{\theta^2}{\omega^2}\right)^2+\frac{4\xi^2\theta^2}{\omega^2}}}\frac{F}{m\omega^2}=\frac{1}{\sqrt{(1-\beta^2)^2+4\xi^2\beta^2}}\frac{F}{m\omega^2}=\mu y_{st}^F \tag{10-50}$$

其中

$$\mu=\frac{1}{\sqrt{(1-\beta^2)^2+4\xi^2\beta^2}} \tag{10-51}$$

由式(10-50)可知，有阻尼时位移幅值的计算与无阻尼时相同，只是动力系数μ不仅与频率比β有关，而且还与阻尼比ξ有关。

对于不同的阻尼比ξ，根据式(10-51)可绘出μ与β的关系曲线，如图 10-18 所示。

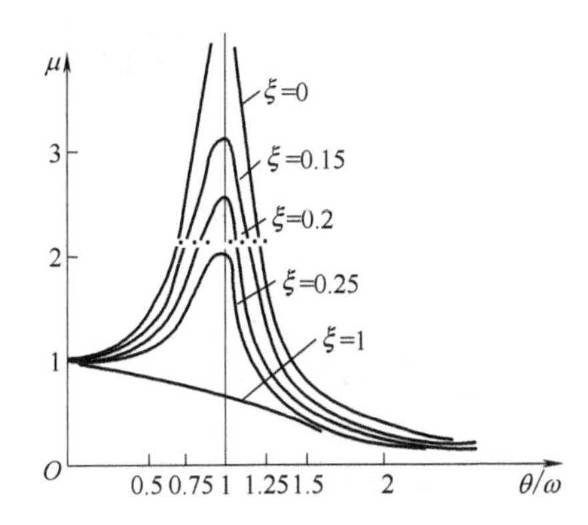

图 10-18　有阻尼情况下动力系数随频率比变化图

(1) $\theta<<\omega$时，$\mu\approx1$。表明体系振动很慢，可以近似地将$\boldsymbol{F}\sin\theta t$作为静力荷载$\boldsymbol{F}$计算。

(2) $\theta>>\omega$时，$\mu\to0$。表明体系接近于不动或做极微小的振动。

(3) $\theta\to\omega$时，μ增加很快。此时，阻尼比ξ对μ的影响极大。当$0.75<\beta<1.25$(称此区域为共振区)时，阻尼力大大减小了受迫振动的位移。在此范围以外，阻尼对μ的影响很小，可以按照无阻尼计算。

(4) μ的最大值不发生在$\beta=1$时。对式(10-51)取极值，当$\beta=\sqrt{1-\xi^2}$时，μ得到最大值。在弱阻尼状态下，ξ通常很小，故可以近似地将$\beta=1$时的μ值作为最大值，称此时的振动为共振，其动力系数由式(10-51)得

$$\mu=\frac{1}{2\xi} \tag{10-52}$$

【例10-8】图 10-19(a)所示梁承受简谐荷载$F\sin\theta t$作用。已知：$F=30\text{kN}$，$\theta=80\text{Hz}$，$m=300\text{kg}$，$EI=90\times10^5\text{N}\cdot\text{m}^2$，支座$B$的弹簧刚度$K=\frac{48EI}{l^3}$。试求当阻尼比$\xi=0.05$时，梁中点的位移幅值及最大动弯矩。

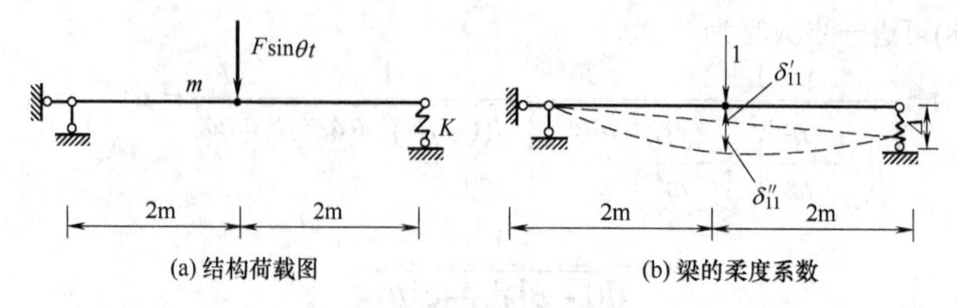

(a) 结构荷载图　　(b) 梁的柔度系数

图 10-19　例 10-8 图

解：此梁运动为有阻尼单自由度体系在简谐荷载作用下的受迫振动。

梁的柔度系数 $\delta_{11}=\delta_{11}'+\delta_{11}''$，如图 10-19(b)所示。

其中

$$\delta_{11}'=\frac{1}{2}\Delta=\frac{1}{2}\cdot\frac{1}{2K}=\frac{l^3}{192EI}$$

$$\delta_{11}''=\frac{l^3}{48EI}$$

$$\delta_{11}=\delta_{11}'+\delta_{11}''=\frac{5l^3}{192EI}$$

故自振为

$$\omega=\sqrt{\frac{1}{m\delta_{11}}}=\sqrt{\frac{192\times90\times10^5}{300\times5\times4^3}}=134.16(\text{Hz})$$

频率比为

$$\beta=\frac{\theta}{\omega}=\frac{80}{134.16}=0.596$$

动力系数为

$$\mu=\frac{1}{\sqrt{(1-\beta^2)^2+4\xi^2\beta^2}}=\frac{1}{\sqrt{(1-0.596^2)^2+4\times0.05^2\times0.596^2}}=1.544$$

跨中位移幅值为

$$A=\mu y_{\text{st}}^F=\mu F\delta_{11}=1.544\times30\times10^3\times\frac{5\times4^3}{192\times90\times10^5}=8.6\times10^{-3}\,\text{m}=8.6(\text{mm})$$

由于动荷载作用在质点上，故内力动力系数与位移动力系数相同。

最大动弯矩发生在跨中

$$M_{\text{d}\max}=\mu\times\frac{Fl}{4}=1.544\times\frac{1}{4}\times30\times4=46.32(\text{kN}\cdot\text{m})$$

10.5.2　一般动力荷载

对于单自由度有阻尼结构在一般动力荷载作用下的响应，同样可采用杜哈梅积分求解，推导过程类似无阻尼受迫振动。这里只考虑小阻尼情形，即 $\xi<1$。

假设 $t=0$ 时体系静止，若瞬时冲量在 $t=\tau$ 时作用在质点上，则在瞬时冲量作用下，质点将以初始条件 $y(\tau)=0$ ，$\dot{y}(\tau)=\dfrac{F(\tau)\Delta\tau}{m}$ 做有阻尼自由振动，由式(10-40)和式(10-41)得 $A=\dfrac{F(\tau)\Delta\tau}{m\omega_{\text{d}}}$，$\varphi_{\text{d}}=0$，代入式(10-39)，则质点位移在 $t>\tau$ 时有

$$y(t)=\frac{F(\tau)\Delta\tau}{m\omega_{\mathrm{d}}}\mathrm{e}^{-\xi\omega(t-\tau)}\sin\omega_{\mathrm{d}}(t-\tau) \tag{10-53}$$

一般荷载$F(t)$可看成是一系列瞬时冲量的集合，把每个瞬时冲量所引起的位移叠加，即可得到$F(t)$作用下质点的位移。根据这一思路，结合式(10-53)，在一般荷载作用下，初始状态静止的体系的质点的位移可表示为

$$y(t)=\int_0^t\frac{F(\tau)}{m\omega_{\mathrm{d}}}\mathrm{e}^{-\xi\omega(t-\tau)}\sin\omega_{\mathrm{d}}(t-\tau)\mathrm{d}\tau \tag{10-54}$$

若在$t=0$时，体系还具有初始位移y_0和初始速度$\dot{y}_0$，则质点的位移为

$$y(t)=\mathrm{e}^{-\xi\omega t}\left(y_0\cos\omega_{\mathrm{d}}t+\frac{\dot{y}_0+\xi\omega y_0}{\omega_{\mathrm{d}}}\sin\omega_{\mathrm{d}}t\right)+\frac{1}{m\omega_{\mathrm{d}}}\int_0^t F(\tau)\mathrm{e}^{-\xi\omega(t-\tau)}\sin\omega_{\mathrm{d}}(t-\tau)\mathrm{d}\tau \tag{10-55}$$

10.6　多自由度体系的自由振动

多自由度体系自由振动分析的主要目的是确定体系的自振频率和振型，为其强迫振动分析做准备。由于阻尼对体系自振频率等参数的影响很小，因此在多自由度体系的自由振动分析中不考虑阻尼的影响。

10.6.1　体系运动方程的建立

设两自由度体系如图 10-20(a)所示，集中质量分别为m_1和m_2，不计梁的自重。在振动的任一时刻各质点位移分别为$y_1(t)$和$y_2(t)$，采用柔度法或刚度法建立运动方程(与单自由度体系类似)。

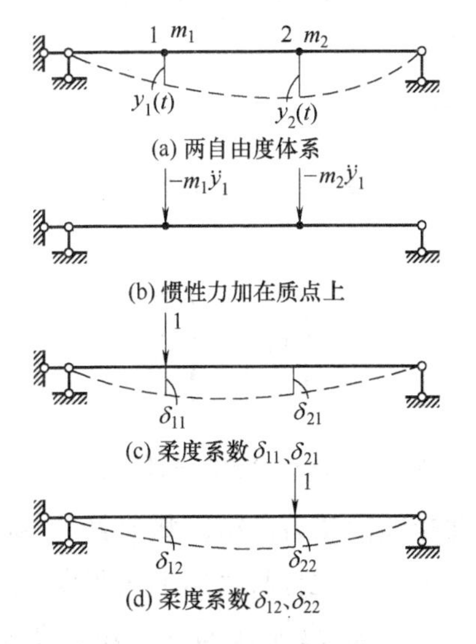

图 10-20　用柔度法建立两自由度体系运动方程

1. 柔度法(列位移方程)

将惯性力$-m_1\ddot{y}_1$和$-m_2\ddot{y}_2$作为静荷载分别作用在质点 1、2 处(见图 10-20(b))。在各惯性力作用下，各质点的位移为

$$\begin{cases} y_1 = \delta_{11}(-m_1\ddot{y}_1) + \delta_{12}(-m_2\ddot{y}_2) \\ y_2 = \delta_{21}(-m_1\ddot{y}_1) + \delta_{22}(-m_2\ddot{y}_2) \end{cases}$$

或

$$\begin{cases} y_1 + \delta_{11}m_1\ddot{y}_1 + \delta_{12}m_2\ddot{y}_2 = 0 \\ y_2 + \delta_{21}m_1\ddot{y}_1 + \delta_{22}m_2\ddot{y}_2 = 0 \end{cases}$$

式中，δ_{ij}称为柔度系数，它表示沿y_j方向施加单位力时，在y_i方向所产生的位移(见图 10-20(c)、(d))。

同样，对于n自由度体系，由柔度法建立的运动方程为

$$\begin{cases} y_1 + \delta_{11}m_1\ddot{y}_1 + \delta_{12}m_2\ddot{y}_2 + \cdots + \delta_{1n}m_n\ddot{y}_n = 0 \\ y_2 + \delta_{21}m_1\ddot{y}_1 + \delta_{22}m_2\ddot{y}_2 + \cdots + \delta_{2n}m_n\ddot{y}_n = 0 \\ \vdots \\ y_n + \delta_{n1}m_1\ddot{y}_1 + \delta_{n2}m_2\ddot{y}_2 + \cdots + \delta_{nn}m_n\ddot{y}_n = 0 \end{cases}$$

写成矩阵形式，则有

$$\begin{Bmatrix} y_1 \\ y_2 \\ \vdots \\ y_n \end{Bmatrix} + \begin{bmatrix} \delta_{11} & \delta_{12} & \cdots & \delta_{1n} \\ \delta_{21} & \delta_{22} & \cdots & \delta_{2n} \\ & \vdots & & \\ \delta_{n1} & \delta_{n2} & \cdots & \delta_{nn} \end{bmatrix} \begin{bmatrix} m_1 & & & 0 \\ & m_2 & & \\ & & \ddots & \\ 0 & & & m_n \end{bmatrix} \begin{Bmatrix} \ddot{y}_1 \\ \ddot{y}_2 \\ \vdots \\ \ddot{y}_n \end{Bmatrix} = \begin{Bmatrix} 0 \\ 0 \\ \vdots \\ 0 \end{Bmatrix} \tag{10-56}$$

或简写为

$$\{y\} + [\delta][M]\{\ddot{y}\} = \{0\} \tag{10-57}$$

其中，$[\delta]$为结构的柔度矩阵，为对称方阵；$\{M\}$为质量矩阵，为对角矩阵；$\{y\}$为质点位移向量；$\{\ddot{y}\}$为质点加速度向量。

2. 刚度法(列动力平衡方程)

仍以图 10-20(a)所示两自由度体系为例，分别对质点 m_1 和 m_2 进行受力分析，如图 10-21 所示。

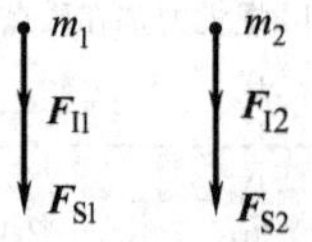

图 10-21 两自由度体系质点受力分析

每个质点都受到惯性力和弹性恢复力作用，其中$F_{I1} = -m_1\ddot{y}_1(t)$；$F_{I2} = -m_2\ddot{y}_2(t)$；$F_{S1}$由两部分组成，一部分是由于质点 m_1 发生位移而施加在质点 m_1 上的弹性恢复力$-k_{11}y_1(t)$，另一部分是由于质点 m_2 发生位移而施加在质点 m_1 上的弹性恢复力$-k_{12}y_2(t)$，因此$F_{S1} = -k_{11}y_1(t) - k_{12}y_2(t)$；类似地，$F_{S2}$也由两部分组成，一部分是由于质点 m_2 发生位移而施加在质点 m_2 上的弹性恢复力$-k_{22}y_2(t)$，另一部分是由于质点 m_1 发生位移而施加在质点 m_2

上的弹性恢复力 $-k_{21}y_1(t)$，因此 $F_{S2}=-k_{22}y_2(t)-k_{21}y_1(t)$。

各质点在惯性力和弹性恢复力作用下处于动力平衡状态，由力系平衡条件有

$$\begin{cases}F_{I1}+F_{S1}=0\\F_{I2}+F_{S2}=0\end{cases}$$

即

$$\left.\begin{aligned}m_1\ddot{y}_1+k_{11}y_1+k_{12}y_2=0\\m_2\ddot{y}_2+k_{21}y_1+k_{22}y_2=0\end{aligned}\right\}\tag{10-58}$$

式(10-58)即为用刚度法列出的两自由度体系运动方程，式中 k_{ij} 称为刚度系数，表示质点 j 发生单位位移时施加在质点 i 上的弹性恢复力。

同样，对于 n 自由度体系按刚度法建立其运动方程为

$$\begin{cases}m_1\ddot{y}_1+k_{11}y_1+k_{12}y_2+\cdots+k_{1n}y_n=0\\m_2\ddot{y}_2+k_{21}y_1+k_{22}y_2+\cdots+k_{2n}y_n=0\\\qquad\vdots\\m_n\ddot{y}_n+k_{n1}y_1+k_{n2}y_2+\cdots+k_{nn}y_n=0\end{cases}$$

写成矩阵形式为

$$\begin{bmatrix}m_1 & & & 0\\ & m_2 & & \\ & & \ddots & \\ 0 & & & m_n\end{bmatrix}\begin{Bmatrix}\ddot{y}_1\\\ddot{y}_2\\\vdots\\\ddot{y}_n\end{Bmatrix}+\begin{bmatrix}k_{11} & k_{12} & \cdots & k_{1n}\\k_{21} & k_{22} & \cdots & k_{2n}\\ & & \vdots & \\k_{n1} & k_{n2} & \cdots & k_{nn}\end{bmatrix}\begin{Bmatrix}y_1\\y_2\\\vdots\\y_n\end{Bmatrix}=\begin{Bmatrix}0\\0\\\vdots\\0\end{Bmatrix}\tag{10-59}$$

或简写为

$$[M]\{\ddot{y}\}+[K]\{y\}=\{0\}\tag{10-60}$$

式中，$[K]$ 为体系的刚度矩阵，是对称方阵。

由于柔度矩阵 $[\delta]$ 与刚度矩阵 $[K]$ 互为逆矩阵，即 $[\delta]=[K]^{-1}$，则用柔度法或刚度法建立的体系运动方程是等价的，只是表现形式不同而已。

10.6.2　频率和主振型

1. 利用柔度法建立的运动方程的频率和主振型

设运动方程(10-57)的特解为

$$\{y\}=\{A\}\sin(\omega t+\varphi)\tag{10-61}$$

式中，$\{A\}=\{A_1\quad A_2\quad\cdots\quad A_n\}^{\mathrm{T}}$ 称为质点位移幅值向量。它是体系按某一频率 ω 做简谐振动时，各质点的位移幅值依次排列的一个列向量。由于 $\{A\}$ 不随时间而变化，体现了体系按频率 ω 做简谐振动时的振动形态，故称为主振型或简称振型。

将式(10-61)代入运动方程(10-57)，并消去公因子 $\sin(\omega t+\varphi)$，整理后得到振型方程

$$\left([\delta][M]-\frac{1}{\omega^2}[I]\right)\{A\}=0\tag{10-62}$$

式中，$[I]$为单位矩阵。

其展开式为

$$\left.\begin{aligned}\left(\delta_{11}m_1-\frac{1}{\omega^2}\right)A_1+\delta_{12}m_2A_2+\cdots+\delta_{1n}m_nA_n=0\\ \delta_{21}m_1A_1+\left(\delta_{22}m_2-\frac{1}{\omega^2}\right)A_2+\cdots+\delta_{2n}m_nA_n=0\\ \vdots\\ \delta_{n1}m_1A_1+\delta_{n2}m_2A_2+\cdots+\left(\delta_{nn}m_n-\frac{1}{\omega^2}\right)A_n=0\end{aligned}\right\} \tag{10-63}$$

式(10-62)为位移幅值 $A_1,A_2,\cdots,A_n$ 的齐次方程。由于体系发生振动，$A_1,A_2\cdots,A_n$ 不全为零，则方程(10-62)有非零解的充分必要条件是其系数行列式为零，即

$$\left|[\delta][M]-\frac{1}{\omega^2}[I]\right|=0 \tag{10-64}$$

其展开式为

$$\begin{vmatrix}\left(\delta_{11}m_1-\frac{1}{\omega^2}\right) & \delta_{12}m_2 & \cdots & \delta_{1n}m_n\\ \delta_{21}m_1 & \left(\delta_{22}m_2-\frac{1}{\omega^2}\right) & \cdots & \delta_{2n}m_n\\ & \vdots & & \\ \delta_{n1}m_1 & \delta_{n2}m_2 & \cdots & \left(\delta_{nn}m_n-\frac{1}{\omega^2}\right)\end{vmatrix}=0 \tag{10-65}$$

式(10-64)即为 n 自由度体系的频率方程。将行列式展开可以得到一个关于 ω^2 或 $\frac{1}{\omega^2}$ 的 n 次代数方程。解此方程，可得到 ω^2 或 $\frac{1}{\omega^2}$ 的 n 个非负实根，即得到由小到大排列的 n 个自振频率 $\omega_1,\omega_2,\cdots,\omega_n$ 。

其中最小的频率 ω_1 称为基本频率，简称基频。

将求得的频率 $\omega_K(K=1,2\cdots,n)$ 分别代入振型方程(10-62)，即

$$\left([\delta][M]-\frac{1}{\omega_K^2}[I]\right)\{A\}^{(K)}=\{0\}$$

由此可确定与 ω_K 对应的主振型 $\{A\}^{(K)}=\left\{A_1^{(K)}A_2^{(K)}\cdots A_n^{(K)}\right\}^{\mathrm{T}}$ 。由于振型方程的系数行列式为零，因而不能唯一确定 $A_1^{(K)},A_2^{(K)},\cdots,A_n^{(K)}$ 的值，但可确定它们之间的相对值，即确定了振型。要想主振型 $\{A\}^{(K)}$ 中各元素的大小能够全部确定，还需要补充条件。常用办法是：任取 $\{A\}^{(K)}$ 中的一个元素(通常取第一个或最后一个元素)作为标准，取其值为 1，根据振型方程即可求出其余元素的数值。

对于两个自由度体系，其振型方程为

$$\left.\begin{aligned}\left(\delta_{11}m_1-\frac{1}{\omega^2}\right)A_1+\delta_{12}m_2A_2=0\\ \delta_{21}m_1A_1+\left(\delta_{22}m_2-\frac{1}{\omega^2}\right)A_2=0\end{aligned}\right\}\tag{10-66}$$

频率方程为

$$\begin{vmatrix}\left(\delta_{11}m_1-\frac{1}{\omega^2}\right) & \delta_{12}m_2\\ \delta_{21}m_1 & \left(\delta_{22}m_2-\frac{1}{\omega^2}\right)\end{vmatrix}=0\tag{10-67}$$

将式(10-67)展开，并令$\frac{1}{\omega^2}=\lambda$，得

$$\lambda^2-(\delta_{11}m_1+\delta_{22}m_2)\lambda+(\delta_{11}\delta_{22}-\delta_{12}^2)m_1m_2=0$$

解方程，求得λ的两个根为

$$\lambda_{1,2}=\frac{1}{2}\left[(\delta_{11}m_1+\delta_{22}m_2)\pm\sqrt{(\delta_{11}m_1+\delta_{22}m_2)^2-4(\delta_{11}\delta_{22}-\delta_{12}^2)m_1m_2}\right]\tag{10-68}$$

两个自振频率为

$$\omega_1=\sqrt{\frac{1}{\lambda_1}}\qquad\omega_2=\sqrt{\frac{1}{\lambda_2}}$$

将ω_1和ω_2分别代入振型方程(10-66)中的第一个方程，即可求出两个振型：

$$\frac{A_2^{(1)}}{A_1^{(1)}}=\frac{\frac{1}{\omega_1^2}-\delta_{11}m_1}{\delta_{12}m_2}\tag{10-69}$$

$$\frac{A_2^{(2)}}{A_1^{(2)}}=\frac{\frac{1}{\omega_2^2}-\delta_{11}m_1}{\delta_{12}m_2}\tag{10-70}$$

2. 利用刚度法建立的运动方程的频率和主振型

与上述分析过程类似，此时振型方程为

$$\left\{[K]-\omega^2[M]\right\}\{A\}=0\tag{10-71}$$

其展开形式为

$$\left.\begin{aligned}(k_{11}-\omega^2m_1)A_1+k_{12}A_2+\cdots+k_{1n}A_n=0\\ k_{21}A_1+(k_{22}-\omega^2m_2)A_2+\cdots+k_{2n}A_n=0\\ \vdots\\ k_{n1}A_1+k_{n2}A_2+\cdots+(k_{nn}-\omega^2m_n)A_n=0\end{aligned}\right\}\tag{10-72}$$

频率方程为

$$\left|[K]-\omega^2[M]\right|=0\tag{10-73}$$

其展开形式为

$$\begin{vmatrix} (k_{11}-\omega^2 m_1) & k_{12} & \cdots & k_{1n} \\ k_{21} & (k_{22}-\omega^2 m_2) & \cdots & k_{2n} \\ & \vdots & & \\ k_{n1} & k_{n2} & \cdots & (k_{nn}-\omega^2 m_n) \end{vmatrix} = 0 \tag{10-74}$$

对于两个自由度体系，频率方程为

$$\begin{vmatrix} (k_{11}-\omega^2 m_1) & k_{12} \\ k_{21} & (k_{22}-\omega^2 m_2) \end{vmatrix} = 0 \tag{10-75}$$

或

$$(\omega^2)^2 - \left(\frac{k_{11}}{m_1}+\frac{k_{22}}{m_2}\right)\omega^2 + \frac{k_{11}k_{22}-k_{12}^2}{m_1 m_2} = 0$$

由此可得自振频率 ω_1 和 ω_2 为

$$\omega_{1,2}^2 = \frac{1}{2}\left[\left(\frac{k_{11}}{m_1}+\frac{k_{22}}{m_2}\right) \mp \sqrt{\left(\frac{k_{11}}{m_1}+\frac{k_{22}}{m_2}\right)^2 - \frac{4(k_{11}k_{22}-k_{12}^2)}{m_1 m_2}}\right] \tag{10-76}$$

两个主振型为

$$\begin{aligned} \frac{A_2^{(1)}}{A_1^{(1)}} &= \frac{\omega_1^2 m_1 - k_{11}}{k_{12}} \\ \frac{A_2^{(2)}}{A_1^{(2)}} &= \frac{\omega_2^2 m_1 - k_{11}}{k_{12}} \end{aligned} \tag{10-77}$$

由上面导出的频率和主振型方程可知：频率和主振型只与体系的质量和柔度(或刚度)有关，而与外部干扰无关，因此它们是体系本身所固有的特性。由于多自由度体系的受迫振动分析经常涉及体系的动力特性，因此计算体系的自振频率和主振型是十分重要的。

【例10-9】试求图 10-22(a)所示结构的自振频率和振型。已知：$m_1 = m_2 = m$，抗弯刚度为 EI。

解：(1) 求自振频率。

由图 10-22(b)、(c)所示弯矩图，用图乘法求出柔度系数为

$$\delta_{11} = \delta_{22} = \frac{4l^3}{243EI}; \quad \delta_{12} = \delta_{21} = \frac{7l^3}{486EI}$$

将柔度系数和质量代入式(10-68), 得

$$\lambda_1 = \frac{15ml^3}{486EI}; \quad \lambda_2 = \frac{ml^3}{486}$$

则自振频率为

$$\omega_1 = \sqrt{\frac{1}{\lambda_1}} = 5.692\sqrt{\frac{EI}{ml^3}} \quad \omega_2 = \sqrt{\frac{1}{\lambda_2}} = 22.045\sqrt{\frac{EI}{ml^3}}$$

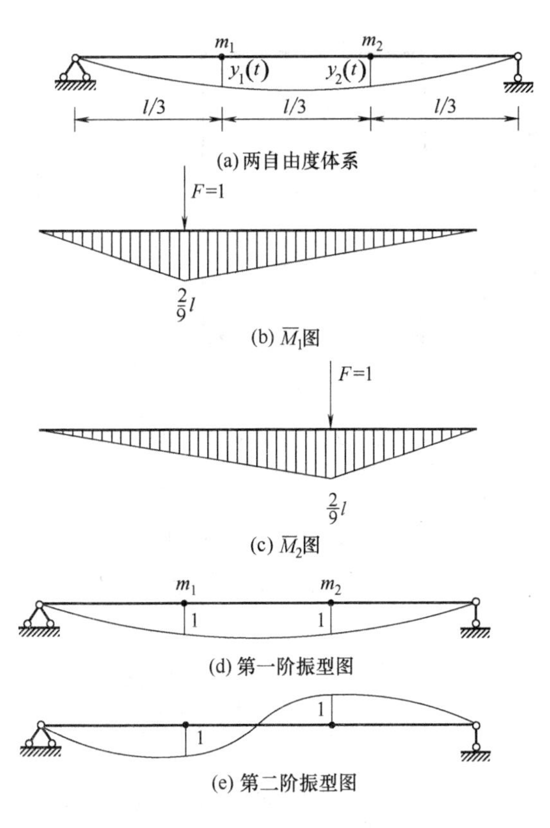

(a) 两自由度体系

(b) $\overline{M}_1$图

(c) $\overline{M}_2$图

(d) 第一阶振型图

(e) 第二阶振型图

图 10-22　例 10-9 图

(2) 求主振型。

当$\omega=\omega_1$时，主振型为

$$\frac{A_2^{(1)}}{A_1^{(1)}}=\frac{\dfrac{1}{\omega_1^2}-\delta_{11}m_1}{\delta_{12}m_2}=1$$

则第一阶振型(见图 10-22(d))为

$$\{A\}^{(1)}=\begin{Bmatrix}1\\1\end{Bmatrix}$$

当$\omega=\omega_2$时，主振型为

$$\frac{A_2^{(2)}}{A_1^{(2)}}=\frac{\dfrac{1}{\omega_2^2}-\delta_{11}m_1}{\delta_{12}m_2}=-1$$

则第二阶振型(见图 10-22(e))为　$\{A\}^{(2)}=\begin{Bmatrix}1\\-1\end{Bmatrix}$

【例 10-10】试求图 10-23(a)所示刚架的运动方程、自振频率和振型。已知：横梁刚度$EI=\infty$；质量$m_1=m_2=m$；层间侧移刚度为$K_1=K_2=K$。

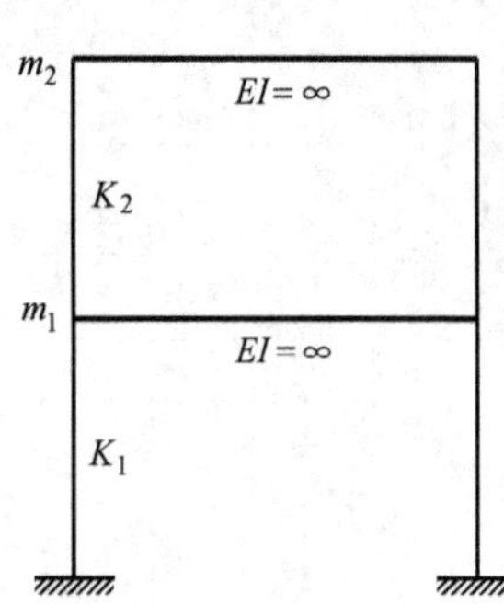

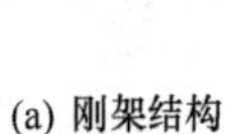
(a) 刚架结构

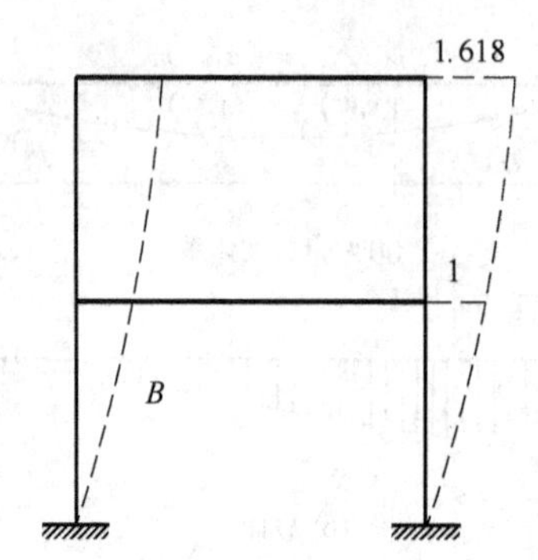

(b) 第一阶振型图

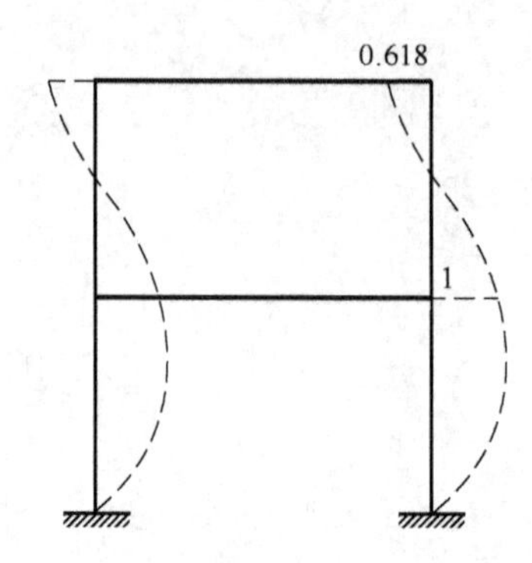

(c) 第二阶振型图

图 10-23　例 10-10 图

解：(1) 用刚度法求刚架的运动方程：

$$\begin{cases} m_2\ddot{y}_2 = -K_2(y_2 - y_1) \\ m_1\ddot{y}_1 = -K_1y_1 - K_2(y_1 - y_2) \end{cases}$$

整理得

$$\begin{cases} m_1\ddot{y}_1 + (K_1 + K_2)y_1 - K_2y_2 = 0 \\ m_2\ddot{y}_2 - K_2y_1 + K_2y_2 = 0 \end{cases}$$

即

$$\begin{cases} m\ddot{y}_1 + 2Ky_1 - Ky_2 = 0 \\ m\ddot{y}_2 - Ky_1 + Ky_2 = 0 \end{cases}$$

(2) 求刚架自振频率。

由刚度法运动方程可知，刚架的刚度系数为

$$k_{11} = K_1 + K_2 = 2K\ ;\quad k_{12} = -K_2 = -K$$

$$k_{21} = -K_2 = -K\ ;\quad k_{22} = K_2 = K$$

将刚度系数和质量代入式(10-75)，则有

$$(2K - \omega^2 m)(K - \omega^2 m) - K^2 = 0$$

解频率方程，则得

$$\omega_1^2 = \frac{1}{2}(3 - \sqrt{5})\frac{K}{m} = 0.38197\frac{K}{m}$$

$$\omega_2^2 = \frac{1}{2}(3 + \sqrt{5})\frac{K}{m} = 2.61803\frac{K}{m}$$

两个自振频率为

$$\omega_1 = 0.618\sqrt{\frac{K}{m}}\ ,\quad \omega_2 = 1.618\sqrt{\frac{K}{m}}$$

(3) 求振型。

当 $\omega = \omega_1$ 时，主振型为

$$\frac{A_2^{(1)}}{A_1^{(1)}} = \frac{\omega_1^2 m_1 - K_{11}}{K_{12}} = \frac{0.38197K - 2K}{-K} = 1.618$$

则第一振型(见图 10-23(b))为

$$\{A\}^{(1)}=\begin{Bmatrix}1\\1.618\end{Bmatrix}$$

当 $\omega=\omega_2$ 时，主振型为

$$\frac{A_2^{(2)}}{A_1^{(2)}}=\frac{\omega_2^2 m_1-K_{11}}{K_{12}}=\frac{2.61803K-2K}{-K}=-0.618$$

则第二振型(见图 10-23(c))为

$$\{A\}^{(2)}=\begin{Bmatrix}1\\-0.618\end{Bmatrix}$$

10.7　多自由度体系在简谐荷载作用下的受迫振动

多自由度体系在简谐荷载作用下的受迫振动与单自由度体系类似，开始也存在一个过渡阶段，由于阻尼的影响，其中自由振动部分很快衰减掉，因此，对于多自由度体系的受迫振动只讨论其平稳阶段的纯受迫振动。

1. 柔度法建立运动方程

图 10-24(a)所示为一个两自由度体系承受简谐荷载作用，且各荷载的频率和相位相同。

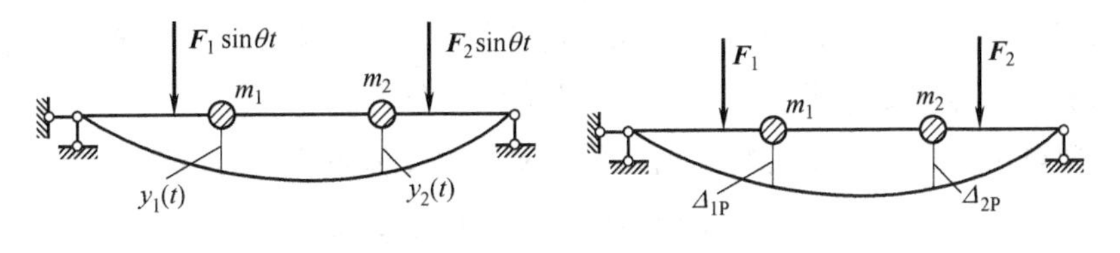

(a) 两自由度体系受简谐荷载作用　　(b) Δ_{1P}、Δ_{2P}图

图 10-24　柔度法建立运动方程

用柔度法建立运动方程，有

$$\begin{cases}y_1=\delta_{11}(-m_1\ddot{y}_1)+\delta_{12}(-m_2\ddot{y}_2)+\Delta_{1P}\sin\theta t\\y_2=\delta_{21}(-m_1\ddot{y}_1)+\delta_{22}(-m_2\ddot{y}_2)+\Delta_{2P}\sin\theta t\end{cases}$$

或

$$\left.\begin{aligned}y_1+\delta_{11}m_1\ddot{y}_1+\delta_{12}m_2\ddot{y}_2=\Delta_{1P}\sin\theta t\\y_2+\delta_{21}m_1\ddot{y}_1+\delta_{22}m_2\ddot{y}_2=\Delta_{2P}\sin\theta t\end{aligned}\right\}\tag{10-78}$$

式中，Δ_{1P}、Δ_{2P} 为荷载幅值作为静荷载时所引起的质点位移，如图 10-24(b)所示。

由于在受迫振动的平稳阶段各质点与荷载同频同步振动，则设方程(10-78)纯受迫振动的解为

$$\left.\begin{aligned}y_1=A_1\sin\theta t\\y_2=A_2\sin\theta t\end{aligned}\right\}\tag{10-79}$$

由此，质点的惯性力为

$$\left.\begin{aligned}F_{I1}&=-m_1\ddot{y}_1=m_1\theta^2A_1\sin\theta t\\F_{I2}&=-m_2\ddot{y}_2=m_2\theta^2A_2\sin\theta t\end{aligned}\right\}\tag{10-80}$$

将式(10-79)和式(10-80)代入方程(10-78)，整理得位移幅值方程为

$$\left.\begin{aligned}\left(\delta_{11}m_1-\frac{1}{\theta^2}\right)A_1+\delta_{12}m_2A_2+\frac{\Delta_{1P}}{\theta^2}=0\\\delta_{21}m_1A_1+\left(\delta_{22}m_2-\frac{1}{\theta^2}\right)A_2+\frac{\Delta_{2P}}{\theta^2}=0\end{aligned}\right\}\tag{10-81}$$

由式(10-80)有

$$\left.\begin{aligned}F_{I1}^0&=m_1\theta^2A_1\\F_{I2}^0&=m_2\theta^2A_2\end{aligned}\right\}\tag{10-82}$$

式中，F_{I1}^0、F_{I2}^0为质点惯性力幅值。

将式(10-82)代入质点位移幅值方程(10-81)，整理得质点惯性力幅值方程为

$$\left.\begin{aligned}\left(\delta_{11}-\frac{1}{m_1\theta^2}\right)F_{I1}^0+\delta_{12}F_{I2}^0+\Delta_{1P}=0\\\delta_{21}F_{I1}^0+\left(\delta_{22}-\frac{1}{m_2\theta^2}\right)F_{I2}^0+\Delta_{2P}=0\end{aligned}\right\}\tag{10-83}$$

由式(10-79)、式(10-80)和动荷载的表达式可知，在体系纯受迫振动时，质点的位移、惯性力及动荷载将同时达到最大值，因此，在计算最大动位移和动内力时，可将动荷载和惯性力的幅值作为静荷载作用于结构，用静力方法进行计算。

以上就两自由度体系所得的结论也适用于 n 自由度体系承受简谐荷载的情况。

由式(10-78)可推出 n 自由度体系在简谐荷载作用下运动方程为

$$\left.\begin{aligned}y_1+\delta_{11}m_1\ddot{y}_1+\delta_{12}m_2\ddot{y}_2+\cdots+\delta_{1n}m_n\ddot{y}_n&=\Delta_{1P}\sin\theta t\\y_2+\delta_{21}m_1\ddot{y}_1+\delta_{22}m_2\ddot{y}_2+\cdots+\delta_{2n}m_n\ddot{y}_n&=\Delta_{2P}\sin\theta t\\&\vdots\\y_n+\delta_{n1}m_1\ddot{y}_1+\delta_{n2}m_2\ddot{y}_2+\cdots+\delta_{nn}m_n\ddot{y}_n&=\Delta_{nP}\sin\theta t\end{aligned}\right\}\tag{10-84}$$

写成矩阵形式，则有

$$\{y\}+[\delta][M]\{\ddot{y}\}=\{\Delta_P\}\sin\theta t\tag{10-85}$$

式中，$\{\Delta_P\}=\{\Delta_{1P}\quad\Delta_{2P}\quad\cdots\quad\Delta_{nP}\}^T$，为荷载幅值引起的质点静位移列向量。

同样，由式(10-81)可推得 n 自由度体系在简谐荷载作用下质点位移幅值方程为

$$\left.\begin{aligned}\left(\delta_{11}m_1-\frac{1}{\theta^2}\right)A_1+\delta_{12}m_2A_2+\cdots+\delta_{1n}m_nA_n+\frac{\Delta_{1P}}{\theta^2}=0\\\delta_{21}m_1A_1+\left(\delta_{22}m_2-\frac{1}{\theta^2}\right)A_2+\cdots+\delta_{2n}m_nA_n+\frac{\Delta_{2P}}{\theta^2}=0\\\vdots\\\delta_{n1}m_1A_1+\delta_{n2}m_2A_2+\cdots+\left(\delta_{nn}m_n-\frac{1}{\theta^2}\right)A_n+\frac{\Delta_{nP}}{\theta^2}=0\end{aligned}\right\}\tag{10-86}$$

写成矩阵形式，则有

$$\left([\delta][M]-\frac{1}{\theta^2}[I]\right)\{A\}+\frac{1}{\theta^2}\{\Delta_{\mathrm{P}}\}=\{0\} \tag{10-87}$$

式中，$\{A\}$为质点位移幅值向量。

利用 $F_{\mathrm{I}i}^0=m_i\theta^2 A_i$，由式(10-86)得 n 自由度体系在简谐荷载作用下质点惯性力幅值方程为

$$\left.\begin{array}{l}\left(\delta_{11}-\dfrac{1}{m_1\theta^2}\right)\boldsymbol{F}_{\mathrm{I1}}^0+\delta_{12}\boldsymbol{F}_{\mathrm{I2}}^0+\cdots+\delta_{1n}\boldsymbol{F}_{\mathrm{I}n}^0+\Delta_{1\mathrm{P}}=0\\ \delta_{21}F_{\mathrm{I1}}^0+\left(\delta_{22}-\dfrac{1}{m_2\theta^2}\right)\boldsymbol{F}_{\mathrm{I2}}^0+\cdots+\delta_{2n}\boldsymbol{F}_{\mathrm{I}n}^0+\Delta_{2\mathrm{P}}=0\\ \qquad\vdots\\ \delta_{n1}\boldsymbol{F}_{\mathrm{I1}}^0+\delta_{n2}\boldsymbol{F}_{\mathrm{I2}}^0+\cdots+\left(\delta_{nn}-\dfrac{1}{m_n\theta^2}\right)\boldsymbol{F}_{\mathrm{I}n}^0+\Delta_{n\mathrm{P}}=0\end{array}\right\} \tag{10-88}$$

写成矩阵形式，则有

$$\left([\delta]-\frac{1}{\theta^2}[M]^{-1}\right)\{\boldsymbol{F}_{\mathrm{I}}^0\}+\{\Delta_{\mathrm{P}}\}=\{0\} \tag{10-89}$$

式中，$\{\boldsymbol{F}_{\mathrm{I}}^0\}$为惯性力幅值向量。

由质点振幅方程(10-87)可以看出，当 $\theta=\omega_K\,(K=1,2,\cdots,n)$，即动荷载的频率与体系任一个自振频率相等时，其系数行列式与其频率方程(10-64)一样。此时由于其系数行列式 $\left|[\delta][M]-\dfrac{1}{\theta^2}[I]\right|=0$，而$\{\Delta_{\mathrm{P}}\}$的元素不全为零，则质点振幅趋于无穷大，即发生共振。对于 n 自由度体系，其自振频率有 n 个，故有 n 个共振区。实际上由于存在阻尼，质点的振幅不会无限大，但这对结构仍是不利的。

【例 10-11】求图 10-25(a)所示体系的振幅和动弯矩幅值图。已知：$m_1=m_2=m$；$\theta=0.6\omega_1$；$\omega_1=5.69\sqrt{\dfrac{EI}{ml^3}}$。

解：(1) 计算结构的柔度系数。

$$\delta_{11}=\delta_{22}=\frac{4l^3}{243EI}\,;\quad \delta_{12}=\delta_{21}=\frac{7l^3}{486EI}$$

(2) 计算荷载幅值引起的位移(见图 10-25(b))。

$$\Delta_{1\mathrm{P}}=F\delta_{11}=\frac{4Fl^3}{243EI}\,;\quad \Delta_{2\mathrm{P}}=F\delta_{21}=\frac{7Fl^3}{486EI}$$

(3) 计算惯性力幅值。

由式(10-83)得

$$\begin{cases}\left(\dfrac{4l^3}{243EI}-\dfrac{1}{m\theta^2}\right)F_{\mathrm{I1}}^0+\dfrac{7l^3}{486EI}F_{\mathrm{I2}}^0+\dfrac{4Fl^3}{243EI}=0\\ \dfrac{7l^3}{486EI}F_{\mathrm{I1}}^0+\left(\dfrac{4l^3}{243EI}-\dfrac{1}{m\theta^2}\right)F_{\mathrm{I2}}^0+\dfrac{7Fl^3}{486EI}=0\end{cases}$$

解方程，则得

$$F_{I1}^0 = 0.297F\text{，}\quad F_{I2}^0 = 0.271F$$

(4) 绘制动弯矩幅值图。

将惯性力幅值和荷载幅值作用于结构，用静力法求出弯矩图，如图 10-25(c)所示。这个弯矩图即为动弯矩幅值图。

(5) 计算位移幅值。

由式(10-82)，直接求出质点的位移幅值：

$$A_1 = \frac{F_{I1}^0}{m_1\theta^2} = 0.297F \times \frac{l^3}{11.65EI} = 2.55\times10^{-2}\frac{Fl^3}{EI}$$

$$A_2 = \frac{F_{I2}^0}{m_1\theta^2} = 0.271F \times \frac{l^3}{11.65EI} = 2.33\times10^{-2}\frac{Fl^3}{EI}$$

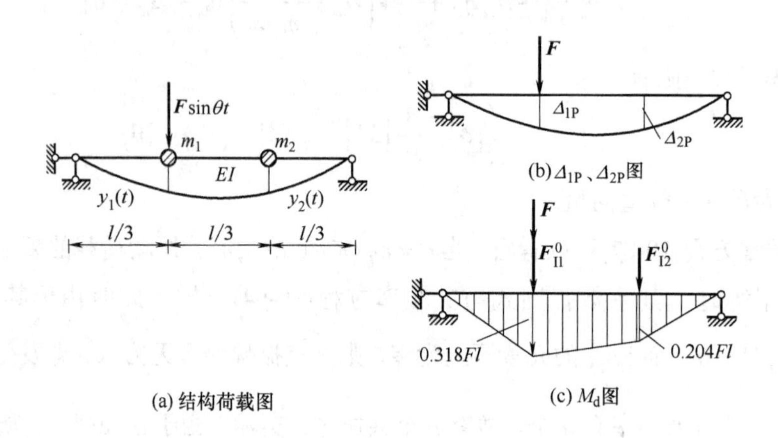

图 10-25　例 10-11 图

2. 刚度法建立运动方程

下面介绍采用刚度法求解的运动方程。对于图 10-26 所示的 n 自由度结构，当各简谐荷载均作用在质点处时，其动力平衡方程为

$$\left.\begin{aligned} m_1\ddot{y}_1 + k_{11}y_1 + k_{12}y_2 + \cdots + k_{1n}y_n &= F_1\sin\theta t \\ m_2\ddot{y}_2 + k_{21}y_1 + k_{22}y_2 + \cdots + k_{2n}y_n &= F_2\sin\theta t \\ &\vdots \\ m_n\ddot{y}_n + k_{n1}y_1 + k_{n2}y_2 + \cdots + k_{nn}y_n &= F_n\sin\theta t \end{aligned}\right\} \tag{10-90}$$

写成矩阵形式，则有

$$[M]\{\ddot{y}\} + [K]\{y\} = \{F\}\sin\theta t \tag{10-91}$$

式中，$\{F\} = \{F_1F_2\cdots F_n\}^{\mathrm{T}}$ 为荷载幅值向量。

设运动平稳阶段各质点均按频率 θ 同步振动，即

$$\{y\} = \{A\}\sin\theta t \tag{10-92}$$

式中，$\{A\} = \{A_1A_2\cdots A_n\}^{\mathrm{T}}$ 为质点位移幅值向量。

将式(10-92)代入式(10-91)并消去 $\sin\theta t$，得

$$\left(\left[K\right]-\theta^2\left[M\right]\right)\left\{A\right\}=\left\{F\right\} \tag{10-93}$$

式(10-93)为质点位移幅值方程。

利用 $\left\{F_1^0\right\}=\theta^2\left[M\right]\left\{A\right\}$ 关系式，将式(10-93)改写为

$$\left(\left[K\right]\left[M\right]^{-1}-\theta^2\left[I\right]\right)\left\{F_1^0\right\}=\theta^2\left\{F\right\} \tag{10-94}$$

式(10-94)为惯性力幅值方程。

利用上述公式，同柔度法一样可计算最大动位移和最大动内力。

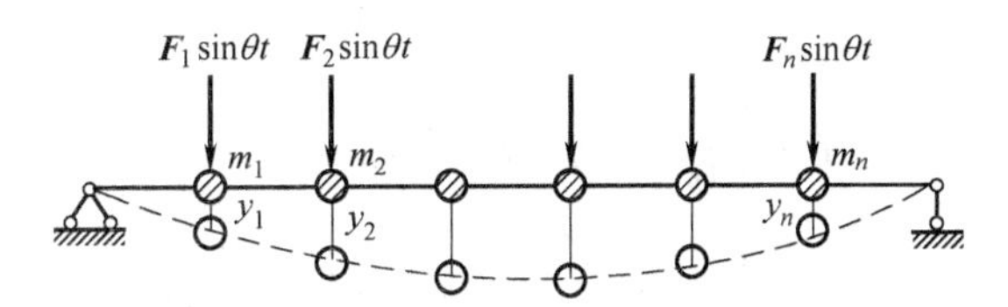

图 10-26　n 自由度结构的受迫振动

10.8　结构频率的近似计算方法

前面几节研究了精确计算自振频率的方法，在自由度数目较多的情况下，计算工作很繁重。在实际工程中，结构的基本频率是最重要的，并且往往只需要求出前几阶频率就足够了，因此从实用的要求来说，有必要采用近似的计算方法。本节介绍两种常用的近似计算方法。

(1) 能量法。将体系的振动形式进行简化假设，但不改变结构的刚度和质量分布，然后根据能量守恒原理求得自振频率。

(2) 集中质量法。将体系的质量分布加以简化，以集中质量代替分布质量，用有限自由度体系代替无限自由度体系求频率。

10.8.1　能量法

能量法的出发点是能量守恒原理，即一个无阻尼的弹性体系自由振动时，它在任一时刻的总能量(应变能 U 与动能 T 之和)保持不变，即

$$应变能(U)+动能(T)=常数$$

以梁的自由振动为例，其位移可表示为

$$y(x,t)=Y(x)\sin(\omega t+\alpha)$$

式中，$Y(x)$ 是振型函数，表示梁上任意一点 x 处的振幅；ω 是自振频率。将此式对 t 微分，可得出速度表达式

$$\dot{y}(x,t)=\omega Y(x)\cos(\omega t+\alpha)$$

梁的弯曲应变能为

$$U=\frac{1}{2}\int_0^l\frac{M^2(x,t)}{EI}\mathrm{d}x=\frac{1}{2}\int_0^l EI[y''(x,t)]^2\mathrm{d}x$$
$$=\frac{1}{2}\int_0^l EI[Y''(x)\sin(\omega t+\alpha)]^2\mathrm{d}x$$
$$=\frac{1}{2}\sin^2(\omega t+\alpha)\int_0^l EI[Y''(x)]^2\mathrm{d}x$$

其最大值为

$$U_{\max}=\frac{1}{2}\int_0^l EI[Y''(x)]^2\mathrm{d}x$$

梁的动能为

$$T=\frac{1}{2}\int_0^l\overline{m}(x)[\dot{y}(x,t)]^2\mathrm{d}x$$
$$=\frac{1}{2}\omega^2\cos^2(\omega t+\alpha)\int_0^l\overline{m}(x)[Y(x)]^2\mathrm{d}x$$

式中，$\overline{m}(x)$表示梁单位长度的质量。由此可得梁动能的最大值为

$$T_{\max}=\frac{1}{2}\omega^2\int_0^l\overline{m}(x)[Y(x)]^2\mathrm{d}x$$

当$\sin(\omega t+\alpha)=0$时，位移和应变能为零，速度和动能为最大值，而体系的总能量即为$T_{\max}$。

当$\cos(\omega t+\alpha)=0$时，速度和动能为零，位移和应变能为最大值，而体系的总能量即为$U_{\max}$。

根据能量守恒原理，可知

$$T_{\max}=U_{\max}$$

由此，求得计算频率的公式为

$$\omega^2=\frac{\int_0^l EI[Y''(x)]^2\mathrm{d}x}{\int_0^l\overline{m}(x)[Y(x)]^2\mathrm{d}x}\tag{10-95}$$

如果梁上还有集中质量$m_i\ (i=1, 2, \cdots)$，则式(10-95)应改为

$$\omega^2=\frac{\int_0^l EI[Y''(x)]^2\mathrm{d}x}{\int_0^l\overline{m}(x)[Y(x)]^2\mathrm{d}x+\sum_{i=1}^{n}m_iY_i^2}\tag{10-96}$$

式中，n表示集中质量的数目。

式(10-96)就是能量法求自振频率的公式。能量法的关键是假设振型函数$Y(x)$，通常可选取结构的某个静力荷载$q(x)$(例如结构自重)作用下的弹性曲线作为$Y(x)$的近似表示式，然后由式(10-96)即可求得第一频率的近似值。此时，应变能可用相应荷载$q(x)$所做的功来代替，即

$$U=\frac{1}{2}\int_0^l q(x)Y(x)\mathrm{d}x$$

而式(10-96)可改写为

$$\omega^2 = \frac{\int_0^l q(x)Y(x)\,\mathrm{d}x}{\int_0^l \overline{m}(x)[Y(x)]^2\,\mathrm{d}x + \sum_{i=1}^{n} m_i Y_i^2} \tag{10-97}$$

如果选取结构自重作用下的变形曲线作为$Y(x)$的近似表达式，则应变能可用重力所做的功来代替，即

$$U = \frac{1}{2}\int_0^l \overline{m}gY(x)\,\mathrm{d}x + \frac{1}{2}\sum_{i=1}^{n} m_i g Y_i$$

则式(10-97)可改写为

$$\omega^2 = \frac{\int_0^l \overline{m}(x)gY(x)\,\mathrm{d}x + \sum_{i=1}^{n} m_i g Y_i}{\int_0^l \overline{m}(x)\,[Y(x)]^2\,\mathrm{d}x + \sum_{i=1}^{n} m_i Y_i^2} \tag{10-98}$$

【例 10-12】试用能量法计算等截面两端固定梁的第一自振频率。设 EI=常数，梁单位长度的质量为$\overline{m}$。

解：取梁在自重即均布荷载 q 作用下的弹性曲线作为振型函数，即

$$Y(x) = \frac{ql^4}{24EI}\left(\frac{x^4}{l^4} - 2\frac{x^3}{l^3} + \frac{x^2}{l^2}\right)$$

代入式(10-97)，则有

$$\begin{aligned}
\omega_1^2 &= \frac{q\int_0^l Y(x)\,\mathrm{d}x}{\overline{m}\int_0^l [Y(x)]^2\,\mathrm{d}x} \\
&= \frac{q\int_0^l \frac{ql^4}{24EI}\left(\frac{x^4}{l^4} - 2\frac{x^3}{l^3} + \frac{x^2}{l^2}\right)\mathrm{d}x}{\overline{m}\int_0^l \left(\frac{ql^4}{24EI}\right)^2\left(\frac{x^4}{l^4} - 2\frac{x^3}{l^3} + \frac{x^2}{l^2}\right)^2\mathrm{d}x} \\
&= \frac{\dfrac{q^2l^5}{720EI}}{\dfrac{q^2\overline{m}l^9}{576\times 630(EI)^2}} \\
&= \frac{504}{l^4}\times\frac{EI}{\overline{m}}
\end{aligned}$$

故第一自振频率：

$$\omega_1 = \sqrt{\frac{504}{l^4}\times\frac{EI}{\overline{m}}} = \frac{22.45}{l^2}\sqrt{\frac{EI}{\overline{m}}}$$

本例的精确解为$\omega_1 = \frac{22.37}{l^2}\sqrt{\frac{EI}{\overline{m}}}$，故误差为 0.36%。由此可见，用能量法求基本频率能够得到较好的结果。

10.8.2 集中质量法

把体系中的分布质量换成集中质量，则体系即由无限自由度换成单自由度或多自由度。将分布质量简化的方法有多种，最简单的是根据静力等效原则，使集中后的重力与原来的重力互为静力等效，即它们合力彼此相等。这种方法的优点是简便灵活，可用于梁、拱、刚架、桁架等各类结构。

【例 10-13】试用集中质量法计算图 10-27(a)所示简支梁的自振频率。设 EI=常数，梁单位长度的质量为 $\overline{m}$。

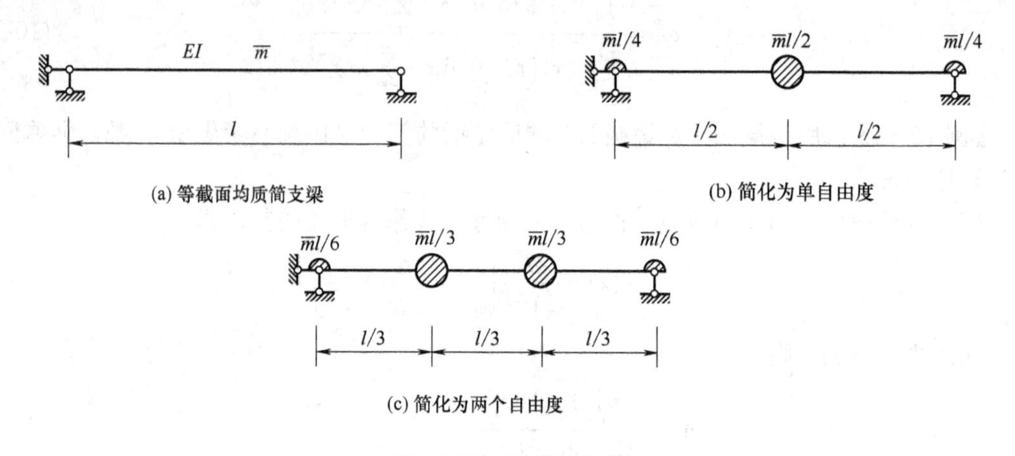

图 10-27 例 10-13 图

解： 在图 10-27(b)、(c)中，分别将梁二等分、三等分，每段质量集中于该段的两端，这时体系分别简化为具有一个、两个自由度的体系。根据这两个计算简图，可分别求出第一阶频率和前两阶频率。

(1) 对于图 10-27(b)所示单自由度体系：

$$\omega_1=\sqrt{\frac{1}{m\delta_{11}}}=1\Bigg/\sqrt{\frac{\overline{m}l}{2}\times\frac{l^3}{48EI}}=\frac{9.8}{l^2}\sqrt{\frac{EI}{\overline{m}}}$$

其精确解为 $\omega_1=\dfrac{9.87}{l^2}\sqrt{\dfrac{EI}{\overline{m}}}$，误差为-0.7%。

(2) 对于图 10-27(c)所示两个自由度体系，根据式(10-67)，得频率方程为

$$\begin{vmatrix}\delta_{11}m_1-\dfrac{1}{\omega^2} & \delta_{12}m_2\\ \delta_{21}m_1 & \delta_{22}m_2-\dfrac{1}{\omega^2}\end{vmatrix}=0$$

式中，$m_1=m_2=\dfrac{1}{3}\overline{m}l$，柔度系数为

$$\delta_{11}=\delta_{22}=\frac{4l^3}{243EI},\quad \delta_{12}=\delta_{21}=\frac{7l^3}{486EI}$$

代入频率方程，解得

$$\omega_1=\frac{9.86}{l^2}\sqrt{\frac{EI}{\overline{m}}},\quad \omega_2=\frac{38.2}{l^2}\sqrt{\frac{EI}{\overline{m}}}$$

ω_2 的精确解为 $\omega_2=\frac{39.48}{l^2}\sqrt{\frac{EI}{\overline{m}}}$，因此 ω_1 和 ω_2 的误差分别为−0.1%和−3.24%。

思　考　题

10-1　怎样区分动力荷载与静力荷载？动力计算与静力计算的主要差别是什么？

10-2　柔度法和刚度法所建立的自由振动微分方程是相通的吗？

10-3　何谓动力因数？简谐荷载下动力因数与哪些因素有关？

10-4　求自振频率和主振型能否利用结构的对称性？怎么利用对称性来简化计算？

10-5　何谓主振型？在什么情况下多自由度结构才按某一主振型振动？

10-6　何谓主振型的正交性？不同的振型对柔度矩阵是否也具有正交性？为什么？

10-7　多自由度体系动荷载作用点不在体系的集中质量上时，动力计算如何进行？

习　　题

10-1　试确定图 10-28 所示质点体系的动力自由度。除注明者外，各受弯杆件 EI=常数，各链杆 EA=常数。

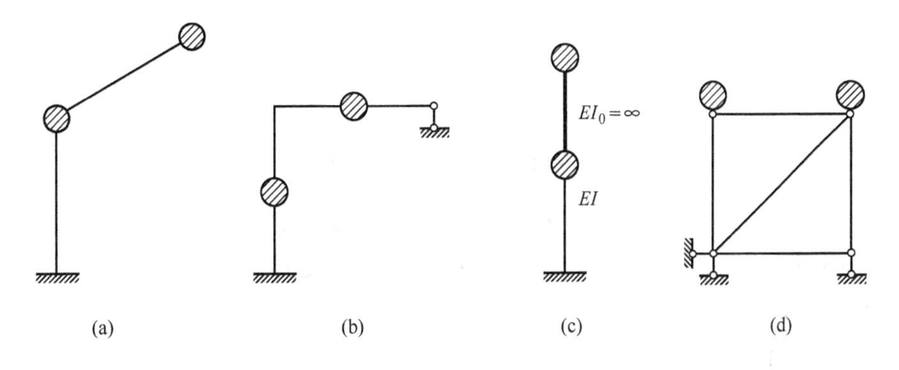

图 10-28　习题 10-1 图

10-2　求图 10-29 所示梁的自振周期和自振频率。已知：梁端有重物 W=1.23kN；梁重不计，$E=21\times10^4$MPa，I=78cm^4，l=1m。

10-3　求图 10-30 所示梁的自振频率。

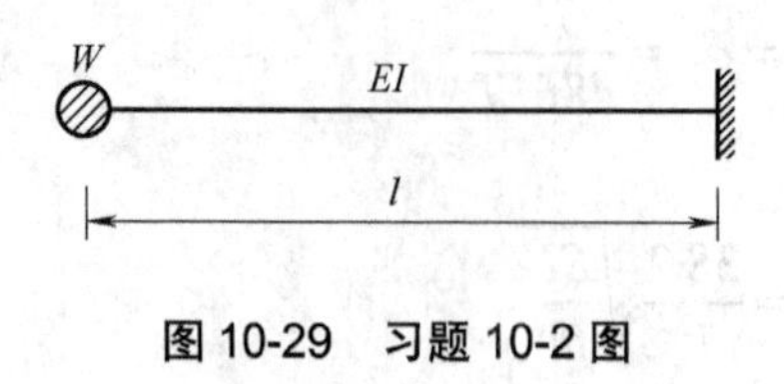

图 10-29　习题 10-2 图

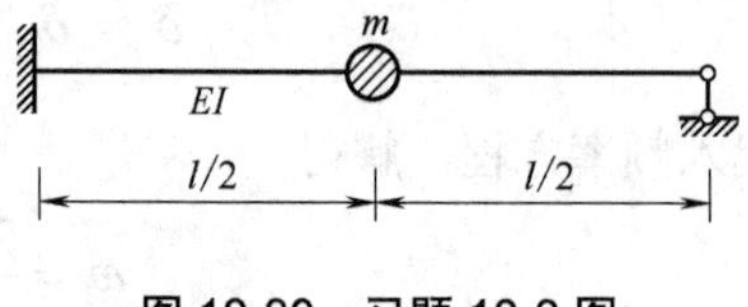

图 10-30　习题 10-3 图

10-4　试计算图 10-31 所示刚架水平振动的自振频率。

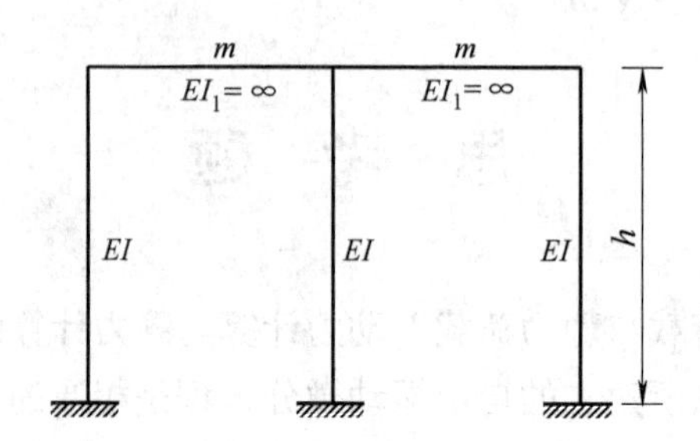

图 10-31　习题 10-4 图

10-5　有一单自由度体系做有阻尼自由振动，通过测试，得 5 个周期后的振幅降为原来的 12%(设初始速度为零)，试求其阻尼比 ξ 。

10-6　图 10-32 所示结构在柱顶有电动机，电动机和结构的质量都集中于柱顶，W=20kN，电动机水平离心力的幅值 $F = 2.5\text{kN}$ ，电动机转速 n=550r/min，柱顶线刚度 $i = \dfrac{EI_1}{h} = 5.88 \times 10^8\,\text{N} \cdot \text{cm}$ 。试求电动机转动时的最大水平位移和柱端弯矩的幅值。

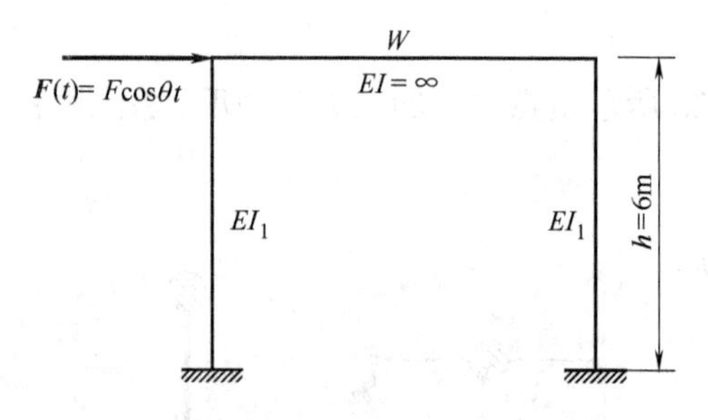

图 10-32　习题 10-6 图

10-7　图 10-33 所示为一个重 500N 的重物悬挂在刚度 $k = 4\times10^3\text{N/m}$ 的弹簧上，假定它在简谐力 $\boldsymbol{F}\sin\theta t$ $(F = 50\text{N})$ 作用下做竖向振动，已知阻尼系数 $c = 50\ \text{N}\cdot\text{s/m}$ 。试求：

(1) 共振频率；

(2) 共振时的振幅；

(3) 共振时的相位角。

10-8　试求图 10-34 所示梁的自振频率和主振型。

10-9　试求图 10-35 所示刚架的自振频率和主振型。

10-10　试求图 10-36 所示双跨连续梁的自振频率。已知 $l = 100\text{cm}$ ，$W = 1000\text{N}$ ，$E = 2\times10^5\text{MPa}$ ，$I = 68.82\text{cm}^4$ 。

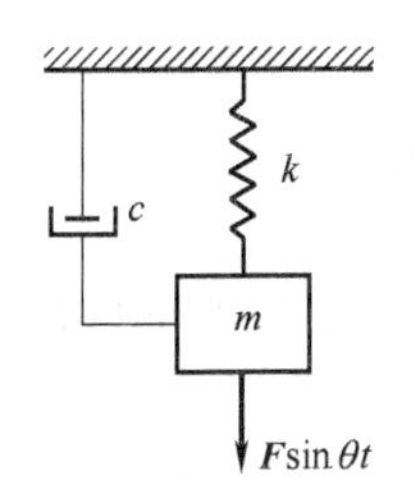

图 10-33　习题 10-7 图

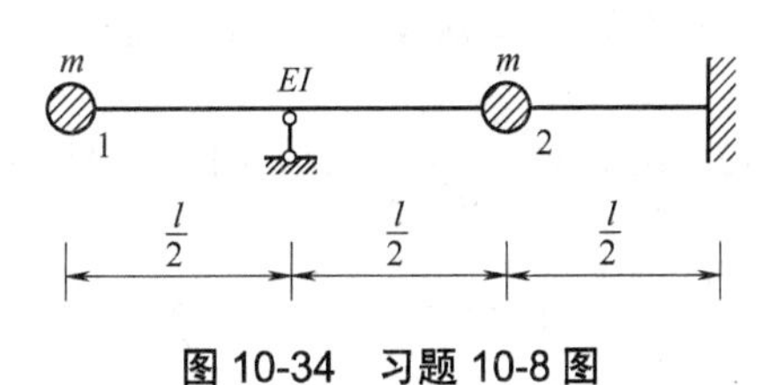

图 10-34　习题 10-8 图

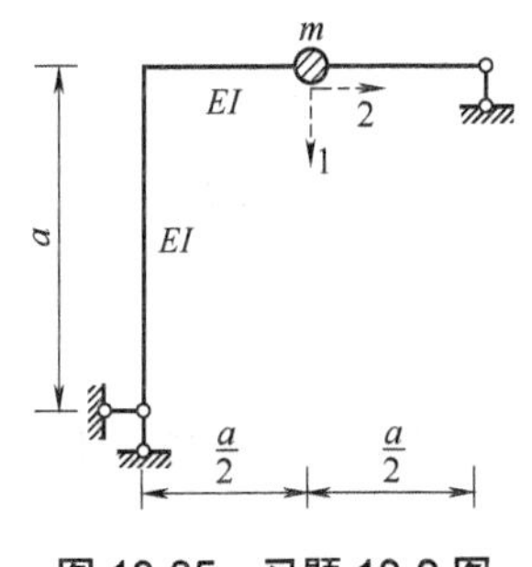

图 10-35　习题 10-9 图

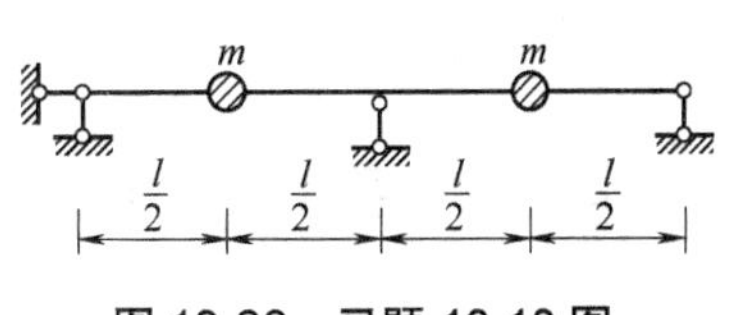

图 10-36　习题 10-10 图

10-11　试求图 10-37 所示两层刚架的自振频率和主振型。设楼面质量分别为 $m_1 = 120\text{t}$ 和 $m_2 = 100\text{t}$，柱的质量集中于楼面，柱顶线刚度分别为 $i_1 = 20\ \text{MN}\cdot\text{m}$ 和 $i_2 = 14\ \text{MN}\cdot\text{m}$，横梁刚度为无限大。

10-12　设在题 10-11 的两层刚架的二层楼面处沿水平方向作用一简谐干扰力 $\boldsymbol{F}\sin\theta t$（$F = 5\text{kN}$），机器转速 $n = 150\ \text{r/min}$。如图 10-38 所示，试求第一、二层楼面处的振幅值和柱端弯矩的幅值。

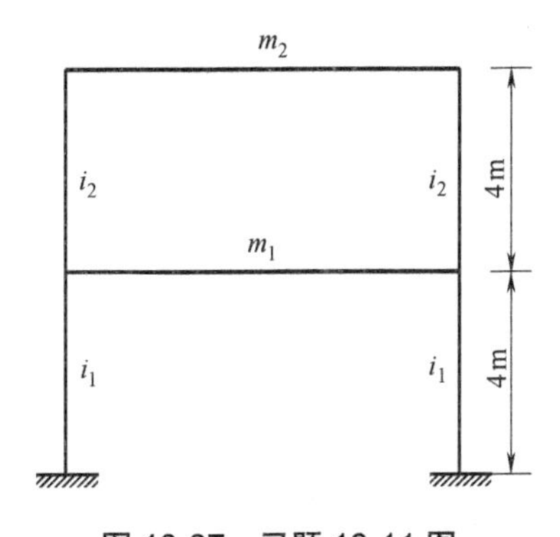

图 10-37　习题 10-11 图

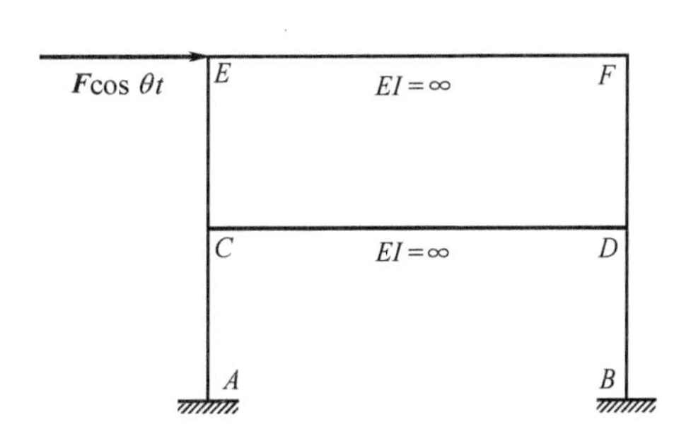

图 10-38　习题 10-12 图

10-13　试求图 10-39 所示刚架的最大动弯矩图。设 $\theta^2 = \dfrac{12EI}{ml^3}$，各杆 EI 相同，杆分布质量不计。

10-14　试求图 10-40 所示两端固定梁的前两阶自振频率和主振型。

10-15　试求图 10-41 所示梁的前两阶自振频率和主振型。

10-16　用能量法求图 10-42 所示简支梁的第一频率。已知 $m = 2\bar{m}l$，$\bar{m}$ 为梁单位长度的质量。

(1) 设$Y(x)=a\sin\frac{\pi x}{l}$(无集中质量时简支梁的第一振型曲线)。

(2) 设$Y(x)=\frac{F_P}{48EI}(3l^2x-4x^3)$ $(0\leqslant x\leqslant l/2)$(跨中作用集中力$\boldsymbol{F}_P$时的弹性曲线)。

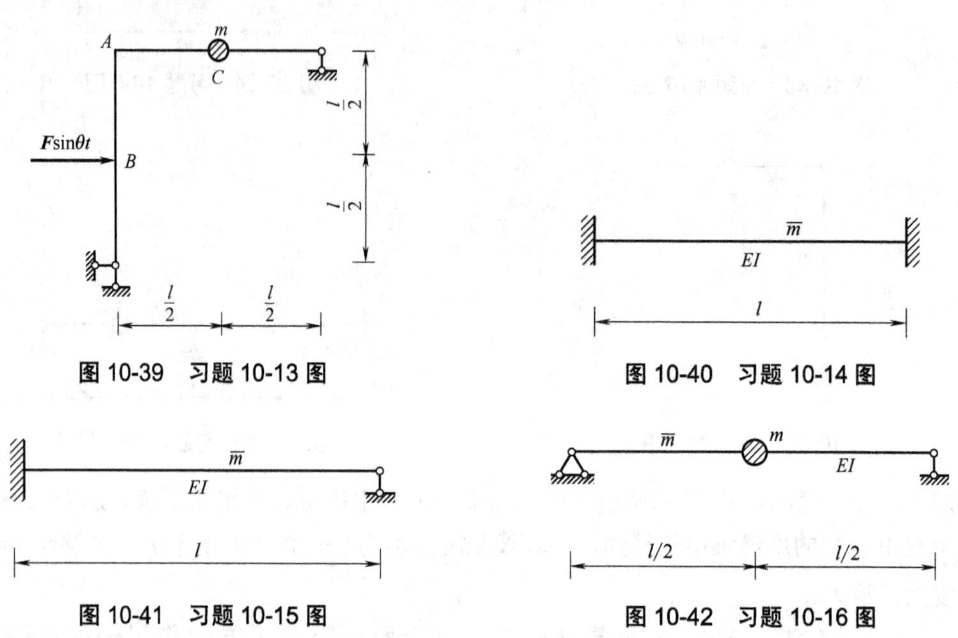

图 10-39 习题 10-13 图

图 10-40 习题 10-14 图

图 10-41 习题 10-15 图

图 10-42 习题 10-16 图

10-17 用集中质量法求图 10-41 的前两阶自振频率。

第 11 章　结构的极限荷载与弹性稳定

11.1　概　　述

在结构设计中，有两种基本方法：弹性设计方法和塑性设计方法。与这两种设计方法相对应的是结构分析方法和塑性分析方法。

弹性分析的设计方法基于以下两个基本假定：①组成结构的材料服从胡克定律，应力与应变成正比；②结构的变形和位移都是微小的。在这两个假定下，结构的内力计算和位移计算都可以应用叠加原理，以便进行结构分析和设计。

弹性设计的强度要求以材料的屈服极限作为标准，可以用式(11-1)表示：

$$\sigma_{\max} \leqslant [\sigma] = \frac{\sigma_S}{k_S} \tag{11-1}$$

式中，$\sigma_{\max}$ 为结构中某项应力的最大绝对值；$[\sigma]$ 为容许应力，它等于材料的屈服极限 σ_S 除以安全系数 k_S。式(11-1)实质上是将 $\sigma_{\max} = \sigma_S$ 当成了结构的危险状态，以一个大于 1 的安全系数 k_y 来避免出现这种状态。

弹性设计方法的缺点是对于塑性材料结构，尤其是超静定结构，当构件内的最大应力到达屈服极限，甚至某一局部已进入塑性阶段时，结构并没因此而遭到破坏，也就是说，结构并没有耗尽全部承载能力。这是因为弹性设计没有考虑材料超过屈服极限后结构的这一部分承载力，因而弹性设计是不够经济的，塑性设计方法便应运而生。

塑性设计的强度要求以结构破坏时的荷载作为标准，可以用式(11-2)表示：

$$F_P \leqslant [F_P] = \frac{F_{Pu}}{k_u} \tag{11-2}$$

式中，F_P 为反映荷载大小的一个参数，称为荷载因子；$[F_P]$ 为容许荷载；F_{Pu} 是结构破坏时荷载因子值，称为极限荷载；k_u 是相应的安全系数，亦称荷载系数。式(11-2)将结构的真实破坏状态当成危险状态，因而采用的安全系数 k_u 能如实地反映结构的安全储备。

为了确定结构的极限荷载，必须考虑材料的塑性变形，进行结构的塑性分析，称为结构的塑性分析。在结构的塑性分析中，为了简化计算，通常假设材料为理想弹塑性材料，其应力—应变如图 11-1 所示。

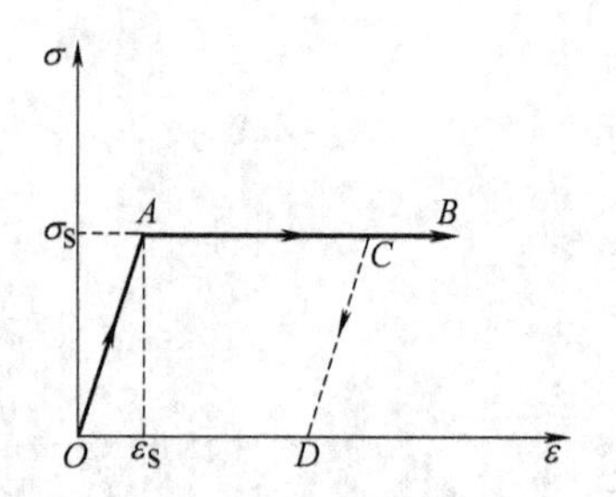

图 11-1 应力—应变呈线性关系

根据应力—应变线性关系可知：

(1) 应力小于屈服极限时应力—应变成线性关系(OA 段)即：$\sigma=E_{S}$。

(2) 应力达到屈服极限后，材料进入屈服流动状态，应力保持不变，应变继续增大(AB 段)。

(3) 若屈服流动到达 C 点后卸载，则应变的减小值 $\Delta\varepsilon$ 与应力的减小值 $\Delta\sigma$ 仍成正比，即 $\Delta\sigma=E\Delta\varepsilon$，由此看出，加载和卸载有所不同，加载阶段是弹塑性的，卸载是弹性的；在经历塑性变形后应力和应变间不再保持单值对应关系。

11.2 基 本 概 念

11.2.1 极限弯矩

设有一受纯弯曲的梁(见图 11-2(a))等截面，且截面至少有一根对称轴，如图 11-2(b)或图 11-3(a)所示。有一弯矩 M 作用在梁的对称面内，随着弯矩的增大，梁的各部分变形逐渐由弹性阶段发展到塑性阶段。实验表明，在梁的变形过程中，无论是弹性阶段还是塑性阶段，梁的任一截面始终保持为平面，即在塑性阶段仍然可以沿用材料力学中对弹性梁采用的“平截面假定”。

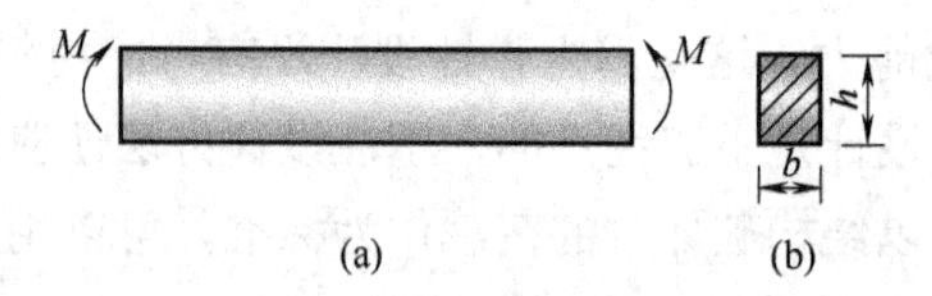

图 11-2 纯弯梁及截面

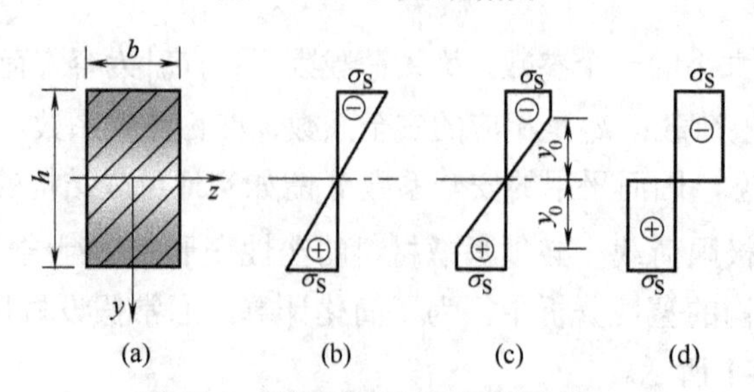

图 11-3 梁的变形过程与极限应力

1. 弹性阶段

在弹性弯曲阶段弯矩较小，中性轴通过形心，截面上的正应力沿高度方向按直线分布，如图 11-3(b)所示。当受弯杆件横截面上最外层纤维处的应力恰好达到材料的屈服极限应力σ_s时，该截面上的弯矩称为屈服弯矩，即弹性极限弯矩，记作：M_s。其表达式为

$$M_s=\frac{bh^2}{6}\sigma_s \tag{11-3}$$

2. 弹塑性阶段

在弹塑性阶段，截面外部部分区域形成塑性区，其应力$\sigma=\sigma_s$；截面内部($y\leqslant y_0$)仍为弹性区，称为弹性核，如图 11-3(c)所示，其应力为线性分布，表达式为

$$\sigma=\sigma_s\frac{y}{y_0} \tag{11-4}$$

3. 塑性阶段

随着M的增大，弹性核的高度逐渐减小，最后达到极限状态$y_0\to 0$，受弯杆件横截面上全部纤维的应力均达到屈服极限应力σ_s，如图 11-3(d)所示，此时截面上的弯矩达到该截面所能承受的极限值，称为极限弯矩，记作：M_u。其表达式为

$$M_u=\frac{bh^2}{4}\sigma_s \tag{11-5}$$

11.2.2　塑性铰

弯矩达到极限弯矩时的截面，称作塑性铰。换言之，受弯构件某截面弯矩达到极限弯矩时，无限靠近其的相邻两截面可发生有限相对转角，这种截面称为塑性铰，如图 11-4(a)所示。塑性铰为单向铰，其上存在极限弯矩。

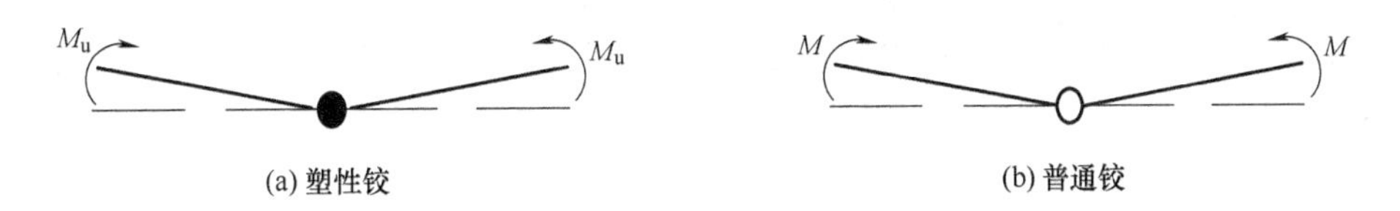

图 11-4　塑性铰与普通铰

塑性铰与普通铰有两点区别。

(1) 塑性铰能够传递弯矩，而普通铰却不能。图 11-4(a)所示为一种平衡状态，而对于图 11-4(b)，仅当$M=0$时才是平衡的。

(2) 塑性铰是单向铰，其只能沿弯矩增大的方向发生有限的转动，而普通铰两边的杆件则可以自由地在两个方向上发生相对转动。如果对塑性铰施加与极限弯矩方向相反的力矩，在塑性铰达到极限状态后使弯矩减小，则由于卸载时的应力—应变关系是线性的，截面又表现出弹性性质，这意味着塑性铰的消失。

梁和刚架可能出现塑性铰的位置为：杆端截面、集中荷载作用点、分布荷载范围内弯矩极值点与截面大小突变处。

11.2.3 极限荷载

当梁与刚架结构中出现若干个塑性铰而成为几何可变或瞬变体系时，可变或瞬变体系称为破坏机构。此时的状态称为极限状态，结构的承载能力达到极限值，称结构所能承受的荷载为结构的极限荷载，记作：F_{Pu}。

对于静定梁，只要梁中有一个塑性铰产生，梁就会变成破坏机构，此时梁承受的荷载即为极限荷载。

11.2.4 稳定问题

为了保证结构的安全和正常使用，设计中除了进行强度计算和刚度验算外，还须计算其稳定性。也就是说，杆件除了应有足够的横截面面积、产生的最大应力不超过强度要求外，还不能过分细长，以致变形过大，不满足使用上对刚度的要求；特别是在受压杆件中，变形会引起压力作用位置的偏移，形成附加弯矩，又因而引起附加弯曲变形，两者互相促进的结果可能导致某截面强度不足而被破坏。

在结构的常规强度和刚度分析中，通常假定结构在受力前后力学模型不会发生改变，无须考虑受力过程中位形(即位移和变形)对计算模型的影响。对于大部分结构体系而言，这样的计算结果足够满足工程设计的需要。

在某些受力体系中，因受力变形(或外界挠动)导致结构可能处于某一与原始位形不同的受力状态，体系的局部或整体的平衡状态与初始受力状态相比发生了变化。平衡状态的变化可能是质变，即参与平衡的力的性质发生了改变，如图 11-5(a)所示；也可能是量变，即平衡状态不变，但各个力之间的数量大小发生了改变，如图 11-5(b)所示。如果基于位形改变后的强度分析结果令结构处于明显不安全的状态，就需要在常规强度分析的同时进行稳定性分析。

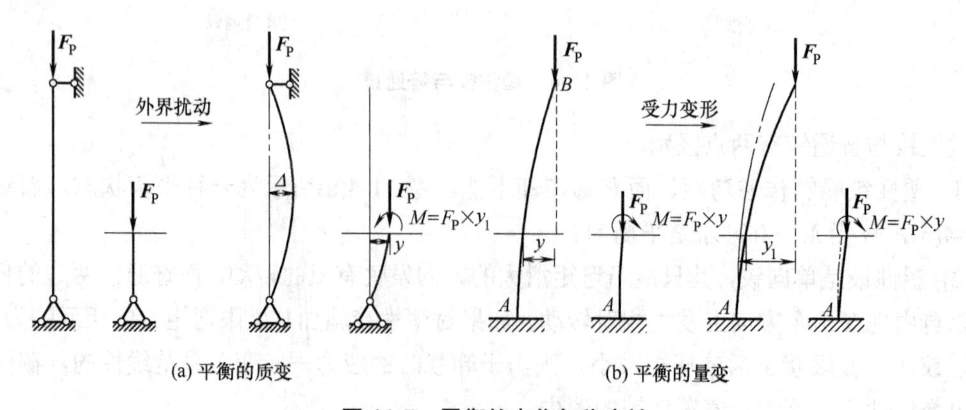

图 11-5 平衡的变化与稳定性

1. 三种不同性质的平衡

从稳定分析的角度出发，在体系的平衡状态上施加任意的微小外界干扰(即令体系发生任意可能的微小位形)，根据体系的不同“表现”将平衡状态分为 3 种不同的类型。

1) 稳定平衡状态

若对体系的某一受力平衡状态施加任意的微小干扰，干扰消失后体系能够恢复到原有的平衡状态，则此时体系处于稳定平衡状态。

2) 中性平衡

若对体系的某一受力平衡状态施加任意的微小干扰，干扰撤除后体系仍将在干扰引起的新平衡状态上平衡，这是一种由稳定平衡向不稳定平衡过渡的中间状态，称为中性平衡，亦称随遇平衡。

3) 不稳定平衡状态

若对体系的某一受力平衡状态施加任意的微小干扰，体系即丧失维持原始平衡状态的能力，则体系处于不稳定平衡状态。

图 11-6 形象地说明了上述三种平衡状态，图中虚线状态表示体系受到干扰后对原有平衡状态的偏离。

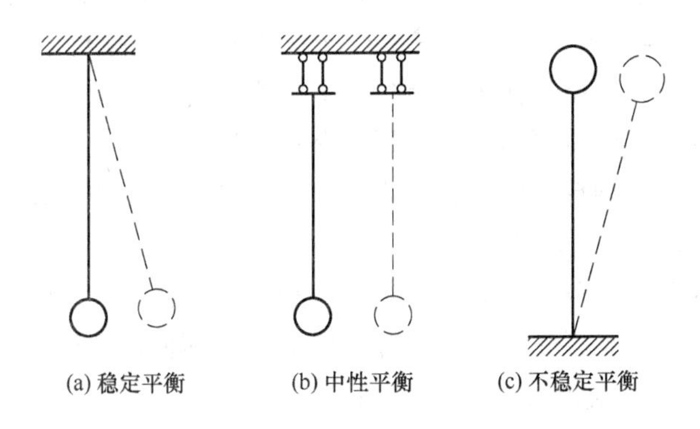

图 11-6　三种平衡状态

2. 两类不同形式的失稳

1) 第一类失稳 —— 分支点失稳

图 11-7(a)为简支压杆的理想体系(完善体系)：杆件轴线是理想的直线(没有初曲率)，荷载 $\boldsymbol{F}_{\mathrm{P}}$ 是理想的中心受压荷载(没有偏心)。当压力 $\boldsymbol{F}_{\mathrm{P}}$ 逐渐增大时，压力 $\boldsymbol{F}_{\mathrm{P}}$ 与中点挠度Δ之间的关系曲线称为 F_{P}-Δ曲线或不平衡路径，如图 11-7(b)所示。

当 $F_{\mathrm{P}} < F_{\mathrm{Pcr}} = \dfrac{\pi^2 EI}{l^2}$ 时，体系处于稳定平衡状态，压杆单纯受压，不发生弯曲变形(Δ=0)。体系仅有唯一平衡形式，对应于直线位形的原始平衡状态是稳定的，即使因其他原因发生了微小干扰，但干扰撤除后体系仍会恢复直线形式的原始平衡状态，如图 11-7(b)所示的原始平衡路径 I (OAB 表示)。当 $F_{\mathrm{P}} > F_{\mathrm{Pcr}}$ 时，体系将具有两种不同的平衡形式：一是直线形式的原始平衡状态，是不稳定的，对应于图 11-7(b)所示的平衡路径 I (用 BC 表示)；二是弯曲形式的新的平衡状态，对应于图 11-7(b)所示平衡路径Ⅱ(对于大挠度理论，用曲线 BD_1 表示；对于小挠度理论，曲线 BD_1 退化为直线 BD)。

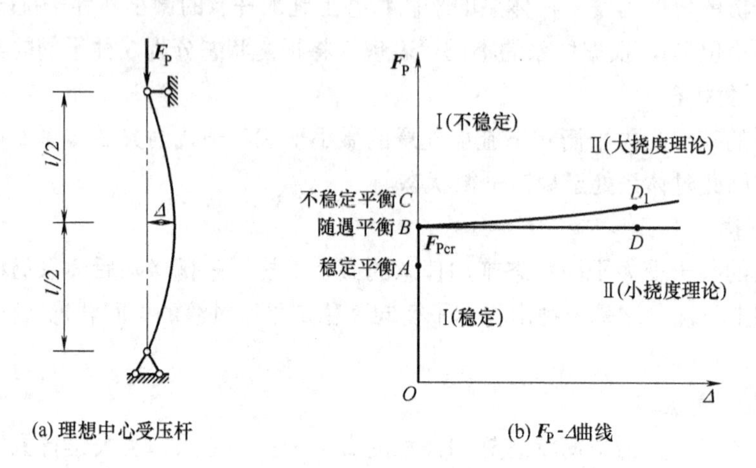

(a) 理想中心受压杆　　(b) F_P-Δ曲线

图 11-7　分支点失稳图

但解析分析的精确结果表明，按照大挠度理论计算的结果对提高结构承载能力的贡献是很小的。因此，在实际土建工程中，一般都不考虑大挠度的影响，而按小挠度理论计算。

图 11-7(b)中，B 点是路径Ⅰ与Ⅱ的交点，称为分支点，此时 $F_P = F_{Pcr}$。该分支点处，两平衡路径同时并存，称为平衡形式的二重性，即体系既可以在原始直线形式下保持平衡，也可以在新的微弯形式下保持平衡。原始平衡路径Ⅰ通过该分支点后，将由稳定平衡转变为不稳定平衡。因此，这种形式的失稳称为分支点失稳，对应的荷载称为第一类失稳的临界荷载，对应的状态即为临界状态。

理想体系的失稳形式是分支点失稳。其特征是：丧失稳定时，结构的内力状态和平衡形式均发生质的变化。因此，分支点失稳为质变失稳(属屈曲问题)。

2) 第二类失稳——极值点失稳

图 11-8(a)、(b)分别是具有初曲率的压杆和承受偏心荷载的压杆，称为压杆的非理想体系(非完善体系)。这类压杆从一开始加载就处于弯曲平衡状态。按照小挠度理论，其 F_P-Δ 曲线如图 11-8(c)中的曲线 OA，在初始阶段挠度增加很慢，以后逐渐变快，当荷载 F_P 接近欧拉临界值 F_{Pcr} 时，挠度趋近于无穷大。如果按照大挠度理论，其 F_P-Δ曲线由图 11-8(c)的曲线 $OBCD$ 表示，C 是极值点，荷载达到最大值，极值点以前的曲线段 OBC 的平衡状态是稳定的，其后的曲线段 CD 的平衡状态是不稳定的。非理想体系的失稳形式是极值点失稳，其特征是：丧失稳定时，结构的平衡状态没有内力分布和平衡形式上质的变化，而只有二者量相对关系的渐变，故极值点失稳为量变失稳(属压溃问题)。

第一类稳定问题只是一种理想情况，实际结构或构件总是存在着一些初始缺陷，因而，第一类稳定问题在实际工程中并不存在。尽管如此，由于解决具有极值点失稳的第二类稳定问题通常要涉及几何和材料上的非线性关系，要取得精确的解析解较为困难，至今也只能解决一些比较简单的问题；而对于具有分支点失稳的第一类稳定问题，使用解析解则相对方便，理论也比较成熟，因而目前在工程计算中很多问题仍然按照第一类稳定求解临界荷载，对于初始缺陷的影响，则采用安全系数加以考虑。

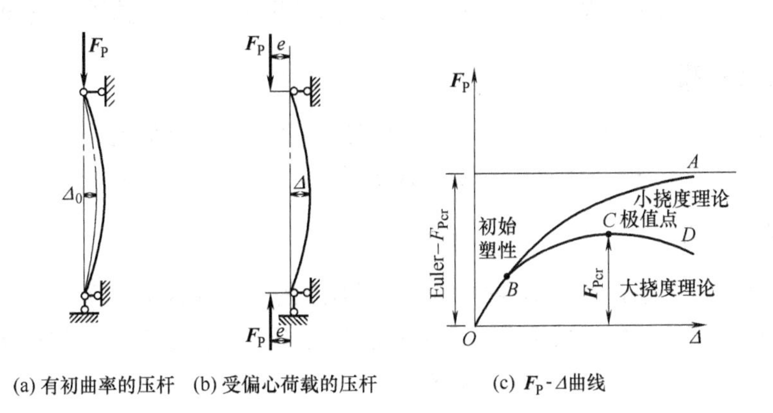

(a) 有初曲率的压杆　(b) 受偏心荷载的压杆　(c) F_P-Δ曲线

图 11-8　极值点失稳图

11.3　比例加载一般规律

本节主要介绍关于比例加载的几个规律，这些规律有助于加深我们对极限荷载计算方法的理解，并为较复杂结构的极限荷载的计算提供理论依据。

11.3.1　比例加载的含义及相关假设

1. 比例加载的含义

当所有荷载变化时都彼此保持固定的比例，可用一个参数 F_P 表示；荷载参数 F_P 只是单调增大，不出现卸载现象。

2. 假设条件

(1) 材料是理想弹塑性的。

(2) 截面的正极限弯矩与负极限弯矩的绝对值相等。

(3) 忽略轴力和剪力对极限弯矩的影响。

11.3.2　可破坏荷载和可接受荷载

1. 结构处于极限受力状态时必须满足的条件

(1) 机构条件。在极限状态下，结构的整体或某一部分出现数量足够的塑性铰，形成了破坏机构，这种机构能在荷载作用下发生单向的运动，荷载通过其运动做功，又称单向机构条件。

(2) 平衡条件。结构处于极限状态时，结构的整体或任一局部都能维持平衡。

(3) 弯矩极限条件。在极限状态下，结构任一截面的内力都不超过其极限值，任一截面弯矩绝对值都不超过其极限弯矩$|M| \leqslant M_u$(设截面受正负弯矩时的极限弯矩相等)。

2. 可破坏荷载

将满足机构条件和平衡条件的状态所对应的荷载称为可破坏荷载。换言之对于任一单向破坏机构，用平衡条件求得的荷载值，用表示$\boldsymbol{F}_P^+$。

3. 可接受荷载

将满足弯矩极限条件和平衡条件的状态所对应的荷载称为可接受荷载。换言之如果在某个荷载值的作用下，能够找到某一内力状态与之平衡，且各截面的内力都不超过其极限值，此荷载值称为可接受荷载用$\boldsymbol{F}_P^-$表示。

有上述可知：

可破坏荷载$\boldsymbol{F}_P^+$只满足平衡条件和机构条件。

可接受荷载$\boldsymbol{F}_P^-$只满足平衡条件和弯矩极限条件。

因为极限状态必须同时满足(平衡条件、内力局限条件和单向机构条件)三个条件，所以极限荷载应既是可破坏荷载，又是可接受荷载。

11.3.3 比例加载的一般定理及其证明

1. 基本定理

可破坏荷载$\boldsymbol{F}_P^+$恒不小于可接受荷载$\boldsymbol{F}_P^-$，即$F_P^+ > F_P^-$，$\boldsymbol{F}_P^+$为任意的可破坏荷载，$\boldsymbol{F}_P^-$为任意的可接受荷载。

2. 上限定理(极小定理)

可破坏荷载是极限荷载的上限。换言之，可破坏荷载中的极小值即是极限荷载，即$F_{Pu} \leqslant F_P^+$，$\boldsymbol{F}_P^+$为任意的可破坏荷载。

证明 设$\boldsymbol{F}_{P1}^+$为任意的可破坏荷载，与$\boldsymbol{F}_{P1}^+$相应的破坏机构中含有$\boldsymbol{n}$个塑性铰。令该机构发生一虚位移(机构位移)，则由虚位移原理得

$$\boldsymbol{F}_{P1}^+ \varDelta = \sum_{i=1}^{n} |M_{ui}||\theta_i| \tag{11-6}$$

式中，$\varDelta$为与$\boldsymbol{F}_{P1}^+$相应的广义位移；M_{ui}和θ_i分别为第i个塑性铰所对应的极限弯矩和转角。因为塑性铰的转动方向总是与极限弯矩的方向相同，M_{ui}在转角θ_i上所做的功必为正值，所以在式(11-6)中可以用它们的绝对值的乘积来表示这个功。

任取另一荷载$F_{P2} \geqslant F_{P1}^+$，设在$\boldsymbol{F}_{P2}$作用下与上述第$i$个塑性铰对应的、满足平衡条件的弯矩为$M_i$。对$\boldsymbol{F}_{P2}$及其对应的内力及上述虚位移(机构位移)应用虚功原理，有

$$\boldsymbol{F}_{P2} \varDelta = \sum_{i=1}^{n} M_i \theta_i \tag{11-7}$$

在式(11-6)中，$F_{P1}^+ > 0$ (加载)，$\varDelta > 0$ ($F_{P1}^+ \varDelta > 0$)；而$F_{P2} \geqslant F_{P1}^+$，所以$F_{P2}\varDelta \geqslant F_{P1}^+ \varDelta$。于

是由式(11-6)、式(11-7)得到

$$\sum_{i=1}^{n} M_i\theta_i > \sum_{i=1}^{n} |M_{ui}||\theta_i| \tag{11-8}$$

式(11-8)中至少存在某一 i，使得下面的式成立：

$$\begin{cases} M_i > M_{ui} & (\theta_i>0) \\ M_i < -M_{ui} & (\theta_i<0) \end{cases}$$

这就违反了弯矩极限条件。因此任一大于 F_{P1}^{+} 的荷载都不可能是极限弯矩。

因为 $\boldsymbol{F}_{P1}^{+}$ 是任意的，可以将 $\boldsymbol{F}_{P1}^{+}$ 取为所有 $\boldsymbol{F}_{P}^{+}$ 的最小值，这样极限荷载 $\boldsymbol{F}_{Pu}$ 就只能等于这个最小值。证毕。

3. 下限定理(极大定理)

可接受荷载是极限荷载的下限。换言之，可接受荷载中的极大值即是极限荷载，即 $F_{Pu} \geqslant F_{P}^{-}$， $\boldsymbol{F}_{P}^{-}$ 为任意的可接受荷载。

证明　有极小定理，任何大于极限荷载 $\boldsymbol{F}_{Pu}$ 的荷载 $\boldsymbol{F}_{P2}$ 必然违反弯矩极限条件，因而是不可接受的。换言之，任何可接受荷载 $\boldsymbol{F}_{P}^{-}$ 都不可能大于极限荷载 $\boldsymbol{F}_{Pu}$。证毕。

4. 唯一性定理

极限荷载值是唯一确定的。若某一荷载既是可破坏荷载，又是可接受荷载，则该荷载就是极限荷载。

证明　用反证法。设极限荷载有两个不同的值：$\boldsymbol{F}_{Pu1}$ 和 $\boldsymbol{F}_{Pu2}$。若 $\boldsymbol{F}_{Pu1} > \boldsymbol{F}_{Pu2}$。则因为 $\boldsymbol{F}_{Pu2}$ 是极限荷载，由极小定理，$\boldsymbol{F}_{Pu1}$ 是不可接受的；反过来，若 $\boldsymbol{F}_{Pu1} < \boldsymbol{F}_{Pu2}$，则因为 $\boldsymbol{F}_{Pu1}$ 是极限荷载，由极小定理，$\boldsymbol{F}_{Pu2}$ 是不可接受的。因此 $\boldsymbol{F}_{Pu1} \neq \boldsymbol{F}_{Pu2}$ 是不可能的。这就证明了唯一性定理。

由极小定理和极大定理，可得出精确解的上下限范围，取极小值便得到极限荷载的精确解；唯一性定理可配合试算法来求极限荷载。

11.4　超静定结构的极限荷载计算

超静定结构中存在多余约束，因此其加载直至破坏的过程一般是：结构中先出现若干个塑性铰，变为静定结构；再出现一个塑性铰，形成破坏机构。由此可见，超静定梁的弹塑性分析比静定梁的复杂。

11.4.1　单跨超静定梁的极限荷载

在图 11-9(a)所示的一端固定一端简支的等截面梁中，设梁的弯矩的极限值为 M_u。在集中力 $\boldsymbol{F}$ 作用下，弹性阶段的弯矩图如图 11-9(b)所示。显然，梁端部(截面 A)的弯矩最大，因此最先达到屈服值 M。设相应的荷载值(屈服荷载)为 $\boldsymbol{F}$，则有 $M = \dfrac{3}{16}Fl$，故 $F = \dfrac{16M}{3l}$。当荷载达到屈服值后继续增长，A 端的弯矩也将最先达到极限值 M_u，从而 A 先出现塑性铰，这时梁已转化为静定梁，其受力情况变成静定的问题，如图 11-9(c)所示。此时梁未被破坏，承载能力未达到极限。荷载继续增大，跨中截面 C 的弯矩达到 M_u，C 截面变成塑性铰，此时梁成为几何可变的机构，达到极限状态，如图 11-9(d)所示。设极限荷载为 $\boldsymbol{F}_u$，按平衡条件作出此时的弯矩图，如图 11-9(e)所示。

则由图 11-9(e)所示的梁在极限状态下的弯矩图可得

$$\frac{F_u l}{4}-\frac{M_u}{2}=M_u$$

故

$$F_u=\frac{6M_u}{l}$$

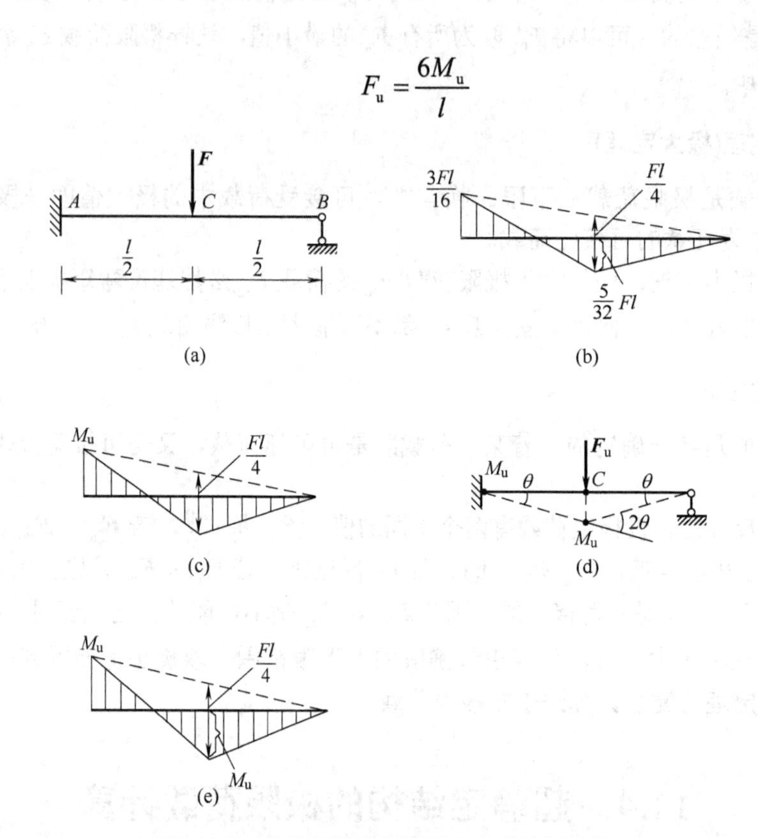

图 11-9　单跨超静定梁的极限荷载计算过程

若梁的截面为矩形，则极限荷载为屈服极限的 2 倍，可见超静定梁在弹性极限后的承载潜力是很大的。

与静定梁的情况相似，如果仅仅要求计算极限荷载，则不需要上述过程，而只要考虑极限状态下的平衡条件，通过虚功原理可将平衡条件转换为虚功方程。这样，就有两种基本方法来计算极限荷载。

(1) 静力法。

① 使破坏机构中各塑性铰处的弯矩都等于极限弯矩。

② 按静力平衡条件作出弯矩图，即可确定极限荷载。

(2) 虚功法(又称机动法)。

① 设机构沿荷载正方向产生任意微小的虚位移，如图 11-9(d)所示。

② 由虚功方程：

$$F_u \cdot \frac{l}{2} \cdot \theta = M_u \theta + M_u \cdot \theta \tag{11-9}$$

得极限荷载

$$F_u = \frac{6M_u}{l} \tag{11-10}$$

无论是静力法还是虚功法，关键是要正确判断塑性铰的位置。梁中的塑性铰总是出现在 $\frac{M}{M_u}$ 取得最大值的截面，其可能出现的位置有：固定支座或滑动支座、集中力的作用点、阶梯形梁的截面改变处等。

【例 11-1】求图 11-10(a)所示变截面梁的极限荷载。

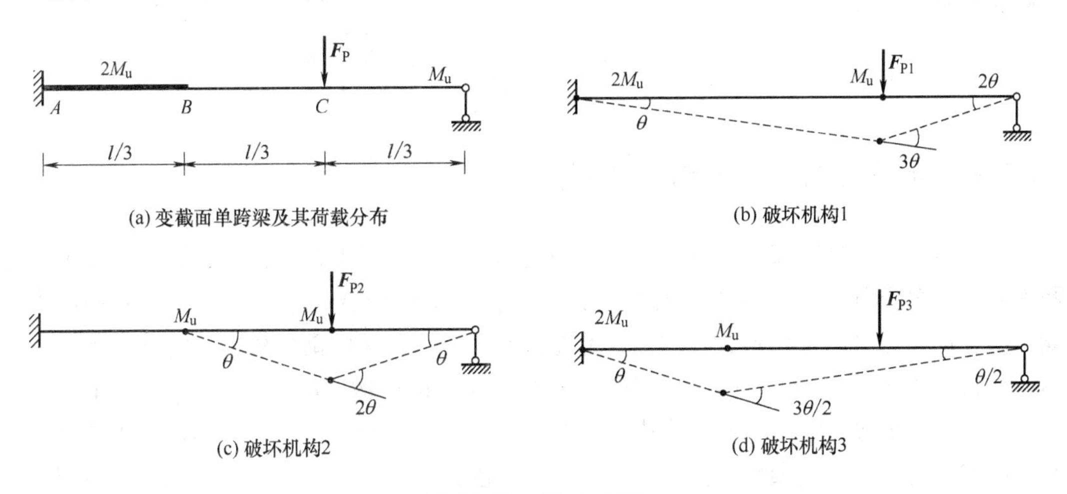

图 11-10　例 11-1 题

解：由梁的塑性铰可能出现的位置：固定支座或滑动支座、集中力的作用点、阶梯形梁的截面改变处等可知，本题中塑性铰可能出现在截面 A(固定支座)、B(阶梯形梁的截面改变处)和 C(集中力的作用点)，因此可能有图 11-10(b)、(c)、(d)所示的三种破坏机构，分别为破坏机构 1、破坏机构 2 和破坏机构 3，可用虚功法计算相应的荷载值。由于截面改变处的塑性铰必出现在极限弯矩较小的一侧，因此截面 B 的极限弯矩应取为 M_u。

破坏机构 1：虚功方程为

$$F_{P1} \cdot \frac{2l}{3} \cdot \theta = 2M_u \cdot \theta + M_u \cdot 3\theta$$

解方程得极限荷载 1

$$F_{P1} = \frac{7.5M_u}{l}$$

破坏机构 2：虚功方程为

$$F_{P2} \cdot \frac{l}{3} \cdot \theta = M_u \cdot \theta + M_u \cdot 2\theta$$

解方程得极限荷载 2

$$F_{P2}=\frac{9M_u}{l}$$

破坏机构 3：虚功方程为

$$F_{P3}\cdot\frac{l}{6}\cdot\theta=2M_u\cdot\theta+M_u\cdot\frac{3}{2}\theta$$

解方程得极限荷载 3

$$F_{P3}=\frac{21M_u}{l}$$

当荷载达到$\frac{7.5M_u}{l}$时，梁已经按照破坏机构 1 的形式发生破坏，荷载不能继续增加，因此另外两个破坏机构是不可能实现的。所以极限荷载应取极限荷载 1、极限荷载 2 和极限荷载 3 中的极小值，即

$$F_{Pu}=\min(F_{P1},F_{P2},F_{P3})=F_{P1}=\frac{7.5M_u}{l}$$

11.4.2 多跨连续梁的极限荷载

对于连续梁的极限荷载问题，可在前面基本假定的基础上再补充两条假定：①梁的各跨均为等截面杆(不同跨的杆件截面可以不同)；②梁所受的荷载方向都相同。工程中的连续梁大部分都满足这两条假定。在这两条补充假定下，连续梁的破坏形式只能是单跨独立破坏，图 11-11(a)所示连续梁只可能出现某一跨单独破坏的机构，如图 11-11(b)、(c)、(d)所示，而不能出现由相邻各跨联合形成的破坏机构，如图 11-11(e)所示。在图 11-11(e)中至少有一跨的中部出现负弯矩的塑性铰，这是不可能的，因为荷载向下作用时，该处的弯矩图只可能是下凹的，如果弯矩为负值，其弯矩绝对值必然小于其左边或者右边截面的弯矩绝对值；而同一跨内的梁是等截面的，因此塑性铰不可能出现在集中力的作用点截面处。实验表明，当荷载向下时，连续梁各跨的负弯矩总是在端部最大，弯矩为负的塑性铰只能在支座截面出现。

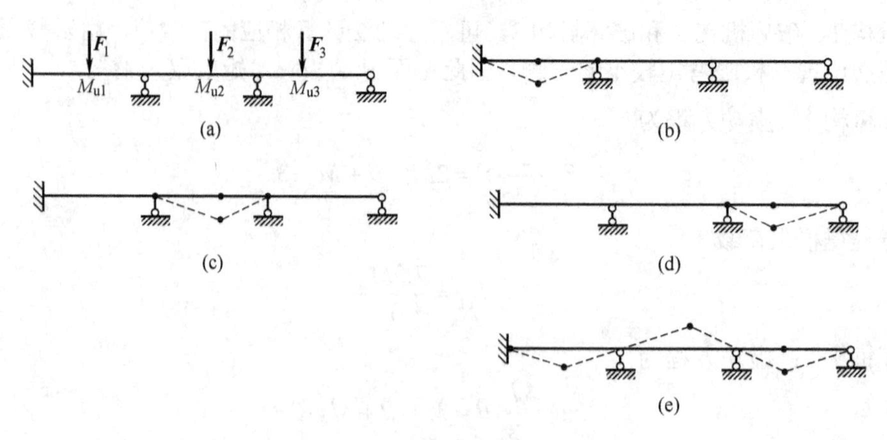

图 11-11 多跨超静定梁的破坏机构

根据上述分析，要求计算连续梁的极限荷载时，只需计算各跨单独破坏时的荷载，取其最小者即为极限荷载。

【**例 11-2**】试求图 11-12(a)所示等截面连续梁的极限荷载。

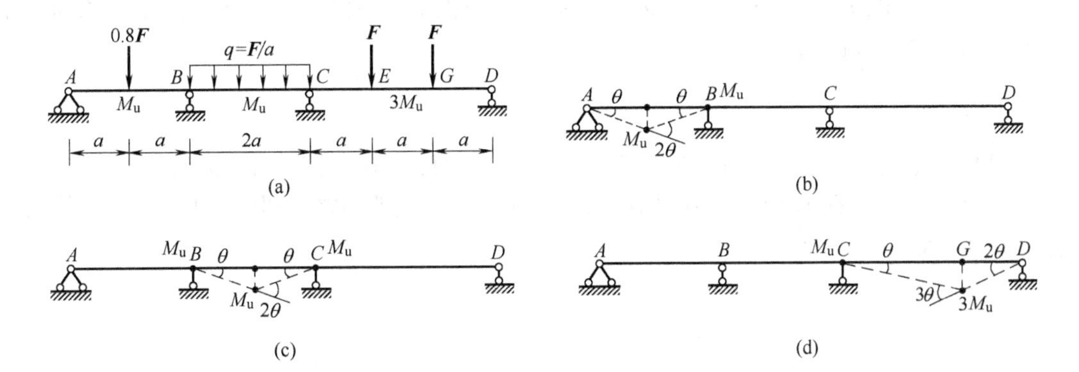

图 11-12　例 11-2 图

解：首先，作各跨独立破坏时的弯矩图，如图 11-12(b)、(c)、(d)所示。

其次，利用平衡条件求各跨的破坏荷载。具体计算过程如下。

第 1 跨机构弯矩图如图 11-12(b)所示，其虚功方程为

$$0.8F_1 a\theta = M_u \cdot 2\theta + M_u\theta$$

解之得

$$F_1 = \frac{3.75M_u}{a}$$

第 2 跨机构弯矩图如图 11-12(c)所示，虚功方程为

$$\frac{F_2}{a} \cdot \frac{2a}{2} \cdot a \cdot \theta = M_u \cdot 2\theta + M_u \cdot \theta + M_u \cdot \theta$$

解之得

$$F_2 = \frac{4M_u}{a}$$

第 3 跨机构弯矩图如图 11-12(d)所示，虚功方程为

$$F_3 a\theta + F_3 \cdot 2a\theta = M_u\theta + 3M_u \cdot 3\theta$$

解之得

$$F_3 = \frac{3.3M_u}{a}$$

比较以上结果，按极小定理，第 3 跨首先破坏，极限荷载为

$$F_u = F_3 = \frac{3.3M_u}{a}$$

11.4.3 刚架的极限荷载

刚架是常用的建筑结构形式，本节讨论刚架的极限荷载的计算问题，但不考虑轴力和剪力对极限弯矩的影响。

1. 机构法

机构法是利用上限定理在所有可破坏荷载中寻找最小值，从而确定极限荷载。

现以图 11-13(a)所示刚架为例加以具体说明。假设刚架中柱的极限弯矩为M_u，梁的极限弯矩为$1.5M_u$。

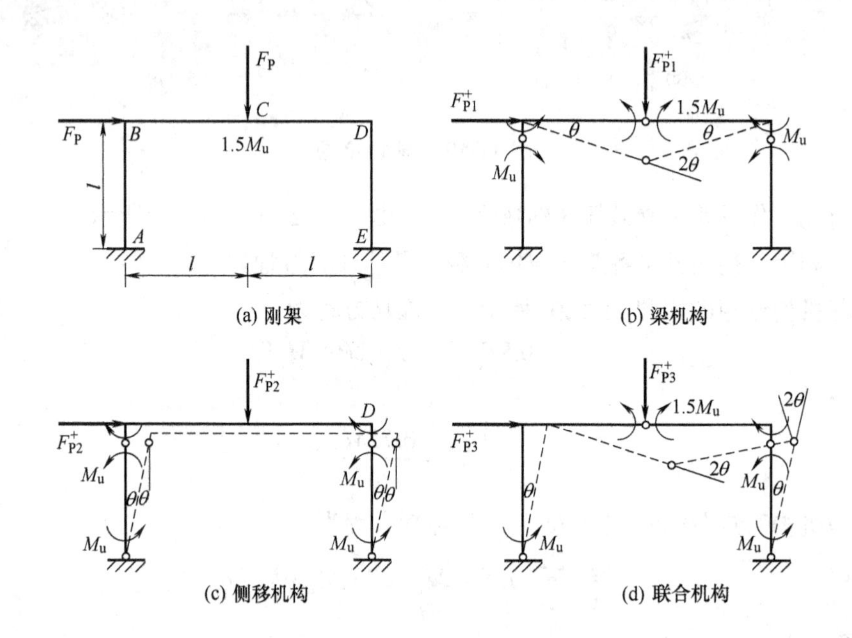

图 11-13 刚架及其破坏机构

在应用上限定理时，首先要确定破坏机构的可能形式。在图 11-13(a)集中荷载作用下，刚架的弯矩图是由直线组成的，因而塑性铰只可能在 M 图的直线段端点出现，即只有 A、B、C、D 和 E 5 个截面处可能出现塑性铰；由于梁、柱截面的极限弯矩值不同，B 和 D 截面的塑性铰只可能在柱顶处发生；故可能的破坏机构共有 3 个，如图 11-13(b)、(c)、(d)所示。

其次，对每一机构分别列出虚功方程，求出相应的可破坏荷载。

对于梁机构，如图 11-13(b)所示，其虚功方程为

$$F_{P1}^+(l\theta)=M_u(\theta+\theta)+1.5M_u\cdot 2\theta$$

有

$$F_{P1}^+=5\frac{M_u}{l}$$

对于侧移机构，如图 11-13(c)所示，其虚功方程为

$$F_{P2}^{+}(l\theta)=4M_{u}\theta$$

对于联合机构，如图 11-13(d)所示，其虚功方程为

$$2F_{P3}^{+}(l\theta)=M_{u}\theta+M_{u}\cdot 2\theta+1.5M_{u}\cdot 2\theta+M_{u}\theta$$

有

$$F_{P3}^{+}=3.5\frac{M_{u}}{l}$$

最后在 F_{P1}^{+}、F_{P2}^{+} 和 F_{P3}^{+} 中取最小值，即得到：

$$F_{Pu}^{+}=3.5\frac{M_{u}}{l}$$

对于简单刚架，采用机构法进行分析是非常方便的。但是对于较复杂的刚架，由于可能存在的破坏形式有很多种，故容易疏漏一些破坏形式，因而得到的最小值不一定就是极限荷载，可能只是其上限。

2. 试算法

试算法是利用唯一性定理，检验某个可破坏荷载是否同时又是可接受荷载，从而求出极限荷载。

仍以图 11-13(a)所示刚架为例。先考虑图 11-13(b)所示机构，由虚功方程求出其可破坏荷载 $F_{P1}^{+}=5\frac{M_{u}}{l}$；再进一步画出 M 图，检验是否同时满足内力局限条件。由于截面 B、C 和 D 的弯矩分别为 M_{u}、$1.5M_{u}$ 和 M_{u}，故可画出横梁弯矩图，如图 11-14(a)所示。但两个立柱的弯矩仍是超静定的，可取 M_E 为未知量，由平衡条件求得 A 截面弯矩 $M_{A}=5M_{u}-M_{E}$。由此看出，M_{A} 和 M_{E} 二者之中至少有一个超过极限弯矩 M_{u}，故 F_{P1}^{+} 不是可接受荷载，因而不是极限荷载。

再考虑图 11-13(d)所示机构，由虚功方程求出其可破坏荷载 $F_{P3}^{+}=3.5\frac{M_{u}}{l}$，其弯矩图如图 11-14(b)所示，内力限制条件能够满足，故 F_{P3}^{+} 又是可接受荷载，根据唯一性定理可知，F_{P3}^{+} 就是极限荷载。因此，刚架的破坏机构为图 11-13(d)。

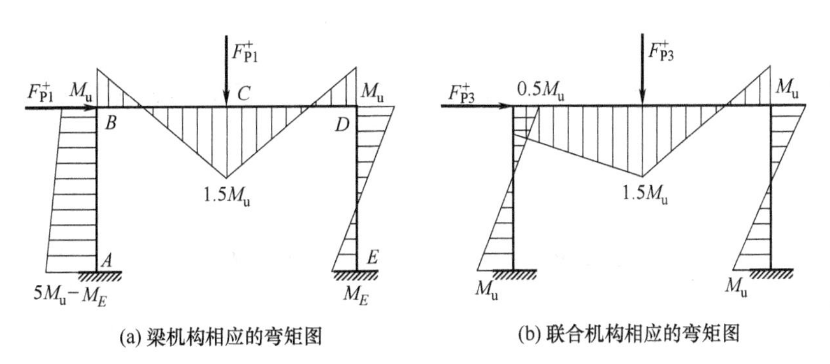

(a) 梁机构相应的弯矩图　　(b) 联合机构相应的弯矩图

图 11-14　破坏机构相应的弯矩图

【例 11-3】试计算图 11-15(a)刚架的极限荷载。

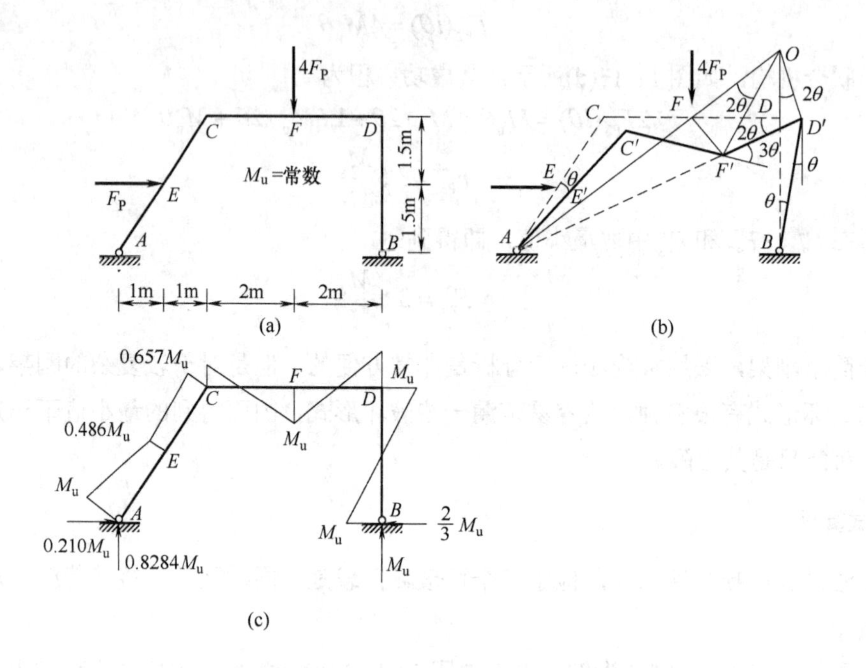

图 11-15　例 11-3 图

解： 用试算法根据单值定理确定结构的极限荷载时，应注意选取破坏机构。在竖向荷载和水平荷载共同作用下，常常可以将梁机构和侧移机构组合起来得到一个组合机构，在这种组合机构中，荷载的虚功值可能比较大。据此，选取图 11-15(a)的破坏机构如图 11-15(b)所示。*FD* 杆的瞬时转动中心 *O* 的位置由距离 *OD* 确定。因

$$\frac{OD}{OB}=\frac{FD}{AB}=\frac{2}{6}$$

于是有 $\frac{OD}{DB}=\frac{2}{4}$，即 $OD=1.5\text{m}$。

设 *BD* 柱的转角为 θ，$DD'=3\theta$，*FD* 杆的转角 $\angle DOD'$ 为

$$\angle DOD'=\frac{3\theta}{1.5}=2\theta$$

ACF 的转角等于 $\angle FAF'$，$OF=2.5\text{m}$，$AF=5\text{m}$ 及 $\angle FOF'=\angle DOD'=2\theta$，则有

$$\angle FAF'=\frac{2.5\times 2\theta}{5}=\theta$$

根据虚位移原理有

$$F_P\times 1.5\theta+4F_P\times 4\theta-M_u(\theta+3\theta+3\theta+\theta)=0$$

得 $F_P=\frac{8}{17.5}M_u=0.457M_u$。

图 11-15(b)所示机构的弯矩图如图 11-15(c)所示。各截面上的弯矩满足屈服条件，由此可见所算得的荷载既是可破坏荷载又是可接受荷载，根据单值定理可知该荷载即为极限荷

载，故有

$$F_{\mathrm{Pu}}^{+}=0.457M_{\mathrm{u}}$$

11.5　压杆的临界荷载

11.5.1　静力法确定弹性压杆的临界荷载

具有弹性的压杆承受轴向压力作用而发生失稳时，其任一点或任一微段 dx 处的挠度均为独立的位移参数，所以弹性压杆的稳定分析是无限自由问题。

本教材研究的压杆符合如下假定。

(1) 理想的中心受压直杆；

(2) 材料在线弹性范围内，服从胡克定律；

(3) 构件的屈曲变形微小，其轴线曲率 $\dfrac{1}{\rho}=\dfrac{y''}{(1+y'^2)^{3/2}}$ 可近似地采用 y''。

用静力法求解各种压杆的临界荷载，仍是根据随遇平衡的二重性，先设一符合支撑情况下的微弯状态，并建立其平衡方程，不过在无限自由度体系中该平衡方程为微分方程；求解此微分方程并利用边界条件，可得一组关于未知位移参数的齐次代数方程，根据位移参数不全为零的要求，应使其系数行列式等于零，这就是特征方程；它将有无穷多个特征值，其中最小者即为临界荷载。

【例 11-4】试用静力法建立图 11-16(a)所示压杆的稳定方程，并求其临界荷载。

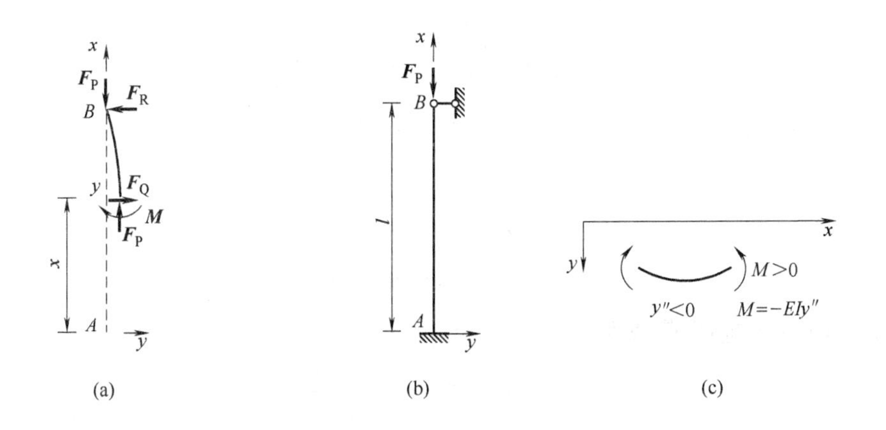

图 11-16　压杆的稳定计算图

解：设临界状态的微弯形式如图 11-16(b)所示，取上段隔离体建立内、外力矩的平衡关系式：

$$\sum M=0，F_{\mathrm{P}}y+F_{\mathrm{R}}(l-x)-M=0$$

引用弯矩和曲率的关系 $EIy''=-M$，即得弹性曲线的微分方程：

$$EIy''+F_{\mathrm{P}}y=-F_{\mathrm{R}}(l-x)$$

$$y''+\frac{F_{\mathrm{P}}}{EI}y=-\frac{F_{\mathrm{R}}}{EI}(l-x)$$

令

$$\alpha^2=\frac{F_{\mathrm{P}}}{EI}$$

$$F_{\mathrm{P}}=\alpha^2 EI$$

微分方程变形为

$$y''+\alpha^2 y=-\alpha^2\frac{F_{\mathrm{R}}}{F_{\mathrm{P}}}(l-x)$$

其通解为

$$y(x)=A\cos\alpha x+B\sin\alpha x-\frac{F_{\mathrm{R}}}{F_{\mathrm{P}}}(l-x)$$

利用三个边界条件来定三个未知参数 A、B、$\frac{F_{\mathrm{R}}}{F_{\mathrm{P}}}$ 的关系：

$$y(0)=A-\frac{F_{\mathrm{R}}}{F_{\mathrm{P}}}l=0$$

$$y'(0)=\alpha B+\frac{F_{\mathrm{R}}}{F_{\mathrm{P}}}=0$$

$$y(l)=A\cos\alpha l+B\sin\alpha l=0$$

矩阵表示为

$$\begin{bmatrix}1 & 0 & -l\\ 0 & \alpha & 1\\ \cos\alpha l & \sin\alpha l & 0\end{bmatrix}\begin{bmatrix}A\\ B\\ F_{\mathrm{R}}/F_{\mathrm{P}}\end{bmatrix}=0$$

因齐次方程中未知参数 A、B、$\frac{F_{\mathrm{R}}}{F_{\mathrm{P}}}$ 不全为零，于是可得

$$\begin{vmatrix}1 & 0 & -l\\ 0 & \alpha & 1\\ \cos\alpha l & \sin\alpha l & 0\end{vmatrix}=0$$

由 $\alpha l=4.493$ 可知临界荷载为

$$F_{\mathrm{P}}=20.19\frac{EI}{l^2}=\frac{\pi^2 EI}{(0.7l)^2}$$

在材料力学中已推导了理想轴压杆在几种简单支撑情况下的临界荷载，例如图 11-17 中各等截面、等长压杆的临界荷载可用欧拉公式表示为

$$F_{\mathrm{Pcr}}=\frac{\pi^2 EI}{(\mu l)^2} \tag{11-11}$$

式中，μ为长度系数，反映了不同支撑情况对临界荷载值的影响。图 11-17(a)、(b)、(c)、(d)、(e)中压杆的长度系数μ分别等于 0.5、0.7、1.0、1.0、2.0。

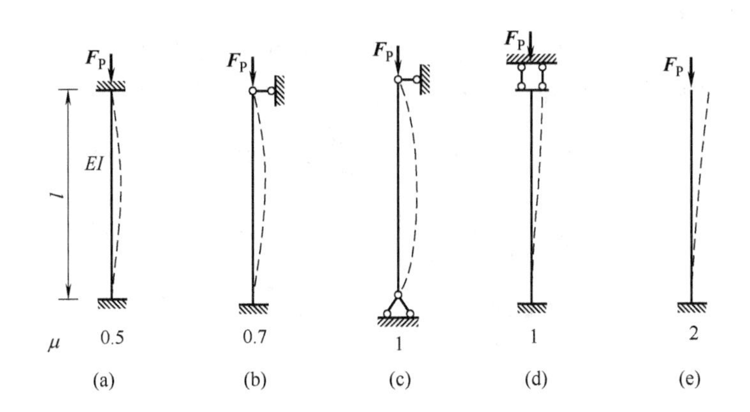

图 11-17　不同的支撑情况下压杆的长度系数

【例 11-5】试用静力法建立图 11-18(a)所示压杆的稳定方程，并求其临界荷载。

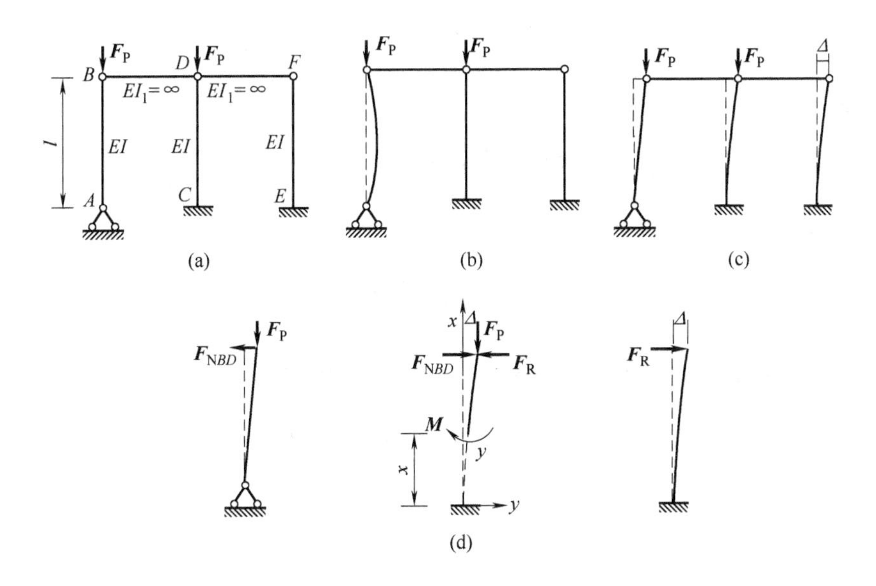

图 11-18　例 11-5 图

解：设图 11-18(a)所示压杆在临界状态下的微弯形式如图 11-18(b)、(c)所示。

(1) AB 杆单独失稳情况如图 11-18(b)所示，由上述例题结论和欧拉公式可知：

$$F_{Pcr}=\frac{\pi^2 EI}{l^2}$$

(2) 结构侧移失稳情况如图 11-18(c)所示，取上段隔离体建立内外力矩的平衡关系，如图 11-18(d)所示，得

$$F_{NBD}=\frac{\Delta}{l}F_P，\ F_R=k\Delta=\frac{3EI}{l^3}\Delta$$

则力矩的平衡关系：

$$M=-F_P(\Delta-y)+F_R(l-x)-F_{NDB}(l-x)$$

引用弯矩和曲率的关系 $EIy''=-M$，即得弹性曲线的微分方程：

$$EIy''=F_P(\Delta-y)-\frac{3EI}{l^3}\Delta(l-x)+\frac{\Delta}{l}F_P(l-x)$$

$$y''+\frac{F_P}{EI}y=\frac{1}{EI}\left[F_P\Delta-\frac{3EI}{l^3}\Delta(l-x)+\frac{\Delta}{l}F_P(l-x)\right]$$

$$y''+\frac{F_P}{EI}y=\left[\frac{F_P}{EI}(2l-x)-\frac{3}{l^2}(l-x)\right]\frac{\Delta}{l}$$

令

$$\alpha^2=\frac{F_P}{EI}$$

微分方程成为

$$y''+\alpha^2y=\alpha^2\left[2l-x-\frac{3(l-x)}{(\alpha l)^2}\right]\frac{\Delta}{l}$$

其通解为

$$y=A\cos\alpha x+B\sin\alpha x+\left[2l-x-\frac{3(l-x)}{(\alpha l)^2}\right]\frac{\Delta}{l}$$

对其求导可得

$$y'=-\alpha A\sin\alpha x+\alpha B\cos\alpha x+\left[\frac{3}{(\alpha l)^2}-1\right]\frac{\Delta}{l}$$

利用三个边界条件来定三个未知参数 A、B、$\frac{\Delta}{l}$ 的关系：

$$y(0)=A+\left[l-\frac{3}{(\alpha l)^2}+l\right]\frac{\Delta}{l}=0$$

$$y'(0)=\alpha B+\left[\frac{3}{(\alpha l)^2}+1\right]\frac{\Delta}{l}=0$$

$$y(l)=A\cos\alpha l+B\sin\alpha l+\Delta=\Delta$$

矩阵表示为

$$\begin{bmatrix}1 & 0 & 2l-\frac{3l}{(\alpha l)^2}\\ 0 & \alpha & \frac{3}{(\alpha l)^2}+1\\ \cos\alpha l & \sin\alpha l & 0\end{bmatrix}\begin{bmatrix}A\\ B\\ \Delta/l\end{bmatrix}=0$$

因齐次方程中未知参数 A、B、$\frac{\Delta}{l}$ 不全为零，于是可得

$$\begin{vmatrix} 1 & 0 & 2l-\frac{3l}{(\alpha l)^2} \\ 0 & \alpha & \frac{3}{(\alpha l)^2}+1 \\ \cos\alpha l & \sin\alpha l & 0 \end{vmatrix}=0$$

即得稳定方程

$$\left[\frac{3}{(\alpha l)^2}-1\right]\tan\alpha l+\alpha l\left[2-\frac{3}{(\alpha l)^2}\right]=0$$

由 $\alpha l=1.645$ 可知临界荷载为

$$F_{\text{Pcr}}=\alpha^2 EI=2.706\frac{EI}{l^2}=\frac{\pi^2 EI}{(1.91l)^2}$$

用静力法得到的微分方程还可以采用其他方法求解，如初参数法及差分法、有限单元法等，它们分别适用于不同的情况。

通过上述例题及分析可得到下列几点结论。

(1) 稳定问题是在结构构件发生了变形后的状态上进行平衡分析的，属于二阶分析，所以问题的性质是几何非线性的。

(2) 求解理想轴压杆的临界荷载，是求随遇平衡状态中独立位移参数的齐次代数方程，在数学上是一个求特征值的问题。

(3) 各种压杆的稳定承载能力均与其自身的 E、I 值成正比，因此，各种材料的压杆稳定问题应有其各自的特殊性；同时应使压杆的截面形式尽量地增大惯性矩。

11.5.2　能量法确定弹性压杆的临界荷载

对无限自由度的弹性压杆运用能量法进行分析常显出其优越性，特别是对于各种变截面压杆及轴向荷载沿杆长连续变化的压杆等，静力法的微分方程不易求解，用能量法不仅简单又有可靠的精度。

如图 11-19 所示，压杆的临界平衡状态采用微弯曲线来表示，也可用能量关系来表达。若压杆的变形曲线用 $y(x)$ 表示，则其弹性关系应变能可表示为

$$V_{\text{e}}=\frac{1}{2}\int_0^l\frac{M^2(x)}{EI}\text{d}x \tag{11-12}$$

由

$$M=EIy''$$

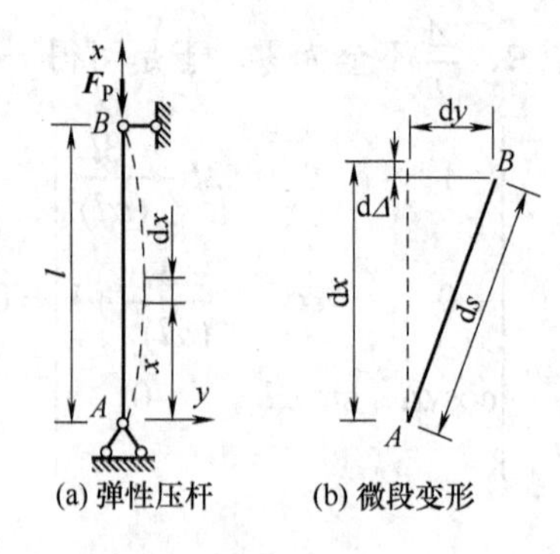

(a) 弹性压杆　(b) 微段变形

图 11-19　弹性压杆的稳定

化简可得

$$V_{\mathrm{e}}=\frac{1}{2}\int_{0}^{l}EI[y''(x)]^{2}\,\mathrm{d}x \tag{11-13}$$

可求得荷载方向的位移也即杆长与弹性曲线投影之差是

$$\begin{aligned}\mathrm{d}s-\mathrm{d}x&=\mathrm{d}x\sqrt{1+(y')^{2}}-\mathrm{d}x\\&=\mathrm{d}x\left[\left(1+(y')^{2}\right)^{1/2}-1\right]\\&=\mathrm{d}x\left[1+\frac{1}{2}(y')^{2}-1\right]\\&=\frac{1}{2}(y')^{2}\,\mathrm{d}x\end{aligned}$$

$$\varDelta=\int_{0}^{l}(\mathrm{d}s-\mathrm{d}x)=\int_{0}^{l}\frac{1}{2}(y')^{2}\mathrm{d}x$$

则荷载势能表达式为

$$V_{\mathrm{e}}^{*}=-P\varDelta=-\frac{F_{\mathrm{P}}}{2}\int_{0}^{l}(y')^{2}\,\mathrm{d}x \tag{11-14}$$

则结构势能表达式为

$$\begin{aligned}E_{\mathrm{P}}&=V_{\mathrm{e}}+V_{\mathrm{e}}^{*}\\&=\frac{1}{2}\int_{0}^{l}EI\left[y''(x)\right]^{2}\,\mathrm{d}x-\frac{F_{\mathrm{P}}}{2}\int_{0}^{l}(y')^{2}\,\mathrm{d}x\end{aligned} \tag{11-15}$$

由瑞利里兹法可知，假设压杆失稳时的变形曲线形式为一组函数的线性组合，则

$$\begin{aligned}y(x)&=a_{1}\varphi_{1}(x)+a_{2}\varphi_{2}(x)+\cdots+a_{n}\varphi_{n}(x)\\&=\sum_{i=1}^{n}a_{i}\varphi_{i}(x)\end{aligned} \tag{11-16}$$

这样就将无限自由度化为有限自由度。结构势能则为 $a_{1},a_{2},\cdots,a_{n}$ 的多元函数，求其极值即可求出临界荷载。

【例 11-6】用能量法确定图 11-20(a)体系的临界荷载。

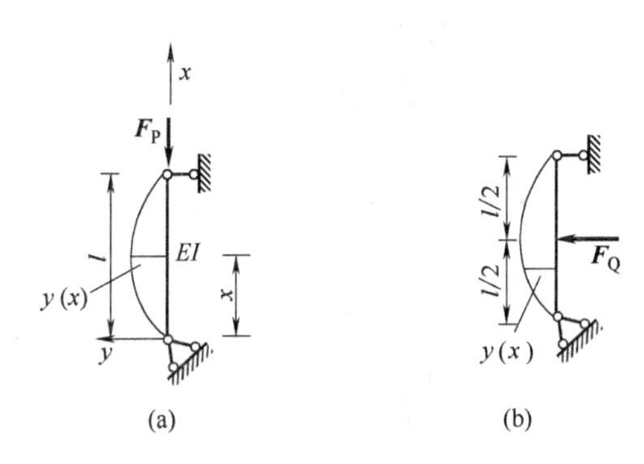

图 11-20　例题 11-6 图

解：方法 1：设

$$y(x)=a\sin\frac{\pi x}{l}$$

$$V_e=\frac{1}{2}\int_0^l EI[y''(x)]^2\mathrm{d}x=\frac{\pi^4 EI}{4l^3}a^2$$

$$V_e^*=-\frac{F_P}{2}\int_0^l (y')^2\mathrm{d}x=-\frac{\pi^2}{4l}F_P a^2$$

$$E_P=V_e+V_e^*$$

$$=\frac{\pi^4 EI}{4l^3}a^2-\frac{\pi^2}{4l}F_P a^2$$

$$\frac{\mathrm{d}E_P}{\mathrm{d}a}=\left(\frac{\pi^4 EI}{2l^3}-\frac{\pi^2}{2l}F_P\right)a=0$$

$$\frac{\pi^4 EI}{2l^3}-\frac{\pi^2}{2l}F_P=0$$

$$F_{Pcr}=\frac{\pi^2 EI}{l^2}$$

也即精确解为

$$F_{Pcr}=\frac{\pi^2 EI}{l^2}$$

方法 2：设

$$y(x)=\frac{4a}{l^2}(lx-x^2)$$

$$V_e=\frac{1}{2}\int_0^l EI[y''(x)]^2\mathrm{d}x=\frac{32EI}{l^3}a^2$$

$$V_e^*=-\frac{F_P}{2}\int_0^l (y')^2\mathrm{d}x=-\frac{8}{3l}F_P a^2$$

$$F_{Pcr}=\frac{\pi^2 EI}{l^2}$$

$$E_{\mathrm{P}} = V_{\mathrm{e}} + V_{\mathrm{e}}^{*}$$
$$= \frac{32EI}{l^3}a^2 - \frac{8}{3l}F_{\mathrm{P}}a^2$$
$$\frac{\mathrm{d}E_{\mathrm{P}}}{\mathrm{d}x} = \left(\frac{4EI}{l^3} - \frac{F_{\mathrm{P}}}{3l}\right)a = 0$$
$$\frac{4EI}{l^3} - \frac{F_{\mathrm{P}}}{3l} = 0$$
$$F_{\mathrm{Pcr}} = \frac{12EI}{l^2}$$

该解与精确解的误差为：+21.6%。

方法 3：设杆中作用集中荷载所引起的位移作为失稳时的位移。

$$y(x) = \frac{F_{\mathrm{Q}}}{EI}\left(\frac{l^2x}{16} - \frac{x^3}{12}\right) \quad \left(0 \leqslant x \leqslant \frac{l}{2}\right)$$
$$a = \frac{48l^3F_{\mathrm{Q}}}{EI}$$
$$y(x) = a\left(\frac{3x}{l} - \frac{4x^3}{l^3}\right)$$

同理可求得

$$F_{\mathrm{Pcr}} = \frac{10EI}{l^2}$$

该解与精确解的误差为：+1.3%。

【例 11-7】试用静力法和能量法求图 11-21(a)压杆失稳时的临界荷载。

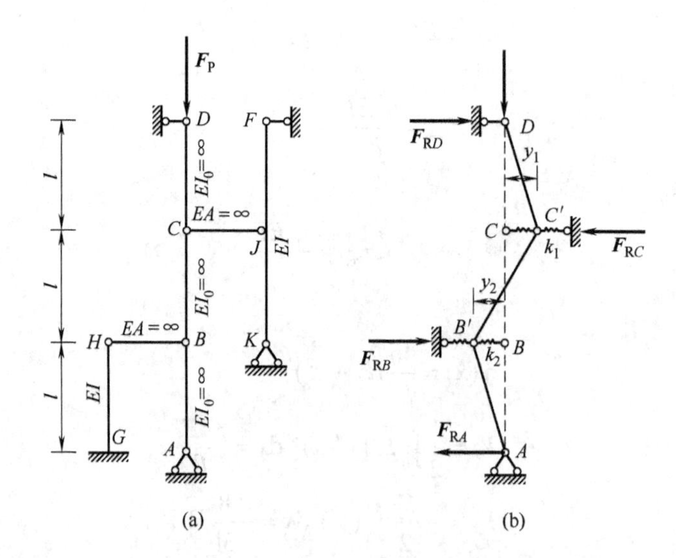

图 11-21　例 11-7 图

解：图示结构中实际的压杆为 DC、CB、BA，可将它们看成是以 A 端为固定铰支、D 端为刚性水平链杆支承，B、C 端为弹性支承的压杆，如图 11-21(b)所示。因这类压杆体系由若干根刚性链杆组成，故又称为刚性链杆体系。由简支梁 KF 在 J 处的柔度系数 $k=\frac{3EI}{l^3}$ 和悬臂柱 GH 在 H 处的柔度系数 $\frac{(2l)^3}{48EI}$，可分别求得图 11-21(b)所示计算简图在 G、B 两处的弹簧的刚度系数为

$$k_1=\frac{6EI}{l^3},\quad k_2=\frac{3EI}{l^3}$$

因各杆段为刚性段，EI_0 均为无穷大，故压杆失稳时的变形只能是由于弹性支承的位移而引起的，如图 11-21(b)所示。设此时 C、B 处弹簧支撑的位移分别为 y_1 和 y_2，各弹簧支撑反力的方向总是与其位移方向相反，则支座 C、B 的反力应为

$$F_{RC}=k_1y_1,\quad F_{RB}=k_2y_2$$

下面分别用静力法和能量法求解这种刚性链杆体系的临界荷载。

(1) 静力法。

取 DC' 为隔离体，由 $\sum M'_C=0$，得

$$F_{RD}=\frac{F_P y_1}{l} \tag{11-17}$$

取 AB' 为隔离体，由 $\sum M'_B=0$，得

$$F_{RA}=\frac{F_P y_2}{l} \tag{11-18}$$

再由整体平衡 $\sum M_A=0$ 及 $\sum M_D=0$，可得

$$F_{RD}=\frac{1}{3}(2k_1y_1-k_2y_2)$$

$$F_{RA}=\frac{1}{3}(2k_2y_2-k_1y_1)$$

代入式(11-17)、式(11-18)，可得下列关于 y_1 和 y_2 的齐次线性方程组：

$$\begin{cases}(3F_P-2k_1l)y_1+k_2ly_2=0\\ k_1ly_1+(3F_P-2k_2l)y_2=0\end{cases}$$

因 y_1、y_2 不应全为零，则有

$$\begin{vmatrix}(3F_P-2k_1l) & k_2l\\ k_1l & (3F_P-2k_2l)\end{vmatrix}=0$$

展开上式并经整理，得图示体系的稳定方程

$$3F_P^{\ 2}-2(k_1l+k_2l)F_P+k_1k_2l^2=0 \tag{11-19}$$

将 y_1、y_2 的值代入式(11-19)，则有

$$F_P^{\ 2}-6\left(\frac{EI}{l^2}\right)F_P+6\left(\frac{EI}{l^2}\right)^2=0$$

解得其最小根即为临界荷载：

$$F_{\mathrm{Pcr}}=\frac{(6-\sqrt{12})EI}{2l^2}=\frac{1.268EI}{l^2}$$

(2) 能量法。

当 AB 杆转动至 AB' 的位置($BB'=y_2$)时，B 点下降的距离为

$$\varDelta_B=l-\sqrt{l^2-y_2^2}=l-l\left(1-\frac{y_2^2}{l^2}\right)^{\frac{1}{2}}$$

$$\approx l-l\left[1-\frac{1}{2}\left(\frac{y_2}{l}\right)^2\right]$$

$$=\frac{y_2^2}{2l}$$

同理可知，当压杆 $DCBA$ 发生图 11-21(b)所示的变形时，D 点(F_{P} 作用点)下降的距离(图 11-21(b)未标出)为

$$\varDelta_D=\frac{1}{2l}\left[y_1^2+(y_1+y_2)^2+y_2^2\right]=\frac{1}{l}(y_1^2+y_1y_2+y_2^2)$$

故荷载势能为

$$V=-F_{\mathrm{P}}\varDelta_D=-\frac{F_{\mathrm{P}}}{l}(y_1^2+y_1y_2+y_2^2)$$

弹性支座的变形位能(体系的应变能)为

$$U=\frac{1}{2}k_1y_1^2+\frac{1}{2}k_2y_2^2$$

据此可写出总势能的表达式为

$$H=U+V=\frac{1}{2}(k_1y_1^2+k_2y_2^2)-\frac{F_{\mathrm{P}}}{l}(y_1^2+y_1y_2+y_2^2)$$

由势能驻值原理导出驻值条件

$$\frac{\partial\Pi}{\partial y_1}=k_1y_1-\frac{F_{\mathrm{P}}}{l}(2y_1+y_2)=0$$

$$\frac{\partial\Pi}{\partial y_2}=k_2y_2-\frac{F_{\mathrm{P}}}{l}(y_1+2y_2)=0$$

可得下面的齐次线性方程组

$$\begin{cases}(2F_{\mathrm{P}}-k_1l)y_1+F_{\mathrm{P}}y_2=0\\F_{\mathrm{P}}y_1+(2F_{\mathrm{P}}-k_2l)y_2=0\end{cases}$$

由 y_1、y_2 不全为零的条件，得到稳定方程

$$\begin{vmatrix}(2F_{\mathrm{P}}-k_1l) & F_{\mathrm{P}}\\F_{\mathrm{P}} & (2F_{\mathrm{P}}-k_2l)\end{vmatrix}=0$$

展开上式，得

$$3F_{\mathrm{P}}^{\ 2}-2(k_1l+k_2l)F_{\mathrm{P}}+k_1k_2l^2=0$$

该方程与按静力法所导得的式(11-19)完全相同，由此可知求得的临界荷载也必定与静力法所得结果完全一致。

思　考　题

11-1　何谓分支点失稳？何谓极值点失稳？这两种失稳形式的特点有何不同？

11-2　增加或减少杆端的约束刚度，对压杆的计算长度和临界荷载值有什么影响？

11-3　为什么两铰拱和无铰拱在反对称失稳时临界荷载值是一样的？

11-4　说明塑性铰和普通铰的区别？

11-5　试求图 11-22 所示等截面伸臂梁的极限荷载(截面极限弯矩为 M_u)。

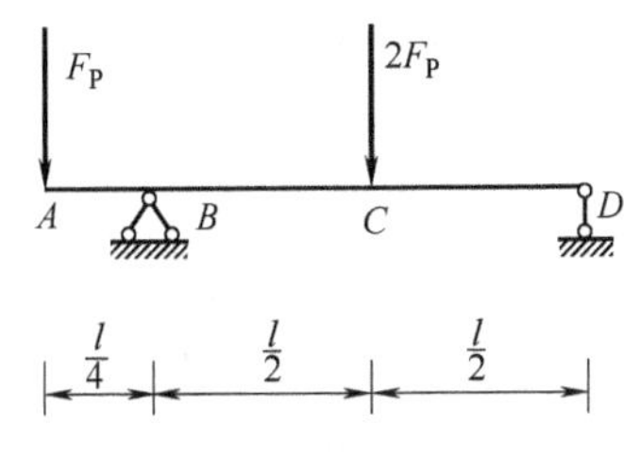

图 11-22　思考题 11-5 图

11-6　一个 n 次超静定梁必在出现 $n+1$ 个塑性铰后发生破坏，这一结论是否正确？为什么？

11-7　为什么说超静定结构的极限荷载不受温度变化、支座移动等因素的影响？

11-8　连续梁只可能在各独立跨中形成破坏机构，这一结论适用的条件是什么？图 11-23 所示的多跨超静定梁能否应用这一结论？

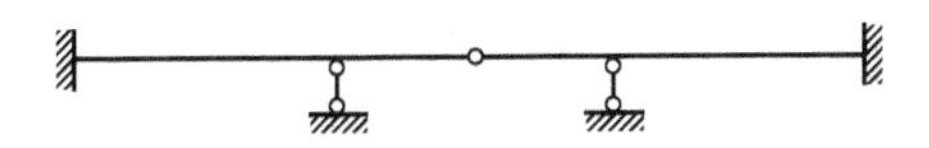

图 11-23　思考题 11-8 图

习　　题

11-1　在图 11-24 所示刚性杆 ABC 的两端分别作用有重力 F_{P1}、F_{P2}。设杆可绕 B 点在竖直面内自由转动，试用两种方法就下面三种情况讨论其平衡形式的稳定性：

(1) $F_{P1} < F_{P2}$；

(2) $F_{P1} = F_{P2}$；

(3) $F_{P1} > F_{P2}$。

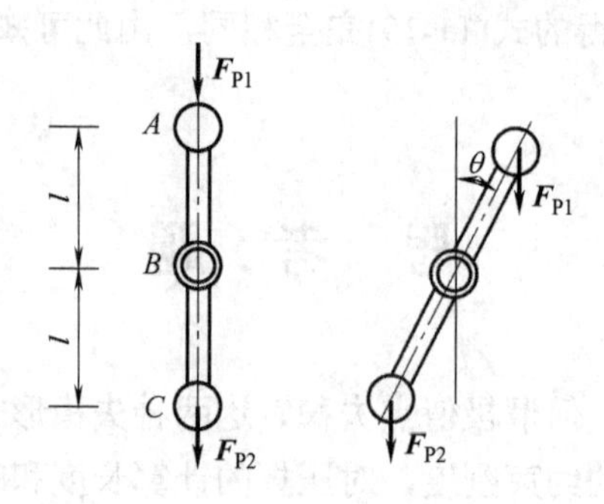

图 11-24　习题 11-1 图

11-2　假定图 11-25 所示结构中弹性支座的刚度系数为 k，试用两种方法求临界荷载 q_{cr}。

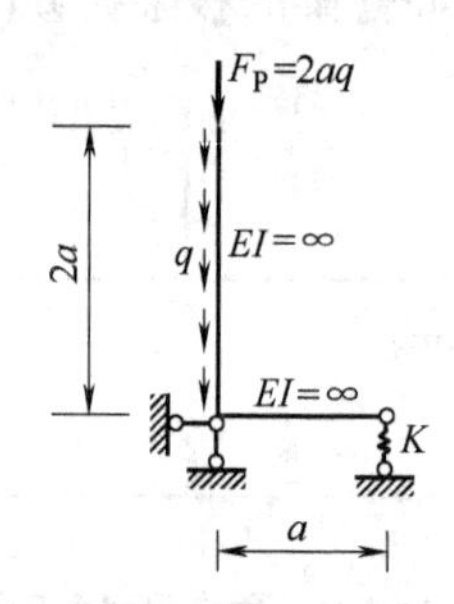

图 11-25　习题 11-2 图

11-3　试用两种方法求图 11-26 所示结构的临界荷载 F_{Pcr}，设弹性支座的刚度系数为 k。

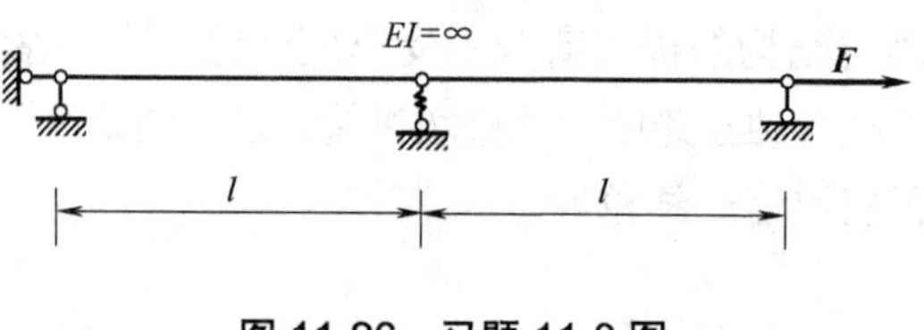

图 11-26　习题 11-3 图

11-4　设图 11-27 所示体系按虚线所示变形状态丧失平衡稳定，试写出临界状态的特征方程。

11-5　试用静力法和能量法求图 11-28 所示压杆的临界荷载 F_{Pcr}。

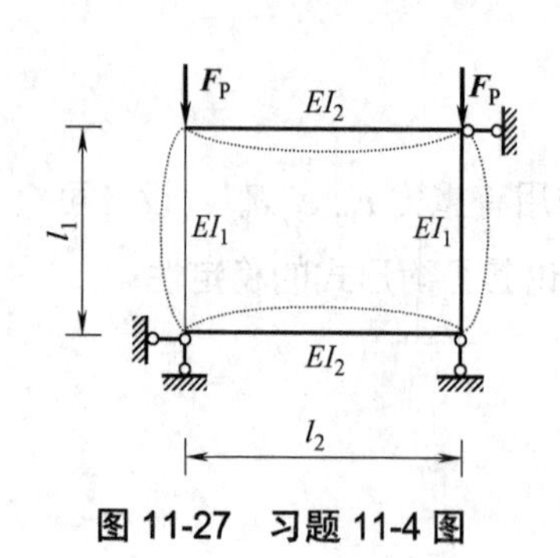

图 11-27　习题 11-4 图

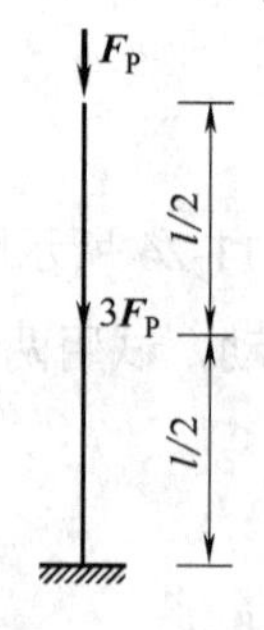

图 11-28　习题 11-5 图

11-6 试用能量法求图 11-29 所示结构体系的临界荷载 $\boldsymbol{F}_{\mathrm{Pcr}}$。设体系失稳时柱的变形曲线为 $y=a\left(1-\cos\dfrac{\pi x}{2H}\right)$。

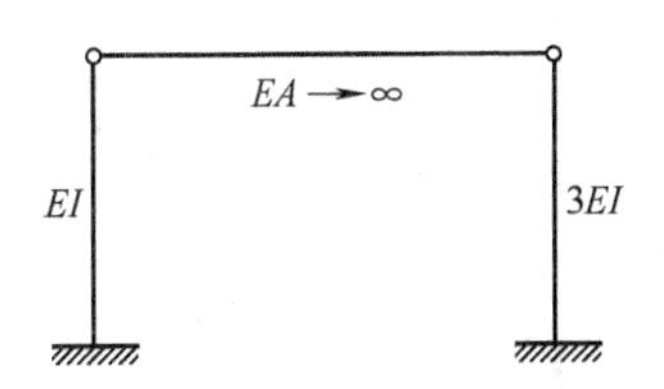

图 11-29 习题 11-6 图

11-7 试求图 11-30 所示各梁的极限荷载。

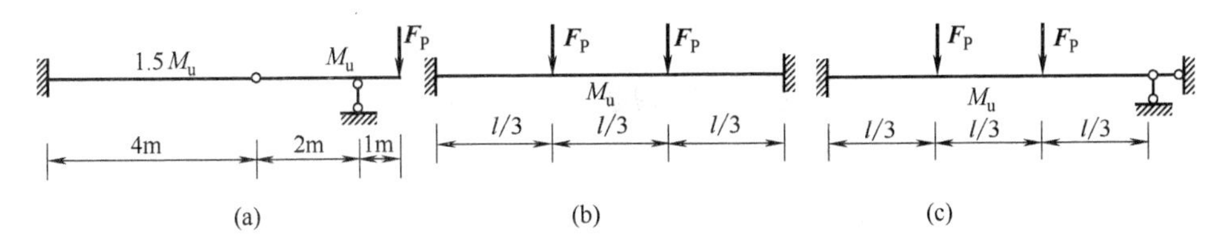

图 11-30 习题 11-7 图

11-8 试求图 11-31 所示连续梁的极限荷载。

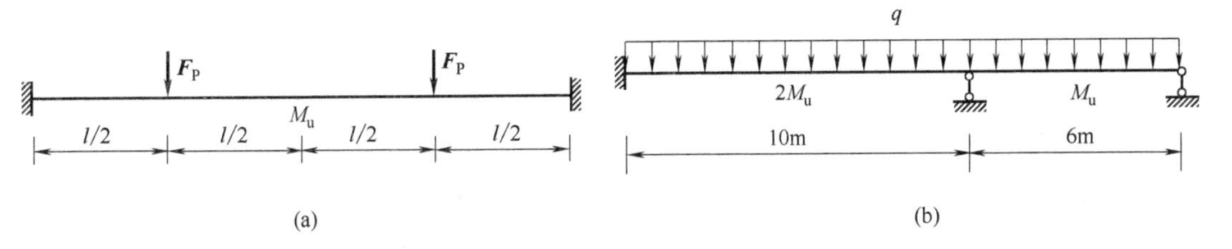

图 11-31 习题 11-8 图

11-9 试求图 11-32 所示钢架的极限荷载。

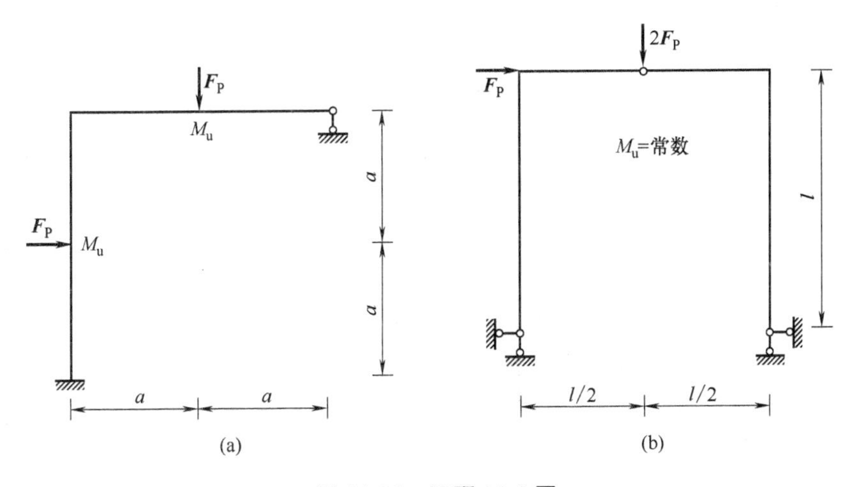

图 11-32 习题 11-9 图

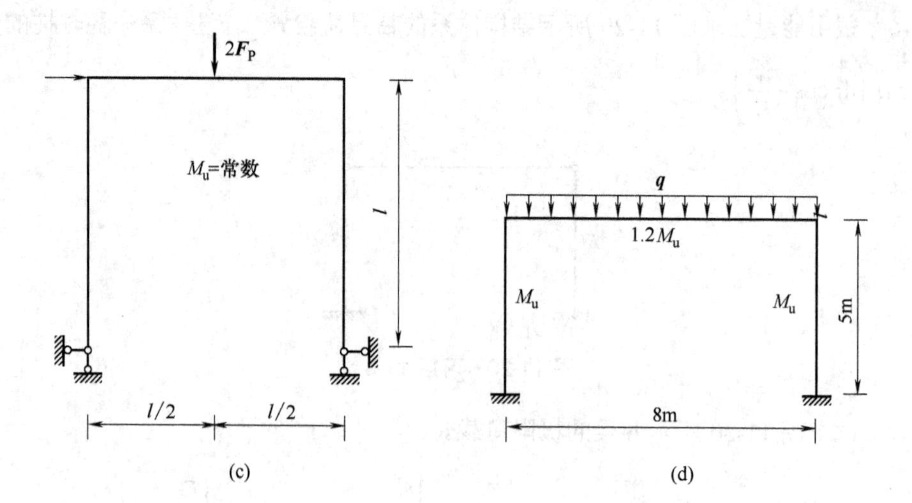

图 11-32　习题 11-9 图(续)

第 2 章

2-1(a) 瞬变

(b) 几何不变，有一个多余约束

(c) 瞬变

(d) 瞬变

(e) 几何可变

(f) 几何不变，无多余约束

(g) 几何不变，无多余约束

(h) 几何不变，无多余约束

(i) 几何不变，无多余约束

(j) 几何可变

(k) 几何不变，无多余约束

(l) 几何不变，无多余约束

(m) 几何不变，无多余约束

(n) 瞬变

(o) 几何不变，无多余约束

(p) 几何不变，无多余约束

(q) 几何不变，有一个多余约束

(r) 几何不变，无多余约束

(s) 几何不变，有一个多余约束

(t) 几何不变，有一个多余约束

2-2

(a) $W=-3$

(b) $W=-3$

(c) $W=-2$

(d) $W=1$

第3章

3-1

(a) 支座截面处的弯矩为$20\text{kN}\cdot\text{m}$、$6\text{kN}\cdot\text{m}$(上边受拉)；

(b) 支座截面处的弯矩为$43\text{kN}\cdot\text{m}$(上边受拉)；

(c) 支座截面处的弯矩为$100\text{kN}\cdot\text{m}$(下边受拉)、$80\text{kN}\cdot\text{m}$(上边受拉)；

(d) 集中力作用处的截面弯矩为$15\text{kN}\cdot\text{m}$(下边受拉)。

3-2

(a) $M_B=2.5\text{kN}\cdot\text{m}$(下边受拉)，$M_D=9\text{kN}\cdot\text{m}$(上边受拉)；

(b) $M_C=3.33\text{kN}\cdot\text{m}$(下边受拉)，$M_G=-20\text{kN}\cdot\text{m}$(上边受拉)；

(c) $M_C=32\text{kN}\cdot\text{m}$(上边受拉)，$M_E=32\text{kN}\cdot\text{m}$(上边受拉)。

3-3

(a) 支座截面处的弯矩为$2\text{kN}\cdot\text{m}$(左边受拉)；

(b) 刚结点处的弯矩为$32\text{kN}\cdot\text{m}$(内侧受拉)；

(c) 刚结点处的弯矩为$13.5\text{kN}\cdot\text{m}$(外侧受拉)；

(d) 刚结点处的弯矩为$16.8\text{kN}\cdot\text{m}$(内侧受拉)、$48.8\text{kN}\cdot\text{m}$(外侧受拉)；

(e) 刚结点处的弯矩为$8\text{kN}\cdot\text{m}$(下侧受拉)、$8\text{kN}\cdot\text{m}$(上侧受拉)、$16\text{kN}\cdot\text{m}$(右侧受拉)；

(f) 刚结点处的弯矩为$5.33\text{kN}\cdot\text{m}$(外侧受拉)。

3-4

(a) 上边刚结点处的弯矩为$6\text{kN}\cdot\text{m}$(外侧受拉)；

(b) 刚结点处的弯矩为$72.5\text{kN}\cdot\text{m}$(内侧受拉)、$62.5\text{kN}\cdot\text{m}$(内侧受拉)；

3-5

(a) 错；(b) 错；(c) 错；(d) 错；(e) 错；(f) 错；(g) 对；(h) 错；(i) 错。

3-6

$x=0.147l$

3-7

(a) $M_{AB}=65\text{kN}\cdot\text{m}$(外侧受拉)，$M_{CB}=20\text{kN}\cdot\text{m}$(外侧受拉)；

(b) $M_{CA}=39\text{kN}\cdot\text{m}$(内侧受拉)，$M_{CD}=59\text{kN}\cdot\text{m}$(内侧受拉)；

(c) $M_{AD}=m$(内侧受拉)，$M_{DA}=0$；

(d) $M_{DA}=m$(外侧受拉)，$M_{CD}=m$(外侧受拉)；

(e) $M_{BA}=8\text{kN}\cdot\text{m}$(下边受拉)，$M_{CB}=8\text{kN}\cdot\text{m}$(右边受拉)；

(f) $M_{CA}=108\text{kN}\cdot\text{m}$(下边受拉)，$M_{DE}=34.5\text{kN}\cdot\text{m}$(下边受拉)。

3-8

(a) 联合桁架，11 根零杆；(b) 简单桁架，4 根零杆；
(c) 简单桁架，11 根零杆；(d) 简单桁架，11 根零杆；
(e) 简单桁架，7 根零杆；(f) 复杂桁架，8 根零杆。

3-9

(a) $F_{NAB}=0$，$F_{NAF}=\dfrac{\sqrt{5}}{2}F_P$；

(b) $F_{NCD}=45\text{kN}$，$F_{NFD}=-16.77\text{kN}$，$F_{NFG}=33.54\text{kN}$。

3-10

(a) $F_{N1}=F_P$，$F_{N2}=-F_P$，$F_{N3}=-F_P$，$F_{N4}=0$；
(b) $F_{N1}=13.5\text{kN}$，$F_{N2}=0$，$F_{N3}=-5.41\text{kN}$；
(c) $F_{N1}=-3.61\text{kN}$；
(d) $F_{N1}=8\text{kN}$，$F_{N2}=-11.31\text{kN}$；
(e) $F_{N1}=12\text{kN}$，$F_{N2}=13.42\text{kN}$；
(f) $F_{N1}=-\dfrac{\sqrt{5}}{3}F_P$，$F_{N2}=F_P$。

3-12

(a) $F_{N1}=5\text{kN}$，$F_{N2}=-10\text{kN}$；
(b) $F_{N1}=\dfrac{2}{3}F_P$，$F_{N2}=-\dfrac{\sqrt{2}}{3}F_P$。

3-13

(a) $F_{NAF}=75.89\text{kN}$，$F_{NDF}=-24\text{kN}$，$F_{NFG}=72\text{kN}$；
(b) $F_{NAF}=-10\text{kN}$，$F_{NCG}=10\text{kN}$，$F_{NFG}=-10\text{kN}$；
(c) $F_{NDF}=7.5\text{kN}$，$F_{NDA}=-12\text{kN}$，$F_{NDH}=7.5\text{kN}$；
(d) $F_{NDE}=-\dfrac{qa}{2}$，$F_{NBE}=0$，$F_{NBC}=-\dfrac{qa}{2}$。

3-14

$F_{Ax}=21.75\text{kN}$，$F_{Ay}=38.5\text{kN}$，$M_D=14.25\text{kN}\cdot\text{m}$

3-15

水平支座反力为20kN，竖向支座反力为40kN，$M_D=9.28\text{kN}\cdot\text{m}$

3-16

拱轴线方程为$y=-0.054x^2+1.1387x$，$F_{Ax}=61.84\text{kN}$，$F_{Ay}=72.43\text{kN}$

3-17

$M_D=16.15\text{kN}\cdot\text{m}$

3-18

拱轴线方程为$y=-\dfrac{1}{18}x^2+\dfrac{7}{6}x$

3-19

左上角刚结点上作用一个水平向右大小为15kN的集中力和一个顺时针转动大小为20kN·m的力偶，右边竖杆上作用一个水平向左大小为$\frac{40}{3}$kN/m的均布荷载。

3-20

支座B的反力为$F_{RB}=97.5\text{kN}+F_P$，F_P为作用在B点的任意大小的竖向集中力。

第4章

4-1

(a) $\Delta_B=\frac{ql^4}{8EI}$(向下)，$\varphi_B=\frac{ql^3}{6EI}$(顺时针)；

(b) $\Delta_B=\frac{5F_Pl^3}{48EI}$(向下)，$\varphi_B=\frac{F_Pl^2}{8EI}$(顺时针)。

4-2　竖向位移$\Delta_{By}=\frac{qR^4}{2EI}\left(\frac{2}{3}-\cos\alpha+\frac{1}{3}\cos^3\alpha\right)$

4-3　$\theta_B=\frac{5ql^4}{16EI}$(顺时针)；$\Delta_{Cx}=\frac{17ql^4}{96EI}$(向右)；$\Delta_{Cy}=\frac{17ql^4}{144EI}$(向下)

4-4　结点C的竖向位移为$\Delta_{Cy}=6.828\frac{F_Pa}{EA}$(向下)，$CE$杆的转角为$\varphi_{CE}=-\frac{F_P}{EA}$(逆时针)，$\angle DCE$的改变量为$\varphi_{DCE}=-\frac{2F_P}{EA}$(夹角变小)

4-5　结点G的水平位移为$\Delta_{Gx}=\frac{179.9}{EA}$(向右)

4-6　$\varphi_B=3.97\frac{qa^3}{EI}$(逆时针)

4-7　结点E的水平位移为$\Delta_{Ex}=\frac{7qa^4}{48EI}$(向右)，转角为$\varphi_E=\frac{qa^3}{16EI}$(顺时针)，铰$C$两侧相对转角为$\varphi_C=\frac{qa^3}{24EI}$

4-8　C点的挠度为$\frac{11ql^4}{972EI}$(向下)

4-9　D点的竖向位移为$\frac{3780}{EI}$(向下)，C、B两点的相对竖向位移为$\frac{9504}{EI}$

4-10　B点的水平位移为$\frac{F_PR^3}{2EI}$(向右)

4-11　A、B两点的相对水平位移为$\frac{469}{EI}$

4-12　$x=\frac{5}{12}l$

4-13　C 点的挠度为 -0.003m (向下)

4-14　$\Delta_{Cy}=\dfrac{33.56qa^4}{EI}$ (向下)，$\Delta_{Dy}=\dfrac{16qa^4}{EI}$ (向下)

4-15　D 点的竖向位移为 $\dfrac{886.25}{EA}+\dfrac{200}{EI}$ (向下)

4-16　B 点的水平位移为 $\dfrac{270q}{EI_1}$ (向右)

4-17　C 点的竖向位移为 $\dfrac{4C_2}{3}-\dfrac{C_1}{3}$，铰 C 两侧相对转角为 $\dfrac{C_1}{2a}-\dfrac{C_2}{a}+\dfrac{C_3}{2a}$

4-18　B 点的水平位移为 $-a-\dfrac{l\varphi}{2}$，竖向位移为 $b-l\varphi$，转角为 $-\varphi$

4-19　C 点的水平位移为 14.1mm

4-20　C 点的竖向位移为 $\dfrac{3\alpha ta}{4}$ (向下)

4-21　$M=\dfrac{2\alpha tEI}{h}$

4-22　C 点的竖向位移为 $\dfrac{5ql^4}{8EI}-l\varphi-\dfrac{5\alpha tl^2}{2h}$

第 5 章

5-1

(a) 1；(b) 3；(c) 7；(d) 6；

(e) 12；(f) 3；(g) 4；(h) 2。

5-2

(a) $M_B=\dfrac{3}{32}F_PL$ (上侧受拉)

(b) $M_{AB}=13.57\text{kN}\cdot\text{m}$ (上侧受拉)，$M_{BA}=17.86\text{kN}\cdot\text{m}$ (上侧受拉)

(c) $M_A=\dfrac{1}{3}ql^2$ (上侧受拉)，$M_B=\dfrac{1}{6}ql^2$ (下侧受拉)

5-3

(a) $M_{CA}=9\text{kN}\cdot\text{m}$ (左侧受拉)

(b) $M_{AD}=36.96\text{kN}\cdot\text{m}$ (右侧受拉)，$M_{BE}=104.46\text{kN}\cdot\text{m}$ (右侧受拉)

(c) $M_{DA}=M_{CB}=\dfrac{F_PL}{2}$ (下侧受拉)

(d) $F_{Ax}=21.9\text{kN}\ (\rightarrow)$，$M_{DE}=62.12\text{kN}\cdot\text{m}$ (上侧受拉)

5-4

(a) $F_{RB}=1.173F_P\ (\uparrow)$，$F_{NDE}=0.172F_P$，$F_{NEC}=-0.586F_P$

(b) $F_{N1}=-1.387F_P$，$F_{N2}=0.613F_P$

5-5

(a) $M_{AC}=22.5\text{kN}\cdot\text{m}$(左侧受拉)

(b) $M_{BD}=92.4\text{kN}\cdot\text{m}$(右侧受拉)

5-6

(a) $F_{\text{NBC}}=-12.44\text{kN}$(压力)，$M_{AB}=30.23\text{kN}\cdot\text{m}$(上侧受拉)

(b) $F_{\text{NAE}}=F_{\text{NBF}}=85.26\text{kN}$(拉力)，$F_{\text{NCE}}=F_{\text{NDF}}=-47.29\text{kN}$(压力)

$F_{\text{NEF}}=70.94\text{kN}$(拉力)，$M_{CA}=-21.88\text{kN}\cdot\text{m}$(上侧受拉)

5-7

(a) $M_{AC}=61.5\text{kN}\cdot\text{m}$(左侧受拉)，$M_{BD}=32.3\text{kN}\cdot\text{m}$(左侧受拉)

(b) 角点弯矩为$\dfrac{a^2q}{24}$(外侧受拉)

(c) 各柱底部弯矩为$\dfrac{F_{\text{P}}h}{4}$(左侧受拉)

(d) $M_{EC}=1.8F_{\text{P}}$(内部受拉)，$M_{CE}=1.2F_{\text{P}}$(外部受拉)

$M_{CA}=3F_{\text{P}}$(内部受拉)，$M_{CD}=4.2F_{\text{P}}$(下部受拉)

5-8

$M_{AB}=\dfrac{15\alpha}{8hl}EI(5h+9l)$

5-9

(a) $M_{AB}=6\dfrac{EI}{l^2}\varDelta$(上侧受拉)

(b) $M_{BC}=\dfrac{4EI}{3000a}$(下侧受拉)

第6章

6-1

(a) 2

(b) 0

(c) 2

(d) (1)3、(2)6

(e) (1)4、(2)9

(f) 2

6-2

(a) $8i\theta_D-\dfrac{7ql^2}{16}=0$；(b)$1.75EI\theta_D=35$；(c)$30\dfrac{E}{l}\theta_E=M_0$

(d) $\begin{cases} 15i\theta_A + 2i\theta_B - \dfrac{3ql^2}{16} = 0 \\ 2i\theta_A + 5i\theta_B + \dfrac{ql^2}{3} = 0 \end{cases}$

6-3

$\theta_B = \dfrac{320}{7EI}(\circlearrowright)$， $\theta_B = \dfrac{3328}{21EI}(\rightarrow)$

6-4

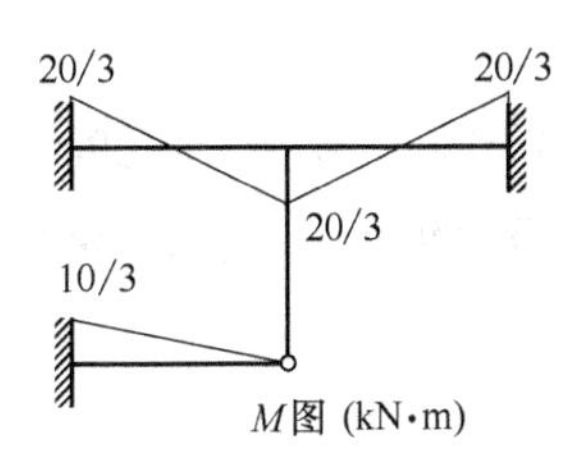

6-5

(a) $M_{BC} = 0.67\text{kN}\cdot\text{m}$； $M_{CB} = 7.33\text{kN}\cdot\text{m}$

(b) $M_{AB} = 8\text{kN}\cdot\text{m}$； $M_{BC} = -16\text{kN}\cdot\text{m}$； $M_{CB} = 5.2\text{kN}\cdot\text{m}$

(c) $M_{AB} = 27.2\text{kN}\cdot\text{m}$； $M_{BC} = -54.3\text{kN}\cdot\text{m}$； $M_{CB} = 70.3\text{kN}\cdot\text{m}$

6-6

$M_{AC} = -150\text{kN}\cdot\text{m}$； $M_{CA} = -30\text{kN}\cdot\text{m}$； $M_{BD} = M_{DB} = -90\text{kN}\cdot\text{m}$

6-7

(a) $M_{AC} = -225\text{kN}\cdot\text{m}$； $M_{BD} = -135\text{kN}\cdot\text{m}$； $F_{AC} = 97.5\text{kN}$

(b) $M_{AB} = -417.13\text{kN}\cdot\text{m}$； $M_{CE} = -163.7\text{kN}\cdot\text{m}$； $M_{ED} = -130.96\text{kN}\cdot\text{m}$；

$M_{GF} = -229.18\text{kN}\cdot\text{m}$

6-8

(a) $M_{AD} = -\dfrac{11}{56}ql^2$； $M_{BE} = -\dfrac{1}{8}ql^2$

(b) $M_{AC} = -171.4\text{kN}\cdot\text{m}$； $M_{CA} = -128.6\text{kN}\cdot\text{m}$

6-9

(a) $M_{AD} = -3.65i\theta$； $M_{DA} = -1.3i\theta$； $M_{CD} = 0.35i\theta$； $M_{DC} = 0.7i\theta$；

$M_{DE} = 0.6i\theta$； $M_{ED} = 0.15i\theta$； $M_{EB} = -0.15i\theta$

(b) $M_B = -93.33\text{kN}\cdot\text{m}$； $M_C = 140\text{kN}\cdot\text{m}$

6-10

$M_{AC} = -9.618\text{kN}\cdot\text{m}$； $M_{BD} = 9.618\text{kN}\cdot\text{m}$

第 7 章

7-1

(a) 否 (b) 否 (c) 可 (d) 可 (e) 可 (f) 可

7-2

(a) M_{AB}=0.286kN·m，M_{BC}=0.429kN·m

(b) M_{AB}=21.20kN·m，M_{BC}=17.61kN·m

7-4

(a) M_{BC}=4.29kN·m，M_{CD}=12.85kN·m，M_{CE}=−34.28kN·m

(b) M_{BA}=27.30kN·m，M_{BC}=−24.01kN·m，M_{CB}=22.38kN·m

7-5

(a) M_{BC}=−192kN·m

(b) M_{BA}=15.65kN·m，M_{CB}=12.78kN·m

7-6 M_{AB}=45.57kN·m，M_{CB}=−151.15kN·m

7-7 $\Delta_B=\Delta_C$=19mm(↓)取对称结构计算$\Delta_B=\Delta_C$=0.019m=19mm(↓)

7-8 M_{CB}=−21.2kN·m，M_{AB}=58.9kN·m

7-10 $M_{AB}=-175\text{kN}\cdot\text{m}$，$M_{CD}=M_{EF}=-225\text{kN}\cdot\text{m}$

第 8 章

8-3

(a) $F_{RD}=1$(D 点处值)，$M_C=-2\text{m}$(F 点处值)，$M_H=1\text{m}$(H 点处值)。

(b) $F_{QE}=-1$(E 点左侧值)，$F_{QF}=\dfrac{1}{2}$(F 点右侧值)，$M_C=3d$(D 点处值)，$F_{QC}^{R}=1$(C 点右侧值)。

8-4

(a) $M_C=2\text{m}$(1 点处值)，$F_{QC}=-\dfrac{1}{3}$(1 点处值)。

(b) $F_{QC}^{L}=\dfrac{1}{2}$(C 点处值)，$F_{QC}^{R}=-\dfrac{1}{2}$(C 点处值)。

8-5

(a) $F_{N1}=2.4$(D 点处值，上弦承载)，$F_{N2}=\dfrac{2\sqrt{2}}{5}$($C$ 点处值，上弦承载)，$F_{N3}=-2$(D 点处值，上弦承载)。

(b) $F_{N3}=\dfrac{11}{16}$(K 点处值，下弦承载)。

8-6

(a) F_{Ay}=1(BC 段值)，$M_A=-l$(C 点处值，以内侧受拉为正)，$M_K=-a$(C 点处值，以内侧受拉为正)，$F_{QK}=1$(C 点右侧值)

(b) $F_{QDB}=\dfrac{5}{7}$(A 点处值)，$M_{DC}=2d$(A 点处值，以右侧受拉为正)

(c) $M_C=\dfrac{h}{2}$(C 点处值，以内侧受拉为正)，$F_{QC}=-\dfrac{h}{l}$(C 点处值)

(d) $M_D=-2.08\text{m}$(C 点处值，以内侧受拉为正)，$F_{QDA}=-0.462$(C 点处值)，$F_{QDC}=0.328$(C 点处值)

8-7

F_{NAF}=2.7(C 点处值)，F_{NFG}=2.5(C 点处值)，F_{NDA}=－2.5(C 点处值)，$M_D=-1.5\text{m}$(C 点处值)，$F_{QD}^{L}=0.25$(D 点左侧值)，$F_{QD}^{R}=0.75$(D 点右侧值)

8-8

(a) $M_K=58.8\text{kN}\cdot\text{m}$，$F_{QK}^{R}=-19.7\text{kN}$；(b) $M_C=80\text{kN}\cdot\text{m}$，$F_{QC}=70\text{kN}$；(c) $M_K=2qa^2$(上侧受拉)，$F_{QK}^{R}=0$

8-9

$F_{Ay,\max}$=157.2kN，$M_{C,\max}$=184.5kN·m，$F_{QC,\max}$=61.5kN

8-10

$S_{\max}$=－1555kN

第 9 章

9-1　$M_{AB}=17.78\text{kN}\cdot\text{m}$(上侧受拉)，$M_{BA}=-4.44\text{kN}\cdot\text{m}$(上侧受拉)

9-2　$M_{BC}=2.60\text{kN}\cdot\text{m}$(上侧受拉)，$M_{CB}=-3.12\text{kN}\cdot\text{m}$(上侧受拉)

9-3　F_{NAB}=－0.673kN，F_{NBC}=0.327kN，F_{NCD}=1.327kN

F_{NAD}=0，F_{NAC}=－0.462kN，F_{NBD}=0.952kN

9-4　F_{NAB}=0，F_{NBC}=0，F_{NCD}=4.51kN，F_{NAD}=0，F_{NAC}=9.15kN，F_{NBD}=－7.52kN

9-5　$M_{BC}=1.8\text{kN}\cdot\text{m}$(上侧受拉)，$F_{QBC}=21.3\text{kN}$，$F_{NBC}=-19.2\text{kN}$

9-6　$M_{AB}=4.5\text{kN}\cdot\text{m}$(左侧受拉)，$F_{QAB}=4.9\text{kN}$，$F_{NAB}=-18.6\text{kN}$，$M_{CB}=-32.2\text{kN}\cdot\text{m}$(上侧受拉)，$F_{QCB}=-31.4\text{kN}$，$F_{NCB}=-15.1\text{kN}$

9-7　$M_{AB}=61.83\text{kN}\cdot\text{m}$(左侧受拉)，$M_{BA}=38.17\text{kN}\cdot\text{m}$(右侧受拉)，$F_{QAB}$=$F_{QBA}$=20kN

第 10 章

10-1　(a) 2；　(b) 3；　(c) 2；　(d)4

10-2　$\omega=62.57\text{s}^{-1}$。

10-3 $\omega=\sqrt{\dfrac{768EI}{7ml^3}}\text{s}^{-1}$

10-4 $\omega=\sqrt{\dfrac{18EI}{mh^3}}\text{s}^{-1}$

10-5 $\xi=0.0675$

10-6 $y_{\max}=-0.884\text{mm}$ (与 $\boldsymbol{F}_{\text{P}}$ 方向相反)，$M_{\max}=5.17\text{kN}\cdot\text{m}$

10-7 (1) $\omega=8.859\ \text{s}^{-1}$；(2) $A=112.813\ \text{mm}$；(3) $(\omega t-\varphi)=\left(8.859t-\dfrac{\pi}{2}\right)$

10-8 $\omega_1=3.0168\sqrt{\dfrac{EI}{ml^3}}\text{s}^{-1}$，$\dfrac{Y_{11}}{Y_{21}}=-\dfrac{1}{0.1602}$；$\omega_2=12.298\sqrt{\dfrac{EI}{ml^3}}\text{s}^{-1}$，$\dfrac{Y_{12}}{Y_{22}}=-\dfrac{0.1602}{1}$

10-9 $\omega_1=1.2193\sqrt{\dfrac{EI}{ma^3}}\text{s}^{-1}$，$\dfrac{Y_{11}}{Y_{21}}=-\dfrac{1}{10.4293}$；$\omega_2=8.213\sqrt{\dfrac{EI}{ma^3}}\text{s}^{-1}$，$\dfrac{Y_{12}}{Y_{22}}=-\dfrac{10.4028}{1}$

10-10 $\omega_1=257.04\ \text{s}^{-1}$，$\omega_2=388.61\ \text{s}^{-1}$

10-11 $\omega_1=9.88\ \text{s}^{-1}$，$\omega_2=23.18\ \text{s}^{-1}$

10-12 $A_1=-0.202\ \text{mm}$，$A_2=-0.206\ \text{mm}$，$M_A=6.06\ \text{kN}\cdot\text{m}$

10-13 $M_A=0.16Fl$ (上部受拉)，$M_B=0.17Fl$ (右边受拉)，$M_C=0.12Fl$ (上部受拉)

10-14 $\omega_1=\dfrac{22.4}{l^2}\sqrt{\dfrac{EI}{\overline{m}}}\text{s}^{-1};\omega_2=\dfrac{61.6}{l^2}\sqrt{\dfrac{EI}{\overline{m}}}\text{s}^{-1};\omega_3=\dfrac{121}{l^2}\sqrt{\dfrac{EI}{\overline{m}}}\text{s}^{-1}$

10-15 $\omega_1=\dfrac{15.42}{l^2}\sqrt{\dfrac{EI}{\overline{m}}\text{s}^{-1}};\omega_2=\dfrac{49.97}{l^2}\sqrt{\dfrac{EI}{\overline{m}}}\text{s}^{-1}$

10-16 (1) $\omega_1=\dfrac{4.4138}{l^2}\sqrt{\dfrac{EI}{\overline{m}}}\text{s}^{-1}$; (2) $\omega_1=\dfrac{4.3944}{l^2}\sqrt{\dfrac{EI}{\overline{m}}}\text{s}^{-1}$

10-17 $\omega_1=\dfrac{15.42}{l^2}\sqrt{\dfrac{EI}{\overline{m}}}\text{s}^{-1};\omega_2=\dfrac{49.97}{l^2}\sqrt{\dfrac{EI}{\overline{m}}}\text{s}^{-1}$

第 11 章

11-1

(a) $\theta=0$ 时，稳定平衡；$\theta=\pi$时，不稳定平衡；

(b) $\theta=0$ 时，不稳定平衡；$\theta=\pi$时，稳定平衡；

(c) 随遇平衡

11-2 $q_{\text{cr}}=\dfrac{k}{6}$

11-3 $F_{\text{Pcr}}=\dfrac{kl}{2}$

11-4 $\tan\dfrac{\alpha l_1}{2}+\dfrac{i_1}{i_2}\dfrac{\alpha l_1}{2}=0$

11-5 $F_{\text{Pcr}}=\dfrac{1.513EI}{l^2}$

11-6 $F_{Pcr}=\frac{\pi^2 EI}{3H^2}$

11-7

(a) $F_{Pu}=0.75M_u$

(b) $F_{Pu}=\frac{6M_u}{l}$

(c) $F_{Pu}=\frac{4M_u}{l}$

11-8

(a) $F_{Pu}=\frac{4M_u}{l}$

(b) $q_u=0.28M_u$

11-9

(a) $F_{Pu}=\frac{1.5M_u}{a}$

(b) $F_{Pu}=\frac{M_u}{l}$

(c) $F_{Pu}=\frac{2M_u}{l}$

(d) $q_u=\frac{1.1}{4}M_u$

参 考 文 献

[1]李廉锟. 结构力学[M]. 4 版. 北京：高等教育出版社，2004.

[2]于仁财，刘文顺. 结构力学[M]. 北京：国防工业出版社，2007.

[3]王新华，贾红英，李悦. 结构力学[M]. 北京：化学工业出版社，2010.

[4]洪范文，李家宝. 结构力学[M]. 北京：高等教育出版社，2005.

[5]刘蓉华. 结构力学[M]. 成都：西南交通大学出版社，2007.

[6]张系斌. 结构力学简明教程[M]. 北京：北京大学出版社，2006.

[7]龙驭球，包世华. 结构力学[M]. 北京：高等教育出版社，2012.

[8]郑荣跃. 结构力学[M]. 北京：科学出版社，2012.

[9]常伏德，王晓天. 结构力学实用教程[M]. 北京：北京大学出版社，2012.

[10]龙驭球，包世华. 结构力学Ⅰ——基本教程[M]. 2 版. 北京：高等教育出版社，2006.

[11]赵才其，赵玲. 结构力学[M]. 南京：东南大学出版社，2012.

[12]单建，吕令毅. 结构力学[M]. 南京：东南大学出版社，2011.

[13]蒋玉川，徐双武，胡耀华. 结构力学[M]. 北京：科学出版社，2008.

[14]杨茀康，李家宝. 结构力学(上册) [M]. 北京：高等教育出版社，1998.

[15]朱慈勉，张伟平. 结构力学(上册) [M]. 2 版. 北京：高等教育出版社，2009.

[16]朱伯钦，周竞欧，许哲明. 结构力学(上册) [M]. 上海：同济大学出版社，1993.

[17]刘玉彬，白秉三. 结构力学[M]. 北京：科学出版社，2004.

[18]王兰生，罗汉泉，李存权. 结构力学难题分析[M]. 北京：高等教育出版社，1989.

[19]包世华.《结构力学》学习指导及解题大全[M]. 武汉：武汉理工大学出版社，2003.

[20]胡维俊. 结构力学解题指导及题解[M]. 南京：河海大学出版社，1995.